AF543700

Finance meets Logistics

Christian Weißenborn

Finance meets Logistics

Integrierte Prozesse für Finanzwesen und Logistik
in SAP S/4HANA

Liebe Leserin, lieber Leser,

vielen Dank, dass Sie sich für ein Buch von SAP PRESS entschieden haben.

Das Titelbild dieses Buches symbolisiert Verzahnung, ineinander verwobene Prozesse und Integration. Eine treffende Metapher, wie ich finde, für die Verflechtungen, die zwischen Finanzwesen und Logistik bestehen. Denn kein Prozess steht für sich allein und es lohnt sich, die Bedürfnisse Ihrer Kolleg*innen besser verstehen zu wollen. So können Sie sie bei der Neueinführung oder Optimierung von Funktionen direkt in Ihre Planung mit einbeziehen, was sich wiederum positiv auf Ihre eigene Arbeit auswirken wird.

Christian Weißenborn ist Ihr Dolmetscher. Er ist sowohl in der Logistik als auch im Finanzwesen zu Hause und kennt die Tücken der Integration aus seinen Beratungsprojekten. In 26 Szenarien stellt er Ihnen typische Prozesse, aber auch Sonderfälle und Kombinationen aus verschiedenen Szenarien vor. Anhand dieser Szenarien erfahren Sie, wo und wie Ihre Daten im System generiert werden und was in der Finanzabteilung mit ihnen geschieht. Das Buch richtet sich gleichermaßen an Logistik- wie FI/CO-Berater*innen. Vorwissen wird nicht benötigt, eines sollten Sie jedoch mitbringen: den Mut für einen Blick über den Tellerrand.

Wir freuen uns stets über Lob, aber auch über kritische Anmerkungen, die uns helfen, unsere Bücher zu verbessern. Scheuen Sie sich nicht, sich bei mir zu melden; Ihr Feedback ist jederzeit willkommen.

Ihre Simone Bechtold
Lektorat SAP PRESS

simone.bechtold@rheinwerk-verlag.de
www.rheinwerk-verlag.de
Rheinwerk Verlag · Rheinwerkallee 4 · 53227 Bonn

Auf einen Blick

Wir hoffen, dass Sie Freude an diesem Buch haben und sich Ihre Erwartungen erfüllen. Ihre Anregungen und Kommentare sind uns jederzeit willkommen. Bitte bewerten Sie doch das Buch auf unserer Website unter **www.rheinwerk-verlag.de/feedback**.

An diesem Buch haben viele mitgewirkt, insbesondere:

Lektorat Simone Bechtold, Maike Lübbers
Korrektorat Monika Klarl, Köln
Herstellung Stefanie Meyer
Typografie und Layout Vera Brauner
Einbandgestaltung Julia Schuster
Coverbild Shutterstock: 1818460409 © Matveev Aleksandr
Satz Typographie & Computer, Krefeld
Druck Beltz Grafische Betriebe, Bad Langensalza

Dieses Buch wurde gesetzt aus der TheAntiquaB (9,35/13,7 pt) in FrameMaker. Gedruckt wurde es auf chlorfrei gebleichtem Offsetpapier (90 g/m²). Hergestellt in Deutschland.

Bibliografische Information der Deutschen Nationalbibliothek:
Die Deutsche Nationalbibliothek verzeichnet diese Publikation in der Deutschen Nationalbibliografie; detaillierte bibliografische Daten sind im Internet über *http://dnb.dnb.de* abrufbar.

ISBN 978-3-8362-8382-3

1. Auflage 2021

Informationen zu unserem Verlag und Kontaktmöglichkeiten finden Sie auf unserer Verlagswebsite **www.rheinwerk-verlag.de**. Dort können Sie sich auch umfassend über unser aktuelles Programm informieren und unsere Bücher und E-Books bestellen.

Inhalt

Einleitung

Als Berater fiel mir bereits in vielen SAP-Projekten die Aufgabe der Integration zwischen Finanzwesen und Logistik zu. Dabei fehlte mir aber immer ein Überblick über die möglichen Szenarien, wie ein Unternehmen im SAP-System abgebildet werden kann, sodass es zum einen von Buchhalter*innen und Controller*innen, zum anderen aber auch von Logistiker*innen verstanden wird – zwei Gruppen, die in einem Unternehmen letztendlich aufeinander angewiesen sind, auch wenn sie das nicht gerne zugeben, und die oft am liebsten getrennte Systeme hätten, obwohl doch die Integration einer der entscheidenden Vorteile einer Standardsoftware wie SAP ist. Dieses Buch wendet sich an all diejenigen, die über den Tellerrand blicken wollen, weil sie Interesse am jeweils anderen Thema haben, an diejenigen, die einfach in einem Projekt oder in der täglichen Arbeit besser mit dem Menschen aus der angeblich ach so fremden Welt kommunizieren möchten, und an diejenigen, die verstehen wollen, wo ihre Daten herkommen oder wo sie verwendet werden.

Denn dies ist eins der Hauptprobleme: Buchhalter*innen und Controller*innen erstellen die Belege nicht selbst, sondern bekommen sie automatisch aus logistischen Transaktionen, die sie meist nicht kennen.

Logistiker*innen sind hingegen oft froh, wenn die für sie wichtigen Prozesse im Finanzwesen des SAP-Systems, also in den Komponenten (vormals Module genannt) Finanzwesen (FI) und Controlling (CO), verbucht werden konnten und es keine Fehlermeldungen gab. Was genau im Hintergrund passiert und wozu es dient, wissen sie oft nicht. Es ist anzumerken, dass der Begriff *Logistik* hier in seiner weiten Fassung gebraucht wird und alles beschreibt, was die Komponenten Materialwirtschaft (MM), Produktion (PP) und Vertrieb/Versand (SD) umfasst.

Dieses Buch soll Ihnen eine Übersicht über die verschiedenen Möglichkeiten liefern, SAP integriert einzusetzen, um die Entscheidungen zu unterstützen, für welche Prozesse im Unternehmen welche Szenarien infrage kommen. Ich hoffe, es hilft Ihnen in Ihren bereichsübergreifenden Diskussionen und beim Treffen von Entscheidungen, welche Prozesse wie im System abgebildet werden können. Wenn es das geschafft hat, hat es sein Ziel erreicht.

Was Sie in diesem Buch finden

26 grundlegende Prozesse aus den Bereichen Einkauf, Produktion und Fertigung, die in vielen Unternehmen Verwendung finden, werden durch drei Darstellungen beschrieben:

- Prozessdarstellung
- Buchungsschema
- mehrere Screenshots der benötigten Transaktionen

Vor allem bei den Buchungsschemata habe ich die Erfahrung gemacht, dass Sie mit ihnen Verständnisschwierigkeiten zwischen verschiedenen Bereichen begegnen können, da die Parteien gemeinsam an einem Bild arbeiten und immer wieder darauf zurückkommen können, über welchen Prozessschritt gerade diskutiert wird und wo genau das Problem liegt. Das Ausräumen dieser Verständnisschwierigkeiten wird Ihnen in der Praxis Stunden bis Wochen an Arbeit ersparen, ganz zu schweigen von den geschonten Nerven.

Es geht hier um eine generelle Verdeutlichung von integrierten Prozessen mit gleichzeitigem Aufzeigen des Look-and-Feel anhand von Beispielen im SAP-System. Es ist für diejenigen gedacht, die einen Prozess nicht nur in verbaler Beschreibung oder anhand von Grafiken verstehen wollen, sondern *im System* nachvollziehen möchten. Die Screenshots geben Ihnen einen Eindruck, wie etwas im SAP-System aussieht, aber ohne den Aufwand, jeden Prozess selbst vollständig zu customizen oder anhand von SAP Best Practices durchzuspielen.

Anders ausgedrückt, schaut dieses Buch mehr in die Breite als in die Tiefe. Für viele Themen gibt es weitere Fachliteratur, in der beleuchtet wird, welche Einstellungen im Einzelnen nötig sind, um einen bestimmten Prozess zum Laufen zu bringen und im Detail zu verstehen, und welche Rolle welche Customizing-Einstellung dabei spielt. Ziel dieses Buches ist es hingegen, dass Sie wissen, was in Ihrem SAP-System möglich ist. Dann finden Sie auch einen Weg, um die richtigen Einstellungen dafür vorzunehmen oder vorzunehmen zu lassen. Für diesen Zweck kann dieses Buch für Sie zu einem wertvollen Nachschlagewerk werden.

Was Sie in diesem Buch nicht finden

In diesem Buch wird auf viele Details, die für einen sinnvollen Einsatz des SAP-Systems absolut notwendig sind, nicht eingegangen, weil sie entweder reine Finanzthemen oder reine Logistikthemen sind, die für die Integration nur wenig Bedeutung haben. Ebenso ist dieses Buch keine Schulungsunterlage und auch keine Customizing-Anweisung. Generell wird das Customizing der Prozesse bewusst außen vor gelassen; nur an wenigen Stellen werden einige wichtige Details beleuchtet. Auch die gewählten Transaktionen in den Beispielen stellen meist eine vereinfachte Version dar. Im praktischen Einsatz sind oft noch weitere Detailschritte sinnvoll bzw. nötig, um die Arbeit zu vereinfachen. So betrachte ich hier immer die manuelle Einzelverarbeitung, die im Alltag bei Massendaten nicht sinnvoll wäre. Dafür werden an vielen Stellen Sammeltransaktionen und automatische Jobs benötigt.

Aufbau des Buches

In **Kapitel 1**, »Grundlagen und SAP-Fachbegriffe«, werden ausgewählte Aspekte aus Finanzwesen, Controlling und Logistik erklärt, die von beiden Seiten verstanden werden sollten. Je nach Fachgebiet mag Ihnen durch Ihr Vorwissen einiges davon bereits bekannt sein, anderes hingegen nicht. Ich versuche dabei, die Themen allgemeinverständlich darzustellen. Eventuell werden Sie feststellen, dass Ihnen Details bekannt sind, die hier nicht erwähnt werden. Aus Gründen der allgemeinen Verständlichkeit beschränke ich mich hier auf die absolut notwendigen Objekte und Einstellungen, die die Integration betreffen.

Kapitel 2, »Szenarien ohne Produktion«, behandelt speziell die Prozesse mit Lieferanten und/oder Kunden, bei denen die Form der Fertigung keine Rolle spielt oder gar keine eigene Fertigung vorliegt, wie z. B. bei einem Streckengeschäft oder einer Lohnbearbeitung.

Produktionsszenarien ohne Bezug zu einem speziellen Kundenauftrag werden in **Kapitel 3**, »Szenarien mit anonymer Produktion«, betrachtet. Im Wesentlichen unterscheide ich hier zwischen der diskreten Fertigung, d. h. einer Fertigung von Losen, und der Serienfertigung. Hinzu kommen Szenarien, in denen einzelne Vorgänge durch einen Dienstleister erbracht werden (auch *Fremdbearbeitung* genannt).

Findet eine Produktion nur statt, wenn ein Kundenauftrag vorliegt, und wird das fertiggestellte Produkt auch für genau diesen Auftrag gesondert im Bestand geführt, sodass es nicht aus Versehen für andere Kunden verkauft wird, liegt eine *Kundenauftragsorientierung* vor. Hierzu stelle ich Ihnen in **Kapitel 4**, »Szenarien mit kundenauftragsorientierter Produktion«, drei gängige Szenarien vor, die durch ein viertes, sehr spezielles Szenario ergänzt werden. Dies ist die sogenannte *PP-/DS-Rückmeldung*, die für sehr hohe Auftragsvolumen mit jeweils geringen Auftragsmengen konzipiert ist, wobei aber jeder Auftrag aus einer großen Zahl verschiedener Materialien besteht.

In **Kapitel 5**, »Szenarien mit Kundenauftragscontrolling«, werden zwei Szenarien betrachtet, in denen der Kundenauftrag selbst das Controllingobjekt darstellt, auf dem Kosten und Erlöse gebucht werden. Kundenauftragsorientierung und Kundenauftragscontrolling klingen sehr ähnlich, sind doch zwei verschiedene Ansätze, die zu unterscheiden sind.

Die Szenarien in Kapitel 3, Kapitel 4 und Kapitel 5 basieren alle auf einer Fertigung in der Komponente PP (Produktionsplanung). In **Kapitel 6**, »Weitere Szenarien«, werden zwei weitere Möglichkeiten der Fertigung behandelt, die eine Integration in andere Komponenten bieten: Zum einen ist dies die Abwicklung mit Serviceaufträgen der Komponente CS (Customer Service) und zum anderen eine Abwicklung mit einem Kundenprojekt aus der Komponente PS (Projektsystem).

In allen Szenarien sind die Prozessschritte durchnummeriert. Diese Nummern entsprechen in der Gliederung den Überschriften der dritten Ebene. So können Sie leicht zwischen den einzelnen Schritten navigieren.

Einzelne Schritte sind in den verschiedenen Szenarien sehr ähnlich und hier und da ließe sich sicher mit einem Verweis ein Screenshot einsparen. Mein Ziel ist es jedoch, jedes Szenario in sich geschlossen und vollständig zu zeigen, sodass Sie zu einem späteren Zeitpunkt zurück zu diesem Buch greifen und sich nur genau ein ganz bestimmtes Szenario ansehen können, um ein bestimmtes Detail noch einmal zu beleuchten.

Kapitel 7, »Zusammenfassung«, erklärt in Ansätzen, wie Sie die einzelnen Szenarien kombinieren können, denn in den seltensten Fällen kommen die Szenarien in der Praxis alleinstehend vor. Jedes Unternehmen hat seine spezifischen Eigenheiten, und in Einführungsprojekten geht es oft darum, wie diese in einer Standardsoftware, die nur einen begrenzten Grad an Flexibilität aufweist, abgebildet werden können. Dazu ist oft Kreativität gefragt, welche Szenarien wie kombiniert werden können. Genau hierzu soll dieses Buch einen Beitrag leisten: indem Sie möglichst viele der Möglichkeiten in ihren Grundzügen verstehen, um einen Überblick zu erhalten, welche Strategien Ihnen zur Auswahl stehen.

In den einzelnen Kapiteln dieses Buches finden Sie viele grau hinterlegte Informationskästen, die Ihnen wichtige und interessante Zusatzinformationen bieten. Neben diesen Kästen sehen Sie verschiedene Symbole, die Ihnen die Orientierung erleichtern sollen:

[+] Mit diesem Symbol haben wir Tipps gekennzeichnet, die Ihnen spezielle Empfehlungen zur Arbeitserleichterung geben.

[!] Dieses Symbol macht Sie auf Themen oder Bereiche aufmerksam, bei denen Sie besonders aufmerksam agieren sollten.

[»] Dieses Symbol steht für weiterführende Themen oder kleine Exkurse.

Bevor ich Ihnen in Kapitel 1 die ersten Grundlagen aus Finanzwesen, Logistik und Controlling vorstelle, habe ich noch zwei Bitten an Sie:

*Liebe Logistiker*innen, respektiert die Arbeit der Buchhalter*innen und Controller*innen; da ist vieles sehr komplex!*

*Liebe Buchhalter*innen und Controller*innen, respektiert die Arbeit der Logistiker*innen; da ist vieles sehr komplex!*

Christian Weißenborn
Juni 2021

Kapitel 1
Grundlagen und SAP-Fachbegriffe

»Wer hohe Türme bauen will, muss lange beim Fundament verweilen.« (Anton Bruckner) Bezogen auf dieses Buch könnte es heißen: »Wer langfristig verständliche, abteilungsübergreifende Prozesse implementieren will, benötigt eine gemeinsame Darstellungsweise.« In diesem Grundlagenkapitel werden die für diese Integration wesentlichen SAP-Einstellungen und Objekte dargestellt. Außerdem wird in die Darstellungsweise der Buchungsschemata und der Prozessdiagramme eingeführt.

Jedes der 26 in diesem Buch beschriebenen Szenarien wird durch ein Buchungsschema dargestellt, für das Sie zunächst die einzelnen verwendeten Elemente kennen müssen. Diese Elemente stellen immer ein bestimmtes Objekt oder eine technische Einstellung im SAP-System dar, die ich in diesem Kapitel in ihren Grundzügen erkläre. Die spezifische Erklärung von Details erfolgt dann in dem jeweiligen Szenario, in dem diese benötigt werden.

In Abschnitt 1.1 lernen Sie die für die Buchungsschemata wesentlichen Grundbegriffe der Buchhaltung kennen, die in Abschnitt 1.2 um Elemente im Controlling erweitert werden. Die wichtigsten Grundlagen aus der Logistik folgen in Abschnitt 1.3.

Wie Sie Prozesse sinnvoll in ihrer logischen Ablauffolge visualisieren können, wird in Abschnitt 1.4 beschrieben. Die 26 Szenarien können nicht in einem luftleeren Raum stattfinden, sondern müssen im SAP-System in einer Organisationsstruktur abgebildet werden. Die in diesem Buch verwendete Struktur wird in Abschnitt 1.5 dargestellt. Bevor wir in die einzelnen Szenarien einsteigen, fasse ich alle Elemente eines Buchungsschemas noch einmal als Übersicht in Abschnitt 1.6 zusammen.

1.1 Buchhaltung

Um die Integration der logistischen Prozesse in das Rechnungswesen zu verstehen, benötigen Sie ein Verständnis von Konten und Buchungssätzen sowie für ihre Einordnung in die zu publizierenden Berichte.

1.1.1 T-Konten

Ich vermute, dass sich bei den folgenden Ausführungen die Geister scheiden. Die Buchhalter möchten vor Freude an die Decke springen, und alle anderen möchten das Buch direkt wieder weglegen. Worum geht es? Es geht um die sogenannten *T-Konten*, die viele Leser*innen bestimmt zuletzt vor vielen Jahren in einem Buchhaltungskurs gesehen haben und eigentlich auch nie wiedersehen wollten – aber sie helfen Ihnen ungemein bei der Abbildung der Buchungslogiken. Also bleiben Sie bitte dran, auch wenn Sie jetzt nicht vor Freude hochgesprungen sind. Es wird sich lohnen!

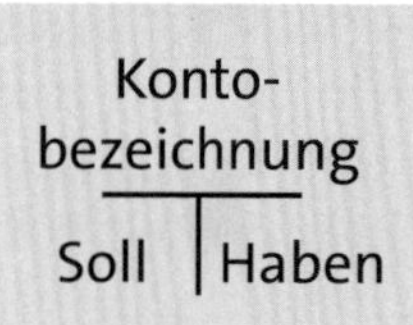

Abbildung 1.1 Aufbau eines T-Kontos

Ein T-Konto hat zwei Seiten: Die rechte Seite ist die *Soll-Seite* und die linke die *Haben-Seite* (siehe Abbildung 1.1). Jedes T-Konto wird mit einer Nummer in einem *Kontenplan* geführt, von dem es verschiedene Ausführungen gibt. Um die Buchungsschemata allgemeinverständlich zu halten, sind in diesem Buch nur die Kontenbezeichnung und nicht die Kontonummer eingetragen. Wenn Sie selbst Buchungsschemata erstellen, ist es sinnvoll, zusätzlich die Nummern aus Ihrem unternehmensspezifischen Kontenplan einzutragen. In den Screenshots der Buchhaltungs- und Kostenrechnungsbelege kommen selbstverständlich Kontonummern zum Einsatz.

Kontenplan für Systembeispiele

Die im System gebuchten Beispiele in diesem Buch basieren auf dem von SAP zur Verfügung gestellten Kontenplan YCOA, der an einigen Stellen erweitert wurde.

Konten lassen sich generell in zwei verschiedene Kategorien einteilen, die sich danach bestimmen, ob sie in der Bilanz oder in der Gewinn- und Verlustrechnung (GuV) berichtet werden. Ich stelle Ihnen die Begriffe im Folgenden vor.

Bilanz

Die *Bilanz* zeigt, kurz gesagt, die Vermögensverhältnisse eines Unternehmens zu einem bestimmten Stichtag, an dem zu jedem Konto der Saldo aus Soll minus Haben gebildet wird. Sie zeigt z. B. den aktuellen Stand des Bankkontos, den Wert der im Lager befindlichen Waren, den Wert der eigenen Maschinen, das Eigen- und Fremdkapital usw. Die Bilanz selbst ist in *Aktiva* und *Passiva* eingeteilt.

Auf der Passiva-Seite wird das Kapital gezeigt. Das Kapital umfasst alles, was das Unternehmen schuldet, also z. B. das eingebrachte Eigenkapital, geliehenes Fremdkapital und offene Eingangsrechnungen von Lieferanten. Diese werden *Verbindlichkeiten gegenüber Kreditoren* genannt, die dem Unternehmen sozusagen gerade Geld leihen, wenn die Lieferung vor der Bezahlung stattfindet.

Auf der Aktiva-Seite wird hingegen das Vermögen gezeigt, also alle Vermögenswerte, die das Unternehmen hat oder haben sollte. Hier werden z. B. im Anlagevermögen gekaufte Maschinen und im Umlaufvermögen Vorräte und Bankkonten, aber auch offene Ausgangsrechnungen an Kunden, die *Forderungen gegenüber Debitoren* genannt werden, ausgewiesen. Die Passiva-Seite zeigt, wo das Vermögen eines Unternehmens herkommt, und die Aktiva-Seite zeigt, wie es verwendet wird.

Jeder Vorgang, der in der Buchhaltung erfasst wird, betrifft mindestens ein Konto im Haben und ein Konto im Soll. Man spricht hier von einem *Buchungssatz*. Dabei muss die Summe im Haben der Summe im Soll entsprechen.

Wenn Sie ein Unternehmen gründen, ist eine der ersten Buchungen das Einbringen von Eigenkapital. Abbildung 1.2 zeigt die Darstellungsform, die wir hier weiter gebrauchen werden, wenn ein Buchhaltungsbeleg erstellt wird.

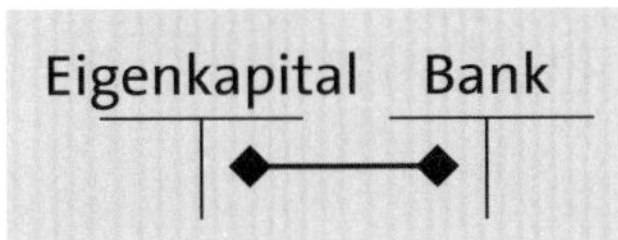

Abbildung 1.2 Einfaches Buchungsschema

Wenn es sich, wie in diesem Fall, um eine FI-Buchung (FI = Finanzwesen) handelt, wird eine durchgezogene Linie mit zwei Rauten verwendet. In den meisten Abbildungen verzichten wir auf die Darstellung der gebuchten Werte. Nur wenn es um ein konkretes Beispiel geht, werden die Zahlen der gebuchten Werte zusätzlich angegeben.

Nun wäre Geld vorhanden, um z. B. Anlagen und Vorräte zu kaufen oder Löhne und Gehälter zu bezahlen. Diese Buchungen werden letztendlich alle von einem Bankkonto bezahlt.

Buchhalter*innen interessiert bei allen Buchungen, in welche Position in der Bilanz ein Konto eingeordnet wird. Abbildung 1.3 zeigt eine Eröffnungsbilanz mit der Zuordnung der Konten zu Bilanzpositionen, wie sie sich nach solch einer ersten Buchung darstellt.

Kontenzuordnung Bilanz- und GuV-Struktur

Eine vollständige Übersicht über alle in diesem Buch verwendeten Konten und ihre Einordnung in Bilanz oder GuV finden Sie im Anhang.

Bil/GuV-Position/Konto	Sum.Berper
AKTIVA	100.000,00
Liquide Mittel	100.000,00
Bank 1	100.000,00
11001000 Bank 1 - Bankhauptkonto	100.000,00
Passiva	100.000,00-
Eigenkapital	100.000,00-
Stammkapital	100.000,00-
31000000 Stammkapital	100.000,00-

Abbildung 1.3 Beispiel für eine Eröffnungsbilanz

Gewinn- und Verlustrechnung

Die *GuV* zeigt, welche Erträge und Aufwendungen in einem bestimmten Zeitraum gebucht wurden. Die Differenz zwischen diesen Größen ist der Gewinn bzw. der Verlust, wobei zu beachten ist, dass die Kosten im SAP-System mit einem positiven und Erlöse mit einem negativen Vorzeichen dargestellt werden.

Das besondere an GuV-Konten ist, dass sie im Gegensatz zu Bilanzkonten am Anfang eines neuen Geschäftsjahres auf null zurückgesetzt werden. Die Differenz aus Soll und Haben in der GuV nach einem Geschäftsjahr ist der GuV-Gewinn oder der GuV-Verlust, der in die Bilanz übernommen wird.

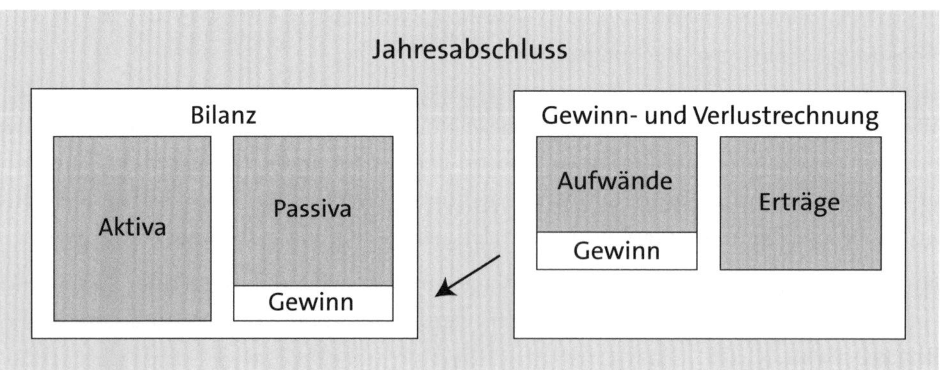

Abbildung 1.4 Bilanz und Gewinn- und Verlustrechnung im Jahresabschluss mit Gewinn

Ein Gewinn, wie in Abbildung 1.4 dargestellt, erhöht das Eigenkapital, das in den Passiva geführt wird. Ein Verlust würde das Eigenkapital reduzieren. Durch die Übernahme des GuV-Ergebnisses entsprechen sich Aktiva und Passiva wieder.

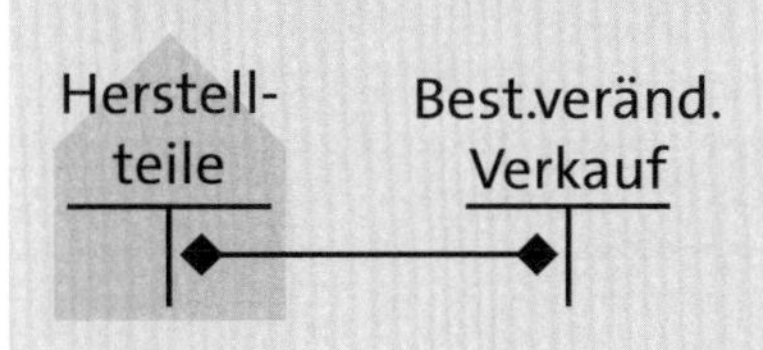

Abbildung 1.9 Buchungsschema mit Bestandsveränderung »Verkauf«

Das in Abbildung 1.9 gezeigte Bestandsveränderungskonto führt uns zu einer Unterscheidung der GuV, denn diese kann entweder nach dem *Gesamtkostenverfahren* (GKV) oder nach dem *Umsatzkostenverfahren* (UKV) erstellt werden. Im Falle des UKV stellt dieses Konto die Kosten der Umsatzerlöse dar. Hierunter werden die Herstellungskosten der abgesetzten Produkte verstanden, unabhängig davon, in welcher Periode sie produziert worden sind. Arbeiten Sie mit Standardkosten, kommen noch die Abweichungen hinzu, da die Ist-Kosten der Produktion selten den geplanten Kosten entsprechen. In einigen Szenarien werde ich noch näher auf diese Abweichungen eingehen.

1.2 Controlling

Bisher haben wir die Buchhaltung im Boot. Jetzt kommen die Controller*innen hinzu, denn die GuV-Konten, die in diesem Buch behandelt werden, sind gleichzeitig Kosten- bzw. Erlösarten im Controlling. Diese Kosten- bzw. Erlösarten benötigen immer ein Kontierungsobjekt. Gebucht wird mit einer primären Kostenart, einer Erlösart oder einer sekundären Kostenart. Sehen wir uns die Begriffe einmal näher an.

1.2.1 Kontierungsobjekte

Wenn mit einer Kosten- oder Erlösart, also einem GuV-Konto gebucht wird, wird ein *Kontierungsobjekt* benötigt, auf das die Buchung erfolgen soll. Deshalb ist es wichtig, den Unterschied zwischen einem Bilanzkonto und einem GuV-Konto zu verstehen. Die verschiedenen Kontierungsobjekte werden in den einzelnen Szenarien erklärt; an dieser Stelle möchte ich Ihnen eine kurze Übersicht der Möglichkeiten aufzeigen und die Abkürzungen, die im weiteren Verlauf des Buches verwendet werden, einführen.

Für die Buchungsschemata sehen Sie in Tabelle 1.1 eine genauere Aufschlüsselung der Abkürzungen, als sie SAP in den Kostenrechnungsbelegen verwendet. Dies hat den Grund, dass das SAP-System alle Arten von Aufträgen unter der Abkürzung AUF ohne weitere Spezifizierung führt.

Kontierungsobjekt	Abkürzung im Buchungsschema	SAP-Abkürzung im Kostenrechnungsbeleg
Kostenstelle	KST	KST
Innenauftrag	IA	AUF
Fertigungsauftrag *oder* PP-Auftrag	PP	AUF
Serviceauftrag *oder* CS-Auftrag	CS	AUF
Produktkostensammler	PKS	AUF
Auftragsposition	APO	APO
PSP-Element	PSP	PSP
Netzplan (kopfkontiert)	NPL	NPL
Netzplan (vorgangskontiert)	NPV	NPV
Kosten- und erlösführende Vertriebsbelegposition	VBP	VBP
Ergebnisobjekt	ERG	ERG

Tabelle 1.1 Kontierungsobjekte und ihre Abkürzungen

Tabelle 1.1 zeigt alle im Buch verwendeten Kontierungsobjekte. Bei zwei Kontierungsobjekten gibt es eine Besonderheit:

- VBP: Eine Position eines Kundenauftrags *kann* ein Kontierungsobjekt sein, *muss* es aber nicht. Wenn sie es ist, spricht man von einer *kosten- und erlösführenden Vertriebsbelegposition* bzw. *Kundenauftragsposition*. Diese werden in Kapitel 5, »Szenarien mit Kundenauftragscontrolling«, behandelt.
- ERG: Ein im Vergleich zu den anderen genannten etwas aus dem Rahmen fallendes Kontierungsobjekt ist das in der Komponente CO-PA (Ergebnis- und Marktsegmentrechnung, kurz Ergebnisrechnung) verwendete Ergebnisobjekt ERG, das ich in Abschnitt 1.2.4, »Arten der Ergebnisrechnung«, genauer erkläre.

Es gibt noch einige weitere Kontierungsobjekte wie Prozessaufträge, CO-Fertigungsaufträge, QM-Aufträge, Geschäftsprozesse und spezielle Kontierungsobjekte aus dem Immobilienmanagement, die aber nicht in diesem Buch behandelt werden. In den Buchungsschemata werden Kontierungsobjekte immer als weiße abgerundete Rechtecke dargestellt (siehe Abbildung 1.10).

Eine Buchung mit einer Kostenart kann nur auf ein einziges Kontierungsobjekt gebucht werden; die einzige Ausnahme sind sogenannte *statistische Nebenkontierungen*, die für das allgemeine Verständnis aber keine weitere Rolle spielen.

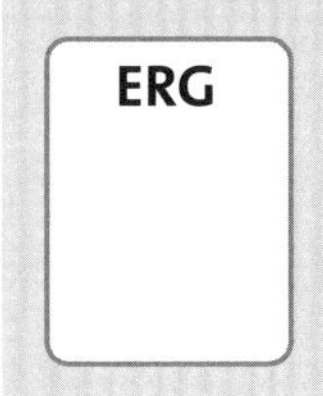

Abbildung 1.10 Kontierungsobjekt

1.2.2 Primäre Kostenarten und Erlösarten

Früher war eine *primäre Kostenart* bzw. eine *Erlösart* im SAP-System ein paralleles Stammdatum zum Konto. Unter SAP S/4HANA wurde das *Ein-Kreis-System* eingeführt, und heute wird die Art und Verwendung des Kontos über das Feld **Sachkontoart** bestimmt (siehe Abbildung 1.11). Wenn hier die Option **P Primärkosten oder Erlöse** ausgewählt ist, erfolgt die weitere Ausprägung in den Kontostammdaten über das Feld **Kostenartentyp** (siehe Abbildung 1.12).

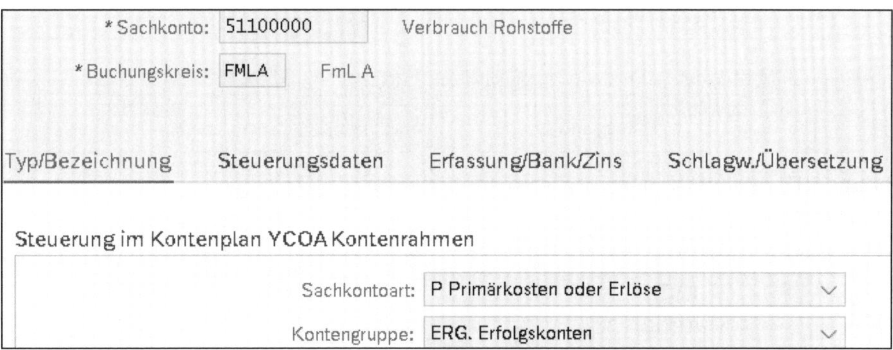

Abbildung 1.11 Feld »Sachkontoart« im Kontostamm

Diese Einstellungen werden nur noch in der gemeinsamen Transaktion FS00 (Sachkonto bearbeiten) bzw. in der SAP-Fiori-App (Sachkontenstammdaten verwalten) vorgenommen; es ist also eine noch stärkere Zusammenarbeit von Buchhaltung und Controlling notwendig. Einige Unternehmen suchen inzwischen auch gezielt nach Personen, die sich in beiden Bereichen auskennen. Es entsteht ein neues Berufsbild des sogenannten *Biltrollers*.

Erfolgt eine Buchung mit einer primären Kostenart oder einer Erlösart, handelt es sich immer um eine Buchung in der Buchhaltung mit zusätzlicher Kontierung im Controlling. Wird z. B. ein Material aus einem Lager auf einer Kostenstelle verbraucht, lautet die Buchung »Materialverbrauch (Soll) an Bestand (Haben)«, wie in Abbildung 1.13 dargestellt.

*Sachkonto: 51100000 Verbrauch Rohstoffe
*Buchungskreis: FMLA FmL A

Typ/Bezeichnung | Steuerungsdaten | Erfassung/Bank/Zins | Schlagw./Übersetzung

Kontosteuerung im Buchungskreis

Kontowährung: EUR Europäischer Euro
Salden nur in Hauswährung: ☐
Steuerkategorie: - Nur Vorsteuer erlaubt
Buchung ohne Steuer erlaubt: ☐
Alternative Kontonummer:

Kontoverwaltung im Buchungskreis

SortierSchlüssel: 008 Kostenstelle

Kontoeinstellungen am Kostenrechnungskreis FML FmL

*Kostenartentyp: 1 Primärkosten / kostenmindernde Erlöse

Abbildung 1.12 Feld »Kostenartentyp« im Kontostamm

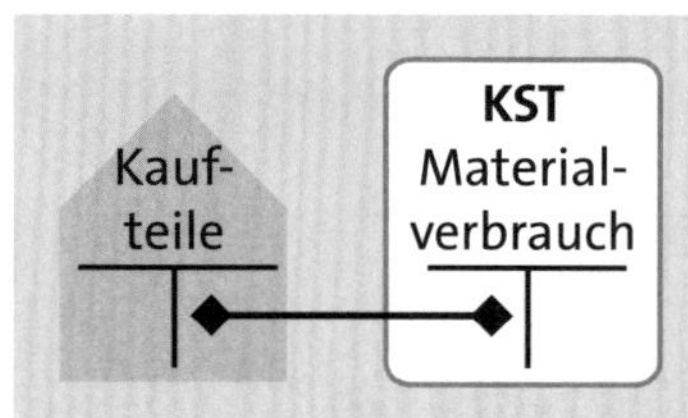

Abbildung 1.13 Primärbuchung

1.2.3 Sekundäre Kostenarten

Wird ein Herstellteil gefertigt, fallen natürlich nicht nur Materialkosten an, sondern auch Fabrikkosten. Diese umfassen Kosten für Personal, Abschreibungen, Frachten, Mieten, Energie, Leistungen Dritter, Instandhaltung usw.

Diese Kosten werden in den meisten Fällen zunächst als FI-Buchung auf eine Kostenstelle kontiert, also als Primärkosten. Im Controlling können diese Kosten weiterverrechnet werden. Die Verrechnung erfolgt durch verschiedene Arten von sekundären Kosten, die dann kontenmäßig keine direkte Auswirkung auf die GuV haben. Eine sekundäre Kostenart wird immer mit demselben Wert in Soll und Haben gebucht, aus buchhalterischer Sicht hebt sie sich also immer zu null auf. Um diese sekundären Verrechnungen von Primärkosten zu unterscheiden, werden sie gestrichelt dargestellt (siehe Abbildung 1.14).

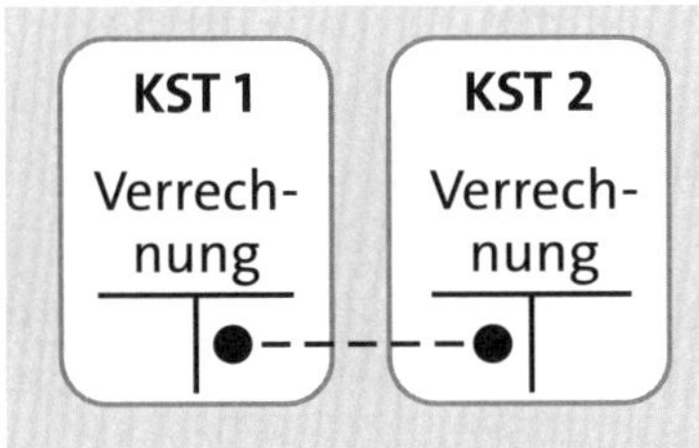

Abbildung 1.14 Sekundärbuchung

Auch die sekundären Kostenarten werden in SAP S/4HANA in Transaktion FS00 (Sachkonto bearbeiten) angelegt.

1.2.4 Arten der Ergebnisrechnung

Die Ergebnisrechnung gibt es in zwei Ausprägungen. Die *kalkulatorische Ergebnisrechnung* stand über Jahre im Vordergrund, und die *buchhalterische Ergebnisrechnung* führte eher ein Nischendasein. Durch die Einführung von SAP HANA hat sich das Verhältnis umgedreht, und die buchhalterische Ergebnisrechnung steht zurzeit im Vordergrund. Im Englischen heißt die Ergebnisrechnung übrigens *Profitability Analysis*, woraus sich die Komponentenbezeichnung CO-PA (Controlling – Profitability Analysis) ableitet.

In SAP S/4HANA wurde die buchhalterische Ergebnisrechnung von SAP bis zu Release 1809 unter dem Begriff *vereinfachte Ergebnisrechnung* geführt; seit Version 1909 heißt sie *Margin Analysis*. Inhaltlich wurde die ehemalige buchhalterische Ergebnisrechnung weiterentwickelt. Alle Merkmale sind nun als Felder des Universal Ledgers in die Tabelle ACDOCA integriert. Ebenso sind einige wichtige Funktionen hinzugekommen. In diesem Buch werden Sie den *COGS-Split* und den *PRD-Split* kennenlernen, die sogenannten *attributierten Ergebnisobjekte* hingegen nicht.

Es gibt verschiedene Arten, wie Buchungen in die Margin Analysis erfolgen. Die wichtigsten unter dem Aspekt der Integration in die Logistik sind die Auslieferung und die Faktura mit SD sowie die Abrechnung von Abweichungen der Kontierungsobjekte, die die Herstellung abbilden, d. h. Fertigungsaufträge, Produktkostensammler usw.

Die Ergebnisrechnung bildet das UKV ab. Hier wird deutlich der Vorteil erkennbar: Im GKV können Sie Materialaufwände, Personalaufwände usw. nicht Materialien oder Kunden zuordnen. Für das UKV haben Sie in der Buchhaltung zwar auch nur eine aggregierte Sicht auf Kontenebene, aber zusammen mit CO-PA können Sie diese detailliert auf der Material- und Kundenebene auswerten.

Ergebnisobjekte

Beide Arten der Ergebnisrechnung zeigen Erlöse und Kosten auf *Ergebnisobjekten* und ermöglichen dadurch Auswertungen über Deckungsbeiträge. Ein Ergebnisobjekt ist eine Kombination aus verschiedenen Merkmalen. Die beiden wichtigsten Merkmale sind dabei **Artikelnummer** und **Kunde**. Bei 1.000 Artikeln und 200 Kunden wären das bereits 200.000 mögliche Ergebnisobjekte. Aus diesen beiden Grunddaten und den Daten aus dem Vertriebsbeleg lassen sich viele weitere Merkmale ableiten, wie z. B. **Produktgruppe**, **Kundengruppe**, **Region**, **Vertriebsabteilung** usw.

Werte und Mengen

In der kalkulatorischen Ergebnisrechnung werden die Werte und Mengen auf selbst zu definierenden Wert- bzw. Mengenfeldern gebucht. Diese sind losgelöst von den Konten der Buchhaltung; daher muss immer eine Zuordnung festgelegt werden. Es können auch kalkulatorische Werte gebucht werden, die gar nicht in der Buchhaltung vorkommen und die ohne ein Gegenkonto erfasst werden.

Die Ist-Buchungen der Margin Analysis sind in SAP S/4HANA komplett in das Universal Ledger integriert worden, was bedeutet, dass alle Merkmale, die zusätzlich zu den von SAP fest vorgegebenen Merkmalen angelegt werden, in das Universal Ledger, d. h. in die Tabelle ACDOCA als Feld mit aufgenommen werden. Wertfelder gibt es hier nicht, denn es werden die bereits existierenden Kostenarten verwendet. FI und CO sind dadurch immer aufeinander abgestimmt.

Belegarten

Der CO-PA-Beleg der kalkulatorischen Ergebnisrechnung ist ein eigener Belegtyp und hat technisch nichts mit einem normalen Kostenrechnungsbeleg, wie er für alle andere Kontierungsobjekte verwendet wird, zu tun. Dagegen sind die in der Margin Analysis erstellten Belege normale Kostenrechnungsbelege, die als Kontierungsobjekt eben ein Ergebnisobjekt besitzen, also eine Kombination aus Merkmalen darstellen.

In der Margin Analysis ist das Ergebnisobjekt somit ein Kontierungsobjekt auf demselben Level wie alle anderen Kontierungsobjekte, während es für die kalkulatorische Ergebnisrechnung einen Sonderstatus besitzt.

Zeitpunkt Belegerstellung

Der größte Unterschied zwischen den beiden Arten der Ergebnisrechnung betrifft den Zeitpunkt der Belegerstellung (siehe Tabelle 1.2).

Vorgang	Buchhaltung	Kalkulatorische Ergebnisrechnung	Margin Analysis
Warenausgang	Kosten der Umsatzerlöse	–	Kosten der Umsatzerlöse
Faktura	Erlöse	Kosten der Umsatzerlöse und Erlöse	Erlöse

Tabelle 1.2 Zeitpunkt der CO-PA-Buchung

In der kalkulatorischen Ergebnisrechnung wird zum Zeitpunkt des Warenausgangs für den Verkauf kein CO-PA-Beleg erstellt; es erfolgt nur eine FI-Buchung. Dafür werden mit der Faktura dann nicht nur der Erlös und die Erlösschmälerungen auf Wertfelder übernommen, sondern auch die Kosten des Umsatzes, und zwar zu einem kalkulatorischen Ansatz. Dabei wird zu einer Materialnummer die zum Zeitpunkt des Warenausgangs gültige Standardpreiskalkulation mit ihrer Schichtung herangezogen und jede Schicht einem Wertfeld zugeordnet. Es entsteht also nur ein einziger CO-PA-Beleg, der sowohl Erlöse als auch die Kosten der Umsatzerlöse enthält. Diese Vorgehensweise führt natürlich zu Schwierigkeiten in der Abstimmung mit den Zahlen der Buchhaltung.

In der Margin Analysis wird hingegen der erste Beleg bereits zum Zeitpunkt des Warenausgangs und der zweite Beleg dann zum Zeitpunkt der Faktura erzeugt. Bis zur Einführung von SAP S/4HANA enthielt der erste Beleg nur einen einzigen Wert, nämlich den gesamten Standardpreis, was genauere Analysen unmöglich machte. Die im Folgenden erklärte Funktion eliminiert diesen Nachteil.

Aufteilung der Kosten des Umsatzes

Der englische Begriff *COGS-Split*, abgeleitet von *Cost of Goods Sold*, ist hier einprägsamer als die deutsche Bezeichnung »Aufteilung der Kosten des Umsatzes«. Wird ein Eigenerzeugnis, für das natürlich eine gültige Kalkulation existieren muss, durch den Warenausgang auf ein bestimmtes Konto gebucht, erfolgt im Nachgang durch einen zweiten Beleg eine Umbuchung des Gesamtwertes mit Aufteilung in die Schichten aus der Kalkulation. Ein Beispiel dafür finden Sie in Abschnitt 2.2, »Verkauf Eigenerzeugnis aus Lager«.

[!]

Typ der Ergebnisrechnung in diesem Buch

Für die Beispiele und Buchungsschemata in diesem Buch wird ausschließlich die Margin Analysis verwendet.

1.3 Logistik

Da Sie nun die wichtigsten Begriffe der Buchhaltung und des Controllings kennen, wird es Zeit, dass auch die Logistiker*innen mit ins Boot steigen! Für das Verständnis der Integration sind vier Elemente grundlegend: Aus der Materialwirtschaft sind das die Bewegungsart, die MM-Kontenfindung sowie Sonderbestandskennzeichen. Hinzu kommt mit der SD-Erlöskontenfindung ein Element aus dem Vertrieb.

1.3.1 MM-Bewegungsarten

Alle Buchungen, die Materialbewegungen betreffen, werden über eine *MM-Bewegungsart* gesteuert. Da oft nur Logistiker*innen sofort wissen, bei welcher Nummer es sich um welchen Sachverhalt handelt, habe ich Ihnen in Tabelle 1.3 schon einmal die wichtigsten Bewegungsarten zusammengestellt. In den einzelnen Szenarien gehe ich noch einmal genauer auf die jeweiligen MM-Bewegungsarten ein.

Nr.	SAP-Bezeichnung	Beschreibung
101	WE für Wareneingang	Wareneingang zu einer Bestellung/ Wareneingang zu einem Fertigungsauftrag
131	Wareneingang	Wareneingang zu einem Produktkostensammler
201	WA für Kostenstelle	Warenausgang als Materialverbrauch auf einer Kostenstelle
261	WA für Auftrag	Warenausgang als Materialverbrauch auf einem Produktkostensammler, Innen-, Fertigungs-, CS-, PM- oder QM-Auftrag
281	WA für Netzplan	Warenausgang als Materialverbrauch auf einem Netzplan
301	UL Umlagern WK an WK	Umlagerung von Werk an Werk in einem Schritt
311	UL Umlagern im Werk	Umlagerung von Lagerort an Lagerort in einem Schritt
411	UL Lgort an Lgort	Umbuchung von Sonderbeständen in den eigenen Bestand
531	Zugang Nebenprodukt	Wareneingang eines Nebenprodukts in der Kuppelfertigung
541	WA Lager an LB-Best	Umbuchung von Lager an Lieferantenbeistellbestand

Tabelle 1.3 MM-Bewegungsarten (Auswahl)

Nr.	SAP-Bezeichnung	Beschreibung
543	WA Abgang LB-Bestand	Materialverbrauch aus dem Lieferantenbeistellbestand
601	WL WarenausLieferung	Warenausgang zu einer Lieferung im Versand
631	WA Konsi Ausleihe	Umbuchung eines freien Bestands an den Kundenkonsignationsbestand
633	WA Abgang Konsi Kund	Warenausgang aus dem Kundenkonsignationsbestand

Tabelle 1.3 MM-Bewegungsarten (Auswahl) (Forts.)

Wareneingang/Warenausgang

Die Begriffe *Wareneingang* und *Warenausgang* werden im SAP-System immer aus der Sicht des Lagers interpretiert, es ist also ein Wareneingang in das Lager und ein Warenausgang aus dem Lager.

Die Bewegungsart steuert in den meisten Fällen zwei Konten an, z. B. im Falle der Bewegungsart 201 ein Bestandskonto und ein Materialverbrauchskonto. In speziellen Fällen kommen weitere Konten wie Preisdifferenzenkonten oder andere Konten hinzu.

In der Buchungslogik werde ich für alle MM-Bewegungen die Nummer der Bewegungsart mit angeben. So wissen zum einen die Finanzer*innen, um welche Konten, und zum anderen die Logistiker*innen, um welche Art der Bewegung es sich handelt. Der Verbrauch von Material auf einem Fertigungsauftrag sieht damit wie in Abbildung 1.15 gezeigt aus.

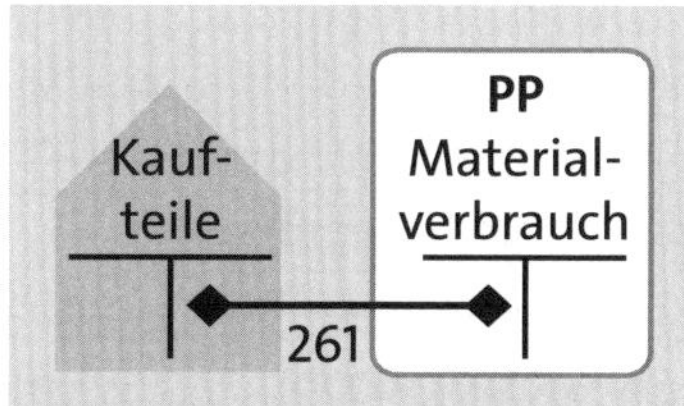

Abbildung 1.15 Buchungsschema mit der MM-Bewegungsart 261

Einige Bewegungsarten steuern überhaupt keine Konten an und führen somit zu keinem Beleg im Rechnungswesen. So wechselt bei der Bewegungsart 311 ein Material nur innerhalb eines Werkes seinen Lagerort. Wo das Material gerade liegt, hat keine Auswirkung auf die finanzielle Bewertung, und somit bleibt der Wert unangetastet auf dem Materialbestandskonto. In diesem Fall verwende ich in der Buchungslogik einen gestrichelten Pfeil und verlängere das T-Konto, um anzudeuten, dass sich Konto und Wert durch diese Bewegung nicht ändern (siehe Abbildung 1.16).

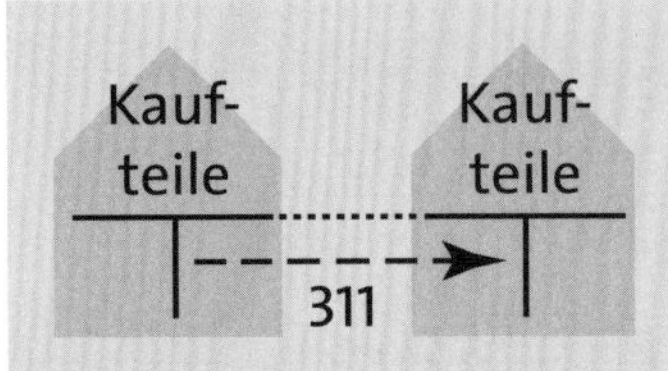

Abbildung 1.16 Buchungsschema mit MM-Bewegungsart ohne Rechnungswesenbeleg

1.3.2 MM-Kontenfindung

Die meisten Konten werden aufgrund der auslösenden Buchung automatisch ermittelt. Diese Kontenfindung findet zum größten Teil in der Materialwirtschaft (MM) statt. Hinzu kommt im Vertrieb die Erlöskontenfindung. Die *MM-Kontenfindung* ist die zentrale Schaltstelle für die Integration zwischen Logistik und Finanzwesen, weshalb es wichtig ist, einige Details dieser Kontenfindung zu verstehen.

Das Konto wird bei einer MM-Bewegung über die Kombination aus mehreren Werten, die bei dieser Buchung vorliegen, gefunden. Die dafür relevanten Felder stelle ich Ihnen nun näher vor.

Kontenplan

Der Kontenplan wird immer aus dem Buchungskreis abgeleitet, dem ein Werk zugeordnet ist.

Bewertungsmodifikationskonstante

Die *Bewertungsmodifikationskonstante* ist wahrlich eine tolle Wortschöpfung. Aber was ist das? Hierzu muss ich etwas ausholen. Die zentrale Organisationseinheit in MM ist das Werk. Normalerweise entspricht ein Werk genau einem *Bewertungskreis*. Das SAP-System ließe sich auch anders einstellen, denn dann entspräche ein Buchungskreis einem Bewertungskreis, und alle Werke müssten zwangsläufig immer die gleiche Kontenfindung verwenden. SAP rät aber generell von dieser Vorgehensweise ab. Falls Produktionsplanung und Kalkulation eingesetzt werden, muss die Bewertung zwingend auf der Werksebene erfolgen.

Alle Kontenfindungen können pro Bewertungskreis (also pro Werk) gesteuert werden. In diesem Fall erhält jeder Bewertungskreis (also jedes Werk) eine eigene Bewertungsmodifikationskonstante; meist wird dann derselbe Schlüssel wie für das Werk selbst verwendet, aber es können sich auch mehrere Bewertungskreise die gleichen

Einstellungen teilen, dann gibt es eine übergreifende Bewertungsmodifikationskonstante. Verwirrend? Ja! Aber wenn Sie sich einfach merken, dass das Werk indirekt ein Teil der Kontenfindung ist, reicht das für den Anfang aus.

Vorgänge

Die wichtigste Einteilung in der Kontenfindung sind die *Vorgänge*, für die es einen mehr oder weniger sprechenden Schlüssel gibt, der einen buchhaltungsrelevanten Vorgang aus der Materialwirtschaft bezeichnet. In Tabelle 1.4 sehen Sie eine kurze Übersicht der Vorgänge. Eine detaillierte Liste mit Erklärungen finden Sie im Anhang.

Vorgang	Bezeichnung
BSV	Bestandsveränderung (Lohnbearbeitung)
BSX	Bestandsbuchung
FRL	Fremdleistung (Lohnbearbeitung)
GBB	Gegenbuchung zur Bestandsbuchung
KON	Konsignationsverbindlichkeiten
PRD	Preisdifferenzen
UMB	Umbewertung
WRX	WE/RE-Verrechnung

Tabelle 1.4 Vorgänge in der MM-Kontenfindung

In zwei für uns interessanten Fällen wird der Vorgang noch einmal über einen zweiten Wert differenziert (siehe Tabelle 1.5). Zur Untergliederung des Vorgangsschlüssels dient die sogenannte *allgemeine Modifikationskonstante* (noch ein schönes Wort der SAP-Terminologie).

Vorgang	Allgemeine Kontomodifikationskonstante	Verwendung
GBB	AUA	Auftragsabrechnung
GBB	AUF	Wareneingänge zu kontierten Fertigungsaufträgen
GBB	INV	Aufwand/Ertrag aus Inventurdifferenzen
GBB	VAX	Warenausgänge für Kundenaufträge ohne Kontierungsobjekt

Tabelle 1.5 Allgemeine Modifikationskonstante in der MM-Kontenfindung

Vorgang	Allgemeine Kontomodifikationskonstante	Verwendung
GBB	VAY	Warenausgänge für Kundenaufträge mit Kontierungsobjekt
GBB	VBO	Verbräuche aus dem Lieferantenbeistellbestand
GBB	VBR	interne Warenausgänge (z. B. für Kostenstelle)
GBB	VKA	Kundenauftragskontierung (z. B. bei Einzelbestellung)
GBB	VNG	Verschrottung/Vernichtung
GBB	VQP	Stichprobenentnahmen
PRD	–	Wareneingänge und Rechnungseingänge zu Bestellungen
PRD	PRF	Wareneingänge zu Fertigungsaufträgen und Auftragsabrechnung
PRD	PRA	Warenausgänge und andere Bewegungen
PRD	PRU	Umbuchungen (Preisdifferenzen bei externen Beträgen)

Tabelle 1.5 Allgemeine Modifikationskonstante in der MM-Kontenfindung (Forts.)

Zu beachten ist, dass es GBB nie ohne allgemeine Modifikationskonstante geben kann, PRD kann allerdings mit oder ohne Modifikationskonstante verwendet werden.

Einen weiteren Sonderfall stellt der Vorgang KBS dar. In der MM-Kontenfindung können diesem keine Konten zugeordnet werden; die Kontierung wird hier aus der Bestellung übernommen.

Bewertungsklasse

In jedem Materialstamm müssen Sie eine *Bewertungsklasse* hinterlegen. Die für die Szenarien in diesem Buch wichtigsten Bewertungsklassen der SAP-Standardauslieferung finden Sie in Tabelle 1.6.

Bewertungsklasse	Bezeichnung
3000	Rohstoffe
3100	Handelswaren

Tabelle 1.6 Bewertungsklassen in der MM-Kontenfindung

Bewertungsklasse	Bezeichnung
7900	Halbfabrikate
7920	Fertigerzeugnisse

Tabelle 1.6 Bewertungsklassen in der MM-Kontenfindung (Forts.)

Durch die Bewertungsklasse ist es möglich, gleiche Geschäftsvorfälle auf verschiedene Konten zu buchen. Beispielsweise ist es wichtig, den Bestand von Rohstoffen auf einem anderen Konto als Fertigerzeugnisse auszuweisen. Die Bewertungsklasse kann Teil der MM-Kontenfindung sein, muss es aber nicht. Dies kann pro Vorgang im Customizing eingestellt werden. So spielt die Bewertungsklasse in unseren Szenarien eine Rolle für den Vorgang BSX (Bestandsbuchung), aber nicht für den Vorgang WRX (WE/RE-Verrechnung).

Im Zusammenhang mit der Bewertungsklasse ist auch das Thema der *Preissteuerung* im Materialstamm zu betrachten. Für jedes Material kann in der Sicht **Buchhaltung 1** gewählt werden, ob es mit Preissteuerung V (*gleitender Durchschnittspreis*) oder Preissteuerung S (*Standardpreis*) bewertet werden soll:

- Bei einer *V-Preissteuerung* ändert sich der Preis durch Warenbewegungen und Rechnungserfassungen. Er ergibt sich aus dem Materialwert, dividiert durch den Materialbestand, und wird bei jeder relevanten Buchung automatisch neu berechnet. Ist der aktuelle V-Preis eines Materials z. B. 10 EUR und sind nur 10 Stück auf Lager, liegt dieser bei einem Gesamtwert von 100 EUR. Erfolgt nun ein Wareneingang zu einer Bestellung von 5 Stück bei einem Einkaufspreis von 13 EUR pro Stück, ergeben sich aus den Materialwerten von 10 EUR pro Stück und 13 EUR pro Stück 165 EUR (10 EUR × 10 Stück + 13 EUR × 5 Stück) und aus dem Materialbestand von 10 Stück + 5 Stück = 15 Stück ein neuer V-Preis von 165 EUR ÷ 15 Stück = 11 EUR.
- Bei einer *S-Preissteuerung* bleibt der Preis konstant. Alle Buchungen, die zu einem abweichenden Wert erfolgen, führen zu einer Preisdifferenz. Diese Differenz wird auf einem separaten Konto verbucht. Der Preis kann nur durch eine explizite Materialpreisänderung oder durch die Freigabe eines neu kalkulierten Standardpreises geändert werden.

Welche Preissteuerung sollte nun verwendet werden? Für Herstellteile empfiehlt SAP, unbedingt die Preissteuerung S einzusetzen, da der Standardpreis über eine Plankalkulation in CO ermittelt werden kann und dann ein Controlling anhand dieses Wertes erfolgen und Abweichungen analysiert werden können. Für fremdbeschaffte Materialien wird im Allgemeinen ein gleitender Durchschnittspreis verwendet, um die Anschaffungskosten abzubilden. Manche Unternehmen arbeiten aber auch hier mit einem Standardpreis.

Zu dieser Vorgehensweise gibt es eine wichtige Ausnahme: Wird die Material-Ledger-Funktion *Ist-Kalkulation* mit *ein- und mehrstufiger Preisermittlung* eingesetzt, müssen alle Materialien mit Standardpreis bewertet werden! Dieser gilt zunächst vorläufig für eine Periode. Ist die Periode abgeschlossen, wird rückblickend ein sogenannter *periodischer Verrechnungspreis* ermittelt und nur für die letzte abgeschlossene Periode als V-Preis fortgeschrieben. Das Material-Ledger ist mit SAP S/4HANA zwar verpflichtend geworden, aber die Funktion *Ist-Kalkulation* bleibt immer noch optional. Für die Einführung und den Betrieb bedarf es aber zusätzlicher Aktivitäten.

In den Szenarien dieses Buches werden für Materialien generell die Preissteuerungen aus Tabelle 1.7 verwendet.

Bewertungsklasse	Preissteuerung
3000	V
3100	V
7900	S
7920	S

Tabelle 1.7 Preissteuerung der Bewertungsklassen in den Szenarien

Die Preissteuerung wird im Buchungsschema nicht direkt mit abgebildet, sondern ist implizit über die Angabe der Bewertungsklasse gegeben.

MM-Kontenfindung im Buchungsschema

Bei den entsprechenden Buchungen werden in der Buchungslogik die Art der Kontenfindung (MM, SD oder FI), der Vorgang und die allgemeine Kontomodifikationskonstante immer mit angeführt. Die Bewertungsklasse wird nur bei den Vorgängen angeführt, wo sie zur Differenzierung verwendet wird. Dadurch wird für jeden Vorgang auf einen Blick klar, über welchen Weg das Konto ermittelt wird. Abbildung 1.17 zeigt die Darstellung für einen Wareneingang zu einer Bestellung in ein Lager mit Bewegungsart und den beiden Kontenfindungen.

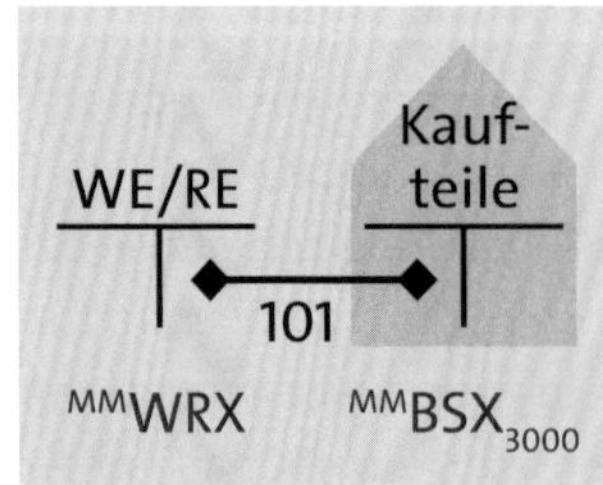

Abbildung 1.17 Buchungsschema mit MM-Kontenfindung

1.3.3 Sonderbestände

Für einige Prozesse ist es erforderlich, Bestände getrennt in sogenannten *Sonderbeständen* zu führen. In diesem Fall reicht die Kombination aus Werk und Lagerort nicht mehr aus, und Sie benötigen ein *Sonderbestandskennzeichen* (siehe Tabelle 1.8).

Sonderbestandskennzeichen	Bezeichnung
E	Auftragsbestand
K	Lieferantenkonsignation
O	Lohnbearbeiterbestand
Q	Projektbestand
W	Kundenkonsignationsbestand

Tabelle 1.8 Sonderbestandskennzeichen

Die genaue Verwendung eines bestimmten Sonderbestandskennzeichens wird in den betroffenen Szenarien detailliert erklärt.

In den Buchungsschemata in diesem Buch wird ein Sonderbestand etwas anders als der normale Lagerort dargestellt (siehe Abbildung 1.18). Ich verwende ein Rechteck mit oben abgeschrägten Ecken. Bewegungsarten werden immer in Kombination mit dem Sonderbestandskennzeichen angegeben. Der Warenausgang aus einem Beistellbestand bei einem Lohnbearbeiter wird wie in Abbildung 1.18 abgebildet.

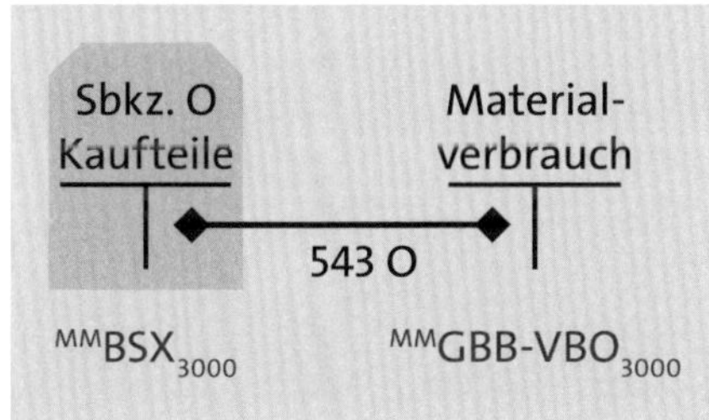

Abbildung 1.18 Buchungsschema mit Sonderbestandskennzeichen

1.3.4 SD-Erlöskontenfindung

Ähnlich wie bei der MM-Kontenfindung wird das Konto in der *Erlöskontenfindung* über eine Kombination aus mehreren Werten ermittelt. Immer auch einbezogen werden der Kontenplan und die Verkaufsorganisation. Der Unterschied zur MM-Kontenfindung besteht darin, dass zum Zeitpunkt der Faktura verschiedene Strategien in einer bestimmten *Zugriffsfolge* durchlaufen werden, bis in einer Strategie ein zugeordnetes Konto gefunden wird. Im Standard, der aber sehr flexibel angepasst werden kann, wird in folgender Reihenfolge geschaut, ob ein Konto für eine der folgenden Kombinationen gepflegt ist:

- Kontierungsgruppe **Debitor**/Kontierungsgruppe **Material**/Kontoschlüssel
- Kontierungsgruppe **Debitor**/Kontoschlüssel
- Kontierungsgruppe **Material**/Kontoschlüssel
- Kontoschlüssel

Die *Kontierungsgruppe* **Debitor** wird im Debitorenstamm und die *Kontierungsgruppe* **Material** im Materialstamm gepflegt. Hierüber lassen sich in der Kontenfindung Gruppierungen bilden, um verschiedene Konten zu ermitteln. Insgesamt sollte hier auf der Kontenebene nur unterschieden werden, wenn es unbedingt nötig ist. Ein Controlling im Sinne einer differenzierten Auswertung des Buchungsstoffes sollte nicht über eine Aufteilung eines Kontos in viele Konten erfolgen. So ist die Unterscheidung von in- und ausländischen Erlösen bestimmt sinnvoll, aber nicht die Untergliederung in 25 verschiedene Produktgruppen. Diese Information sollte über die zusätzliche Kontierung des Ergebnisobjektes erfolgen.

Kontoschlüssel gibt es in großer Zahl bereits in der SAP-Standardauslieferung, die zudem beliebig erweitert werden kann. Die gebräuchlichsten Kontoschlüssel sind in Tabelle 1.9 dargestellt.

Kontoschlüssel	Bezeichnung
ERL	Erlöse
ERS	Erlösschmälerungen
ERF	Frachterlöse
ERB	Bonus Erlösschmälerung
ERU	Bonus Rückstellungen
MWS	Mehrwertsteuer

Tabelle 1.9 SD-Kontoschlüssel

Hier gibt es ein riesiges Feld, in dem Sie sich im Prinzip »austoben« können. Die Materie ist aber so unternehmensspezifisch, dass ich in den Beispielen aus Vereinfachungsgründen nur ganz normale Erlöse mit dem Kontoschlüssel ERL verwenden werde. Dies entspricht dem vierten Eintrag **Kontoschlüssel** in der Zugriffsreihenfolge. Erlöskontenfindungen kürze ich in der Darstellung mit SD ab und gebe den Kontoschlüssel mit an (siehe Abbildung 1.19).

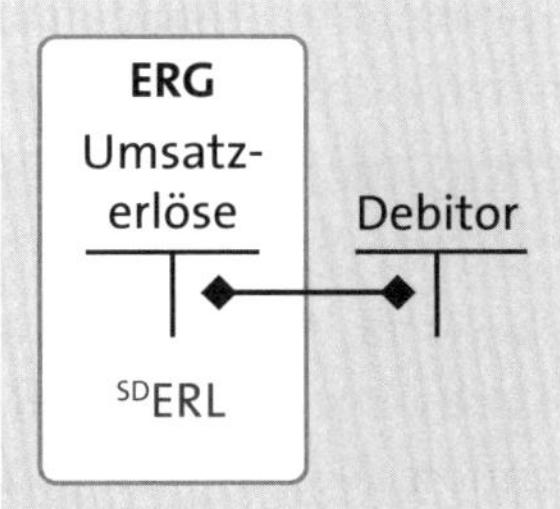

Abbildung 1.19 Buchungsschema mit SD-Erlöskontenfindung

1.4 Prozessdarstellung

In einem Unternehmen ist es wichtig zu wissen, welche Mitarbeitenden in welcher Reihenfolge welche Vorgänge erledigen müssen, damit ein reibungsloses Zusammenspiel funktioniert. Es passiert oft, dass ein Prozess eingeführt wird, aber keine saubere Dokumentation stattfindet und die Mitarbeitenden nach einigen Jahren Prozessschritte ausführen, ohne die Einbettung in das große Ganze zu verstehen. Gerade in größeren Unternehmen muss manchmal aufwendig analysiert werden, wie ein Prozess eigentlich läuft und welche Auswirkungen eine Veränderung hätte. Für die Dokumentation gibt es verschiedene Möglichkeiten, von denen ich Ihnen hier eine für viele leicht verständliche und daher praktikable Option vorstelle.

1.4.1 Schwimmbahnen-Diagramme

Um darzustellen, wer wann was zu tun hat, sind *Schwimmbahnen-Diagramme* eine ausgezeichnete Möglichkeit. Sie werden mit der sogenannten *Business Process Model and Notation 2.0* (BPMN) dargestellt. Ich verwende dabei aber nur eine kleine Auswahl der möglichen Notationselemente (siehe Tabelle 1.10). Eine ausführliche Übersicht finden Sie unter *http://s-prs.de/v838200*.

Beschreibung	Notation
Startereignis	
Endereignis	
Aufgabe	Aufgabe
Pool/Schwimmbahn	
Sequenzfluss	

Tabelle 1.10 BPMN-Notationselemente

In dieser Darstellungsweise ist der *Pool* das SAP-System des eigenen Unternehmens. Jede *Schwimmbahn* stellt einen Fachbereich dar. Für ein konkretes Unternehmen ist diese Aufteilung zu detaillieren, und eine Bahn bildet eine Abteilung, ein Team oder sogar einzelne Personen ab.

Eine *Aufgabe* bildet eine SAP-Fiori-App bzw. eine SAP-Transaktion ab. Vielen SAP-Anwender*innen sind die Transaktionscodes bekannt, die im GUI verwendet werden. Daher nenne ich diese zusätzlich. Für Aufgaben gilt die Konvention, jeweils ein Objekt mit einem Verb zu kombinieren, z. B. »Warenausgang buchen«.

In diesem Buch verwende ich für Aufgaben helle und dunkle Hintergründe (siehe Abbildung 1.20). Aufgaben mit dunklem Hintergrund sind die Prozessschritte, in denen ein Buchhaltungsbeleg und/oder ein Kostenrechnungsbeleg entstehen. Diese sind also für die Integration in das Finanzwesen relevant. Alle anderen sind logistisch notwendige Schritte, um den Prozess vollständig aufzuzeigen. Die Aufgabe »Bestellung anlegen« löst keinen Rechnungswesenbeleg aus, die Aufgabe »Wareneingang buchen«, die mit Bezug zu der angelegten Bestellung getätigt wird, hingegen schon.

Abbildung 1.20 Finanzrelevante Aufgaben

Jeder Prozess beginnt mit einem *Startereignis* und endet mit einem *Endereignis*. Über *Sequenzflüsse*, die wie die normale Leserichtung von links nach rechts verlaufen, werden Aufgaben in ihrer abzuarbeitenden Reihenfolge dargestellt. Führen Sie alles zusammen, erhalten Sie eine sehr übersichtliche Darstellungsweise (siehe Abbildung 1.21).

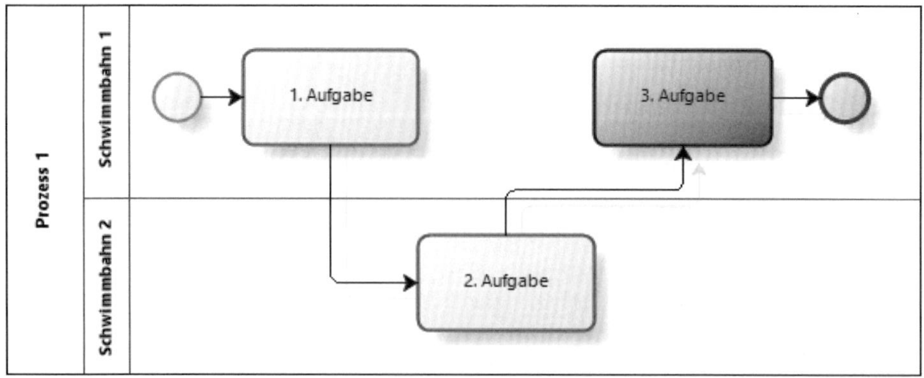

Abbildung 1.21 BPMN-Prozessdarstellung

In wenigen Fällen verwende ich einen zusätzlichen Pool, z. B. im Szenario der Lohnbearbeitung in Abschnitt 2.7, »Lohnbearbeitung«, um einen weiteren Prozesspartner abzubilden, der einen wichtigen Prozessschritt durchführt. Die Verbindung zwischen Pools erfolgt in der BPMN-Darstellungsweise über gestrichelte Linien.

1.4.2 Verknüpfung von Schwimmbahn-Diagrammen mit dem Buchungsschema

Um zu erkennen, welche Aufgabe im Schwimmbahn-Diagramm welche Buchung im Buchungsschema auslöst, wird die Nummer der Aufgabe im Buchungsschema eingetragen (siehe Abbildung 1.22).

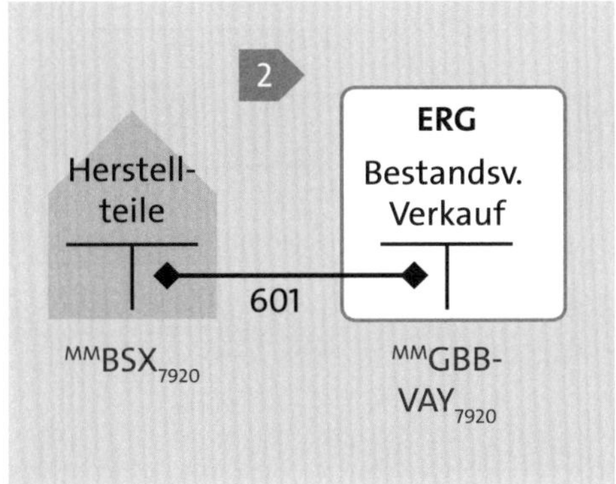

Abbildung 1.22 Zuordnung der Prozessschritte im Buchungsschema

1.5 Organisationsstruktur

Die Systembeispiele finden in einem Beispielunternehmen statt, für das Sie eine Organisationsstruktur im SAP-System benötigen (siehe Abbildung 1.23). Im Folgenden stelle ich Ihnen die einzelnen Elemente vor.

Auf höchster Stufe befindet sich der *Ergebnisbereich* der Komponente CO-PA. In ihm können alle Buchungen ausgewertet werden, die auf ein Ergebnisobjekt kontiert sind. Für einen Ergebnisbereich wird festgelegt, welche Merkmale zur Bildung von Ergebnisobjekten zur Verfügung stehen. Einem Ergebnisbereich können ein oder mehrere Kostenrechnungskreise zugeordnet werden.

Einem *Kostenrechnungskreis* sind alle anderen Kontierungsobjekte des Controllings (CO) wie Kostenstellen, Innenaufträge, PP-Aufträge, Produktkostensammler, PSP-Elemente usw. zugeordnet. Ein Kostenrechnungskreis kann als analog zu einem Buchungskreis oder auch als buchungskreisübergreifend eingestellt werden. Wird er buchungsübergreifend eingestellt, müssen alle zugeordneten Buchungskreise denselben Kontenplan und dieselbe Geschäftsjahresvariante zugeordnet haben.

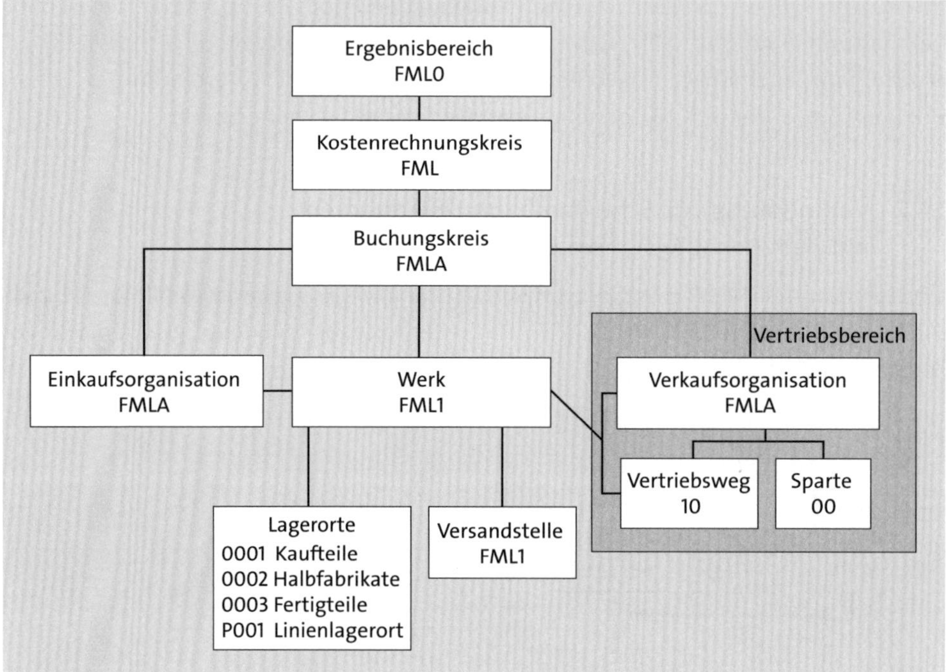

Abbildung 1.23 Organisationsstruktur

Der *Buchungskreis* der Komponente FI stellt eine selbständig bilanzierende Einheit dar, also eine rechtliche Gesellschaft, für die ein eigener gesetzlicher Einzelabschluss mit Bilanz und GuV erfolgen muss. Alle Konten werden auf der Buchungskreisebene geführt. Alle Kontierungsobjekte sind zusätzlich zum Kostenrechnungskreis auch immer einem Buchungskreis zugeordnet.

Das *Werk* ist das zentrale Element der Logistik, nach dem ein Unternehmen gegliedert wird. Es kann einen Standort, eine Niederlassung oder eine Betriebsstätte abbilden, aber diese Ausprägung ist sehr auf die jeweilige Situation eines Unternehmens abzustimmen. So kann ein großer Standort auch in mehrere logische Werke unterteilt werden, oder andersherum können auch geografisch auseinanderliegende Betriebsstätten zu einem logischen Werk zusammengefasst werden. Die Materialstammdaten für die Bereiche Einkauf, Disposition, Bestandsführung, Fertigung, Buchhaltung und Kalkulation werden auf Werksebene geführt.

Einkaufs- und Verkaufsorganisation sind dem Namen entsprechende organisatorische Einheiten. Der Einkauf kann, wie in Abbildung 1.23 dargestellt, werksspezifisch erfolgen, aber es ist auch eine buchungskreisspezifische Organisation oder sogar ein zentraler Einkauf für mehrere Gesellschaften möglich. Hingegen ist eine Verkaufsorganisation immer genau einem Buchungskreis zugeordnet. Eine Besonderheit im Verkauf ist, dass Kunden nicht einer Verkaufsorganisation, sondern einem *Vertriebs-*

bereich zugeordnet werden, der durch die Kombination aus *Verkaufsorganisation*, *Vertriebsweg* und *Sparte* gebildet wird. Auch Materialstämme stellen im Verkauf eine Besonderheit dar: Sie werden zum einen einer Kombination aus Verkaufsorganisation und Vertriebsweg und zum anderen für den Versand einem Werk zugeordnet.

Alle im Bestand befindlichen Materialien werden in *Lagerorten* geführt. Ein Lagerort ist immer genau einem Werk zugeordnet.

Auslieferungen mit der Komponente SD erfolgen über eine *Versandstelle*. Auch Versandstellen werden Werken zugeordnet, aber sie können gleichzeitig mehreren Werken zugewiesen werden.

1.6 Elemente des Buchungsschemas

Zum Abschluss dieses Kapitels fasse ich alle Elemente, die in einem Buchungsschema verwendet werden, in Tabelle 1.11 noch einmal zusammen. Die Tabelle bietet Ihnen einen guten Überblick und ist auch als Referenz hilfreich.

Name des Elements	Grafische Darstellung
T-Konto	Konto
FI-Buchung	◆———◆
CO-Verrechnung	●------●
Materialbewegung ohne Buchhaltungsbeleg	------➤
Kontierungsobjekt	KST
Lagerort mit Bestand	
Sonderbestand	
Nummer der MM-Bewegungsart	101
Kontenfindung	^{MM}GBB-VBR$_{3000}$
Prozessreihenfolge	1 2

Tabelle 1.11 Elemente des Buchungsschemas

In den folgenden Kapiteln stelle ich Ihnen verschiedene Szenarien vor. Die Darstellung dieser Szenarien folgt einem festen Aufbau: Zunächst werde ich immer mit einem Schwimmbahn-Diagramm beginnen und dann das Buchungsschema darstellen. Anschließend erfolgt Schritt für Schritt die Erläuterung des jeweiligen Prozesses.

Es sei an dieser Stelle noch einmal darauf hingewiesen, dass die gezeigten Prozesse die wesentlichen Integrationsaspekte aufzeigen sollen. Deshalb werden einige Aspekte nicht berücksichtigt. So werde ich immer nur MM-geführte Lagerorte betrachten, aber keine WM- oder EWM-geführten Lagerorte, die bei jeder Buchung zusätzliche Transportbedarfe zur Abwicklung der werksinternen Logistik zur Folge hätten. Ebenso werden ausgehende Zahlungen für Verbindlichkeiten und eingehende Zahlungen für Forderungen nicht betrachtet, da sie reine Finanzthemen sind. Einzige Ausnahme hierzu bildet das Szenario in Abschnitt 4.1, »Kundeneinzelfertigung«, in dem eine Kundenanzahlung auf dem Bankkonto eine Rolle spielt.

[»]

Darstellung der Prozesse

Zur Darstellung der Prozesse in der BPMN-Notation gibt es diverse Software-Tools, von denen einige auch als Freeware erhältlich sind. Für die Abbildungen in diesem Buch wurde der *Bizagi Modeler* verwendet, aber auch mit anderen Tools ist eine schnelle und einfache Erstellung in der gleichen Weise möglich.

Kapitel 2
Szenarien ohne Produktion

In diesem Kapitel behandeln wir Szenarien, in denen keine eigene Fertigung stattfindet, sondern der betrachtete Prozess entweder nur mit Bezug zum Lieferanten oder nur mit Bezug zum Kunden durchgeführt wird oder ein Material eines Lieferanten als Handelsware direkt an einen Kunden weiterverkauft wird.

Das erste Szenario »Einkauf Lagermaterial« (siehe Abschnitt 2.1) ist ein vorgelagerter Prozess für viele der weiteren Szenarien, der dann nicht mehr explizit erwähnt wird. Für diese weiteren Szenarien gehen wir davon aus, dass bereits genug Kaufteile beschafft wurden und im Lager bereit liegen, um verwendet werden zu können.

Im zweiten und dritten Szenario geht es um den *Verkauf ab Lager*, einmal eines Eigenerzeugnisses (siehe Abschnitt 2.2) und, um den Unterschied zu verdeutlichen, einmal einer Handelsware (siehe Abschnitt 2.3). Wird eine Handelsware speziell für einen bestimmten Kundenauftrag beschafft, sprechen wir von einer *Einzelbestellung* (siehe Abschnitt 2.4).

Bei der Streckenbestellung wird aufgrund eines Kundenauftrags ein Material bei einem Lieferanten bestellt, der dieses Material direkt an den Kunden sendet. Wir unterscheiden dabei zwei Varianten. Ein *Streckengeschäft* kann mit Lieferavis (siehe Abschnitt 2.5) oder ohne Lieferavis (siehe Abschnitt 2.6) erfolgen.

Wird ein Fertigungsschritt von einem Lieferanten übernommen und werden ihm dafür eigene Materialien zur Verfügung gestellt, handelt es sich um eine *Lohnbearbeitung* (siehe Abschnitt 2.7).

Konsignation bedeutet allgemein, dass ein Lieferant bei einem Kunden Ware lagert. Der Lieferant bleibt Eigentümer, bis der Kunde die Ware entnimmt; erst dann erfolgt der Verkauf. Aus Sicht Ihres eigenen Unternehmens ist zu unterscheiden, welche Rolle Sie einnehmen: Sind Sie selbst der Kunde, verwendet SAP den Begriff *Lieferantenkonsignation* (siehe Abschnitt 2.8) und umgekehrt den Begriff *Kundenkonsignation*, wenn Sie selbst der Lieferant sind (siehe Abschnitt 2.9).

Im abschließenden Szenario (siehe Abschnitt 2.10) betrachten wir einen *buchungskreisübergreifenden Verkauf*, in dem ein Buchungskreis Waren an einen Kunden verkauft, die von einem anderen Buchungskreis derselben Organisation geliefert werden.

2.1 Einkauf Lagermaterial

Fangen wir mit einem einfachen Beispiel an: In der Logistik kann dieser Prozess sehr komplex sein, aber hier geht es um die wesentlichen Gesichtspunkte der Integration des Szenarios »Einkauf Lagermaterial«.

Nach der im Vorfeld mit dem Lieferanten stattfindenden Einkaufsverhandlung wird eine Bestellung für eine bestimmte Menge eines Materials angelegt. Anschließend wird das Kaufteil angeliefert und in ein Lager gelegt, und abschließend stellt der Lieferant, der in der Buchhaltung *Kreditor* genannt wird, seine Rechnung, die im System erfasst wird. Im Schwimmbahn-Diagramm stellt sich dieser Prozess wie in Abbildung 2.1 gezeigt dar.

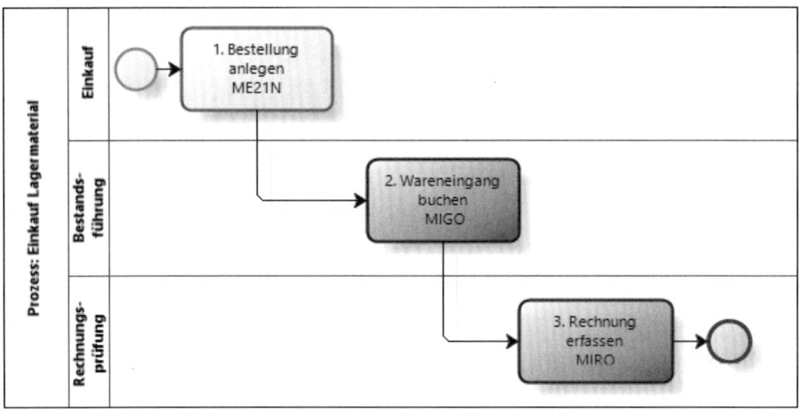

Abbildung 2.1 Prozess »Einkauf Lagermaterial«

Wie sieht nun das dazugehörige Buchungsschema aus? Der normale Wareneingang in MM findet in einem Lagerort statt, der einem Werk zugeordnet ist.

In den meisten Fällen finden die abgebildeten Buchungen chronologisch in Leserichtung von links nach rechts statt, aber an einzelnen Stellen, wie hier beim Einkauf, werden wir diese Reihenfolge nicht einhalten (siehe Abbildung 2.2). Für das Buchungsschema erreichen Sie dadurch eine größere Klarheit. Aus diesem Grund steht hier Schritt 3 links von Schritt 2. Von den drei Aufgaben im Prozess führen die letzten beiden zu Buchungen im Finanzwesen und sind in Abbildung 2.1 dunkel dargestellt. Die Verknüpfung zum Schwimmbahn-Diagramm erfolgt anhand der nummerierten Prozesspfeile. In diesem Szenario löst Aufgabe 1 keine Buchung aus und fehlt dementsprechend im Buchungsschema (siehe Abbildung 2.2).

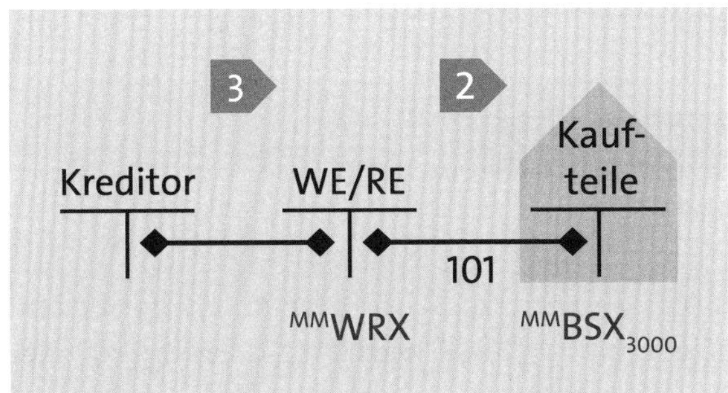

Abbildung 2.2 Buchungsschema »Einkauf Lagermaterial«

2.1.1 Bestellung anlegen

Im ersten Schritt wird bei dem Lieferanten 1000021 (Feld **Lieferant**) die Bestellmenge von 1 Stück (ST) des Materials KT_01 (Feld **Material**) für einen **Nettopreis** in Höhe von 10,00 EUR bestellt (siehe Abbildung 2.3). Dazu wird im System eine Bestellung mit den entsprechenden Daten in der Position gefüllt und gespeichert.

Im Kopf erfolgt die organisatorische Zuordnung zu einer **Einkaufsorg** (Einkaufsorganisation) und einem **Buchungskreis**. In den Positionsdaten ist anzugeben, in welchem **Werk** der Wareneingang gebucht werden soll und in welchem **Lagerort** er geplant ist.

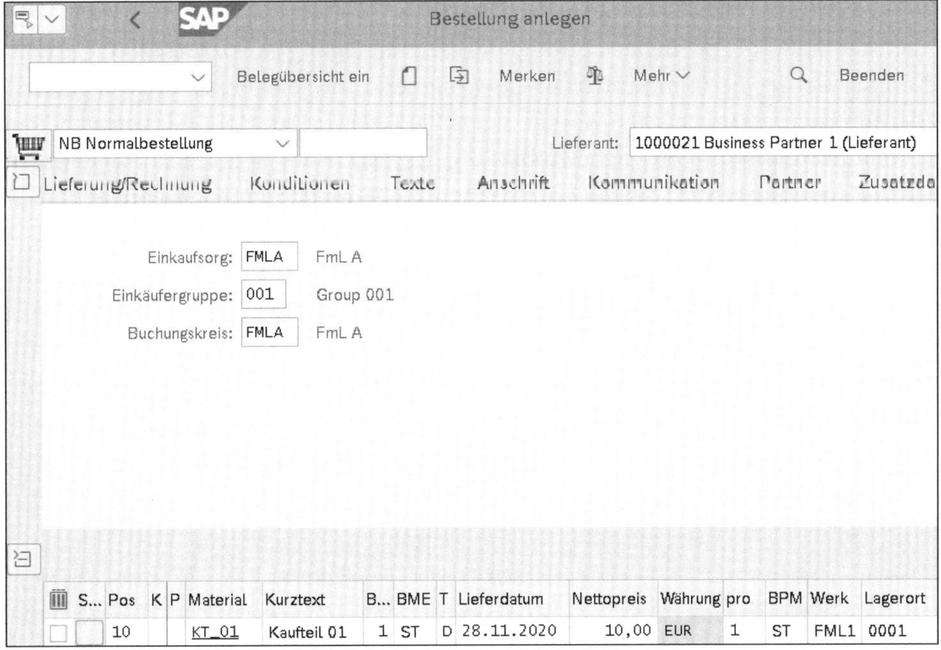

Abbildung 2.3 Bestellung für Lagermaterial anlegen

Nach der Speicherung wird die vergebene Bestellnummer ausgegeben (siehe Abbildung 2.4).

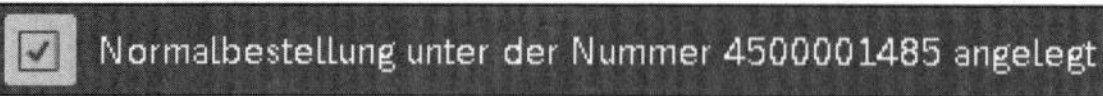

Abbildung 2.4 Meldung der Bestellnummer

Auf diese Bestellnummer beziehen sich die nächsten Schritte für Wareneingang und Rechnungserfassung. Der Einkauf übermittelt diese Bestellung ausgedruckt oder elektronisch an den Lieferanten.

2.1.2 Wareneingang buchen

Im zweiten Schritt findet der Wareneingang statt; die Buchung dazu lautet »RHB-Bestand (Soll) an WE/RE (Haben)«, wobei *WE/RE* für das Wareneingangs-/Rechnungseingangs-Verrechnungskonto steht. Der Wareneingang findet, wie in Abbildung 2.5 dargestellt, mit Bezug auf eine Bestellung statt. Die Alternative als Abruf zu einem Lieferplan gestaltet sich aber prinzipiell genauso.

Die Bewegungsart 101 ermittelt über den Vorgang BSX das Bestandskonto und über den Vorgang WRX das WE/RE-Konto. Es werden ein Materialbeleg und ein Buchhaltungsbeleg erstellt. Nur im Falle von Preisdifferenzen könnte hier ein zusätzlicher Kostenrechnungsbeleg entstehen.

Nach der Auswahl der Eingabeoptionen **A01 Wareneingang** zur **R01 Bestellung** erfolgt die Eingabe der Bestellnummer, die anschließend im Fenstertitel angezeigt wird. Hierdurch werden die für den Wareneingang benötigten Daten aus der angegebenen Bestellung übernommen (siehe Abbildung 2.5). Nach der Eingabe der gelieferten Menge kann die Position mit einem Häkchen als **OK** markiert und anschließend verbucht werden.

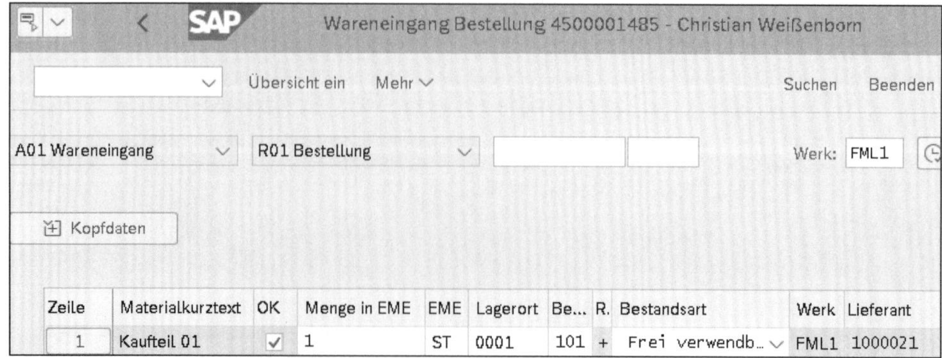

Abbildung 2.5 Wareneingang – Lagermaterial buchen

Abschließend wird die erstellte Materialbelegnummer ausgegeben (siehe Abbildung 2.6).

Abbildung 2.6 Meldung der Materialbelegnummer

Zum Materialbeleg wird automatisch auch ein Rechnungswesenbeleg erstellt, der aus zwei Zeilen besteht (siehe Abbildung 2.7).

BuKr.	P...	BS	S...	Konto	Koa...	Bezeichnung	Betrag	Wä...	Werk	Material	Vorgang	Menge	BME
FMLA	1	89	S	13100000	M	Bestand Rohstoffe	10,00	EUR	FML1	KT_01	BSX	1	ST
	2	96	H	21120000	S	WE/RE	10,00-	EUR	FML1	KT_01	WRX	1-	ST

Abbildung 2.7 Buchhaltungsbeleg zum Wareneingang

Aus dem Eintrag FML1 in der Spalte **Werk** wird der zugehörige Buchungskreis abgeleitet. In diesem Fall ist das der Buchungskreis FMLA. Das Material KT_01 hat im Materialstamm die Bewertungsklasse 3000 (Rohstoffe). Dadurch wird in der MM-Kontenfindung über den Vorgang BSX das entsprechende Bestandskonto 13100000 für Rohstoffe gefunden. Am Buchstaben S in der vierten Spalte (Soll-/Haben-Kennzeichen) und generell an positiven Beträgen erkennen Sie, dass dieses Konto im Soll bebucht wird. Für die durch H gekennzeichnete Haben-Buchung in der zweiten Zeile, die ein negatives Vorzeichen erhält, wird das WE/RE-Konto mit der Nummer 21120000 über den Vorgang WRX ermittelt.

Das WE/RE-Konto ist eine Art Puffer, um anzuzeigen, welche Lieferungen bereits erhalten wurden, zu denen noch eine Rechnung erwartet wird und auch umgekehrt, welche Rechnung bereits erfasst wurden, ohne dass eine Lieferung eingegangen ist. Des Weiteren fallen Abweichungen zwischen gelieferter und berechneter Menge sofort auf. Die offenen Posten, zu denen noch das Gegenstück fehlt, müssen ständig überwacht und geklärt werden.

Da kein GuV-Konto betroffen ist, denn beide Konten sind Bilanzkonten, entsteht kein Kostenrechnungsbeleg.

2.1.3 Rechnung erfassen

Der Lieferant möchte bezahlt werden und stellt eine Rechnung. Im System werden **Rechnungsdatum** (hier der 27.11.2020), **Betrag** (11,90 EUR) und **Steuerbetrag** (1,90 EUR) erfasst und dann ein Bezug zur Bestellung hergestellt (siehe Abbildung 2.8). Anschließend werden alle Positionen aus dem Wareneingang vorgeschlagen.

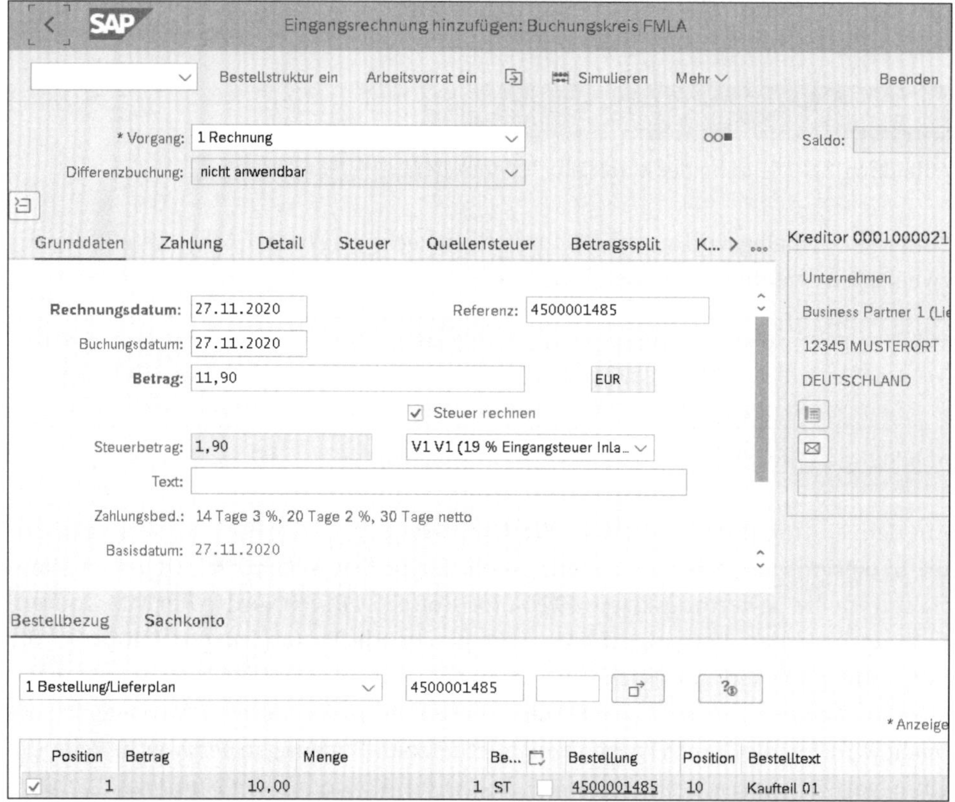

Abbildung 2.8 Rechnung erfassen

Stimmt die vorgeschlagene Menge mit der Menge auf der Rechnung überein, kann die Rechnung gesichert werden. Da keine Warenbewegung stattfindet, wird in der Materialwirtschaft kein Materialbeleg erstellt, sondern ein MM-Rechnungsbeleg, dessen Nummer abschließend angezeigt wird (siehe Abbildung 2.9).

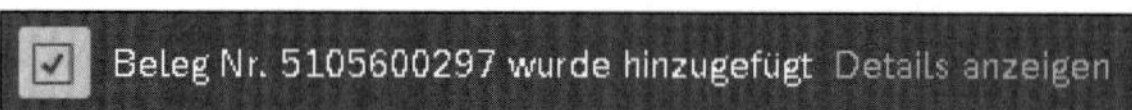

Abbildung 2.9 Meldung der Belegnummer der Rechnung

In der Buchhaltung werden Kreditoren im Hauptbuch aggregiert betrachtet; dies erfolgt über die Zuordnung zu einem sogenannten *Abstimmkonto*. Der mit der Rechnung erstellte Buchhaltungsbeleg sieht wie in Abbildung 2.10 dargestellt aus. In der ersten Zeile erscheint in der Spalte **Konto** die Kreditorennummer 1000021, und unter **Hauptbuchkonto** ist das Abstimmkonto 21100000 erkennbar, das in der Kreditorenrolle des Business Partners eingetragen ist.

BuKr.	P...	BS	S...	Konto	Koa...	Bezeichnung	Betrag	Wä...	Werk	Material	Vorgang	Menge	BME	Hauptbuchkonto
FMLA	1	31	H	1000021	K	Business Partner 1...	11,90-	EUR			KBS			21100000
	2	86	S	21120000	S	WE/RE	10,00	EUR	FML1	KT_01	WRX	1	ST	21120000
	3	40	S	12600000	S	Vorsteuer (VST)	1,90	EUR			VST			12600000

Abbildung 2.10 Buchhaltungsbeleg zur Rechnung

Steuern werden nicht über das WE/RE-Konto, sondern direkt gegen den Kreditor gebucht. Der Buchungssatz lautet also »WE/RE-Konto (Soll) und Eingangssteuer (Soll) an Kreditor (Haben)«.

Die Bezahlung des offenen Postens des Kreditors betrachten wir hier nicht weiter, da die Überweisung von einem Bankkonto und die finanzielle Verbuchung reine Finanzthemen sind. Ebenso vernachlässigt wird jegliche weitere Verarbeitung der Steuer.

Alle bisher genannten Konten dieses Einkaufsprozesses sind Bilanzkonten. Es findet nur ein Tausch im Umlaufvermögen, also in den Aktiva statt: Geld gegen Ware. Ein Gewinn oder Verlust wurde noch nicht erzielt.

2.2 Verkauf Eigenerzeugnis aus Lager

Der zweite Prozess, den wir uns ansehen, ist vom Prinzip her sehr einfach, hat es aber an einer Stelle ganz schön in sich; deshalb betrachten wir ihn auch gleich am Anfang im Detail. Nehmen wir an, Sie haben erfolgreich ein Herstellteil produziert, und es liegt zum kalkulierten Standardpreis bewertet in einem Lager (siehe Abbildung 2.11).

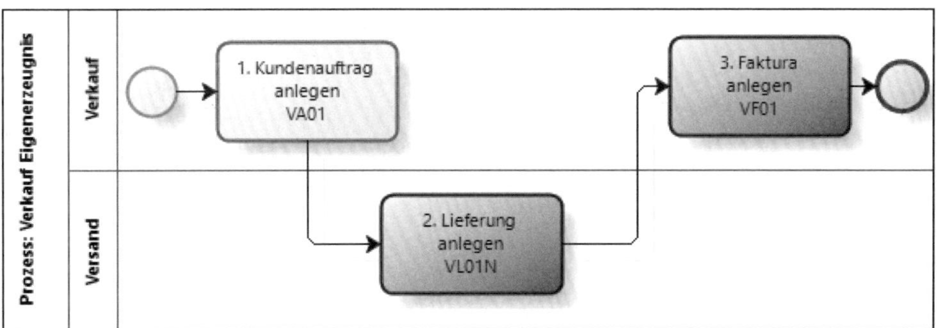

Abbildung 2.11 Prozess »Verkauf Eigenerzeugnis ab Lager«

Durch einen Kundenauftrag getriggert, kommt es in der Komponente SD zu einer Lieferung, für die zu einem bestimmten Zeitpunkt der Warenausgang gebucht wird und durch die der erste Kontakt zur Finanzbuchhaltung entsteht. Anschließend wird die *Faktura*, das ist die Ausgangsrechnung, gebucht und an den Kunden, in der Buchhaltung *Debitor* genannt, übermittelt. Das Buchungsschema für diesen Fall zeigt, dass beide Buchungen auf ein Ergebnisobjekt gebucht werden (siehe Abbildung 2.12).

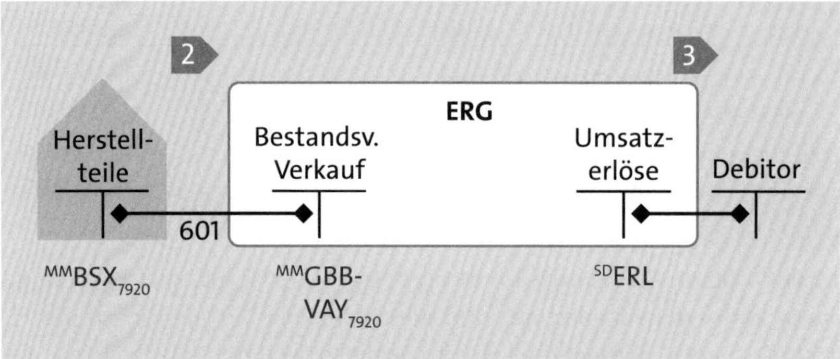

Abbildung 2.12 Buchungsschema »Verkauf Eigenerzeugnis ab Lager«

In der Margin Analysis werden die Kosten- und Erlösarten, also die Kontonummern verwendet. Mit diesen wird auf das Ergebnisobjekt gebucht. Die Differenz zwischen Erlösen und Kosten ist der sogenannte *Deckungsbeitrag*.

2.2.1 Kundenauftrag anlegen

Im Einstieg zur Anlage eines Kundenauftrags sind eine Auftragsart und die Zuordnung zu einem Vertriebsbereich anzugeben, der aus **Verkaufsorganisation**, **Vertriebsweg** und **Sparte** besteht (siehe Abbildung 2.13). Wenn in den Szenarien nichts anderes angegeben ist, wird die **Auftragsart** TA verwendet.

Verkaufsbelege anlegen

Mehr | Beenden

* Auftragsart:	TA	Kundenauftrag

Organisationsdaten

Verkaufsorganisation:	FMLA	FmL A
Vertriebsweg:	10	Direktverkauf
Sparte:	00	Produktsparte 00
Verkaufsbüro:		
Verkäufergruppe:		

Abbildung 2.13 Kundenauftrag anlegen – Einstieg

Im Kundenauftrag (siehe Abbildung 2.14) wird in den Kopfdaten der Kunde als **Auftraggeber** und **Warenempfänger** erfasst. In den Positionsdaten werden das vom Kunden bestellte **Material** und die **Auftragsmenge** sowie das **Lieferdatum** eingetragen, in diesem Beispiel 1 Stück des Materials FE_02. Das Material soll aus dem **Werk** FML1 geliefert werden, und der Verkaufspreis beträgt 25 EUR. Zur Eingabe des Preises wird in diesem Fall die standardmäßig gesetzte Konditionsart (**KArt**) PPRO verwendet.

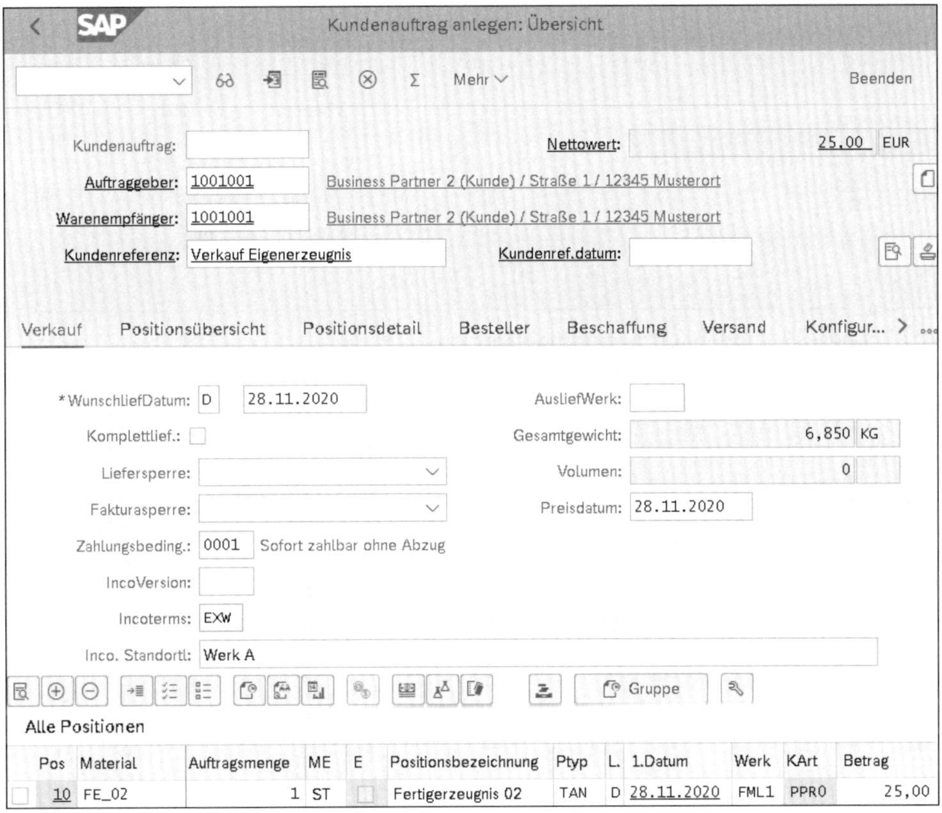

Abbildung 2.14 Kundenauftrag anlegen – Übersicht

Wichtig für den weiteren Prozess ist, dass im Hintergrund automatisch eine Kontierung ermittelt wird. Springen Sie über den Button [Button] in die Positionsdetails und dort auf die Registerkarte **Kontierung**, erkennen Sie, dass der Button **Ergebnisobjekt** ❶ ein ausgefülltes Quadrat anzeigt (siehe Abbildung 2.15).

Das ausgefüllte Quadrat bedeutet, dass bereits eine Merkmalskombination für dieses Ergebnisobjekt ermittelt wurde, die Sie sich durch Anklicken anzeigen lassen können (siehe Abbildung 2.16).

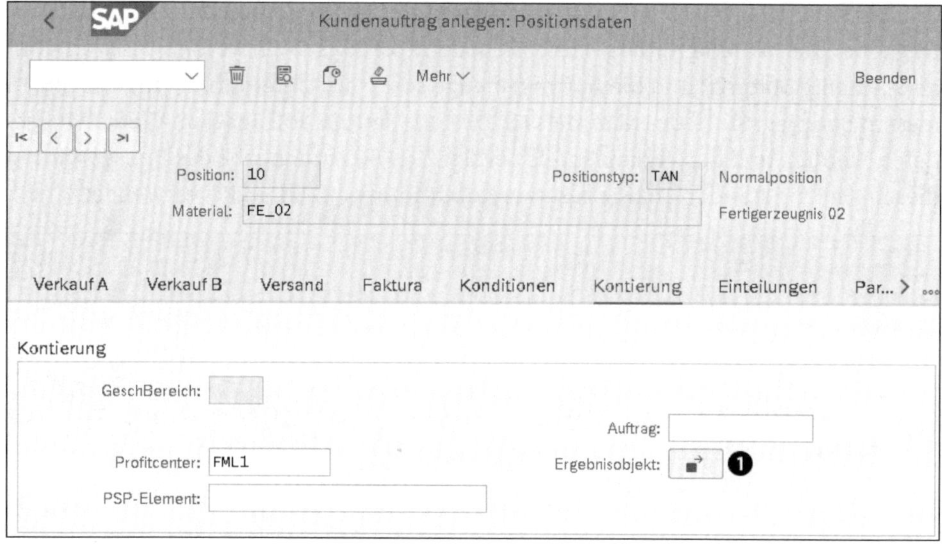

Abbildung 2.15 Kundenauftragsposition kontieren

Kontierung auf Ergebnisobjekt

Merkmal	Merkmalswert	Text
Kunde	1001001	Business Partner 2
Artikel	FE_02	Fertigerzeugnis 02
Fakturaart	F2	F2 Rechnung
Auftrag		
Buchungskreis	FMLA	FmL A
Werk	FML1	FML1
GeschBereich		
FunktBereich		
Segment		
Verkaufsorg.	FMLA	FmL A
Vertriebsweg	10	Direktverkauf
Sparte	00	Produktsparte 00
PSP-Element		
Kostenstelle		
Kostenträger		

Weiter Ableitung Löschen Kontierung Abbrechen

Abbildung 2.16 Ergebnisobjekt kontieren

Viele Merkmale werden dabei direkt aus den Kopf- oder Positionsdaten des Kundenauftrags übernommen. Dazu gehören **Kunde**, **Artikel**, **Werk**, **Verkaufsorg.** (Verkaufsorganisation) und **Vertriebsweg**. Andere Felder werden abgeleitet: So wird aus dem Werk der zugeordnete **Buchungskreis** übernommen, und aus dem Customizing der Auftragsart wird die zu verwendende **Fakturaart** ermittelt. Einige Ableitungen sind fest von SAP vorgegeben. Zusätzlich können Sie weitere Merkmale auf Basis der bereits vorhandenen Felder über eigene, im Customizing zu hinterlegende Ableitungsschritte ermitteln lassen. Nach dem Sichern erhalten Sie die für den Kundenauftrag vergebene Nummer 1169 (siehe Abbildung 2.17).

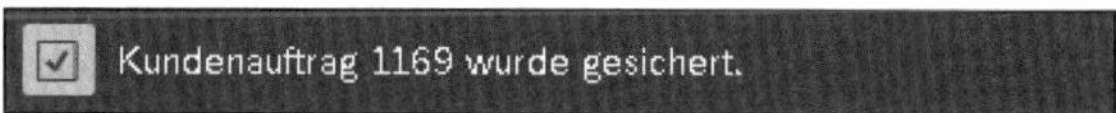

Abbildung 2.17 Meldung der Kundenauftragsnummer

2.2.2 Lieferung

Die Lieferung wird mit Bezug zu einem Kundenauftrag angelegt. Aus dem Kundenauftrag werden alle zur Abwicklung der Lieferung relevanten Felder übernommen (siehe Abbildung 2.18).

SAP Auslieferung mit Auftragsbezug anlegen

Ohne Auftragsbezug Mehr Beenden

* Versandstelle: FML1

Auftragsdaten

Selektionsdatum: 29.11.2020

* Auftrag: 1169

Von Position:

Bis Position:

Abbildung 2.18 Lieferung anlegen – Einstieg

Nach der Zusammenstellung der Ware zu dieser Lieferung müssen Sie die kommissionierte Menge unter **Kommiss. Menge** von 1 Stück in der Position noch bestätigen (siehe Abbildung 2.19).

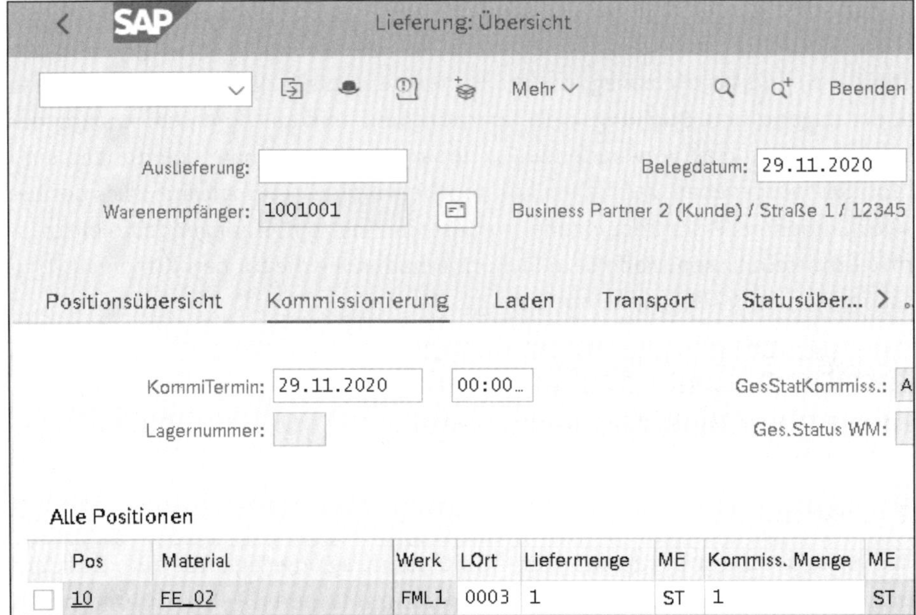

Abbildung 2.19 Lieferung anlegen – Übersicht

In diesen Beispielen geben Sie mit der Anlage der Lieferung die kommissionierte Menge ein und buchen auch im gleichen Schritt den Warenausgang. Als Ergebnis erhalten Sie die Nummer der Lieferung 80000578 (siehe Abbildung 2.20). Im wahren Leben können diese Prozesse entkoppelt werden und jeweils auch als Massenverarbeitung ablaufen.

Abbildung 2.20 Meldung der Nummer der Lieferung

Mit dem Buchen des Warenausgangs wird ein Materialbeleg erstellt, der wiederum einen Buchhaltungs- und einen Kostenrechnungsbeleg triggert. Im Materialbeleg erkennen Sie, dass eine Auslieferung über die Bewegungsart 601 abgebildet wird (siehe Abbildung 2.21).

Ermittlung der Bewegungsart

Der technische Hintergrund für die Findung der zu buchenden Bewegungsart in einer Auslieferung besteht aus einer Kette von Objekten der SD-Komponente. In der Kundenauftragsposition ist ein Positionstyp angegeben, aus dem ein Einteilungstyp abgeleitet wird. Diesem wiederum ist eine Bewegungsart zugeordnet. Die Bewegungsart erhält eine allgemeine Modifikationskonstante (siehe Abschnitt 2.3.2, »Lieferung anlegen«), mit deren Hilfe in der MM-Kontofindung zum Vorgang GBB ein Konto ermittelt wird. In unserem Falle sieht die Kette so aus, wie in Tabelle 2.1 gezeigt.

Positionstyp	Einteilungstyp	Bewegungsart	Vorgang	Konto
TAN	CN	601	GBB-VAY	54083000

Tabelle 2.1 Bewegungsart in den SD-Auslieferungen ermitteln

Abbildung 2.21 Materialbeleg zur Lieferung

Der Buchhaltungsbeleg zeigt die Ermittlung des Bestandskontos für den Bestand an fertiger Ware über den Vorgang BSX und das Bestandsveränderungskonto 54083000 für den Verkauf eigener Erzeugnisse über GBB, genau genommen GBB-VAY. Die entsprechende Buchung lautet »Verkauf Eigenerzeugnisse (Soll) an Bestand fertige Waren (Haben)« (siehe Abbildung 2.22).

BuKr.	P...	BS	S...	Konto	Koa...	Bezeichnung	Betrag	Wä...	Werk	Material	Vorgang	Menge	BME
FMLA	1	99	H	13400000	M	Best fertige Ware	18,00-	EUR	FML1	FE_02	BSX	1-	ST
	2	81	S	54083000	S	Verkauf Eigen Ko...	18,00	EUR	FML1	FE_02	GBB	1	ST

Abbildung 2.22 Buchhaltungsbeleg zum Warenausgang

Unterschied zur kalkulatorischen Ergebnisrechnung

Setze man früher ausschließlich die kalkulatorische Ergebnisrechnung ein, so wurde hier GBB-VAX ohne die Kostenart verwendet.

Die Margin Analysis benötigt für diesen Vorgang ein Konto mit Kostenart, um auf das Ergebnisobjekt kontieren zu können. Ist dies der Fall, erhalten Sie einen Kostenrechnungsbeleg, der natürlich nur die GuV-Seite der Buchung beinhaltet (siehe Abbildung 2.23).

Belegnummer	BuchDatum	Benutzer	RT	RefBelegnr	OrgVg	Vrgng	Belegkopftext	StB	sto
Bu OAr Objekt	ObjektBez	Kostenart	Kostenartenbezeichn.	Wert/OW	OWä	Menge	GME	Material	
A00007J600	29.11.2020	STUDENT101	R	4900001635	RMWL	COIN			
1 ERG 1516		54083000	Verkauf Eigen KoArt	18,00	EUR	1	ST	FE_02	

Abbildung 2.23 Kostenrechnungsbeleg zum Warenausgang

In der zweiten Spalte sehen Sie, dass das Kontierungsobjekt ERG, also ein Ergebnisobjekt ist, in diesem Fall die 1516. Was bedeutet das?

Im SAP-System wird für jede einzelne Merkmalskombination ein Datensatz angelegt und eine Nummer vergeben. Diese Nummer wird hier angezeigt. Möchten Sie die Details sehen, kommen Sie in der Anzeige des Kostenrechnungsbelegs über den Button [Stammsatz] in der Menüleiste zur Anzeige der Merkmale (siehe Abbildung 2.24).

Kontierung auf Ergebnisobjekt

Merkmal	Merkmalswert	Text
Kunde	1001001	Business Partner 2 (
Artikel	FE_02	Fertigerzeugnis 02
Fakturaart	F2	F2 Rechnung
Kundenauftrag	1169	
KundAuft-Pos	10	
Auftrag		
Buchungskreis	FMLA	FmL A
KostRechKreis	FML	FmL
Werk	FML1	FML1
GeschBereich		
FunktBereich	YB20	Fertigung
Segment	SEG1	Segment 1
Verkaufsorg.	FMLA	FmL A
Vertriebsweg	10	Direktverkauf
Sparte	00	Produktsparte 00

Weiter Abbrechen

Abbildung 2.24 Ergebnisobjekt zum Warenausgang

Damit sich der Einsatz der Margin Analysis auch für detailverliebte Controller*innen lohnt, reicht ein einziger gebuchter Wert für die Darstellung der Kosten der Umsatzerlöse nicht aus. Sie waren es schließlich in der kalkulatorischen Ergebnisrechnung gewohnt, ihre Kosten der Umsatzerlöse anhand einer vorliegenden Kalkulation aufzuteilen. Deshalb führte SAP den *COGS-Split* ein (vgl. Abschnitt 1.2.4, »Arten der Ergebnisrechnung«).

Technischer Hintergrund zum Kostenrechnungsbeleg

Genau genommen ist der Kostenrechnungsbeleg kein eigener zusätzlicher Beleg mehr wie in SAP ERP, denn die Positionsdaten werden alle zusammen mit den buchhalterischen Daten in der Tabelle ACDOCA gehalten. Auch bei sekundären Buchungen wird ein Eintrag erzeugt, den Sie sich gleichfalls als FI-Beleg anzeigen lassen könnten. Da aber gerade das Wichtigste des FI-Belegs, nämlich das Konto, im Soll und Haben identisch ist, wird bei rein sekundären Buchungssätzen wie z. B. einer Leistungsverrechnung auf die Abbildung verzichtet.

Es wird zwar immer noch eine Nummer für jede Merkmalskombination vergeben, aber zur Auswertung werden die Daten jetzt direkt aus den in der Tabelle ACDOCA enthaltenen Merkmalsfeldern gelesen und nicht mehr über den Umweg einer eigenen Merkmalstabelle.

In diesem Beispiel wurde für das Material FE_02 im Vorfeld dieses Prozesses vom Controlling eine Plankalkulation angelegt. Diese wurde freigegeben, wodurch der Standardpreis von 18,00 EUR im Materialstamm aktualisiert wurde. Alle Warenbewegungen verwenden diesen Standardpreis.

Zu dieser Plankalkulation gibt es eine Herstellkostenschichtung, die anhand eines Kostenelementeschemas den Standardpreis in sogenannte *Kostenelemente* aufteilt (siehe Abbildung 2.25). Jedes Kostenelement hat eine eigene, feststehende Nummer.

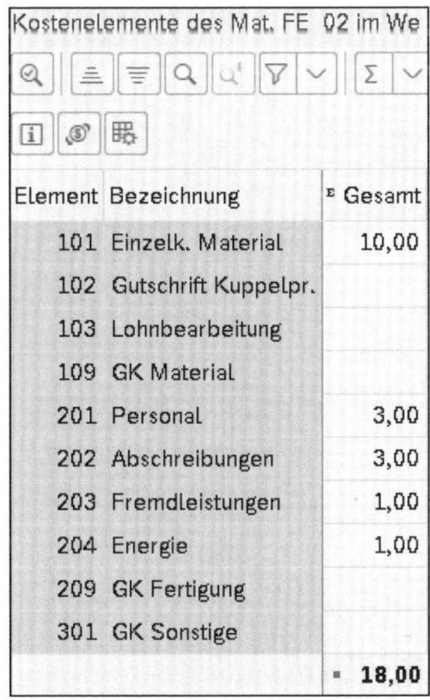

Kostenelemente des Mat. FE_02 im We

Element	Bezeichnung	Σ Gesamt
101	Einzelk. Material	10,00
102	Gutschrift Kuppelpr.	
103	Lohnbearbeitung	
109	GK Material	
201	Personal	3,00
202	Abschreibungen	3,00
203	Fremdleistungen	1,00
204	Energie	1,00
209	GK Fertigung	
301	GK Sonstige	
		▪ 18,00

Abbildung 2.25 Kostenelemente

Bei der Aktivierung des COGS-Splits wird, sofort nachdem der Warenausgang gebucht worden ist, ein zweiter Beleg gebucht: Die im ersten Beleg gebuchte Bestandsveränderung wird mit umgekehrten Vorzeichen gebucht und die einzelnen Schichten anhand der Kostenelemente der Standpreiskalkulation auf verschiedene Konten aufgeteilt. Im Buchungsschema splitten wir Schritt 2 daher in die Teilschritte 2a und 2b auf (siehe Abbildung 2.26).

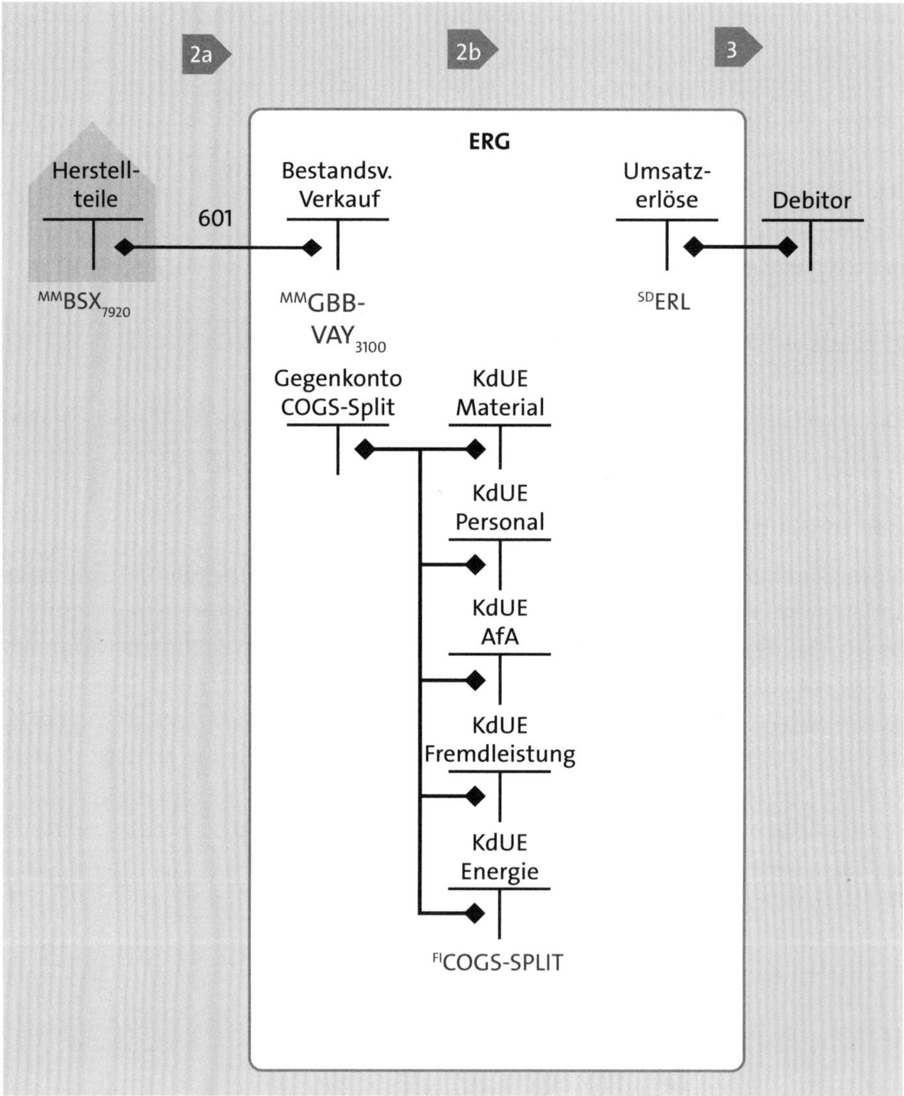

Abbildung 2.26 Buchungsschema mit COGS-Split

Als Kontenfindung wird FICOGS-SPLIT3000 angegeben, da es hierfür ein eigenes Customizing im Finanzwesen gibt. Springen Sie vom Materialbeleg in die Liste der Belege im Rechnungswesen, sehen Sie die entstandenen Pärchen von Buchhaltungs- und Kostenrechnungsbelegen (siehe Abbildung 2.27).

Beleg	Objekttyptext
4900000191	Buchhaltungsbeleg
4900000192	Buchhaltungsbeleg
A00007J700	Kostenrechnungsbeleg
A00007J600	Kostenrechnungsbeleg
A00007J600	Material-Ledger

Abbildung 2.27 Belegübersicht mit COGS-Split

Der zweite Buchhaltungsbeleg zeigt das Ergebnis des COGS-Splits (siehe Abbildung 2.28). Das Bestandsveränderungskonto, das im ersten Beleg im Soll bebucht wurde, wird durch eine erneute Haben-Buchung aufgelöst. In diesem Fall entlasten Sie nicht das ursprüngliche Bestandsveränderungskonto 54083000, sondern ein abweichendes Gegenkonto 540830001. Alternativ kann im Customizing auch eingestellt werden, dass das originale Konto entlastet wird. Die Belastung wird auf die im Customizing hinterlegten Konten für Kosten der Umsatzerlöse (abgekürzt KdU, oft auch KdUE) gebucht. Basis für die Aufteilung ist die gespeicherte Kostenschichtung.

BuKr.	P...	LPos	BS	S...	Konto	Koa...	Bezeichnung	Betrag	Wä...	Werk	Material	Vorgang	Menge	BME
FMLA	1	000001	50	H	54083001	S	Gegenkto. COGS-...	18,00-	EUR	FML1	FE_02			
	2	000002	40	S	50301000	S	KdU Direktmaterial	10,00	EUR	FML1	FE_02			
	3	000003	40	S	50304001	S	KdU Personal	3,00	EUR	FML1	FE_02			
	4	000004	40	S	50305001	S	KdU Abschreibung...	3,00	EUR	FML1	FE_02			
	5	000005	40	S	50305002	S	KdU Fremdleistung...	1,00	EUR	FML1	FE_02			
	6	000006	40	S	50305003	S	KdU Energie	1,00	EUR	FML1	FE_02			

Abbildung 2.28 Buchhaltungsbeleg mit COGS-Split

Im Kostenrechnungsbeleg erkennen Sie, dass wieder eine Kontierung auf ERG 1516 stattgefunden hat (siehe Abbildung 2.29). Mit der ersten Buchungszeile wurden die originäre Buchung aufgehoben und anhand der Schichtung die Zeilen 2 bis 6 erstellt.

Belegnummer	BuchDatum	Benutzer	RT	RefBelegnr	OrgVg	Vrgng	Belegkopftext	StB	sto
A00007J700	29.11.2020	STUDENT101	R	4900001635	TBCS	COIN			

	Bu	OAr	Objekt	ObjektBez	Kostenart	Kostenartenbezeichn.	Wert/OW	OWä	Menge	GME	Material
1		ERG	1516		54083001	Gegenkto. COGS-Split	18,00-	EUR			FE_02
2		ERG	1516		50301000	KdU Direktmaterial	10,00	EUR			FE_02
3		ERG	1516		50304001	KdU Personal	3,00	EUR			FE_02
4		ERG	1516		50305001	KdU Abschreibungen	3,00	EUR			FE_02
5		ERG	1516		50305002	KdU Fremdleistungen	1,00	EUR			FE_02
6		ERG	1516		50305003	KdU Energie	1,00	EUR			FE_02

Abbildung 2.29 Kostenrechnungsbeleg mit COGS-Split

[!]

Darstellung des COGS-Splits im Buchungsschema

In allen weiteren Buchungsschemata werden wir bei eigengefertigten Materialien die zusätzlichen Buchungen des COGS-Splits nicht jedes Mal komplett im Buchungsschema, sondern nur mit der Angabe »plus COGS-Split« darstellen.

2.2.3 Faktura

Die Faktura erfolgt lieferbezogen, d. h., dass alle Werte automatisch aus der Lieferung bzw. aus dem hinter der Lieferung liegendem Kundenauftrag übernommen werden. Dazu geben Sie im Einstieg zur Fakturaanlage unter **Beleg** die Nummer der Lieferung, »80000578«, ein (siehe Abbildung 2.30).

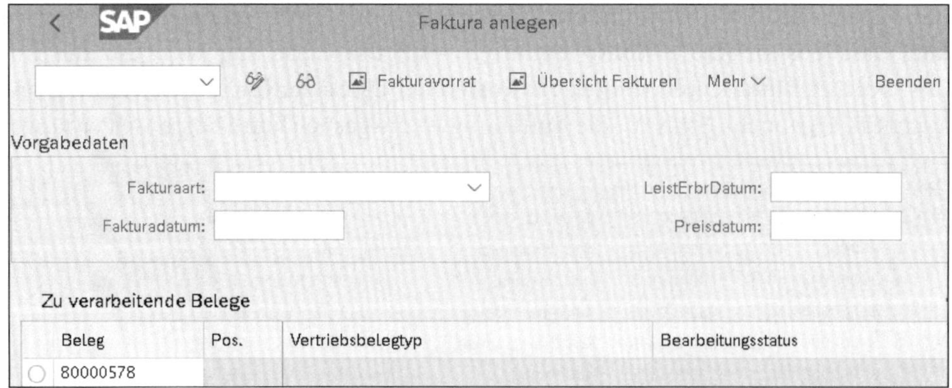

Abbildung 2.30 Faktura anlegen – Einstieg

Die Steuer wird für die Position automatisch in Abhängigkeit von den Angaben in Material- und Kundenstamm berechnet, in diesem Falle der Standardsatz in Höhe von 19 %, was bei 25 EUR einem Steuerbetrag von 4,75 EUR entspricht (siehe Abbildung 2.31).

Abbildung 2.31 Faktura anlegen – Übersicht der Fakturapositionen

Im Feld **Belegnummer** wird beim Anlegen der Faktura bis zum Speichern eine temporäre Belegnummer $000000001 angezeigt. Die richtige Belegnummer 90000358 wird erst beim Speichern vergeben (siehe Abbildung 2.32).

Abbildung 2.32 Meldung der Belegnummer der Faktura

Der in der Komponente SD erzeugte Fakturabeleg triggert wiederum einen Buchhaltungs- und einen Kostenrechnungsbeleg. Im Buchhaltungsbeleg wird in der ersten Zeile die Debitorennummer 1001001 als Kontonummer verwendet, in der letzten Spalte **Hauptbuchkonto** erkennen Sie hingegen das Abstimmkonto 12100000, das dem Business Partner in der Debitorenrolle zugeordnet ist und mit dem bei reinen Hauptbuchauswertungen diese Buchung angezeigt wird (siehe Abbildung 2.33).

Für den Debitor wird ein offener Posten in Höhe von 29,75 EUR (25 EUR plus 4,75 EUR für die Steuer) erzeugt, der auf die Bezahlung seitens des Kunden wartet. Die Erlöse werden in der zweiten Zeile gebucht. Die dritte Zeile enthält die automatische erstellte Steuerposition. Als Buchungssatz ergibt sich »Debitorenforderung (Soll) an Erlöse Inland (Haben) und Ausgangssteuer (Haben)«.

BuKr.	P...	BS	S...	Konto	Koa...	Bezeichnung	Betrag	Wä...	Werk	Material	Vorgang	Menge	BME	Hauptbuch
FMLA	1	01	S	1001001	D	Business Partner 2 (Kunde)	29,75	EUR						12100000
	2	50	H	41000000	S	Erlöse Inl. - Erzeu.	25,00-	EUR						41000000
	3	50	H	22000000	S	Ausgangssteuer (MWS)	4,75-	EUR			MWS			22000000

Abbildung 2.33 Buchhaltungsbeleg zur Faktura

Die Erlöszeile ist GuV-relevant und erscheint als einzige im Kostenrechnungsbeleg (siehe Abbildung 2.34). Hier erkennen Sie wieder die Buchung auf ein Kontierungsobjekt des Typs ERG, also ein Ergebnisobjekt.

Belegnummer	BuchDatum	Benutzer	RT	RefBelegnr	OrgVg	Vrgng	Belegkopftext	StB	sto	
Bu	OAr	Objekt	ObjektBez	Kostenart	Kostenartenbezeichn.	Wert/OW	OWä	Menge	GME	Material
A00007J800	29.11.2020	STUDENT101	R	90000358	SD00	COIN				
1	ERG	1517		41000000	Erlöse Inl. - Erzeu.	25,00-	EUR	1-	ST	FE_02

Abbildung 2.34 Kostenrechnungsbeleg zur Faktura

Nun fragen Sie sich eventuell, warum hier ein neues Ergebnisobjekt mit der Nummer 1517 kontiert wird, obwohl beim Warenausgang 1516 verwendet wurde.

Die beiden Ergebnisobjekte unterscheiden sich nicht in den Hauptmerkmalen wie **Kunde**, **Artikel** oder davon abgeleiteten Feldern, sondern nur in speziellen Feldern, die im Allgemeinen nicht für Auswertungen in CO-PA verwendet werden, wie z. B. **Partner-Profit-Center** oder **Vorgang**. Im Buchungsschema zeichnen Sie deshalb nur ein Ergebnisobjekt ein, da die relevanten Felder der Merkmalskombination übereinstimmen. Zum Kundenauftrag können Sie sich die Beziehung der Belege im Belegfluss anzeigen lassen (siehe Abbildung 2.35).

Geschäftspartner 0001001001 Business Partner 2 (Kunde)

Beleg	Am	Uhrzeit	Status
Kundenauftrag 0000001169	29.11.2020	07:02:47	erledigt
Lieferung 0080000578	29.11.2020	07:08:19	erledigt
→ F2 Rechnung 0090000358	29.11.2020	08:28:30	erledigt

Abbildung 2.35 Belegfluss in der Komponente SD

Schauen Sie Ihren ersten Verkauf in einem einfachen CO-PA-Bericht an, lässt sich der Deckungsbeitrag analysieren (siehe Abbildung 2.36). Im linken Bereich befindet sich der Auswahlbereich für die zu analysierende Merkmalskombination. Im rechten Bereich sehen Sie einen einstufigen Deckungsbeitragsbericht, der die Standardkosten des verkauften Produkts aufgeteilt auf die verschiedenen Kostenelemente zeigt. In der Spalte **Menge** ist erkennbar, dass 1 Stück ausgeliefert und 1 Stück fakturiert wurde.

Zeitpunkt für den Warenausgang/die Faktura

In diesem Szenario wird klar, dass Warenausgang und Faktura zu zwei verschiedenen Zeitpunkten stattfinden können, im schlimmsten Fall sogar in zwei verschiedenen Perioden. Dies würde bedeuten, dass den Umsatzerlösen nicht die entsprechenden Kosten der Umsatzerlöse gegenüberstehen.

Einige Unternehmen wenden hier einen Trick an und buchen den Warenausgang zunächst als »Ware in Auslieferung« oder auch »Geliefert nicht berechnet«, indem sie die Kontenfindung GBB-VAY auf ein Bestandskonto anstelle eines GuV-Kontos einstellen. Damit verzögern sie die Buchung der Kosten der Umsatzerlöse. Diese werden dann erst zusammen mit den Erlösen der Faktura gebucht, indem mit der Technik einer zusätzlichen Rückstellungsbuchung auf das Bestandskonto gebucht wird. Auch hierbei ist ein COGS-Split möglich.

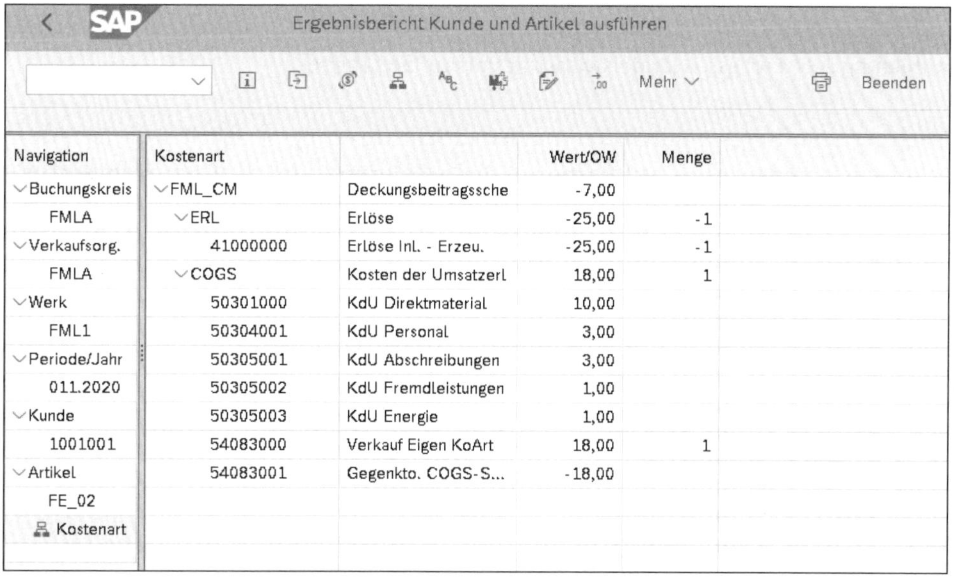

Ergebnisbericht Kunde und Artikel ausführen

Mehr ∨ Beenden

Navigation	Kostenart		Wert/OW	Menge
∨ Buchungskreis	∨ FML_CM	Deckungsbeitragssche	-7,00	
FMLA	∨ ERL	Erlöse	-25,00	-1
∨ Verkaufsorg.	41000000	Erlöse Inl. - Erzeu.	-25,00	-1
FMLA	∨ COGS	Kosten der Umsatzerl	18,00	1
∨ Werk	50301000	KdU Direktmaterial	10,00	
FML1	50304001	KdU Personal	3,00	
∨ Periode/Jahr	50305001	KdU Abschreibungen	3,00	
011.2020	50305002	KdU Fremdleistungen	1,00	
∨ Kunde	50305003	KdU Energie	1,00	
1001001	54083000	Verkauf Eigen KoArt	18,00	1
∨ Artikel	54083001	Gegenkto. COGS-S...	-18,00	
FE_02				
Kostenart				

Abbildung 2.36 Deckungsbeitrag

2.3 Handelsware mit Verkauf ab Lager

Der hier beschriebene Prozess »Handelsware mit Verkauf ab Lager« weicht im logistischen Handling nicht von dem in Abschnitt 2.2, »Verkauf Eigenerzeugnis aus Lager«, beschriebenen Handling ab, wird aber finanziell etwas anders dargestellt. Wir betrachten ihn als eigenes Szenario, um den Unterschied zum nachfolgenden Szenario (siehe Abschnitt 2.4, »Handelsware mit Einzelbestellung«) besser darzustellen zu können.

Als *Handelsware* werden Produkte bezeichnet, die eingekauft und ohne Weiterbearbeitung im eigenen Unternehmen weiterverkauft werden. In diesem Szenario liegt das benötigte Material bereits in ausreichender Menge im Lager, da es sich um ein Produkt handelt, das unabhängig von konkreten Kundenaufträgen beschafft wurde (siehe Abbildung 2.37).

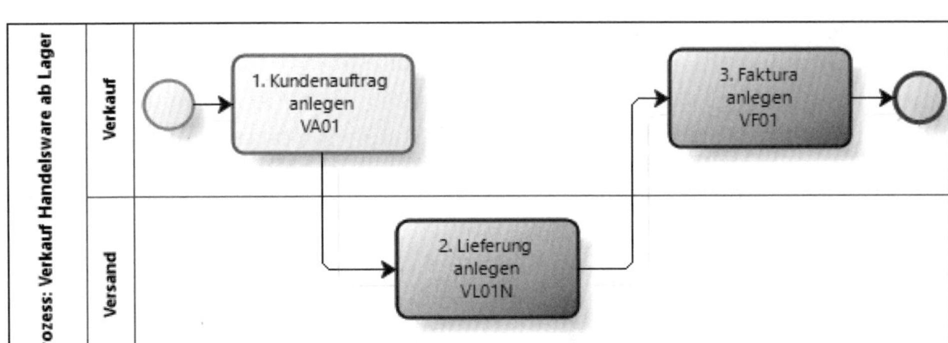

Abbildung 2.37 Prozess »Handelsware mit Verkauf ab Lager«

Nach der Beauftragung durch den Kunden in Schritt 1 erfolgt in Schritt 2 die Lieferung inklusive Warenausgang. Mit Bezug auf diese Lieferung wird die Faktura in Schritt 3 erstellt.

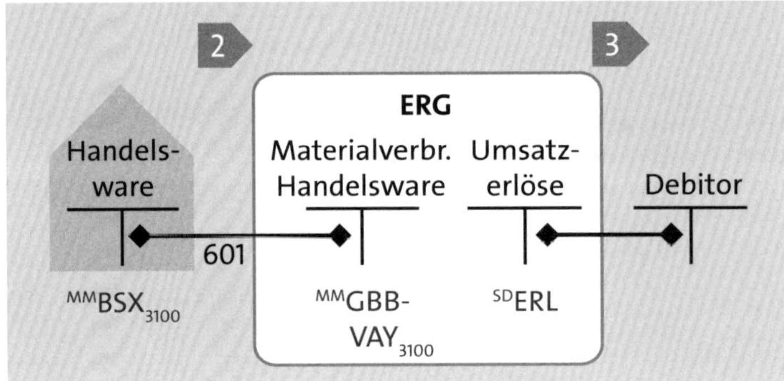

Abbildung 2.38 Buchungsschema »Handelsware mit Verkauf ab Lager«

Im Buchungsschema sehen Sie, dass Handelswaren eine eigene Bewertungsklasse besitzen (siehe Abbildung 2.38). Ihnen wird im Materialstamm anstelle der Bewertungsklasse 3000 für Rohstoffe die Bewertungsklasse 3100 für Handelswaren zugeordnet. Darüber ist es möglich, im Finanzwesen sowohl die Bestände als auch die Verbräuche auf differenzierten Konten zu verbuchen.

2.3.1 Kundenauftrag anlegen

Ein Stück des Materials HW_03 soll für 50,00 EUR an den Kunden 1001001 verkauft werden. **Auftraggeber** und **Warenempfänger** sind also gleich. Dafür werden alle benötigten Daten im Kopf und in der Position des Kundenauftrags erfasst (siehe Abbildung 2.39).

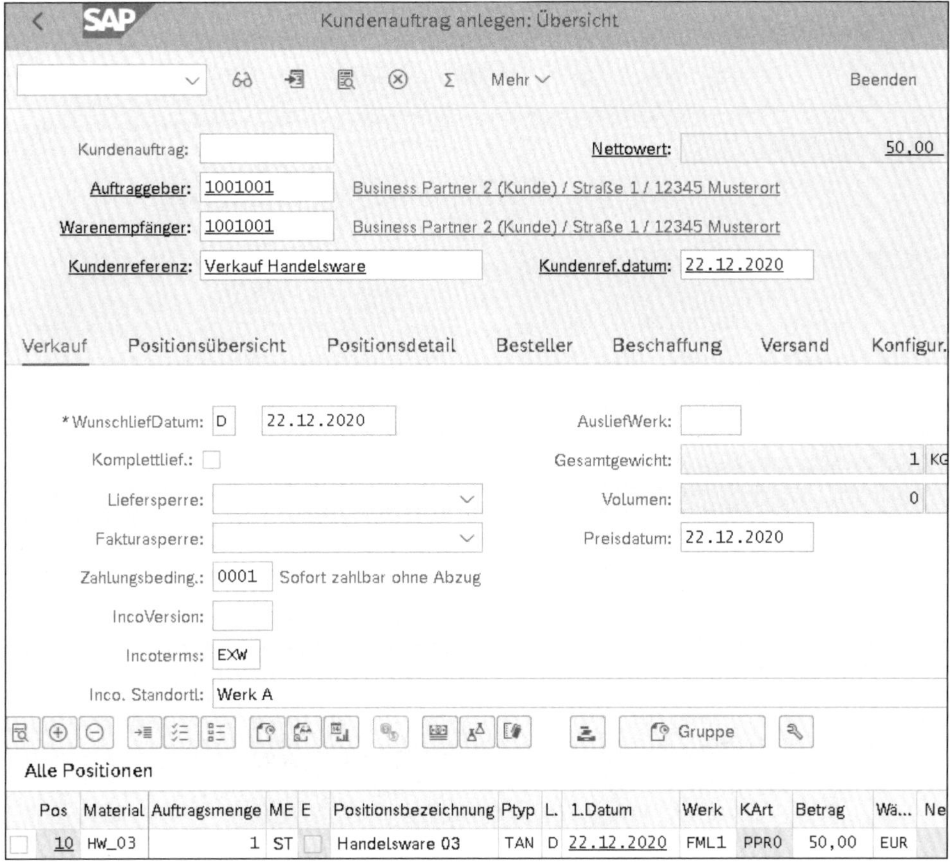

Abbildung 2.39 Kundenauftrag anlegen

2.3.2 Lieferung anlegen

In der Lieferung mit Bezug zum angelegten Kundenauftrag wird die Menge im Feld **Kommiss. Menge** bestätigt, und der Warenausgang wird gebucht (siehe Abbildung 2.40).

Beim Buchen des Warenausgangs zur Lieferung wird im Hintergrund ein Materialbeleg getriggert (siehe Abbildung 2.41). Mit der Bewegungsart 601 wird 1 Stück des Materials aus dem Lagerort 0003 entnommen.

Da in diesem Fall die MM-Kontenfindung mit der im Materialstamm hinterlegten Bewertungsklasse 3100 für Handelswaren ermittelt wird, wird im Buchhaltungsbeleg das Verbrauchskonto für Handelswaren und das entsprechende Bestandskonto gezogen, sodass sich der Buchungssatz »Verbrauch Handelswaren (Soll) an Bestand Handelswaren (Haben)« ergibt (siehe Abbildung 2.42).

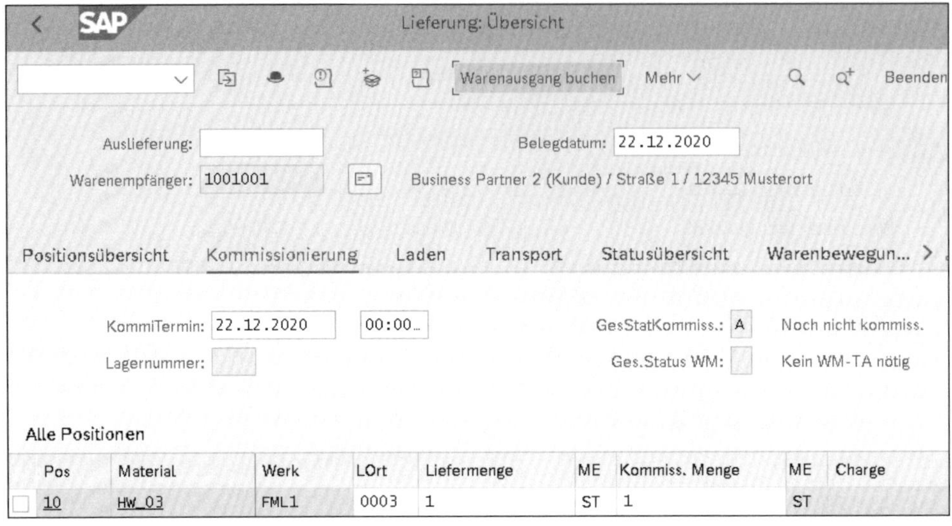

Abbildung 2.40 Lieferung anlegen

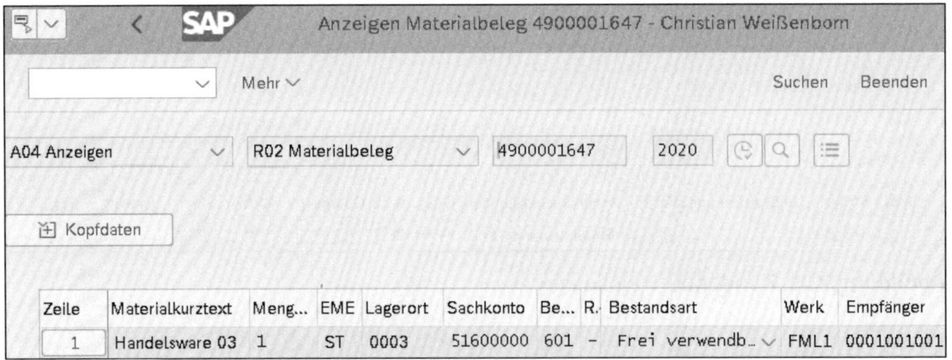

Abbildung 2.41 Materialbeleg zur Lieferung

BuKr.	P...	BS	S...	Konto	Koa...	Bezeichnung	Betrag	Währg	Werk	Material	Vorgang	Menge	BME
FMLA	1	99	H	13600000	M	Bestand Handelsware	30,00-	EUR	FML1	HW_03	BSX	1-	ST
	2	81	S	51600000	S	Verbr. Handelsware	30,00	EUR	FML1	HW_03	GBB	1	ST

Abbildung 2.42 Buchhaltungsbeleg zum Warenausgang von Handelsware

Für Handelswaren findet kein COGS-Split statt. Ob ein COGS-Split für ein Verbrauchskonto stattfinden soll, wird im Customizing eingestellt. Durch die Verwendung eines anderen Kontos in der MM-Kontenfindung GBB-VAY für die Bewertungsklasse 3100 lässt sich ein COGS-Split für Handelswaren unterbinden. Für das hier verwendete Konto 51600000 erfolgt kein COGS-Split, was im Gegensatz zu dem im Beispiel aus

Abschnitt 2.2.2, »Lieferung«, verwendeten Konto 54083000 für die Bewertungsklasse 3000 steht.

Belegnummer	BuchDatum	Benutzer	RT	RefBelegnr	OrgVg	Vrgng	Belegkopftext	StB	sto
A00007NQ00	22.12.2020	STUDENT101	R	4900001647	RMWL	COIN			

Bu	OAr	Objekt	ObjektBez	Kostenart	Kostenartenbezeichn.	Wert/OW	OWä	Menge	GME	Material
1	ERG	1603		51600000	Verbr. Handelsware	30,00	EUR	1	ST	HW_03

Abbildung 2.43 Kostenrechnungsbeleg zum Warenausgang von Handelsware

Der Verbrauch von Handelswaren wird in den Kostenrechnungsbeleg übernommen und auf ein Ergebnisobjekt gebucht, dessen Merkmale sich durch die Angaben in der Kundenauftragsposition bestimmen (siehe Abbildung 2.43).

2.3.3 Faktura anlegen

Abschließend wird mit Bezug zur zuvor erstellten Auslieferung fakturiert (siehe Abbildung 2.44).

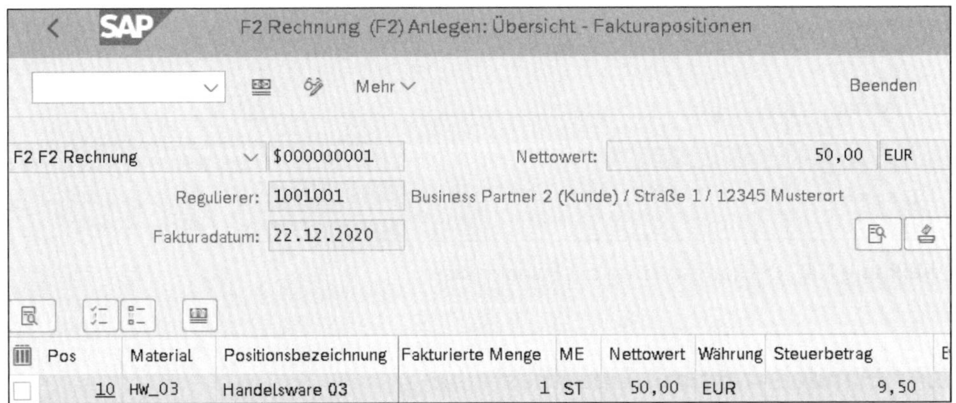

Abbildung 2.44 Faktura anlegen

Die erstellte Faktura wird an die Finanzbuchhaltung weitergeleitet; dort werden ein Buchhaltungs- und ein Kostenrechnungsbeleg erstellt. Die Buchung lautet »Debitorenforderung (Soll) an Erlöse Inland (Haben) und Ausgangssteuer (Haben)« (siehe Abbildung 2.45).

BuKr.	P...	BS	S...	Konto	Koart	Bezeichnung	Betrag	Währg	W...	M...	Vorgang	Menge	BME	Hauptbuchkonto
FMLA	1	01	S	1001001	D	Business Partner 2 (Kunde)	59,50	EUR						12100000
	2	50	H	41000000	S	Erlöse Inl. - Erzeu.	50,00-	EUR						41000000
	3	50	H	22000000	S	Ausgangssteuer (MWS)	9,50-	EUR			MWS			22000000

Abbildung 2.45 Buchhaltungsbeleg zur Faktura

Die Erlöse von 50 EUR sind im Kostenrechnungsbeleg auf ein Ergebnisobjekt kontiert (siehe Abbildung 2.46).

Belegnummer	BuchDatum	Benutzer	RT	RefBelegnr	OrgVg	Vrgng	Belegkopftext	StB	sto
Bu OAr Objekt	ObjektBez	Kostenart	Kostenartenbezeichn.	Wert/OW	OWä	Menge	GME	Material	
A00007NR00	22.12.2020	STUDENT101	R	90000362	SD00	COIN			
1 ERG 1604		41000000	Erlöse Inl. - Erzeu.	50,00-	EUR	1-	ST	HW_03	

Abbildung 2.46 Kostenrechnungsbeleg zur Faktura

In der Ergebnisrechnung wird der Deckungsbeitrag auf den gebuchten Merkmalen im Bericht ausgewiesen (siehe Abbildung 2.47).

Navigation	Kostenart		Wert/OW	Menge
Buchungskreis	FML_CM	Deckungsbeitrag	-20,00	
FMLA	ERL	Erlöse	-50,00	-1
Verkaufsorg.	41000000	Erlöse Inl. - Erzeu.	-50,00	-1
FMLA	COGS	Kosten der Umsatzerl	30,00	1
Werk	51600000	Verbr. Handelsware	30,00	1
FML1				
Periode/Jahr				
012.2020				
Kunde				
1001001				
Artikel				
HW_03				
Kostenart				

Abbildung 2.47 Deckungsbeitrag der Handelsware

2.4 Handelsware mit Einzelbestellung

Im Szenario »Handelsware mit Einzelbestellung« wird kein Bestand vorgehalten, aus dem eintreffende Kundenaufträge beliefert werden könnten. Erst nach dem Eingang des Kundenauftrags wird bei einem Lieferanten bestellt. Damit die ankommende Ware nicht anderweitig verwendet wird, wird sie nicht in einen anonymen Lagerbestand, sondern in einen Sonderbestand zum Kundenauftrag, den Kundenauftragsbestand, gebucht und ist damit für diesen reserviert.

Der in Schritt 1 angelegte Kundenauftrag generiert in diesem Szenario eine Bestellanforderung, die in Schritt 2 in eine Bestellung bei einem Lieferanten umgewandelt wird. Zu dieser Bestellung wird nach Ankunft der Ware der Wareneingang gebucht und im Folgenden die Eingangsrechnung des Lieferanten erfasst. Das Material liegt bereit, und in Schritt 5 kann die Auslieferung angelegt werden, die anschließend in Schritt 6 fakturiert wird (siehe Abbildung 2.48).

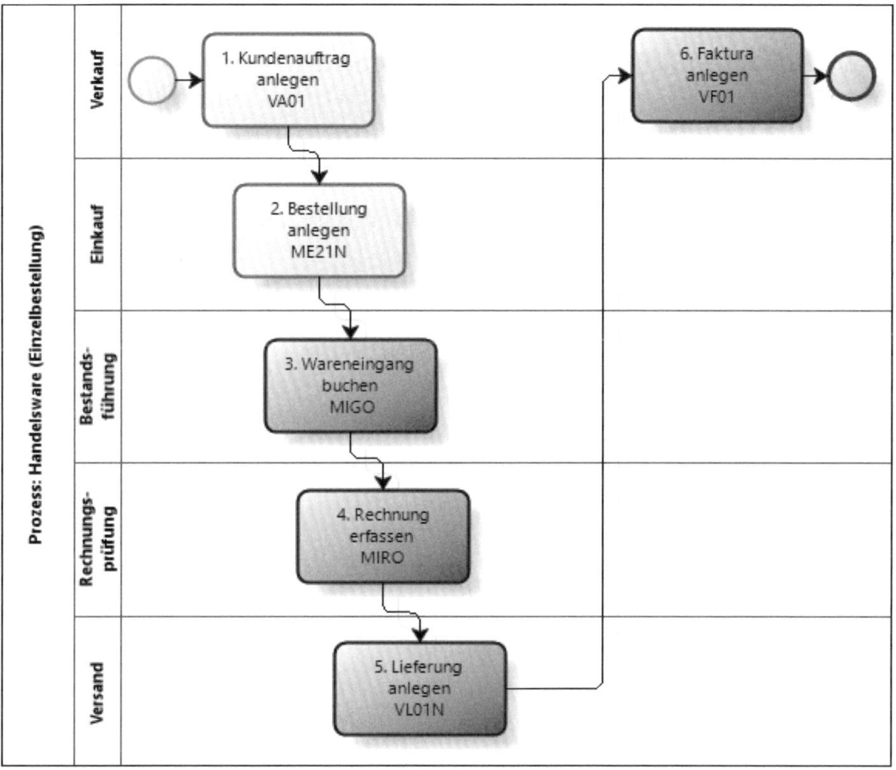

Abbildung 2.48 Prozess »Handelsware mit Einzelbestellung«

Im Buchungsschema sehen Sie hier einen End-to-End-Prozess vom Kreditor bis zum Debitor (siehe Abbildung 2.49). Der Sonderbestand wird unter dem Sonderbestandskennzeichen E geführt und ist fest an die Kundenauftragsposition gebunden. Die Bewegungsarten 101 und 601, die bereits in den vorhergehenden Szenarien verwendet wurden, werden durch die Angabe des Sonderbestandskennzeichens E ergänzt.

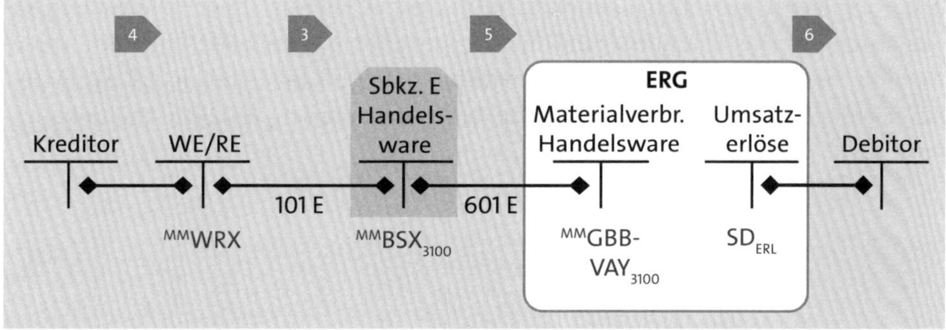

Abbildung 2.49 Buchungsschema »Handelsware mit Einzelbestellung«

2.4.1 Kundenauftrag anlegen

Im Kundenauftrag werden die Materialnummer und die Menge erfasst. In diesem Szenario wird 1 Stück des Materials HW_04 für 80,00 EUR verkauft.

Eine Besonderheit spielt der Positionstyp in der Kundenauftragsposition. Er wird automatisch ermittelt. Die Basis dafür sind Werte im Materialstamm zum Produkt HW_04. In der Sicht **Vertrieb:VerkOrg 2** des Materialstamms ist eine **Positionstypengruppe** CBUK eingetragen (siehe Abbildung 2.50).

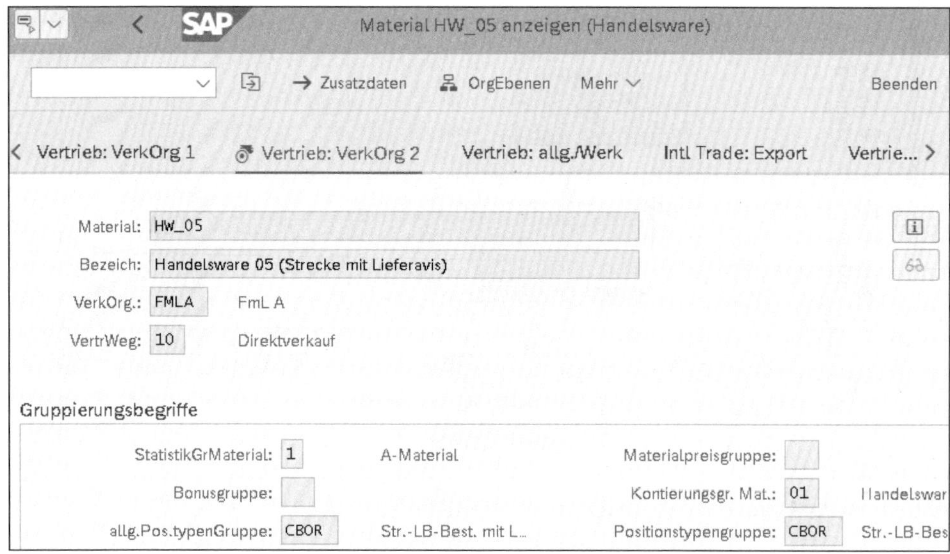

Abbildung 2.50 Positionstypengruppe CBUK im Materialstamm

Für die Kombination aus Verkaufsbelegart und Positionstypengruppe CBUK wird über das Customizing ein Default-Positionstyp ermittelt, in diesem Fall der Positionstyp (**Ptyp**) CBAB, und in der Kundenauftragsposition vorgeschlagen (siehe Abbildung 2.51).

Aufgrund dieses speziellen Positionstyps im Vertriebsbeleg wird beim Speichern automatisch eine Bestellanforderung, im SAP-System meist kurz *BANF* genannt, generiert, die in den Detaildaten der Kundenauftragsposition auf der Registerkarte **Einteilungen** eingetragen wurde. Hier ist es die **Bestellanforderung** 10024595 mit der **Banf-Position** 10 (siehe Abbildung 2.52).

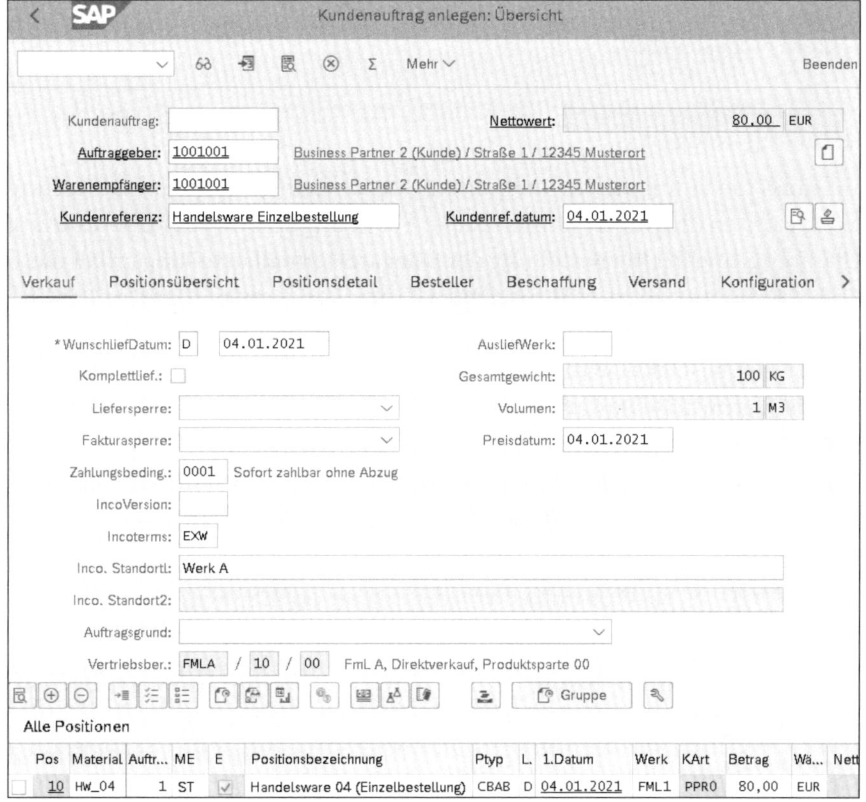

Abbildung 2.51 Kundenauftrag anlegen

Abbildung 2.52 Kundenauftragsposition mit Bestellanforderung

Die Bestellanforderung ist eine Aufforderung an den Einkauf, tätig zu werden, um das Material extern zu beschaffen.

2.4.2 Bestellung anlegen

Im Einkauf muss die automatisch generierte Bestellanforderung in eine Bestellung bei einem Lieferanten umgesetzt werden (siehe Abbildung 2.53). Bei der Überführung der Bestellanforderung in eine Bestellung der Belegart **Normalbestellung** erhält diese automatisch den Kontierungstyp H für diesen Nicht-Lagerverkauf. Darüber wird erreicht, dass ein Material nicht für den anonymen Bestand, sondern speziell für unseren Kundenauftrag beschafft wird. Auf der Registerkarte **Kontierung** sind das über den Vorgang BSX ermittelte Bestandskonto 13600000 für Handelswaren und die zugrunde liegende Kundenauftragsposition, bestehend aus Kundenauftrag, Position und Unterposition, eingetragen. Ordnen Sie hier manuell den Lieferanten 1000021 zu, und tragen Sie den mit ihm ausgehandelten Preis von 40,00 EUR ein.

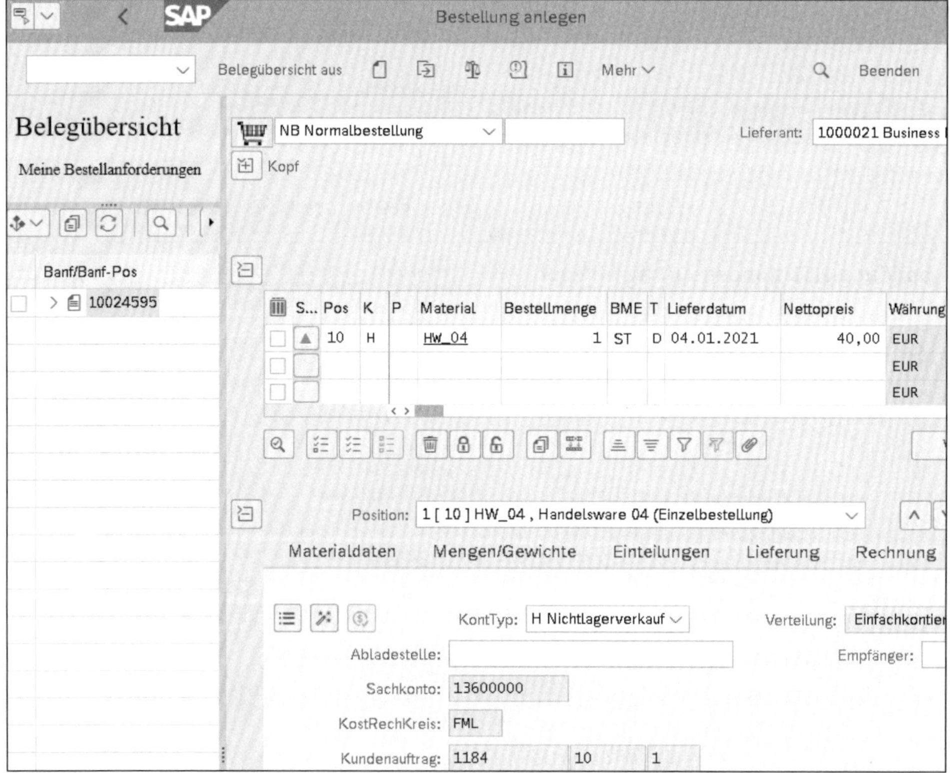

Abbildung 2.53 Bestellung anlegen

2.4.3 Wareneingang buchen

Der Wareneingang erfolgt in den Kundenauftragsbestand, der über das Sonderbestandskennzeichen E und die Kundenauftragsposition 1184/10 angesteuert wird. Als Bewegungsart erkennen wir 101 E. Kundenauftragsbestände werden immer als Unterbestand zu einem Lagerort geführt; hier geben wir den **Lagerort** 0001 mit (siehe Abbildung 2.54).

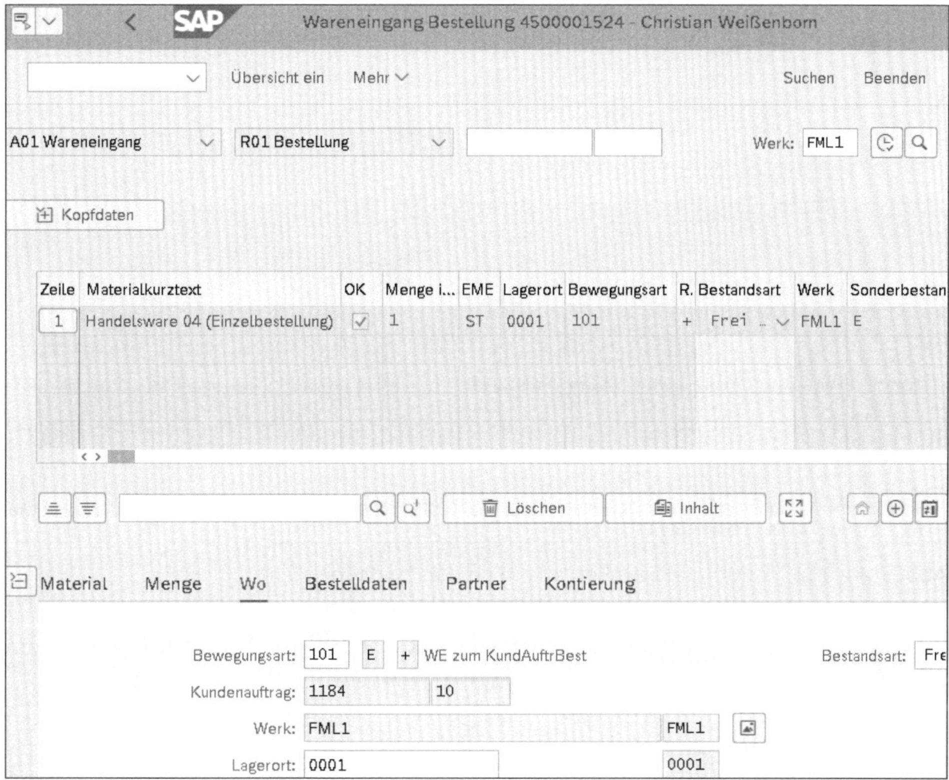

Abbildung 2.54 Wareneingang zur Bestellung

»Bestand Handelswaren (Soll) an WE/RE (Haben)« lautet die entstandene Buchung im Buchhaltungsbeleg, die durch den Materialbeleg des Wareneingangs ausgelöst wurde (siehe Abbildung 2.55).

BuKr.	P...	BS	S...	Konto	Koart	Bezeichnung	Betrag	Währg	Werk	Material	Vorgang	Menge	BME
FMLA	1	89	S	13600000	M	Bestand Handelsware	40,00	EUR	FML1	HW_04	BSX	1	ST
	2	96	H	21120000	S	WE/RE	40,00-	EUR	FML1	HW_04	WRX	1-	ST

Abbildung 2.55 Buchhaltungsbeleg zum Wareneingang

Zum ersten Mal haben Sie nun in einen Sonderbestand gebucht. In der Bestandsübersicht werden Kundenauftragsbestände als Unterposition zum Lagerort angezeigt (siehe Abbildung 2.56).

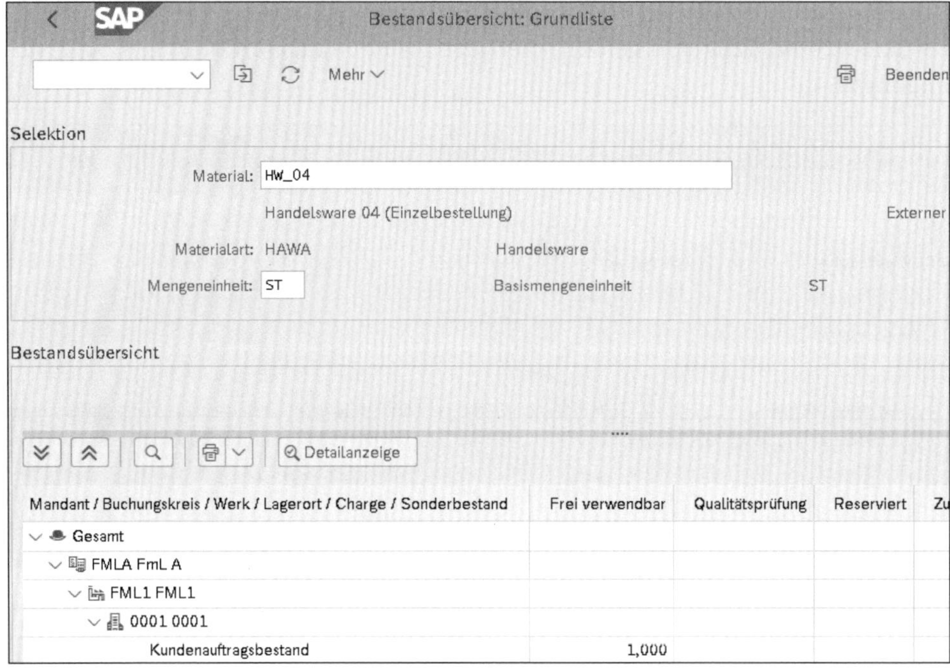

Abbildung 2.56 Kundenauftragsbestand in der Bestandsübersicht

Um zu erkennen, um welche Kundenauftragsposition es sich hier handelt, genügt ein Absprung aus der letzten Zeile in die Detailanzeige (siehe Abbildung 2.57).

Bestand Kundenauftragsbestand
Werk FML1
Lagerort 0001

Vertr.Bel.	Position	Bestandsart	Bestand
1184	10	Frei verwendbar	1,000
	10	Qualitätsprüfung	0,000
	10	Gesperrt	0,000
	10	Nicht frei verw.	0,000

Abbildung 2.57 Details zum Kundenauftragsbestand

2.4.4 Rechnung erfassen

Der Kreditor übermittelt anschließend seine Rechnung, die mit Bezug zur Bestellung erfasst und auf Korrektheit, auch hinsichtlich der Steuer, geprüft wird.

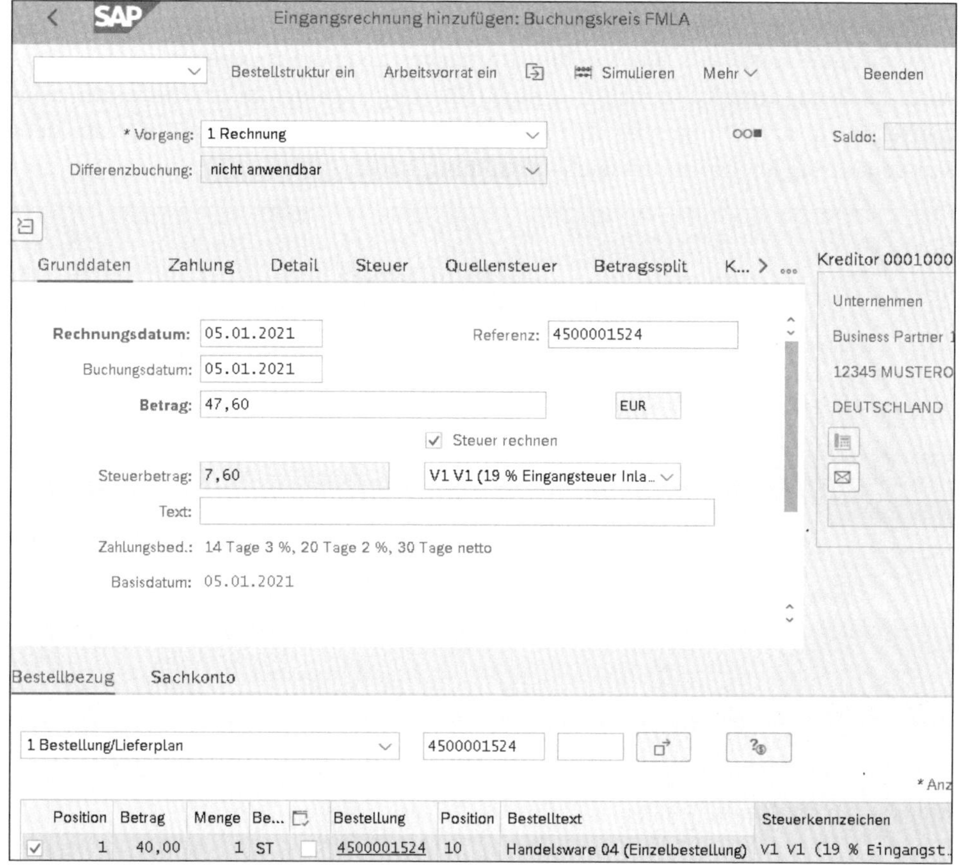

Abbildung 2.58 Rechnung erfassen

Der MM-Rechnungsbeleg, nicht zu verwechseln mit einem Materialbeleg, generiert einen Buchhaltungsbeleg, in dem das WE/RE-Konto in diesem Fall im Haben gebucht wird (siehe Abbildung 2.58). Der Steuerbetrag wird durch das **Steuerkennzeichen** V1 als Vorsteuer verbucht, und es wird ein offener Posten für den Kreditor gebildet, der später durch die Buchhaltung im Zahllauf bezahlt wird. Somit entsteht der Buchungssatz (siehe Abbildung 2.59) »WE/RE-Konto (Soll) und Eingangssteuer (Soll) an Kreditorenverbindlichkeit (Haben)«.

BuKr.	P...	BS	S...	Konto	Koa...	Bezeichnung	Betrag	Wä...	Werk	Material	Vorgang	Menge	BME	Hauptbuchkonto
FMLA	1	31	H	1000021	K	Business Partner 1 (...	47,60-	EUR			KBS			21100000
	2	86	S	21120000	S	WE/RE	40,00	EUR	FML1	HW_04	WRX	1	ST	21120000
	3	40	S	12600000	S	Vorsteuer (VST)	7,60	EUR			VST			12600000

Abbildung 2.59 Buchhaltungsbeleg zur Rechnung

2.4.5 Lieferung anlegen

Nun soll das Material aus dem Kundenauftragsbestand heraus geliefert werden. Dazu wird mit Bezug zum Kundenauftrag eine Lieferung angelegt, in der die kommissionierte Menge zu bestätigen ist. Alle anderen Angaben werden automatisch aus dem Kundenauftrag übernommen (siehe Abbildung 2.60).

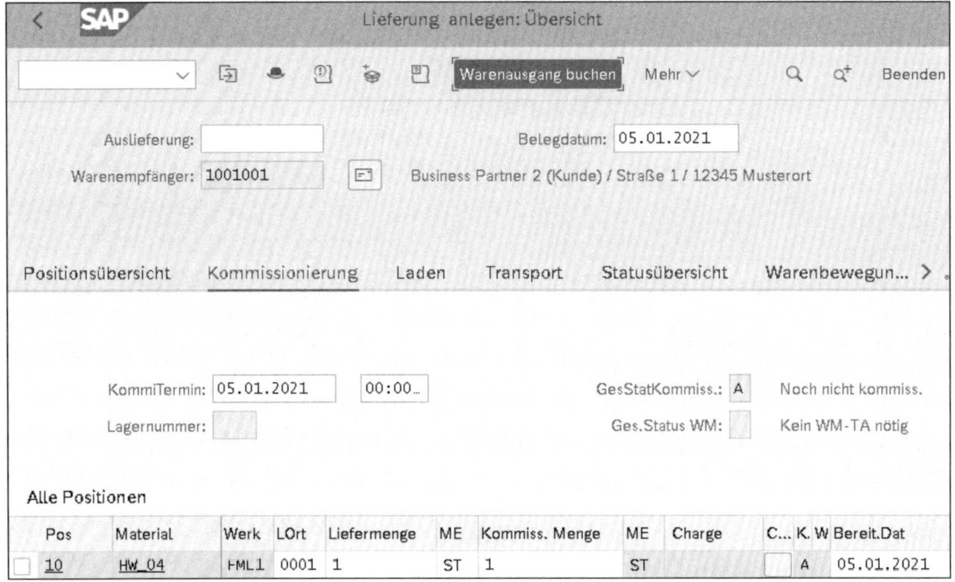

Abbildung 2.60 Lieferung anlegen

Nach dem Abschluss über den Button **Warenausgang buchen** (siehe Abbildung 2.60) wird ein Materialbeleg erstellt, in dem über die Bewegungsart 601 E die geforderte Menge aus dem Kundenauftragsbestand entnommen wird (siehe Abbildung 2.61).

Der Materialbeleg triggert einen Buchhaltungsbeleg für die Verbrauchsbuchung (siehe Abbildung 2.62). Dabei wird über den Vorgang BSX der Bestand an Handelsware entlastet und das Bestandsveränderungskonto 51600000 für den Verbrauch von Handelswaren über den Vorgang GBB entlastet. Es ergibt sich der Buchungssatz »Verbrauch Handelsware (Soll) an Bestand Handelsware (Haben)«.

Ebenso wird ein Kostenrechnungsbeleg erstellt, in dem die Kosten auf das entsprechende Ergebnisobjekt gebucht werden (siehe Abbildung 2.63).

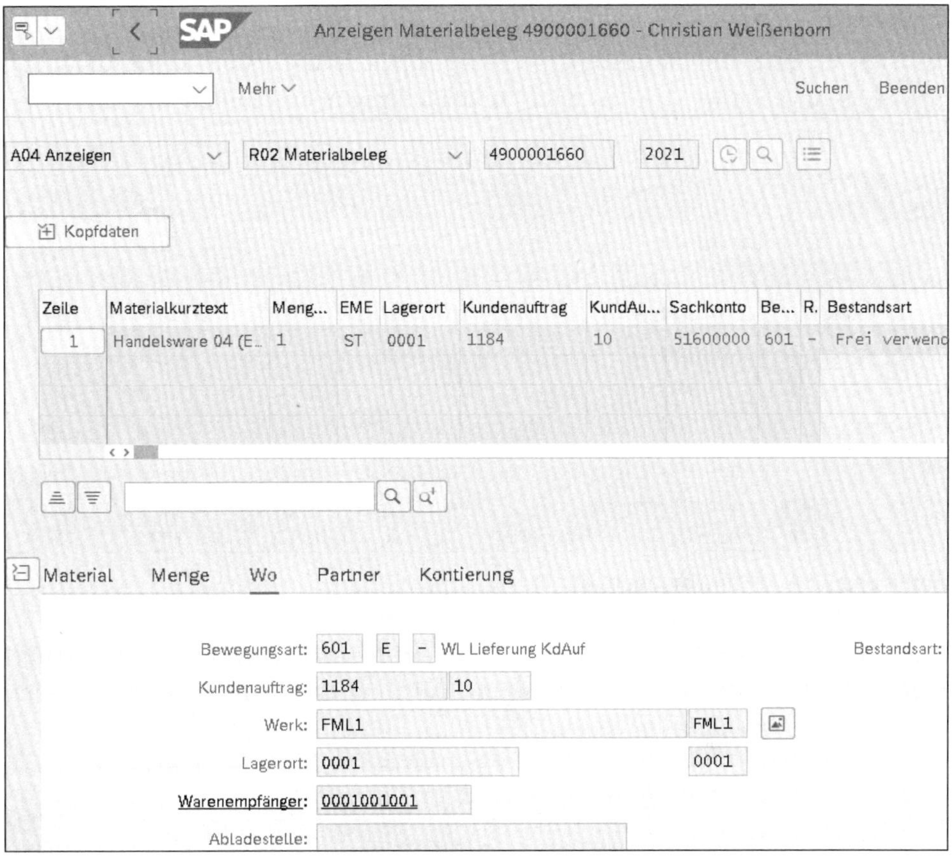

Anzeigen Materialbeleg 4900001660 - Christian Weißenborn

Mehr Suchen Beenden

A04 Anzeigen | R02 Materialbeleg | 4900001660 | 2021

Kopfdaten

Zeile	Materialkurztext	Meng...	EME	Lagerort	Kundenauftrag	KundAu...	Sachkonto	Be...	R.	Bestandsart
1	Handelsware 04 (E...	1	ST	0001	1184	10	51600000	601	-	Frei verwend

Material Menge Wo Partner Kontierung

Bewegungsart: 601 E - WL Lieferung KdAuf

Bestandsart:

Kundenauftrag: 1184 10

Werk: FML1 FML1

Lagerort: 0001 0001

Warenempfänger: 0001001001

Abladestelle:

Abbildung 2.61 Materialbeleg zur Lieferung

BuKr.	P...	BS	S...	Konto	Koa...	Bezeichnung	Betrag	Wä...	Werk	Material	Vorgang	Menge	BME
FMLA	1	99	H	13600000	M	Bestand Handelsware	40,00-	EUR	FML1	HW_04	BSX	1-	ST
	2	81	S	51600000	S	Verbr. Handelsware	40,00	EUR	FML1	HW_04	GBB	1	ST

Abbildung 2.62 Buchhaltungsbeleg zur Lieferung

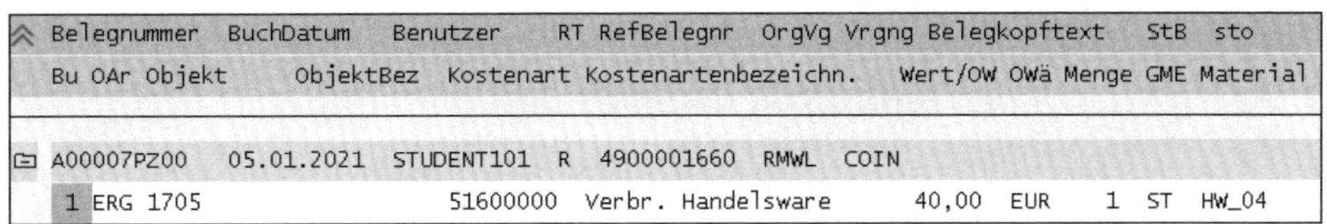

```
Belegnummer  BuchDatum   Benutzer    RT RefBelegnr  OrgVg Vrgng Belegkopftext   StB  sto
Bu OAr Objekt      ObjektBez  Kostenart Kostenartenbezeichn.   Wert/OW OWä Menge GME Material

A00007PZ00   05.01.2021  STUDENT101  R  4900001660  RMWL  COIN
1 ERG 1705                    51600000  Verbr. Handelsware       40,00  EUR     1  ST  HW_04
```

Abbildung 2.63 Kostenrechnungsbeleg zur Lieferung

2.4.6 Faktura anlegen

Als letzter Schritt wird die Faktura mit Bezug zur Lieferung erstellt (siehe Abbildung 2.64). Alle Angaben werden aus dem Kundenauftrag übernommen, und die Steuer wird berechnet.

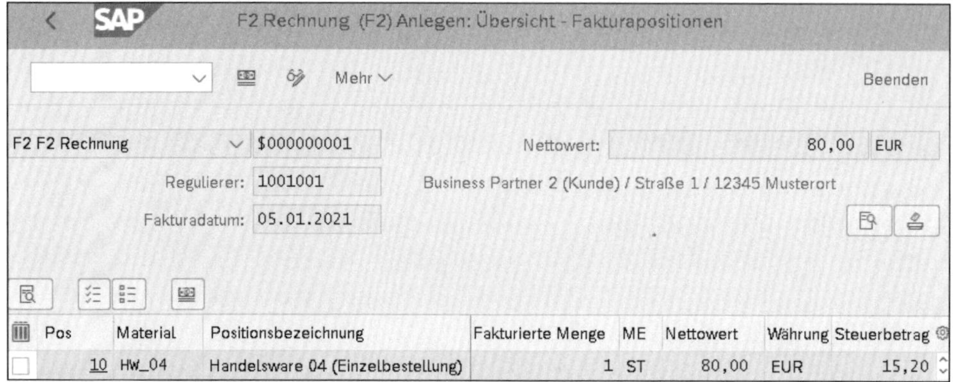

Abbildung 2.64 Faktura anlegen

Die SD-Faktura führt zum Buchhaltungsbeleg mit dem Buchungssatz »Debitorenforderung (Soll) an Erlöse Inland (Haben) und Ausgangssteuer (Haben)« (siehe Abbildung 2.65).

BuKr.	P...	BS	S...	Konto	Koa...	Bezeichnung	Betrag	Währg	Werk	Material	Vorgang	Menge	BME	Hauptbuch
FMLA	1	01	S	1001001	D	Business Partner 2 (Kunde)	95,20	EUR						12100000
	2	50	H	41000000	S	Erlöse Inl. - Erzeu.	80,00-	EUR						41000000
	3	50	H	22000000	S	Ausgangssteuer (MWS)	15,20-	EUR			MWS			22000000

Abbildung 2.65 Buchhaltungsbeleg zur Faktura

Im Kostenrechnungsbeleg werden die Erlöse auf ein Ergebnisobjekt (hier ERG 1706) gebucht, und Sie können den Deckungsbeitrag zwischen Einkaufspreis und Verkaufspreis in der Ergebnisrechnung ausweisen (siehe Abbildung 2.66).

```
Belegnummer  BuchDatum   Benutzer    RT RefBelegnr  OrgVg Vrgng Belegkopftext  StB  sto
Bu OAr Objekt      ObjektBez  Kostenart Kostenartenbezeichn.  Wert/OW OWä Menge GME Material

A00007Q000   05.01.2021  STUDENT101  R  90000366    SD00  COIN
1 ERG 1706                 41000000  Erlöse Inl. - Erzeu.     80,00- EUR   1- ST  HW_04
```

Abbildung 2.66 Kostenrechnungsbeleg zur Faktura

2.5 Streckengeschäft

Im sogenannten *Streckengeschäft* bekommen Sie die zu liefernde Ware selbst nie zu Gesicht, sondern lassen sie vom Lieferanten direkt an den Kunden liefern.

Erst nachdem ein Kunde in Schritt 1 einen Auftrag erteilt hat, lösen Sie in Schritt 2 eine Bestellung vom Typ **Strecke** aus. Der Lieferant nimmt die Bestellung an und führt die Auslieferung an den Kunden aus. Anschließend bestätigt er Ihnen in Schritt 3 die Auslieferung an den Kunden als sogenanntes *Lieferavis*, das wie ein Wareneingang erfasst wird.

Der Begriff *Wareneingang* ist hier missverständlich, da ja gerade keine Ware bei Ihnen vereinnahmt wurde und in ein Lager einging, sondern nur beim Kunden; deshalb spricht man auch von einem *statistischen Wareneingang*.

Abschließend stellt der Lieferant Ihnen mit Schritt 4 eine Rechnung, und ebenso stellen Sie in Schritt 5 dem Kunden eine Rechnung (siehe Abbildung 2.67).

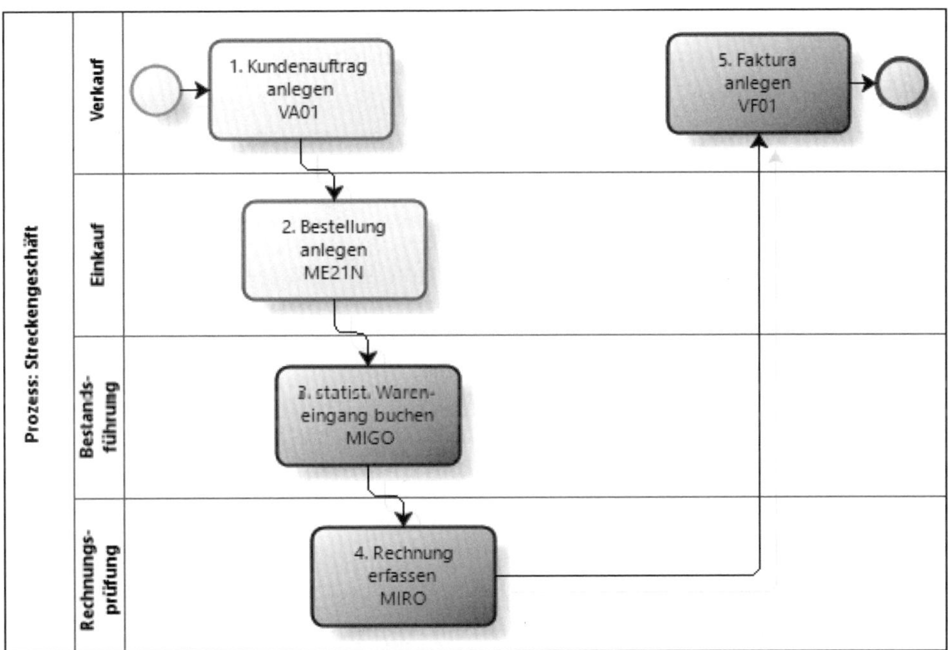

Abbildung 2.67 Prozess »Streckengeschäft«

Im Buchungsschema erkennen Sie, dass zu keinem Zeitpunkt ein mengenmäßiger Bestand in Ihrem System geführt wird, sondern der statistische Wareneingang sofort zu einer GuV-Buchung auf einem Ergebnisobjekt führt (siehe Abbildung 2.68).

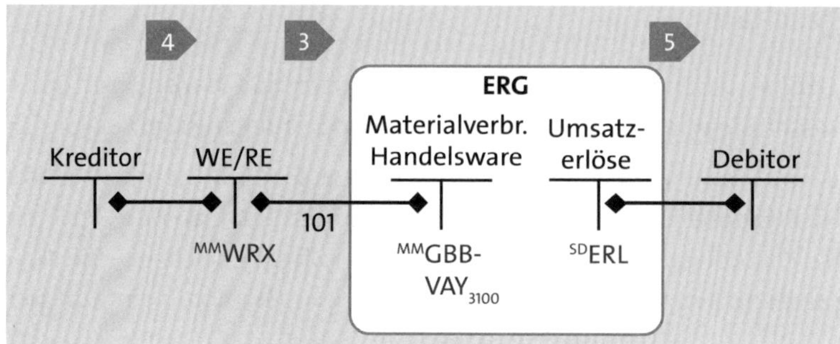

Abbildung 2.68 Buchungsschema »Streckengeschäft«

2.5.1 Kundenauftrag anlegen

Zunächst muss der Kundenauftrag angelegt werden. Um ein Streckengeschäft auszulösen, wird der spezielle Positionstyp CBOR für das Streckengeschäft in der Kundenauftragsposition verwendet. Dieser ergibt sich wiederum über eine Positionstypenermittlung in der Komponente SD, die auf Einträgen im Materialstamm beruht (siehe Abbildung 2.69).

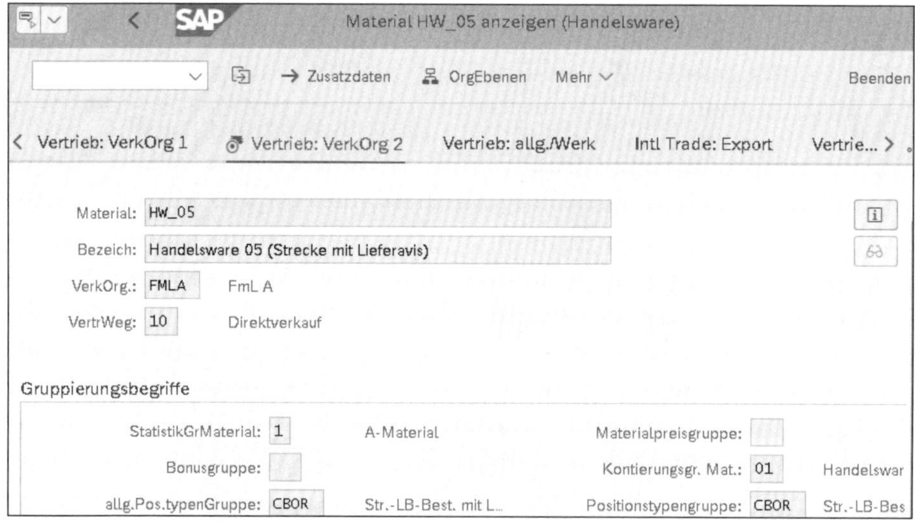

Abbildung 2.69 Positionstypengruppe CBOR im Materialstamm

Der Kunde (**Auftraggeber**) 1001001 hat 1 Stück des Materials HW_05 geordert, und Sie legen den Kundenauftrag dazu an (siehe Abbildung 2.70). Der Verkaufspreis (**Nettowert**) beträgt 100,00 EUR pro Stück.

Beim Speichern wird aufgrund des Customizings zum Positionstyp (**Ptyp**), hier CB1, automatische eine Bestellanforderung generiert und in die Einteilung zur Kundenauftragsposition eingetragen (siehe Abbildung 2.71).

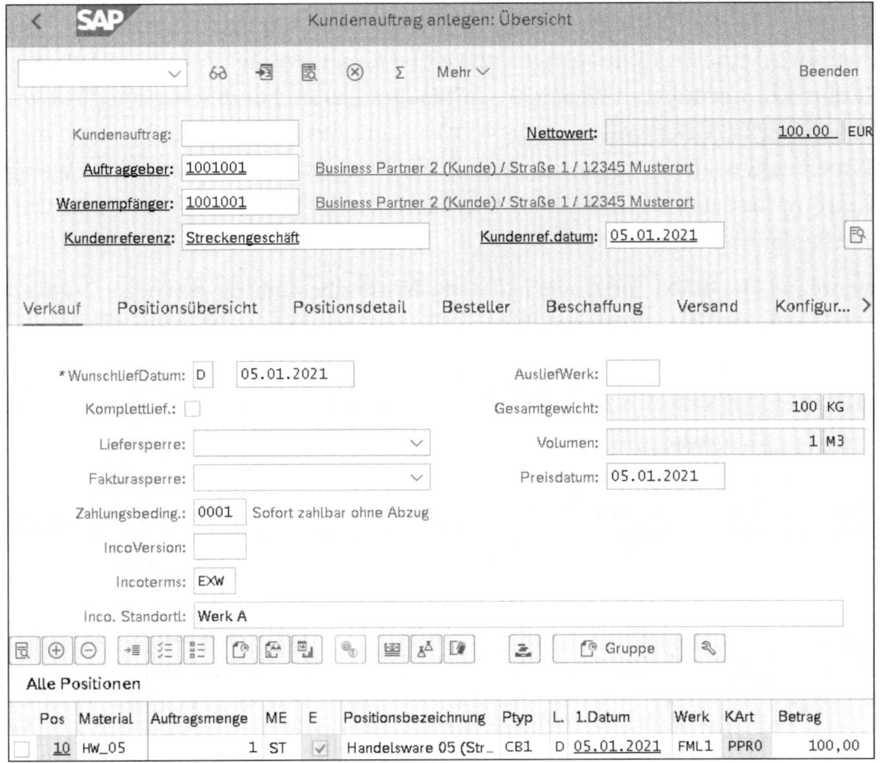

Abbildung 2.70 Kundenauftrag anlegen

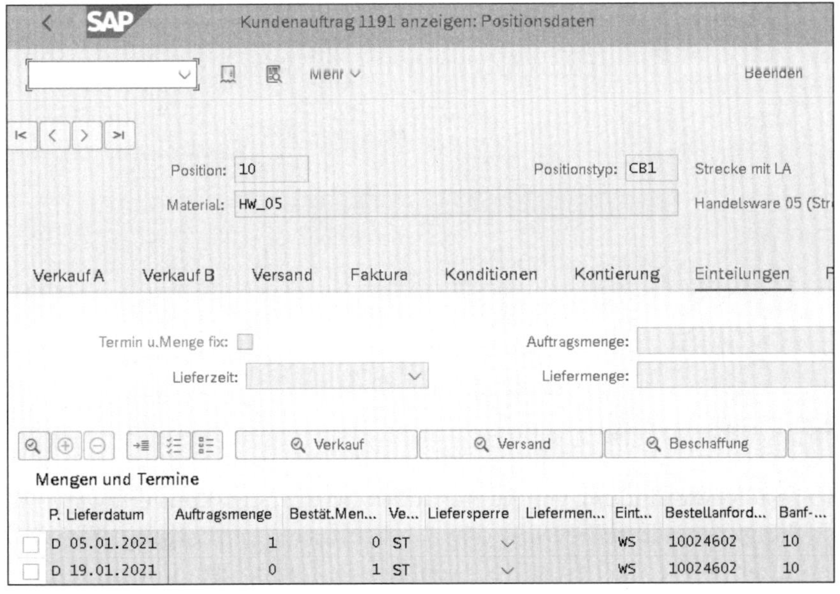

Abbildung 2.71 Kundenauftragseinteilung mit BANF

2.5.2 Bestellung anlegen

Als Nächstes wird eine Bestellung angelegt. Der Einkauf setzt die BANF in eine Bestellung mit dem Kontierungstyp W (Strecke mit Lieferavis) und dem Positionstyp S um (siehe Abbildung 2.72). Der Kontierungstyp W steuert, dass ein Wareneingang erwartet wird, aber nicht in einem Lager, sondern direkt als Aufwandsbuchung. Diese Werte werden automatisch gesetzt. Der Positionstyp S steht für Strecke und steuert die weitere spezielle Verarbeitung.

Der Einkauf hat die BANF 10024602 in eine Normalbestellung beim Lieferanten 1000021 überführt und das Material dort zu einem Preis von 50,00 EUR bestellt.

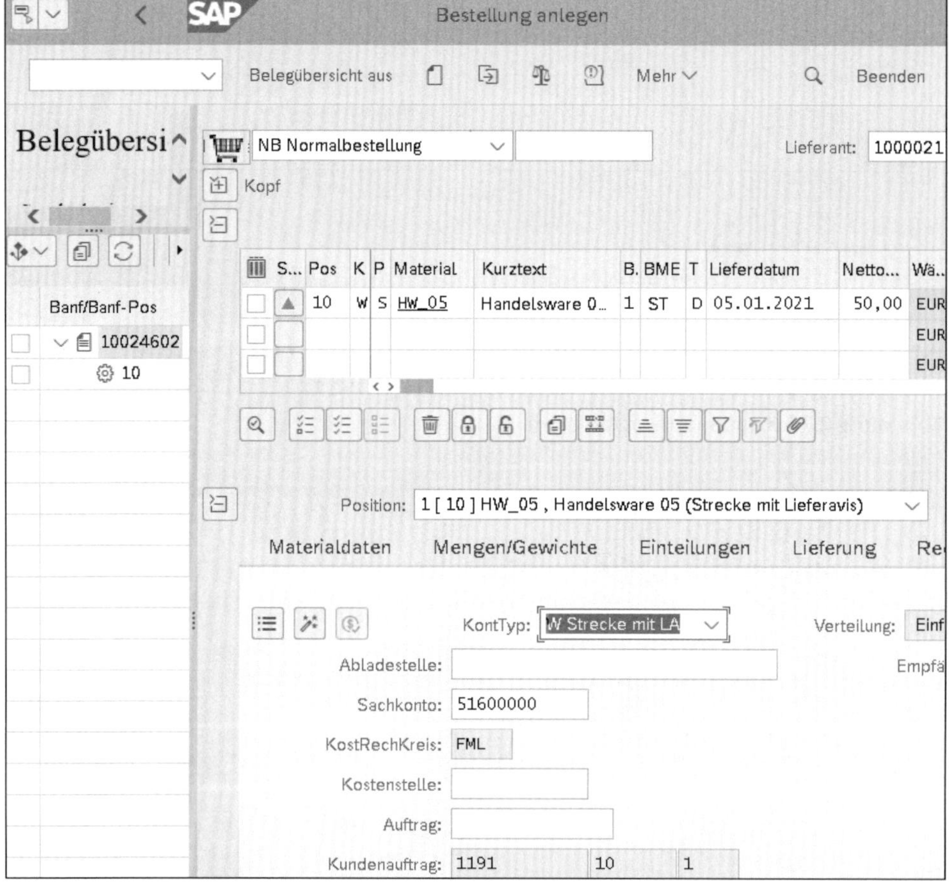

Abbildung 2.72 Bestellung anlegen

In diesem Fall erfolgt die Findung von Konto 51600000 über den Kontierungstyp W aus der Bestellung, also nur indirekt über die Bewegungsart. Der Vorgang, über den das Konto ermittelt werden soll, ist KBS für *kontierte Bestellung*, der programmtechnisch auf den Eintrag für GBB-VAY verweist.

2.5.3 Statistischen Wareneingang buchen

Nun wird der statistische Wareneingang gebucht. Dies ist kein Wareneingang in einen eigenen Bestand, sondern die Erfassung des Lieferavis, das Ihnen vom Lieferanten als Information über die Ablieferung der Ware an den Kunden gesendet wurde. Die Erfassung erfolgt aber genauso wie bei den bisherigen Wareneingängen zu Bestellungen (siehe Abbildung 2.73).

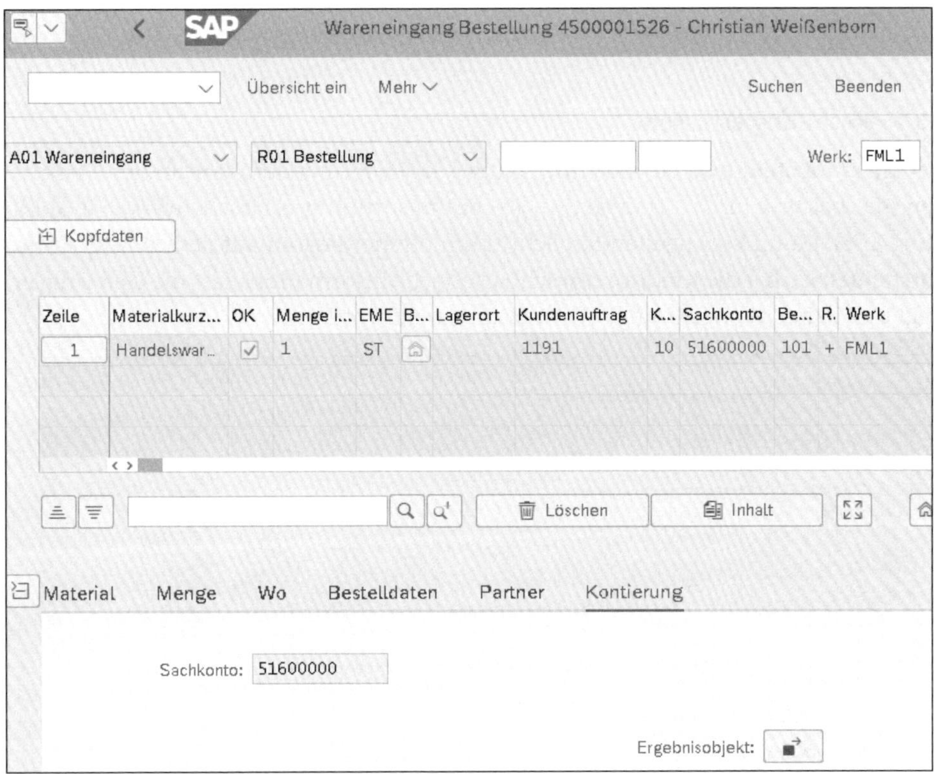

Abbildung 2.73 Statistischer Wareneingang

Durch das Lieferavis wird direkt eine Aufwandsbuchung erzeugt. Für die Rechnungsprüfung steht danach ein offener Posten auf dem WE/RE-Konto bereit. Der Buchhaltungsbeleg zeigt die Buchung »Verbrauch Handelswaren (Soll) an WE/RE (Haben)«, d. h., in diesem Falle wird nicht gegen ein Bestandskonto gebucht, sondern sofort auf ein GuV-Konto für den Verbrauch der per Strecke gelieferten Waren (siehe Abbildung 2.74).

BuKr.	P...	BS	S...	Konto	Koa...	Bezeichnung	Betrag	Währg	Werk	Material	Vorgang	Menge	BME
FMLA	1	81	S	51600000	S	Verbr. Handelsware	50,00	EUR	FML1	HW_05	KBS	1	ST
	2	96	H	21120000	S	WE/RE	50,00-	EUR	FML1	HW_05	WRX	1-	ST

Abbildung 2.74 Buchhaltungsbeleg zum statistischen Wareneingang

Der Aufwand wird im Controlling direkt auf ein Ergebnisobjekt gebucht (siehe Abbildung 2.75).

```
Belegnummer  BuchDatum   Benutzer     RT RefBelegnr  OrgVg Vrgng Belegkopftext  StB  sto
Bu OAr Objekt     ObjektBez  Kostenart Kostenartenbezeichn.   Wert/OW OWä Menge GME Material

A00007Q200   05.01.2021  STUDENT101   R  5000001132  RMWE  COIN
 1 ERG 1726                 51600000  Verbr. Handelsware        50,00  EUR     1  ST  HW_05
```

Abbildung 2.75 Kostenrechnungsbeleg zum statistischen Wareneingang

2.5.4 Rechnung erfassen

Der Lieferant stellt nun eine Rechnung über die Lieferung der Ware an den Endkunden, die bei uns in der Transaktion Rechnungsprüfung erfasst wird (siehe Abbildung 2.76). Da im vorangehenden Schritt ein offener Posten auf dem WE/RE-Konto entstanden ist, hat die Kreditorenbuchhaltung die Information, dass die Lieferung erfolgt und daher die Rechnung rechtmäßig gestellt worden ist.

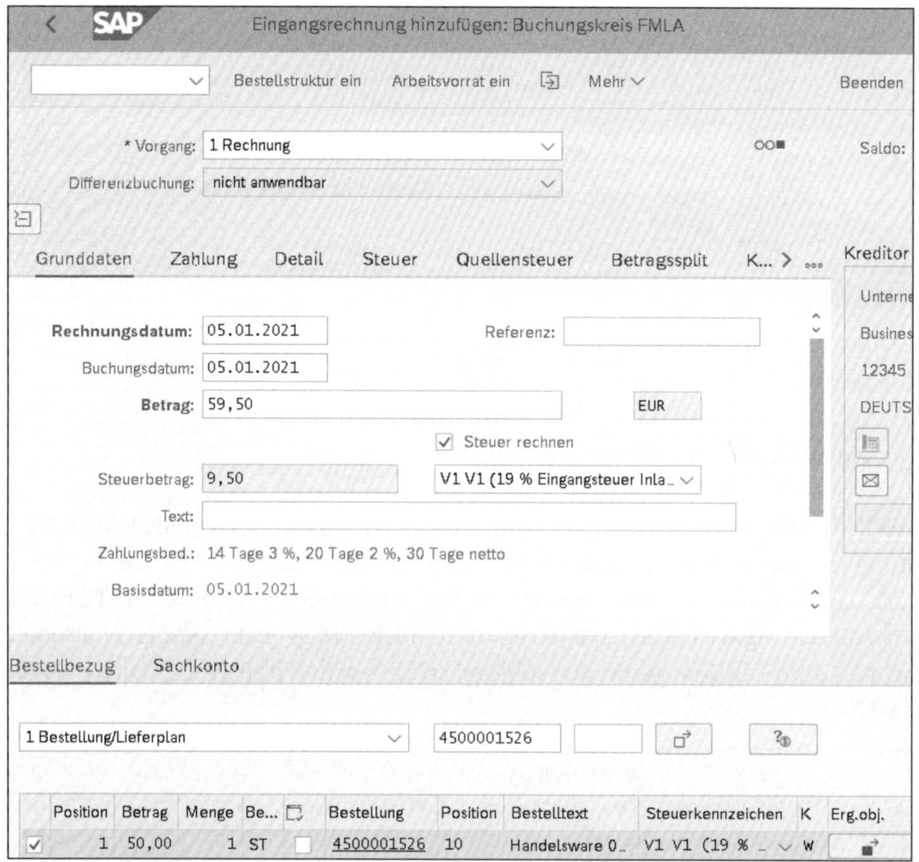

Abbildung 2.76 Eingangsrechnung erfassen

Die MM-Eingangsrechnung wird gespeichert und führt zu einem Buchhaltungsbeleg (siehe Abbildung 2.77). Die Buchung erfolgt als »WE/RE (Soll), Vorsteuer (Soll) an Kreditor (Haben)«.

BuKr.	P...	BS	S...	Konto	Koa...	Bezeichnung	Betrag	Wä...	Werk	Material	Vorgang	Menge	BME
FMLA	1	31	H	1000021	K	Business Partner 1...	59,50-	EUR			KBS		
	2	86	S	21120000	S	WE/RE	50,00	EUR	FML1	HW_05	WRX	1	ST
	3	40	S	12600000	S	Vorsteuer (VST)	9,50	EUR			VST		

Abbildung 2.77 Buchhaltungsbeleg zur Rechnung

2.5.5 Faktura anlegen

Zuletzt wird die Faktura angelegt. Dies ist keine *lieferbezogene Faktura*, da keine Lieferung angelegt wurde, sondern eine *auftragsbezogene Faktura*. Dazu nehmen Sie im Einstiegsbild der Faktura im Feld **Beleg** Bezug auf den Kundenauftrag und nicht wie sonst auf die Lieferung (siehe Abbildung 2.78).

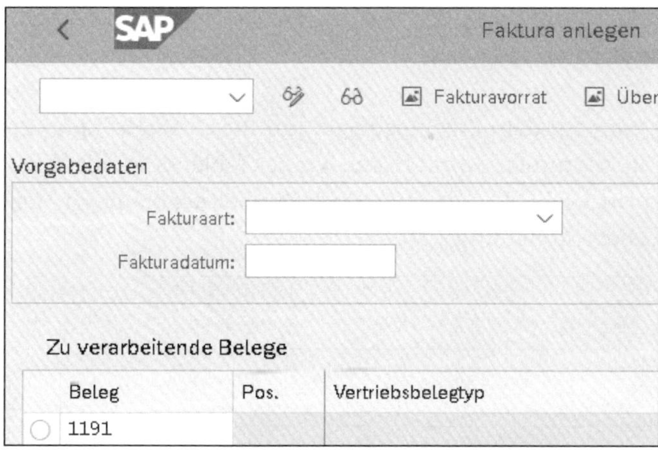

Abbildung 2.78 Auftragsbezogene Faktura – Einstieg

Aus dem Kundenauftrag 1191 werden alle benötigten Informationen in die Fakturaposition übernommen (siehe Abbildung 2.79).

Die Faktura löst den Buchhaltungsbeleg mit der Buchung »Debitorenforderung (Soll) an Umsatzerlöse (Haben), Ausgangssteuer (Haben)« aus (siehe Abbildung 2.80). Das Erlöskonto wird über die Erlöskontenfindung in der Komponente SD ermittelt, in unserem Fall die einfache Variante über den Kontoschlüssel ERL. Hinzu kommt die Ausgangssteuer von 19 %, die über den FI-Vorgang MWS (für Mehrwertsteuer) ermittelt und gebucht wird.

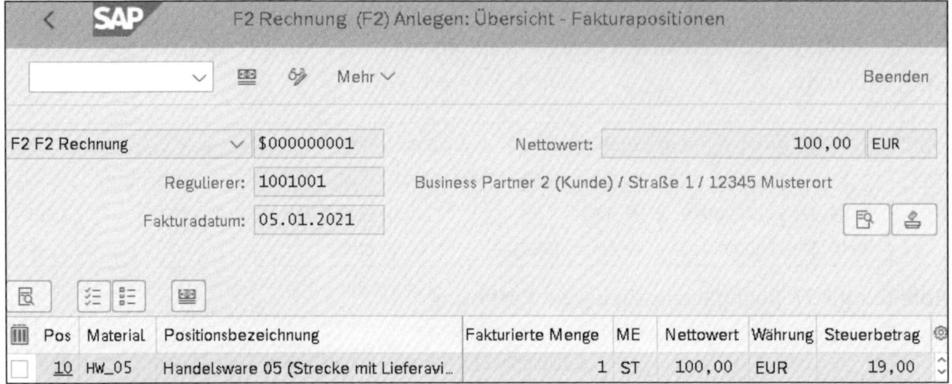

Abbildung 2.79 Faktura anlegen

BuKr.	P...	BS	S...	Konto	Koart	Bezeichnung	Betrag	Währg	Werk	Material	Vorgang	Menge	BME	Hauptbuchk
FMLA	1	01	S	1001001	D	Business Partner 2 (Kunde)	119,00	EUR						12100000
	2	50	H	41000000	S	Erlöse Inl. - Erzeu.	100,00-	EUR						41000000
	3	50	H	22000000	S	Ausgangssteuer (MWS)	19,00-	EUR			MWS			22000000

Abbildung 2.80 Buchhaltungsbeleg zur Faktura

Im Kostenrechnungsbeleg wird auf dem Ergebnisobjekt nur die GuV-relevante Buchungszeile für die Erlöse übernommen. Somit haben wir das fehlende Pendant zur Buchung der Kosten aus Schritt 3 gebucht, um einen Deckungsbeitrag für diesen Verkauf auswerten zu können (siehe Abbildung 2.81).

```
Belegnummer BuchDatum  Benutzer   RT RefBelegnr OrgVg Vrgng Belegkopftext  StB sto
  Bu OAr Objekt    ObjektBez Kostenart Kostenartenbezeichn.  Wert/OW OWä Menge GME Material

A00007Q400  05.01.2021 STUDENT101 R  90000367   SD00  COIN
  1 ERG 1727                 41000000  Erlöse Inl. - Erzeu.  100,00- EUR    1- ST  HW_05
```

Abbildung 2.81 Kostenrechnungsbeleg zur Faktura

2.6 Streckengeschäft ohne Lieferavis

Ein Streckengeschäft ist auch ohne Lieferavis möglich; dann ist in der Komponente SD über den Positionstyp der Kundenauftragsposition über die im Hintergrund laufende Bedarfsklasse ein Kontierungstyp anzusteuern, der keinen Wareneingang vorsieht. Das ist in diesem Szenario der Kontierungstyp Y.

Wie im Szenario aus Abschnitt 2.5, »Streckengeschäft«, wird zunächst in Schritt 1 ein Kundenauftrag erfasst und erst danach in Schritt 2 beim Lieferanten bestellt. Nach der Lieferung an den Kunden stellt dieser Ihnen in Schritt 3 eine Rechnung, was dazu führt, dass Sie in Schritt 4 dem Kunden die Abwicklung in Rechnung stellen (siehe Abbildung 2.82).

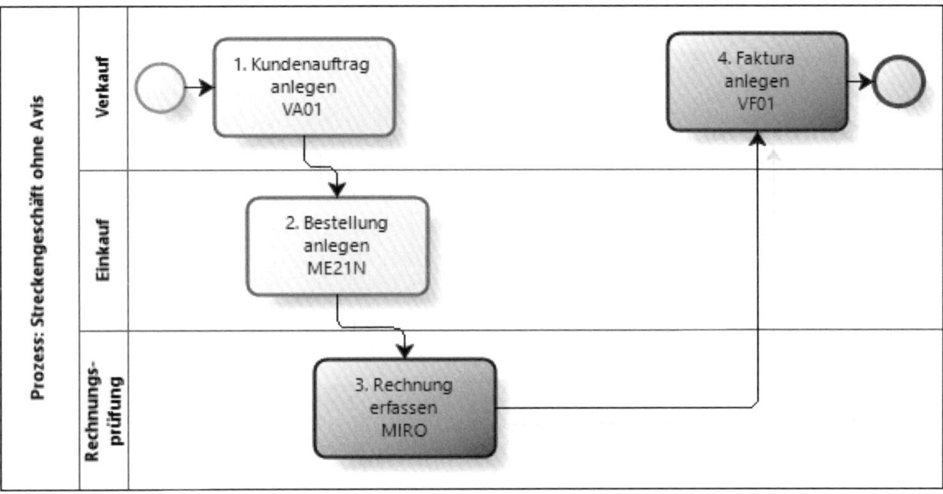

Abbildung 2.82 Prozess »Streckengeschäft ohne WE/RE

Das WE/RE-Konto fällt im Buchungsschema weg (siehe Abbildung 2.83). Dafür wird die Eingangsrechnung des Lieferanten direkt als Materialverbrauch gebucht.

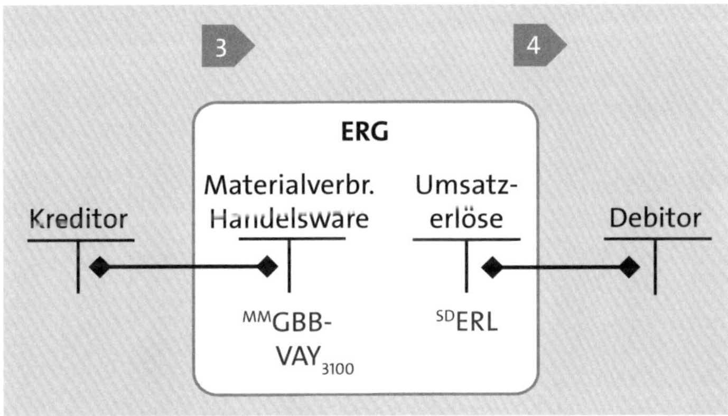

Abbildung 2.83 Buchungsschema »Streckengeschäft ohne WE/RE«

2.6.1 Kundenauftrag anlegen

Zunächst wird wieder ein Kundenauftrag angelegt. Der Kunde bestellt 1 Stück des Materials HW_06 zu einem Preis von 110,00 EUR. Das Streckengeschäft ohne Lieferavis wird wieder über einen eigenen Positionstyp im Kundenauftrag abgewickelt. Dieser Positionstyp wird über die Vorgabe einer Positionstypengruppe im Materialstamm für HW_06 ermittelt, in diesem Falle CBNA (siehe Abbildung 2.84).

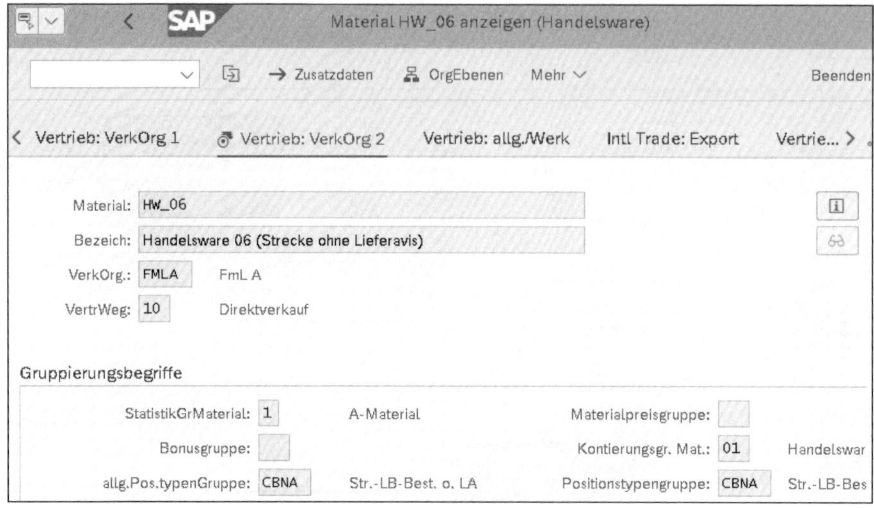

Abbildung 2.84 Positionstypengruppe CBNA im Materialstamm

In der Kundenauftragsposition wird aufgrund der Positionstypgruppe CBNA der Positionstyp CB2 (**Ptyp**) eingetragen (siehe Abbildung 2.85).

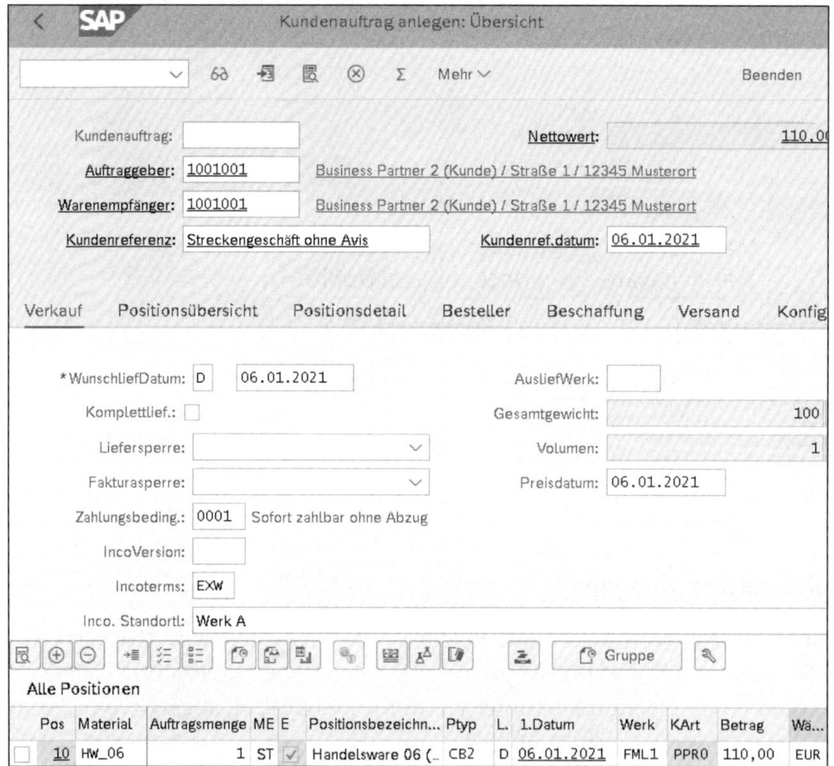

Abbildung 2.85 Kundenauftrag anlegen

2.6.2 Bestellung anlegen

Als Nächstes wird die Bestellung angelegt. Die automatisch generierte BANF wird dafür in eine Bestellung umgewandelt. Es wird für 60,00 EUR beim Lieferanten 1000021 bestellt (siehe Abbildung 2.86). Wieder ist der Positionstyp der Bestellung S, aber diesmal in Kombination mit dem Kontierungstyp Y (Strecke ohne Lieferavis) anstelle von W (Strecke mit Lieferavis).

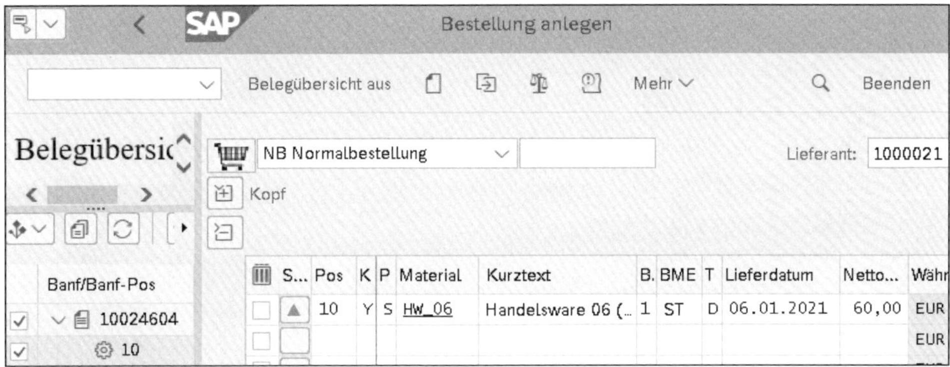

Abbildung 2.86 Bestellung anlegen

In den Details zur Bestellposition sehen Sie auf der Registerkarte **Lieferung**, dass das Feld **Wareneingang** nicht markiert ist, d. h., es kann kein Wareneingang gebucht werden (siehe Abbildung 2.87).

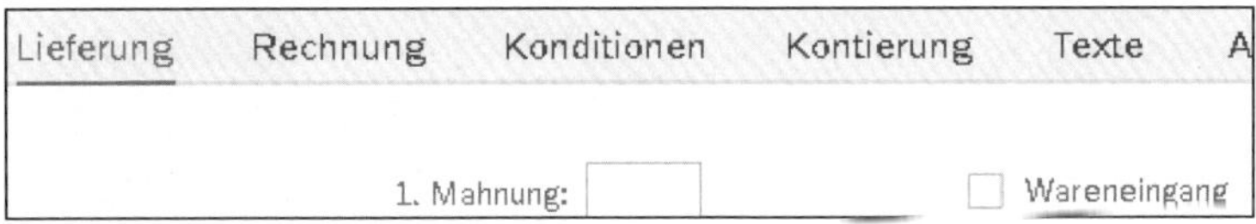

Abbildung 2.87 Bestellung ohne Wareneingang

Auf der Registerkarte **Rechnung** ist das Kennzeichen **RechnEingang** aktiviert, aber das Kennzeichen **WE-bez.RP** (für die wareneingangsbezogene Rechnungsprüfung) nicht (siehe Abbildung 2.88). Das bedeutet, dass zwar eine Rechnung erwartet wird, diese aber nicht zu einem Wareneingang in Beziehung steht.

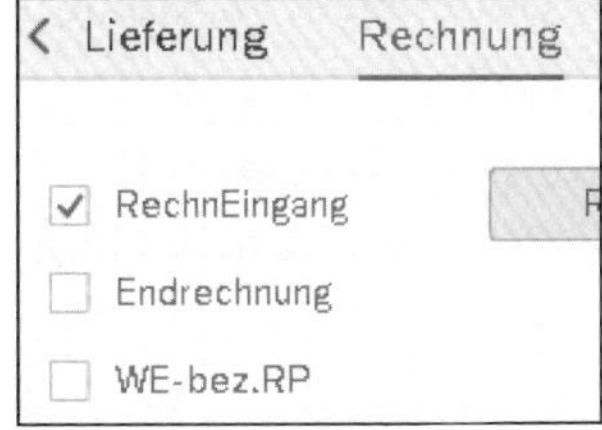

Abbildung 2.88 Bestellung mit Rechnung ohne Bezug zum Wareneingang

2.6.3 Rechnung erfassen

Nun wird die Rechnung erfasst. Nachdem der Lieferant seine Waren an den Kunden abgeliefert hat, stellt er Ihnen eine Rechnung über die 60,00 EUR plus 11,40 EUR Steuer (siehe Abbildung 2.89).

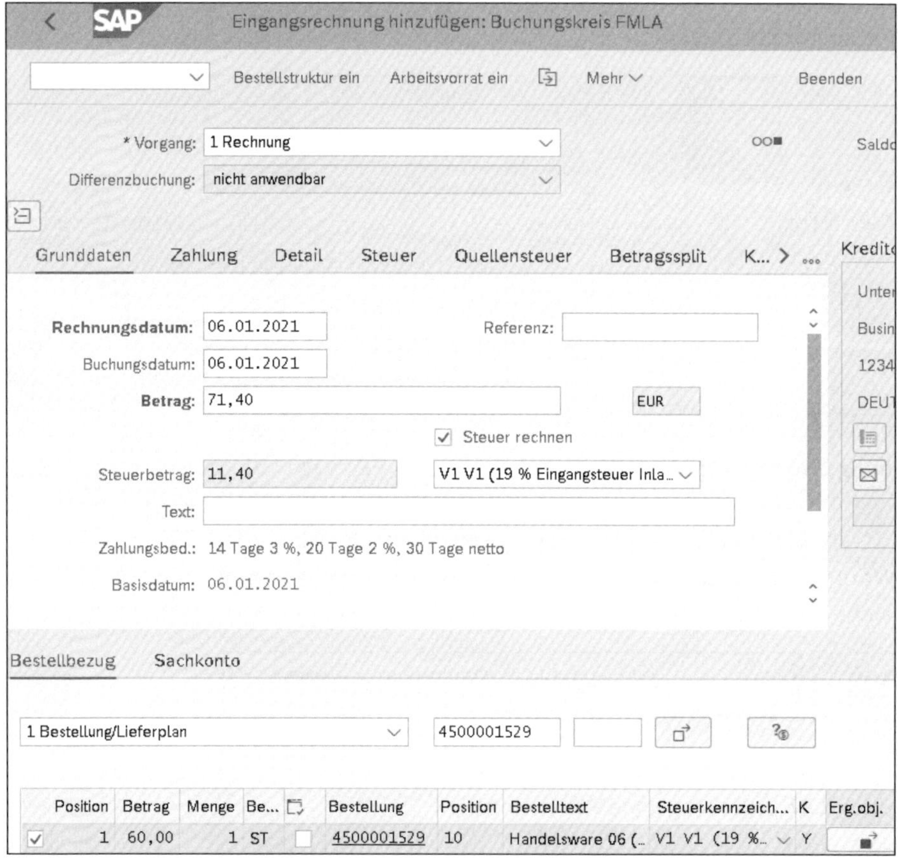

Abbildung 2.89 Rechnung erfassen

Die MM-Rechnung führt zu Ihrem Buchhaltungsbeleg, in dem ohne den Umweg über ein WE/RE-Konto der Verbrauch direkt dem Kreditor gegenübersteht, mit dem folgenden Buchungssatz: »Verbrauch Handelswaren (Soll), Vorsteuer (Soll) an Kreditor (Haben)«.

Wie im Szenario aus Abschnitt 2.5, »Streckengeschäft«, verweist der Vorgang KBS für die *kontierte Bestellung* programmtechnisch auf den Eintrag für GBB-VAY in der MM-Kontenfindung (siehe Abbildung 2.90).

Im erstellten Kostenrechnungsbeleg wird nur die GuV-relevante Buchung für den Verbrauch übernommen und als Kontierungsobjekt ein Ergebnisobjekt mit Füllung der Merkmale verwendet (siehe Abbildung 2.91).

BuKr.	P...	BS	S...	Konto	Koa...	Bezeichnung	Betrag	Wä...	Werk	Material	Vorgang	Menge	BME	Hauptbuch
FMLA	1	31	H	1000021	K	Business Partner 1 (...	71,40-	EUR			KBS			21100000
	2	81	S	51600000	S	Verbr. Handelsware	60,00	EUR	FML1	HW_06	KBS	1	ST	51600000
	3	40	S	12600000	S	Vorsteuer (VST)	11,40	EUR			VST			12600000

Abbildung 2.90 Buchhaltungsbeleg zur Rechnung

```
  Belegnummer  BuchDatum   Benutzer    RT RefBelegnr  OrgVg Vrgng Belegkopftext   StB  sto
  Bu OAr Objekt      ObjektBez  Kostenart Kostenartenbezeichn.   Wert/OW OWä Menge GME Material

  A00007Q700   06.01.2021  STUDENT101  R  5105600307  RMRP  COIN
  1 ERG 1735               51600000  Verbr. Handelsware       60,00  EUR    1  ST  HW_06
```

Abbildung 2.91 Kostenrechnungsbeleg zur Rechnung

2.6.4 Faktura anlegen

Abschließend stellen Sie dem Kunden die gelieferte Ware zum vereinbarten Preis von 110,00 EUR in Rechnung und erhalten die Buchung der Umsatzerlöse (siehe Abbildung 2.92).

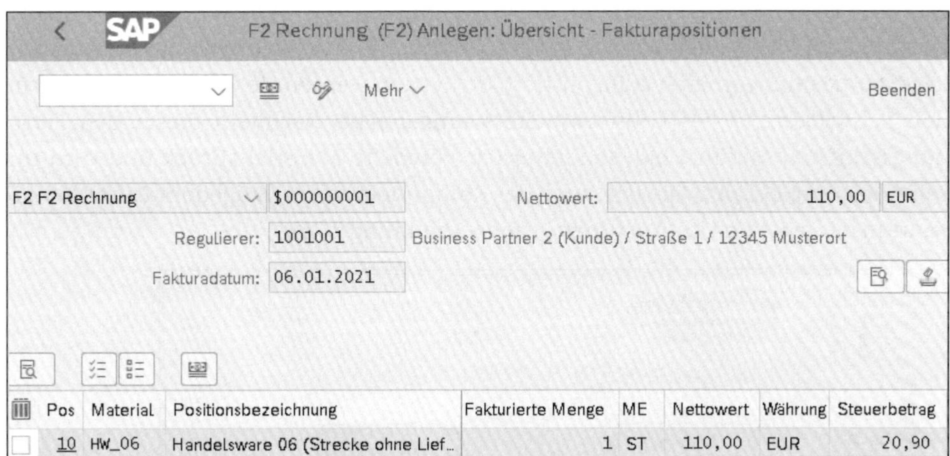

Abbildung 2.92 Faktura anlegen

Im Buchhaltungsbeleg wird diese mit dem Buchungssatz »Debitorenforderung (Soll) an Umsatzerlöse (Haben), Ausgangssteuer (Haben)« verbucht (siehe Abbildung 2.93).

BuKr.	P...	BS	S...	Konto	Koart	Bezeichnung	Betrag	Wä...	Werk	Material	Vorgang	Menge	BME	Hauptbuch
FMLA	1	01	S	1001001	D	Business Partner 2 (K...	130,90	EUR						12100000
	2	50	H	41000000	S	Erlöse Inl. - Erzeu.	110,00-	EUR						41000000
	3	50	H	22000000	S	Ausgangssteuer (MWS)	20,90-	EUR			MWS			22000000

Abbildung 2.93 Buchhaltungsbeleg zur Faktura

Der Kostenrechnungsbeleg enthält nur das Ergebnisobjekt mit den gebuchten Erlösen (siehe Abbildung 2.94).

```
Belegnummer  BuchDatum   Benutzer     RT RefBelegnr  OrgVg Vrgng Belegkopftext   StB  sto
Bu OAr Objekt      ObjektBez  Kostenart Kostenartenbezeichn.   Wert/OW OWä Menge GME Material

A00007Q800   06.01.2021  STUDENT101  R  90000369     SD00  COIN
 1 ERG 1736                  41000000  Erlöse Inl. - Erzeu.   110,00- EUR     1- ST  HW_06
```

Abbildung 2.94 Kostenrechnungsbeleg zur Faktura

Ihrem Erlös von 110,00 EUR stehen die Kosten von 60,00 EUR gegenüber. Somit ergibt sich ein Deckungsbeitrag in Höhe von 50,00 EUR.

2.7 Lohnbearbeitung

In diesem Szenario zur *Lohnbearbeitung* wird ein Fertigungsschritt ausgelagert. Ein Herstellteil soll von einem Lohnbearbeiter hergestellt werden, wofür er zwei Komponenten benötigt. In unserem Beispiel soll eine Komponente davon ein Kaufteil sein und eine Komponente ein bereits in einem anderen Schritt erstelltes Halbfabrikat. Diese beiden Materialien werden *beigestellt*, d. h., sie werden physisch vom eigenen Lager zum Lohnbearbeiter transportiert. Im System werden sie vom Lagerbestand in den *Beistellbestand* des Lohnbearbeiters umgebucht. Nachdem dieser den Fertigungsschritt ausgeführt hat, sendet er das veredelte Material zurück und wird für seine Leistung bezahlt. Die Bestände der Komponenten sind zu jedem Zeitpunkt Eigentum des eigenen Unternehmens (siehe Abbildung 2.95).

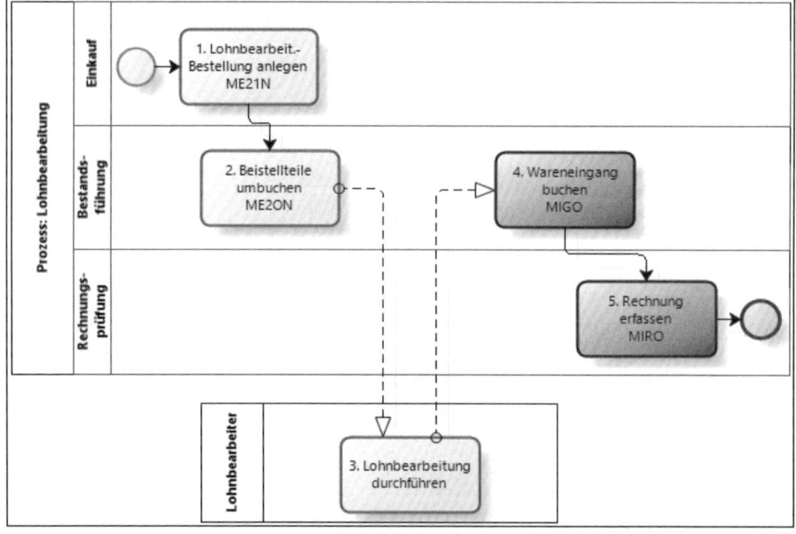

Abbildung 2.95 Prozess »Lohnbearbeitung«

Im Buchungsschema ist die Umlagerung der beiden Komponenten vom eigenen Lager in den Beistellbestand des Lohnbearbeiters als gestrichelte Linie gezeichnet (siehe Abbildung 2.96). Finanziell hat diese Umbuchung keine Auswirkung, da es sich nur um einen Ortswechsel des Materials handelt. Um aber mit Logistik und Finanzwesen gemeinsam ein Verständnis des Gesamtprozesses zu erlangen, bilden wir diesen wichtigen Schritt im Buchungsschema ab.

Als Kontierungsobjekt verwenden wir einen Innenauftrag. Die Vorgänge GBB-VBO, FRL und BSV, über die die Konten ermittelt werden, mit denen auf den Innenauftrag gebucht wird, sind spezielle Vorgänge, die nur für die Lohnbearbeitung zur Verfügung stehen.

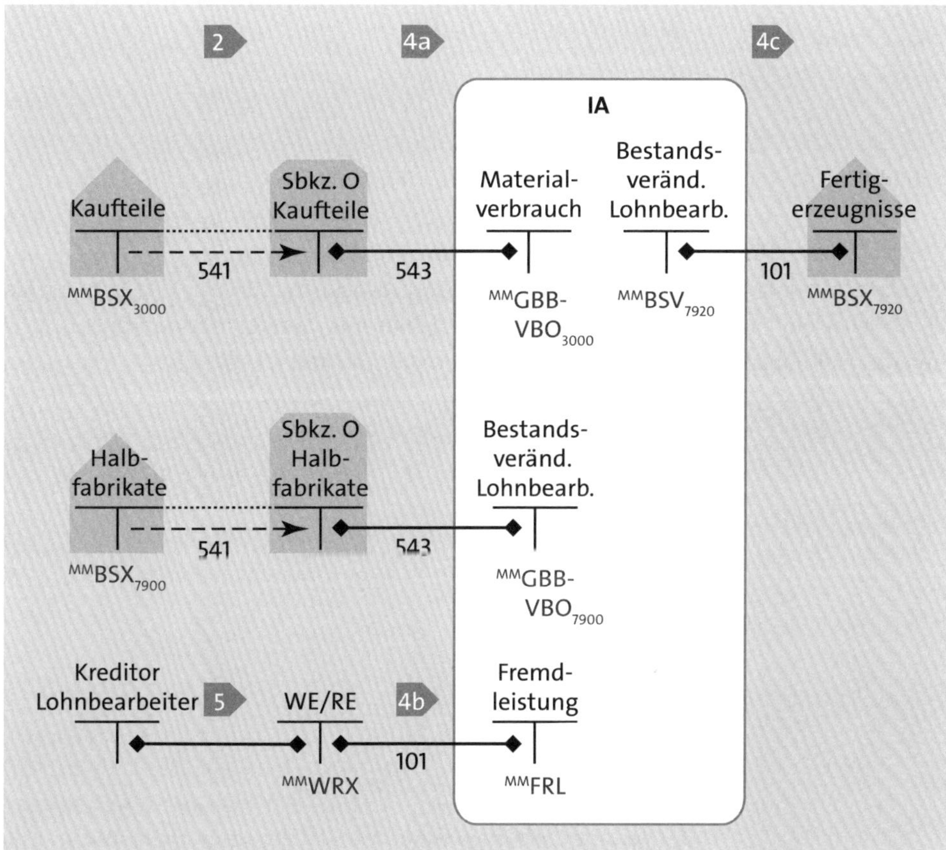

Abbildung 2.96 Buchungsschema »Lohnbearbeitung«

Gesteuert wird die Lohnbearbeitung für ein Material über den Sonderbeschaffungsschlüssel 30 im Materialstamm in der Sicht **Disposition 2** (siehe Abbildung 2.97). Die **Beschaffungsart** ist F, also *fremdbeschafft*.

Abbildung 2.97 Sonderbeschaffungsschlüssel für die Lohnbearbeitung

Voraussetzung für die Lohnbearbeitung ist eine Stückliste, in der die Beistellteile angegeben werden (siehe Abbildung 2.98). Unsere Stückliste für das Fertigerzeugnis FE_07 ist wieder sehr einfach gehalten und enthält nur zwei Komponenten: zum einen das Halbfabrikat HF_07 und zum anderen das Kaufteil KT_07.

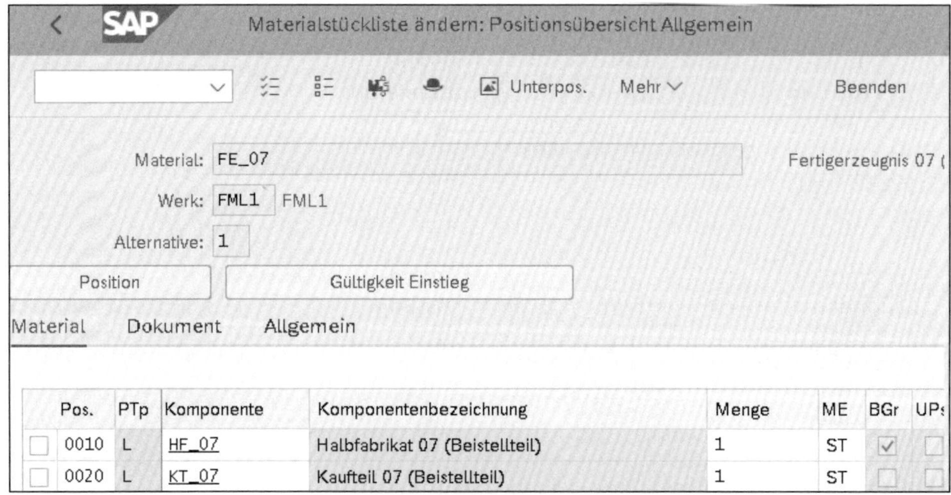

Abbildung 2.98 Stückliste für die Lohnbearbeitung

Beachten Sie, dass wenn nur ein Material zum Lohnbearbeiter gesendet wird und dieser eine Veränderung an diesem Werkstück vornimmt (z. B. Bohrungen durchführt oder es entgratet), das zurückkommende Teil eine andere Materialnummer besitzen muss. Es handelt sich nicht um das gleiche Teil, sondern um einen neuen Bearbeitungszustand. Im eigenen Lager muss erkennbar sein, ob das Teil bereits vom Lohnbearbeiter veredelt wurde oder noch auf die Bearbeitung wartet.

In SAP S/4HANA muss für die Lohnbearbeitung anders als noch in SAP ERP zwingend eine *Fertigungsversion* angelegt werden, damit bei der Anlage der Bestellung eine Stücklistenauflösung stattfinden kann. In dieser Fertigungsversion wird nur die Zuordnung zu einer spezifischen Stückliste über die Felder **Stücklistenalternative** und **Stücklistenverwendung** benötigt (siehe Abbildung 2.99).

Eine Zuordnung eines Arbeitsplans über die Felder **Plangruppe**, **Plan...** für Plangruppenzähler und **Plantyp** ist nicht notwendig. Diese Zuordnung benötigen Sie erst in den folgenden Kapiteln zu den Fertigungsszenarien.

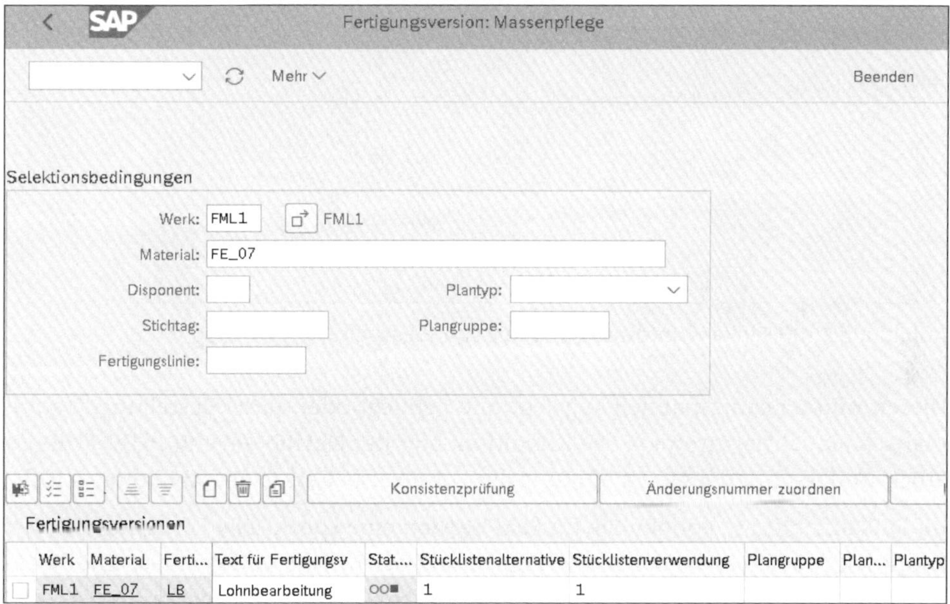

Abbildung 2.99 Fertigungsversion für die Lohnbearbeitung

Der Standardpreis des herzustellenden Materials wird im Controlling kalkuliert; dazu muss ein Einkaufsinfosatz vom **Infotyp Lohnbearbeitung** vorliegen, in dem der Preis für die Lohnbearbeitungstätigkeit als Kondition hinterlegt ist. Der Einkaufsinfosatz wird zum **Lieferant** und zum **Material** angelegt und einer Einkaufsorganisation (**Einkaufsorg**) und einem **Werk** zugeordnet (siehe Abbildung 2.100).

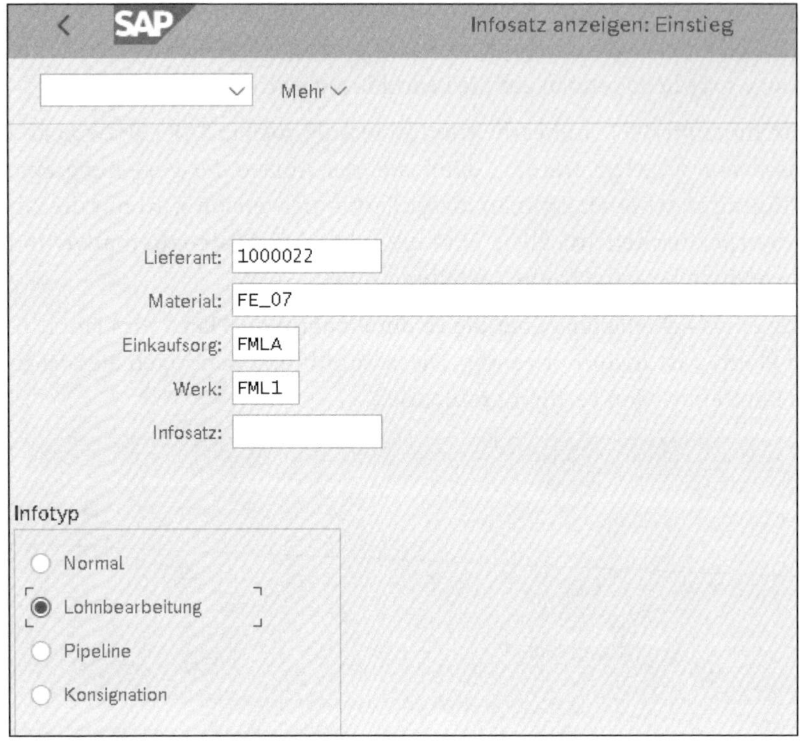

Abbildung 2.100 Einkaufsinfosatztyp für die Lohnbearbeitung – Einstieg

Dieser Infosatz kann manuell angelegt und gepflegt oder durch Bestellungen automatisch aktualisiert werden. Die Kondition, hier der **Nettopreis** von 16,00 EUR pro Stück, umfasst nur die Wertschöpfung des Lohnbearbeiters (siehe Abbildung 2.101).

Im Einkaufsinfosatz können Sie im Feld **Version** eine spezifische Fertigungsversion zuordnen, müssen es aber nicht. Die Zuordnung ist sinnvoll, wenn parallel eine Eigenfertigung und eine Lohnbearbeitung mit unterschiedlichen Stücklisten stattfinden.

Controllingtechnisch kann der von SAP angedachte Lohnbearbeiterprozess als »stiefmütterlich behandelt« bezeichnet werden. Der SAP-Standardprozess sieht für die Lohnbearbeitung vor, beim Wareneingang des Fertigteils und bei der Verbrauchsbuchung für die beigestellten Komponenten Konten ohne Kostenart zu verwenden. Nur für die Fremdleistung wird eine Kostenart angelegt.

Um diesen Prozess aber analog zur Fertigung betrachten zu können, kann es sinnvoll sein, die betroffenen Konten als Kostenart anzulegen und als einfachste Möglichkeit mit Transaktion OKB9 eine Default-Kontierung im Customizing einzustellen. Zu diesem Zweck wurden vier Konten gewählt, die einzig und allein für die Lohnbearbeitung verwendet werden (siehe Tabelle 2.2).

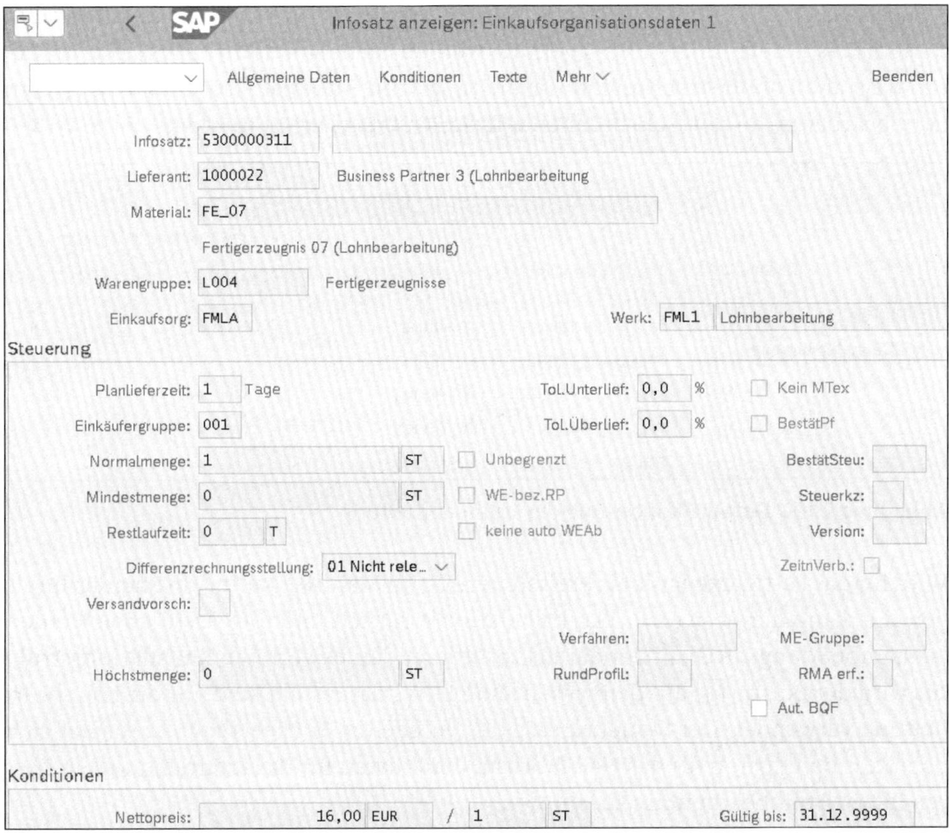

Abbildung 2.101 Einkaufsinfosatz für die Lohnbearbeitung

Konto	Bezeichnung	Verwendung in Kontenfindung	Kommentar
51950000	Materialverbrauch Lohnbearbeitung	GBB-VBO 3000	Verbrauch beigestellter Kaufteile
54301000	Bestandsveränderung unfertige Erzeugnisse – Lohnbearbeitung	GBB-VBO 7900	Verbrauch beigestellter Halbfabrikate
54401000	Bestandsveränderung fertige Erzeugnisse – Lohnbearbeitung	BSV 7920	Zugang veredeltes Fertigerzeugnis
65008500	Bezogene Leistung Lohnbearbeitung	FRL	Fremdleistung

Tabelle 2.2 Konten der Lohnbearbeitung

Als *Default-Kontierung* für diese vier Konten können eine Kostenstelle oder wie in diesem Beispiel ein Innenauftrag genutzt werden (siehe Abbildung 2.102). Das bedeutet, dass alle Lohnbearbeitungen unabhängig vom Material und unabhängig vom Lohnbearbeiter auf demselben Innenauftrag 200041 kontiert werden.

Sicht "Defaultkontierung" ändern: Übersicht Auswahlmenge

Neue Einträge | Mehr | Anzeigen | Beenden

Dialogstruktur
> Defaultkontierung

BuKr	Kostenart	Auftrag	ErgObj	Prctr	D...	De...
FMLA	51950000	200041	☐			
FMLA	54301000	200041	☐			
FMLA	54401000	200041	☐			
FMLA	65008500	200041	☐			

Abbildung 2.102 Default-Kontierung der Lohnbearbeitung

Wird für das Fertigerzeugnis als Preissteuerung im Materialstamm ein Standardpreis gewählt, kann dieser in einer Plankalkulation ermittelt und fortgeschrieben werden (siehe Abbildung 2.103). In der daraus resultierenden bewerteten Kalkulationsstruktur wird der Button, auf dem zwei kleine LKWs dargestellt sind, für die Lohnbearbeitung verwendet. Der Standardpreis des veredelten Fertigerzeugnisses setzt sich dabei aus den Kosten für das Halbfabrikat, den Kosten für das Kaufteil und den Kosten für die Lohnbearbeitung zusammen.

Materialkalkulation mit Mengengerüst anzeigen

Kalkulationsstruktur aus | Mehr | Beenden

Kalkulationsstruktur	F...	Wert ...	Wä...	...	M...	Ressource
Fertigerzeugnis 07 (Lohnbearbeitung)	■	130,00	EUR	1	ST	FML1 FE_07
Halbfabrikat 07 (Beistellteil)	■	90,00	EUR	1	ST	FML1 HF_07
Kaufteil 07 (Beistellteil)	■	24,00	EUR	1	ST	FML1 KT_07
Fertigerzeugnis 07 (Lohnbearbeitung)		16,00	EUR	1	ST	1000022 5300000311 FMLA

Abbildung 2.103 Plankalkulation mit Lohnbearbeitungsposition

2.7.1 Lohnbearbeitungsbestellung anlegen

Als Erstes benötigen Sie eine Bestellung beim Lieferanten, der die Lohnbearbeitung durchführen soll, mit einer Position vom Typ L (siehe Abbildung 2.104). Wir bestellen hier 100 Stück des Materials FE_07 zu einem Preis von 16,00 EUR pro Stück. Diese

16,00 EUR beziehen sich aber nicht auf den Gesamtwert des Materials, sondern nur auf die Tätigkeit des Lohnbearbeiters.

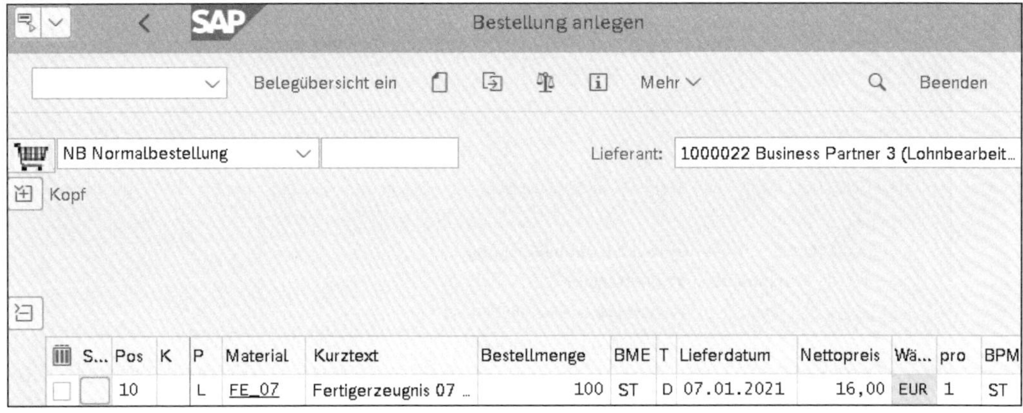

Abbildung 2.104 Lohnbearbeitungsbestellung anlegen

In den Detaildaten zur Position auf der Registerkarte **Materialdaten** sind die beizustellenden Komponenten, die anhand der Stückliste ermittelt und vorgegeben wurden, über den Button Komponenten erreichbar (siehe Abbildung 2.105).

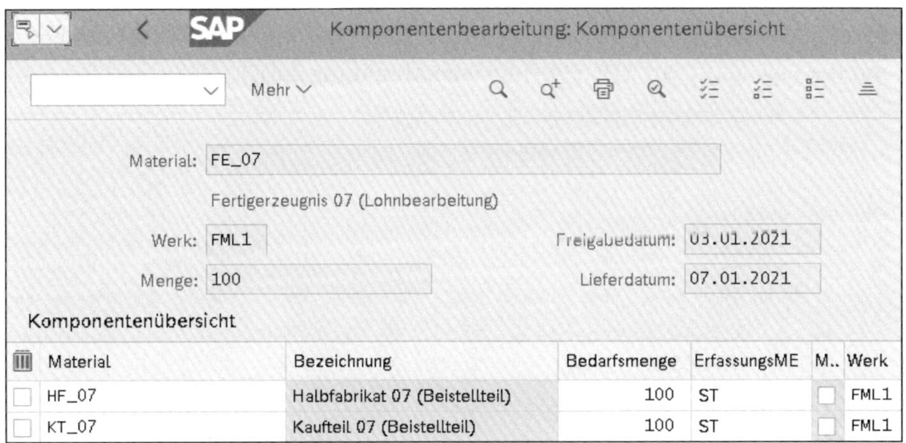

Abbildung 2.105 Stückliste für die Beistellung

2.7.2 Beistellteile umbuchen

Nun müssen die Beistellteile umgebucht werden. Hier kommt das Ein-Schritt-Verfahren mit der Bewegungsart 541 zum Einsatz. Alternativ haben Sie die Möglichkeit, auch hier eine Lieferung anzulegen, und durch ein Zwei-Schritt-Verfahren *Ware in Transport* abzugrenzen.

Im Lohnbearbeitungs-Cockpit sind zum Lieferanten 100022 der vorhandene Beistellbestand beim Lohnbearbeiter, die Bedarfe und die geplanten Lohnbearbeitungsbestellungen, die den Beistellbestand benötigen, aufgelistet (siehe Abbildung 2.106).

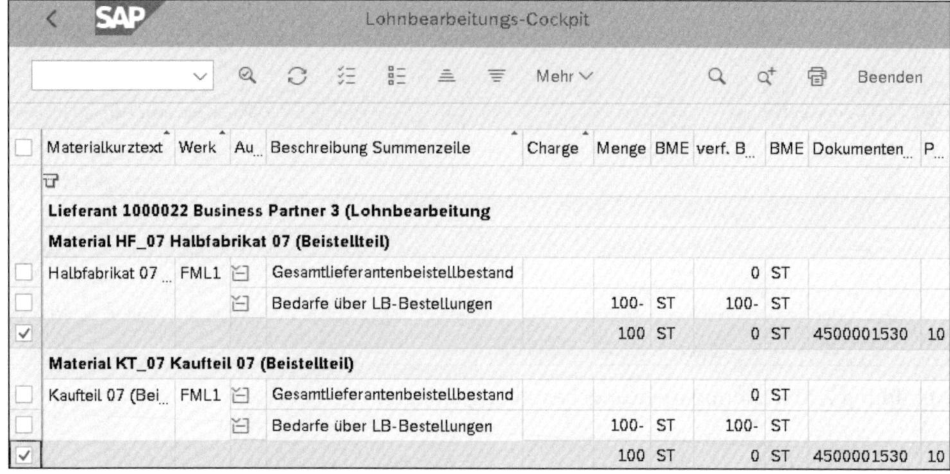

Materialkurztext	Werk	Au...	Beschreibung Summenzeile	Charge	Menge	BME	verf. B...	BME	Dokumenten...	P...
Lieferant 1000022 Business Partner 3 (Lohnbearbeitung										
Material HF_07 Halbfabrikat 07 (Beistellteil)										
Halbfabrikat 07 ...	FML1		Gesamtlieferantenbeistellbestand				0	ST		
			Bedarfe über LB-Bestellungen		100-	ST	100-	ST		
					100	ST	0	ST	4500001530	10
Material KT_07 Kaufteil 07 (Beistellteil)										
Kaufteil 07 (Bei...	FML1		Gesamtlieferantenbeistellbestand				0	ST		
			Bedarfe über LB-Bestellungen		100-	ST	100-	ST		
					100	ST	0	ST	4500001530	10

Abbildung 2.106 Lohnbearbeitungs-Cockpit

Zu dem geforderten Bedarf von je 100 Stück der Materialien HF_07 und KT_07 zur Bestellung 4500001530 wird aus dem Lohnbearbeitungs-Cockpit heraus ein Warenausgang mit der Bewegungsart 541 gebucht (siehe Abbildung 2.107).

Warenausgang anlegen

Warenausgang anlegen

Verarbeitungsstatus	Einkaufsbeleg	Positi...	Liefer...	Materi...	Bewegungs...	Werk	Lagerort	Charge	Menge...	Er...
■	4500001530	10	10000...	HF_07	541	FML1	0002		100	ST
■	4500001530	10	10000...	KT_07	541	FML1	0001		100	ST

Abbildung 2.107 Warenausgang anlegen

Im erstellten Materialbeleg (siehe Abbildung 2.108) erkennen Sie den Beistellbestand als Kombination aus dem Sonderbestandskennzeichen O und der Lieferantennummer 1000022.

Versuchen Sie, sich zu diesem Materialbeleg die Rechnungswesenbelege anzeigen zu lassen, erhalten Sie die Meldung, dass kein Folgebeleg gefunden werden kann (siehe Abbildung 2.109).

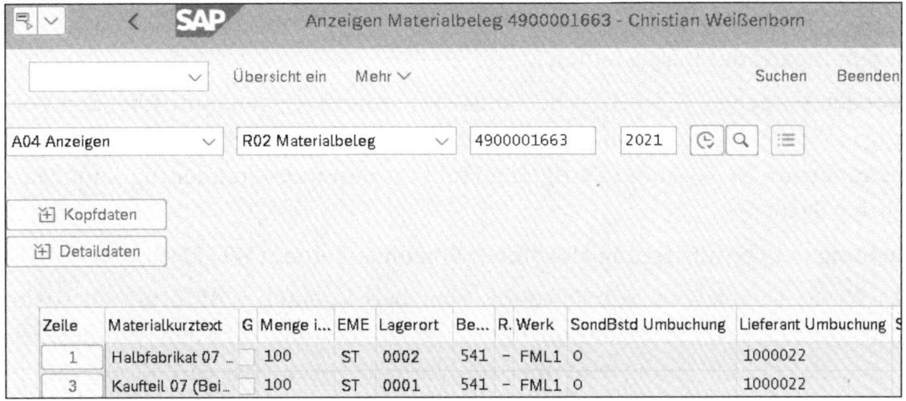

Abbildung 2.108 Materialbeleg zur Umbuchung

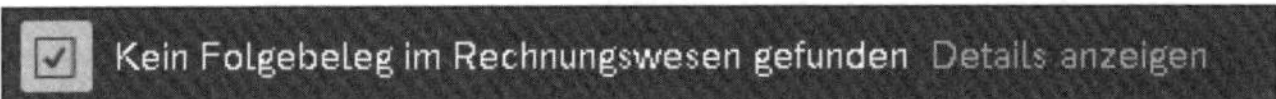

Abbildung 2.109 Meldung nicht vorhandener Rechnungswesenbelege

2.7.3 Lohnbearbeitung durchführen (extern)

Nun stehen dem Lohnbearbeiter die benötigten Komponenten zur Verfügung, und er stellt das von uns bestellte Material her. Anschließend sendet er das neue, veredelte Herstellteil zu uns zurück.

2.7.4 Wareneingang buchen

Das veredelte Material wird bei uns angeliefert, und der Wareneingang wird erfasst (siehe Abbildung 2.110). Bei der Eingabe werden die Struktur und die Mengen für die zu verbrauchenden Beistellteile automatisch mit vorgeschlagen.

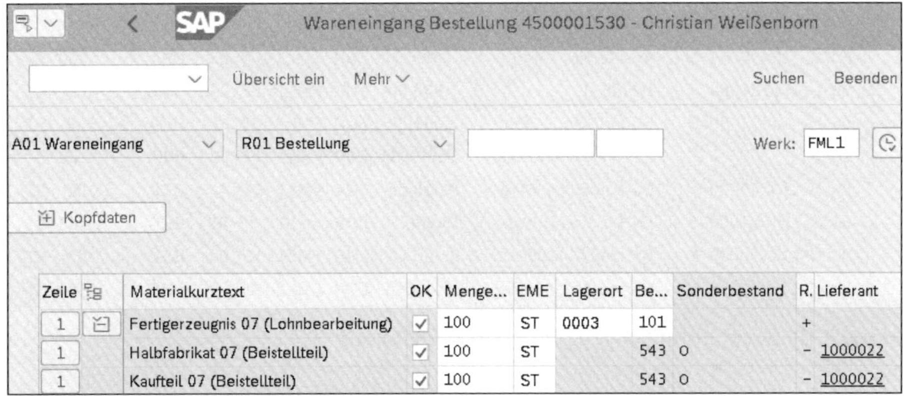

Abbildung 2.110 Wareneingang zur Lohnbearbeitungsbestellung

Dieser Wareneingang löst drei verschiedene Buchungen aus:

1. **Wareneingang des hergestellten Materials**

   Über den Vorgang BSX wird das Bestandskonto und als Gegenkonto über den Vorgang BSV das Bestandsveränderungskonto für die Lohnbearbeitung ermittelt. Der Buchungssatz ist »Bestand Fertigteile (Soll) an Bestandsveränderung Lohnbearbeitung (Haben)«.

2. **Buchung der Fremdleistung als offener Posten auf einem WE/RE-Konto**

   Das WE/RE-Konto wird, wie gewohnt, über den Vorgang WRX ermittelt (siehe Abschnitt 2.1.2, »Wareneingang buchen«). Der laut Bestellung an den Lohnbearbeiter zu entrichtende Betrag wird über den Vorgang FRL auf das GuV-Konto für die bezogene Leistung gebucht. Damit erhalten wir »WE/RE (Soll) an Bezogene Leistung Lohnbearbeiter (Haben)« als Buchungssatz.

3. **Warenausgang der dafür verbrauchten Komponenten**

   Auch wenn die Komponenten eigentlich schon viel eher (nämlich in Schritt 3) verarbeitet wurden, erfolgt die Erfassung des Verbrauchs erst jetzt beim Wareneingang des veredelten Materials. Dabei wird Vorgang BSX für Bestandskonten und GBB-VBO als Verbrauch beim Lohnbearbeiter zur Kontenfindung genutzt. Der Buchungssatz lautet »Materialverbrauch Lohnbearbeitung (Soll) an Bestand Kaufteil (Haben) und Bestand Herstellteil (Haben)«.

In der Erfassung des Wareneingangs zur Bestellung und im Materialbeleg ist die erste Zeile mit der Bewegungsart 101 sowohl die Bestätigung für den Wareneingang als auch für die Fremdleistung. Die weiteren Zeilen mit der Bewegungsart 543 beziehen sich auf die Warenausgänge der Beistellteile.

Im Buchhaltungsbeleg sehen Sie im Gegensatz zum Materialbeleg auch die Fremdleistung; dabei gehören folgende Zeilen zusammen: 1 und 3, 2 und 4, 5 und 6, 7 und 8 (siehe Abbildung 2.111).

BuKr.	P...	BS	S...	Konto	Koa...	Bezeichnung	Betrag	Wä...	Werk	Material	Vorgang	Menge	BME
FMLA	1	89	S	13400000	M	Best fertige Ware	13.000,00	EUR	FML1	FE_07	BSX	100	ST
	2	96	H	21120000	S	WE/RE	1.600,00-	EUR	FML1	FE_07	WRX	100-	ST
	3	50	H	54401000	S	BV fert. Erz. Lohnb.	13.000,00-	EUR	FML1	FE_07	BSV	100-	ST
	4	86	S	65008500	S	LohnbearbLeistungen	1.600,00	EUR	FML1	FE_07	FRL	100	ST
	5	99	H	13300000	M	Best unfertige Ware	9.000,00-	EUR	FML1	HF_07	BSX	100-	ST
	6	81	S	54301000	S	BV unf. Erz. Lohnb.	9.000,00	EUR	FML1	HF_07	GBB	100	ST
	7	99	H	13100000	M	Bestand Rohstoffe	2.400,00-	EUR	FML1	KT_07	BSX	100-	ST
	8	81	S	51950000	S	Verbrauch Lohnbearb	2.400,00	EUR	FML1	KT_07	GBB	100	ST

Abbildung 2.111 Buchhaltungsbeleg für den Wareneingang

Im Kostenrechnungsbeleg werden nur die GuV-relevanten Buchungszeilen übernommen und aufgrund der Default-Kontierung auf den Innenauftrag mit der Nummer 200041 gebucht (siehe Abbildung 2.112).

	Belegnummer	BuchDatum	Benutzer	RT	RefBelegnr	OrgVg	Vrgng	Belegkopftext	StB	sto
Bu	OAr	Objekt	ObjektBez	Kostenart	Kostenartenbezeichn.	Wert/OW	OWä	Menge	GME	Material
	A00007QA00	06.01.2021	STUDENT101	R	5000001133	RMWE	COIN			
1	AUF	200041	Lohnbearb...	54401000	BV fert. Erz. Lohnb.	13000,00-	EUR			FE_07
2	AUF	200041	Lohnbearb...	65008500	LohnbearbLeistungen	1.600,00	EUR			FE_07
3	AUF	200041	Lohnbearb...	54301000	BV unf. Erz. Lohnb.	9.000,00	EUR	100	ST	HF_07
4	AUF	200041	Lohnbearb...	51950000	Verbrauch Lohnbearb	2.400,00	EUR	100	ST	KT_07

Abbildung 2.112 Kostenrechnungsbeleg zum Wareneingang

Zum Monatsabschluss kann mit dem Innenauftrag kontrolliert werden, ob alle benötigten Buchungen für die Lohnbearbeitung korrekt erfasst wurden.

[«]

Preisdifferenzen im Lohnbearbeitungsprozess

In unserem Beispiel passen die Werte genau zusammen, und der Gesamtsaldo ist null. Findet wie hier der Wareneingang des Fertigerzeugnisses mit einem Standardpreis statt, kann es aber beim Wareneingang zu Preisdifferenzen kommen. Dies passiert z. B., wenn sich der gleitende Durchschnittspreis des Kaufteils ändert.

Nehmen wir an, anstatt 2.400 EUR wäre der Wert in Zeile 7 und 8 des Buchhaltungsbelegs 2.640 EUR, weil sich der gleitende Durchschnittspreis um 10 % erhöht hat. Dann entstünde eine Preisdifferenz von 240 EUR. Hier gibt es nun zwei Möglichkeiten, damit umzugehen: Entweder wird die Preisdifferenz nicht explizit gebucht, dann entsteht ein Delta auf dem Innenauftrag, oder im Customizing wird eingestellt, dass eine gesonderte Buchung für die Preisdifferenz stattfinden soll.

2.7.5 Rechnung erfassen

Als letzter Schritt erfolgt die Erfassung der Rechnung des Lohnbearbeiters, der für seine Leistung für die Bearbeitung von 100 Stück mit insgesamt 1600 EUR plus Steuer entlohnt werden möchte (siehe Abbildung 2.113).

Durch das Speichern der Rechnung wird der Buchhaltungsbeleg erstellt (siehe Abbildung 2.114). Das WE/RE-Konto wird ausgeglichen, und der Lieferant wird mit 1600 EUR plus 304 EUR Vorsteuer belastet. Es ergibt sich der Buchungssatz »Lieferant (Soll) an WE/RE (Haben) und Vorsteuer (Haben)«.

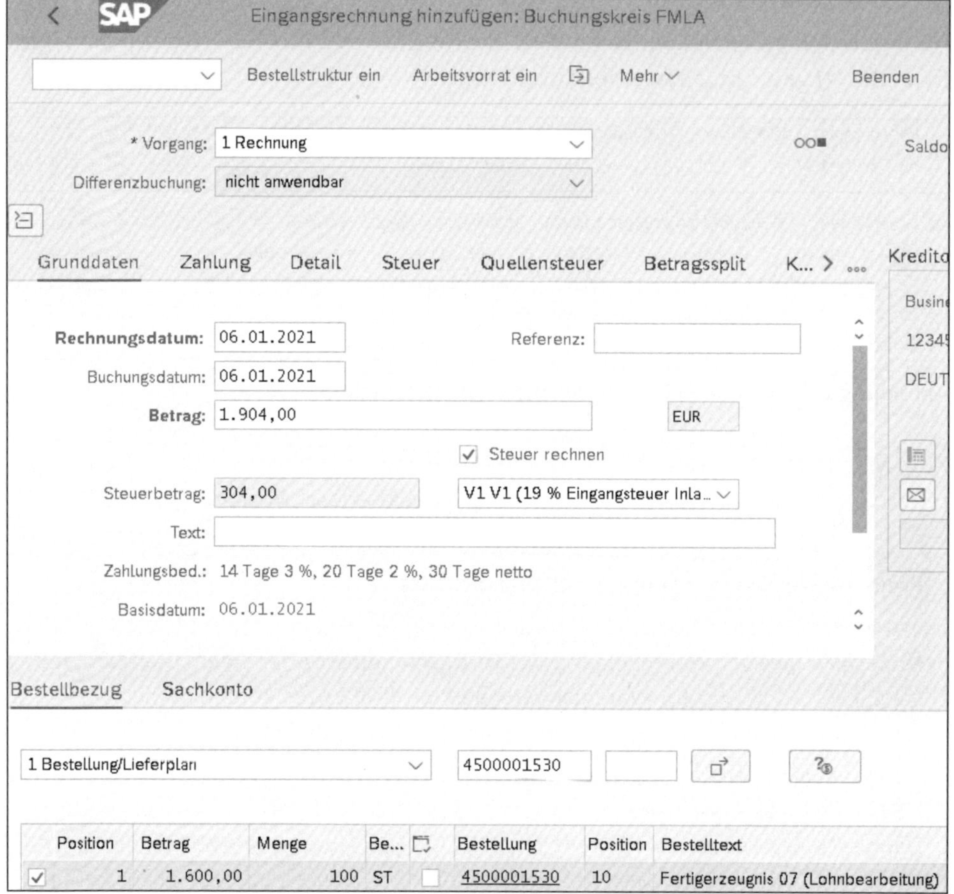

Abbildung 2.113 Rechnung erfassen

BuKr.	P...	BS	S...	Konto	Koart	Bezeichnung	Betrag	Währg	Werk	Material	Vorgang	Menge	BME	Hauptbuchkonto
FMLA	1	31	H	1000022	K	Business Partner 3 ...	1.904,00-	EUR			KBS			21100000
	2	86	S	21120000	S	WE/RE	1.600,00	EUR	FML1	FE_07	WRX	100	ST	21120000
	3	40	S	12600000	S	Vorsteuer (VST)	304,00	EUR			VST			12600000

Abbildung 2.114 Buchhaltungsbeleg zur Rechnung

Mögliche Erweiterungen des Szenarios

Wenn die Arbeitsauftragskooperation mit SNC (Supply Network Cooperation) implementiert und zusammen mit dem Lohnbearbeiter eingesetzt wird, besteht auch die Möglichkeit, den Verbrauch der Komponenten vom Wareneingang des zurückgelieferten Herstellteils zu entkoppeln. Des Weiteren besteht die Möglichkeit, die benötigten Komponenten oder einen Teil direkt von einem Lieferanten als Streckenbestellung in den Beistellbestand des Lohnbearbeiters liefern zu lassen. Auch dieser Bestand bleibt im Eigentum des eigenen Unternehmens. Ebenso kann der Lohnbearbeiter das Fertigprodukt als Streckengeschäft an einen Kunden liefern.

2.8 Lieferantenkonsignation

In der *Lieferantenkonsignation* bekommen Sie Material von einem Lieferanten gestellt und verwalten dieses in Ihrem System, allerdings in einem unbewerteten Lagerort, da die Ware noch nicht Ihr Eigentum ist.

Ein Vorteil hierbei ist der ständige Überblick über vorhandene Mengen, die in der eigenen Dispositionsplanung berücksichtigt werden können. Erst wenn Sie die Waren aus diesem Sonderbestand entnehmen und an einen eigenen Lagerort umlagern, gehen diese in Ihr Eigentum über und sind dem Lieferanten zu bezahlen. Alternativ können Sie den Warenausgang aus dem Konsignationsbestand auch direkt in den Verbrauch buchen; auch dann erfolgt der Eigentumsübergang, und es muss eine Abrechnung gegenüber dem Lieferanten durchgeführt werden.

Um dieses Szenario zu erläutern, legen wir in Schritt 1 eine Bestellung an. Mit Bezug zur Bestellung erfolgt der Wareneingang in Schritt 2. Die erste Alternative mit Umlagerung wird in Schritt 3 und die zweite mit direktem Verbrauch in Schritt 4 beschrieben. Beide Alternativen werden zusammen in Schritt 5 abgerechnet (siehe Abbildung 2.115).

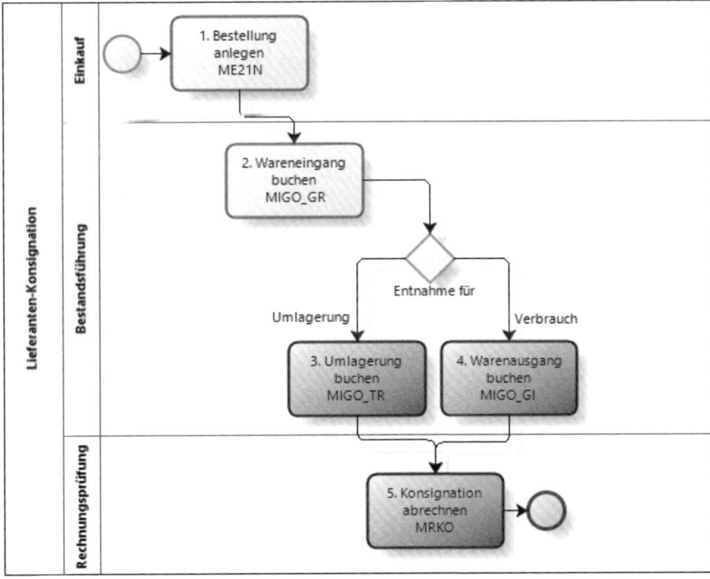

Abbildung 2.115 Prozess der Lieferantenkonsignation

Die Abbildung dieses Szenarios im Buchungsschema ist etwas knifflig, da der Konsignationsbestand, der unter dem Sonderbestandskennzeichen K im System geführt wird, noch überhaupt nicht in der Buchhaltung in Erscheinung tritt (siehe Abbildung 2.116). Wir zeichnen daher die Mengenbewegung der Schritte 2 und 3 als gestrichelte Linien mit Plus- bzw. Minus-Symbol ein. Die Umlagerung aus dem Sonderbestand triggert dann in Schritt 3 die Buchung mit der Bewegungsart 411 K. Die Entnahme als »Verbrauch auf Kostenstelle« triggert in Schritt 4 wiederum die Buchung mit der Bewegungsart 201 K.

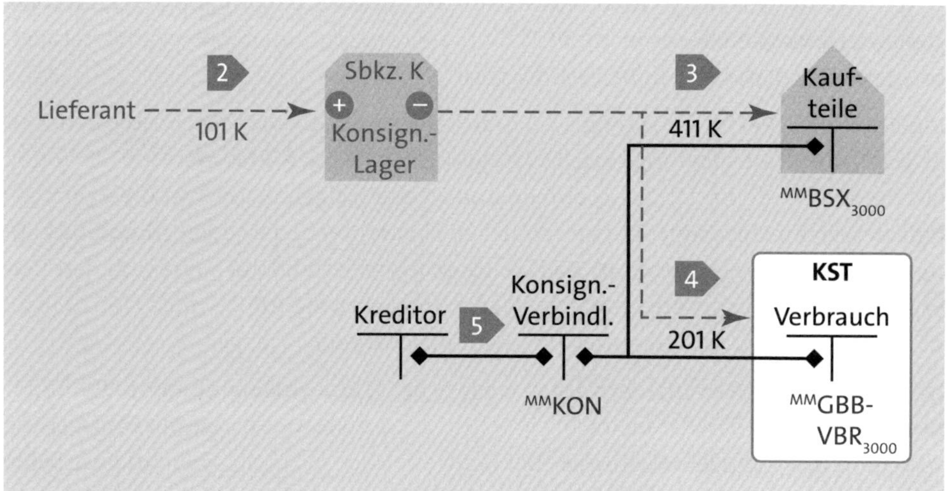

Abbildung 2.116 Buchungsschema der Lieferantenkonsignation

Für das Abrufen bzw. Bestellen von Konsignationsmaterial beim Lieferanten ist ein Einkaufsinfosatz nötig, und zwar ein spezieller vom Typ **Konsignation**: Der Einkaufsinfosatz wird zu einer Kombination aus **Lieferant** und **Material** angelegt und ist einer Einkaufsorganisation und einem **Werk** zugeordnet (siehe Abbildung 2.117).

In diesem Einkaufsinfosatz wird der verhandelte Preis hinterlegt, den Sie bezahlen müssen, wenn das Material von Ihnen aus dem Konsignationsbestand entnommen wird. Für das Material KT_08 liegt ein ausgehandelter Preis von 8,00 EUR pro Stück vor (siehe Abbildung 2.118).

Der Preis kann auch für verschiedene Gültigkeitszeiträume unterschiedlich festgelegt werden. Zusätzlich müssen Sie das Steuerkennzeichen für die automatische Abrechnung hinterlegen, in unserem Beispiel den Standardsatz von 19 % mit dem Steuerkennzeichen V1.

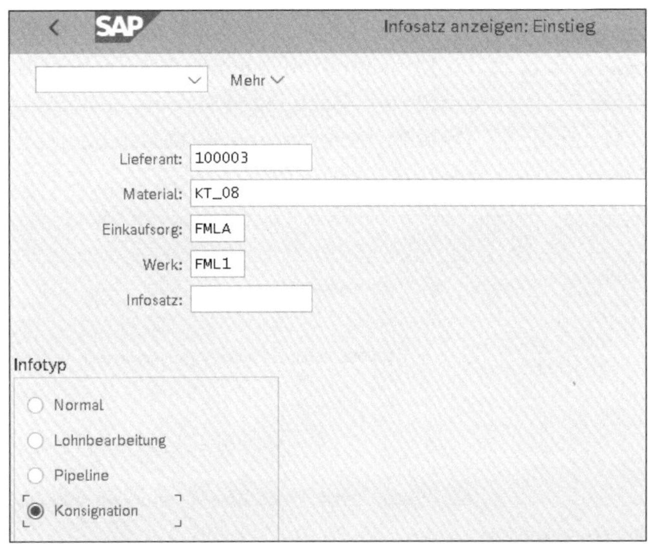

Abbildung 2.117 Einkaufsinfosatz der Lieferantenkonsignation – Einstieg

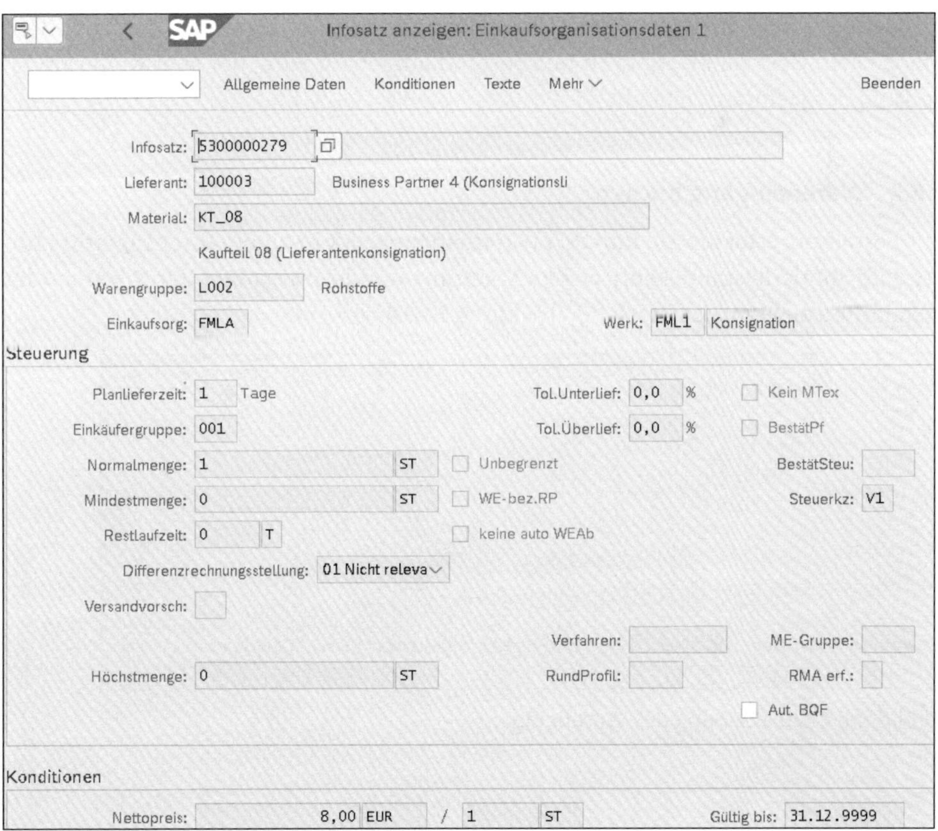

Abbildung 2.118 Einkaufsinfosatz der Lieferantenkonsignation

2.8.1 Bestellung anlegen

Um den Lieferanten anzuweisen, Ware in das Konsignationslager zu liefern, benötigen Sie eine Bestellung mit einer Position vom Typ K. Dazu legen Sie eine Bestellung an und bestellen 10 Stück des Materials KT_08 beim Lieferanten 100003 (siehe Abbildung 2.119).

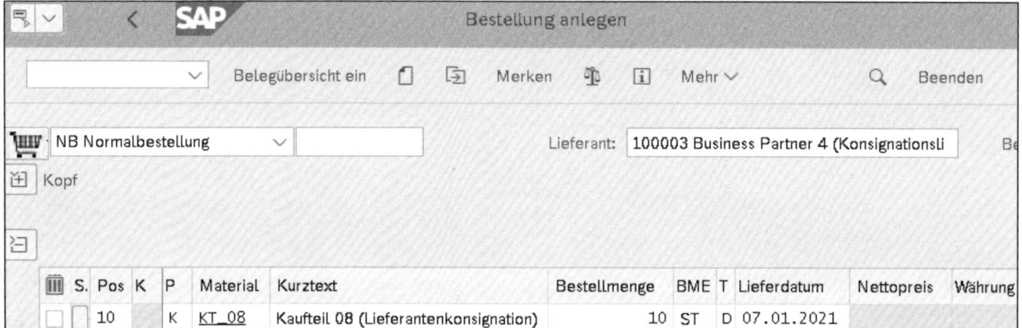

Abbildung 2.119 Bestellung anlegen

In der Bestellung wird kein Preis angegeben, da bei der Lieferung der bestellten Menge kein Geld fließt, sondern nur Bestand aufgebaut wird, der aber weiter im Eigentum des Lieferanten bleibt.

2.8.2 Wareneingang buchen

Zur Bestellung erfassen Sie nun den Wareneingang, der in einem Ihrer Lagerorte unter dem Sonderbestandskennzeichen K geführt und immer direkt der Nummer des Lieferanten zugeordnet ist (siehe Abbildung 2.120).

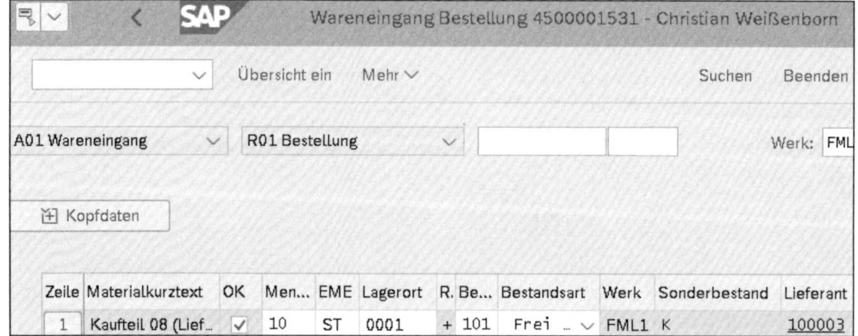

Abbildung 2.120 Buchung des Wareneingangs

Beachten Sie, dass Rechnungswesenbelege zu diesem Zeitpunkt nicht erstellt werden. Lieferantenkonsignationsbestände werden in der Bestandsübersicht unterhalb eines Lagerortes geführt (siehe Abbildung 2.121).

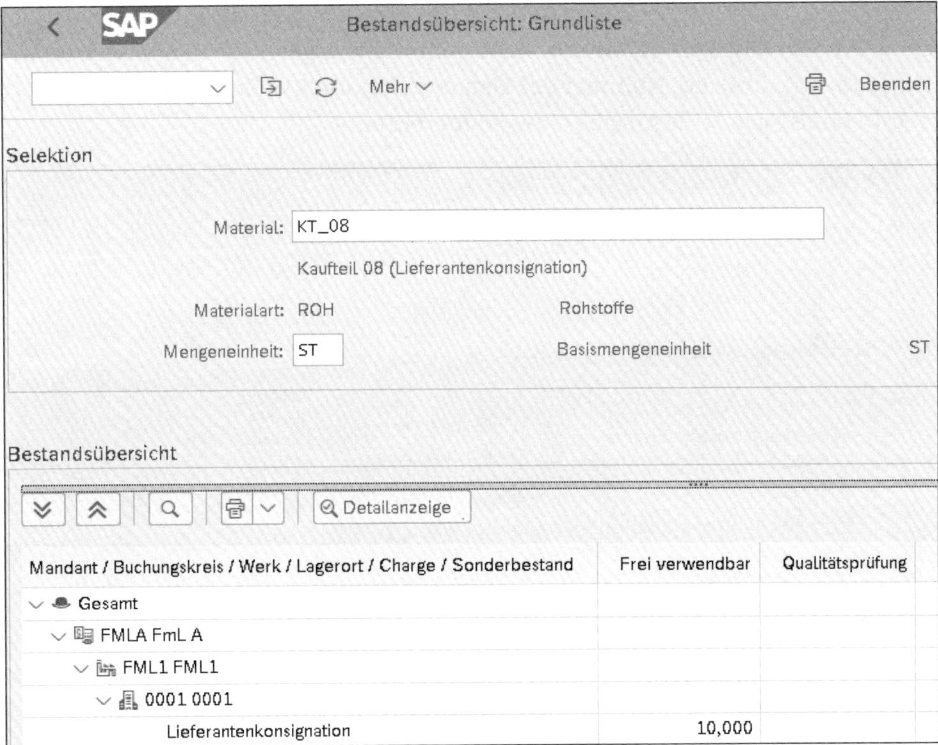

Abbildung 2.121 Bestandsübersicht der Lieferantenkonsignation

In den Details zur Lieferantenkonsignation wird die Lieferantenzuordnung geführt (siehe Abbildung 2.122).

Lieferantenkonsignation

Bestand Lieferantenkonsignation
Werk FML1
Lagerort 0001

Lieferantennummer	Lieferantenname	Bestandsart	Bestand
100003	Business Partner 4 (Konsignati	Frei verwendbar	10,000
		Qualitätsprüfung	0,000
		Gesperrt	0,000
		Nicht frei verw.	0,000

Abbildung 2.122 Details zum Lieferantenkonsignationsbestand

2.8.3 Umlagerung buchen

Die erste Möglichkeit, um Material aus dem Konsignationsbestand zu entnehmen, besteht darin, es in den eigenen Bestand umzulagern. Buchen Sie dafür 5 Stück des Materials KT_08 in Ihren eigenen Bestand um (siehe Abbildung 2.123). Dazu ist die genaue Angabe des Konsignationsbestands mit **Werk**, **Lagerort** und **Sonderbestandskennzeichen** K sowie der Nummer des Lieferanten nötig. Der empfangende **Lagerort** ist 0001 ohne irgendeine Angabe eines Sonderbestands.

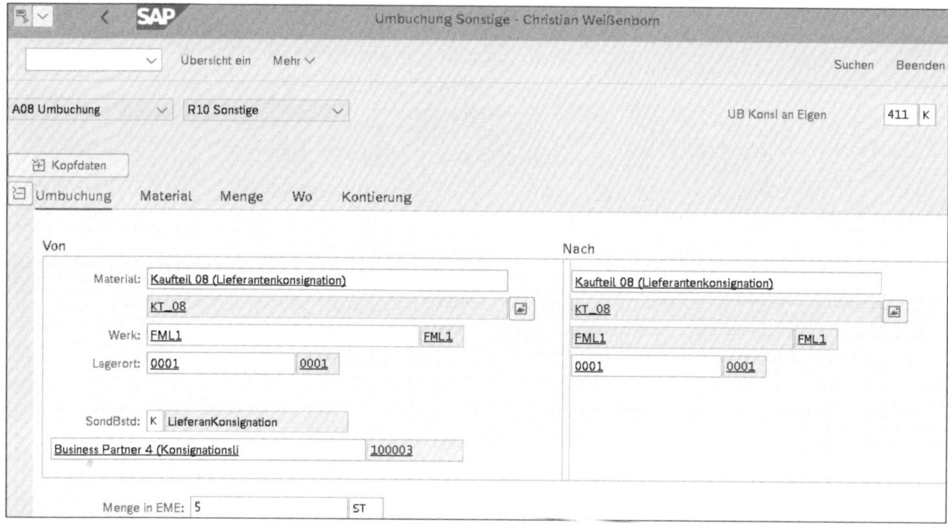

Abbildung 2.123 Umlagerung buchen

Hierdurch wird eine FI-Buchung ausgelöst, die Ihren Bestand zu dem im Einkaufsinfosatz hinterlegten Preis erhöht und einen offenen Posten auf dem speziellen WE/RE-Konto für die Lieferantenkonsignation aufbaut (siehe Abbildung 2.124). Dieses Konto wird über den Vorgang KON in der MM-Kontenfindung angesteuert. Das Konto funktioniert analog zum normalen WE/RE-Konto für Kaufteile. Anschließend liegt das Material bewertet in Ihrem Bestand und kann ganz normal verbraucht werden. Der Buchungssatz lautet »RHB-Bestand (Soll) an WE/RE Konsignation/Pipeline (Haben)«.

BuKr.	P...	BS	S...	Konto	Koart	Bezeichnung	Betrag	Währg	Werk	Material	Vorgang	Menge	BME
FMLA	1	91	H	21110000	S	WE/RE Konsi/Pipeline	40,00-	EUR	FML1	KT_08	KON	5-	ST
	2	89	S	13100000	M	Bestand Rohstoffe	40,00	EUR	FML1	KT_08	BSX	5	ST

Abbildung 2.124 Buchhaltungsbeleg zur Umlagerung

2.8.4 Warenausgang buchen

Alternativ zur Umlagerung, wie sie in Abschnitt 2.8.3, »Umlagerung buchen«, beschrieben wurde, haben Sie die Möglichkeit, Material direkt aus dem Konsignationsbestand zu verbrauchen. Sie bauen also keinen eigenen Bestand auf, sondern buchen sofort den Aufwand für den Materialverbrauch auf einem Kontierungsobjekt. In unserem Beispiel verbrauchen wir 5 Stück mit der Bewegungsart 201 in der Kostenstelle FML_KST1 (siehe Abbildung 2.125).

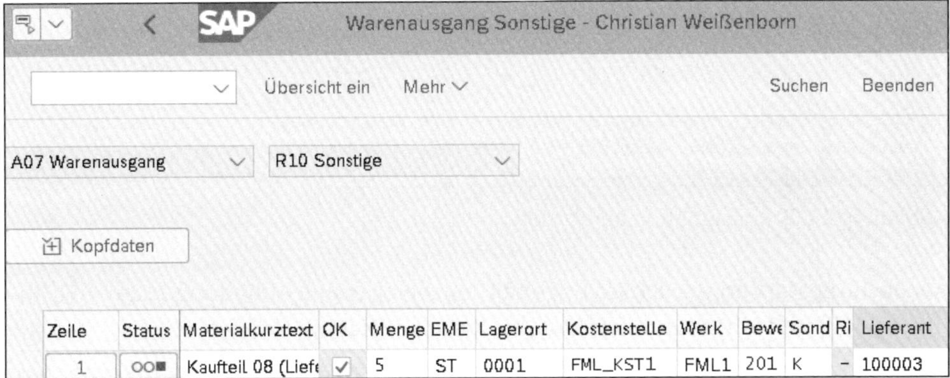

Abbildung 2.125 Warenausgang aus dem Lieferantenkonsignationsbestand

Auch der Verbrauch führt zu einer Buchung auf dem speziellen WE/RE-Konto (siehe Abbildung 2.126). Als Buchungssatz ergibt sich »Materialaufwand (Soll) an WE/RE Konsignation/Pipeline (Haben)«.

BuKr.	P...	BS	S...	Konto	Koa...	Bezeichnung	Betrag	Währg	Werk	Material	Vorgang	Menge	BME
FMLA	1	91	H	21110000	S	WE/RE Konsi/Pipeline	40,00-	EUR	FML1	KT_08	KON	5-	ST
	2	81	S	51100000	S	Verbrauch Rohstoffe	40,00	EUR	FML1	KT_08	GBB	5	ST

Abbildung 2.126 Buchhaltungsbeleg zum Warenausgang

Wir verbuchen hier den Verbrauch durch eine Kostenstelle; deshalb wird im Kostenrechnungsbeleg KST als Kontierungsobjekt verwendet (siehe Abbildung 2.127).

```
Belegnummer  BuchDatum   Benutzer    RT RefBelegnr  OrgVg Vrgng Belegkopftext    StB  sto
Bu OAr Objekt      ObjektBez   Kostenart Kostenartenbezeichn.    Wert/OW OWä Menge GME Material

A00007QG00   06.01.2021  STUDENT101  R  4900001666  RMWA  COIN
 1 KST FML_KST1    Kostenste... 51100000 Verbrauch Rohstoffe       40,00 EUR     5 ST  KT_08
```

Abbildung 2.127 Kostenrechnungsbeleg zum Warenausgang

2.8.5 Konsignation abrechnen

Nun rechnen Sie die Konsignation ab. Über die spezielle Transaktion Konsignations- und Pipeline-Abrechnung (MRKO) werden alle noch nicht abgerechneten Mengen und Werte für das Konto »Konsignationsverbindlichkeit« ermittelt und als Verbindlichkeit gegenüber dem Kreditor gebucht (siehe Abbildung 2.128). Sie sehen, dass die offenen Posten auf dem WE/RE-Konto aus den Schritten 3 und 4 mit der Belegnummer 5200000003 abgerechnet wurden.

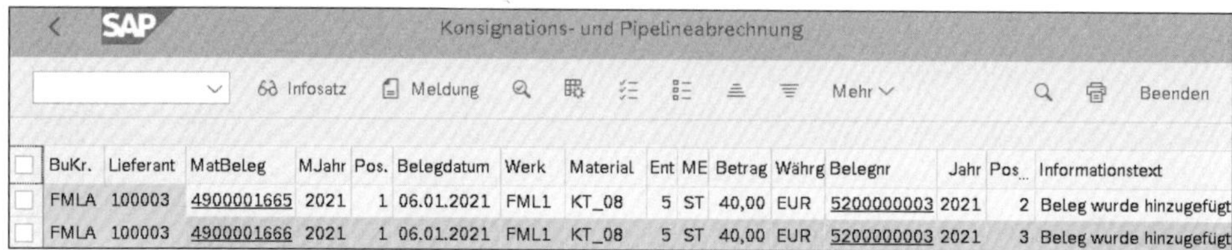

Konsignations- und Pipelineabrechnung

Infosatz Meldung Mehr Beenden

BuKr.	Lieferant	MatBeleg	MJahr	Pos.	Belegdatum	Werk	Material	Ent	ME	Betrag	Währg	Belegnr	Jahr	Pos...	Informationstext
FMLA	100003	4900001665	2021	1	06.01.2021	FML1	KT_08	5	ST	40,00	EUR	5200000003	2021	2	Beleg wurde hinzugefügt
FMLA	100003	4900001666	2021	1	06.01.2021	FML1	KT_08	5	ST	40,00	EUR	5200000003	2021	3	Beleg wurde hinzugefügt

Abbildung 2.128 Konsignation abrechnen

Als Buchungssatz ergibt sich im Buchhaltungsbeleg (siehe Abbildung 2.129) »WE/RE-Konto (Soll) und Eingangssteuer (Soll) an Kreditor (Haben)«.

BuKr.	P...	BS	S...	Konto	Koart	Bezeichnung	Betrag	Währg	Werk	Material	Vorgang	Menge	BME	Hauptbuch
FMLA	1	31	H	100003	K	Business Partner 4 (Konsignati	95,20-	EUR			KBS			21100000
	2	40	S	21110000	S	WE/RE Konsi/Pipeline	40,00	EUR	FML1	KT_08	KBS	5	ST	21110000
	3	40	S	21110000	S	WE/RE Konsi/Pipeline	40,00	EUR	FML1	KT_08	KBS	5	ST	21110000
	4	40	S	12600000	S	Vorsteuer (VST)	15,20	EUR			VST			12600000

Abbildung 2.129 Buchhaltungsbeleg zur Konsignationsabrechnung

2.9 Kundenkonsignation

Neben der in Abschnitt 2.8 beschriebenen Lieferantenkonsignation gibt es noch die sogenannte *Kundenkonsignation*. In der Kundenkonsignation stellen wir einem Kunden Material zur Verfügung, das zunächst weiterhin in unserem Eigentum bleibt, obwohl es in ein vom Kunden verwaltetes Lager geliefert wird. Genau genommen spricht man vom *Beschicken* dieses Lagers. Technisch gesehen, handelt es sich dabei um eine Umlagerung zwischen einem eigenen Lagerort und einem kundenbezogenen Sonderbestand. Erst wenn der Kunde Waren aus diesem Lager entnimmt, indem er sie in sein eigenes Lager umlagert oder auch direkt verbraucht, buchen wir eine Entnahme und schicken ihm eine Rechnung über die entnommenen Waren.

In Schritt 1 erfassen Sie die Beauftragung durch den Kunden zum Beschicken des Lagers, zu der in Schritt 2 die Auslieferung erfolgt. In Schritt 3 erhalten Sie vom Kunden die Meldung über eine Entnahme aus dem Kundenkonsignations-bestand, die mit Schritt 4 durchgeführt wird. Abschließend erfolgt in Schritt 5 die Erstellung der Faktura für die entnommenen Materialien (siehe Abbildung 2.130).

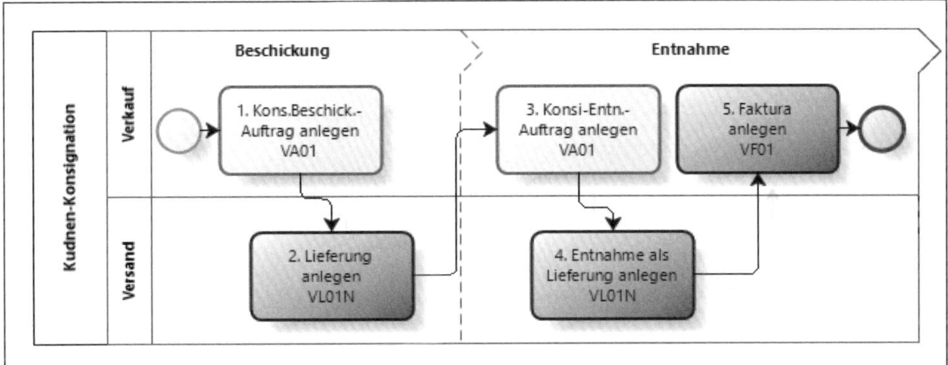

Abbildung 2.130 Prozess der Kundenkonsignation

In diesem Beispiel führen Sie die Kundenkonsignation anhand eines auf Lager liegenden Fertigerzeugnisses mit der Bewertungsklasse 7920 durch; der Prozess lässt sich aber auch mit Halbfabrikaten oder Handelswaren durchführen. Das Beschicken findet mit der Bewegungsart 631 statt und ist damit eine Umlagerung ohne finanzielle Auswirkung, die mit einer gestrichelten Linie im Buchungsschema dargestellt wird, da sich das Bestandskonto des Materials ja nicht ändert (siehe Abbildung 2.131).

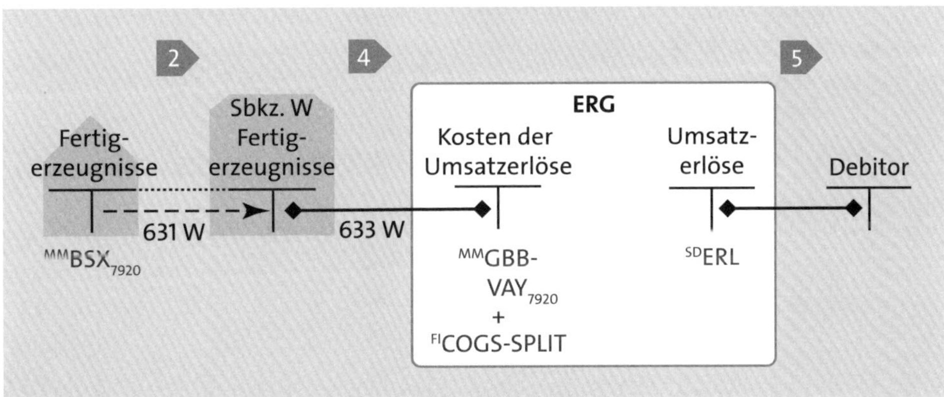

Abbildung 2.131 Buchungsschema »Kundenkonsignation«

2.9.1 Konsignationsbeschickungsauftrag anlegen

Zunächst muss ein sogenannter Konsignationsbeschickungsauftrag angelegt werden. Starten Sie den Prozess mit einer speziellen Auftragsart CCFU für die Konsignationsbeschickung (siehe Abbildung 2.132).

Der Kunde 1001013 ordert eine Menge von 100 Stück des Materials FE_09, die in dem bei ihm vor Ort befindlichen Konsignationslager bereitgestellt werden soll (siehe Abbildung 2.133).

Abbildung 2.132 Kundenauftragsart CCFU anlegen

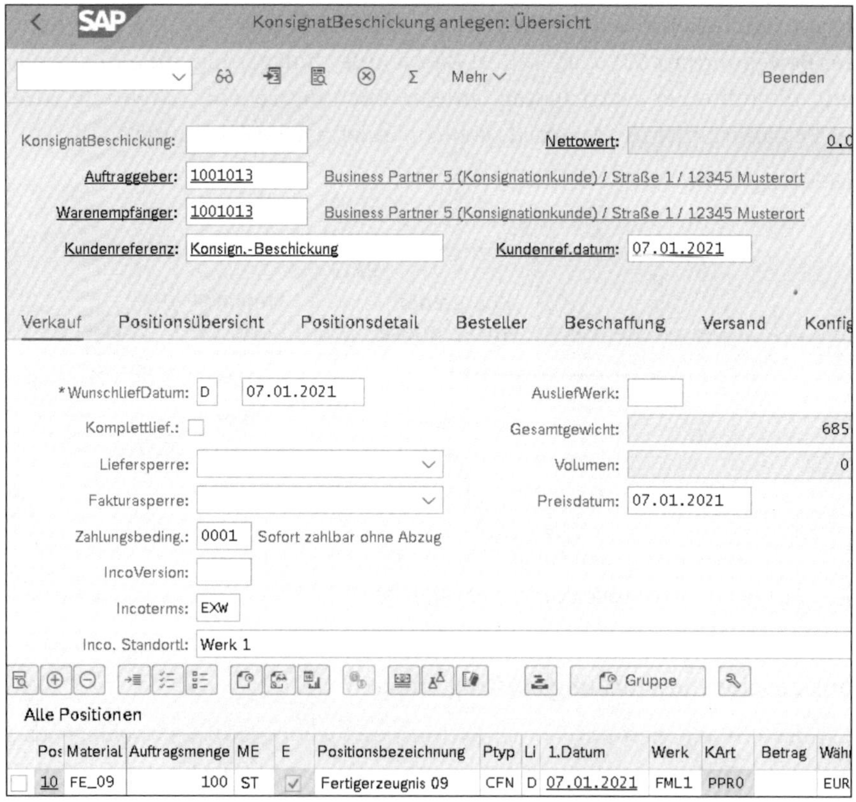

Pos	Material	Auftragsmenge	ME	E	Positionsbezeichnung	Ptyp	Li	1.Datum	Werk	KArt	Betrag	Wäh
10	FE_09	100	ST	✓	Fertigerzeugnis 09	CFN	D	07.01.2021	FML1	PPR0		EUR

Abbildung 2.133 Konsignationsbeschickungsauftrag anlegen

Das Feld **Betrag** bleibt leer, da dieser Auftrag dem Kunden nicht in Rechnung gestellt wird. Solange der Kunde das Material nicht aus dem Konsignationsbestand entnimmt, in den Sie im nächsten Schritt durch die Lieferung umlagern werden, verbleibt es in Ihrem Eigentum. Im Buchungsschema deuten wir diesen Prozessschritt nur mit einer gestrichelten Linie an, da keine echte finanzwirksame Buchung erfolgt. Das Material wird weiterhin auf dem gleichen Bestandskonto zum gleichen Wert geführt.

2.9.2 Lieferung anlegen

Mit Bezug zum Kundenauftrag wird nun eine Lieferung angelegt, die kommissionierte Menge erfasst und der Warenausgang gebucht. Aus dem Konsignationsbeschickungsauftrag werden alle relevanten Felder in die Lieferung übernommen. Der Warenausgang löst die Buchung eines Materialbelegs aus (siehe Abbildung 2.134).

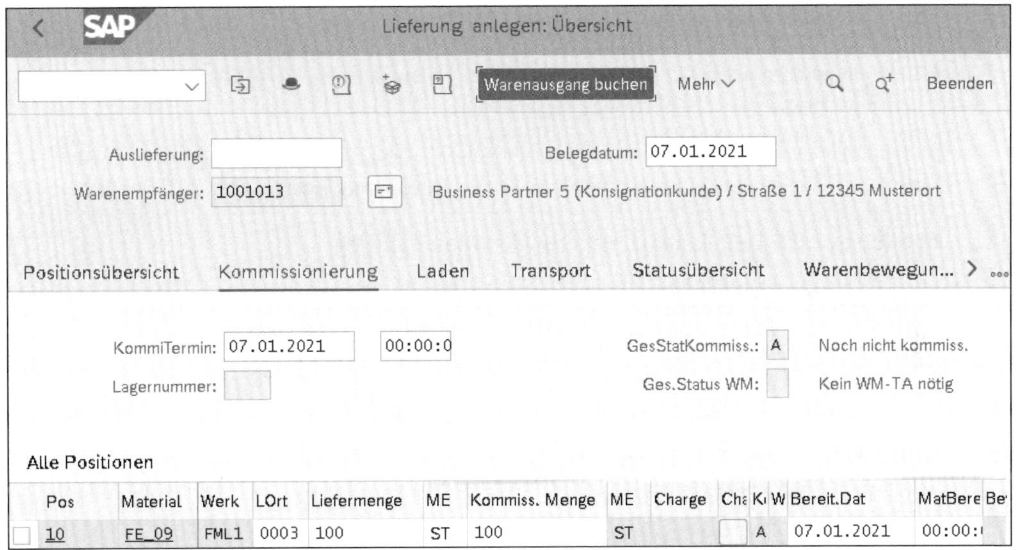

Abbildung 2.134 Lieferung anlegen

Im Materialbeleg wird die Umlagerung mit der Bewegungsart 631 aus dem Lagerort 0003 in den Kundenkonsignationsbestand angezeigt (siehe Abbildung 2.135). Der Kundenkonsignationsbestand wird als Kombination aus Sonderbestand W und Kundennummer dargestellt.

Wenn Sie sich die Detaildaten im Materialbeleg anschauen, wird genau erkennbar, von wo nach wo die Umbuchung stattgefunden hat (siehe Abbildung 2.136).

Damit ist die Beschickung abgeschlossen, und der Kunde kann über das Material verfügen. Die Bestandsübersicht zeigt den aktuellen Lagerbestand beim Kunden (siehe Abbildung 2.137).

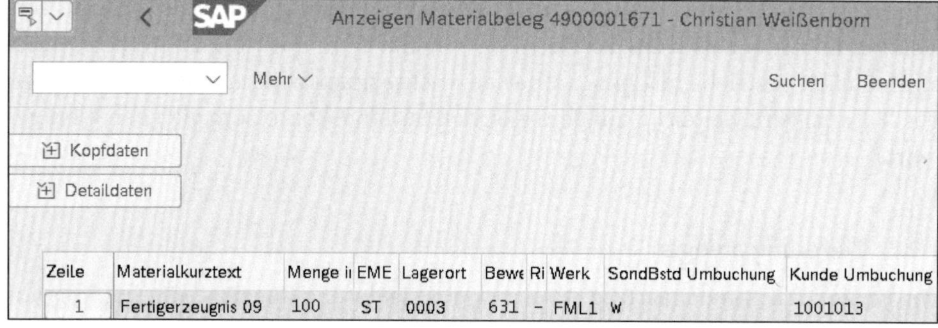

Abbildung 2.135 Materialbeleg

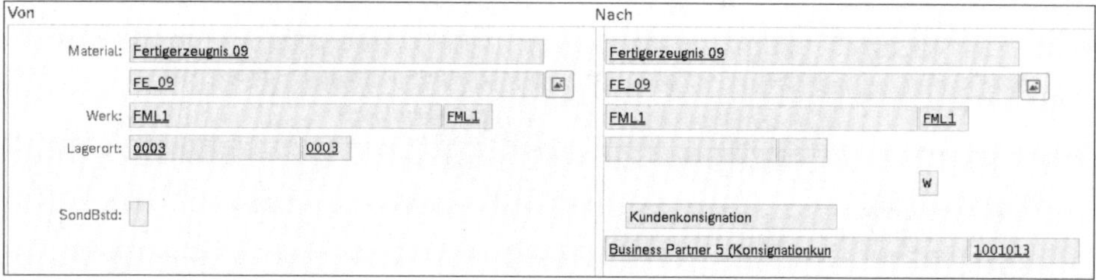

Abbildung 2.136 Details zur Umlagerung im Materialbeleg

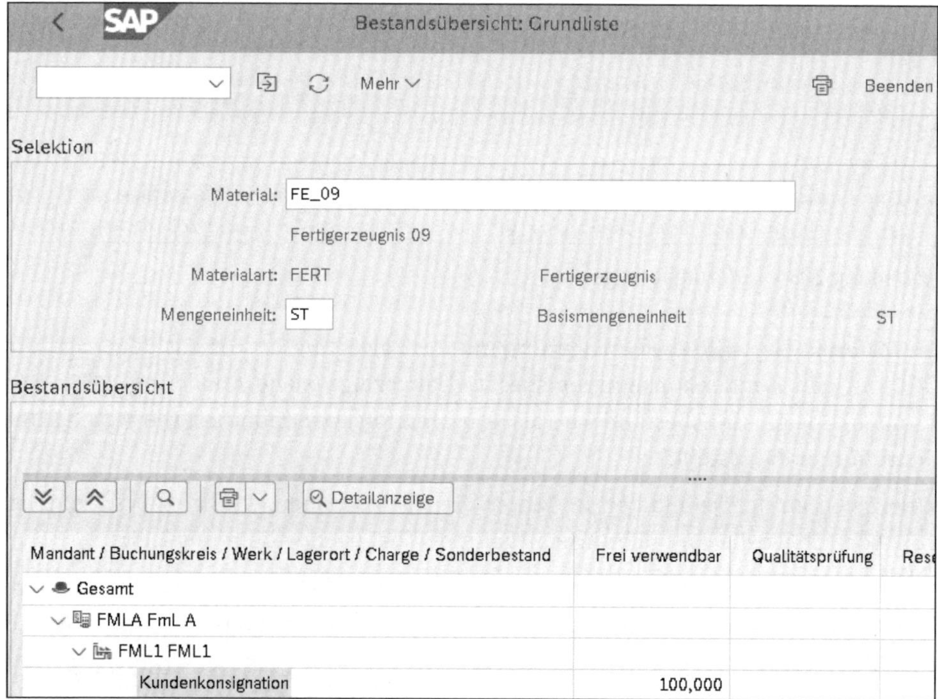

Abbildung 2.137 Bestandsübersicht der Kundenkonsignation

Der Kundenkonsignationsbestand wird nicht mit Bezug zu einem Lagerort geführt, sondern ist nur einem Werk zugeordnet. In den Detaildaten zur Zeile **Kundenkonsignation** wird die Kundennummer mit angegeben (siehe Abbildung 2.138).

Kundenkonsignation

Bestand Kundenkonsignation
Werk FML1

Kunde	Name	Bestandsart		Bestand
0001001013	Business Partner 5 (Konsignati	Frei verwendbar		100,000
		Qualitätsprüfung		0,000
		Nicht frei verw.		0,000
		Umlager Konsi Kd.		0,000

Abbildung 2.138 Details zum Kundenkonsignationsbestand

2.9.3 Konsignationsentnahmeauftrag anlegen

Nun möchte der Kunde dem Lager das Material entnehmen und in seiner Produktion verwenden. Der Kunde meldet eine Entnahme, die mit der Kundenauftragsbelegart CCIS angelegt wird (siehe Abbildung 2.139).

Abbildung 2.139 Kundenauftrag mit der Auftragsart CCIS

Für 30 Stück des momentan beim Kunden liegenden Bestands von 100 Stück wird eine Entnahme gemeldet (siehe Abbildung 2.140).

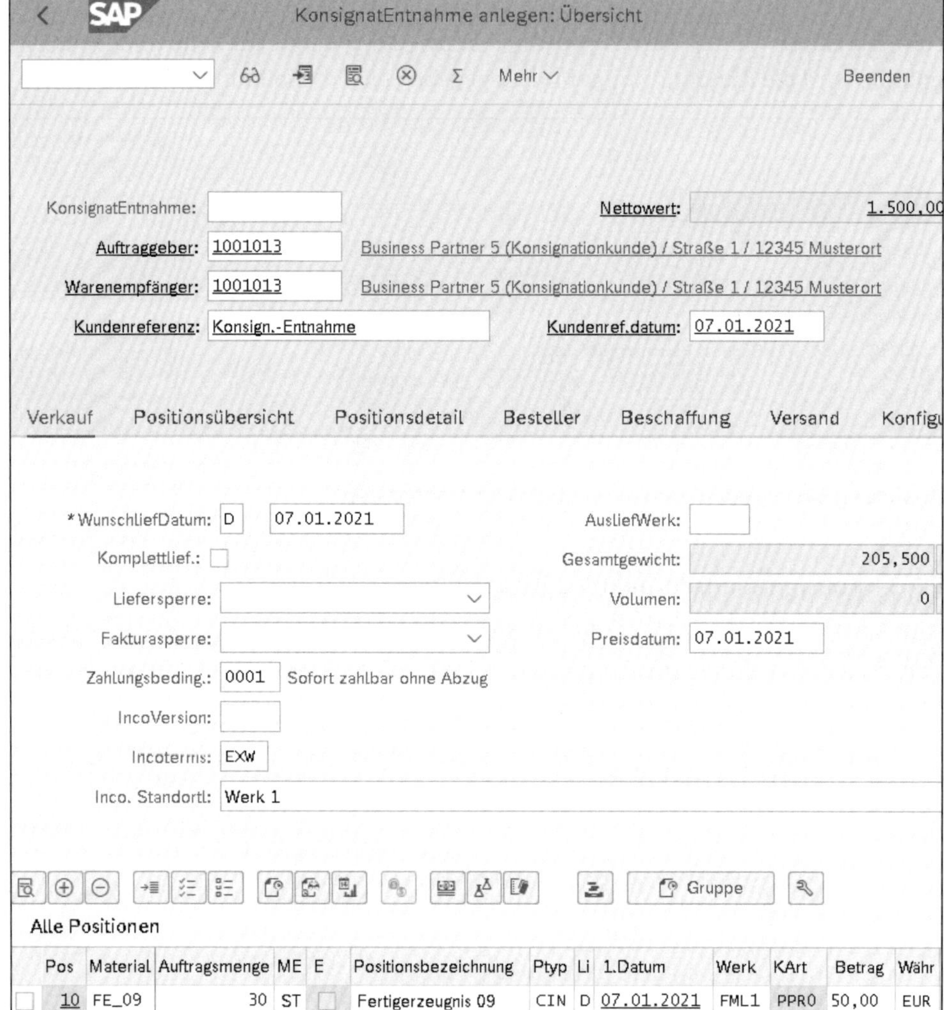

Abbildung 2.140 Konsignationsentnahmeauftrag anlegen

Für diesen Fall muss ein Verkaufspreis angegeben sein, da diese Menge dem Kunden in Rechnung gestellt werden soll. In unserem Falle verkaufen wir das Material FE_09 für 50,00 EUR pro Stück.

2.9.4 Entnahme als Lieferung anlegen

Zusätzlich zum Konsignationsentnahmeauftrag wird eine Lieferung angelegt, in die alle relevanten Daten aus dem Auftrag übernommen werden (siehe Abbildung 2.141). Für den Auftrag ist keine Kommission mehr notwendig, denn dieser Schritt wurde vom Kunden selbst erledigt. Zur Lieferung buchen Sie direkt auch den Warenausgang.

Abbildung 2.141 Lieferung anlegen

Aufgrund der Bewegungsart 633 und der MM-Kontenfindungen BSX und GBB-VAY wird ein Materialbeleg erstellt, und der Sonderbestand W beim Kunden vor Ort wird reduziert (siehe Abbildung 2.142).

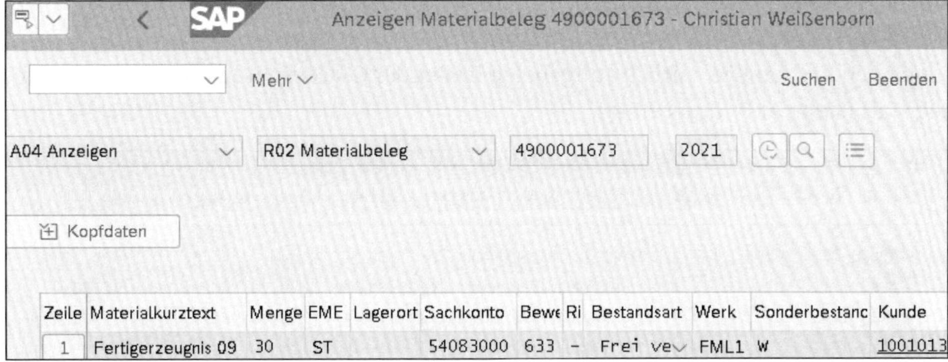

Abbildung 2.142 Materialbeleg

Im daraus entstehenden Buchhaltungsbeleg (siehe Abbildung 2.143) sehen Sie die Buchung »Verkauf Eigene Erzeugnisse (Soll) an Bestand Fertige Waren (Haben)«.

BuKr.	P...	BS	S/H	Konto	Koart	Bezeichnung	Betrag	Währg	Werk	Material	Vorgang	Menge	BME
FMLA	1	99	H	13400000	M	Best fertige Ware	870,00-	EUR	FML1	FE_09	BSX	30-	ST
	2	81	S	54083000	S	Verkauf Eigen KoArt	870,00	EUR	FML1	FE_09	GBB	30	ST

Abbildung 2.143 Buchhaltungsbeleg zur Konsignationsentnahme

Für das Konto 54083000 ist im Customizing ein COGS-Split hinterlegt. Dieser teilt die daraufhin erfolgte Buchung in einem zweiten Buchhaltungsbeleg noch einmal in verschiedene Schichten der Kosten der Umsatzerlöse auf, die aus der Plankalkulation übernommen werden (siehe Abbildung 2.144).

BuKr.	P...	LPos	BS	S...	Konto	Koa...	Bezeichnung	Betrag	Wä...	Werk	Material	Vorgang	Menge
FMLA	1	000001	50	H	54083001	S	Gegenkto. COGS-Split	870,00-	EUR	FML1	FE_09		
	2	000002	40	S	50301000	S	KdU Direktmaterial	300,00	EUR	FML1	FE_09		
	3	000003	40	S	50304001	S	KdU Personal	270,00	EUR	FML1	FE_09		
	4	000004	40	S	50305001	S	KdU Abschreibungen	180,00	EUR	FML1	FE_09		
	5	000005	40	S	50305002	S	KdU Fremdleistungen	60,00	EUR	FML1	FE_09		
	6	000006	40	S	50305003	S	KdU Energie	60,00	EUR	FML1	FE_09		

Abbildung 2.144 Buchhaltungsbeleg mit COGS-Split

Im Kostenrechnungsbeleg werden die Kosten der Umsatzerlöse anschließend auf ein Ergebnisobjekt gebucht (siehe Abbildung 2.145).

```
Belegnummer  BuchDatum   Benutzer    RT RefBelegnr  OrgVg Vrgng Belegkopftext  StB  sto
  Bu OAr Objekt      ObjektBez  Kostenart Kostenartenbezeichn.   Wert/OW OWä Menge GME Material

A00007QM00   07.01.2021  STUDENT101  R  4900001673  RMWL  COIN
  1 ERG 1741                    54083000  Verkauf Eigen KoArt    870,00  EUR    30  ST  FE_09
```

Abbildung 2.145 Kostenrechnungsbeleg zur Konsignationsentnahme

Und auch für den Kostenrechnungsbeleg findet der COGS-Split in einem zweiten Beleg statt (siehe Abbildung 2.146).

```
Belegnummer  BuchDatum   Benutzer    RT RefBelegnr  OrgVg Vrgng Belegkopftext  StB  sto
  Bu OAr Objekt      ObjektBez  Kostenart Kostenartenbezeichn.   Wert/OW OWä Menge GME Material

A00007QN00   07.01.2021  STUDENT101  R  4900001673  TBCS  COIN
  1 ERG 1741                    54083001  Gegenkto. COGS-Split   870,00- EUR              FE_09
  2 ERG 1741                    50301000  KdU Direktmaterial     300,00  EUR              FE_09
  3 ERG 1741                    50304001  KdU Personal           270,00  EUR              FE_09
  4 ERG 1741                    50305001  KdU Abschreibungen     180,00  EUR              FE_09
  5 ERG 1741                    50305002  KdU Fremdleistungen     60,00  EUR              FE_09
  6 ERG 1741                    50305003  KdU Energie             60,00  EUR              FE_09
```

Abbildung 2.146 Kostenrechnungsbeleg mit COGS-Split

2.9.5 Faktura anlegen

Im letzten Prozessschritt wird die vom Kunden entnommene Menge mit Bezug zu der Lieferung aus dem letzten Schritt fakturiert (siehe Abbildung 2.147).

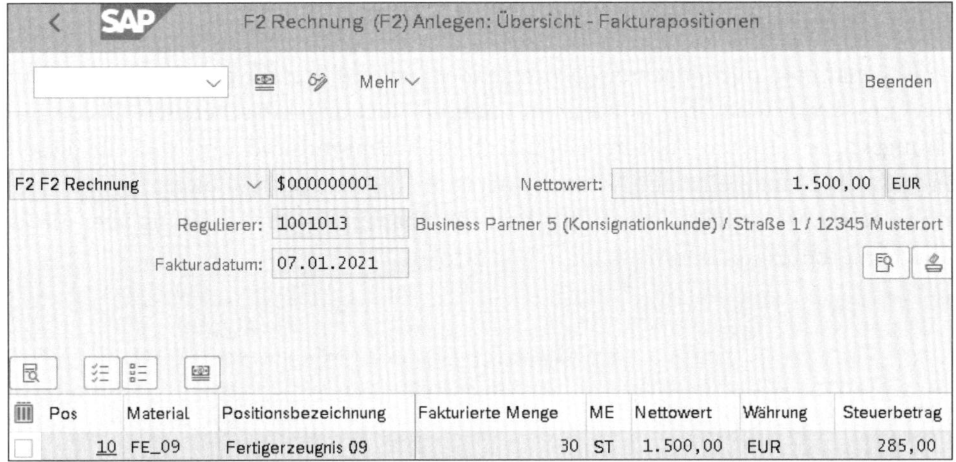

Abbildung 2.147 Faktura anlegen

Wie bei der Fakturierung üblich wird ein Buchhaltungsbeleg erstellt, und es entsteht der Buchungssatz »Debitorenforderung (Soll) an Erlöse Inland (Haben) und Ausgangssteuer (Haben)« (siehe Abbildung 2.148).

BuKr.	P...	BS	S/H	Konto	Koart	Bezeichnung	Betrag	Währg	Werk	Material	Vor	Menge	BME	Hauptbuch
FMLA	1	01	S	1001013	D	Business Partner 5 (K...	1.785,00	EUR						12100000
	2	50	H	41000000	S	Erlöse Inl. - Erzeu.	1.500,00-	EUR						41000000
	3	50	H	22000000	S	Ausgangssteuer (MWS)	285,00-	EUR			MWS			22000000

Abbildung 2.148 Buchhaltungsbeleg der Faktura

Ebenso wird der Erlös im Kostenrechnungsbeleg auf ein Ergebnisobjekt gebucht, um in der Ergebnisrechnung einen Deckungsbeitrag ausweisen zu können (siehe Abbildung 2.149).

```
Belegnummer  BuchDatum   Benutzer     RT RefBelegnr  OrgVg Vrgng Belegkopftext  StB  sto
Bu OAr Objekt      ObjektBez  Kostenart Kostenartenbezeichn.   Wert/OW OWä Menge GME Material

A00007Q000   07.01.2021  STUDENT101   R  90000370    SD00  COIN
 1 ERG 1742                  41000000  Erlöse Inl. - Erzeu. 1.500,00- EUR   30- ST  FE_09
```

Abbildung 2.149 Kostenrechnungsbeleg zur Faktura

Von den 100 Stück des Materials FE_09, die im Kundenkonsignationslager bereitgestellt wurden, sind 30 Stück in das Eigentum des Kunden übergegangen und wurden ihm in Rechnung gestellt.

2.10 Buchungskreisübergreifender Verkauf

Im sogenannten *buchungskreisübergreifenden Verkauf* bestellt der Kunde in einem Buchungskreis, wird aber von einem anderen Buchungskreis beliefert. Beide Buchungskreise gehören zu demselben Unternehmensverbund und wickeln diesen Prozess über einen einzigen Kundenauftrag ab. Dieses Szenario bietet sich z. B. an, wenn eine Auslandsgesellschaft den Vertrieb übernimmt, die Lieferung aber direkt aus dem produzierenden Werk im Inland erfolgt.

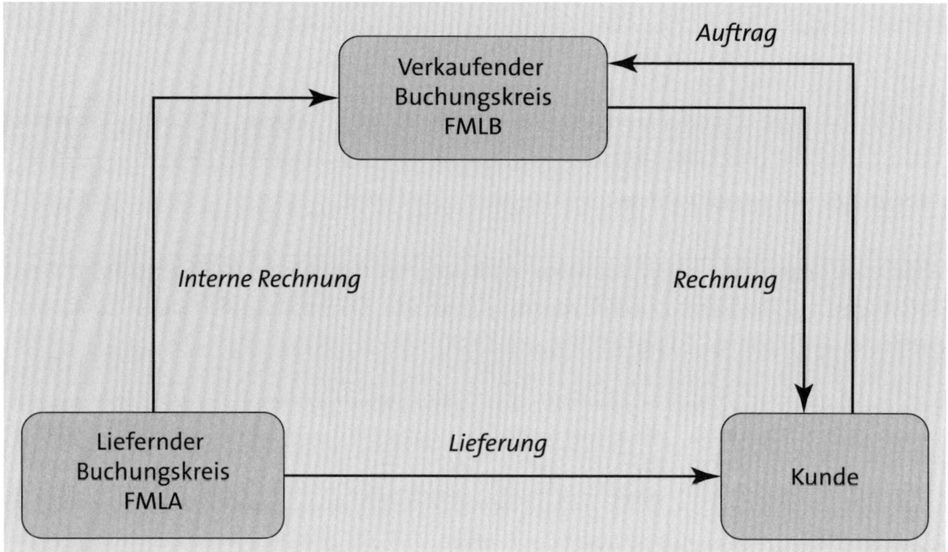

Abbildung 2.150 Geschäftsbeziehung

In diesem Beispiel bestellt der Kunde bei der Verkaufsorganisation im verkaufenden Buchungskreis FMLB. Das Material wird dann vom *liefernden* Buchungskreis FMLA direkt an den Kunden geliefert. Nach dem erfolgten Warenausgang stellt der verkaufende Buchungskreis eine Faktura an den externen Kunden (siehe Abbildung 2.150).

Schließlich muss noch das interne Verhältnis geklärt werden; dazu stellt der liefernde Buchungskreis eine sogenannte *interne Faktura* an den verkaufenden Buchungskreis aus. Wir haben in diesem Prozess also zwei debitorische Buchungen. Zusätzlich benötigen wir noch eine kreditorische Buchung, denn die Faktura des liefernden Buchungskreises muss als Rechnungseingang im verkaufenden Buchungskreis erfasst werden.

Die interne Faktura des liefernden Buchungskreises kann per EDI (Electronic Data Interchange) automatisch im verkaufenden Buchungskreis als Eingangsrechnung verarbeitet werden (siehe Abbildung 2.151).

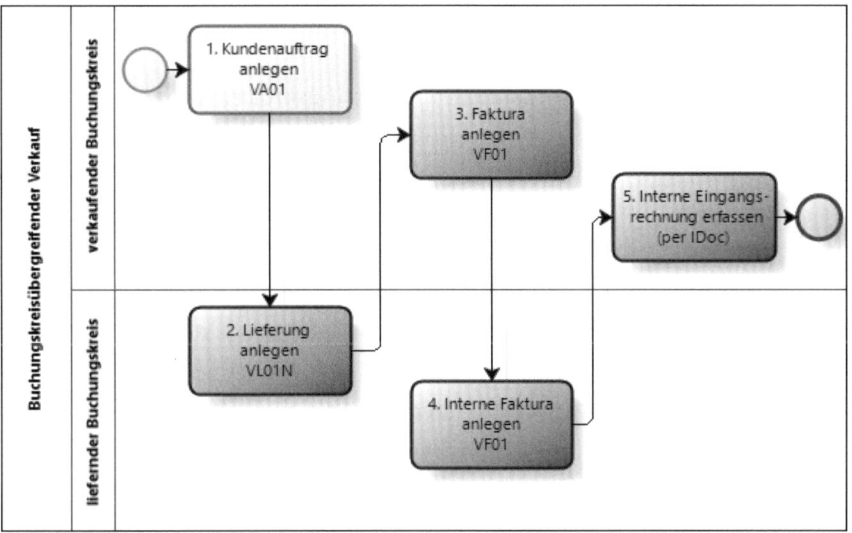

Abbildung 2.151 Prozess »Buchungskreisübergreifender Verkauf«

Damit dieses Konzept funktioniert, sind zusätzliche Geschäftspartner und Zuordnungen in der Unternehmensstruktur nötig: Im liefernden Buchungskreis muss ein interner Debitor angelegt werden, der den verkaufenden Buchungskreis darstellt. Im verkaufenden Buchungskreis muss ein interner Kreditor angelegt werden, der den liefernden Buchungskreis darstellt. Die zusätzlichen Zuordnungen in der Unternehmensstruktur werden in Abbildung 2.152 dargestellt.

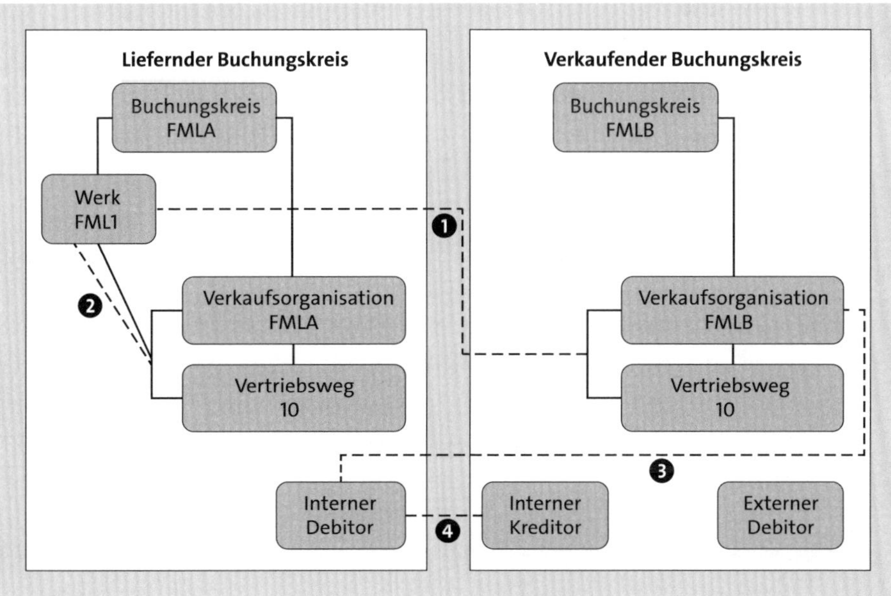

Abbildung 2.152 Organisationsstruktur für den buchungskreisübergreifenden Verkauf

Die normalen Zuordnungen der Organisationsstruktur sind als durchgehende Verbindungen und die zusätzlichen Zuordnungen als gestrichelte Linien dargestellt.

❶ Der Verkaufsorganisation des verkaufenden Buchungskreises muss das liefernde Werk zugeordnet werden. Dadurch kann dieses Werk in den Kundenauftragspositionen verwendet werden, obwohl es zu einem anderen Buchungskreis gehört.

❷ Dem liefernden Werk ist eine bestimmte Kombination aus Verkaufsorganisation und Vertriebsweg im eigenen Buchungskreis zuzuordnen, über die die interne Fakturierung abgewickelt wird.

❸ Die Verkaufsorganisation des verkaufenden Buchungskreises wird im liefernden Buchungskreis als interner Debitor angelegt und zugeordnet.

❹ Soll die Eingangsrechnung automatisch über EDI aus der internen Faktura erstellt werden, muss der interne Kreditor im verkaufenden Buchungskreis dem internen Debitor im liefernden Buchungskreis zugeordnet werden.

Das Buchungsschema besteht aus zwei Bereichen, getrennt nach Gesellschaften. Die Prozessschritte zeigen, dass zunächst das externe Geschäft mit Lieferung und Faktura an den externen Kunden und anschließend das interne Geschäft abgewickelt wird (siehe Abbildung 2.153).

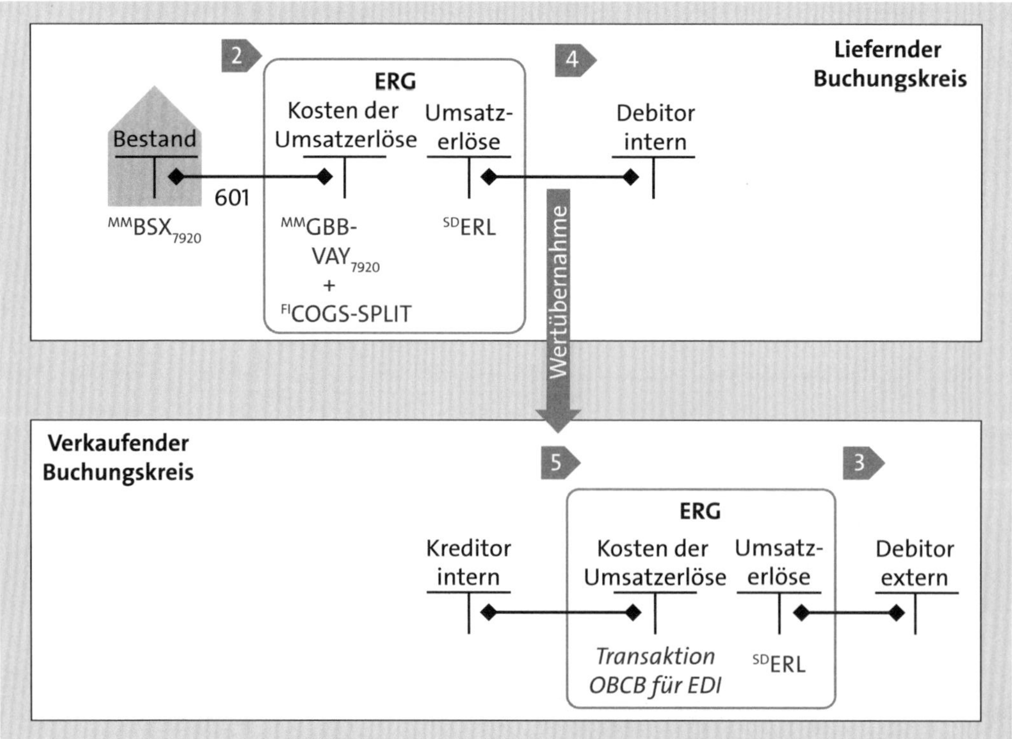

Abbildung 2.153 Buchungsschema für den buchungskreisübergreifenden Verkauf

Für den internen Verrechnungspreis zwischen dem liefernden **Werk** FML1 und der Verkaufsorganisation (**Verkaufsorg/Auftrag**) FMLB muss im Vertrieb eine spezielle Preiskondition angelegt werden (siehe Abbildung 2.154). SAP stellt hierfür die Konditionsart PI01 zur Verfügung. Der interne Verrechnungspreis für das **Material** FE_20 soll 160,00 EUR betragen.

Abbildung 2.154 Preiskondition der internen Verrechnung

2.10.1 Kundenauftrag anlegen

Nun wird der Kundenauftrag angelegt. Im Einstiegsbild zur Anlage des Kundenauftrags wird festgelegt, aus welcher Verkaufsorganisation heraus verkauft werden soll. In diesem Falle erfolgt der Verkauf durch die **Verkaufsorganisation** FMLB (siehe Abbildung 2.155).

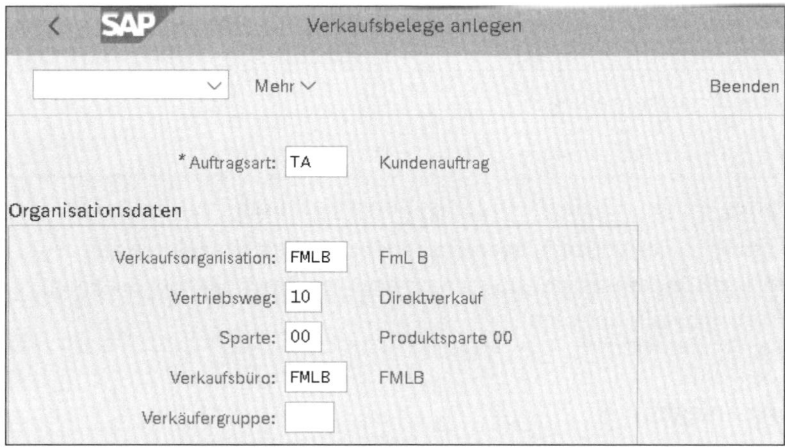

Abbildung 2.155 Kundenauftrag anlegen – Einstieg

Im Kundenauftrag wird als Kunde der externe Kunde, also der Endkunde erfasst, und in der Kundenauftragsposition werden das liefernde Werk FML1 sowie der externe Verkaufspreis von 200,00 EUR festgelegt (siehe Abbildung 2.156).

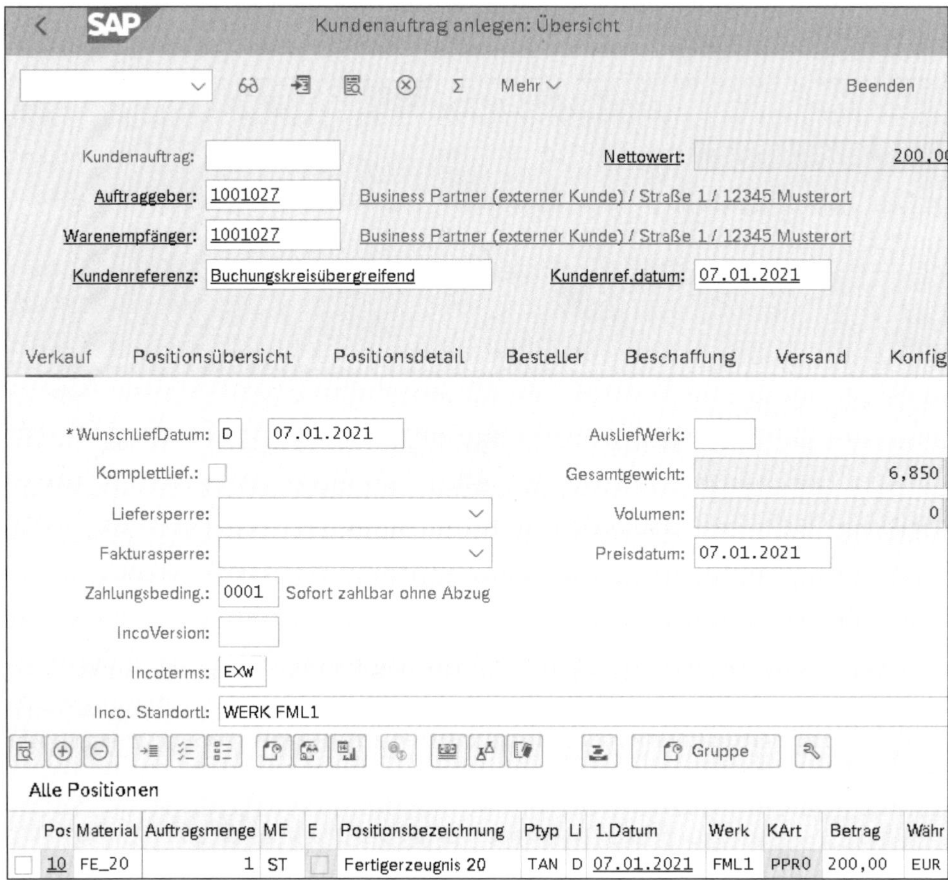

Abbildung 2.156 Kundenauftrag anlegen

> **Ein Verkaufsbeleg – zwei beteiligte Organisationsstrukturen**
>
> Obwohl der Auftrag in der Verkaufsorganisation FMLB angelegt wird, die zum Buchungskreis FMLB gehört, können und müssen wir das Werk FML1, das zum Buchungskreis FMLA gehört, ebenfalls angeben!

2.10.2 Lieferung anlegen

Als Nächstes wird die Lieferung mit Bezug zum Auftrag zum Kundenauftrag angestoßen und erfolgt aus dem **Werk** FML1 (siehe Abbildung 2.157). Sie wird kommissioniert, und der Warenausgang wird verbucht.

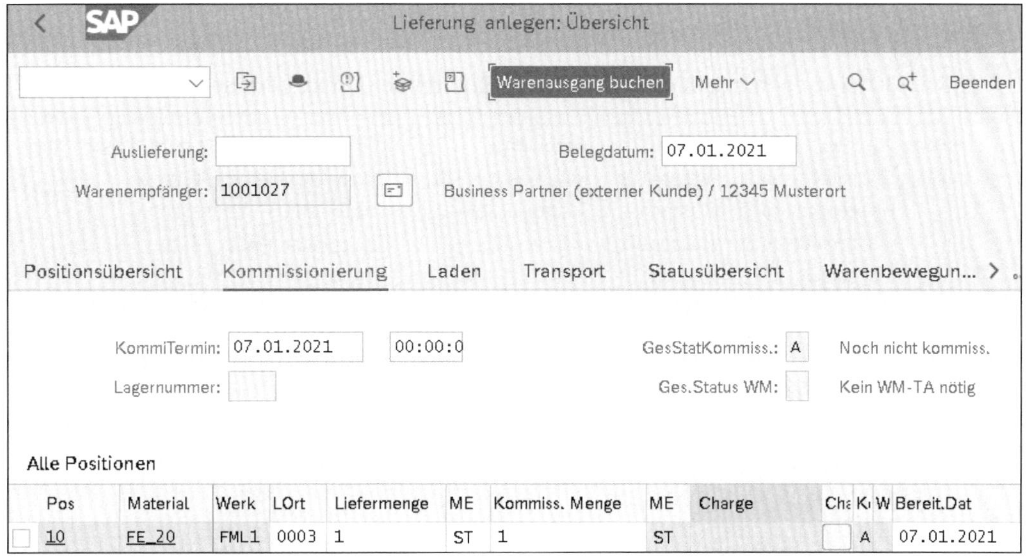

Abbildung 2.157 Lieferung anlegen

Der Materialbeleg wird erstellt, und mit der Bewegungsart 601 erfolgt der Warenausgang des Materials an den Kunden aus dem Lagerort 0003 des Werkes FML1 (siehe Abbildung 2.158).

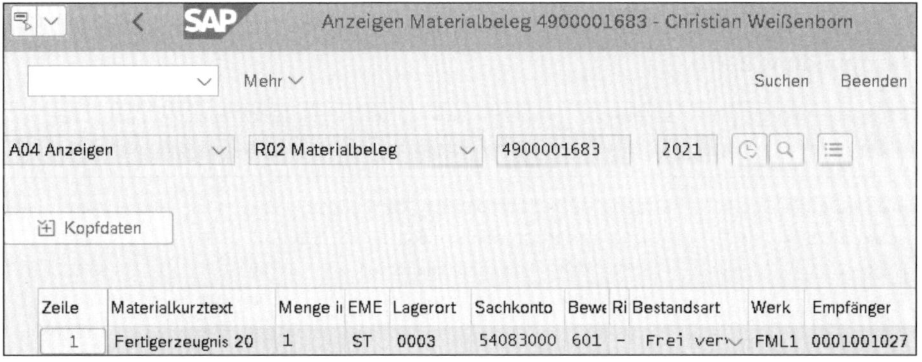

Abbildung 2.158 Materialbeleg

Der erste Buchhaltungsbeleg (siehe Abbildung 2.159) enthält die Buchung »Verkauf eigene Erzeugnisse (Soll) an Bestand fertige Waren (Haben)«. Da das **Werk** FML1 zum Buchungskreis (**BuKr.**) FMLA gehört, findet diese Buchung dort statt.

BuKr.	P...	BS	S...	Konto	Koa...	Bezeichnung	Betrag	Wä...	Werk	Material	Vorgang	Menge	BME
FMLA	1	99	H	13400000	M	Best fertige Ware	100,00-	EUR	FML1	FE_20	BSX	1-	ST
	2	81	S	54083000	S	Verkauf Eigen KoArt	100,00	EUR	FML1	FE_20	GBB	1	ST

Abbildung 2.159 Buchhaltungsbeleg zur Auslieferung

Der zweite Buchhaltungsbeleg stellt den COGS-Split dar (siehe Abbildung 2.160). Anhand der Kostenschichtung aus der Standardpreiskalkulation wird vom Konto 54083001 »Gegenkto. COGS-Split« in die Kosten der Umsatzerlöse umgebucht.

BuKr.	P...	LPos	BS	S...	Konto	Koa...	Bezeichnung	Betrag	Wä...	Werk	Material	Vorgang	Menge
FMLA	1	000001	50	H	54083001	S	Gegenkto. COGS-Split	100,00-	EUR	FML1	FE_20		
	2	000002	40	S	50301000	S	KdU Direktmaterial	34,00	EUR	FML1	FE_20		
	3	000003	40	S	50304001	S	KdU Personal	24,00	EUR	FML1	FE_20		
	4	000004	40	S	50305001	S	KdU Abschreibungen	30,00	EUR	FML1	FE_20		
	5	000005	40	S	50305002	S	KdU Fremdleistungen	2,00	EUR	FML1	FE_20		
	6	000006	40	S	50305003	S	KdU Energie	10,00	EUR	FML1	FE_20		

Abbildung 2.160 Buchhaltungsbeleg mit COGS-Split

In der Komponente CO erfolgt im Kostenrechnungsbeleg die Buchung auf ein Ergebnisobjekt (siehe Abbildung 2.161).

```
Belegnummer  BuchDatum   Benutzer    RT RefBelegnr  OrgVg Vrgng Belegkopftext   StB  sto
 Bu OAr Objekt      ObjektBez  Kostenart Kostenartenbezeichn.   Wert/OW OWä Menge GME Material

A00007RH00   07.01.2021  STUDENT101  R  4900001683  RMWL  COIN
  1 ERG 1791                   54083000  Verkauf Eigen KoArt     100,00  EUR     1  ST  FE_20
```

Abbildung 2.161 Kostenrechnungsbeleg zur Auslieferung

Die Umbuchung durch den COGS-Split finden Sie im zweiten Kostenrechnungsbeleg (siehe Abbildung 2.162).

```
Belegnummer  BuchDatum   Benutzer    RT RefBelegnr  OrgVg Vrgng Belegkopftext   StB  sto
 Bu OAr Objekt      ObjektBez  Kostenart Kostenartenbezeichn.   Wert/OW OWä Menge GME Material

A00007RI00   07.01.2021  STUDENT101  R  4900001683  TBCS  COIN
  1 ERG 1791                   54083001  Gegenkto. COGS-Split   100,00- EUR              FE_20
  2 ERG 1791                   50301000  KdU Direktmaterial      34,00  EUR              FE_20
  3 ERG 1791                   50304001  KdU Personal            24,00  EUR              FE_20
  4 ERG 1791                   50305001  KdU Abschreibungen      30,00  EUR              FE_20
  5 ERG 1791                   50305002  KdU Fremdleistungen      2,00  EUR              FE_20
  6 ERG 1791                   50305003  KdU Energie             10,00  EUR              FE_20
```

Abbildung 2.162 Kostenrechnungsbeleg mit COGS-Split

2.10.3 Faktura anlegen

Die erste von insgesamt zwei Fakturen wird nun an den externen Kunden gestellt. Beide Fakturen werden mit Bezug zu derselben Lieferung angelegt, hier im Feld **Beleg** zur Lieferung 80000597 (siehe Abbildung 2.163), aber mit unterschiedlichen Fakturaarten: Für die externe Rechnungsstellung wird die **Fakturaart** F2 verwendet.

Das Anlegen der zweiten, internen Faktura behandeln wir im Anschluss in Abschnitt 2.10.4, »Interne Faktura anlegen«.

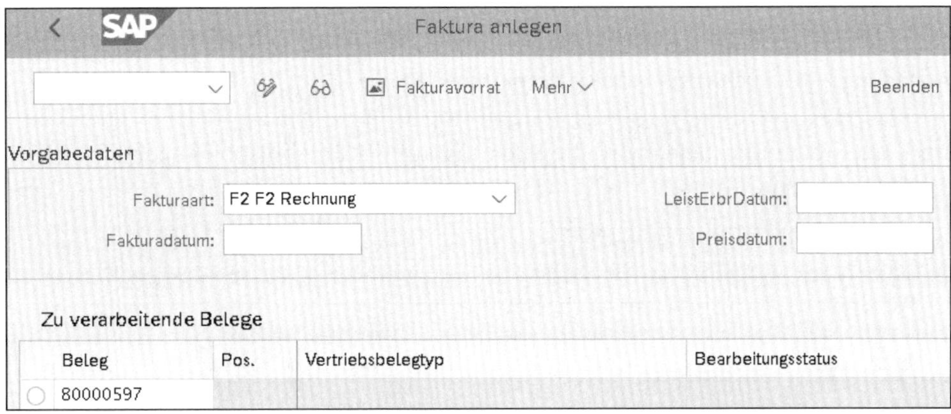

Abbildung 2.163 Faktura anlegen – Einstieg

Die zur Fakturierung benötigten Angaben werden aus der Lieferung und dem dahinter liegenden Kundenauftrag übernommen (siehe Abbildung 2.164). Dabei wird der externe Verkaufspreis in Höhe von 200,00 EUR verwendet und die relevante Steuer berechnet.

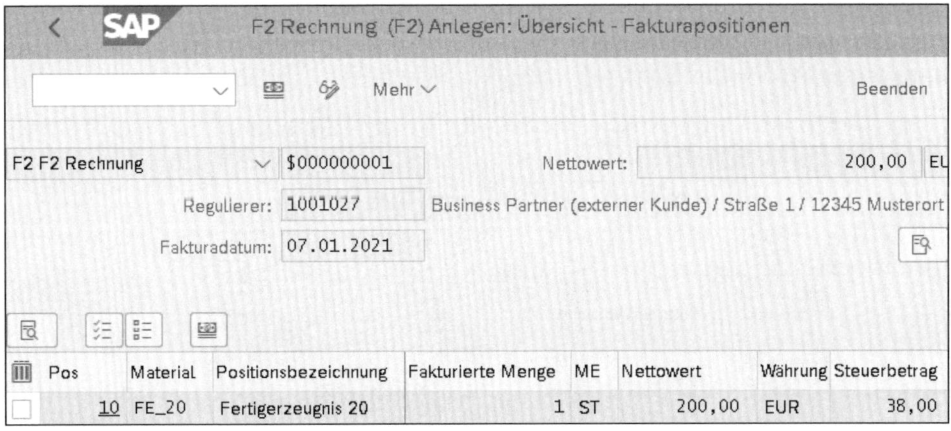

Abbildung 2.164 Faktura anlegen – Übersicht der Fakurapositionen

Im Buchungskreis (**BuKr.**) FMLB entsteht die Buchung mit dem Buchungssatz »Debitorenforderung (Soll) an Erlöse Inland (Haben) und Ausgangssteuer (Haben)« (siehe Abbildung 2.165).

BuKr.	P...	BS	S/H	Konto	Koart	Bezeichnung	Betrag	Wä...	Werk	Material	Vorgang	Menge	BME	Hauptbuch
FMLB	1	01	S	1001027	D	Business Partner (exter...	238,00	EUR						12100000
	2	50	H	41000000	S	Erlöse Inl. - Erzeu.	200,00-	EUR						41000000
	3	50	H	22000000	S	Ausgangssteuer (MWS)	38,00-	EUR			MWS			22000000

Abbildung 2.165 Buchhaltungsbeleg zur externen Faktura

Im Kostenrechnungsbeleg wird die Buchung auf ein Ergebnisobjekt gebucht (siehe Abbildung 2.166).

```
  Belegnummer  BuchDatum   Benutzer    RT RefBelegnr  OrgVg Vrgng Belegkopftext   StB  sto
  Bu OAr Objekt       ObjektBez  Kostenart Kostenartenbezeichn.   Wert/OW OWä Menge GME Material

  A00007RJ00   07.01.2021  STUDENT101  R  90000383    SD00  COIN
   1 ERG 1793                 41000000  Erlöse Inl. - Erzeu.   200,00- EUR    1- ST  FE_20
```

Abbildung 2.166 Kostenrechnungsbeleg zur externen Faktura

2.10.4 Interne Faktura anlegen

Neben der externen Faktura muss nun noch die interne Faktura angelegt werden. SAP stellt die Fakturaart IV für die interne Verrechnung zur Verfügung; der Debitor ist in diesem Falle der interne Debitor, der der Verkaufsorganisation im liefernden Buchungskreis FMLA zugeordnet ist. Die Faktura wird ebenfalls im Feld **Beleg** mit Bezug zur Lieferung 80000597 angelegt, aber mit der speziellen **Fakturaart** IV (siehe Abbildung 2.167).

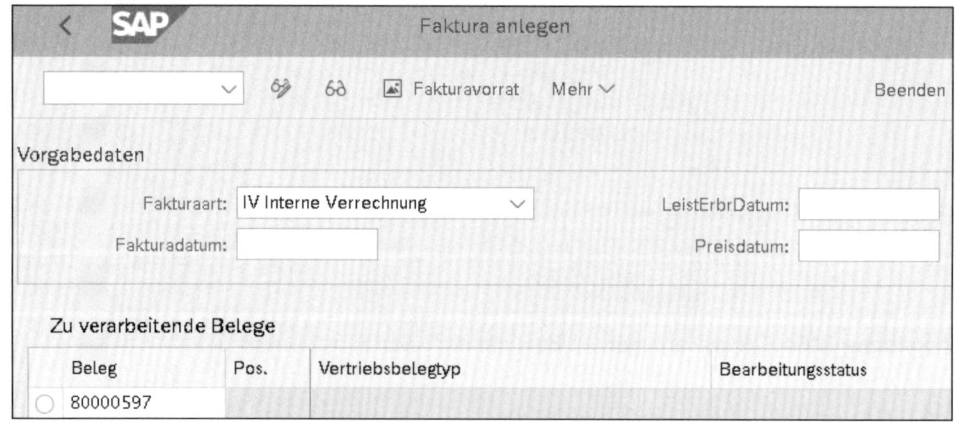

Abbildung 2.167 Interne Faktura anlegen – Einstieg

Auch hier werden die zur Fakturierung benötigten Angaben aus der Lieferung und dem dahinter liegenden Kundenauftrag übernommen, aber in diesem Fall wird der interne Preis von 160,00 EUR verwendet (siehe Abbildung 2.168).

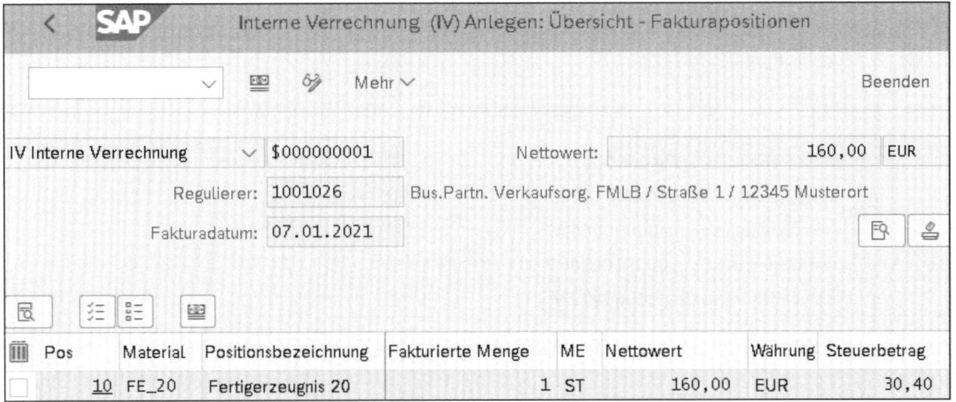

Abbildung 2.168 Interne Faktura anlegen

Diese Faktura führt zu einem Buchhaltungsbeleg (siehe Abbildung 2.169) im liefernden Buchungskreis FMLA. Der Buchungssatz lautet ebenso »Debitorenforderung (Soll) an Erlöse Inland (Haben) und Ausgangssteuer (Haben)«.

BuKr.	P...	BS	S/H	Konto	Koart	Bezeichnung	Betrag	Wä...	Werk	Material	Vor	Menge	BME	Hauptbuch
FMLA	1	01	S	1001026	D	Bus.Partn. Verkaufsorg. FMLB	190,40	EUR						12300000
	2	50	H	41000000	S	Erlöse Inl. - Erzeu.	160,00-	EUR						41000000
	3	50	H	22000000	S	Ausgangssteuer (MWS)	30,40-	EUR			MWS			22000000

Abbildung 2.169 Buchhaltungsbeleg zur internen Faktura

Auch diese Faktura wird im Kostenrechnungsbeleg auf ein Ergebnisobjekt gebucht (siehe Abbildung 2.170).

```
Belegnummer  BuchDatum   Benutzer    RT RefBelegnr  OrgVg Vrgng Belegkopftext  StB  sto
Bu OAr Objekt      ObjektBez  Kostenart Kostenartenbezeichn.   Wert/OW OWä Menge GME Material

A00007RK00   07.01.2021  STUDENT101  R  90000384    SD00  COIN
1  ERG 1795                   41000000  Erlöse Inl. - Erzeu.   160,00- EUR    1- ST  FE_20
```

Abbildung 2.170 Kostenrechnungsbeleg zur internen Faktura

Im Belegfluss wird noch einmal ersichtlich, dass aus einem Kundenauftrag und einer Lieferung zwei verschiedene Fakturen erstellt wurden (siehe Abbildung 2.171).

Für die interne Faktura kann eingestellt werden, dass automatisch die Eingangsrechnung im verkaufenden Buchungskreis durch ein IDoc getriggert werden soll. Das Ergebnis der Verbuchung wird im nächsten Abschnitt gezeigt.

Beleg	Menge	Einheit
→ Kundenauftrag 0000001202 / 10	1	ST
Lieferung 0080000597 / 10	1	ST
Kommissionierauftrag 20210107 / 10	1	ST
WL WarenausLieferung 4900001683 / 1	1	ST
F2 Rechnung 0090000383 / 10	1	ST
Buchhaltungsbeleg 0000000006	1	ST
Interne Verrechnung 0090000384 / 10	1	ST
Buchhaltungsbeleg 5100000034	1	ST

Abbildung 2.171 Belegfluss beim buchungskreisübergreifenden Verkauf

2.10.5 Rechnung erfassen

Zum Abschluss wird noch die Rechnung erfasst. Die interne Faktura des Buchungskreises FMLA wird per EDI übertragen und im Buchungskreis FMLB als Eingangsrechnung verbucht. Leider ist aus der Belegflussanzeige der Komponente SD kein Absprung in die Eingangsrechnung im anderen Buchungskreis möglich. Die Belegnummer ist nur über einen Umweg ermittelbar. Wenn Sie die Anzeige des Buchhaltungsbelegs zur internen Faktura öffnen, hier die Nummer 5100000034, können Sie über das Menü und **Umfeld • Belegumfeld • Relationship Browser** den sogenannten *Relationship Browser* öffnen.

In Abbildung 2.172 ist der erscheinende Verknüpfungsbaum angezeigt. Sie erkennen in der ersten Zeile unseren auslösenden Buchhaltungsbeleg und in der zweiten Zeile die dazugehörige SD-Faktura. Über die Einstellungen zu einer EDI-Nachricht wurde automatisch ein IDoc erzeugt, das in der dritten Zeile angegeben ist. Ein *IDoc* (Intermediate Document) ist eine Standarddatenstruktur, die im SAP-System zum Datenaustausch verwendet wird. Dieses IDoc wurde im Buchungskreis FMLB verarbeitet. Dort wurde wiederum der Buchhaltungsbeleg 1900000003 für die Eingangsrechnung erstellt.

Document Relationship Browser

Mehr Beenden

Verknüpfungsbaum	Beschr.
Buchhaltungsbeleg	FMLA 5100000034 2021
Kundeneinzelfaktura	0090000384
IDoc	13002 (INVOIC)
Buchhaltungsbeleg	FMLB 1900000003 2021

Abbildung 2.172 Relationship Browser

Beachten Sie, dass es sich hier um eine reine FI-Eingangsrechnung und keine MM-Eingangsrechnung handelt: Es wird kein MM-Rechnungsbeleg erstellt, sondern direkt der Buchhaltungsbeleg im Buchungskreis FMLB verbucht (siehe Abbildung 2.173).

BuKr.	P...	BS	S/H	Konto	Koart	Bezeichnung	Betrag	Wä...	Werk	Material	Vor	Menge	BME	Hauptbuch
FMLB	1	40	S	54083000	S	Verkauf Eigen KoArt	160,00	EUR				1	ST	54083000
	2	31	H	51	K	Bus.Partn. intern FMLA	190,40-	EUR						21300000
	3	40	S	12600000	S	Vorsteuer (VST)	30,40	EUR			VST			12600000

Abbildung 2.173 Buchhaltungsbeleg zur Eingangsrechnung

Das hier verwendete Konto 54083000 stammt nicht aus der MM-Kontenfindung, sondern gehört zum Customizing der EDI-Verteilung in Transaktion OBCB. Das Konto kann dort allgemein oder pro internem Kreditor oder auch pro Materialnummer festgelegt werden. Die Kosten werden im Kostenrechnungsbeleg direkt in das Ergebnis gebucht (siehe Abbildung 2.174).

```
Belegnummer  BuchDatum   Benutzer    RT RefBelegnr  OrgVg Vrgng Belegkopftext  StB  sto
Bu OAr Objekt     ObjektBez  Kostenart Kostenartenbezeichn.   Wert/OW OWä Menge GME Material

A00007RL00   07.01.2021  STUDENT101  R  1900000003  RFBU  COIN
 1 ERG 1798                  54083000  Verkauf Eigen KoArt     160,00  EUR    1  ST
```

Abbildung 2.174 Kostenrechnungsbeleg zur Eingangsrechnung

Für beide Buchungskreise wurde ein eigenes Ergebnisobjekt gebildet, in dem die jeweilige Verkaufsorganisation eingetragen ist. Das Besondere ist, dass in beiden Ergebnisobjekten im Merkmal **Werk** das ausliefernde Werk eingetragen ist. Dies gilt es bei Auswertungen zu beachten.

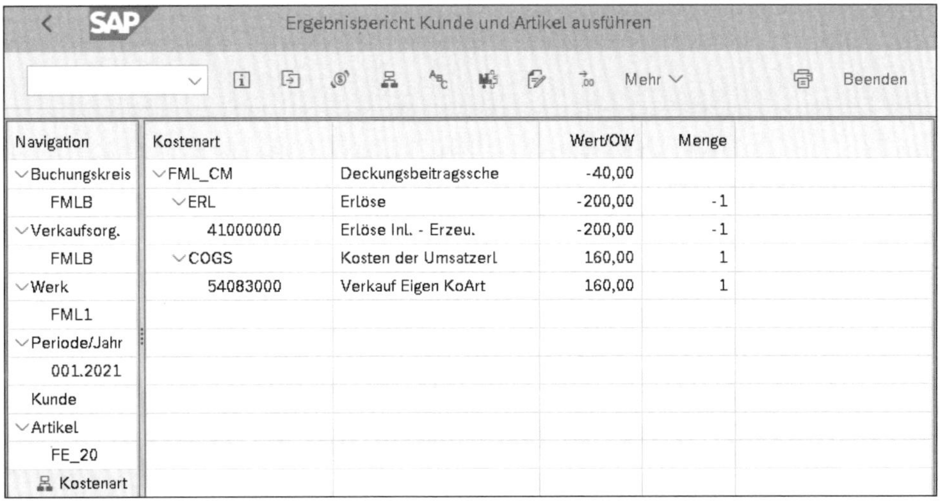

Ergebnisbericht Kunde und Artikel ausführen

Mehr ∨ Beenden

Navigation	Kostenart		Wert/OW	Menge
∨Buchungskreis	∨FML_CM	Deckungsbeitragssche	-40,00	
FMLB	∨ERL	Erlöse	-200,00	-1
∨Verkaufsorg.	41000000	Erlöse Inl. - Erzeu.	-200,00	-1
FMLB	∨COGS	Kosten der Umsatzerl	160,00	1
∨Werk	54083000	Verkauf Eigen KoArt	160,00	1
FML1				
∨Periode/Jahr				
001.2021				
Kunde				
∨Artikel				
FE_20				
Kostenart				

Abbildung 2.175 Deckungsbeitrag des verkaufenden Buchungskreises

Im verkaufenden Buchungskreis FMLB wurde ein Deckungsbeitrag von 40,00 EUR erwirtschaftet, der sich als Differenz zwischen Verkaufspreis und internem Verrechnungspreis ergibt (siehe Abbildung 2.175).

Im liefernden Buchungskreis FMLA wurde ein Deckungsbeitrag von 60,00 EUR erwirtschaftet, der sich als Differenz zwischen internem Verrechnungspreis und kalkuliertem Standardpreis des Herstellteils ergibt (siehe Abbildung 2.176).

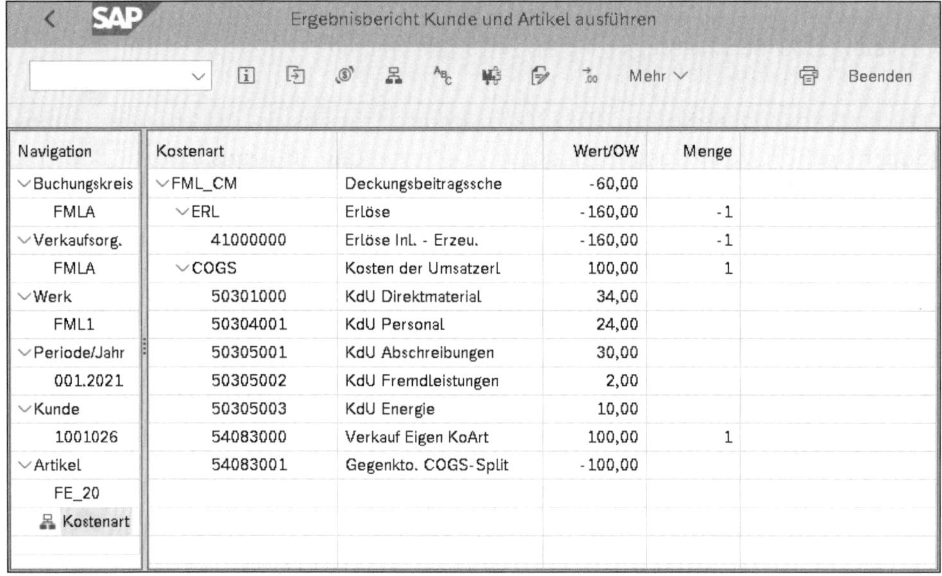

Kostenart		Wert/OW	Menge
FML_CM	Deckungsbeitragssche	-60,00	
ERL	Erlöse	-160,00	-1
41000000	Erlöse Inl. - Erzeu.	-160,00	-1
COGS	Kosten der Umsatzerl	100,00	1
50301000	KdU Direktmaterial	34,00	
50304001	KdU Personal	24,00	
50305001	KdU Abschreibungen	30,00	
50305002	KdU Fremdleistungen	2,00	
50305003	KdU Energie	10,00	
54083000	Verkauf Eigen KoArt	100,00	1
54083001	Gegenkto. COGS-Split	-100,00	

Abbildung 2.176 Deckungsbeitrag des liefernden Buchungskreises

Kapitel 3
Szenarien mit anonymer Produktion

»Ich sag es euch auf diese Weise, alle die am Suchen sind – sind mit mir auf der Reise, haben Rückenwind«, sang Thomas D. Diesen Rückenwind benötigen zumindest Neulinge, denn in den Produktionsszenarien sind einige Buchungslogiken doch etwas komplizierter als im vorangehenden Kapitel!

In Kapitel 2, »Szenarien ohne Produktion«, haben Sie bereits zehn Szenarien kennengelernt, aber in keinem davon wurde etwas durch das eigene Unternehmen produziert. So soll es nicht bleiben, und dazu sehen wir uns in diesem Kapitel acht Szenarien an, in denen eine anonyme Produktion stattfindet. Anonym bedeutet in diesem Zusammenhang, dass Waren ohne konkrete Beauftragung durch einen Kunden gefertigt werden. Die hergestellten Materialien werden an ein Lager abgeliefert, aus dem anschließend die Kundenaufträge bedient werden. In diesem Kapitel werden Sie deshalb keinen Verkaufsprozess finden, sondern dieser würde im Anschluss an die Produktion über den Prozess 2.2 (Verkauf Eigenerzeugnis) stattfinden.

Zur Abbildung der anonymen Produktion betrachten wir zwei verschiedene Produktionstypen: die diskrete Fertigung und die Serienfertigung. Die *diskrete Fertigung* arbeitet mit Fertigungsaufträgen, in denen jeweils nur ein Los gefertigt wird. Weitere übliche Begriffe hierfür sind Losfertigung oder Werkstattfertigung. Ist der Fertigungsauftrag gleichzeitig das Kontierungsobjekt, gilt er nur für dieses eine Los, und man spricht von einem *auftragsbezogenen Produktcontrolling*. Jedes Mal, wenn ein weiteres Los zum gleichen Produkt gefertigt werden soll, muss ein neuer Fertigungsauftrag angelegt werden. Bei der *Serienfertigung* werden hingegen auf einer Linie ein oder mehrere ähnliche Produkte hergestellt. In der Logistik erfolgt die Steuerung hierfür über sogenannte *Planaufträge*. Diese sind aber keine Kontierungsobjekte, sondern vielmehr werden in diesem Falle Produktkostensammler verwendet, die nur einer bestimmten Materialnummer, nicht aber einem bestimmten Los zugeordnet sind. Das heißt, dass alle Ist-Kosten, die innerhalb einer Periode für die Fertigung eines bestimmten Materials anfallen, auf ihm gesammelt werden. Dieses Verfahren wird *periodisches Produktcontrolling* genannt. Derselbe Produktkostensammler kann dabei über mehrere Perioden verwendet werden, aber die Analyse und Verarbeitung erfolgt immer für eine bestimmte Periode.

Die Fertigung eines Loses in der diskreten Fertigung wird zunächst im Idealdurchlauf (siehe Abschnitt 3.1) und anschließend noch einmal zur Erklärung der Begriffe *Ware in Arbeit* und *Abweichungen* mit einem Beispiel über zwei Monate (siehe Abschnitt 3.2) dargestellt. Für die Logistik ist der Unterschied, ob ein Fertigungsauftrag innerhalb eines Monats abgearbeitet wird oder sich über zwei oder mehr Monate zieht, im Handling kaum sichtbar, aber in der Finanzabteilung führt er zu wichtigen Differenzierungen.

Auch die Serienfertigung wird zunächst einfach gehalten (siehe Abschnitt 3.3) und nachfolgend noch einmal mit einem Beispiel über zwei Monate dargestellt (siehe Abschnitt 3.4).

Um den Begriff der *Fremdbearbeitung* erklären zu können, und um ihn von der reinen Lohnbearbeitung aus Abschnitt 2.7 abgrenzen zu können, wird in Abschnitt 3.5 einmal eine diskrete Fertigung mit einem Fremdbearbeitungsschritt gezeigt und dann in Abschnitt 3.6 die Möglichkeit einer Fremdbearbeitung mit Lohnbearbeitung erläutert.

In manchen Fällen soll die Fertigung diskret, gleichzeitig aber auch ein periodisches Produktcontrolling erfolgen – auch das ist möglich! In diesem Hybridszenario sehen Sie das Zusammenspiel zwischen einem Fertigungsauftrag und dem Produktkostensammler (siehe Abschnitt 3.7).

Zum Abschluss erfolgt in Abschnitt 3.8 die Darstellung der *Kuppelproduktion mit Fertigungsauftrag*, bei der in einem Fertigungsprozess mehr als ein Produkt hergestellt wird, wofür eine besondere Form des Fertigungsauftrags notwendig ist.

3.1 Diskrete Fertigung

Bei der anonymen Lagerfertigung wird – anders als bei der in den nachfolgenden Kapitel 4 und Kapital 5, »Szenarien mit dem Kundenauftragscontrolling«, beschriebenen Kundenauftragsfertigung – nicht gewartet, bis ein Kundenauftrag Bedarf für eine bestimmte Materialnummer anmeldet. Die Planung findet stattdessen auf der Basis von *Planprimärbedarfen* statt, die in Schritt 1 angelegt werden. Planprimärbedarfe bilden pro Materialnummer ab, wann voraussichtlich wie viel Bedarf besteht. Die Materialbedarfsplanung in Schritt 2 erstellt für die eingegeben Planprimärbedarfe unter Berücksichtigung von diversen Parametern sogenannte *Planaufträge*, die vorschlagen, wann welches Material in welcher Stückzahl produziert werden soll. Diese Planaufträge werden in Schritt 3 in *Fertigungsaufträge* umgesetzt, in unserem Fall für ein Los von 100 Stück. In Schritt 4 werden alle zur Fertigung benötigten Komponenten kommissioniert, und der Warenausgang aus dem Lager wird gebucht. Den Fortschritt und die tatsächlich zur Fertigung aufgebrachten Zeiten werden in Schritt 5 in einer *Rückmeldung* erfasst, um zu dokumentieren, wie weit die Durchführung bereits abgeschlossen ist. Der Prozess wird in Schritt 6 durch den Eingang des frisch gebauten Herstellteils im Lager vollendet. Abschließend steht das Fertigerzeugnis für Kundenabrufe im Lager bereit (siehe Abbildung 3.1). Bevor wir mit Schritt 1 der Produktion loslegen, sollten Sie ein paar Begriffe kennen, die für das Verständnis des Prozesses wichtig sind.

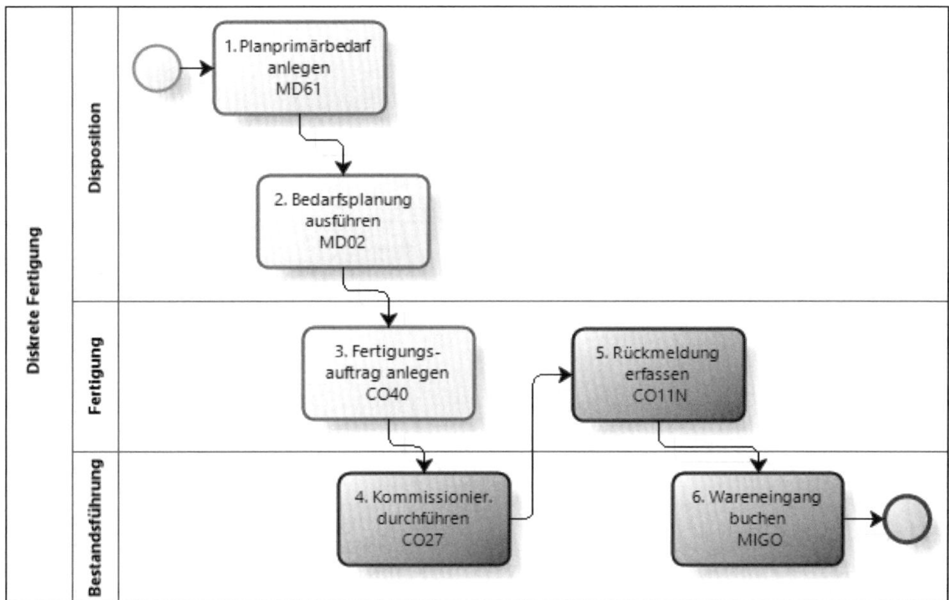

Abbildung 3.1 Prozess »Diskreten Fertigung«

Das zentrale Element im Buchungsschema ist der Fertigungsauftrag, den wir mit PP betitelt abbilden (siehe Abbildung 3.2). Auf ihm werden die anfallenden Kosten und die Entlastung der Produktion beim Wareneingang des Fertigerzeugnisses gebucht.

In diesem ersten Szenario zur diskreten Fertigung betrachten wir den einfachen Idealweg durch das System, in dem die gesamte Menge eines Fertigungsauftrags innerhalb eines Monats produziert wird und in dem es zu keinerlei Abweichung kommt. In Abschnitt 3.2, »Diskrete Fertigung mit Ware in Arbeit und Abweichung«, erweitern wir das Szenario und betrachten sowohl die Ermittlung und Buchung von Ware in Arbeit als auch die Ermittlung und Buchung von Abweichungen.

Zunächst schauen wir uns die wichtigsten Voraussetzungen an, damit der Prozess abgewickelt werden kann: Sie benötigen eine *Stückliste*, einen *Arbeitsplan*, eine *Fertigungsversion* und eine freigegebene *Plankalkulation*. Die Stückliste ist einfach gehalten; wir bauen das Herstellteil FE_10 aus den zwei Kaufteilen KT_10A und KT_10B zusammen (siehe Abbildung 3.3).

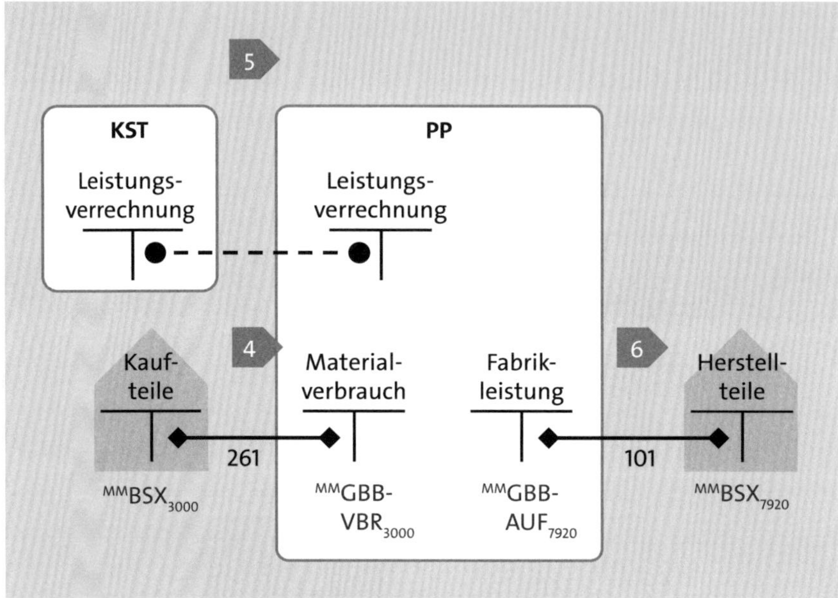

Abbildung 3.2 Buchungsschema »Diskrete Fertigung«

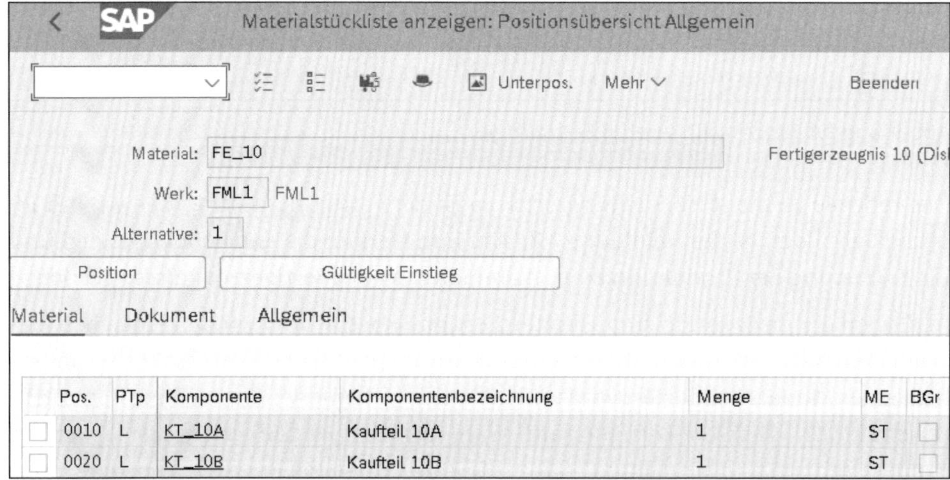

Pos.	PTp	Komponente	Komponentenbezeichnung	Menge	ME	BGr
0010	L	KT_10A	Kaufteil 10A	1	ST	
0020	L	KT_10B	Kaufteil 10B	1	ST	

Abbildung 3.3 Stückliste

Im Arbeitsplan, der unserem Material FE_10 zugeordnet ist, gibt es einen einzigen **Vorgang** mit der Nummer 0010, der 20 Minuten Rüstzeit, 10 Minuten **Maschinenzeit** und 8 Minuten **Personenzeit** von **Arbeitsplatz** DF01 veranschlagt (siehe Abbildung 3.4). In der diskreten Fertigung werden sogenannte *Normalarbeitspläne* verwendet, die für ein bestimmtes Material den Fertigungsablauf beschreiben.

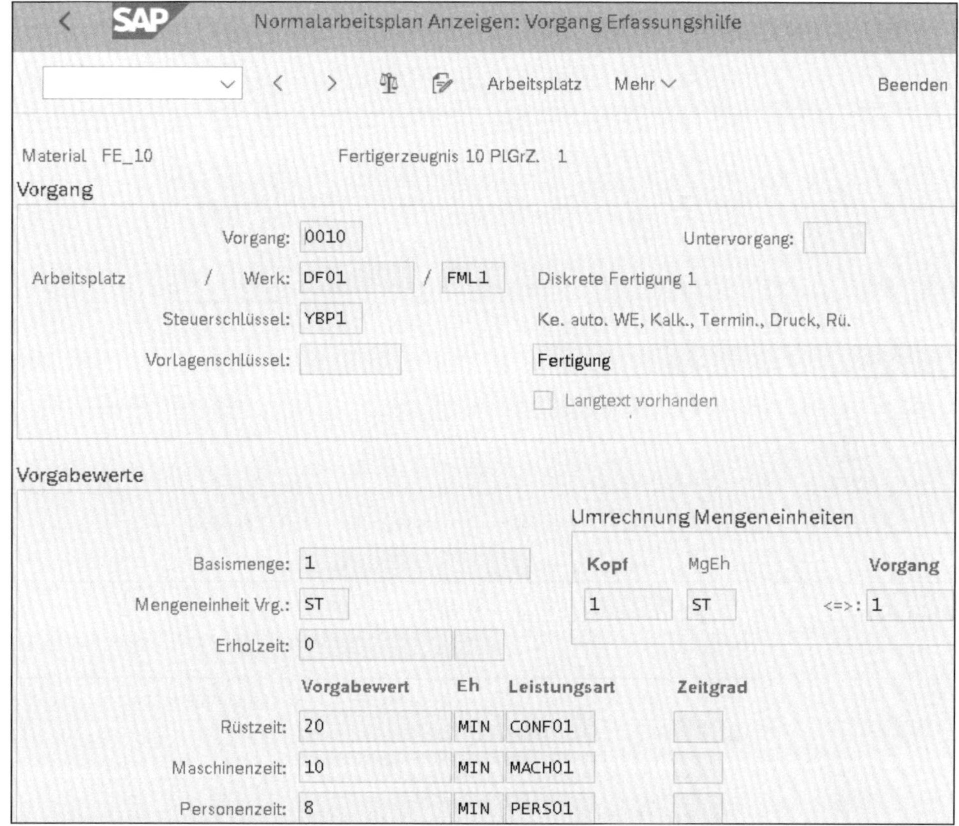

Abbildung 3.4 Arbeitsplan

Zu jedem Vorgabewert für Zeiten gibt es für die zu verwendende **Leistungsart** einen Vorschlag aus dem Arbeitsplatz: In unserem Fall sind dies die Leistungsarten CONF01 (Configuration) MACH01 (Machine) und PERS01 (Person).

Eine Leistungsart kann immer nur in Kombination mit einer Kostenstelle geplant oder im Ist gebucht werden. Die Verknüpfung des Arbeitsplans zur Kostenstelle erfolgt in den Stammdaten des Arbeitsplatzes. Dabei können sich mehrere Arbeitsplätze auf die gleiche Kostenstelle beziehen, jedoch nicht umgekehrt. Unser **Arbeitsplatz** DF01 ist der **Kostenstelle** FML_DF01 zugeordnet (siehe Abbildung 3.5).

Stückliste und Arbeitsplan werden in einer sogenannten *Fertigungsversion* kombiniert (siehe Abbildung 3.6). Die Stückliste wird über die Kombination aus **StücklAlternative** (Stücklistenalternative) und **StücklVerwendung** (Stücklistenverwendung) zugeordnet. Der Arbeitsplan wird über die drei Felder **Plantyp**, **Plangruppe** und **Plangruppenzähler** zugeordnet.

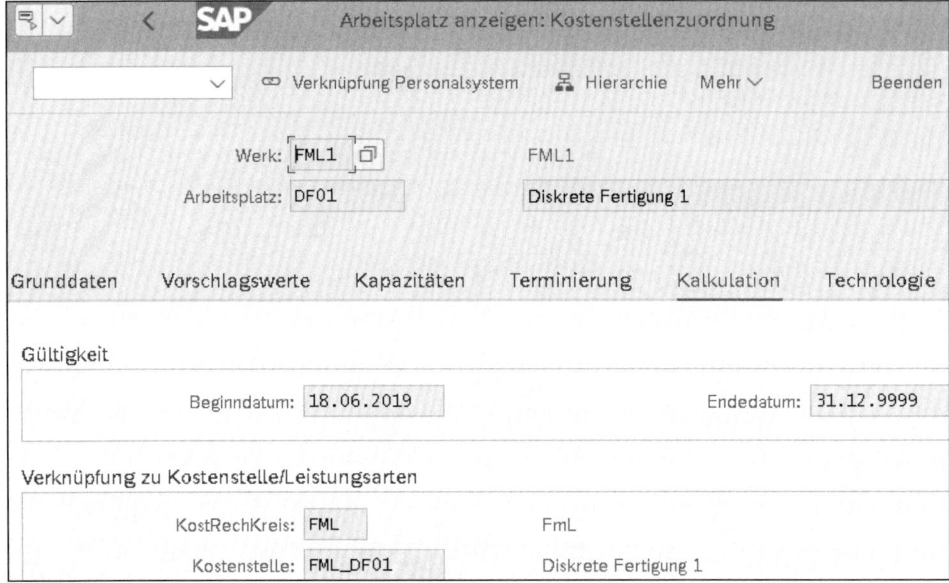

Abbildung 3.5 Arbeitsplatz mit Kostenstellenzuordnung

Detailpflege der Fertigungsversion

Werk: FML1 FML1

Material: FE_10 Fertigerzeugnis 10

Fertigungsversion: 0001 0001 Prüfen

Fertigungsversion

Sperre: Nicht gesperrt

Zugeordnete ÄndNr.:

Mindestlosgröße:

Maximale Losgröße:

Gültig ab: 29.06.2019

Gültig bis: 31.12.9999

Plan

Plantyp Plangruppe Plangruppenzähler

Feinplanung: N Normalarbeitsplan 50000019 1

Stückliste

StücklAlternative: 1

StücklVerwendung: 1

Aufteilungsschema:

Abbildung 3.6 Fertigungsversion

Im Controlling wird pro Kombination aus Kostenstelle und Leistungsart ein Tarif entweder manuell eingetragen oder maschinell auf der Basis der Kostenartenplanung und der Planleistung ermittelt. Letzteres hat zwei Vorteile:

- Sie können für den Tarif wie bei einer Materialkalkulation eine Kostenschichtung bilden. Diese Schichten, im SAP-System *Kostenelemente* genannt, lassen sich von der Kostenstellenrechnung (CO-OM) über die Kostenträgerrechnung (CO-PC) in die Ergebnisrechnung (CO-PA) übernehmen, was anhand unseres hier zu produzierenden Materials erläutert wird.
- Die maschinelle Ermittlung ermöglicht, dass im Monatsabschluss mit der gleichen Logik ein Ist-Tarif als Quotient aus Ist-Kosten durch Ist-Leistung errechnet und nachverrechnet werden kann. Wenn dieses Vorgehen gewünscht ist, liegt hier ein klarer Vorteil von Leistungsverrechnungen gegenüber Gemeinkostenzuschlägen vor, denn für die Gemeinkostenzuschläge gibt es keine automatische Ermittlung.

Die fertige Plankalkulation für den Standardpreis bei einer Kalkulationsgröße von 100 Stück mit ihrer Struktur und ihren Werten sehen Sie in Abbildung 3.7.

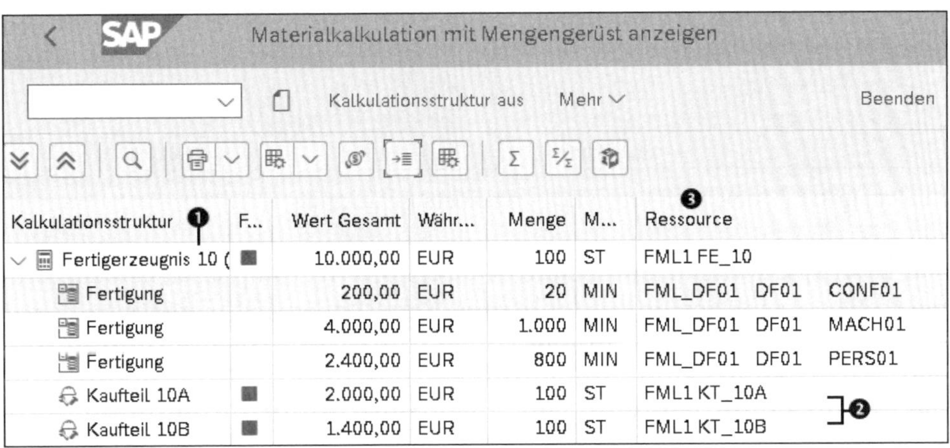

Abbildung 3.7 Plankalkulation

❶ Unter der Kopfzeile für das Material FE_10 sehen Sie die drei Einträge aus dem Arbeitsplan, die auf die Kalkulationslosgröße, hier 100 Stück, hochgerechnet und mit dem jeweiligen Tarif der Leistungsart auf der im Arbeitsplatz hinterlegten Kostenstelle multipliziert wurden. Die Rüstzeit wurde für das gesamte Los nur einmal berücksichtigt.

❷ Die letzten beiden Positionen wurden aus der Stückliste übernommen und mit dem jeweils gültigen Preis, 20 EUR für KT_10A und 14 EUR für KT_10B, aus dem Materialstamm multipliziert.

❸ In der Spalte **Ressource** sehen Sie entweder die Kombination aus Kostenstelle, Arbeitsplatz und Leistungsart oder aus Werk und Materialnummer, getrennt jeweils durch Leerschritte.

Durch die Kalkulation wird zu dem Fertigerzeugnis eine Kostenschichtung anhand eines im Controlling definierten *Elementeschemas* erzeugt. In unserem Fall ist das System so eingestellt, dass gleich zwei Kostenschichtungen erstellt werden, um Ihnen die Möglichkeiten zu erläutern, die SAP in diesem Umfeld bietet. Schauen wir uns den Unterschied in den beiden Schichtungen genauer an (siehe Abbildung 3.8).

Element	Bezeichnung	Σ Gesamt
101	Einzelk. Material	3.400,00
102	Gutschrift Kuppelpr.	
103	Fremdleistung	
109	GK Material	
201	Personenzeit	2.400,00
202	Maschinenzeit	4.000,00
203	Rüstzeit	200,00
204	Produktionszeit	
209	GK Fertigung	
301	GK Sonstige	
		▪ **10.000,00**

Element	Bezeichnung	Σ Gesamt
101	Einzelk. Material	3.400,00
102	Gutschrift Kuppelpr.	
103	Lohnbearbeitung	
109	GK Material	
201	Personal	2.400,00
202	Abschreibungen	3.000,00
203	Fremdleistungen	200,00
204	Energie	1.000,00
209	GK Fertigung	
301	GK Sonstige	
		▪ **10.000,00**

Abbildung 3.8 Kostenschichtung und Primärkostenschichtung

Jede Leistungsart wird in ihren Stammdaten einer Verrechnungskostenart zugeordnet. In der linken Schichtung wird jede dieser Verrechnungskostenarten genau einer Schicht zugeordnet; deshalb sehen Sie dort Einträge wie **Personenzeit**, **Maschinenzeit** und **Rüstzeit**.

In der rechten Schichtung, die als Primärkostenschichtung eingestellt ist, wird jede Leistungsart wiederum anhand ihrer eigenen Primärkostenschichtung aufgeteilt und erst dann den Kostenelementen zugeordnet. So teilt sich die Leistungsart MACH01 für die Maschinenzeit in **Energie** und **Abschreibung** auf. Die Leistungsart PERS01 hat in der Tarifermittlung nur Werte für die Personalkosten berücksichtigt. Die Leistungsart RÜST01 wurde in diesem Beispiel komplett durch eine Fremdfirma übernommen und findet sich daher in der Zeile **Fremdleistungen** wieder. Alle Werte sind auf die Kalkulationslosgröße von 100 Stück bezogen.

In unserem System ist die rechte Schichtung als Hauptschichtung eingestellt und die linke als Nebenschichtung, die nur zu Analysezwecken dient. Die Hauptschichtung ist die Basis für den COGS-Split beim Warenausgang, wie er bereits in Abschnitt 2.2, »Verkauf Eigenerzeugnis aus Lager«, beschrieben wurde.

Nun wurde aber genug über CO-Interna gesprochen, denn wir wollen ja etwas produzieren. Wie angekündigt, legen wir in Schritt 1 mit dem Anlegen des Planprimärbedarfs los.

3.1.1 Planprimärbedarf anlegen

Wir beginnen unseren Prozess mit einer Planung von 100 Stück, die im Januar gefertigt werden sollen. Sie erinnern sich, dass in diesem ersten Beispiel die Produktion vollständig innerhalb eines Monats erfolgt. Dazu legen wir im Planungstableau einen Planprimärbedarf für den entsprechenden Termin an (siehe Abbildung 3.9).

Abbildung 3.9 Planprimärbedarf anlegen

3.1.2 Bedarfsplanung ausführen

Wir führen die Bedarfsplanung aus, die normalerweise Vorschläge für das gesamte Produktionsprogramm eines Werkes oder eines Dispositionsbereichs und zusätzlich Bestellanforderungen oder Lieferplaneinteilungen für alle fremd zu beschaffenden Materialien erstellt. In diesem Fall konzentrieren wir uns aber zunächst nur auf 100 Stück des Materials FE_10.

In unserem Beispiel sind die benötigten Kaufteile bereits ausreichend im Lager vorhanden, und wir führen eine Einzelplanung für unser **Material** FE_10 im **Werk** FML1 aus (siehe Abbildung 3.10).

Das Ergebnis des Planungslaufs ist ein Planauftrag zu unserem Fertigerzeugnis. Diesen Planauftrag sehen Sie in der Bedarfs-/Bestandsliste zum Material FE_10 in der letzten Zeile, in der in der Spalte **Dispoelement** die Abkürzung **Pl-Auf** angegeben ist (siehe Abbildung 3.11). Hier wurde die Nummer 7035 für ihn vergeben, die im Folgeschritt notwendig wird. In der Bedarfs-/Bestandsliste werden der aktuelle Bestand, alle geplanten Abgänge (hier der Planprimärbedarf mit **PriBed**) und alle geplanten Zugänge (hier der Planauftrag **Pl-Auf**) angezeigt.

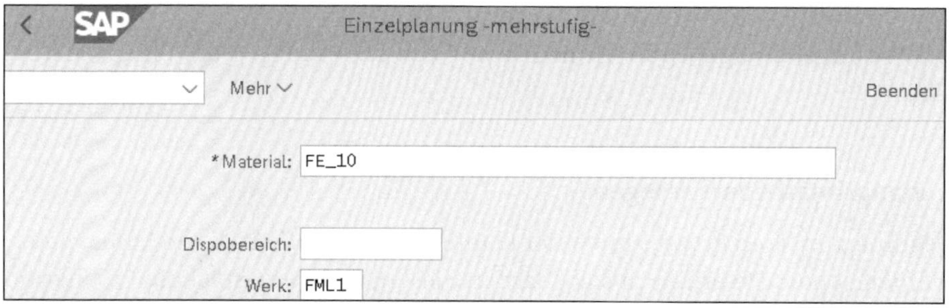

SAP Einzelplanung -mehrstufig-

Mehr ∨ Beenden

*Material: FE_10

Dispobereich:

Werk: FML1

Abbildung 3.10 Bedarfsplanung ausführen

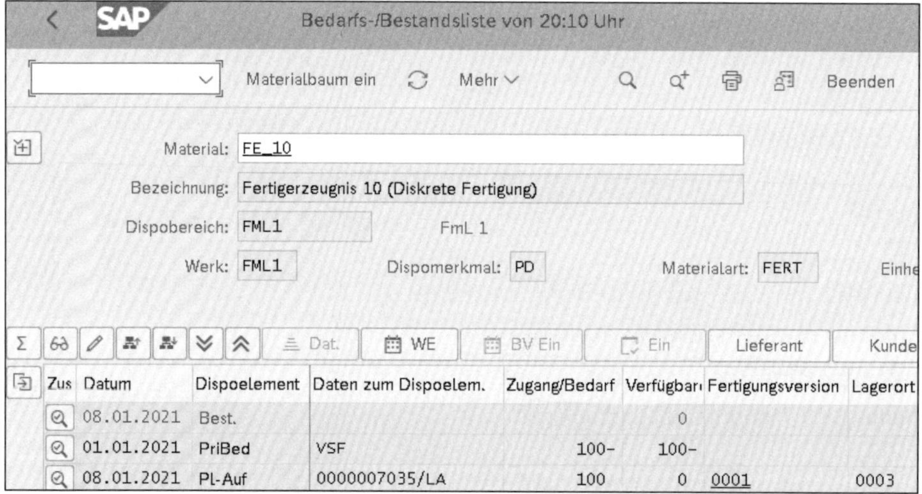

Abbildung 3.11 Bedarfs-/Bestandsliste

3.1.3 Fertigungsauftrag anlegen

Der Planauftrag 7035 mit der Menge von 100 Stück aus dem vorangehenden Schritt wird nun in einen Fertigungsauftrag zu unserem Material umgesetzt (siehe Abbildung 3.12). Dieser Fertigungsauftrag wird unser Kontierungsobjekt, auf dem die Kosten und die Entlastung bei der Ablieferung an das Lager verbucht werden.

Im Fertigungsauftrag werden anhand einer Fertigungsversion die Vorgänge aus dem Arbeitsplan und die Komponenten aus der Stückliste übernommen und können bis zur Freigabe noch angepasst werden.

Der Fertigungsauftrag wird über den Button [⚑] freigegeben. Sobald er freigegeben ist, werden die Plankosten für die eingegebene Auftragsmenge ermittelt. Anschließend speichern Sie den Fertigungsauftrag und erhalten die vergebene Auftragsnummer 1000700. Der Fertigungsauftrag hat nun den Status FREI, was bedeutet, dass ab jetzt Materialbuchungen und Leistungsrückmeldungen erfolgen dürfen.

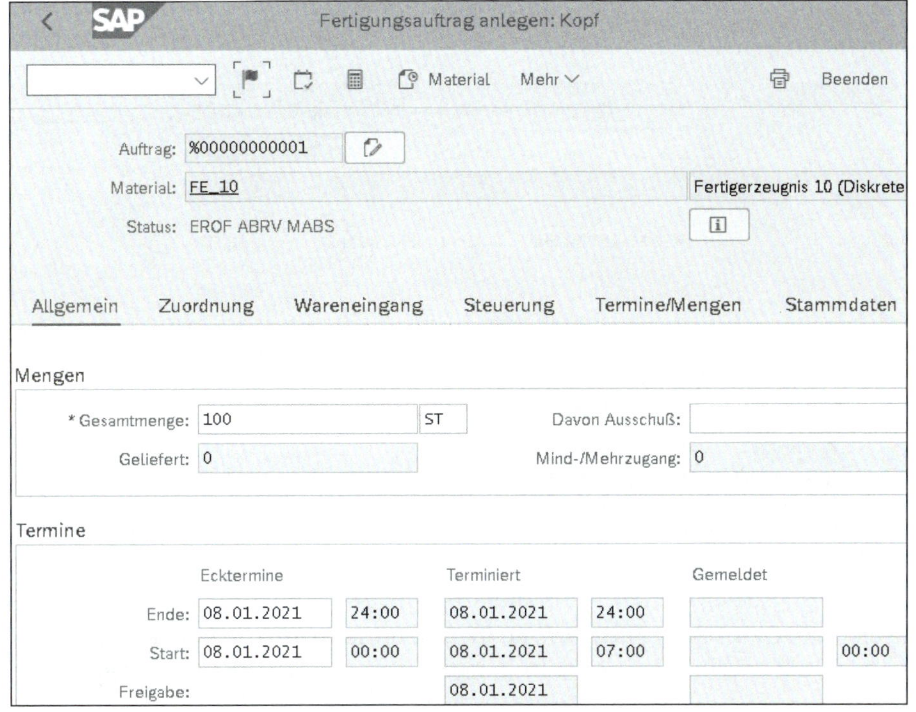

Abbildung 3.12 Fertigungsauftrag anlegen

3.1.4 Kommissionierung durchführen

Nun, da alles bereitsteht, kann die Produktion beginnen. Als Erstes erfolgt der Warenausgang der Komponenten, in unserem Falle über die *Kommissionierliste* zum Fertigungsauftrag (siehe Abbildung 3.13). Die benötigten Komponenten wurden aus der Stückliste in den Fertigungsauftrag übernommen und hier vorgeschlagen. Die Entnahme soll aus dem Lagerort 0001 erfolgen. Der Verbrauch wird mit der Bewegungsart 261 (Warenausgang für einen Auftrag) gebucht.

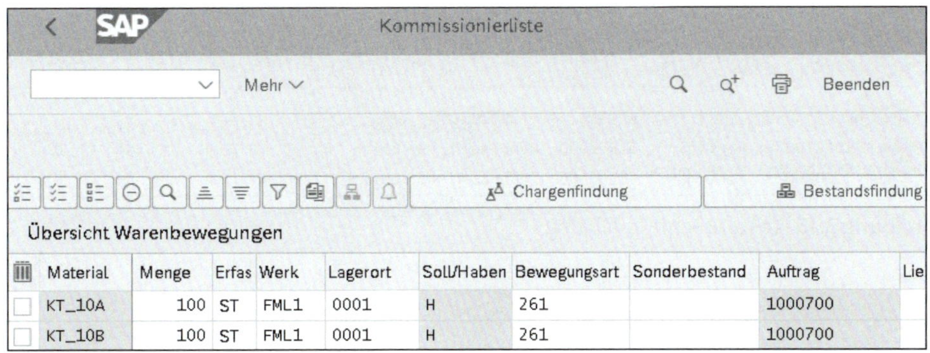

Abbildung 3.13 Kommissionierliste

Beim Kommissionieren wird ein Materialbeleg für die bestätigten Positionen erstellt (siehe Abbildung 3.14).

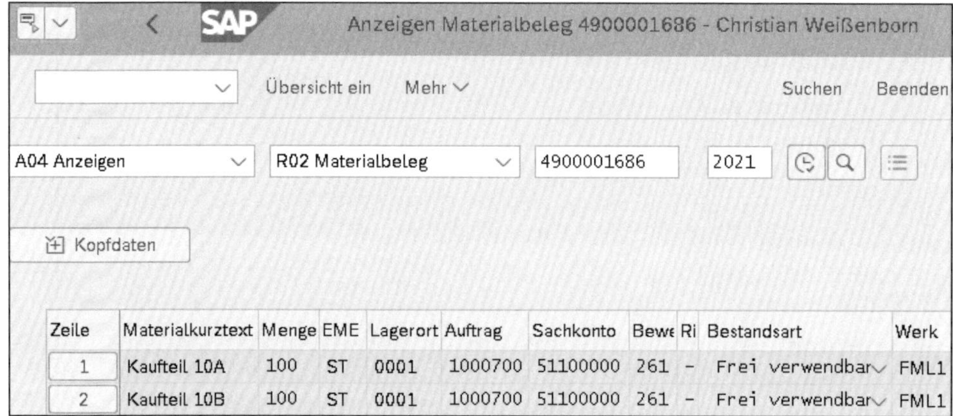
Anzeigen Materialbeleg 4900001686 - Christian Weißenborn

Übersicht ein Mehr Suchen Beenden

A04 Anzeigen | R02 Materialbeleg | 4900001686 | 2021

Kopfdaten

Zeile	Materialkurztext	Menge	EME	Lagerort	Auftrag	Sachkonto	Bewe	Ri	Bestandsart	Werk
1	Kaufteil 10A	100	ST	0001	1000700	51100000	261	-	Frei verwendbar	FML1
2	Kaufteil 10B	100	ST	0001	1000700	51100000	261	-	Frei verwendbar	FML1

Abbildung 3.14 Materialbeleg

Im Buchhaltungsbeleg werden die Konten für die Bewegungsart 261 über die Vorgänge BSX und GBB-VBR ermittelt; es ergibt sich für jede aufgewandte Komponente die Buchung »Materialverbrauch (Soll) an Bestand (Haben)« (siehe Abbildung 3.15).

BuKr.	P...	BS	S...	Konto	Koa...	Bezeichnung	Betrag	Wä...	Werk	Material	Vorgang	Menge	BME
FMLA	1	99	H	13100000	M	Bestand Rohstoffe	2.000,00-	EUR	FML1	KT_10A	BSX	100-	ST
	2	81	S	51100000	S	Verbrauch Rohstoffe	2.000,00	EUR	FML1	KT_10A	GBB	100	ST
	3	99	H	13100000	M	Bestand Rohstoffe	1.400,00-	EUR	FML1	KT_10B	BSX	100-	ST
	4	81	S	51100000	S	Verbrauch Rohstoffe	1.400,00	EUR	FML1	KT_10B	GBB	100	ST

Abbildung 3.15 Buchhaltungsbeleg

Im Kostenrechnungsbeleg werden die Verbrauchsbuchungen auf ein Objekt der Art AUF kontiert, in unserem Falle auf unseren Fertigungsauftrag 1000700 (siehe Abbildung 3.16). Die für den Auftrag benötigten Materialien sind nun zusammengestellt.

Belegnummer	BuchDatum	Benutzer	RT	RefBelegnr	OrgVg	Vrgng	Belegkopftext	StB	sto
A00007RP00	08.01.2021	STUDENT101	R	4900001686	RMWA	COIN			

Bu	OAr	Objekt	ObjektBez	Kostenart	Kostenartenbezeichn.	Wert/OW	OWä	Menge	GME	Material
1	AUF	1000700	Fertigerz...	51100000	Verbrauch Rohstoffe	2.000,00	EUR	100	ST	KT_10A
2	AUF	1000700	Fertigerz...	51100000	Verbrauch Rohstoffe	1.400,00	EUR	100	ST	KT_10B

Abbildung 3.16 Kostenrechnungsbeleg

3.1.5 Rückmeldung erfassen

Nachdem aus den bereitgestellten Materialien das herzustellende Produkt gefertigt worden ist, wird eine *Rückmeldung* erfasst, die den Fortschritt dokumentiert (siehe Abbildung 3.17). Die Menge und die Zeiten können Sie entweder manuell eingeben, oder Sie lassen sich die Werte laut Plan vorschlagen und bestätigen sie nur.

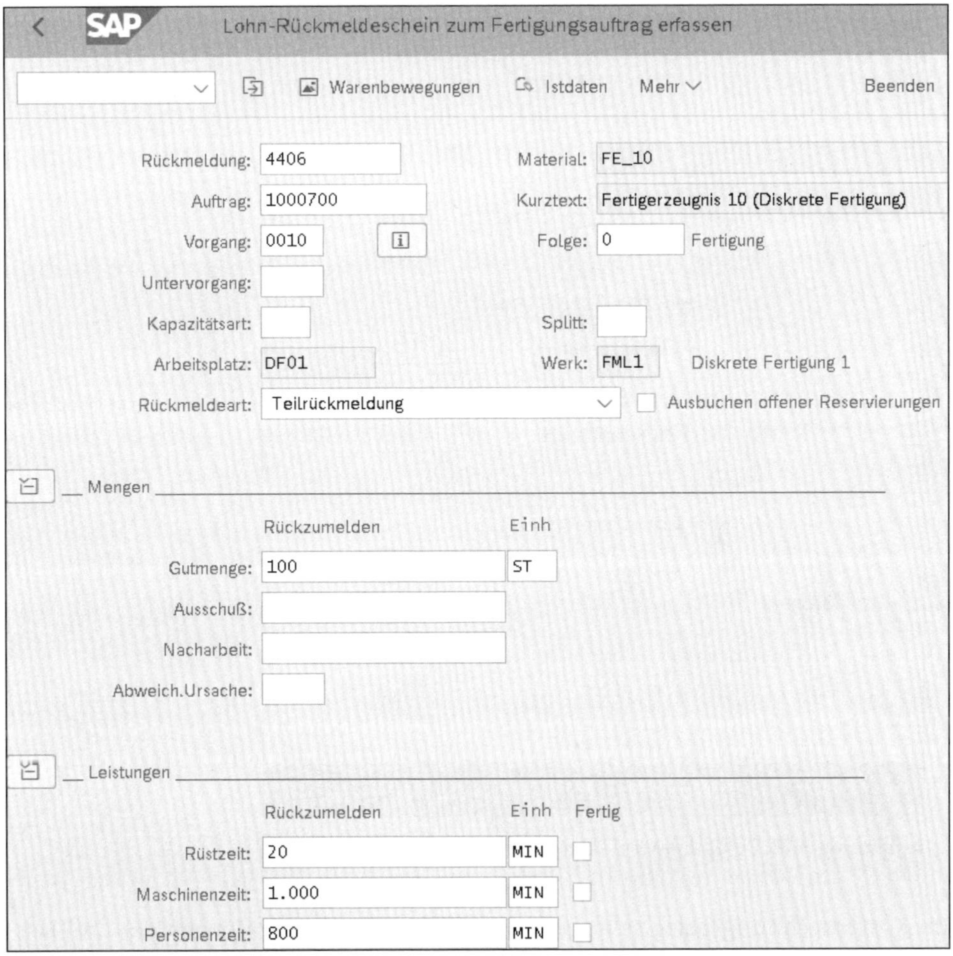

Abbildung 3.17 Rückmeldung erfassen

Nachdem Sie die Rückmeldung gesichert haben, wird ein Kostenrechnungsbeleg erstellt. Leider ist aus der Anzeige der Rückmeldung kein Absprung möglich, und auch die Belegnummer ist nirgends hinterlegt.

Navigation zum Kostenrechnungsbeleg

Eine Möglichkeit, wie Sie sich den erstellten Beleg anzeigen lassen können, ist, die Kostenübersicht zum Fertigungsauftrag aufzurufen und den entsprechenden Einzelposten auszuwählen. Eine andere Möglichkeit besteht darin, in der Transaktion KSB5 (Belege Ist-Kosten anzeigen) die Rückmeldungsnummer als Referenzbeleg einzugeben (siehe Abbildung 3.18).

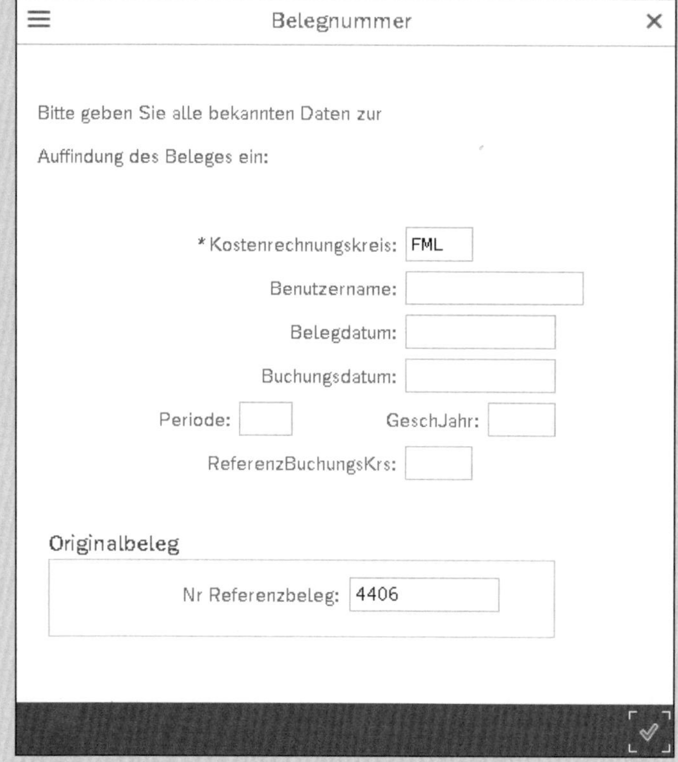

Abbildung 3.18 Belegauswahl über Referenzbelegnummer

Im Kostenrechnungsbeleg sehen Sie, dass die angegebenen Mengen der drei Leistungsarten von der dem Arbeitsplatz zugeordneten Kostenstelle FML_DF01 auf den Auftrag 1000700 verrechnet wurden (siehe Abbildung 3.19). In den Zeilen, in denen in der Spalte OAr (Objektart) LEI angegeben ist, wird als Objekt die Kombination aus Kostenstelle und Leistungsart angezeigt. In den Zeilen mit AUF ist der Fertigungsauftrag angegeben. Der Wert ergibt sich aus dem Plantarif der Leistungsart für diese Kostenstelle, multipliziert mit der Zeit aus der Rückmeldung.

Belegnummer	BuchDatum	Benutzer	RT	RefBelegnr	OrgVg	Vrgng	Belegkopftext	StB	sto	
Bu	**OAr**	**Objekt**	**ObjektBez**	**Kostenart**	**Kostenartenbezeichn.**	**Wert/OW**	**OWä**	**Menge**	**GME**	**Material**
300000900	08.01.2021	STUDENT101	R	4406	RMRU	RKL				
1	LEI	FML_DF01/CONF01	Diskrete ...	94303000	Rüsten	200,00-	EUR	20-	MIN	
2	AUF	1000700	Fertigerz...	94303000	Rüsten	200,00	EUR	20	MIN	
4	LEI	FML_DF01/MACH01	Diskrete ...	94301000	Maschinenstunden 1	4.000,00-	EUR	1000-	MIN	
5	AUF	1000700	Fertigerz...	94301000	Maschinenstunden 1	4.000,00	EUR	1000	MIN	
7	LEI	FML_DF01/PERS01	Diskrete ...	94311000	Pers.std.	2.400,00-	EUR	800-	MIN	
8	AUF	1000700	Fertigerz...	94311000	Pers.std.	2.400,00	EUR	800	MIN	

Abbildung 3.19 Kostenrechnungsbeleg

3.1.6 Wareneingang buchen

Als letzte Tätigkeit wird das fertiggestellte Material im Lager in Empfang genommen, und der *Wareneingang zum Auftrag* wird erfasst (siehe Abbildung 3.20). Auch der Wareneingang zu einem Fertigungsauftrag wird, wie der Wareneingang zu einer Bestellung, mit der Bewegungsart 101 (Wareneingang zur Bestellung) erfasst.

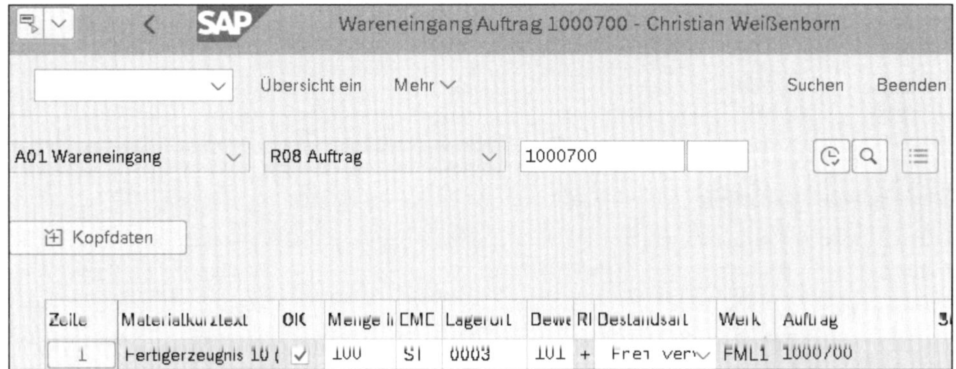

Abbildung 3.20 Wareneingang zum Auftrag

Im Buchhaltungsbeleg begegnet uns hierbei ein spezielles Bestandsveränderungskonto mit dem Namen *Fabrikleistung* (siehe Abbildung 3.21). Der Buchungssatz lautet »Bestand fertige Waren (Soll) an Fabrikleistung Produktionsaufträge (Haben)«. Hier kommt die MM-Kontenfindung GBB-AUF (Wareneingänge zu kontierten Fertigungsaufträgen) zum Einsatz.

BuKr.	P...	BS	S/H	Konto	Koart	Bezeichnung	Betrag	Wä...	Werk	Material	Vor	Menge	BME
FMLA	1	89	S	13400000	M	Best fertige Ware	10.000,00	EUR	FML1	FE_10	BSX	100	ST
	2	91	H	55100000	S	Fabrikleistng Pr.Auf	10.000,00-	EUR	FML1	FE_10	GBB	100-	ST

Abbildung 3.21 Buchhaltungsbeleg

Der Kostenrechnungsbeleg bucht die Entlastung der Produktion auf den Fertigungsauftrag (siehe Abbildung 3.22).

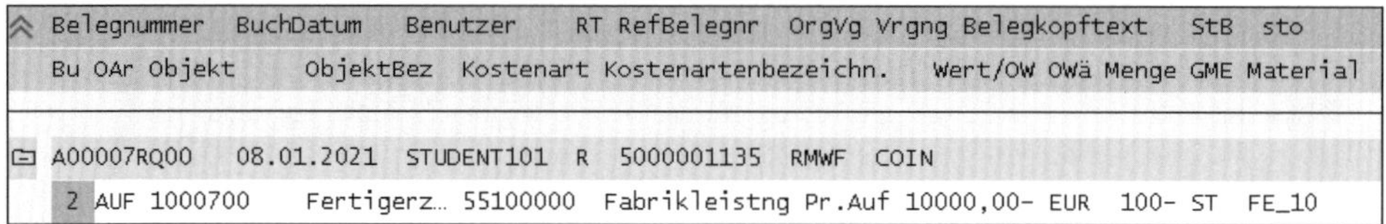

Belegnummer	BuchDatum	Benutzer	RT	RefBelegnr	OrgVg	Vrgng	Belegkopftext	StB	sto
A00007RQ00	08.01.2021	STUDENT101	R	5000001135	RMWF	COIN			

Bu	OAr	Objekt	ObjektBez	Kostenart	Kostenartenbezeichn.	Wert/OW	OWä	Menge	GME	Material
2	AUF	1000700	Fertigerz...	55100000	Fabrikleistng Pr.Auf	10000,00-	EUR	100-	ST	FE_10

Abbildung 3.22 Kostenrechnungsbeleg

Im Detailbericht zum Fertigungsauftrag sehen Sie schließlich das Ergebnis unseres kompletten Prozesses (siehe Abbildung 3.23).

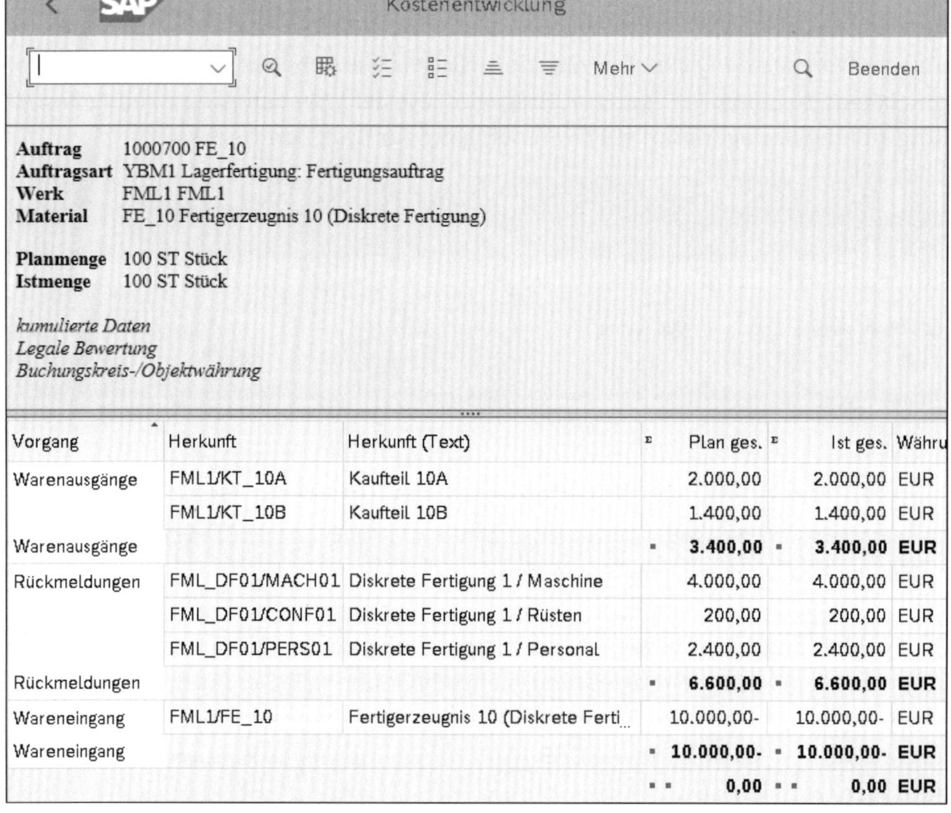

Kostenentwicklung

Mehr Beenden

Auftrag 1000700 FE_10
Auftragsart YBM1 Lagerfertigung: Fertigungsauftrag
Werk FML1 FML1
Material FE_10 Fertigerzeugnis 10 (Diskrete Fertigung)

Planmenge 100 ST Stück
Istmenge 100 ST Stück

kumulierte Daten
Legale Bewertung
Buchungskreis-/Objektwährung

Vorgang	Herkunft	Herkunft (Text)	Plan ges.	Ist ges.	Währu
Warenausgänge	FML1/KT_10A	Kaufteil 10A	2.000,00	2.000,00	EUR
	FML1/KT_10B	Kaufteil 10B	1.400,00	1.400,00	EUR
Warenausgänge			**3.400,00**	**3.400,00**	**EUR**
Rückmeldungen	FML_DF01/MACH01	Diskrete Fertigung 1 / Maschine	4.000,00	4.000,00	EUR
	FML_DF01/CONF01	Diskrete Fertigung 1 / Rüsten	200,00	200,00	EUR
	FML_DF01/PERS01	Diskrete Fertigung 1 / Personal	2.400,00	2.400,00	EUR
Rückmeldungen			**6.600,00**	**6.600,00**	**EUR**
Wareneingang	FML1/FE_10	Fertigerzeugnis 10 (Diskrete Ferti...	10.000,00-	10.000,00-	EUR
Wareneingang			**10.000,00-**	**10.000,00-**	**EUR**
			0,00	**0,00**	**EUR**

Abbildung 3.23 Kostenentwicklung – Detailbericht

Da wir im Ist in der vorgegebenen Zeit genau die geforderte Menge von 100 Stück produziert haben und alle Werte so gebucht werden konnten, wie sie kalkuliert wurden, ergeben sich weder Ware in Arbeit noch Abweichungen. Wäre die Welt doch immer so schön einfach! Leider ist sie es nicht; daher schauen wir uns in Abschnitt 3.2, »Diskrete Fertigung mit Ware in Arbeit und Abweichung«, sowohl die Ware in Arbeit als auch die Abweichungen genauer an.

[+] 3

Automatische Warenbewegungen

In unserem Beispiel werden der Warenausgang über die Kommissionierliste und der Wareneingang jeweils als eigene Erfassungsschritte dargestellt. Die Logistik kann diese Schritte auch an die Rückmeldung koppeln, dann werden mit der Rückmeldung die benötigten Komponenten als Verbrauch gebucht. In diesem Fall wird von *retrograder Entnahme* gesprochen, und die Buchung des Wareneingangs kann automatisch mit dem letzten Rückmeldeschritt erfolgen.

3.2 Diskrete Fertigung mit Ware in Arbeit und Abweichung

In der Praxis läuft die Produktion – anders als im Idealfall aus Abschnitt 3.1, »Diskrete Fertigung«, – nicht immer innerhalb eines einzigen Monats ab und es kann zu Verzögerungen kommen. In diesem Szenario wird im ersten Monat nur eine Teilmenge von 25 der geplanten 100 Stück produziert, die restlichen 75 erst im zweiten Monat. Da der Auftrag zum Monatswechsel nicht abgeschlossen ist, müssen wir für den ersten Monat sogenannte *Ware in Arbeit* berechnen und abgrenzen. Abgrenzen bedeutet, dass wir temporär das Delta, das sich durch Buchungen auf den GuV-Konten auf dem Auftrag befindet, auf ein Bestandskonto in der Bilanz verschieben. Für Ware in Arbeit wird meistens die Abkürzung *WIP* verwendet, die sich vom englischen *Work in Process* ableitet.

Im zweiten Monat wird der Fertigungsauftrag abgeschlossen, und die Ware in Arbeit wird wieder aufgelöst. Ebenso werden die Abweichungen über die gesamte Laufzeit des Auftrags ermittelt und abgerechnet. Den Prozess und das Buchungsschema zeigen wir getrennt für die beiden Monate.

Im ersten Monat erfolgen die Schritte 1 bis 4 analog zum vorangehenden Szenario aus Abschnitt 3.1, »Diskrete Fertigung«, (siehe Abbildung 3.24). Der Arbeitsplan enthält zwei Vorgänge, von denen in Schritt 5 der erste komplett für 100 Stück zurückgemeldet wird, aber der zweite nur für 25 Stück. Ebenso wird in Schritt 6 nur ein Teilwareneingang für die 25 Stück gebucht. Der Monatsabschluss beginnt mit der WIP-Berechnung in Schritt 7. In Schritt 8 folgt die Abrechnung zur finanziellen Verbuchung des errechneten Wertes.

Im Buchungsschema (siehe Abbildung 3.25) fällt die zusätzliche WIP-Buchung auf, die durch die Abrechnung in Schritt 8 entsteht. Hier ist die Besonderheit, dass das GuV-Konto »Bestandsveränderung WIP« nicht den Fertigungsauftrag entlastet. Was es damit auf sich hat, erläutere ich in Abschnitt 3.2.8, »Fertigungsauftrag abrechnen (Monat 1)«.

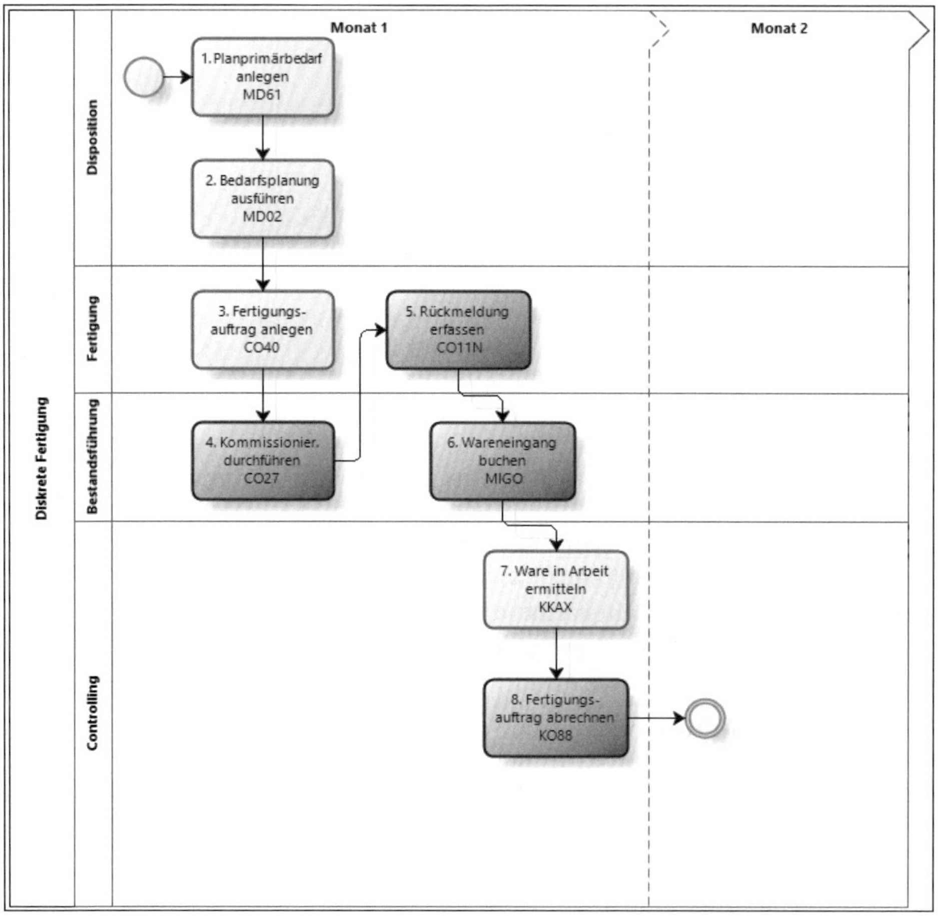

Abbildung 3.24 Prozess »Diskrete Fertigung« – Monat 1

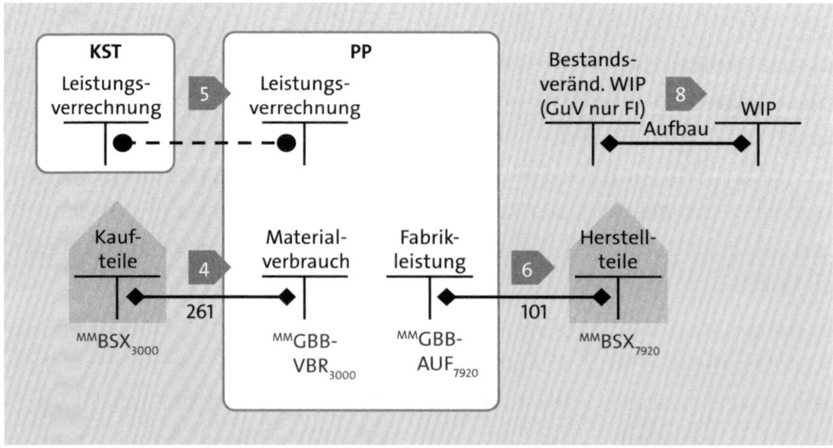

Abbildung 3.25 Buchungsschema »Diskrete Fertigung« – Monat 1

Im zweiten Monat erfolgt für die noch offene Teilmenge von 75 Stück die Rückmeldung in Schritt 8 und der Wareneingang in Schritt 10 (siehe Abbildung 3.26).

Im Monatsabschluss wird in Schritt 11 der WIP-Wert nach Monat 2 ausgerechnet, für den sich null ergibt, da der Auftrag ja dann als erledigt gilt. Der Schritt ist trotzdem nötig, um auch die WIP-Reduzierung gegenüber dem ersten Monat zu errechnen. Einige Abweichungen sind entstanden, die in Schritt 12 ermittelt werden – sowohl der WIP-Abbau als auch die Abweichung werden in Schritt 13 verbucht.

Um den gesamten Lebenszyklus eines Fertigungsauftrags zu erläutern, schließen wird den Auftrag noch ab; in Schritt 14 wird der Status auf **Technisch abgeschlossen** gesetzt und in Schritt 15 schließlich auf **Kaufmännisch abgeschlossen**.

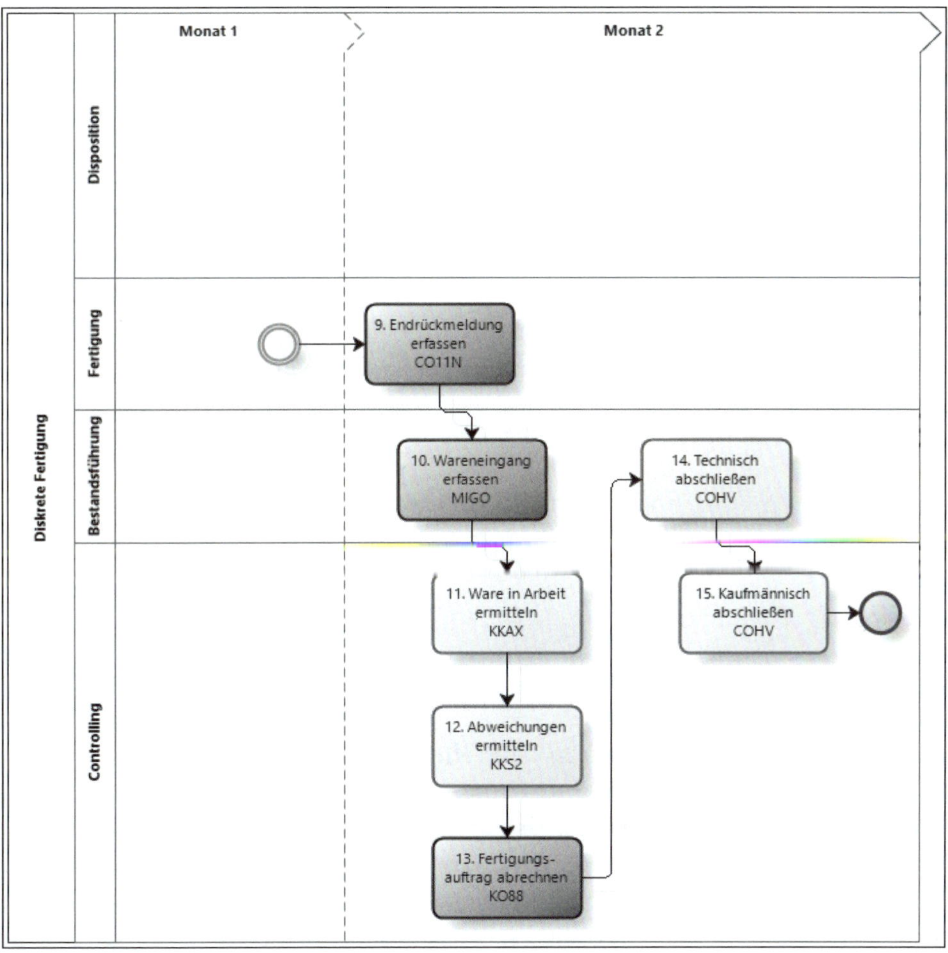

Abbildung 3.26 Prozess »Diskrete Fertigung« – Monat 2

Im Buchungsschema für den zweiten Monat sind die noch ausstehenden Buchungen für die offenen Mengen aus den Schritten 9 und 10 enthalten (siehe Abbildung 3.27). Interessant ist hier der Schritt 13 für die Abrechnung: Zum einen wird das im Vormonat aufgebaute WIP wieder abgebaut, zum anderen erfolgt die Abrechnung der Abweichung in die Ergebnisrechnung mit einer sofort ausgeführten PRD-Split-Buchung, die die gesamte Preisdifferenz nach Abweichungskategorien auf detaillierte Konten verteilt. Der jeweilige Wert für diese Abweichungskategorien wird in Schritt 12 ermittelt.

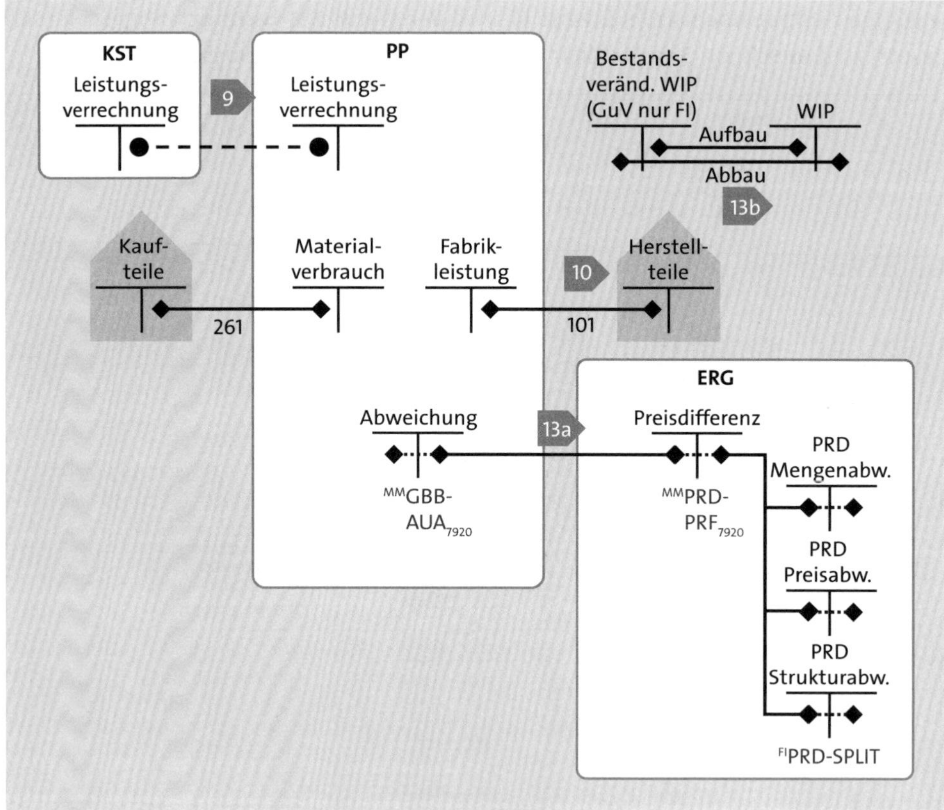

Abbildung 3.27 Buchungsschema »Diskrete Fertigung« – Monat 2

Voraussetzungen, um unseren Prozess starten zu können, sind wieder eine Stückliste, ein Arbeitsplan und eine Plankalkulation. Wieder besteht das Herstellteil aus zwei Kaufteilen, die in der Stückliste als Komponenten KT_11A und KT_11B eingetragen sind (siehe Abbildung 3.28). Insgesamt sollen 100 Stück des Materials FE_11 hergestellt werden.

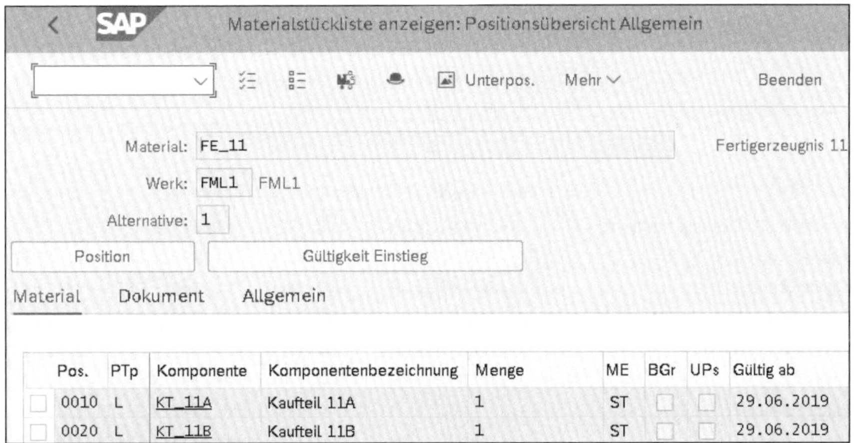

Pos.	PTp	Komponente	Komponentenbezeichnung	Menge	ME	BGr	UPs	Gültig ab
0010	L	KT_11A	Kaufteil 11A	1	ST			29.06.2019
0020	L	KT_11B	Kaufteil 11B	1	ST			29.06.2019

Abbildung 3.28 Stückliste

In unserem Arbeitsplan gibt es anstelle eines Vorgangs nun zwei Vorgänge, die aber beide vom selben Arbeitsplatz DF01 durchgeführt werden. Die Rüstzeit von 20 Minuten ist nur für den ersten Vorgang eingetragen. Bei der Fertigung sind pro Stück 6 Minuten Maschinenzeit und 3 Minuten Personenzeit für den Vorgang 0010 veranschlagt und 4 Minuten Maschinenzeit und 5 Minuten Personenzeit für den Vorgang 0020 (siehe Abbildung 3.29).

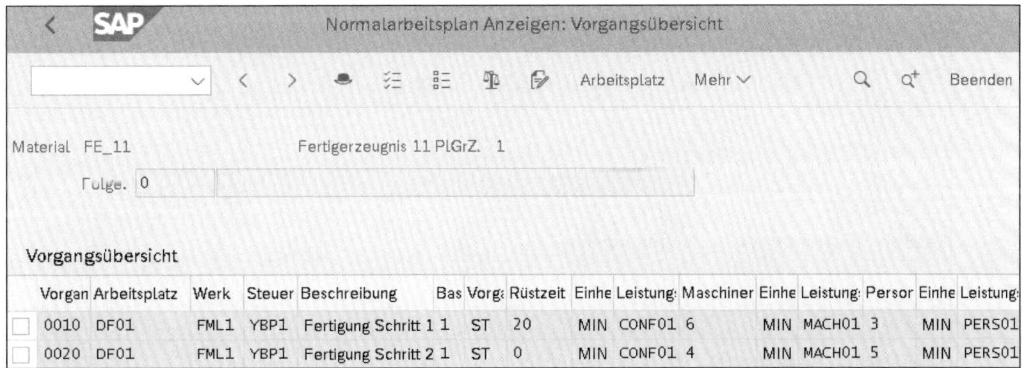

Vorgan	Arbeitsplatz	Werk	Steuer	Beschreibung	Bas	Vorg:	Rüstzeit	Einhe	Leistung:	Maschiner	Einhe	Leistung:	Persor	Einhe	Leistung:
0010	DF01	FML1	YBP1	Fertigung Schritt 1	1	ST	20	MIN	CONF01	6	MIN	MACH01	3	MIN	PERS01
0020	DF01	FML1	YBP1	Fertigung Schritt 2	1	ST	0	MIN	CONF01	4	MIN	MACH01	5	MIN	PERS01

Abbildung 3.29 Arbeitsplan

Die Standardpreiskalkulation zeigt Ihnen alle relevanten Positionen und den ermittelten Gesamtwert für die Kalkulationsgröße von 100 Stück an (siehe Abbildung 3.30). Für jeden der beiden Fertigungsschritte sind jetzt drei Einträge vorhanden, die sich jeweils auf Rüstzeit, Maschinenzeit und Personenzeit beziehen.

Materialkalkulation mit Mengengerüst anlegen

Kalkulationsstruktur aus | Detailliste aus | Mehr | Beenden

Kalkulationsstruktur	F...	Wert Gesamt	Wä...	Men...	M...	Ressource		
Fertigerzeugnis 11 (Diskrete Fertigung)	■	10.000,00	EUR	100	ST	FML1 FE_11		
Fertigung Schritt 1		200,00	EUR	20	MIN	FML_DF01	DF01	CONF01
Fertigung Schritt 1		2.400,00	EUR	600	MIN	FML_DF01	DF01	MACH01
Fertigung Schritt 1		900,00	EUR	300	MIN	FML_DF01	DF01	PERS01
Kaufteil 11A	■	2.000,00	EUR	100	ST	FML1 KT_11A		
Kaufteil 11B	■	1.400,00	EUR	100	ST	FML1 KT_11B		
Fertigung Schritt 2		0,00	EUR	0	MIN	FML_DF01	DF01	CONF01
Fertigung Schritt 2		1.600,00	EUR	400	MIN	FML_DF01	DF01	MACH01
Fertigung Schritt 2		1.500,00	EUR	500	MIN	FML_DF01	DF01	PERS01

Abbildung 3.30 Plankalkulation

3.2.1 Planprimärbedarf anlegen

Legen wir los: Unser Prozess beginnt wieder mit der Anlage eines Planprimärbedarfs von 100 Stück des Materials FE_11 (siehe Abbildung 3.31). Diesen Vorgang kennen Sie schon aus Abschnitt 3.1.1, »Planprimärbedarf anlegen«.

Abbildung 3.31 Planprimärbedarf anlegen

3.2.2 Bedarfsplanung ausführen

Die Bedarfsplanung führen wir als Einzelplanung für das Material FE_11 aus (siehe Abbildung 3.32). Auch hier läuft alles noch wie in Abschnitt 3.1.2, »Bedarfsplanung ausführen«, beschrieben.

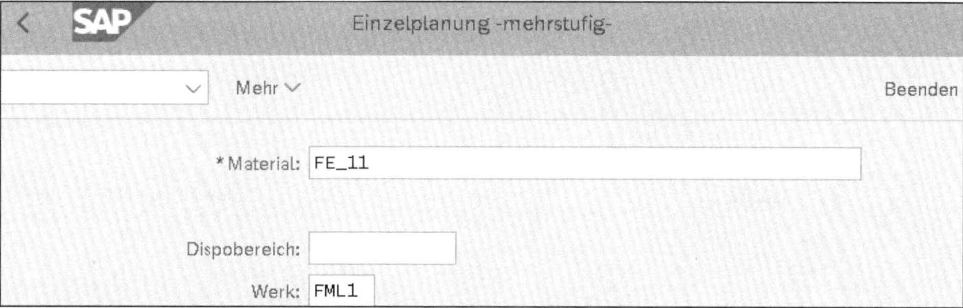

Abbildung 3.32 Bedarfsplanung ausführen

Für unser Material wird der Planauftrag 7036 angelegt, der in der Bedarfs-/Bestandliste angezeigt wird (siehe Abbildung 3.33). Alle Komponenten sind in ausreichender Anzahl im Lager vorhanden, und es muss keine weitere Beschaffung angestoßen werden.

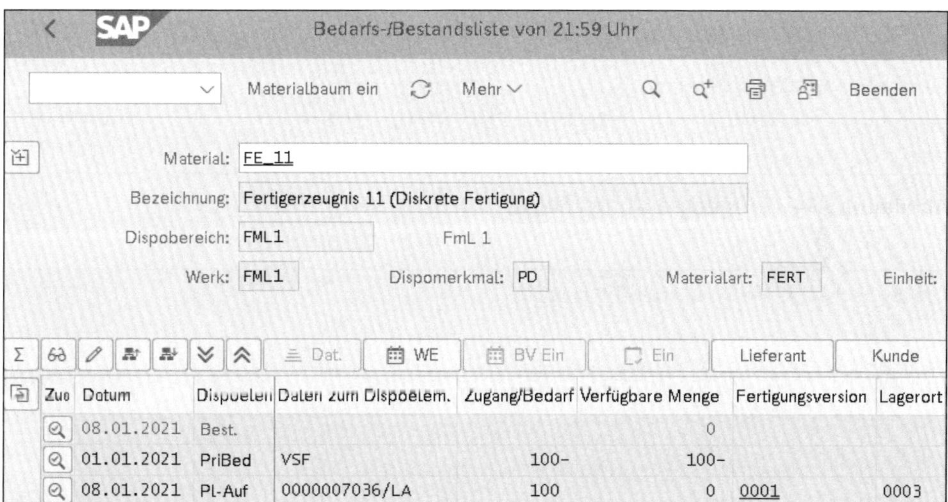

Zus	Datum	Dispoelem	Daten zum Dispoelem.	Zugang/Bedarf	Verfügbare Menge	Fertigungsversion	Lagerort
	08.01.2021	Best.			0		
	01.01.2021	PriBed	VSF	100-	100-		
	08.01.2021	Pl-Auf	0000007036/LA	100	0	0001	0003

Abbildung 3.33 Bedarfs-/Bestandsliste

3.2.3 Fertigungsauftrag anlegen

Der erstellte Planauftrag wird in einen Fertigungsauftrag umgesetzt (siehe Abbildung 3.34). Auch hier läuft alles noch, wie in Abschnitt 3.1.3, Fertigungsauftrag anlegen«, erläutert.

Aus Integrationssicht interessieren uns im Fertigungsauftrag noch die Einträge auf der Registerkarte **Steuerung** (siehe Abbildung 3.35).

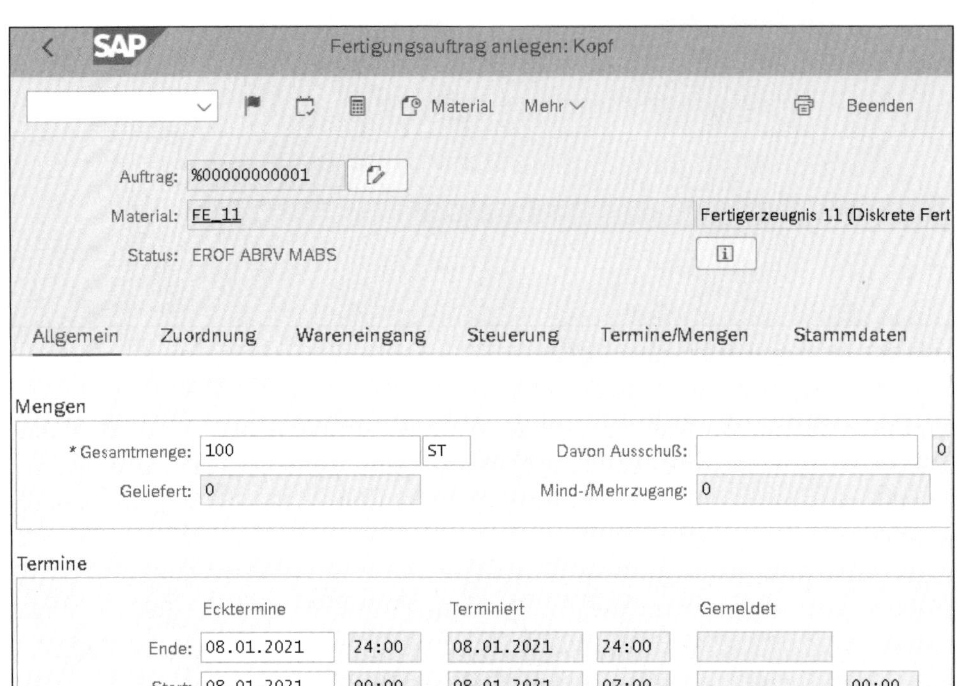

Abbildung 3.34 Fertigungsauftrag anlegen

Allgemein | Zuordnung | Wareneingang | Steuerung | Termine/Mengen | Stammdaten

Auftrag

Referenzauftrag:
Löschvormerkung:
Reserv./BAnf.: 3 sofort

Kalkulation

KalkVarPln: PYG1
IstkKalVar: PYG2
KalkSchema:
Zuschlagsschl.:
AbgrSchlüssel: MBMF01
AbweichSchl.: 000001
Plankostenerm.: 2 Beim Sichern Plankosten ermitteln

Abbildung 3.35 Registerkarte »Steuerung« im Fertigungsauftrag

Die hier vorgeschlagenen Werte für **KalkVarPln** und **IstKalVar** (Plan- und Ist-Kalkulationsvariante) sowie der Abgrenzungsschlüssel **AbgrSchlüssel** stammen aus dem Customizing dieser Auftragsart im angegebenen Werk. Der Abweichungsschlüssel

AbweichSchl. wurde aus dem Materialstammsatz aus der Sicht **Kalkulation 1** übernommen.

Der *Abgrenzungsschlüssel* steuert, nach welchem Verfahren und auf welchem Detaillierungsgrad WIP gebildet wird. Ist kein Abgrenzungsschlüssel eingetragen, wird kein WIP gebildet. Der *Abweichungsschlüssel* steuert hingegen, für welche Abweichungskategorien die Abweichungsermittlung erfolgen soll.

Der Begriff der Ist-Kalkulation

Der Begriff *Ist-Kalkulation* meint hier eigentlich die mitlaufende Kalkulation. Eine echte Ist-Kalkulation gibt es nur bei Aktivierung der gleichnamigen Controllingfunktion im Material-Ledger, mit der die Abweichungen im Monatsabschluss entlang der kompletten Produktionskette anteilig den Produkten zugeordnet werden. SAP ist hier leider in der Vergangenheit eher schwammig mit diesen Begriffen umgegangen.

Um an einem Beispiel zu zeigen, wie eine Abweichung verbucht wird, bauen wir in unserem Fertigungsauftrag noch eine kleine Besonderheit in Form einer sogenannten *Strukturabweichung* ein. Nehmen wir an, dass zwischen dem Erstellen der Standardpreiskalkulation und der Anlage des Fertigungsauftrags etwas Zeit vergangen ist und die Stückliste zwischenzeitlich geändert wurde. Es werden jetzt nicht mehr die Kaufteile KT_11A und KT_11B, wie in der Kalkulation angegeben, sondern die Kaufteile KT_11A und KT_11C benötigt. Die aktualisierte Stückliste ist zum Zeitpunkt der Auftragsanlage gültig. Deshalb werden die Komponenten KT_11A und KT_11C als Vorschlag in den Fertigungsauftrag übernommen (siehe Abbildung 3.36).

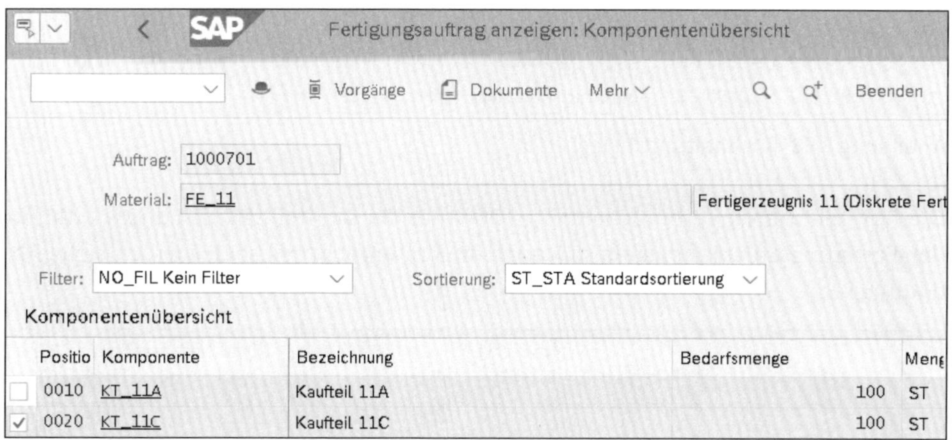

Abbildung 3.36 Aktualisierte Komponentenübersicht

3.2.4 Kommissionierung durchführen

Als Nächstes wird der Warenausgang über die Kommissionierliste gebucht (siehe Abbildung 3.37). Auch hier sehen Sie wieder die aktualisierten Kaufteile KT_11A und KT_11C.

Material	Menge	Erfas	Werk	Lagerort	Soll/I	Bewegungsart	Sonderbestand	Auftrag
KT_11A	100	ST	FML1	0001	H	261		1000701
KT_11C	100	ST	FML1	0001	H	261		1000701

Abbildung 3.37 Kommissionierliste

Der erstellte Materialbeleg führt zu unserem Buchhaltungsbeleg (siehe Abbildung 3.38), in dem für jedes Material die Buchung »Materialverbrauch (Soll) an Bestand (Haben)« stattfindet. Der aktuelle Preis laut Materialstamm für das Material KT_11C beträgt 15 EUR und ist somit 1 EUR teurer als das ursprünglich angedachte Material KT_11B.

BuKr.	P...	BS	S/H	Konto	Koart	Bezeichnung	Betrag	Wä...	Werk	Material	Vorgang	Menge	BME
FMLA	1	99	H	13100000	M	Bestand Rohstoffe	2.000,00-	EUR	FML1	KT_11A	BSX	100-	ST
	2	81	S	51100000	S	Verbrauch Rohstoffe	2.000,00	EUR	FML1	KT_11A	GBB	100	ST
	3	99	H	13100000	M	Bestand Rohstoffe	1.500,00-	EUR	FML1	KT_11C	BSX	100-	ST
	4	81	S	51100000	S	Verbrauch Rohstoffe	1.500,00	EUR	FML1	KT_11C	GBB	100	ST

Abbildung 3.38 Buchhaltungsbeleg

Die GuV-relevanten Verbräuche von je 100 Stück der Kaufteile KT_11A und KT_11C für den Fertigungsauftrag spiegeln sich auch im Kostenrechnungsbeleg wider (siehe Abbildung 3.39).

Belegnummer	BuchDatum	Benutzer	RT	RefBelegnr	OrgVg	Vrgng	Belegkopftext	StB	sto			
Bu	OAr	Objekt	ObjektBez	Kostenart	Kostenartenbezeichn.	Wert/OW	OWä	Menge	GME	Material		
A00007RT00	08.01.2021	STUDENT101	R	4900001689	RMWA	COIN						
1	AUF	1000701	Fertigerz...	51100000	Verbrauch Rohstoffe	2.000,00	EUR	100	ST	KT_11A		
2	AUF	1000701	Fertigerz...	51100000	Verbrauch Rohstoffe	1.500,00	EUR	100	ST	KT_11C		

Abbildung 3.39 Kostenrechnungsbeleg

3.2.5 Teilrückmeldung erfassen

Bis hierhin lief alles wie im vorherigen Beispiel in Abschnitt 3.1, »Diskrete Fertigung«, und auch für den ersten Arbeitsvorgang 0010 melden wir die geplanten 100 Stück des Materials FE_11 mit den geplanten Zeiten fertig (siehe Abbildung 3.40). Für den zweiten Arbeitsvorgang 0020 werden wir allerdings zunächst nur 25 Stück und auch nur ein Viertel der dafür veranschlagten Zeit zurückmelden.

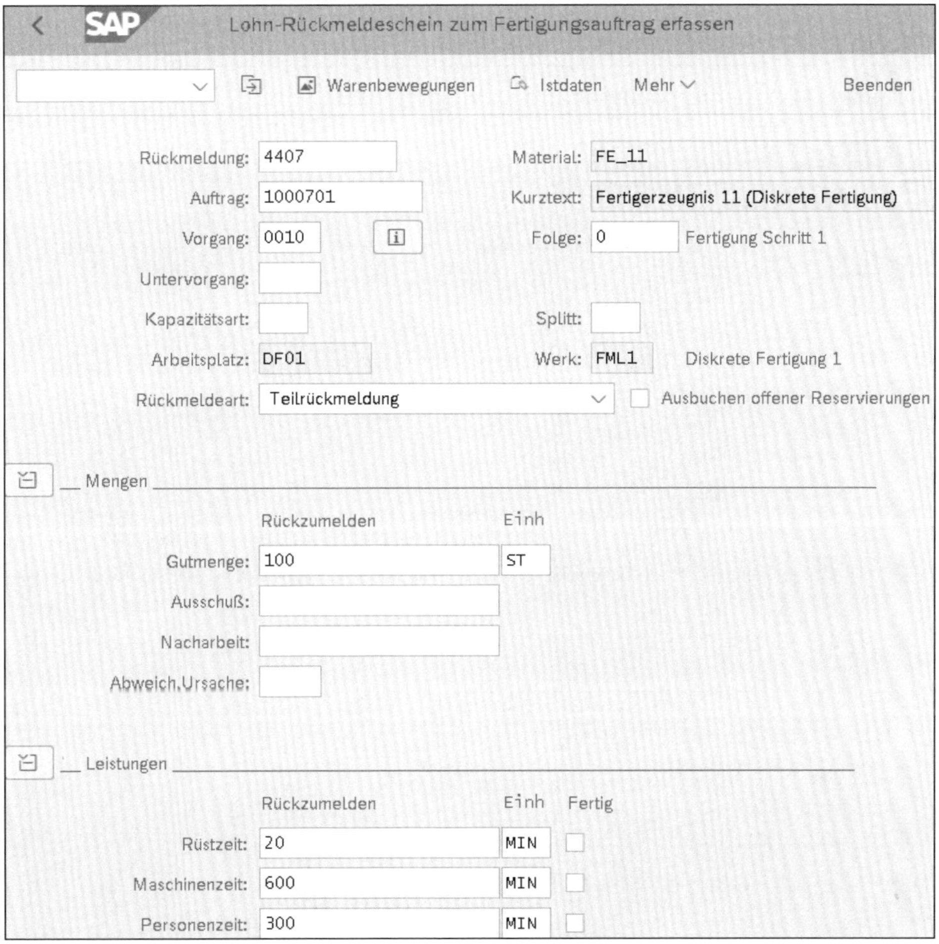

Abbildung 3.40 Rückmeldung für den Vorgang 0010 erfassen

Die Rückmeldung für den **Vorgang** 0010 löst eine Leistungsverbuchung aus, in der die Kostenstelle mit den drei Leistungsarten **Rüstzeit**, **Maschinenzeit** und **Personenzeit** entlastet und der Fertigungsauftrag 1000701 belastet wird (siehe Abbildung 3.41).

Danach folgt die zweite Rückmeldung zum Vorgang 0020, in der nur eine Teilmenge von 25 Stück bestätigt und auch nur anteilige Zeiten erfasst werden (siehe Abbildung 3.42).

Belegnummer	BuchDatum	Benutzer	RT	RefBelegnr	OrgVg	Vrgng	Belegkopftext	StB	sto
300000901	08.01.2021	STUDENT101	R	4407	RMRU	RKL			

	Bu	OAr	Objekt	ObjektBez	Kostenart	Kostenartenbezeichn.	Wert/OW	OWä	Menge	GME	Material
	1	LEI	FML_DF01/...	Diskrete ...	94303000	Rüsten	200,00-	EUR	20-	MIN	
	2	AUF	1000701	Fertigerz...	94303000	Rüsten	200,00	EUR	20	MIN	
	4	LEI	FML_DF01/...	Diskrete ...	94301000	Maschinenstunden 1	2.400,00-	EUR	600-	MIN	
	5	AUF	1000701	Fertigerz...	94301000	Maschinenstunden 1	2.400,00	EUR	600	MIN	
	7	LEI	FML_DF01/...	Diskrete ...	94311000	Pers.std.	900,00-	EUR	300-	MIN	
	8	AUF	1000701	Fertigerz...	94311000	Pers.std.	900,00	EUR	300	MIN	

Abbildung 3.41 Kostenrechnungsbeleg zum Vorgang 0010

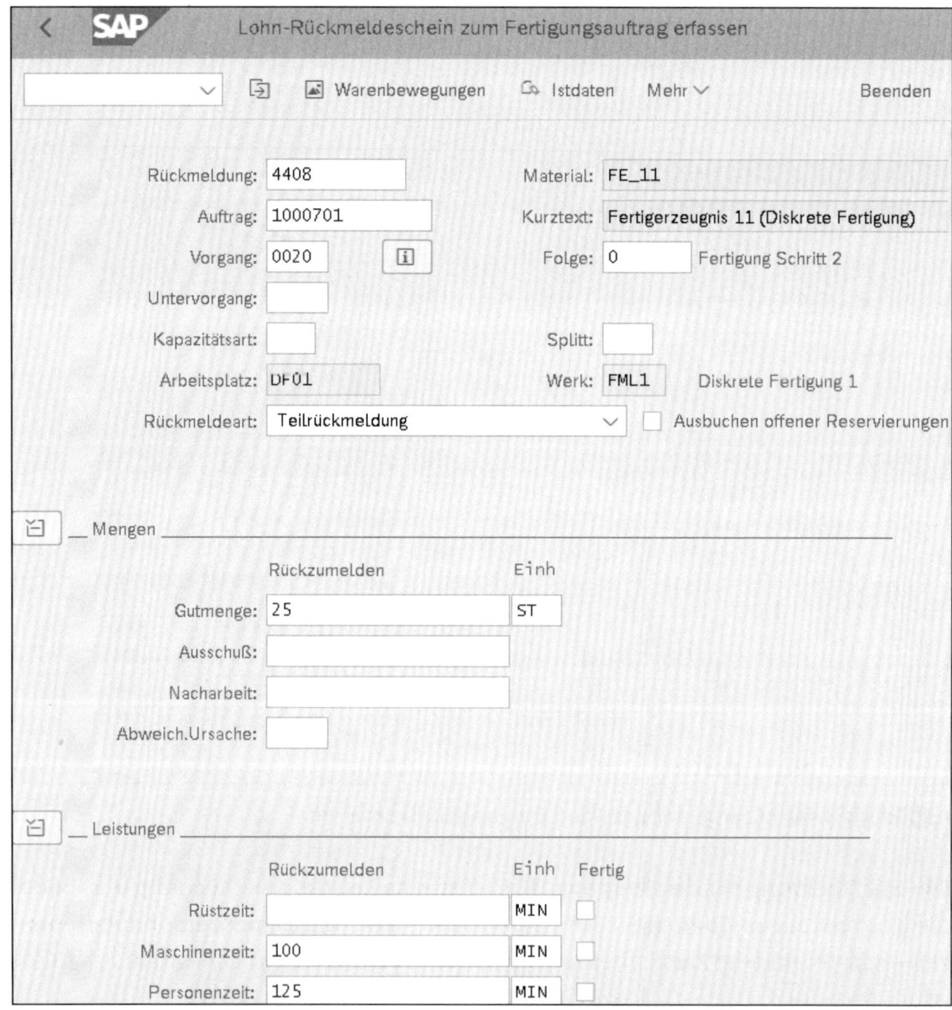

Lohn-Rückmeldeschein zum Fertigungsauftrag erfassen

Warenbewegungen | Istdaten | Mehr | Beenden

Rückmeldung: 4408 | Material: FE_11
Auftrag: 1000701 | Kurztext: Fertigerzeugnis 11 (Diskrete Fertigung)
Vorgang: 0020 | Folge: 0 Fertigung Schritt 2
Untervorgang:
Kapazitätsart: | Splitt:
Arbeitsplatz: DF01 | Werk: FML1 Diskrete Fertigung 1
Rückmeldeart: Teilrückmeldung | Ausbuchen offener Reservierungen

Mengen

	Rückzumelden	Einh
Gutmenge:	25	ST
Ausschuß:		
Nacharbeit:		
Abweich.Ursache:		

Leistungen

	Rückzumelden	Einh	Fertig
Rüstzeit:		MIN	
Maschinenzeit:	100	MIN	
Personenzeit:	125	MIN	

Abbildung 3.42 Rückmeldung für den Vorgang 0020 erfassen

Hier sehen Sie auch, dass die Rüstzeit nur einmal zu Beginn der Produktion berechnet wurde und daher hier nicht mehr auftaucht. Die Zeiten ergeben sich aus der produzierten Teilmenge von 25 Stück und der für den Vorrang 0020 veranschlagten Maschinenzeit von 4 Minuten sowie der Personenzeit von 5 Minuten.

Entsprechend der Rückmeldung werden zunächst nur diese anteiligen Maschinenzeiten und Personenzeiten im Kostenrechnungsbeleg verrechnet (siehe Abbildung 3.43).

Belegnummer	BuchDatum	Benutzer	RT	RefBelegnr	OrgVg	Vrgng	Belegkopftext	StB	sto
300000902	08.01.2021	STUDENT101	R	4408		RMRU	RKL		

Bu	OAr	Objekt	ObjektBez	Kostenart	Kostenartenbezeichn.	Wert/OW	OWä	Menge	GME	Material
1	LEI	FML_DF01/...	Diskrete ...	94301000	Maschinenstunden 1	400,00-	EUR	100-	MIN	
2	AUF	1000701	Fertigerz...	94301000	Maschinenstunden 1	400,00	EUR	100	MIN	
4	LEI	FML_DF01/...	Diskrete ...	94311000	Pers.std.	375,00-	EUR	125-	MIN	
5	AUF	1000701	Fertigerz...	94311000	Pers.std.	375,00	EUR	125	MIN	

Abbildung 3.43 Kostenrechnungsbeleg zum Vorgang 0020

3.2.6 Teilwareneingang buchen

Passend zur bisher rückgemeldeten Teilmenge von 25 Stück wird der Wareneingang für die an das Lager 0003 abgelieferten Materialien erfasst (siehe Abbildung 3.44).

Zeile	Materialkurztext	OK	Menge	EME	Lagerort	Bewe	Ri	Bestandsart	Werk
1	Fertigerzeugnis 11 (Diskrete Fertigung)	✓	25	ST	0003	101	+	Frei verwendbar	FML1

Abbildung 3.44 Wareneingang erfassen

Für diese 25 Stück wird der Buchhaltungsbeleg mit dem Buchungssatz »Bestand fertige Waren (Soll) an Fabrikleistung Produktionsaufträge (Haben)« erstellt (siehe Abbildung 3.45).

BuKr.	P...	BS	S/H	Konto	Koart	Bezeichnung	Betrag	Wä...	Werk	Material	Vorgang	Menge	BME
FMLA	1	89	S	13400000	M	Best fertige Ware	2.500,00	EUR	FML1	FE_11	BSX	25	ST
	2	91	H	55100000	S	Fabrikleistng Pr.Auf	2.500,00-	EUR	FML1	FE_11	GBB	25-	ST

Abbildung 3.45 Buchhaltungsbeleg für die gelieferte Teilmenge

Die Entlastung der Produktion wird durch den Kostenrechnungsbeleg (siehe Abbildung 3.46) vollzogen.

Belegnummer	BuchDatum	Benutzer	RT	RefBelegnr	OrgVg	Vrgng	Belegkopftext	StB	sto
Bu OAr Objekt	ObjektBez	Kostenart	Kostenartenbezeichn.		Wert/OW	OWä	Menge	GME	Material
A00007RU00	08.01.2021	STUDENT101	R	5000001136	RMWF	COIN			
2 AUF 1000701	Fertigerz...	55100000	Fabrikleistng Pr.Auf		2.500,00-	EUR	25-	ST	FE_11

Abbildung 3.46 Kostenrechnungsbeleg

3.2.7 Ware in Arbeit ermitteln (Monat 1)

Als Nächstes wird die entstandene Ware in Arbeit ermittelt. Schauen wir uns zunächst den CO-Bericht zur Kostenentwicklung des Fertigungsauftrags mit allen bisher erfolgten Buchungen an (siehe Abbildung 3.47). Die Plan- und Ist-Kosten weichen bei den Rückmeldungen und beim Wareneingang voneinander ab, da die Produktion ja noch nicht abgeschlossen ist, sondern bisher nur eine Teilmenge produziert und als Wareneingang gebucht wurde.

Kostenentwicklung

Mehr Beenden

Auftrag 1000701 FE_11
Auftragsart YBM1 Lagerfertigung: Fertigungsauftrag
Werk FML1 FML1
Material FE_11 Fertigerzeugnis 11 (Diskrete Fertigung)

Planmenge 100 ST Stück
Istmenge 25 ST Stück

kumulierte Daten
Legale Bewertung
Buchungskreis-/Objektwährung

Vorgang	Herkunft	Herkunft (Text)	Plankosten gesamt	Istkosten gesamt	Währ
Warenausgänge	FML1/KT_11A	Kaufteil 11A	2.000,00	2.000,00	EUR
	FML1/KT_11C	Kaufteil 11C	1.500,00	1.500,00	EUR
Warenausgänge			**3.500,00**	**3.500,00**	**EUR**
Rückmeldungen	FML_DF01/MACH01	Diskrete Fertigung 1 / Maschine	4.000,00	2.800,00	EUR
	FML_DF01/CONF01	Diskrete Fertigung 1 / Rüsten	200,00	200,00	EUR
	FML_DF01/PERS01	Diskrete Fertigung 1 / Personal	2.400,00	1.275,00	EUR
Rückmeldungen			**6.600,00**	**4.275,00**	**EUR**
Wareneingang	FML1/FE_11	Fertigerzeugnis 11 (Diskrete Fe...	10.000,00-	2.500,00-	EUR
Wareneingang			**10.000,00-**	**2.500,00-**	**EUR**
			100,00	**5.275,00**	**EUR**

Abbildung 3.47 Kostenentwicklung nach Monat 1

In der letzten Summenzeile erkennen Sie, dass aktuell ein Delta von 5.275 EUR zwischen den Be- und Entlastungen vorliegt. Da dieser Fertigungsauftrag über den Monatswechsel noch offen ist, muss deshalb für ihn Ware in Arbeit ermittelt werden.

Bereits gebucht wurde der Warenausgang der Komponenten KT_11A und KT_11C für die gesamte geplante Produktionsmenge, und ebenso wurde der erste Arbeitsvorgang schon für die Gesamtmenge zurückgemeldet. Es stehen noch der zweite Arbeitsvorgang und der Wareneingang für die offene Menge von 75 Stück aus.

[!]

Zeitpunkt der Verbuchung für WIP

Im Monatsabschluss wird der Wert der Ware in Arbeit in einem eigenen Prozessschritt ermittelt. Erst durch den nachfolgenden Prozessschritt »Abrechnung« wird dieser Wert auch verbucht.

Durch die WIP-Ermittlung werden Abgrenzungsdaten unter Kostenarten des Typs 31 (Auftrags-/Projektabgrenzung) erfasst. Hierbei handelt es sich aber nicht um CO-Buchungen, denn es gibt keine Gegenbuchung! Erst im Schritt der Abrechnung werden die hier ermittelten Zahlen als reiner Buchhaltungsbeleg ohne Kostenrechnungsbeleg verbucht.

Die Monatsabschlussschritte werden im echten Betrieb als Sammelläufe für alle relevanten Aufträge durchgeführt. Für unser Beispiel verwenden wir die Einzelverarbeitung und geben unsere Fertigungsauftragsnummer 100701 an (siehe Abbildung 3.48).

Abbildung 3.48 Ware in Arbeit ermitteln – Einstieg

Das System prüft zunächst automatisch, ob der Auftrag überhaupt für Ware in Arbeit infrage kommt. Ab dem Status **Freigegeben** (FREI) oder **Teilfrei** (TFRE) kann WIP gebildet werden. Sobald der Auftrag den Status **Geliefert** oder **Technisch abgeschlossen** erreicht hat, wird WIP wieder aufgelöst (siehe Tabelle 3.1).

Status	Bezeichnung	Verarbeitung
FREI	Freigegeben	WIP-Ermittlung auf Basis der Ist-Kosten
TFRE	Teilfrei	WIP-Ermittlung auf Basis der Ist-Kosten
GLFT	Geliefert	Daten der WIP-Ermittlung auflösen
TABG	Technisch abgeschlossen	Daten der WIP-Ermittlung auflösen

Tabelle 3.1 Status in Fertigungsaufträgen

Andere Status können dazu kommen: So gelten für unseren Auftrag gerade die Status **Teilrückgemeldet** (TRÜC), **Teilgeliefert** (TGLI) und **Warenbewegung erfolgt** (WABE), aber der relevante Status für die WIP-Berechnung ist noch FREI.

Die WIP-Ermittlung zeigt uns den Gesamtwert des WIP und die dafür nötige Bestandsveränderung an (siehe Abbildung 3.49). Da wir uns noch im ersten Monat befinden und zu Beginn dieses Monats kein WIP vorhanden war, sind beide Beträge noch gleich. Für Fertigungsaufträge wird WIP zu Ist-Kosten berechnet; deshalb ergibt sich der Wert als Delta aus den Be- und Entlastungen des Auftrags.

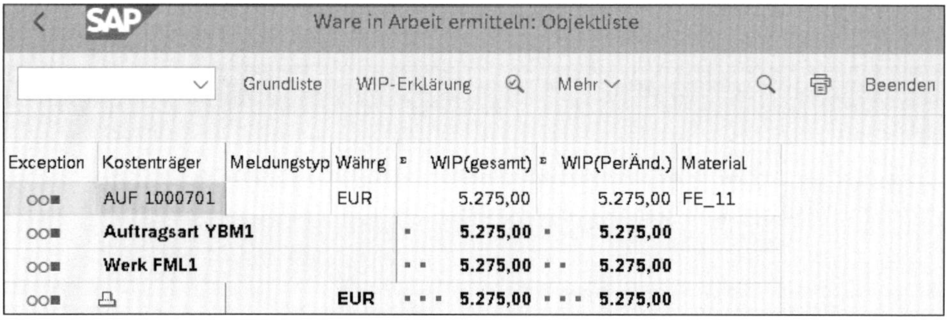

Ware in Arbeit ermitteln: Objektliste

Grundliste WIP-Erklärung Mehr Beenden

Exception	Kostenträger	Meldungstyp	Währg		WIP(gesamt)		WIP(PerÄnd.)	Material
	AUF 1000701		EUR		5.275,00		5.275,00	FE_11
	Auftragsart YBM1			•	**5.275,00**	•	**5.275,00**	
	Werk FML1			••	**5.275,00**	••	**5.275,00**	
			EUR	•••	**5.275,00**	•••	**5.275,00**	

Abbildung 3.49 Ware in Arbeit ermitteln

3.2.8 Fertigungsauftrag abrechnen (Monat 1)

Nun rechnen wir den Fertigungsauftrag für den ersten Monat ab. Geben Sie im Einstiegsbild zur Abrechnung die Auftragsnummer 100701 und die entsprechende Periode ein, hier also Januar 2021 als ersten Monat (siehe Abbildung 3.50).

Aufgrund des Status, in diesem Fall noch FREI, wird erkannt, dass keine Abweichungen abgerechnet werden sollen, sondern Ware in Arbeit abgegrenzt werden muss. In der Detailliste wird der abgerechnete Wert angezeigt (siehe Abbildung 3.51).

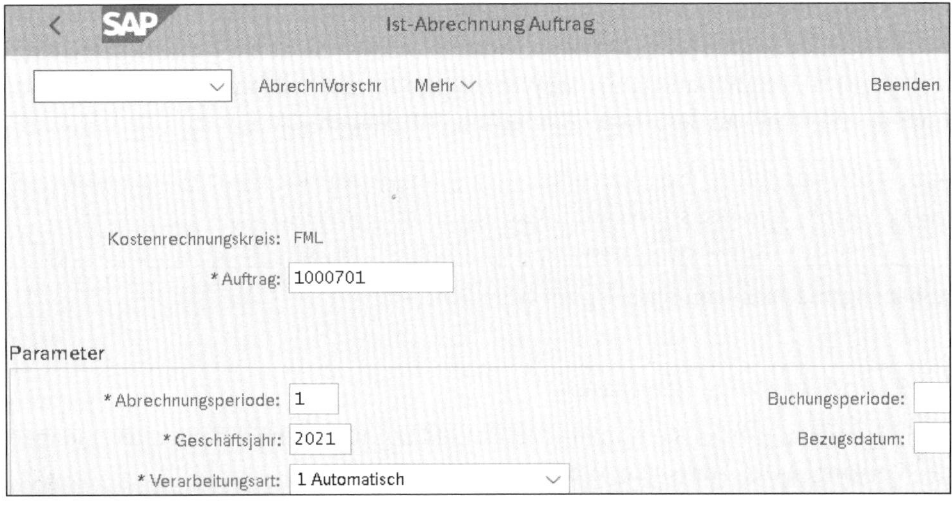

Abbildung 3.50 Abrechnung Fertigungsauftrag – Einstieg

Detailliste - Abgrenzungsdaten für FI

Sender	Kurztext Sender	Σ Wert/KWähr
AUF 1000701	Fertigerzeugnis 11 (Diskrete Fertigung)	5.275,00-
		▪ **5.275,00-**

Abbildung 3.51 Abrechnung des Fertigungsauftrags – Ergebnis

GuV-Konto ohne Kostenart

Hier kommen wir zu einer Besonderheit der SAP-Logik: An dieser Stelle benötigen Sie ein Bestandsveränderungskonto, also ein GuV-Konto im operativen Bereich, das keine Kostenart sein darf!

Die Begründung hierfür scheint zu sein, dass WIP eigentlich nur für die Komponente FI von Interesse ist und nicht die Kostendarstellung des Controllings auf einem Fertigungsauftrag innerhalb einer Periode verfälschen soll. So ganz einleuchtend ist das nicht, und ob dieser Umstand unter SAP S/4HANA, worin FI und CO sehr eng verzahnt sind, noch als Argument gilt, kann infrage gestellt werden.

So bleibt es dabei, dass die Kostenarten des Typs 31 für die Abgrenzung nie mit dem Werttyp 04 (Ist) buchen, sondern nur einseitig auf einem Auftrag mit dem Werttyp 32 (Abgrenzungen: Ergebnisermittlung, WIP-Ermittlung) fortgeschrieben werden. Gleichzeitig muss in der Komponente FI aber zwingend eine Soll- und Haben-Buchung stattfinden, sodass ein GuV-Konto ohne Kostenart erforderlich wird.

Im Buchhaltungsbeleg wird das Feld **Auftrag** zwar mitgefüllt, aber es gibt hierzu keinen Kostenrechnungsbeleg, da das Konto 54200000 nicht als Kostenart angelegt worden ist (siehe Abbildung 3.52). Da WIP aufgebaut wird, soll folgende Buchung stattfinden: »WIP (Soll) an Bestandsveränderung WIP (Haben)«.

BuKr.	P...	BS	S/H	Konto	Koart	Bezeichnung	Betrag	Währg	Werk	Material	Vorgang	Menge	BME
FMLA	1	50	H	54200000	S	BV Ware in Arbeit	5.275,00-	EUR	FML1				
	2	40	S	13200000	S	Bestand WIP	5.275,00	EUR	FML1				

Abbildung 3.52 Buchhaltungsbeleg zur Ware in Arbeit

3.2.9 Endrückmeldung erfassen

Im Folgemonat führen Sie nun eine Rückmeldung für die noch fehlenden Mengen des Vorgangs 0020 aus (siehe Abbildung 3.53).

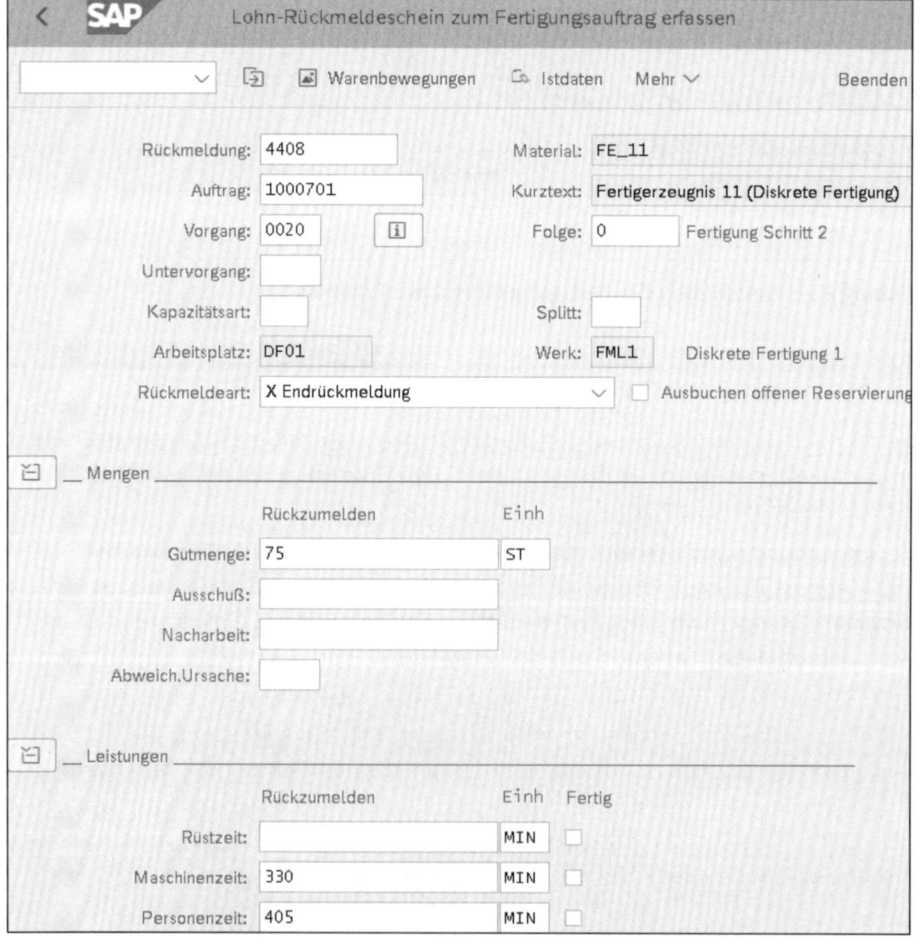

Abbildung 3.53 Endrückmeldung mit abweichenden Zeiten erfassen

Nehmen wir an, die Produktion der 75 Stück weicht etwas vom Plan ab, wodurch sowohl bei der Maschinen- als auch bei der Personalzeit 30 Minuten zusätzlicher Aufwand erfasst wird. Dabei wird auch sichtbar, wie eine Einsatzmengenabweichung von Fertigungszeiten behandelt wird: Statt 300 Minuten Maschinenzeit erfassen wir 330 Minuten und anstatt 375 Minuten Personalzeit erfassen wir 405 Minuten.

Wieder entsteht ein Kostenrechnungsbeleg für die Verrechnung der Kostenstelle an den Fertigungsauftrag, in diesem Fall nur für Maschinen- und Personenzeit, da ja keine Rüstzeit anfiel (siehe Abbildung 3.54).

Belegnummer	BuchDatum	Benutzer	RT	RefBelegnr	OrgVg	Vrgng	Belegkopftext	StB	
Bu	OAr	Objekt	ObjektBez	Kostenart	Kostenartenbezeichn.	Wert/OW	OWä	Menge	GME
300001044	03.02.2021	STUDENT101	R	4408		RMRU	RKL		
1	LEI	FML_DF01/...	Diskrete ...	94301000	Maschinenstunden 1	1.320,00-	EUR	330-	MIN
2	AUF	1000701	Fertigerz...	94301000	Maschinenstunden 1	1.320,00	EUR	330	MIN
4	LEI	FML_DF01/...	Diskrete ...	94311000	Pers.std.	1.215,00-	EUR	405-	MIN
5	AUF	1000701	Fertigerz...	94311000	Pers.std.	1.215,00	EUR	405	MIN

Abbildung 3.54 Kostenrechnungsbeleg für die Leistung

3.2.10 Wareneingang buchen

An den Lagerort 0003 werden die 75 Stück des Materials FE_11, die zur Gesamtmenge von 100 Stück noch fehlten, als *Wareneingang zum Auftrag* abgeliefert (siehe Abbildung 3.55). Der Wareneingang zum Fertigungsauftrag erfolgt mit der Bewegungsart 101.

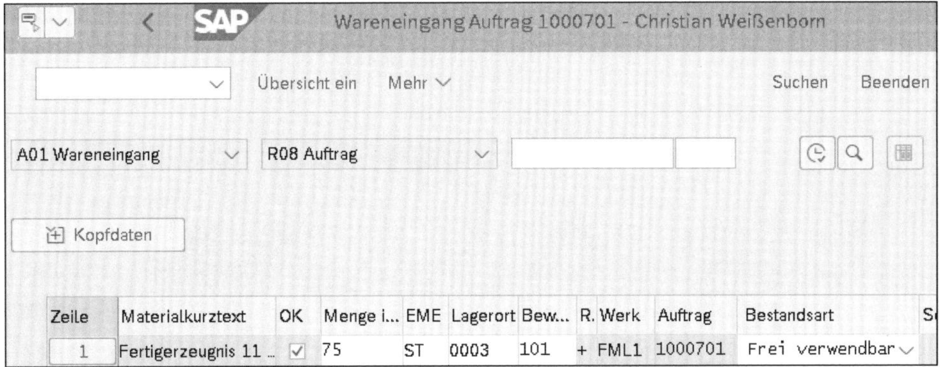

Abbildung 3.55 Wareneingang zum Auftrag

Der Buchungssatz ist wieder »Bestand fertige Waren (Soll) an Fabrikleistung Produktionsaufträge (Haben)«, und anhand der MM-Kontenfindung für die Vorgänge BSX und GBB-VBR wird der Buchhaltungsbeleg erstellt (siehe Abbildung 3.56).

BuKr	Pos	Bschl	S/H	Konto	Koart	Bezeichnung	Betrag	Währg	Werk	Material	Vor	Menge	BME
FMLA	1	89	S	13400000	M	Best fertige Ware	7.500,00	EUR	FML1	FE_11	BSX	75	ST
	2	91	H	55100000	S	Fabrikleistng Pr.Auf	7.500,00-	EUR	FML1	FE_11	GBB	75-	ST

Abbildung 3.56 Buchhaltungsbeleg für die Lieferung der Restmenge

Im Kostenrechnungsbeleg entlastet auch dieser Wareneingang den Fertigungsauftrag 1000701 (siehe Abbildung 3.57). Der Fertigungsauftrag ist nach diesem Prozessschritt vollständig rückgemeldet, und es existieren keine offenen Mengen mehr.

Belegnummer	BuchDatum	Benutzer	RT	RefBelegnr	OrgVg	Vrgng	Belegkopftext	StB	sto
Bu OAr	**Objekt**	**ObjektBez**	**Kostenart**	**Kostenartenbezeichn.**	**Wert/OW**	**OWä**	**Menge**	**GME**	**Material**
A000080K00	03.02.2021	STUDENT101	R	5000001177	RMWF	COIN			
2 AUF	1000701	Fertigerz...	55100000	Fabrikleistng Pr.Auf	7.500,00-	EUR	75-	ST	FE_11

Abbildung 3.57 Kostenrechnungsbeleg für die Restmenge

3.2.11 Ware in Arbeit ermitteln (Monat 2)

Im Periodenabschluss für den zweiten Monat hat der Auftrag inzwischen den Status **geliefert** (GLFT) erreicht; somit müssen die als WIP errechneten Werte wieder abgebaut werden. Starten Sie also die WIP-Ermittlung für den Fertigungsauftrag in der zweiten Periode (siehe Abbildung 3.58).

SAP Ware in Arbeit ermitteln: Einzelbearbeitung

Mehr Beenden

*Auftrag: 1000701 Fertigerzeugnis 11 (Diskrete Fertigung)

Parameter

*WIP bis Periode: 2

*Geschäftsjahr: 2021

Alle Abgrenzungsversionen

Abgrenzungsversion 0 WIP/Ergebnisermittlung

Abbildung 3.58 Ware in Arbeit ermitteln – Einstieg

Zum einen wird der neue Wert ermittelt, in diesem Fall 0 EUR, zum anderen muss das vorhandene WIP abgebaut werden. In der Ergebnisliste wird der im Vormonat abgegrenzte Wert von 5.275 EUR mit negativem Vorzeichen als sogenannte *periodische Änderung* des WIP ermittelt (siehe Abbildung 3.59).

Ware in Arbeit ermitteln: Objektliste

Grundliste Mehr Beenden

Exception	Kostenträger	Typ	Währung	Σ	WIP	Σ	WIP(PerÄnd.)	Material
OO■	AUF 1000701	I	EUR		0,00		5.275,00-	FE_11
OO■	**Auftragsart YBM1**			•	**0,00**	•	**5.275,00-**	
OO■	**Werk FML1**			• •	**0,00**	• •	**5.275,00-**	
OO■			**EUR**	• • •	**0,00**	• • •	**5.275,00-**	

Abbildung 3.59 Ware in Arbeit ermitteln – Ergebnis

3.2.12 Abweichungen ermitteln (Monat 2)

Neu hinzu kommt der Prozessschritt zur Ermittlung von Abweichungen. Diese werden für einen Fertigungsauftrag erst ermittelt, wenn der Status GLFT erreicht ist. Im Selektionsbild beziehen wir uns auf unseren Fertigungsauftrag 1000701 und geben die abzuschließende Periode, hier Februar 2021, als zweiten Monat ein (siehe Abbildung 3.60).

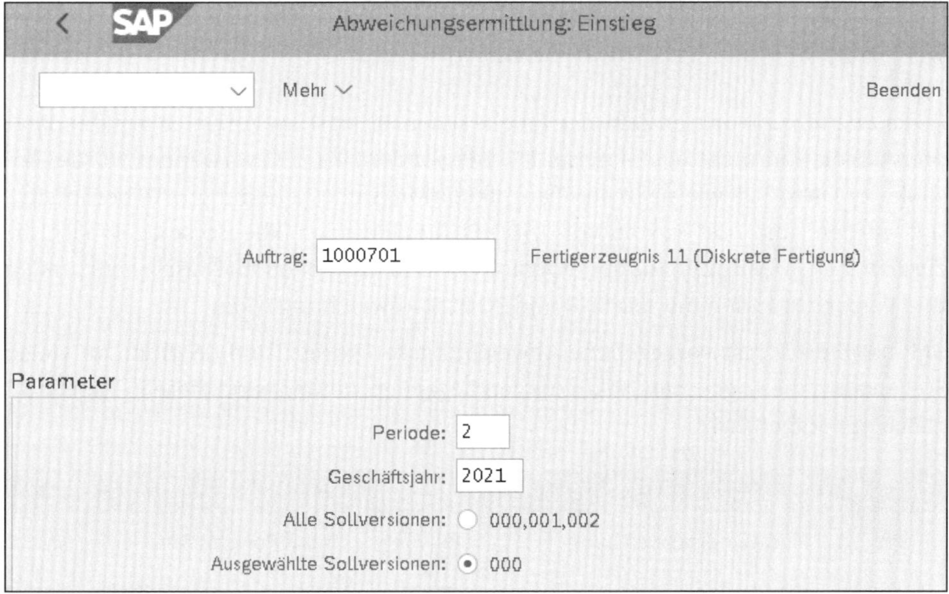

Abbildung 3.60 Abrechnung ermitteln – Einstieg

Als Ergebnis erhalten Sie eine Liste mit einer Zeile zum Auftrag 1000701. Zusätzliche Detailinformationen zur markierten Zeile erhalten Sie über den Button Kostenarten, die dann im unteren Bereich mit angezeigt werden (siehe Abbildung 3.61).

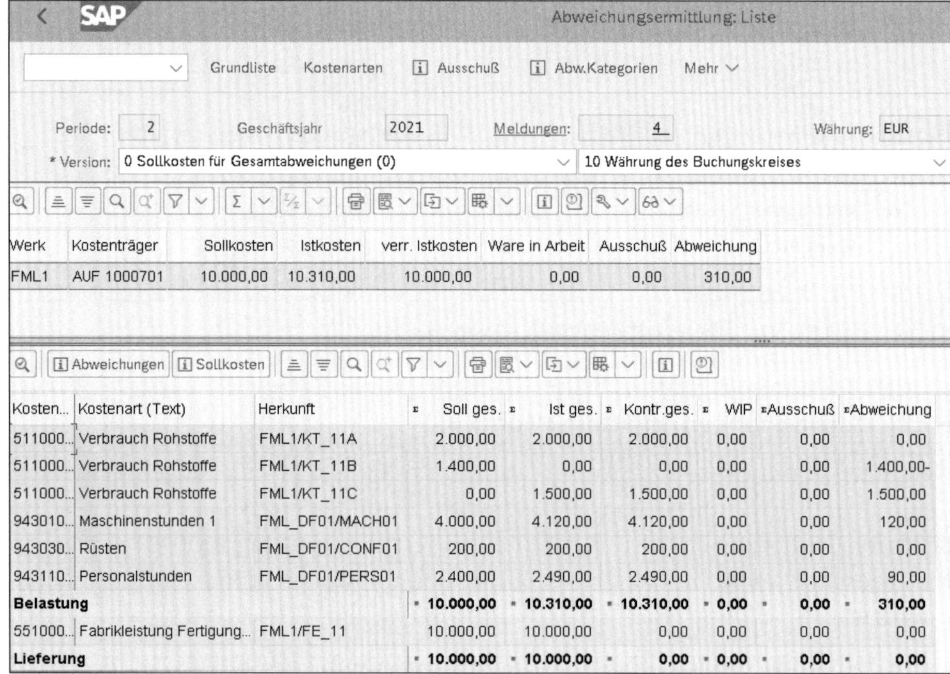

Abbildung 3.61 Abweichung ermitteln – Ergebnis

In der zweiten und dritten Zeile der Tabelle sehen Sie, dass im Vergleich zur Standardpreiskalkulation nicht das Material KT_11B, sondern KT_11C verwendet wurde. Anstelle der 1.400 EUR wie sie in der Plankalkulation (siehe Abbildung 3.30) berücksichtigt wurden, sind nun Kosten von 1.500 EUR entstanden. Ebenso spiegeln sich die zusätzlichen 30 Minuten für den Vorgang 0020 in den Zeilen für Maschinenstunden und Personalstunden mit 120 EUR und 90 EUR Abweichung wider.

SAP hat hierfür fest vorgegebene Abweichungskategorien, und da Ihnen an vielen Stellen auch die englischen Abkürzungen begegnen werden, sind diese in Tabelle 3.2 gleich mit aufgeführt.

Deutsch		Englisch	
ABPR	Einsatzpreisabweichung	PRIV	Input Price Variance
ABMG	Einsatzmengenabweichung	QTYV	Input Quantity Variance

Tabelle 3.2 Abweichungskategorien

Deutsch		Englisch	
ABST	Strukturabweichung	RSUV	Resource-Usage Variance
ABES	Einsatzrestabweichung	INPV	Remaining Input qty Variance
ABMP	Mischpreisabweichung	MXPV	Mixed-Price Variance
ABVP	Verrechnungspreisabweichung	OPPV	Output Price Variance
ABFK	Losgrößenabweichung/ Fixkostenabweichung	LSFV	Lot Size Variance/Fixed-Cost Variance
ABRS	Restabweichung	REMV	Remaining Variance
AUSS	Ausschuss	SCRP	Scrap

Tabelle 3.2 Abweichungskategorien (Forts.)

Zwei dieser Kategorien wurden in unserem Beispiel ermittelt: Es handelt sich um die Einsatzmengenabweichung ABMG für unsere zusätzlich erfassten Zeiten im Wert von 210 EUR und die Strukturabweichung ABST von 100 EUR aufgrund der Verwendung von Material KT_11C, das etwas teurer ist als das ursprünglich vorgesehene Material KT_11B (siehe Abbildung 3.62).

Werk	Kostenträger	Einsatzmengenabw.	Einsatzpreisabw.	Strukturabw.	Einsatzrestabw.
FML1	AUF 1000701	210,00	0,00	100,00	0,00

Abbildung 3.62 Ermittelte Abweichungskategorien

3.2.13 Fertigungsauftrag abrechnen (Monat 2)

Nun muss noch der Fertigungsauftrag für den zweiten Monat abgerechnet werden. Bei der Abrechnung werden zwei verschiedene Sachverhalte gebucht (siehe Abbildung 3.63): Zum einen wird das im Vormonat gebildete WIP wieder abgebaut, zum anderen wird die ermittelte Abweichung als Preisdifferenz an ein Ergebnisobjekt abgerechnet.

Ähnlich wie beim COGS-Split lässt sich diese Preisdifferenz auch aufteilen. Wir benutzen hierzu im Folgenden den Begriff *PRD-Split* (Preisdifferenz-Split). Hierbei kann ein Zielkonto für jede Abweichungskategorie ermittelt werden.

Sie erhalten die beiden gebuchten Sachverhalte auf zwei verschiedenen Detaillisten. Die erste Liste zeigt unter **abgerechnete Werte** die Summe Abweichungen von 310 EUR (siehe Abbildung 3.64).

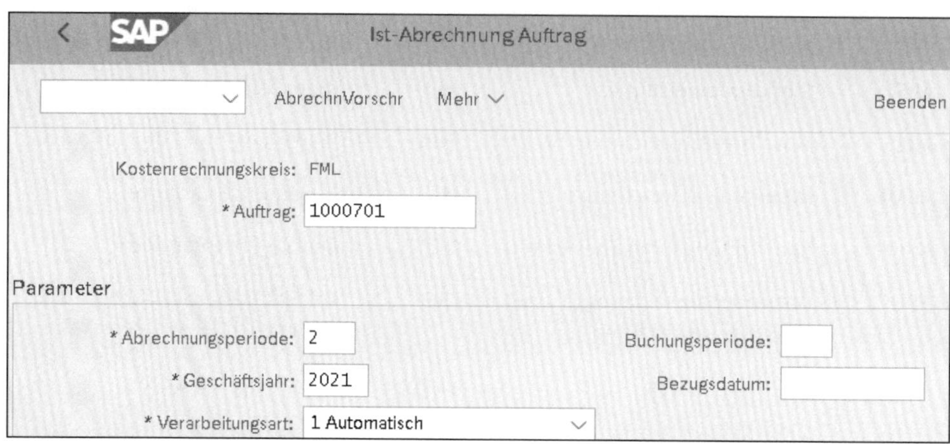

Abbildung 3.63 Abrechnung für den zweiten Monat durchführen – Einstieg

Detailliste - abgerechnete Werte

Sender	Kurztext Sender	Empfänger	Wert/KW	Inform.
AUF 1000701	Fertigerzeugnis 11 (Diskrete Fertigung)	ERG 0000001951	310,00	Abweichungen
		MAT FML1/FE_11	310,00	

Abbildung 3.64 Abrechnung der Abweichungen

Die zweite Detailliste zeigt unter **Abgrenzungsdaten für FI** die Änderung des WIP von 5.275 EUR (siehe Abbildung 3.65).

Detailliste - Abgrenzungsdaten für FI

Sender	Kurztext Sender	Wert/KW
AUF 1000701	Fertigerzeugnis 11 (Diskrete Fertigung)	5.275,00
		5.275,00

Abbildung 3.65 Abrechnung für den WIP-Abbau

Beim PRD-Split wird anders als beim COGS-Split kein zweiter Buchhaltungsbeleg erstellt, sondern alles in einem Beleg gebucht (siehe Abbildung 3.66).

Im Buchhaltungsbeleg ist in den Zeilen 3 und 4 die Auflösung von WIP gebucht. Die Zeilen 1 und 2 bilden die Verbuchung der Preisdifferenz ohne PRD-Split ab; dabei wird über die MM-Kontenfindung GBB-AUA der Fertigungsauftrag entlastet und über PRD-PRF als Preisdifferenz auf ein Ergebnisobjekt gebucht. Die Zeilen 5 bis 8 sind der PRD-Split. Dabei löst Zeile 5 Zeile 2 komplett wieder auf und verteilt die Summe in die beiden ermittelten Abweichungskategorien ABMG und ABST. Für jede von ihnen ist im Customizing ein Konto hinterlegt.

Pos	Bschl	S/H	Konto	Koart	Bezeichnung	Betrag	Währg	Werk	Material	Vor	Menge	BME
1	91	H	55100001	S	Abrechnung Pr.Auf	310,00-	EUR	FML1		GBB	100-	ST
2	83	S	52070000	S	Aufwand Prod Prdiff	310,00	EUR	FML1	FE_11	PRD	100	ST
3	40	S	54200000	S	BV Ware in Arbeit	5.275,00	EUR	FML1				
4	50	H	13200000	S	Bestand WIP	5.275,00-	EUR	FML1				
5	50	H	52070000	S	Aufwand Prod Prdiff	310,00-	EUR	FML1	FE_11			
6	40	S	52072000	S	Preisdifferenz ABMG	210,00	EUR	FML1	FE_11			
7	40	S	52073000	S	Preisdifferenz ABST	100,00	EUR	FML1	FE_11			

Abbildung 3.66 Buchhaltungsbeleg

Im Kostenrechnungsbeleg sehen Sie, dass beim PRD-Split nur das Konto geändert wird, das Ergebnisobjekt aber das gleiche bleibt (siehe Abbildung 3.67).

Belegnummer	BuchDatum	Benutzer	RT	RefBelegnr	OrgVg	Vrgng	Belegkopftext	StB	sto
A000080L00	28.02.2021	STUDENT101	R	2114		KOAE	COIN		

	Bu	OAr	Objekt	ObjektBez	Kostenart	Kostenartenbezeichn.	Wert/OW	OWä	Menge	GME	Material
1		AUF	1000701	Fertigerz...	55100001	Abrechnung Pr.Auf	310,00-	EUR			
2		ERG	1955		52070000	Aufwand Prod Prdiff	310,00	EUR			FE_11
3		ERG	1955		52070000	Aufwand Prod Prdiff	310,00-	EUR			FE_11
4		ERG	1955		52072000	Preisdifferenz ABMG	210,00	EUR			FE_11
5		ERG	1955		52073000	Preisdifferenz ABST	100,00	EUR			FE_11

Abbildung 3.67 Kostenrechnungsbeleg

3.2.14 Technisch abschließen

Sobald die Logistik aus ihrer Sicht den Fertigungsauftrag beendet, wird er technisch abgeschlossen. Dieser Schritt könnte also auch schon nach Schritt 10 erfolgen (siehe Abbildung 3.26). In diesem Beispiel wurde im zweiten Monat mit dem Wareneingang die geplante Menge abgeliefert und der Status GLFT gesetzt. Daher konnte auch schon vor dem Status TABG die WIP-Ermittlung stattfinden (siehe Abbildung 3.68).

Das Setzen des neuen Status kann als Sammelverarbeitung für alle Aufträge im Status GLFT erfolgen oder manuell bei nicht oder nur teilweise bearbeiteten Fertigungsaufträgen, die für die Disposition nicht mehr relevant sein sollen. Hier sehen Sie die Statussetzung mit der Massenbearbeitung und geben die Auftragsnummer in der Selektion an. Für die Massenbearbeitung wählen Sie auf der zweiten Registerkarte die Option **220 Technisch abschließen** (siehe Abbildung 3.69).

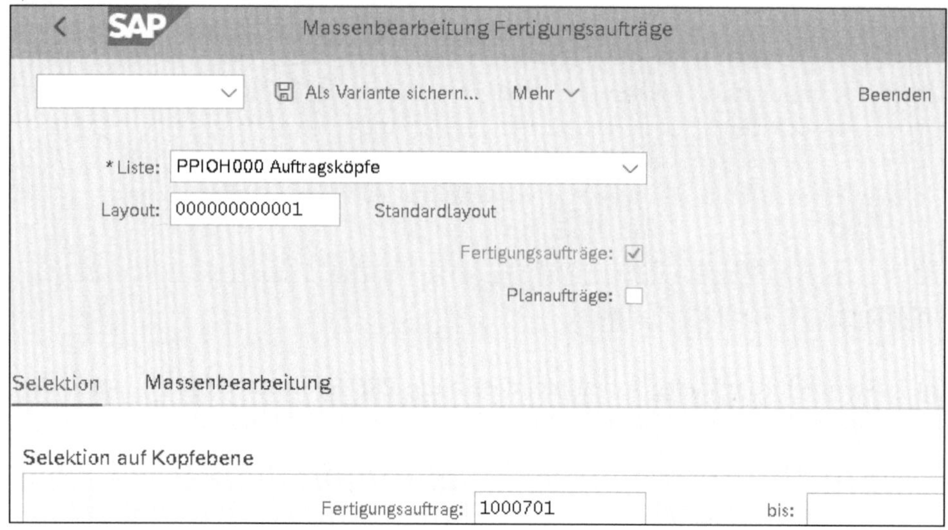

Abbildung 3.68 Massenbearbeitung – Einstieg

Selektion | Massenbearbeitung - Technisch Abschließen

Funktion: 220 Technisch Abschließen

* Funktionsausführung: E Funktion sofort ausführen

* Bearbeitungsmodus: E Datenänderungen durchführen

Abbildung 3.69 Selektion für die Massenbearbeitung

Sie erhalten die Liste aller Auftragsköpfe und eine Anzeige ihres aktuellen Systemstatus. Der Auftrag 1000701 befindet sich aktuell noch im Systemstatus FREI (siehe Abbildung 3.70).

Auftrag	Material	Ikone	AufArt	Disponent	FertSteu.	Werk	Sollmenge	Einh...	Systemstatus
1000701	FE_11		YBM1	001	YB1	FML1	100	ST	FREI RÜCK GLFT

Abbildung 3.70 Massenbearbeitung – Liste

Nachdem Sie den Auftrag markiert haben und die Massenbearbeitung über den Button ausgeführt worden ist, erhält der Auftrag den neuen Status TABG. Sie können im Status TABG immer noch Buchungen und erneute Abrechnungen vornehmen, aber Änderungen am Auftrag sind nicht mehr möglich und er gilt auch nicht mehr als dispositionsrelevant.

3.2.15 Kaufmännisch abschließen

Mit einigen Tagen oder Wochen Abstand zum technischen Abschluss, aber unbedingt erst nach erfolgter Abrechnung, findet der kaufmännische Abschluss statt (siehe Abbildung 3.71).

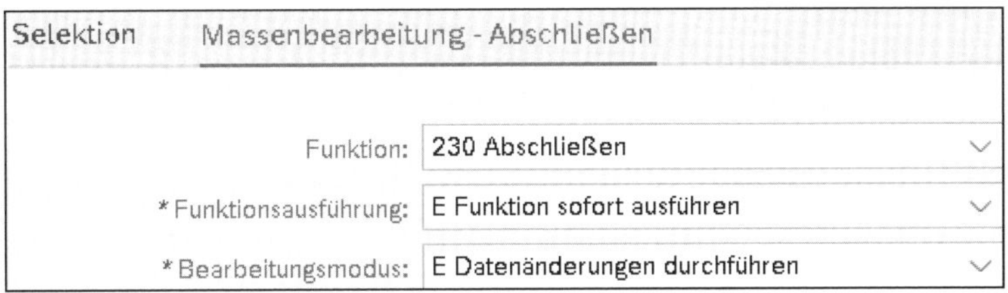

Abbildung 3.71 Kaufmännischer Abschluss in der Massenbearbeitung

Abbildung 3.72 Status »Abgeschlossen«

Nachdem der Status ABGS gesetzt worden ist, sind keine Buchungen mehr für Auftrag möglich. Bei allen Sammelverarbeitungstransaktionen werden Aufträge im Status ABGS bereits im allerersten Selektionsschritt aussortiert. Dies führt zu kürzeren Laufzeiten, da nur noch relevante Aufträge verarbeitet werden (siehe Abbildung 3.72).

Mögliche Erweiterungen

Statt die Warenausgänge der Komponenten in einem separaten Prozessschritt zu buchen, können Sie sie auch retrograd mit der Rückmeldung zu einem Vorgang erfassen. Ebenso kann der Wareneingang des Herstellteils als sogenannter *automatischer Wareneingang* ausgelöst werden, indem Sie dem letzten Vorgang einen Steuerschlüssel zuordnen, der im Customizing entsprechend eingestellt ist. Diese Einstellungen verändern aber nicht das grundsätzliche Buchungsschema, sondern nur den Zeitpunkt der jeweiligen Buchung.

3.3 Serienfertigung

Nachdem Sie die in Abschnitt 3.1, »Diskrete Fertigung«, und Abschnitt 3.2, »Diskrete Fertigung mit Ware in Arbeit und Abweichung«, die diskrete Fertigung kennengelernt haben, behandeln wir als Nächstes die *Serienfertigung*. Für die Serienfertigung sehen wir uns zunächst wieder den »Geradeausweg« ohne WIP und ohne Abweichungen an. Die Serienfertigung mit WIP und Abweichungen lernen Sie in Abschnitt 3.4, »Serienfertigung mit WIP und Abweichung«, kennen.

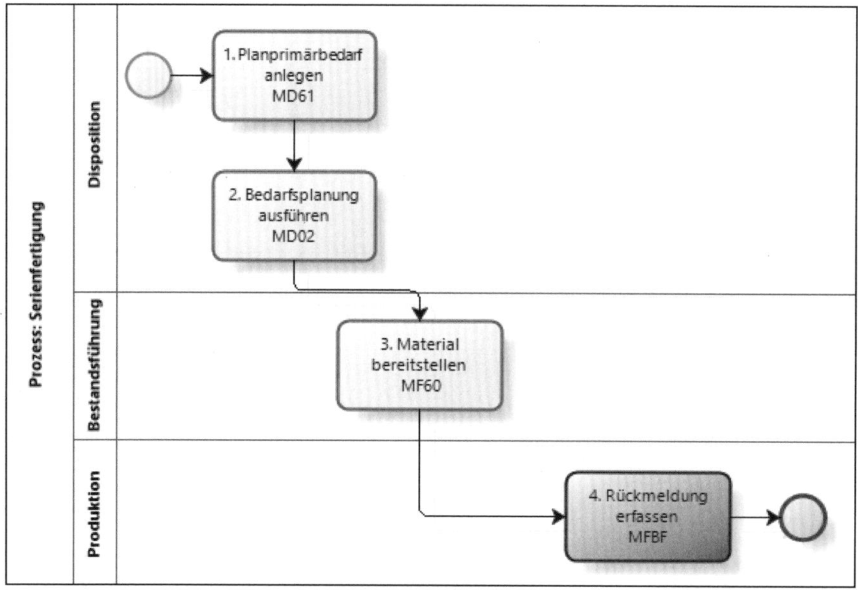

Abbildung 3.73 Prozess »Serienfertigung«

Im ersten Schritt erstellen wir zunächst wieder einen Planprimärbedarf von 100 Stück, der von der Bedarfsplanung in Schritt 2 übernommen wird. In Schritt 3 werden die benötigten Komponenten bereitgestellt, indem sie aus dem Lager an die Produktionslinie umgebucht werden. Wichtig ist, dass zu diesem Zeitpunkt noch kein Verbrauch stattfindet. In diesem Szenario gibt es nur einen abschließenden Zählpunkt am Ende der Linie, zu dem die Rückmeldung der fertiggestellten Materialien erfolgt (siehe Abbildung 3.73). Die Rückmeldung löst gleichzeitig drei Buchungen aus:

- Wareneingang des Fertigerzeugnisses
- Warenausgang der Komponenten
- Leistungsverrechnung anhand des Arbeitsplans

Die Buchung des Materialverbrauchs erst beim Wareneingang des fertigen Herstellteils auszuführen, wird als *retrograde Entnahme* bezeichnet.

Im Buchungsschema ist die Buchung 3 als gestrichelte Linie eingezeichnet, da kein Rechnungswesenbeleg entsteht, sondern nur eine Umlagerung vom Lager an die Produktionslinie durchgeführt wird (siehe Abbildung 3.74). Dieser Bestand wird in einem Produktionslagerort mengen- und wertmäßig geführt. Die gleichzeitig bei der Rückmeldung entstehenden Buchungen werden als Schritte 4a, 4b und 4c eingetragen. Das Kontierungsobjekt ist der Produktkostensammler mit dem Kürzel PKS.

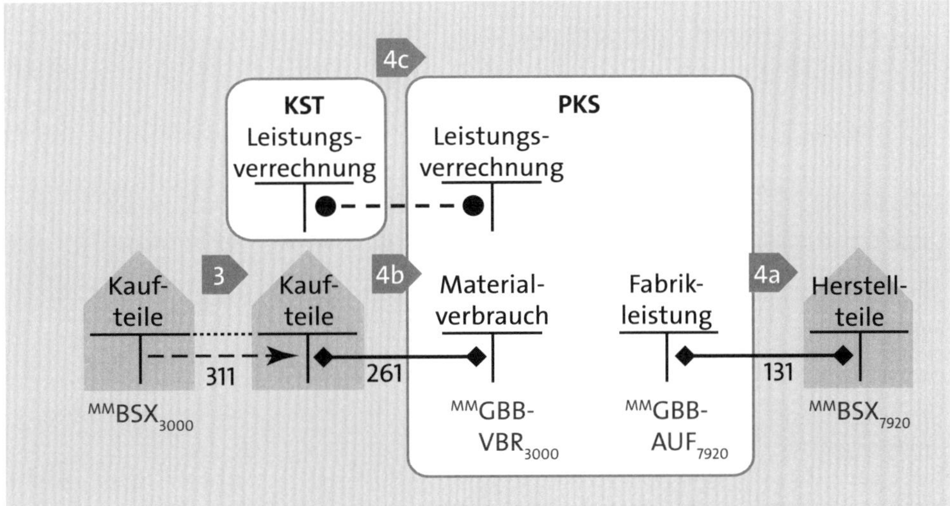

Abbildung 3.74 Buchungsschema »Serienfertigung«

Eine Voraussetzung für die Serienfertigung ist, auf der Registerkarte **Disposition 4** des Materialstamms mit dem Setzen eines Häkchens die **Serienfertigung** zu erlauben und ein Serienfertigungsprofil (**Serienfert.Profil**) zuzuordnen, hier 0002 (siehe Abbildung 3.75).

Das Serienfertigungsprofil

Die Customizing-Einstellungen des Serienfertigungsprofils steuern u. a. die folgenden Eigenschaften:

- ob Leistungen gebucht werden
- ob eine retrograde Entnahme stattfindet
- ob Zählpunkte verwendet werden
- welche Bewegungsarten verwendet werden

Zählpunkte spielen in diesem Szenario keine Rolle, aber in Abschnitt 3.4 finden sie Verwendung.

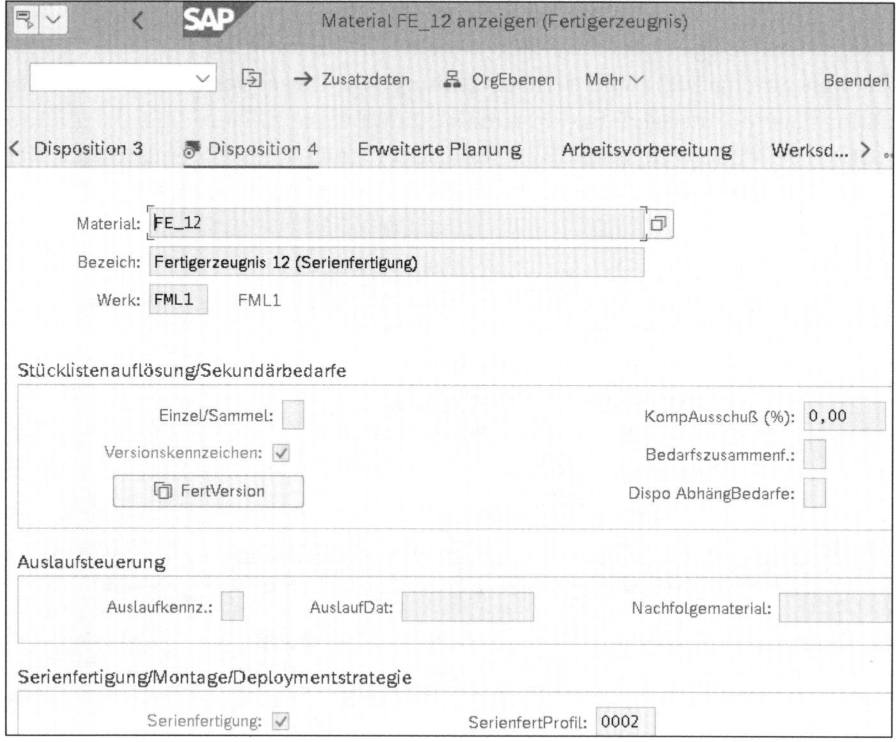

Abbildung 3.75 Materialstamm bei der Serienfertigung

Wie in der diskreten Fertigung wird eine Stückliste benötigt, aber auch diese ist bewusst einfach gehalten und enthält nur die zwei Kaufteile KT_12A und KT_12B (siehe Abbildung 3.76).

Anstelle eines Normalarbeitsplans wird in der Serienfertigung meist ein sogenannter *Linienarbeitsplan* verwendet (siehe Abbildung 3.77). Für unser Material FE_12 ist nur ein einziger Vorgang vorgesehen. Dieser Vorgang enthält auch nur eine einzige Zeitangabe, hier **Produktionszeit** genannt, die der Leistungsart PROD01 zugeordnet ist und 30 Minuten des Arbeitsplatzes SF01 benötigt.

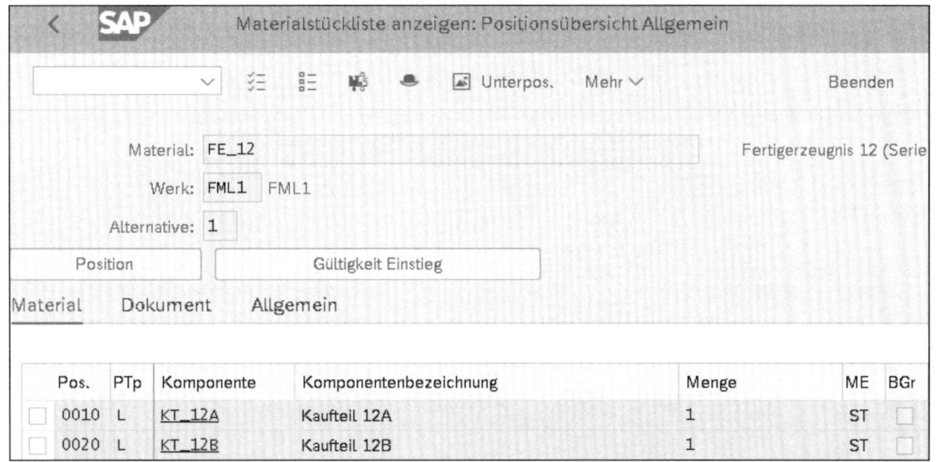

Abbildung 3.76 Stückliste

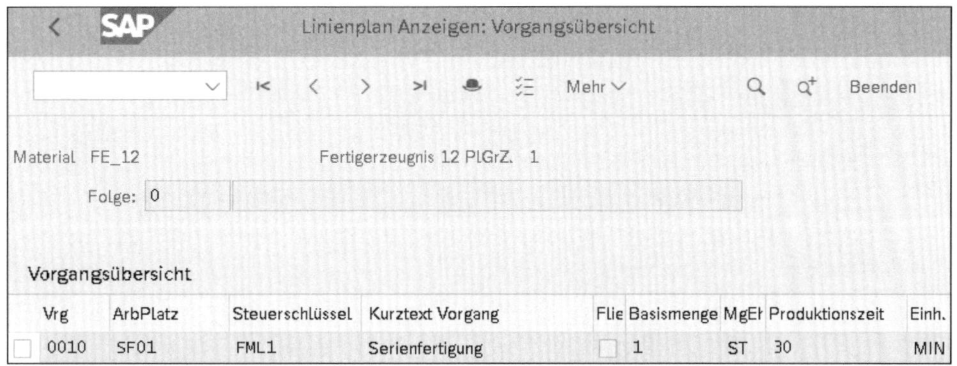

Abbildung 3.77 Linienplan

Die Stückliste und der Arbeitsplan werden in einer Fertigungsversion kombiniert (siehe Abbildung 3.78). Diese Fertigungsversion muss eine Serienfertigung zulassen; dazu setzen Sie ein Häkchen im entsprechenden Feld **Serienf. erlaubt** und geben als **Fertigungslinie** den Arbeitsplatz an. Zusätzlich werden noch Vorschlagswerte für Lagerorte angegeben. Der **Entnahmelagerort** ist unserer Produktionslagerort P001, aus dem die Materialien retrograd entnommen werden sollen. Der Lagerort für die Fertigerzeugnisse ist neben **Empfang. Lagerort** mit 0003 angegeben.

Damit Wareneingänge des Fertigerzeugnisses bewertet gebucht werden können, wird noch eine freigegebene Kalkulation benötigt. Bei einer Kalkulationsgröße von 100 Stück ergibt sich die in Abbildung 3.79 gezeigte bewertete Kalkulationsstruktur.

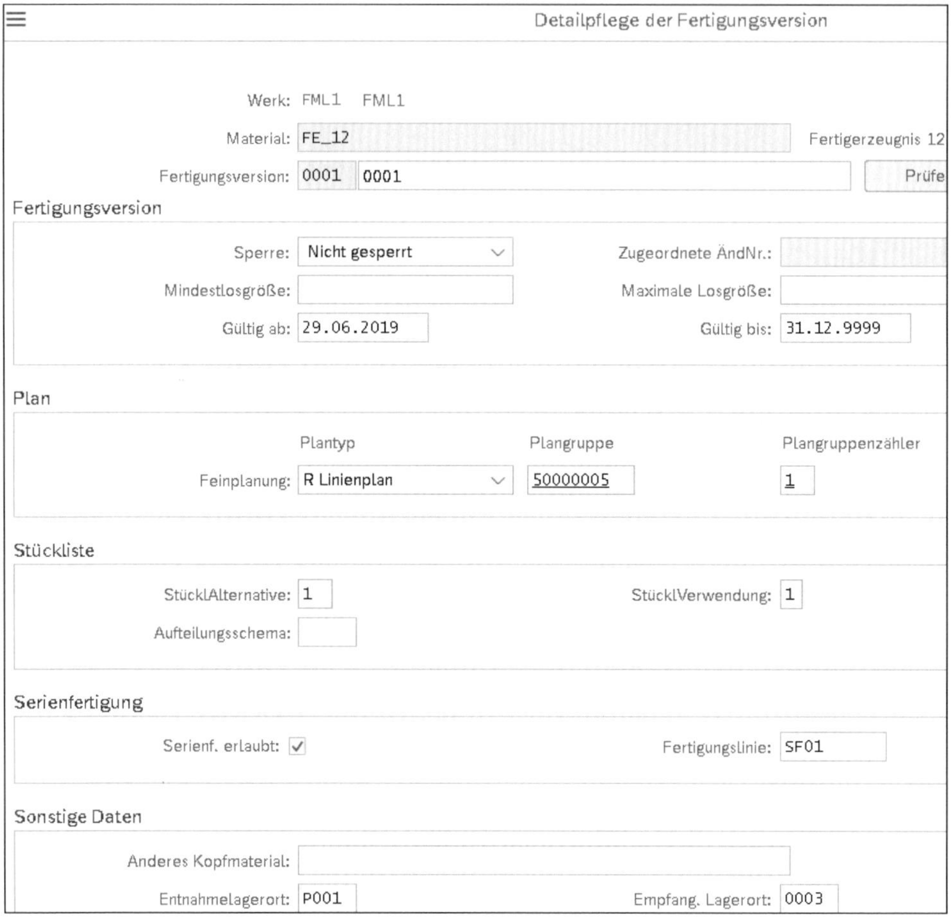

Detailpflege der Fertigungsversion

Werk: FML1 FML1

Material: FE_12 Fertigerzeugnis 12

Fertigungsversion: 0001 0001 Prüfe

Fertigungsversion

Sperre: Nicht gesperrt | Zugeordnete ÄndNr.:

Mindestlosgröße: | Maximale Losgröße:

Gültig ab: 29.06.2019 | Gültig bis: 31.12.9999

Plan

	Plantyp	Plangruppe	Plangruppenzähler
Feinplanung:	R Linienplan	50000005	1

Stückliste

StücklAlternative: 1 | StücklVerwendung: 1

Aufteilungsschema:

Serienfertigung

Serienf. erlaubt: ✓ | Fertigungslinie: SF01

Sonstige Daten

Anderes Kopfmaterial:

Entnahmelagerort: P001 | Empfang. Lagerort: 0003

Abbildung 3.78 Fertigungsversion mit Serienfertigung

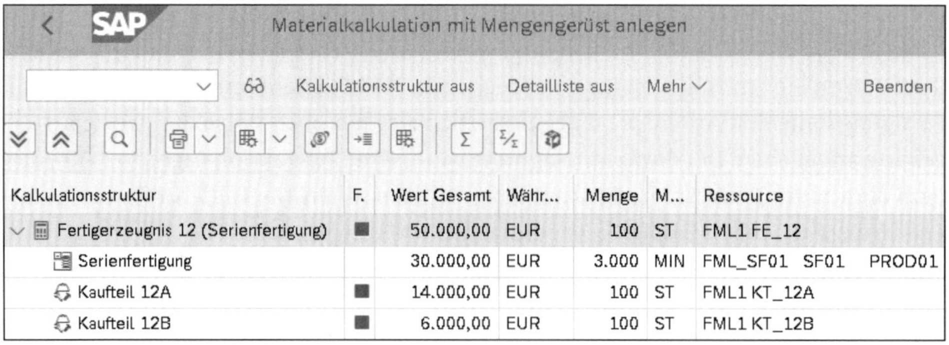

SAP Materialkalkulation mit Mengengerüst anlegen

Kalkulationsstruktur aus Detailliste aus Mehr Beenden

Kalkulationsstruktur	F.	Wert Gesamt	Währ...	Menge	M...	Ressource
Fertigerzeugnis 12 (Serienfertigung)	■	50.000,00	EUR	100	ST	FML1 FE_12
Serienfertigung		30.000,00	EUR	3.000	MIN	FML_SF01 SF01 PROD01
Kaufteil 12A	■	14.000,00	EUR	100	ST	FML1 KT_12A
Kaufteil 12B	■	6.000,00	EUR	100	ST	FML1 KT_12B

Abbildung 3.79 Plankalkulation

Die Kalkulation für das Fertigerzeugnis FE_12 führt zu einem Standardpreis von 500 EUR pro Stück. Der Tarif unser Leistungsart PROD01 für die Kostenstelle SF_01 besitzt selbst eine Schichtung. Diese Primärkostenschichtung umfasst mehrere Kostenelemente, die auch für die Standardpreiskalkulation unseres Produkts FE_12 aufgeteilt werden können. Damit erhalten wir die Kostenschichtung in Abbildung 3.80.

Element	Bezeichnung	Σ Gesamt
101	Einzelk. Material	20.000,00
102	Gutschrift Kuppelpr.	
103	Lohnbearbeitung	
109	GK Material	
201	Personal	12.000,00
202	Abschreibungen	7.500,00
203	Fremdleistungen	4.500,00
204	Energie	6.000,00
209	GK Fertigung	
301	GK Sonstige	
		▪ **50.000,00**

Abbildung 3.80 Kostenschichtung für FE_12

Zu unserer Fertigungsversion legen wir einen *Produktkostensammler* an, der in der Serienfertigung zum Kontierungsobjekt wird (siehe Abbildung 3.81).

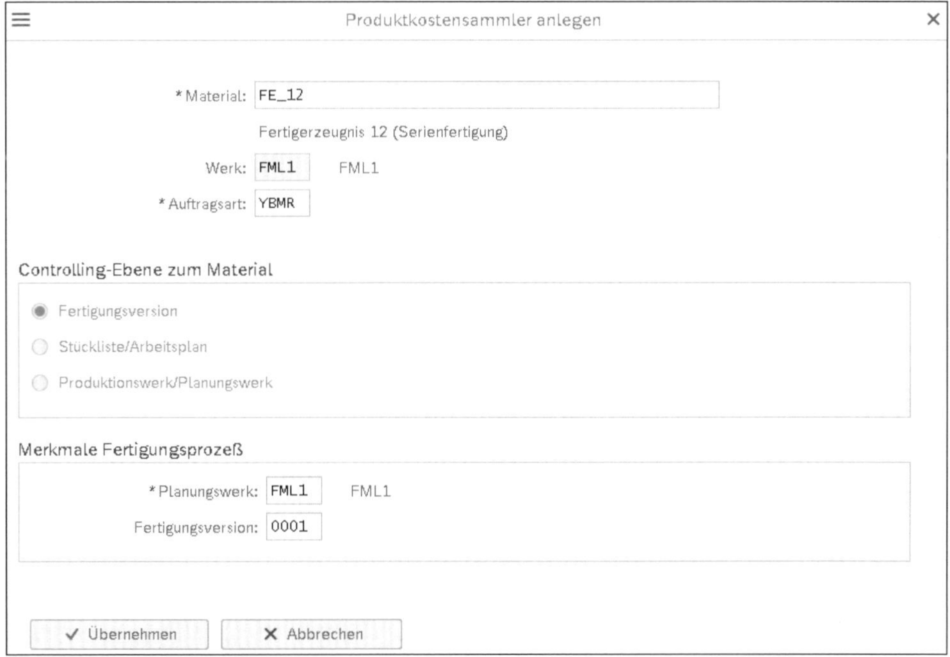

Abbildung 3.81 Produktkostensammler anlegen

Dieser Produktkostensammler ist das Kontierungsobjekt, das ab jetzt immer verwendet wird, wenn Buchungen für dieses Material unter dieser Fertigungsversion stattfinden. Er ist nicht wie ein Fertigungsauftrag auf eine bestimmte Losgröße ausgerichtet, sondern kann über viele Monate hinweg bis zum Auslauf der Produktion dieses Fertigerzeugnisses für alle Materialbewegungen genutzt werden. Beim Anlegen werden bestimmte Felder im Produktkostensammler gesetzt, und es wird eine Auftragsnummer vergeben (siehe Abbildung 3.82).

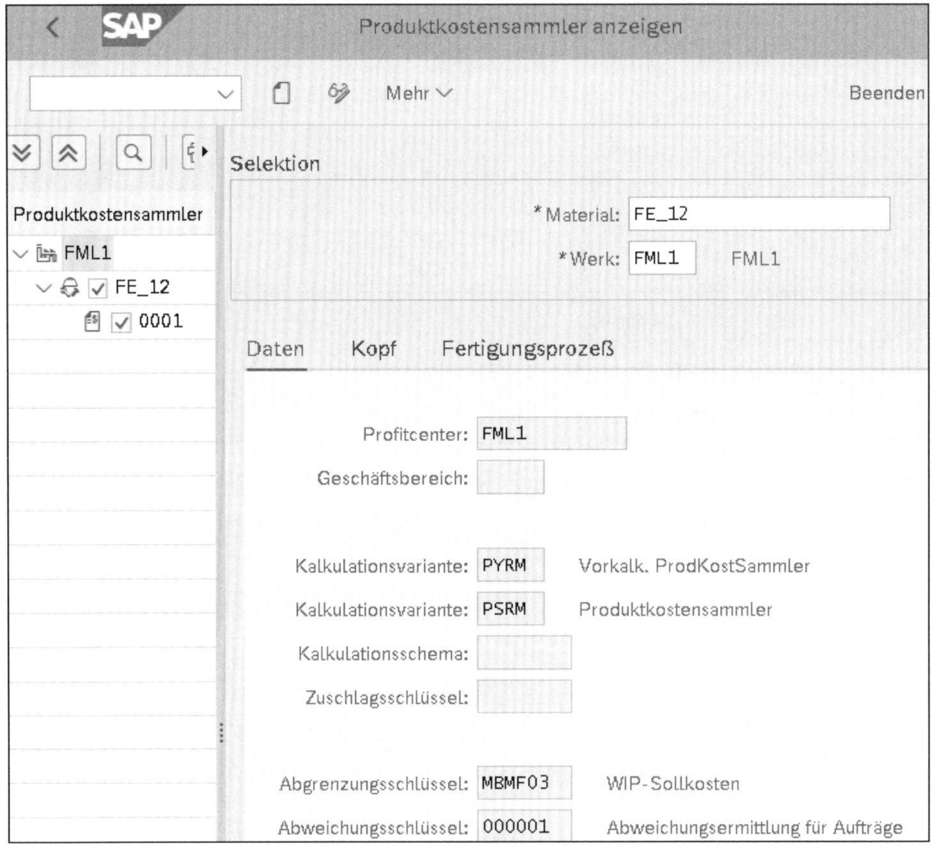

Abbildung 3.82 Produktkostensammler – Details

Die erste Kalkulationsvariante ist für die Vorkalkulation des Produktkostensammlers, in der die Plankosten ermittelt werden. Die zweite Kalkulationsvariante ist für die mitlaufende Kalkulation vorgesehen, um die Ist-Kosten zu bestimmen. Der Abgrenzungsschlüssel und der Abweichungsschlüssel werden erst im nächsten Szenario in Abschnitt 3.4, »Serienfertigung mit WIP und Abweichung«, interessant.

3.3.1 Planprimärbedarf anlegen

Legen Sie als Erstes den Planprimärbedarf an. Für das Fertigerzeugnis FE_12 wurde ein Bedarf von 100 Stück angesetzt, den Sie für den ersten Monat als Planprimärbedarf einstellen (siehe Abbildung 3.83).

Abbildung 3.83 Planprimärbedarf anlegen

3.3.2 Bedarfsplanung ausführen

Wir führen die Bedarfsplanung als Einzelplanung zum Material FE_12 aus (siehe Abbildung 3.84). In unserem Beispiel liegen zu Demonstrationszwecken wieder alle benötigten Kaufteile, für die durch die Stücklistenauflösung Sekundärbedarfe entstehen, in genügender Anzahl im Kaufteilelager und müssen nicht fremdbeschafft werden.

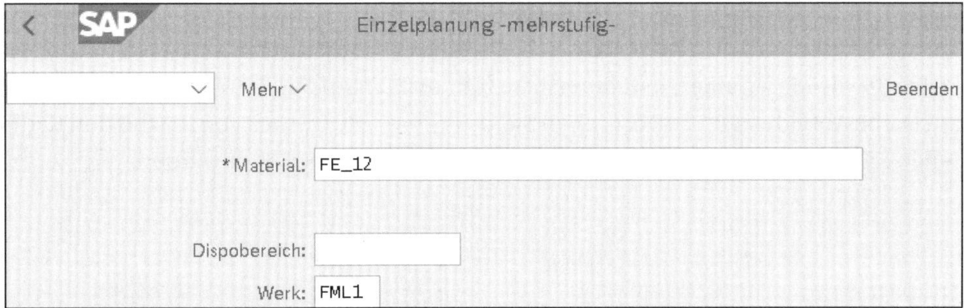

Abbildung 3.84 Bedarfsplanung ausführen

Als Ergebnis erhalten Sie in der Bedarfs-/Bestandsliste einen Planauftrag mit der Nummer 7037 über 100 Stück (siehe Abbildung 3.85). Das Ergebnis kann durch den

Produktionsplaner im Planungstableau der Serienfertigung angepasst werden, um z. B. Materialien, die auf verschiedenen Linien gefertigt werden, der jeweiligen Fertigungsversion zuzuordnen oder Kapazitäten anders zu nutzen. Da dieser Schritt keine weitere Auswirkung auf die Integration in das Finanzwesen hat, überspringen wir ihn.

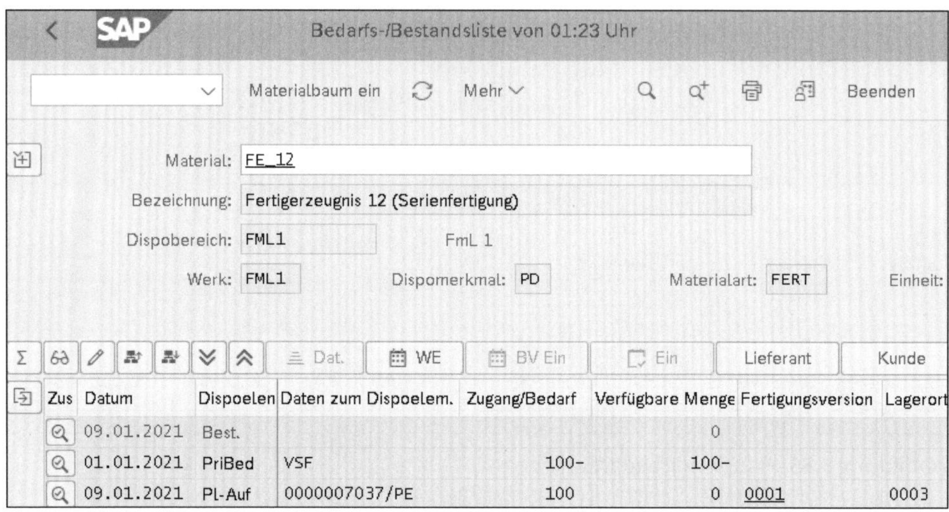

Abbildung 3.85 Die vollständige Bedarfs-/Bestandsliste

3.3.3 Material bereitstellen

Nun muss das Material bereitgestellt werden. In der Serienfertigung werden Materialien nicht wie in der diskreten Fertigung kommissioniert, sondern in einem Produktionslagerort bereitgestellt, aus dem sie retrograd entnommen werden. Um die Information zu erhalten, welche Komponenten im Produktionslagerort benötigt werden, dient die sogenannte *Materialbereitstellungsliste* (siehe Abbildung 3.86).

Rufen Sie die Materialbereitstellungsliste für den Planauftrag 7037 zu den Materialien auf (siehe Abbildung 3.87). Dort sehen Sie, dass jeweils 100 Stück von den beiden Kaufteilen KT_12A und KT_12B im Produktionslagerort P001 benötigt werden.

Materialbereitstellung für Planaufträge

Als Variante sichern... Mehr Beenden

Bereitstellungsarten

Lagerortebene: ☑ WM-Abrufteile: ☐ WM-Kommi. teile: ☐

Ereignisg. Kanban: ☐ EWM-Abrufteile: ☐ EWM-Kommi. teile: ☐

*Werk: FML1 Selektionshorizont für Bedarfe: 10.01.2021

Planaufträge | Fertigungs/Prozessaufträge | Plan- und Fertigungs/Prozessauftr. | Eingabe mit Stü

Selektion nach Aufträgen

Bedarfsverursacher: bis:

Kundenauftrag, Position:

PSP-Element: bis:

Disponent: bis:

ProdZeitraum (Ecktermine): bis:

Planaufträge

Planauftrag: 7037 bis:

Fertigungsversion: bis:

Fertigungslinie: bis:

Nur fertigungsrelevant: ☑ Planauftragsstücklisten neu auflösen: ☐

Abbildung 3.86 Materialbereitstellungsliste – Einstieg

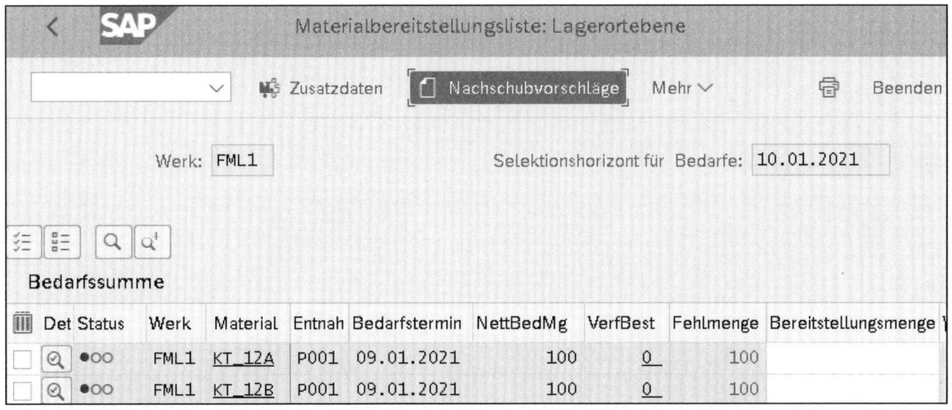

Materialbereitstellungsliste: Lagerortebene

Zusatzdaten | Nachschubvorschläge | Mehr | Beenden

Werk: FML1 Selektionshorizont für Bedarfe: 10.01.2021

Bedarfssumme

Det	Status	Werk	Material	Entnah	Bedarfstermin	NettBedMg	VerfBest	Fehlmenge	Bereitstellungsmenge
	●○○	FML1	KT_12A	P001	09.01.2021	100	0	100	
	●○○	FML1	KT_12B	P001	09.01.2021	100	0	100	

Abbildung 3.87 Materialbereitstellungsliste

Über den Button **Nachschubvorschläge** werden zwei **Nachschubelemente** generiert, die aus dem Lagerort 0001 bedient werden sollen (siehe Abbildung 3.88). Die Spaltenbezeichnung **NSchLO** steht für Nachschublagerort.

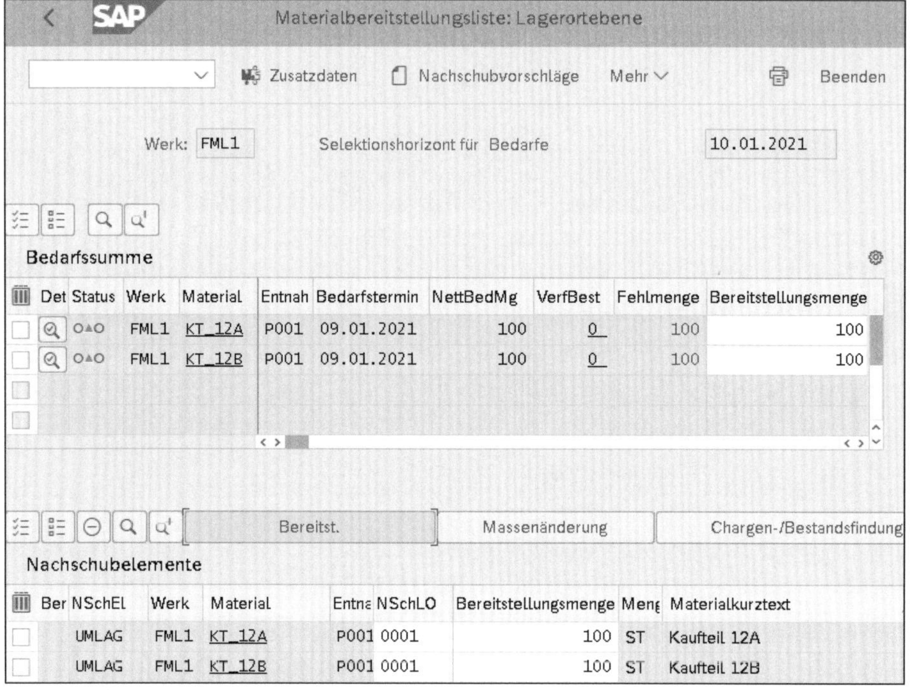

Abbildung 3.88 Nachschubelemente generieren

Werden diese Nachschubelemente bestätigt, indem die Funktion **Bereitst.** ausgeführt wird, wird eine Lagerbewegung getriggert, die einen Materialbeleg zur Folge hat (siehe Abbildung 3.89).

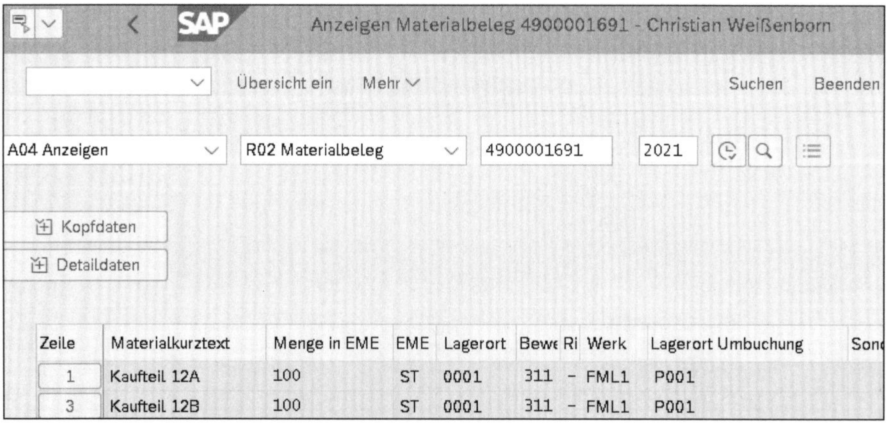

Anzeigen Materialbeleg 4900001691 - Christian Weißenborn

Übersicht ein Mehr Suchen Beenden

A04 Anzeigen R02 Materialbeleg 4900001691 2021

Kopfdaten

Detaildaten

Zeile	Materialkurztext	Menge in EME	EME	Lagerort	Bewe	Ri	Werk	Lagerort Umbuchung	Son
1	Kaufteil 12A	100	ST	0001	311	-	FML1	P001	
3	Kaufteil 12B	100	ST	0001	311	-	FML1	P001	

Abbildung 3.89 Materialbeleg für die Naschschubelemente

Die Umlagerung findet mit der Bewegungsart 311 statt, und Sie erkennen die beiden Spalten **Lagerort** und **Lagerort Umbuchung**. Das Material ist vom Kaufteilelager in den Produktionslagerort umgebucht worden. Diese Buchung hat keine finanzielle Auswirkung, und die Materialwerte befinden sich finanziell immer noch auf dem Konto RHB-Bestand.

3.3.4 Rückmeldung erfassen

Der schlanke Prozess der Serienfertigung wird im vierten Schritt sichtbar: Zu unserer Materialnummer wird die fertiggestellte Menge von 100 Stück rückgemeldet und die Fertigungsversion 0001 angegeben (siehe Abbildung 3.90). Dies kann als manuelle Eingabe erfolgen, wird aber meist durch eine Scanner-Aktion für ein einzelnes Material oder eine bestimmte Verpackungsmenge ausgeführt. Auch ist es möglich, direkt die Zähler einer Maschine an das SAP-System anzuschließen und die Erfassung automatisch zu verbuchen.

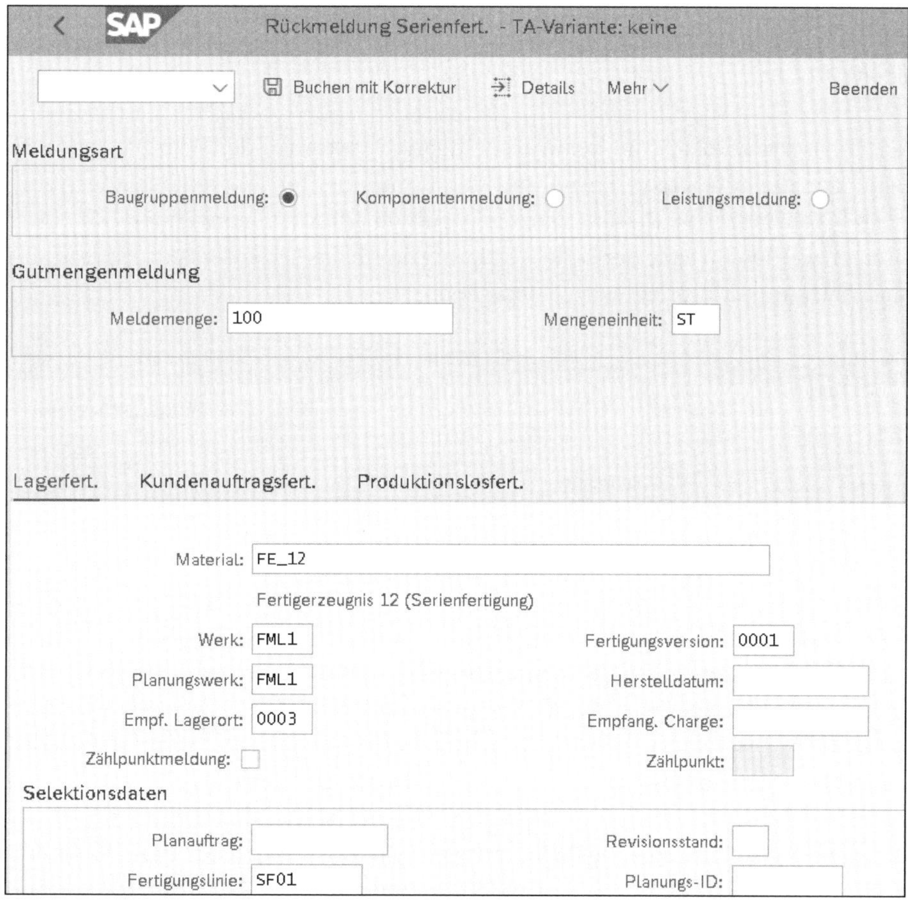

Abbildung 3.90 Rückmeldung erfassen

In der abschließenden Meldung erkennen Sie, dass drei Buchungen stattgefunden haben: ein Wareneingang, ein Warenausgang und eine Leistungsverrechnung (siehe Abbildung 3.91).

Abbildung 3.91 Meldung zur Rückmeldungsverbuchung

Über das Belegprotokoll kommen Sie an die erstellten Belege (siehe Abbildung 3.92). Sie sehen hier den Materialbeleg 4900001692 und den Leistungsbeleg 1124.

Belegprot.	Material	Werk	FVer	ErfDatum	Uhrzeit	F	Vertr.Bel.	Pos
Benutzername	**VArt**	**Zpkt**	**PlngWerk**	**Buch.dat.**	**WA FL NB**	**ST**	**Menge**	**ME**
Belegprot.	**Pos**	**Materialb.**	**Leistungsb**	**Zähler**	**Zählpunktb**	**Nachbearb.**		
41	FE_12	FML1	0001	09.01.2021	02:14:24	01		
STUDENT101	B		FML1	09.01.2021			100	ST
41	1	4900001692						
41	2		1124	4				

Abbildung 3.92 Belegprotokoll zur Rückmeldung

Im Materialbeleg wird sowohl der Wareneingang 3a als auch der Warenausgang 3b gebucht, der die retrograde Entnahme der Komponenten darstellt (siehe Abbildung 3.93). Es wird die zu diesem Zeitpunkt gültige Stückliste verwendet. Die Bewegungsarten werden im Falle der Serienfertigung durch das Serienfertigungsprofil, das im Materialstamm hinterlegt wird, vorgegeben.

Anzeigen Materialbeleg 4900001692 - Christian Weißenborn

Mehr Suchen Beenden

A04 Anzeigen | R02 Materialbeleg | 4900001692 | 2021

Kopfdaten

Zeile	Materialkurztext	Menge i	EME	Lagerort	Auftrag	Sachkonto	Bewe	Ri	Bestandsart	Werk
1	Fertigerzeugnis 12 (	100	ST	0003	700005	55100000	131	+	Frei verwendbar	FML1
2	Kaufteil 12A	100	ST	P001	700005	51100000	261	-	Frei verwendbar	FML1
3	Kaufteil 12B	100	ST	P001	700005	51100000	261	-	Frei verwendbar	FML1

Abbildung 3.93 Materialbeleg für das Fertigerzeugnis und die Kaufteile

Im dazugehörigen Buchhaltungsbeleg erfolgen die Buchungen für den Wareneingang mit der Bewegungsart 131 über die Vorgänge BSX und GBB-AUF als »Bestand (Soll) an Fabrikleistung (Haben)« und für den Warenausgang für jede Komponente mit der Bewegungsart 261 über die Vorgänge BSX und GBB-VBR als »Materialverbrauch (Soll) an Bestand (Haben)« (siehe Abbildung 3.94).

BuKr.	P...	BS	S/H	Konto	Koart	Bezeichnung	Betrag	Wä...	Werk	Material	Vorgang	Menge	BME
FMLA	1	89	S	13400000	M	Best fertige Ware	50.000,00	EUR	FML1	FE_12	BSX	100	ST
	2	91	H	55100000	S	Fabrikleistng Pr.Auf	50.000,00-	EUR	FML1	FE_12	GBB	100-	ST
	3	99	H	13100000	M	Bestand Rohstoffe	14.000,00-	EUR	FML1	KT_12A	BSX	100-	ST
	4	81	S	51100000	S	Verbrauch Rohstoffe	14.000,00	EUR	FML1	KT_12A	GBB	100	ST
	5	99	H	13100000	M	Bestand Rohstoffe	6.000,00-	EUR	FML1	KT_12B	BSX	100-	ST
	6	81	S	51100000	S	Verbrauch Rohstoffe	6.000,00	EUR	FML1	KT_12B	GBB	100	ST

Abbildung 3.94 Buchhaltungsbeleg

Auch der Produktkostensammler wird im Kostenrechnungsbeleg unter der Objektart AUF geführt und enthält die GuV-Positionen zu allen drei Materialien (siehe Abbildung 3.95).

Belegnummer	BuchDatum	Benutzer	RT	RefBelegnr	OrgVg	Vrgng	Belegkopftext	StB	sto	
Bu	**OAr**	**Objekt**	**ObjektBez**	**Kostenart**	**Kostenartenbezeichn.**	**Wert/OW**	**OWä**	**Menge**	**GME**	**Material**
A00007RY00	09.01.2021	STUDENT101	R	4900001692	RMRU	COIN				
2	AUF	700005	0001	55100000	Fabrikleistng Pr.Auf	50000,00-	EUR	100-	ST	FE_12
3	AUF	700005	0001	51100000	Verbrauch Rohstoffe	14000,00	EUR	100	ST	KT_12A
4	AUF	700005	0001	51100000	Verbrauch Rohstoffe	6.000,00	EUR	100	ST	KT_12B

Abbildung 3.95 Kostenrechnungsbeleg

Im Belegprotokoll ist ein Leistungsbeleg eingetragen, in den Sie per Doppelklick abspringen können (siehe Abbildung 3.96).

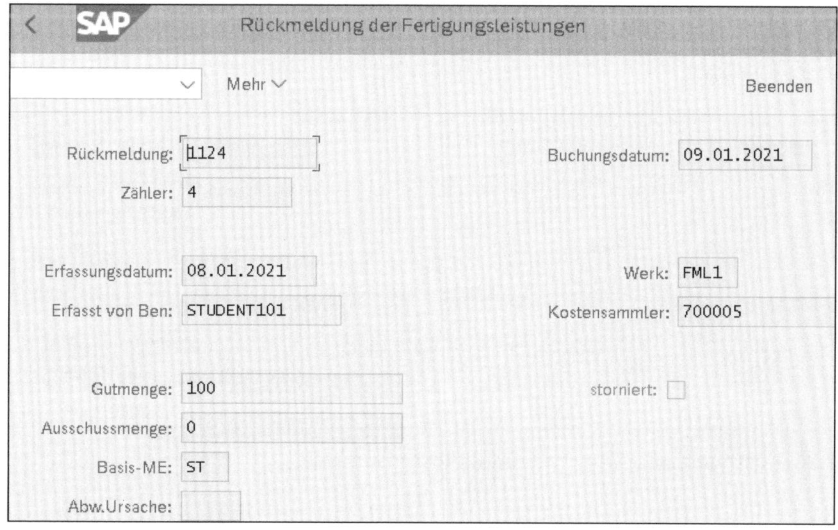

Abbildung 3.96 Leistungsbeleg

Leider ist auch hier keine direkte Navigation in den erstellten Kostenrechnungsbeleg möglich (siehe Abbildung 3.97). Wie in der diskreten Fertigung ist dieser nur über die Kostenanzeige zum Produktkostensammler oder in Transaktion KSB5 über die Eingabe der Rückmeldungsnummer als Referenzbeleg anzeigbar.

Belegnummer	BuchDatum	Benutzer	RT RefBelegnr	OrgVg Vrgng Belegkopftext	StB sto			
Bu OAr Objekt		ObjektBez	Kostenart	Kostenartenbezeichn.	Wert/OW	OWä	Menge GME	Material
300000903	09.01.2021	STUDENT101	R 1124	RMRU RKL				
1 LEI FML_SF01/PROD01		Serienfer...	94399000	Produktionszeit	30000,00-	EUR	3000- MIN	
2 AUF 700005		0001	94399000	Produktionszeit	30000,00	EUR	3000 MIN	

Abbildung 3.97 Kostenrechnungsbeleg zum Leistungsbeleg

Da in diesem Szenario alle Werte wie in der Standardpreiskalkulation gebucht wurden, gibt es keine Abweichungen. Im Detailbericht **Kostenentwicklung zum Produktkostensammler** sehen Sie dies am Gesamtsaldo von 0 EUR für die Spalte **Istkosten gesamt** (siehe Abbildung 3.98).

SAP Kostenentwicklung

Mehr Beenden

Auftrag 700005 0001
Werk FML1 FML1
Material FE_12 Fertigerzeugnis 12 (Serienfertigung)
Fertigungsprozess FVersion:0001

Istmenge 100 ST Stück

Sollversion 0 Sollkosten für Gesamtabweichungen

Periode 001.2021 Januar

Legale Bewertung
Buchungskreis-/Objektwährung

Vorgang (Text)	Herkunft	Herkunft (Text)		Istkosten gesamt	Währung
Rückmeldungen	FML_SF01/PROD01	Serienfertigung 1 / Produktion		30.000,00	EUR
Rückmeldungen			•	**30.000,00**	**EUR**
Warenausgänge	FML1/KT_12A	Kaufteil 12A		14.000,00	EUR
	FML1/KT_12B	Kaufteil 12B		6.000,00	EUR
Warenausgänge			•	**20.000,00**	**EUR**
Wareneingang	FML1/FE_12	Fertigerzeugnis 12 (Serienfertigung)		50.000,00-	EUR
Wareneingang			•	**50.000,00-**	**EUR**
			••	**0,00**	**EUR**

Abbildung 3.98 Kostenentwicklung im Produktkostensammler

Ohne Meilensteine (mehr hierzu finden Sie in Abschnitt 3.4, »Serienfertigung mit WIP und Abweichung«) ist es in der Serienfertigung nicht möglich, Ware in Arbeit zu ermitteln. Dies ist in vielen Fällen auch nicht unbedingt erforderlich, da retrograd entnommen wird, d. h., der Materialwert befindet sich immer bewertet in einem Bestand, entweder als Kaufteil oder als Herstellteil.

Nur für die Leistungen, die bereits teilweise in Form von angearbeiteten Zuständen an der Linie erbracht wurden, müssen Sie überlegen, wie diese abgegrenzt werden können. Im Gegensatz zu den Fertigungsaufträgen ist der Produktkostensammler über einen langen Zeitraum offen, und alle Rückmeldungen werden auf ihm gebucht.

3.4 Serienfertigung mit WIP und Abweichung

Nun erweitern wir das Szenario und erstellen einen Arbeitsplan mit zwei Vorgängen: Es soll Ware in Arbeit entstehen und wir führen eine Abweichung ein. Jeder Vorgang wird in unserem Beispiel für eine sogenannte *Zählpunktmeldung* verwendet, d. h., es erfolgt eine Rückmeldung nach Vorgängen, die als Zählpunkte definiert sind, und nicht erst am Ende des gesamten Prozesses.

Der Prozess findet in diesem zweiten Beispiel für die ersten drei Schritte genauso statt wie im Szenario aus Abschnitt 3.3, »Serienfertigung«. In Schritt 4 findet keine Endrückmeldung, wie in Abschnitt 3.3.4, »Rückmeldung erfassen«, gezeigt, statt, sondern eine Rückmeldung für einen Zählpunkt. Dabei werden alle 100 Stück zurückgemeldet.

Für den zweiten Zählpunkt erfassen wir hingegen in Schritt 5 nur eine Teilmenge von 30 Stück. Die restlichen 70 Stück stehen über den Monatswechsel angearbeitet in der Fertigung, und für diese wird in Schritt 6 WIP ermittelt. Sie müssen hier bereits in Schritt 7 die Abweichungen ermitteln, auch wenn es noch keine gibt. Die in den Schritten 6 und 7 errechneten Werte werden in Schritt 8 abgerechnet. Damit ist der erste Monat abgeschlossen (siehe Abbildung 3.99).

Im Buchungsschema wird der Unterschied zwischen der Rückmeldung zum Zählpunkt 0010 und der Rückmeldung zum Zählpunkt 0020 deutlich (siehe Abbildung 3.100). In beiden Fällen werden Materialverbräuche (Buchungen 4a und 5b) und Leistungen (Buchungen 4b und 5c) gebucht, aber nur zum zweiten Zählpunkt wird ein Wareneingang (Buchung 5a) erfasst. Die Buchung 8 zeigt den WIP-Aufbau für die Menge, die bisher nur am ersten Zählpunkt erfasst wurde.

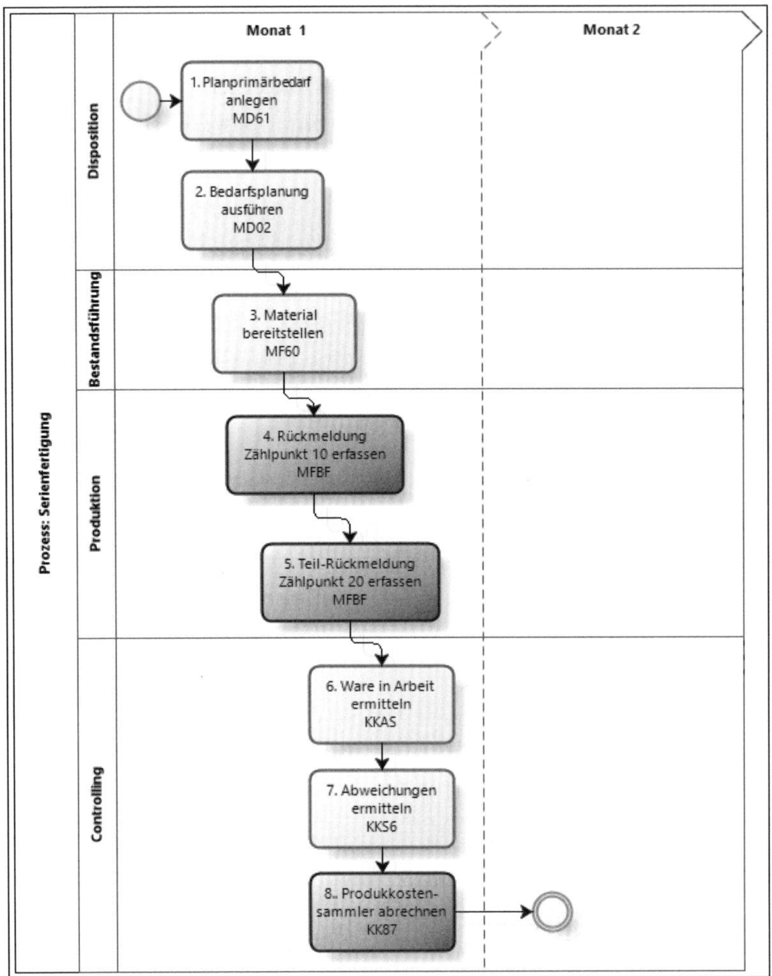

Abbildung 3.99 Prozess »Serienfertigung mit WIP und Abweichungen« – Monat 1

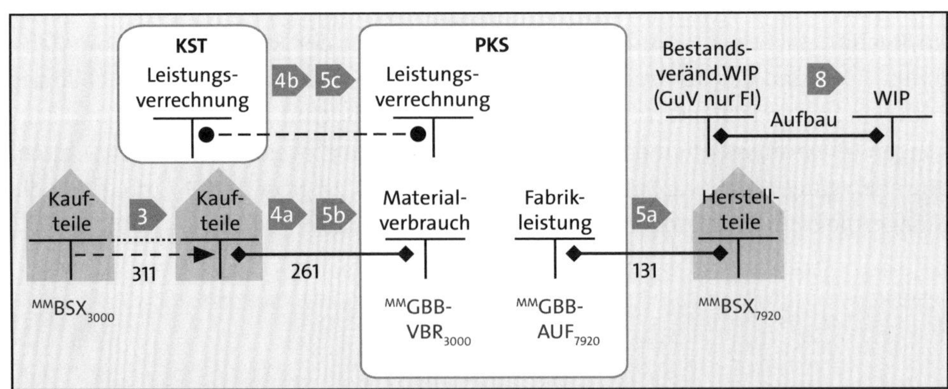

Abbildung 3.100 Buchungsschema »Serienfertigung mit WIP und Abweichungen« – Monat 1

Im Folgemonat werden die noch offenen 70 Stück in Schritt 9 zum Zählpunkt 0020 zurückgemeldet. Im Periodenabschluss für den zweiten Monat erfolgen die Schritte 10, 11 und 12, um Ware in Arbeit und Abweichungen zu berechnen und diese entsprechend an WIP und an die Preisdifferenzen in der Ergebnisrechnung abzurechnen (siehe Abbildung 3.101).

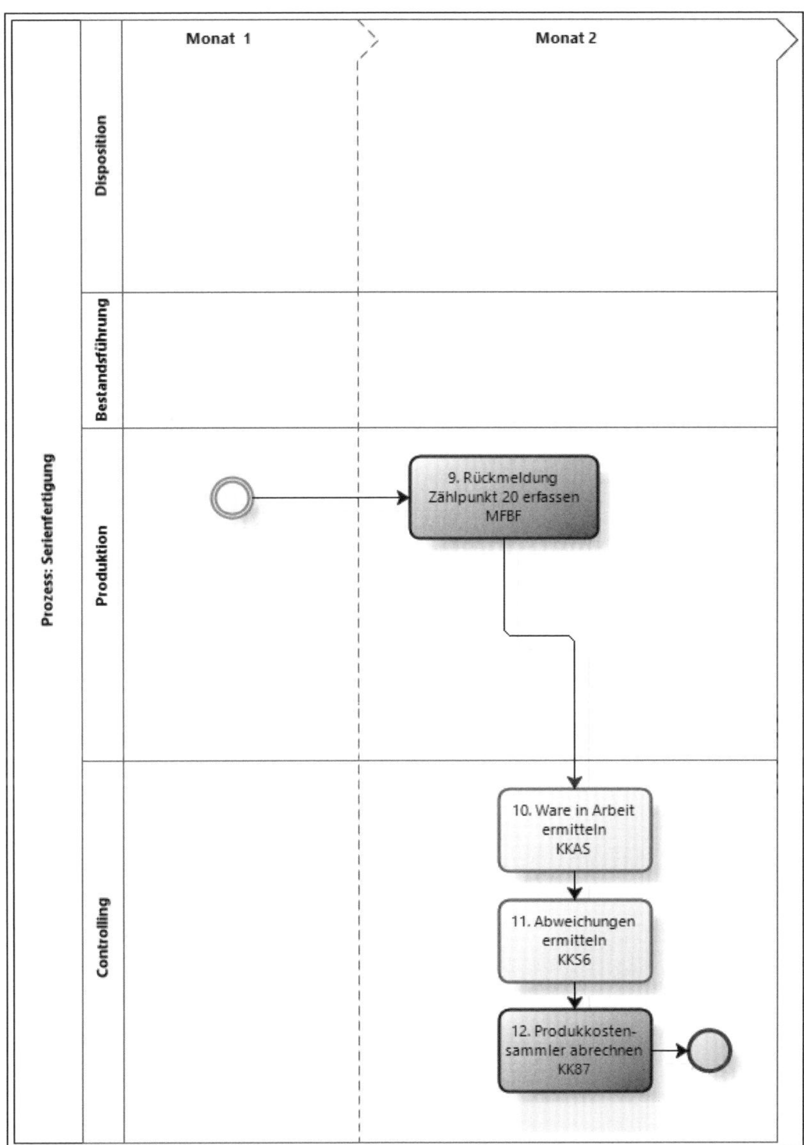

Abbildung 3.101 Prozess »Serienfertigung mit WIP und Abweichungen« – Monat 2

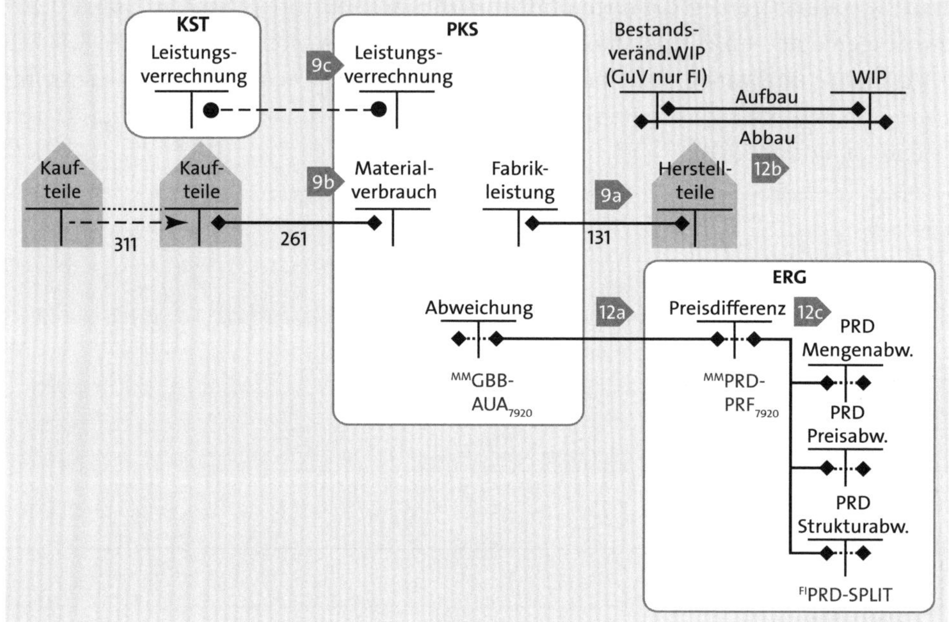

Abbildung 3.102 Buchungsschema »Serienfertigung mit WIP und Abweichungen« – Monat 2

Im Buchungsschema des zweiten Monats wird mit Schritt 12a die Abweichung abgerechnet und mit Schritt 12b WIP abgebaut (siehe Abbildung 3.102). Ergänzend findet zu Buchung 12 in Buchung 12c ein PRD-Split statt. Die Stückliste besteht auch in diesem Beispiel aus zwei Komponenten, hier Kaufteil KT_13A und Kaufteil KT_13B (siehe Abbildung 3.103).

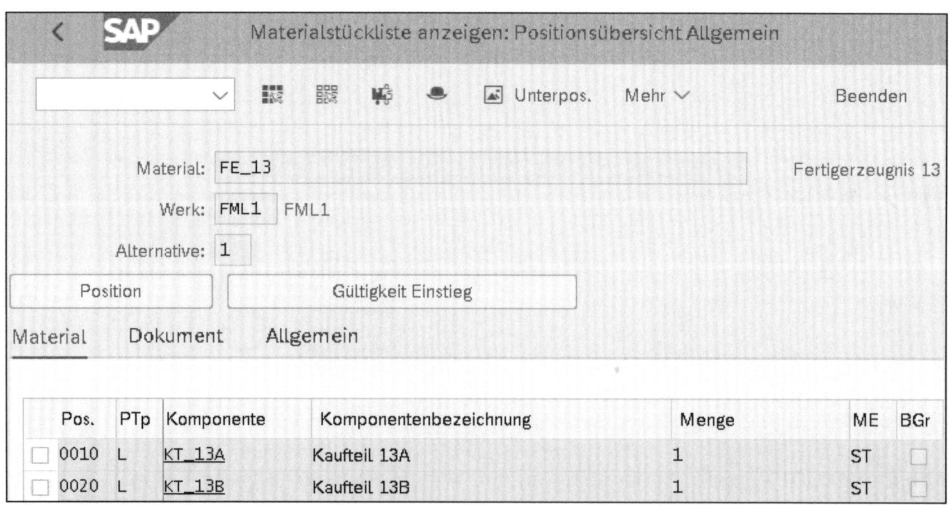

Pos.	PTp	Komponente	Komponentenbezeichnung	Menge	ME	BGr
0010	L	KT_13A	Kaufteil 13A	1	ST	
0020	L	KT_13B	Kaufteil 13B	1	ST	

Abbildung 3.103 Stückliste mit Kaufteilen

Im Linienplan werden zur Fertigung insgesamt 30 Minuten Produktionszeit des Arbeitsplatzes SF01 benötigt, aber diesmal ist diese Zeit auf zwei Vorgänge zu je 20 Minuten und 10 Minuten aufgeteilt (siehe Abbildung 3.104).

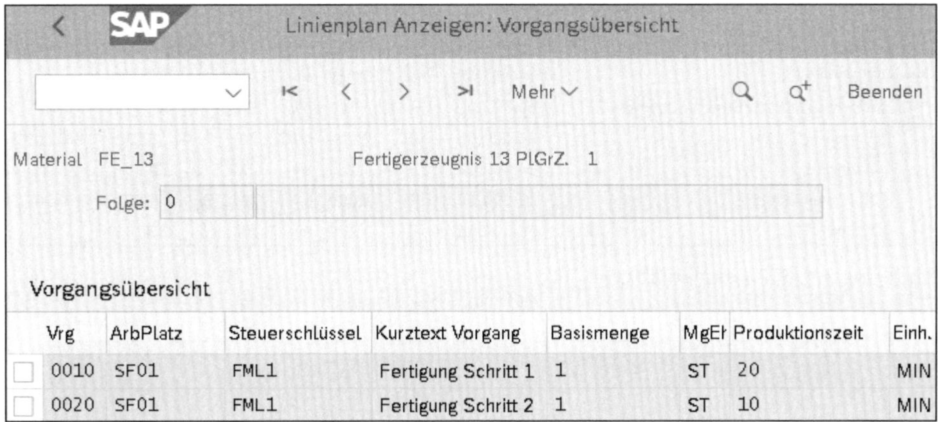

Abbildung 3.104 Linienplan mit Fertigungsschritten

Die Stücklistenkomponenten werden im Linienplan den Vorgängen zugeordnet. Am ersten Zählpunkt zum Vorgang 0010 soll die Komponente KT_13A verbraucht werden und erst am zweiten Zählpunkt zum Vorgang 0020 das Material KT_13B. Diese Zuordnung erfolgt in der *Materialkomponentenübersicht* (siehe Abbildung 3.105).

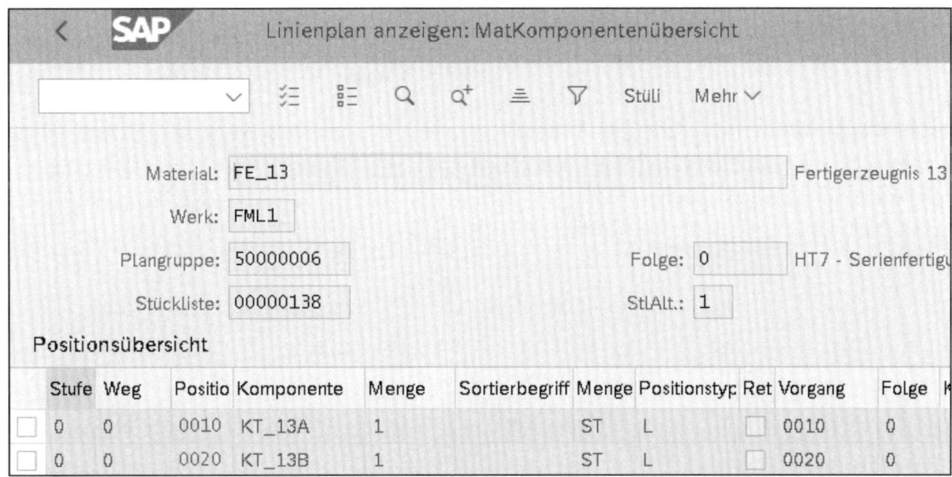

Abbildung 3.105 Materialkomponentenübersicht

In der Plankalkulation werden die zugeordneten Teile jeweils unter ihrem Arbeitsplanvorgang angezeigt (siehe Abbildung 3.106). Zudem wird ein Produktkostensammler zum Material FE_13 angelegt und vorkalkuliert (siehe Abbildung 3.107).

Materialkalkulation mit Mengengerüst anlegen

Kalkulationsstruktur aus | Detailliste aus | Mehr | Beenden

Kalkulationsstruktur	F...	Wert Gesamt	Wä...	Menge	M...	Ressource		
Fertigerzeugnis 13 (Serienfertigung)	■	50.000,00	EUR	100	ST	FML1 FE_13		
Fertigung Schritt 1		20.000,00	EUR	2.000	MIN	FML_SF01	SF01	PROD01
Kaufteil 13A	■	14.000,00	EUR	100	ST	FML1 KT_13A		
Fertigung Schritt 2		10.000,00	EUR	1.000	MIN	FML_SF01	SF01	PROD01
Kaufteil 13B	■	6.000,00	EUR	100	ST	FML1 KT_13B		

Abbildung 3.106 Plankalkulation

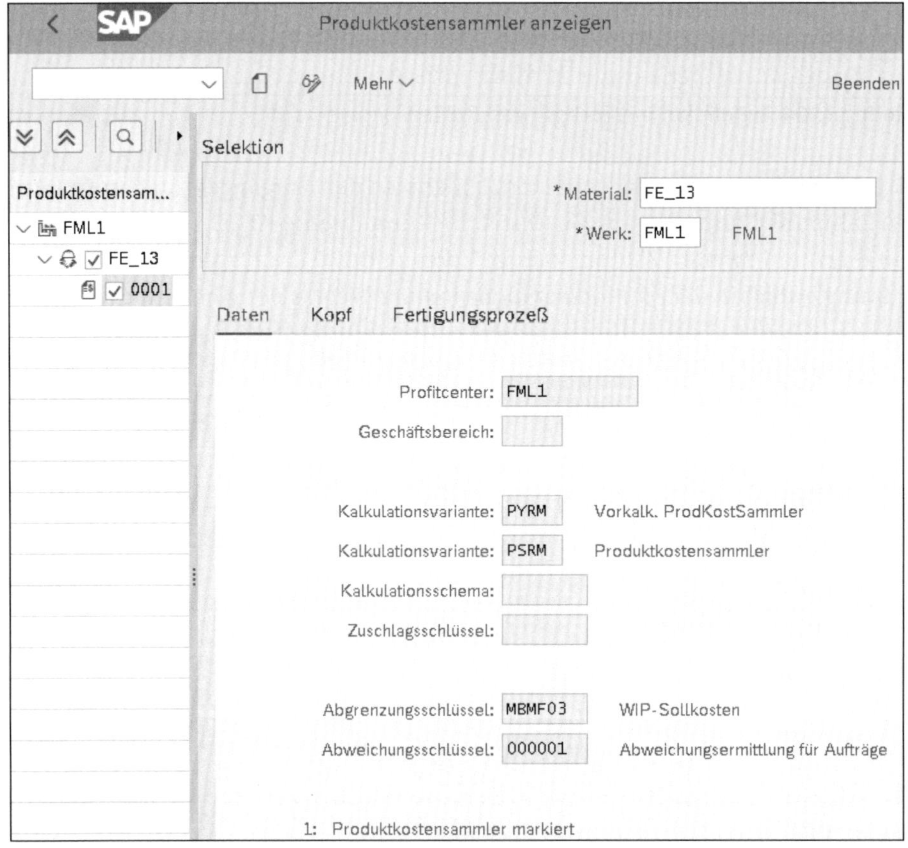

Abbildung 3.107 Produktkostensammler

Der Abgrenzungsschlüssel wird aus der Auftragsart abgeleitet und der Abweichungsschlüssel aus dem Materialstamm. Nun sind alle Voraussetzungen für die Produktion erfüllt, und der Prozess kann starten.

3.4.1 Planprimärbedarf anlegen

Legen Sie nun wieder den Planprimärbedarf an. Diesen Vorgang kennen Sie bereits aus den vorangehenden Szenarien in Abschnitt 3.1.1, Abschnitt 3.2.1 und Abschnitt 3.3.1. Im ersten Schritt werden zunächst 100 Stück als Planprimärbedarf angelegt (siehe Abbildung 3.108).

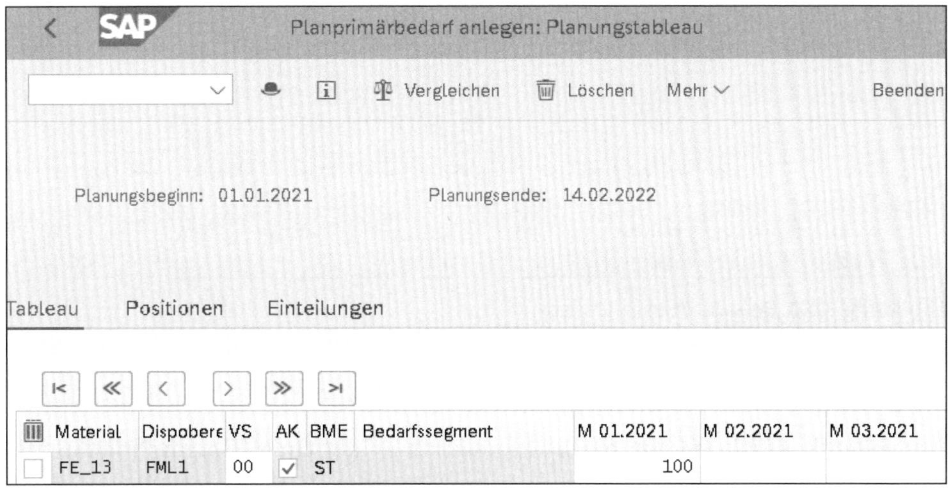

Abbildung 3.108 Planprimärbedarf anlegen

3.4.2 Bedarfsplanung ausführen

Die Bedarfsplanung für das Fertigerzeugnis wird als Einzelplanung ausgeführt (siehe Abbildung 3.109).

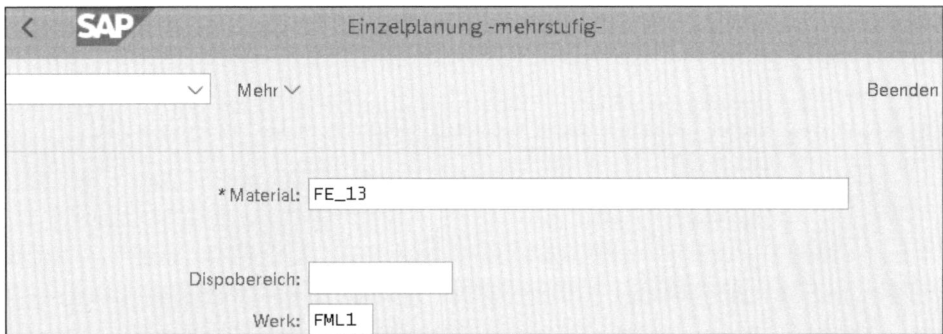

Abbildung 3.109 Bedarfsplanung ausführen

Als Ergebnis wird ein Planauftrag erstellt. Abhängige Bedarfe werden auch erzeugt, führen aber zu keiner Fremdbeschaffung, da alle benötigten Kaufteile ja bereits in genügender Zahl eingekauft wurden. Den Bedarf und den Bedarfsdecker sehen Sie in der Bedarfs-/Bestandsliste (siehe Abbildung 3.110).

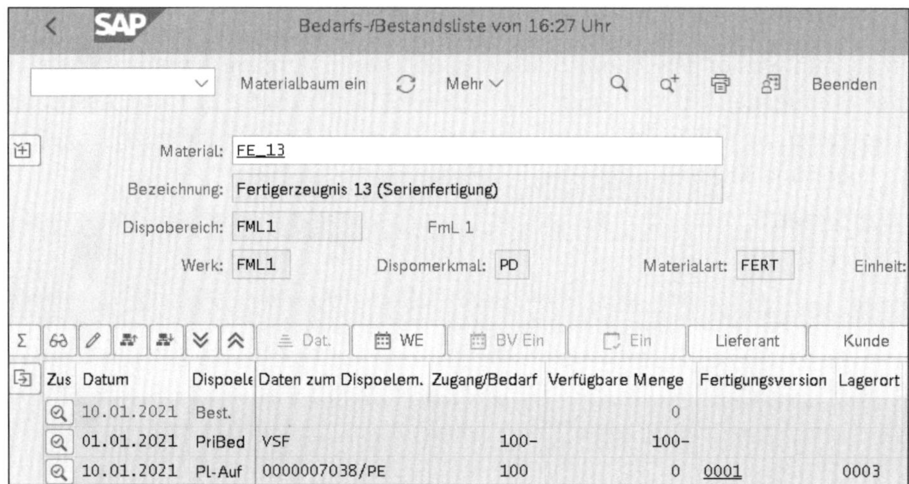

Abbildung 3.110 Bedarfs-/Bestandsliste

3.4.3 Material bereitstellen

Die beiden Kaufteile werden für die Produktion an der Linie, d. h. im Produktionslagerort benötigt. Über die Materialbereitstellungsliste wird zu den Planaufträgen der Nachschub angestoßen und die Umlagerung gebucht (siehe Abbildung 3.111).

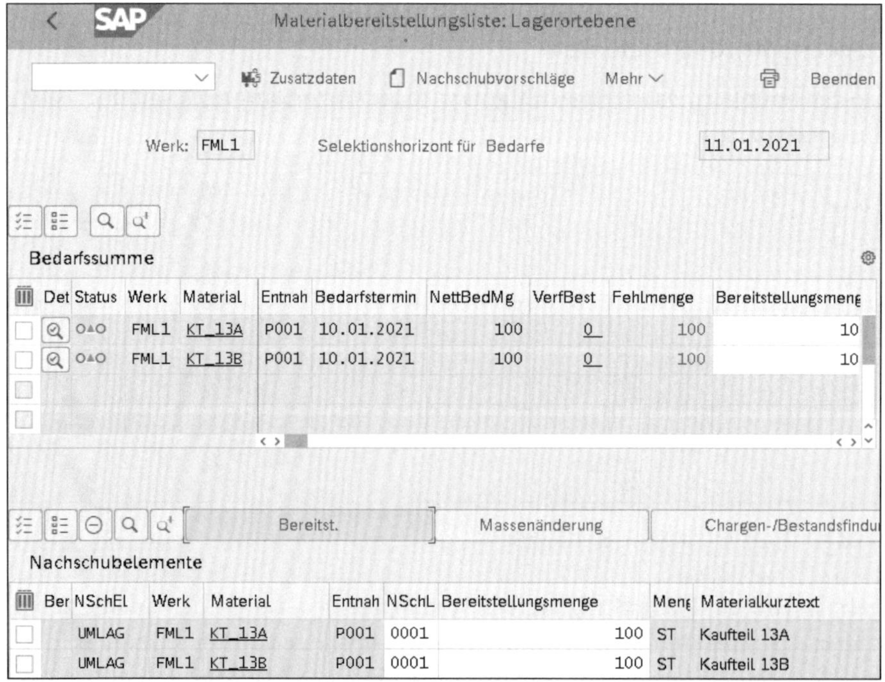

Abbildung 3.111 Nachschubvorschläge für die Materialien

Hieraus entsteht der Materialbeleg für die Umlagerung vom Lagerort 0001 an den Produktionslagerort P001 mit der Bewegungsart 311 (siehe Abbildung 3.112).

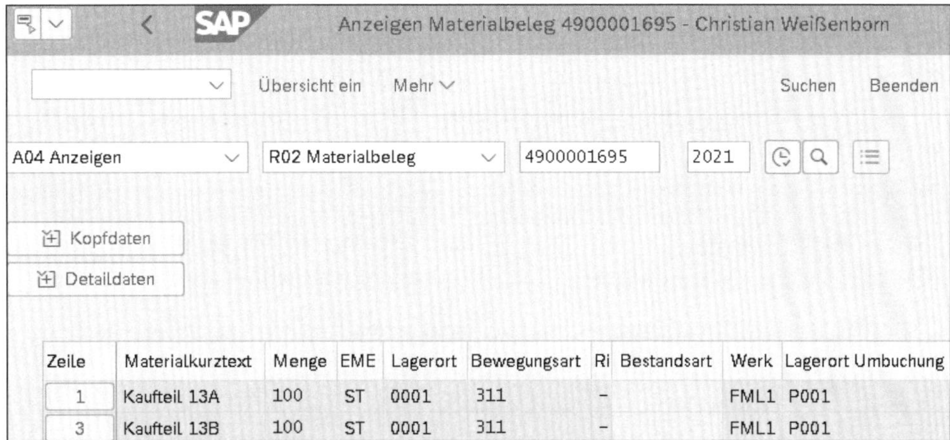

Abbildung 3.112 Materialbeleg für die Umlagerung

3.4.4 Rückmeldung für den ersten Zählpunkt erfassen

Nun wird die Rückmeldung erfasst. Zu unserem Material FE_13 wird der erste Zählpunkt 0010 für die komplette zu fertigende Menge von 100 Stück zurückgemeldet (siehe Abbildung 3.113).

[!]

Fehler bei retrograden Entnahmen

Im Falle, dass eine retrograde Entnahme für ein Material aus einem Lagerort erfolgen soll, aber aus irgendwelchen Gründen kein Bestand vorhanden ist, wird ein Fehlersatz für eine nachzubearbeitende Warenbewegung erstellt. Der weitere Prozess wird also nicht angehalten, denn das Herstellteil konnte ja produziert werden und wird entweder in einer weiteren Produktionsstufe benötigt oder soll an einen Kunden ausgeliefert werden.

Alle Fehlersätze müssen in regelmäßigen Abständen gewissenhaft abgearbeitet werden. Dies passiert in Transaktion COGI (Nachbearbeitung Warenbewegungen). Ist z. B. das Material versehentlich im System in einem anderen Lagerort geführt worden, kann es von dort verbraucht werden. Wurde stattdessen ein alternatives Material verbaut, ist dessen Verbrauch zu derselben Baugruppe zu erfassen, und erst dann darf der fehlerhafte Satz gelöscht werden.

Auf keinen Fall dürfen Sie Fehlersätze einfach löschen, denn dadurch fehlen diese Kosten auf dem Produktkostensammler! Hier bedarf es also einer hohen Abstimmung zwischen Logistik und Finanzwesen.

Rückmeldung Serienfert. - TA-Variante: keine

Buchen mit Korrektur | Details | Mehr | Beenden

Meldungsart

Baugruppenmeldung: ◉ Komponentenmeldung: ○ Leistungsmeldung: ○

Gutmengenmeldung

Meldemenge: 100 Mengeneinheit: ST

Lagerfert. | Kundenauftragsfert. | Produktionslosfert.

Material: FE_13

Fertigerzeugnis 13 (Serienfertigung)

Werk: FML1 Fertigungsversion: 0001

Planungswerk: FML1 Herstelldatum:

Empf. Lagerort: Empfang. Charge:

Zählpunktmeldung: ☑ Zählpunkt: 0010

Selektionsdaten

Planauftrag: Revisionsstand:

Fertigungslinie: SF01 Planungs-ID:

Abbildung 3.113 Rückmeldung zum Zählpunkt 0010 erfassen

Als Erfolgsmeldung erhalten Sie den Warenausgang für die diesem Zählpunkt zugeordneten Komponente und die Leistungsverrechnung für den Vorgang 0010, aber keinen Wareneingang, da dieser erst mit dem letzten Zählpunkt erfolgt (siehe Abbildung 3.114).

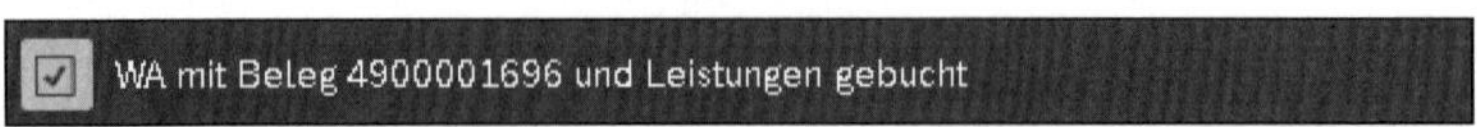

Abbildung 3.114 Meldung zum Zählpunkt 0010

Der Materialbeleg zeigt den Warenausgang der Komponente KT_13A aus dem Produktionslagerort P001 (siehe Abbildung 3.115).

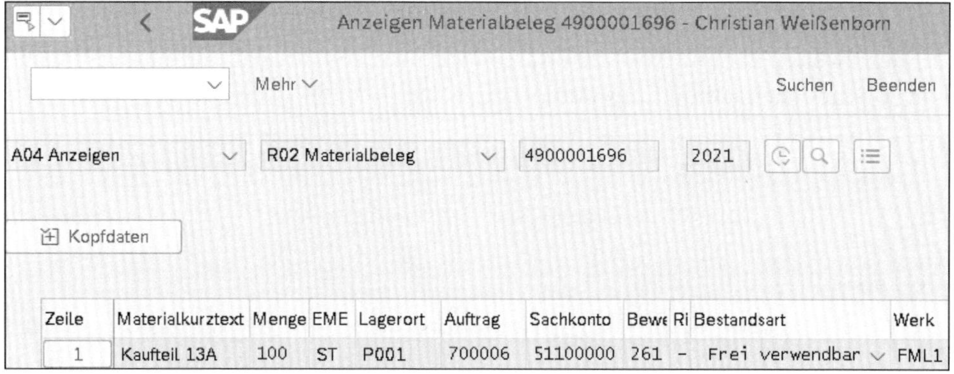

Abbildung 3.115 Materialbeleg für den Verbrauch des Kaufteils KT_13A

Die Buchung für den Warenausgang der ersten Komponente mit der Bewegungsart 261 erfolgt über die Vorgänge BSX und GBB-VBR als »Materialverbrauch (Soll) an Bestand (Haben)« (siehe Abbildung 3.116).

BuKr.	P...	BS	S/H	Konto	Koart	Bezeichnung	Betrag	Wä...	Werk	Material	Vorgang	Menge	BME
FMLA	1	99	H	13100000	M	Bestand Rohstoffe	14.000,00-	EUR	FML1	KT_13A	BSX	100-	ST
	2	81	S	51100000	S	Verbrauch Rohstoffe	14.000,00	EUR	FML1	KT_13A	GBB	100	ST

Abbildung 3.116 Buchhaltungsbeleg

Der Warenausgang wird im Kostenrechnungsbeleg auf den Produktkostensammler für das Material FE_13 gebucht, für den die Nummer 700006 vergeben wurde (siehe Abbildung 3.117). Im zweiten Kostenrechnungsbeleg wird die Leistung zum ersten Zählpunkt von der Kostenstelle an den Produktkostensammler verrechnet (siehe Abbildung 3.118).

Belegnummer	BuchDatum	Benutzer	RT	RefBelegnr	OrgVg	Vrgng	Belegkopftext	StB	sto
A00007S500	10.01.2021	STUDENT101	R	4900001696	RMRU	COIN			

	Bu	OAr	Objekt	ObjektBez	Kostenart	Kostenartenbezeichn.	Wert/OW	OWä	Menge	GME	Material
1		AUF	700006	0001	51100000	Verbrauch Rohstoffe	14000,00	EUR	100	ST	KT_13A

Abbildung 3.117 Kostenrechnungsbeleg

Belegnummer	BuchDatum	Benutzer	RT	RefBelegnr	OrgVg	Vrgng	Belegkopftext	StB	sto
300000904	10.01.2021	STUDENT101	R	1125	RMRU	RKL			

	Bu	OAr	Objekt	ObjektBez	Kostenart	Kostenartenbezeichn.	Wert/OW	OWä	Menge	GME	Material
1		LEI	FML_SF01/...	Serienfer...	94399000	Produktionszeit	20000,00-	EUR	2000-	MIN	
2		AUF	700006	0001	94399000	Produktionszeit	20000,00	EUR	2000	MIN	

Abbildung 3.118 Kostenrechnungsbeleg für die Leistung

3.4.5 Rückmeldung für den zweiten Zählpunkt erfassen

Für den zweiten Zählpunkt 0020 erfassen wir im ersten Monat nur eine Teilmenge von 30 Stück (siehe Abbildung 3.119).

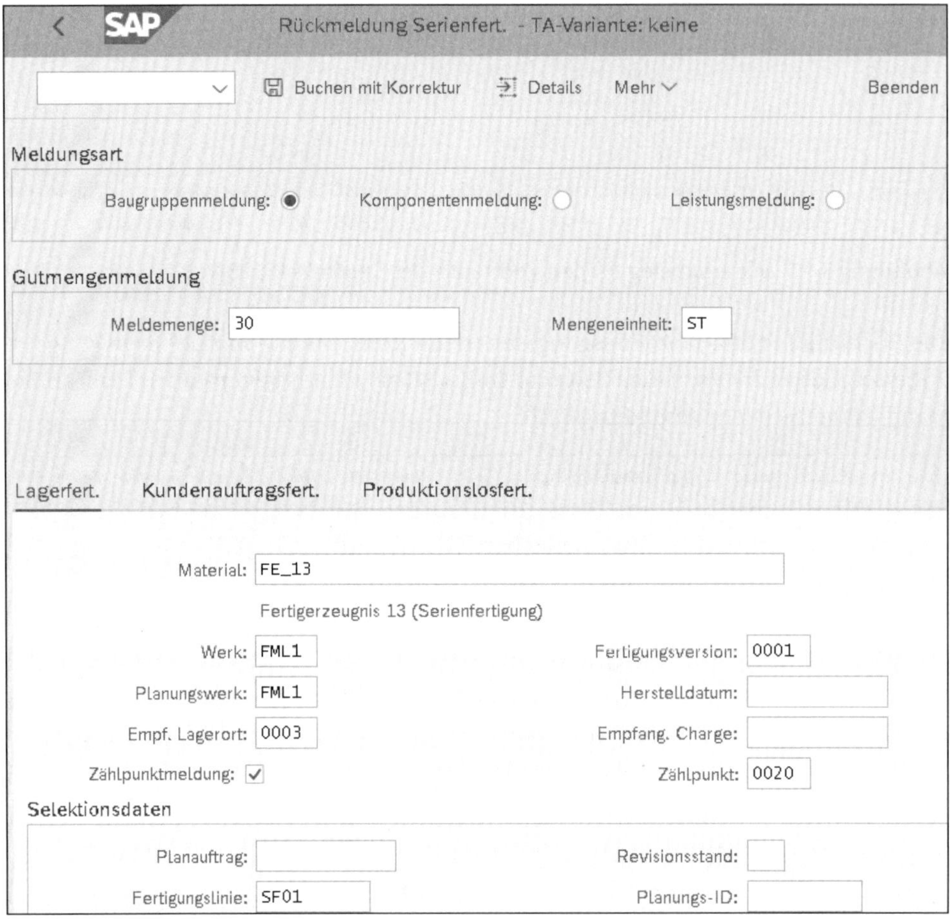

SAP Rückmeldung Serienfert. - TA-Variante: keine

Buchen mit Korrektur | Details | Mehr | Beenden

Meldungsart

Baugruppenmeldung: (●) Komponentenmeldung: ( ) Leistungsmeldung: ( )

Gutmengenmeldung

Meldemenge: 30 Mengeneinheit: ST

Lagerfert. | Kundenauftragsfert. | Produktionslosfert.

Material: FE_13

Fertigerzeugnis 13 (Serienfertigung)

Werk: FML1 Fertigungsversion: 0001

Planungswerk: FML1 Herstelldatum:

Empf. Lagerort: 0003 Empfang. Charge:

Zählpunktmeldung: ✓ Zählpunkt: 0020

Selektionsdaten

Planauftrag: Revisionsstand:

Fertigungslinie: SF01 Planungs-ID:

Abbildung 3.119 Rückmeldung zum Zählpunkt 0020 erfassen

Für die gemeldeten 30 Stück finden der Wareneingang, der Warenausgang einer weiteren Komponente und die Leistung für den zweiten Zählpunkt statt (siehe Abbildung 3.120).

Abbildung 3.120 Meldung zum Zählpunkt 0020

Im Materialbeleg werden sowohl der Wareneingang als auch der Warenausgang der zweiten Komponente verbucht (siehe Abbildung 3.121).

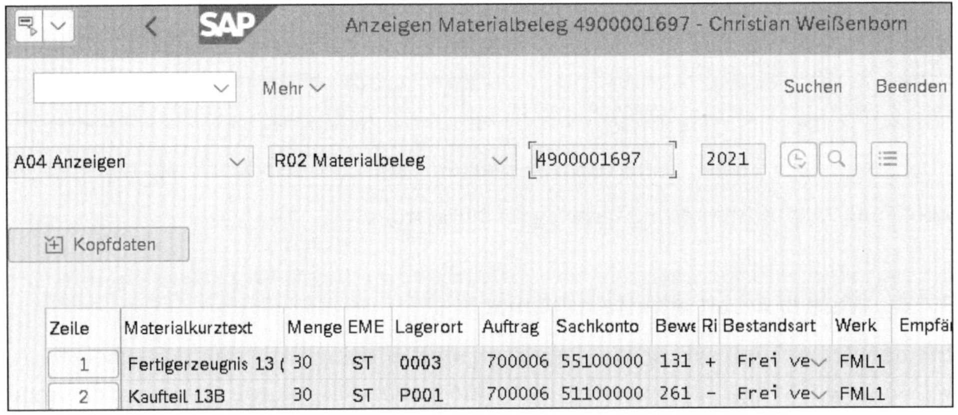

Zeile	Materialkurztext	Menge	EME	Lagerort	Auftrag	Sachkonto	Bewe	Ri	Bestandsart	Werk	Empfä
1	Fertigerzeugnis 13 (	30	ST	0003	700006	55100000	131	+	Frei ve	FML1	
2	Kaufteil 13B	30	ST	P001	700006	51100000	261	-	Frei ve	FML1	

Abbildung 3.121 Materialbeleg für das Kaufteil KT_13B

Im dazugehörigen Buchhaltungsbeleg (siehe Abbildung 3.122) erfolgen die Buchungen für den Wareneingang mit der Bewegungsart 131 über die Vorgänge BSX und GBB-AUF als »Bestand (Soll) an Fabrikleistung (Haben)« und für den Warenausgang für die Komponente mit der Bewegungsart 261 über die Vorgänge BSX und GBB-VBR als »Materialverbrauch (Soll) an Bestand (Haben)«.

BuKr.	P...	BS	S/H	Konto	Koart	Bezeichnung	Betrag	Währg	Werk	Material	Vor	Menge	BME
FMLA	1	89	S	13400000	M	Best fertige Ware	15.000,00	EUR	FML1	FE_13	BSX	30	ST
	2	91	H	55100000	S	Fabrikleistng Pr.Auf	15.000,00-	EUR	FML1	FE_13	GBB	30-	ST
	3	99	H	13100000	M	Bestand Rohstoffe	1.800,00-	EUR	FML1	KT_13B	BSX	30-	ST
	4	81	S	51100000	S	Verbrauch Rohstoffe	1.800,00	EUR	FML1	KT_13B	GBB	30	ST

Abbildung 3.122 Buchhaltungsbeleg

Die GuV-relevanten Buchungen erfolgen im dazugehörigen Kostenrechnungsbeleg auf dem Produktkostensammler (siehe Abbildung 3.123).

Belegnummer	BuchDatum	Benutzer	RT	RefBelegnr	OrgVg	Vrgng	Belegkopftext	StB	sto
A00007S600	10.01.2021	STUDENT101	R	4900001697	RMRU	COIN			

Bu	OAr	Objekt	ObjektBez	Kostenart	Kostenartenbezeichn.	Wert/OW	OWä	Menge	GME	Material
2	AUF	700006	0001	55100000	Fabrikleistng Pr.Auf	15000,00-	EUR	30-	ST	FE_13
3	AUF	700006	0001	51100000	Verbrauch Rohstoffe	1.800,00	EUR	30	ST	KT_13B

Abbildung 3.123 Kostenrechnungsbeleg

Nun fehlt nur noch die Leistung zum zweiten Vorgang, der für die 30 Stück jeweils 10 Minuten umfasst. Insgesamt dauert der Vorgang also 300 Minuten, für die ein weiterer Kostenrechnungsbeleg erstellt wurde (siehe Abbildung 3.124).

Belegnummer	BuchDatum	Benutzer	RT	RefBelegnr	OrgVg	Vrgng	Belegkopftext	StB	sto
300000905	10.01.2021	STUDENT101	R	1125	RMRU	RKL			

	Bu	OAr	Objekt	ObjektBez	Kostenart	Kostenartenbezeichn.	Wert/OW	OWä	Menge	GME	Material
	1	LEI	FML_SF01/...	Serienfer...	94399000	Produktionszeit	3.000,00-	EUR	300-	MIN	
	2	AUF	700006	0001	94399000	Produktionszeit	3.000,00	EUR	300	MIN	

Abbildung 3.124 Kostenrechnungsbeleg für die Leistung

3.4.6 Ware in Arbeit ermitteln (Monat 1)

Im Monatsabschluss soll die Ware in Arbeit für die 70 angearbeiteten Teile berechnet werden, die sich noch in der Fertigung befinden. Für diese wurde bisher nur der erste Zählpunkt zurückgemeldet. Wir starten die Ermittlung für unser Fertigerzeugnis für den abgelaufenen Monat (siehe Abbildung 3.125).

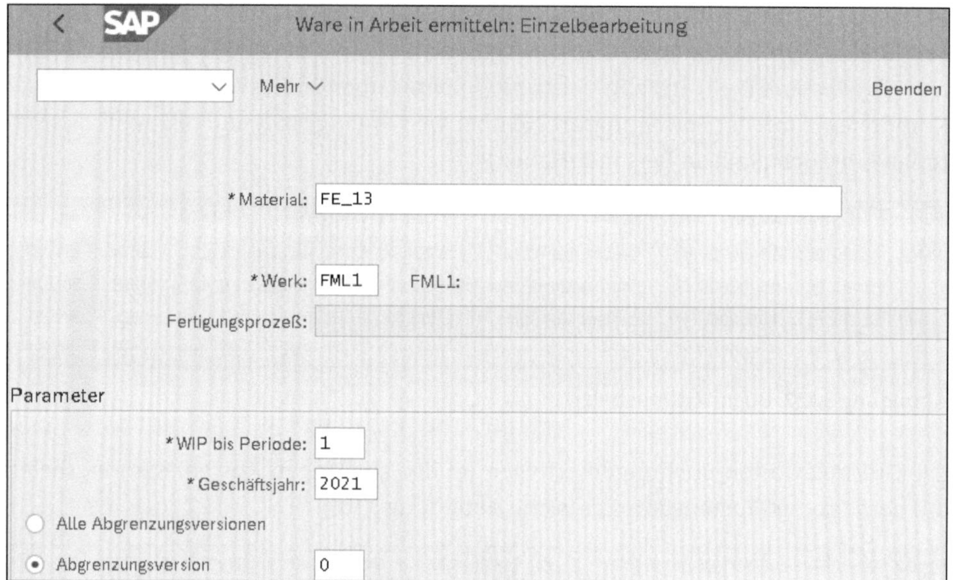

Abbildung 3.125 Ware in Arbeit ermitteln – Einstieg

Das Ergebnis in Summe wird uns für den Produktkostensammler zum Material FE_13 angezeigt (siehe Abbildung 3.126).

Über den Absprung zur WIP-Erklärung können Sie genauer analysieren, wie der Wert ermittelt wurde: Er ergibt sich aus dem Verbrauch von 70 Stück der Komponente KT_13A und der Zeit des Vorgangs 0010 im Arbeitsplan für diese 70 Stück (20 Minuten × 70 = 1.400 Minuten), bewertet mit dem Plantarif der Kostenstelle, die im Arbeitsplatz eingetragen ist (siehe Abbildung 3.127).

Ware in Arbeit ermitteln: Objektliste

Grundliste | WIP-Erklärung | Mehr | Beenden

Exception	Kostenträger	Typ	Währg	Σ	WIP(gesamt)	Σ	WIP(PerÄnd.)	Material
OO■	PKS FE_13/FML1/100003317	I	EUR		23.800,00		23.800,00	FE_13
OO■	**Auftragsart YBMR**			•	**23.800,00**	•	**23.800,00**	
OO■	**Werk FML1**			••	**23.800,00**	••	**23.800,00**	
OO■			**EUR**	•••	**23.800,00**	•••	**23.800,00**	

Abbildung 3.126 Ware in Arbeit ermitteln – Ergebnis

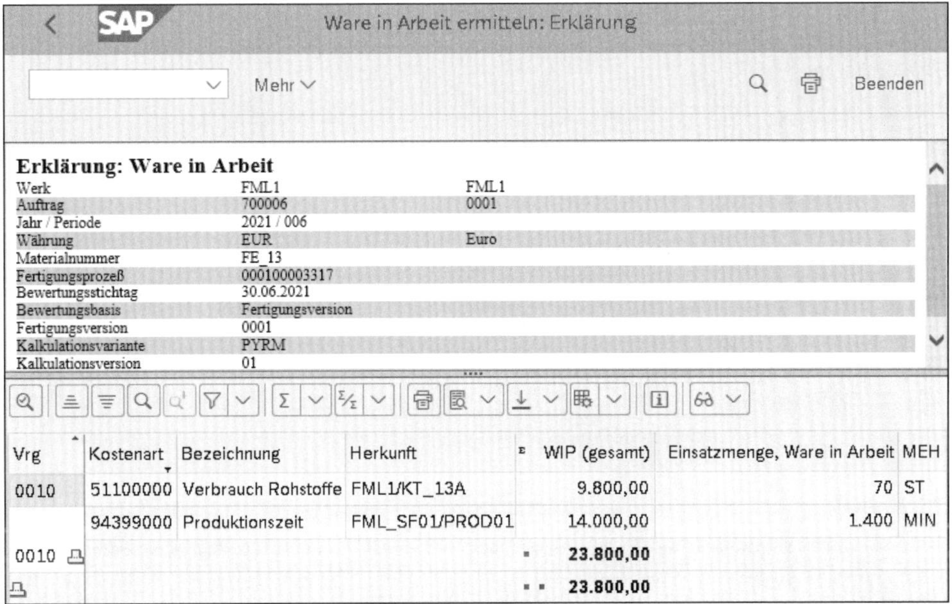

Ware in Arbeit ermitteln: Erklärung

Mehr | Beenden

Erklärung: Ware in Arbeit

Werk	FML1	FML1
Auftrag	700006	0001
Jahr / Periode	2021 / 006	
Währung	EUR	Euro
Materialnummer	FE_13	
Fertigungsprozeß	000100003317	
Bewertungsstichtag	30.06.2021	
Bewertungsbasis	Fertigungsversion	
Fertigungsversion	0001	
Kalkulationsvariante	PYRM	
Kalkulationsversion	01	

Vrg	Kostenart	Bezeichnung	Herkunft	Σ	WIP (gesamt)	Einsatzmenge, Ware in Arbeit	MEH
0010	51100000	Verbrauch Rohstoffe	FML1/KT_13A		9.800,00	70	ST
	94399000	Produktionszeit	FML_SF01/PROD01		14.000,00	1.400	MIN
0010				•	**23.800,00**		
				••	**23.800,00**		

Abbildung 3.127 Ware in Arbeit ermitteln – Erklärung

3.4.7 Abweichungen ermitteln (Monat 1)

Die Abweichungsermittlung wird nun ausgeführt und bezieht sich auf die bisher 30 endrückgemeldeten Fertigerzeugnisse, für die bereits der Wareneingang erfolgt ist (siehe Abbildung 3.128).

In der ausgegebenen Liste ergibt sich in der Spalte **Abweichung** ein Wert von 0 EUR, da für die 30 abgelieferten Herstellteile keine Abweichung zur Kalkulation aufgetreten ist (siehe Abbildung 3.129).

Abweichungsermittlung: Einstieg

Mehr

Beenden

*Material: FE_13

Fertigerzeugnis 13 (Serienfertigung)

*Werk: FML1 FML1

FertProzeßNr.:

Parameter

Periode: 1

Geschäftsjahr: 2021

Alle Sollversionen: 000,001

Ausgewählte Sollversionen: 000

Abbildung 3.128 Abweichungsermittlung – Einstieg

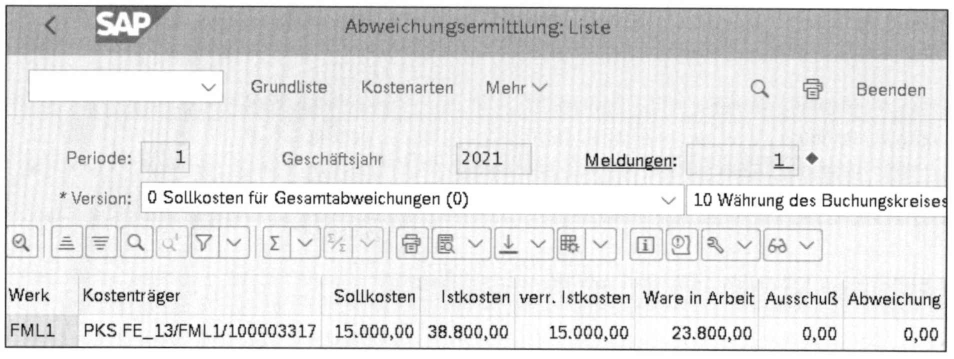

Abweichungsermittlung: Liste

Grundliste Kostenarten Mehr Beenden

Periode: 1 Geschäftsjahr 2021 Meldungen: 1

*Version: 0 Sollkosten für Gesamtabweichungen (0) 10 Währung des Buchungskreises

Werk	Kostenträger	Sollkosten	Istkosten	verr. Istkosten	Ware in Arbeit	Ausschuß	Abweichung
FML1	PKS FE_13/FML1/100003317	15.000,00	38.800,00	15.000,00	23.800,00	0,00	0,00

Abbildung 3.129 Abweichungsermittlung

3.4.8 Produktkostensammler abrechnen (Monat 1)

Nun muss der berechnete WIP-Wert abgerechnet werden, damit in der Finanzbuchhaltung ein Wert abgegrenzt wird (siehe Abbildung 3.130).

In der Abrechnung erhalten Sie zwei getrennte Ergebnisberichte für Abweichungen und Abgrenzungen. Aufgrund der Abweichung von 0 EUR wird auch hier nichts abgerechnet (siehe Abbildung 3.131). Dafür werden aber die 23.800 EUR Ware in Arbeit für die fehlenden 70 Stück abgegrenzt (siehe Abbildung 3.132).

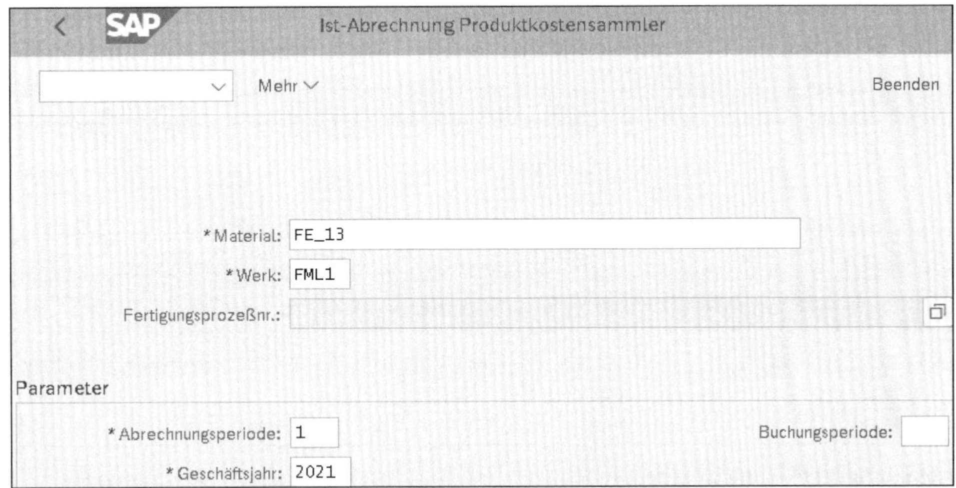

Abbildung 3.130 Abrechnung – Einstieg

Detailliste - abgerechnete Werte

Sender	Text Send.	Empfänger	Wert/KW	Inform.
AUF 700006	0001	MAT FML1/FE_13	0,00	
			▪ **0,00**	

Abbildung 3.131 Abrechnung abgerechnete Werte

Detailliste - Abgrenzungsdaten für FI

Sender	Text Send.	Wert/KWähr
AUF 700006	0001	23.800,00-
		▪ **23.800,00-**

Abbildung 3.132 Abgrenzungsdaten für FI

Der Buchhaltungsbeleg zeigt den Aufbau des WIP, aber da das GuV-Konto keine Kostenart sein darf, wurde kein Kostenrechnungsbeleg erstellt (siehe Abbildung 3.133).

BuKr.	P...	BS	S/H	Konto	Koart	Bezeichnung	Betrag	Währg	Werk	Material	Vorgang	Menge	BME
FMLA	1	50	H	54200000	S	BV Ware in Arbeit	23.800,00-	EUR	FML1				
	2	40	S	13200000	S	Bestand WIP	23.800,00	EUR	FML1				

Abbildung 3.133 Buchhaltungsbeleg

Im Zählpunktbestandsbericht sehen Sie zu Beginn des neuen Monats, dass noch 70 Stück am Zählpunkt 0010 auf die weitere Verarbeitung warten (siehe Abbildung 3.134).

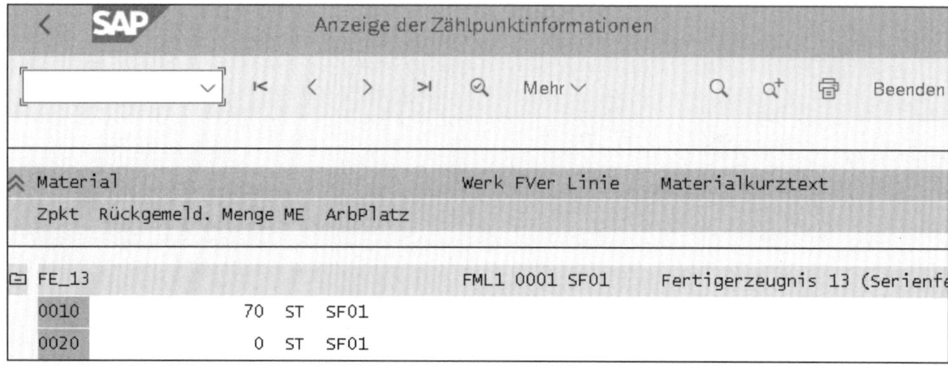

Abbildung 3.134 Zählpunktbestände

3.4.9 Rückmeldung erfassen

In der Folgeperiode findet die Rückmeldung für diese fehlenden 70 Stück statt, und die Abweichungen sollen berechnet werden.

Zum ersten Monat hat sich aber eine kleine Änderung ergeben, um in diesem Beispiel eine Abweichung darstellen zu können: Der gleitende Durchschnittspreis (siehe Preissteuerung in Abschnitt 1.3.2) des Kaufteils KT_13B hat sich in der Zwischenzeit von 60 EUR auf 66 EUR erhöht. Dadurch wird erkennbar, wie eine Abweichung der Abweichungskategorie *Preisabweichung* behandelt wird.

Erfassen Sie zunächst die Rückmeldung im System für das Fertigerzeugnis FE_13 zum Vorgang 0020 (siehe Abbildung 3.135).

Der Wareneingang für die offenen 70 Stück wird nun gebucht, ebenso der Warenausgang für die dem Vorgang 0020 zugeordnete Komponente KT_13B mit dem neuen Preis von 66 EUR pro Stück (siehe Abbildung 3.136).

Rückmeldung Serienfert. - TA-Variante: keine

Buchen mit Korrektur | Details | Mehr | Beenden

Meldungsart

Baugruppenmeldung: (•) Komponentenmeldung: ( ) Leistungsmeldung: ( )

Gutmengenmeldung

Meldemenge: 70 Mengeneinheit: ST

Lagerfert. | Kundenauftragsfert. | Produktionslosfert.

Material: FE_13

Fertigerzeugnis 13 (Serienfertigung)

Werk: FML1 Fertigungsversion: 0001

Planungswerk: FML1 Herstelldatum:

Empf. Lagerort: 0003 Empfang. Charge:

Zählpunktmeldung: ☑ Zählpunkt: 0020

Selektionsdaten

Planauftrag: Revisionsstand:

Fertigungslinie: SF01 Planungs-ID:

Abbildung 3.135 Rückmeldung zum Zählpunkt 0020 erfassen

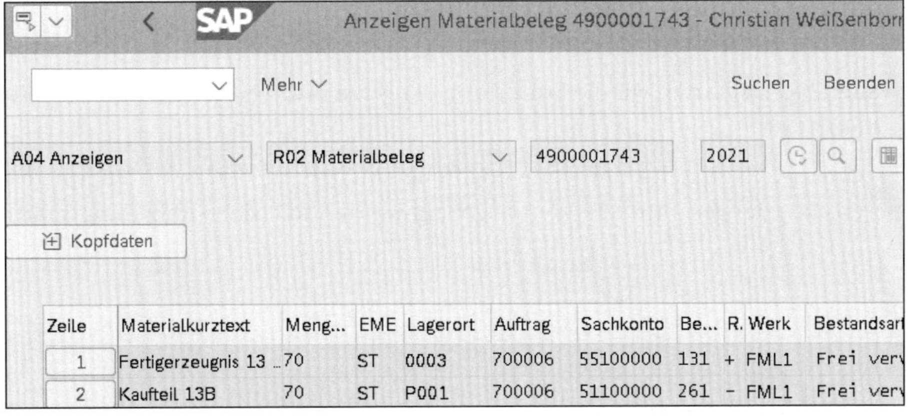

Zeile	Materialkurztext	Meng...	EME	Lagerort	Auftrag	Sachkonto	Be...	R.	Werk	Bestandsart
1	Fertigerzeugnis 13 ...	70	ST	0003	700006	55100000	131	+	FML1	Frei ver
2	Kaufteil 13B	70	ST	P001	700006	51100000	261	-	FML1	Frei ver

Abbildung 3.136 Materialbeleg

Nun wird der Buchhaltungsbeleg für Wareneingang und Warenausgang erstellt (siehe Abbildung 3.137). Ebenso wird der Kostenrechnungsbeleg erstellt (siehe Abbildung 3.138).

BuKr	P...	BS	S/H	Konto	Ko...	Bezeichnung	Betrag	Wäh...	Werk	Material	Vor	Men...	BME
FMLA	1	89	S	13400000	M	Best fertige Ware	35.000,00	EUR	FML1	FE_13	BSX	70	ST
	2	91	H	55100000	S	Fabrikleistng Pr.Auf	35.000,00-	EUR	FML1	FE_13	GBB	70-	ST
	3	99	H	13100000	M	Bestand Rohstoffe	4.620,00-	EUR	FML1	KT_13B	BSX	70-	ST
	4	81	S	51100000	S	Verbrauch Rohstoffe	4.620,00	EUR	FML1	KT_13B	GBB	70	ST

Abbildung 3.137 Buchhaltungsbeleg

Belegnummer	BuchDatum	Benutzer	RT	RefBelegnr	OrgVg	Vrgng	Belegkopftext	StB	sto
A000080V00	06.02.2021	STUDENT101	R	4900001743	RMRU	COIN			

	Bu	OAr	Objekt	ObjektBez	Kostenart	Kostenartenbezeichn.	Wert/OW	OWä	Menge	GME	Material
2		AUF	700006	0001	55100000	Fabrikleistng Pr.Auf	35000,00-	EUR	70-	ST	FE_13
3		AUF	700006	0001	51100000	Verbrauch Rohstoffe	4.620,00	EUR	70	ST	KT_13B

Abbildung 3.138 Kostenrechnungsbeleg

Die dritte gleichzeitig erfolgte Buchung besteht aus der Leistungsverrechnung zum Vorgang 0020 (siehe Abbildung 3.139).

Belegnummer	BuchDatum	Benutzer	RT	RefBelegnr	OrgVg	Vrgng	Belegkopftext	StB	s
300001047	06.02.2021	STUDENT101	R	1125	RMRU	RKL			

	Bu	OAr	Objekt	ObjektBez	Kostenart	Kostenartenbezeichn.	Wert/OW	OWä	Menge	GME	Ma
1		LEI	FML_SF01/...	Serienfer...	94399000	Produktionszeit	7.000,00-	EUR	700-	MIN	
2		AUF	700006	0001	94399000	Produktionszeit	7.000,00	EUR	700	MIN	

Abbildung 3.139 Kostenrechnungsbeleg der Leistung

3.4.10 Ware in Arbeit berechnen (Monat 2)

Im zweiten Monat starten wir die Ermittlung der Ware in Arbeit erneut (siehe Abbildung 3.140).

Das Ergebnis ist, da zurzeit keine weiteren offenen Mengen an den zwei Zählpunkten existieren, dass der gesamte WIP-Wert abgebaut werden soll (siehe Abbildung 3.141).

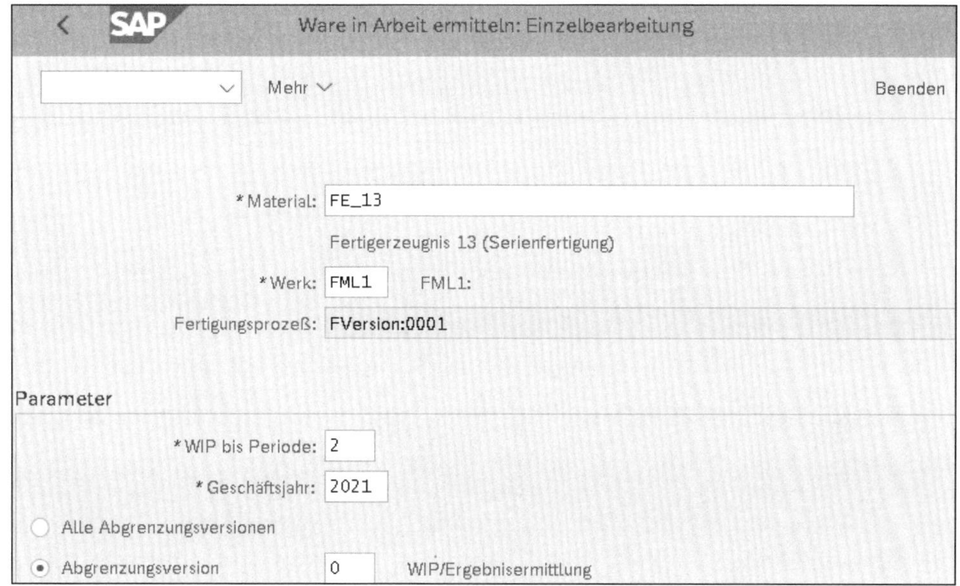

Abbildung 3.140 Ware in Arbeit ermitteln – Einstieg

Ware in Arbeit ermitteln: Objektliste

Grundliste WIP-Erklärung Mehr Beenden

Exception	Kostenträger	Typ	Währg	Σ	WIP	Σ	WIP(PerÄnd.)	Material
OO■	PKS FE_13/FML1/100003317	I	EUR		0,00		23.800,00-	FE_13
OO■	**Auftragsart YBMR**			•	**0,00**	•	**23.800,00-**	
OO■	**Werk FML1**			••	**0,00**	••	**23.800,00-**	
OO■			**EUR**	•••	**0,00**	•••	**23.800,00-**	

Abbildung 3.141 Ware in Arbeit ermitteln – Ergebnis

3.4.11 Abweichungen ermitteln (Monat 2)

Für den zweiten Monat wird ebenfalls die Abweichungsermittlung gestartet (siehe Abbildung 3.142).

Die Abweichungsermittlung ergibt sich aus dem gestiegenen Preis für das Kaufteil KT_13B (siehe Abbildung 3.143): Für die 70 Stück, multipliziert mit dem Preisanstieg von 6 EUR, ergibt sich eine Abweichung von 420 EUR.

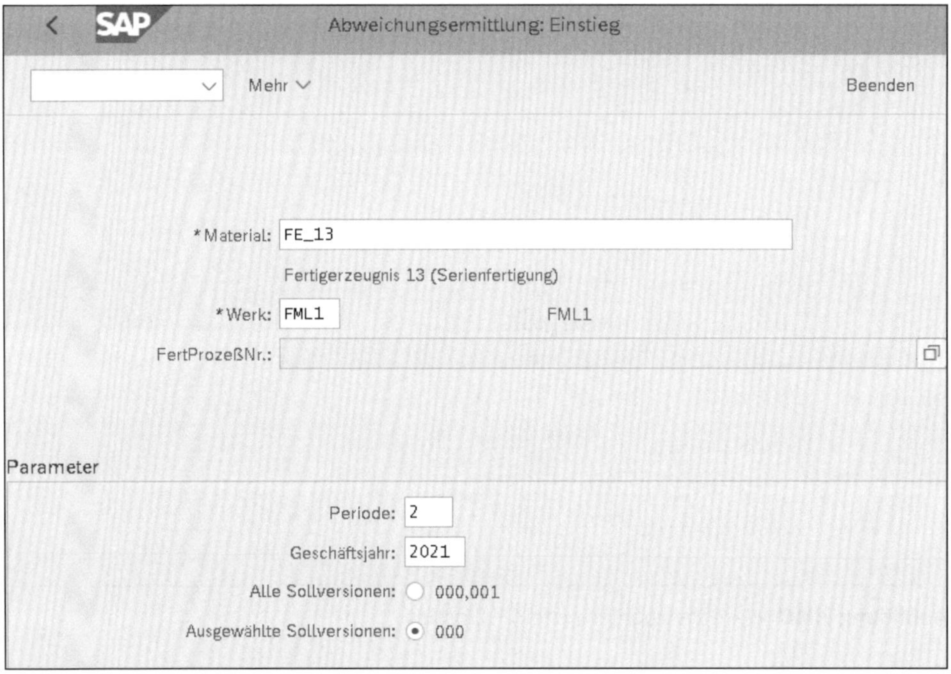

Abweichungsermittlung: Einstieg

Mehr Beenden

*Material: FE_13

Fertigerzeugnis 13 (Serienfertigung)

*Werk: FML1 FML1

FertProzeßNr.:

Parameter

Periode: 2

Geschäftsjahr: 2021

Alle Sollversionen: 000,001

Ausgewählte Sollversionen: 000

Abbildung 3.142 Abweichungsermittlung – Einstieg

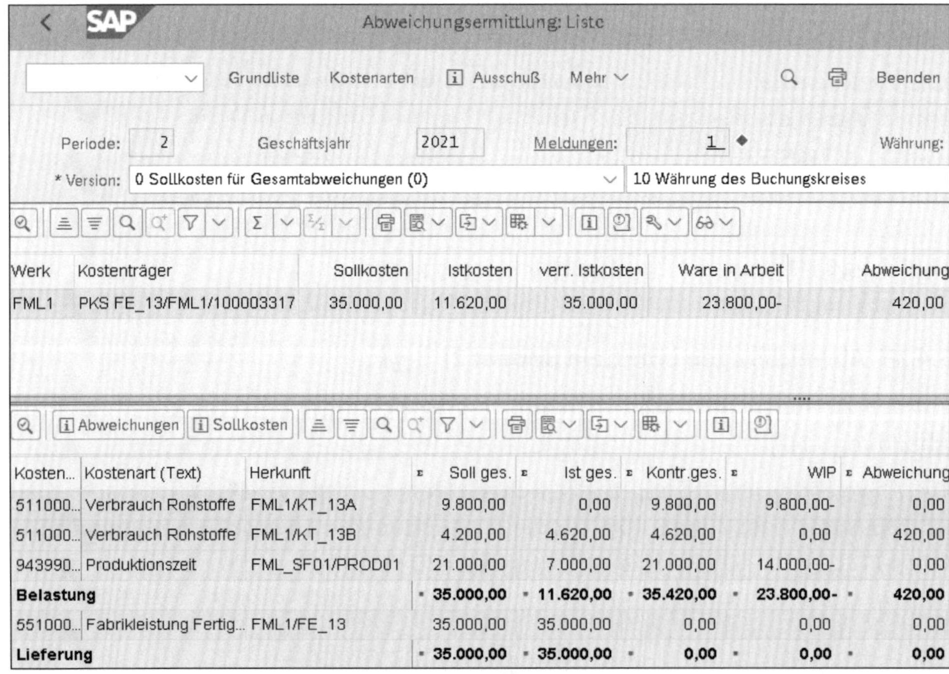

Abbildung 3.143 Abweichungsermittlung – Ergebnis

3.4.12 Produktkostensammler abrechnen (Monat 2)

Der Prozess endet schließlich mit der Abrechnung des Produktkostensammlers (siehe Abbildung 3.144).

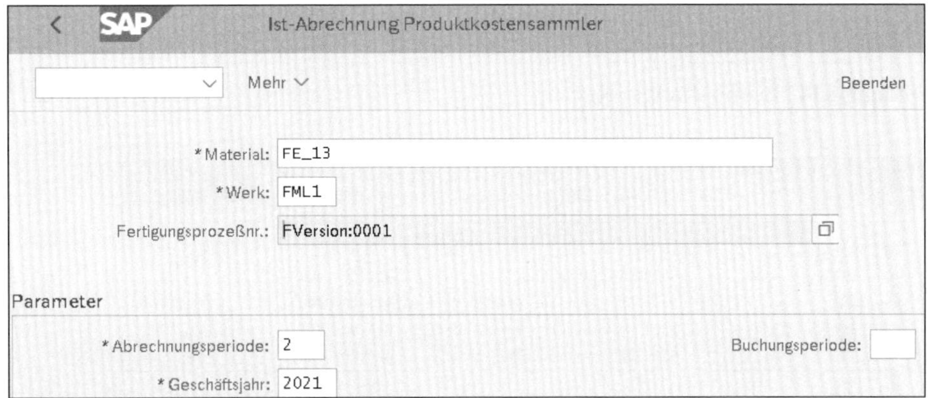

Abbildung 3.144 Abrechnung – Einstieg

Bei der Abrechnung des Produktkostensammlers werden auch die 420 EUR Abweichung abgerechnet (siehe Abbildung 3.145). Zusätzlich zeigen die Abgrenzungsdaten, dass Ware in Arbeit im Wert von 23.800 EUR abgebaut wird (siehe Abbildung 3.146).

Detailliste - abgerechnete Werte

Sender	Text Send.	Empfänger	Wert/KW	Inform.
AUF 700006	0001	ERG 0000000202	420,00	Abweichungen
		MAT FML1/FE_13	420,00	

Abbildung 3.145 Abrechnung der Abweichungen

Detailliste - Abgrenzungsdaten für FI

Sender	Text Send.	Σ Wert/KWähr
AUF 700006	0001	23.800,00
		• 23.800,00

Abbildung 3.146 Abrechnung der Abgrenzungsdaten

Im Buchhaltungsbeleg finden Sie drei verschiedene Sachverhalte: erstens die Abrechnung der Abweichung als Preisdifferenz, zweitens den Abbau des WIP und drittens den PRD-Split, in diesem Falle nur für die Preisabweichung (ABPR) von 420 EUR des Materials KT_13B (siehe Abbildung 3.147).

Im Kostenrechnungsbeleg fällt der WIP-Abbau weg, da das Konto keine Kostenart in der Komponente CO ist, sondern als Sachkontenart **Nicht betriebliche Aufwendungen und Erträge** eingestellt sein muss (siehe Abbildung 3.148).

BuKr	P...	BS	S/H	Konto	Ko...	Bezeichnung	Betrag	Wäh...	Werk	Material	Vor	Men...	BME
FMLA	1	91	H	55100001	S	Abrechnung Pr.Auf	420,00-	EUR	FML1		GBB	70-	ST
	2	83	S	52070000	S	Aufwand Prod Prdiff	420,00	EUR	FML1	FE_13	PRD	70	ST
	3	40	S	54200000	S	BV Ware in Arbeit	23.800,00	EUR	FML1				
	4	50	H	13200000	S	Bestand WIP	23.800,00-	EUR	FML1				
	5	50	H	52070000	S	Aufwand Prod Prdiff	420,00-	EUR	FML1	FE_13			
	6	40	S	52071000	S	Preisdifferenz ABPR	420,00	EUR	FML1	FE_13			

Abbildung 3.147 Buchhaltungsbeleg

Belegnummer	BuchDatum	Benutzer	RT	RefBelegnr	OrgVg	Vrgng	Belegkopftext	StB	sto		
Bu	**OAr Objekt**	**ObjektBez**	**Kostenart**	**Kostenartenbezeichn.**	**Wert/OW**	**OWä**	**Menge**	**GME**	**Material**		
A000080W00	28.02.2021	STUDENT101	R	2115	KOAE	COIN					
1	AUF 700006	0001	55100001	Abrechnung Pr.Auf	420,00-	EUR					
2	ERG 1957		52070000	Aufwand Prod Prdiff	420,00	EUR			FE_13		
3	ERG 1957		52070000	Aufwand Prod Prdiff	420,00-	EUR			FE_13		
4	ERG 1957		52071000	Preisdifferenz ABPR	420,00	EUR			FE_13		

Abbildung 3.148 Kostenrechnungsbeleg

Schauen Sie sich abschließend den Detailbericht zum Produktkostensammler mit den kumulierten Daten über zwei Monate an (siehe Abbildung 3.149). Dort sehen Sie alle Beträge und Buchungen noch einmal aufgeführt.

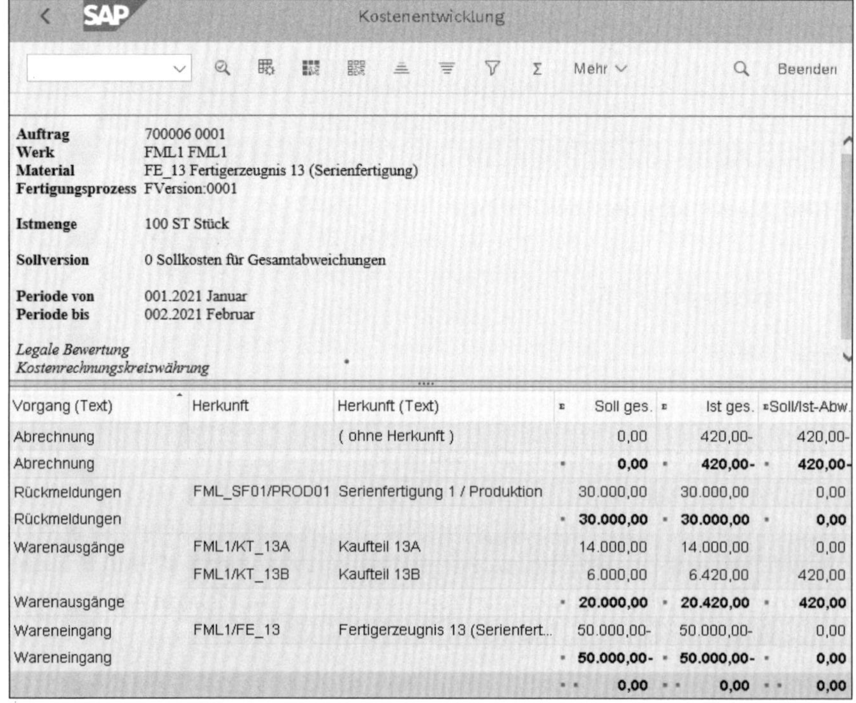

Kostenentwicklung

Mehr Beenden

Auftrag 700006 0001
Werk FML1 FML1
Material FE_13 Fertigerzeugnis 13 (Serienfertigung)
Fertigungsprozess FVersion:0001

Istmenge 100 ST Stück

Sollversion 0 Sollkosten für Gesamtabweichungen

Periode von 001.2021 Januar
Periode bis 002.2021 Februar

Legale Bewertung
Kostenrechnungskreiswährung

Vorgang (Text)	Herkunft	Herkunft (Text)	Soll ges.	Ist ges.	Soll/Ist-Abw.
Abrechnung		(ohne Herkunft)	0,00	420,00-	420,00-
Abrechnung			**0,00**	**420,00-**	**420,00-**
Rückmeldungen	FML_SF01/PROD01	Serienfertigung 1 / Produktion	30.000,00	30.000,00	0,00
Rückmeldungen			**30.000,00**	**30.000,00**	**0,00**
Warenausgänge	FML1/KT_13A	Kaufteil 13A	14.000,00	14.000,00	0,00
	FML1/KT_13B	Kaufteil 13B	6.000,00	6.420,00	420,00
Warenausgänge			**20.000,00**	**20.420,00**	**420,00**
Wareneingang	FML1/FE_13	Fertigerzeugnis 13 (Serienfert...	50.000,00-	50.000,00-	0,00
Wareneingang			**50.000,00-**	**50.000,00-**	**0,00**
			0,00	**0,00**	**0,00**

Abbildung 3.149 Detailbericht

3.5 Fremdbearbeitung

Unter *Fremdbearbeitung* werden Vorgänge in PP-Arbeitsplänen verstanden, die durch einen externen Lieferanten durchgeführt werden. Der Lieferant kann diese Tätigkeiten entweder innerhalb der eigenen Fertigung durchführen, oder es werden ihm Zwischenprodukte zur Verfügung gestellt, die er in seinem Betrieb bearbeitet und zurücksendet.

Im Gegensatz zur Lohnbearbeitung in der Komponente MM (siehe Abschnitt 2.7) werden in diesem Szenario keine Buchungen für die beigestellten Komponenten durchgeführt. Es geht nur um die Planung, Erfassung und Bezahlung der Fremdleistung des Lieferanten.

Das Szenario »Fremdbearbeitung mit Lohnbearbeitung« wird nachfolgend in Abschnitt 3.6, »Fremdbearbeitung mit Lohnbearbeitung«, behandelt. Beide Szenarien finden als diskrete Fertigung mit Fertigungsaufträgen statt.

Zunächst zum Aufbau: In diesem Beispiel enthält der Arbeitsplan drei Vorgänge, wobei der erste und der letzte Vorgang eigenbearbeitet werden und nur der mittlere Vorgang als Fremdbearbeitung ausgelagert wird.

In einem *Fremdbearbeitungsvorgang* werden der Lieferant und ein Einkaufsinfosatz sowie der mit dem Lieferanten verhandelte Preis für seine Leistung eingetragen. Die laut Stückliste benötigten Komponenten werden im Arbeitsplan nicht zugeordnet.

Wir starten den Prozess durch Anlegen des Primärbedarfs in Schritt 1, der durch den Planungslauf in Schritt 2 zu einem Planauftrag führt. Dieser wird in Schritt 3 in einen Fertigungsauftrag umgewandelt. Zum zweiten Vorgang wird dazu automatisch eine *Bestellanforderung* für die Fremdleistung angelegt.

Die benötigte Komponente wird in Schritt 4 bereitgestellt, und es beginnt die Fertigung, die den ersten Vorgang in Schritt 5 rückmeldet. Die Bestellanforderung wird in Vorbereitung auf den zweiten Vorgang in Schritt 6 in eine *Bestellung* transformiert. Nachdem der Lieferant seine Leistung durchgeführt hat, erfolgt die Meldung als Wareneingang in Schritt 7. Zum Wareneingang buchen Sie die Rechnung in Schritt 8. Schritt 9 bestätigt den zweiten Arbeitsschritt, hat aber keinerlei Auswirkung auf die Bestellung und führt zu keinen finanziellen Buchungen. In Schritt 10 erfolgt der abschließende Eigenbearbeitungsschritt und in Schritt 11 schließlich die Ablieferung an das Lager (siehe Abbildung 3.150).

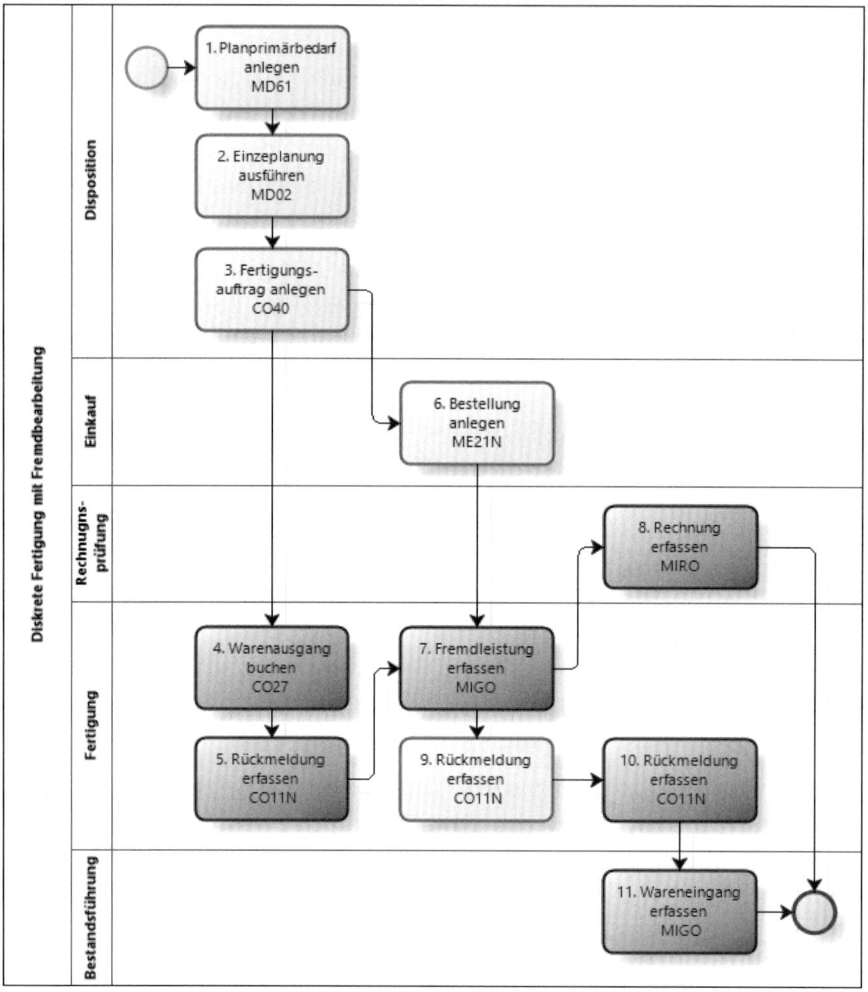

Abbildung 3.150 Prozess »Diskrete Fertigung mit Fremdbearbeitung«

Die Darstellung der Buchungen zu den Schritten 4, 5, 10 und 11 im Buchungsschema sind Ihnen bereits aus der diskreten Fertigung in Abschnitt 3.1, »Diskrete Fertigung«, bekannt (siehe Abbildung 3.151). Hinzu kommt die Buchung der Fremdleistung in Schritt 7 direkt auf den Fertigungsauftrag und die entsprechende Rechnungsstellung in Schritt 8. Das Konto für die Fremdleistung wird nicht über eine MM-Kontenfindung ermittelt, sondern ist direkt in die Detaildaten zum Arbeitsplanvorgang einzutragen.

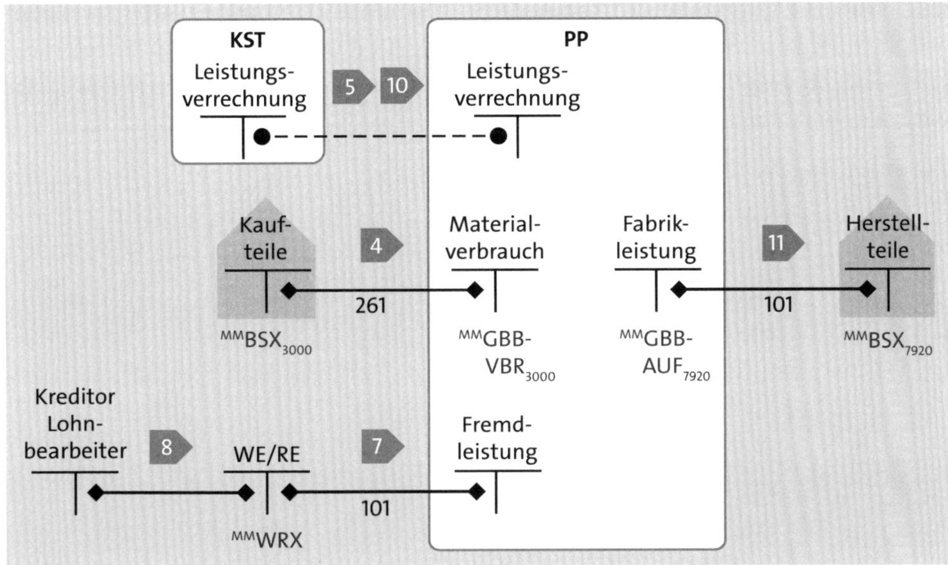

Abbildung 3.151 Buchungsschema »Diskrete Fertigung mit Fremdbearbeitung«

Der Arbeitsplan für das Fertigerzeugnis FE_23 beinhaltet den Fremdbearbeitungsschritt und den vorangehenden sowie den nachfolgenden Eigenbearbeitungsschritt (siehe Abbildung 3.152). Vorgang 0020 für die Fremdbearbeitung ist dabei keinem Arbeitsplatz zugeordnet und hat den abweichenden Steuerschlüssel YBP2, in dessen Customizing die Fremdbearbeitung festgelegt wurde.

Normalarbeitsplan Ändern: Vorgangsübersicht

Mehr Beenden

Material FE_23 Fertigerzeugnis 23 PlGrZ. 1

Folge: 0

Vorgangsübersicht

	Vorgan	Arbeit	Werk	Steuer	Beschreibung	Ba	Vor	Rüstzeit	Maschinenzeit	Personenzeit	Einheit
☐	0010	DF01	FML1	YBP1	Fertigung Schritt 1	1	ST	20	6	5	MIN
☐	0020		FML1	YBP2	Fremdbearbeitung FE_23-0020	1	ST				
☐	0030	DF01	FML1	YBP1	Fertigung Schritt 2	1	ST		3	2	MIN

Abbildung 3.152 Arbeitsplan mit Fremdbearbeitungsvorgang

In den Details zum Vorgang 0020 muss aufgrund der Festlegung auf einen Fremdbearbeitungsvorgang der Bezug zu einem Lieferanten und eine Kondition für den Preis eingestellt werden: Dies kann über die Eintragung eines Einkaufsinfosatzes und der dazugehörige Einkaufsorganisation erfolgen, dann werden alle in Abbildung 3.153 grau hinterlegten Felder daraus übernommen. Dieser Einkaufsinfosatz stellt eine Besonderheit dar, denn er hat keinen Bezug zu einer Materialnummer. Alternativ können die hier grau hinterlegten Felder direkt ausgefüllt werden. In beiden Fällen müssen Sie die Kostenart angeben, mit der die Fremdleistung verbucht werden soll. Wir verwenden hier die Kostenart 65001000.

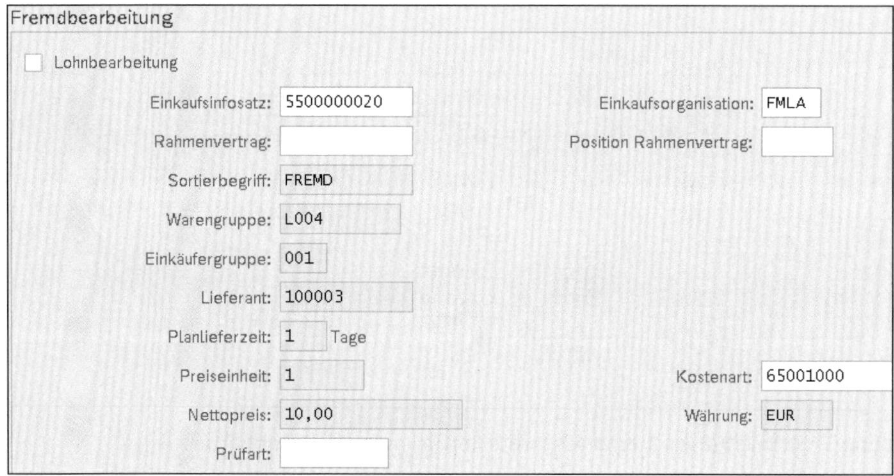

Abbildung 3.153 Details zur Fremdbearbeitung

Sehen wir uns die Plankalkulation für die Losgröße von 100 Stück an, erscheint zwischen den beiden Eigenfertigungsvorgängen mit ihren jeweils drei Einträgen für Rüst-, Maschinen- und Personenzeit der Fremdbearbeitungsvorgang (siehe Abbildung 3.154). Die Fremdbearbeitung wird mit dem speziellen Symbol [Symbol] dargestellt.

Materialkalkulation mit Mengengerüst anlegen

Kalkulationsstruktur aus | Detailliste aus | Mehr | Beenden

Kalkulationsstruktur	F...	Wert Ges...	Wä...	M...	M...	Ressource
Fertigerzeugnis 23 (Fremdbearbeitung)	■	10.300,00	EUR	100	ST	FML1 FE_23
Fertigung Schritt 1		200,00	EUR	20	MIN	FML_DF01 DF01 CONF01
Fertigung Schritt 1		2.400,00	EUR	600	MIN	FML_DF01 DF01 MACH01
Fertigung Schritt 1		1.500,00	EUR	500	MIN	FML_DF01 DF01 PERS01
Kaufteil 23A	■	2.000,00	EUR	100	ST	FML1 KT_23A
Kaufteil 23B	■	1.400,00	EUR	100	ST	FML1 KT_23B
Fremdbearbeitung FE_23-0020		1.000,00	EUR	100	ST	100003 5500000020 FMLA
Fertigung Schritt 2		0,00	EUR	0	MIN	FML_DF01 DF01 CONF01
Fertigung Schritt 2		1.200,00	EUR	300	MIN	FML_DF01 DF01 MACH01
Fertigung Schritt 2		600,00	EUR	200	MIN	FML_DF01 DF01 PERS01

Abbildung 3.154 Plankalkulation

3.5.1 Planprimärbedarf anlegen

Der Prozess startet, wie gewohnt, mit der Anlage des Planprimärbedarfs (siehe Abbildung 3.155). Insgesamt sollen 100 Stück des Fertigerzeugnisses FE_23 hergestellt werden.

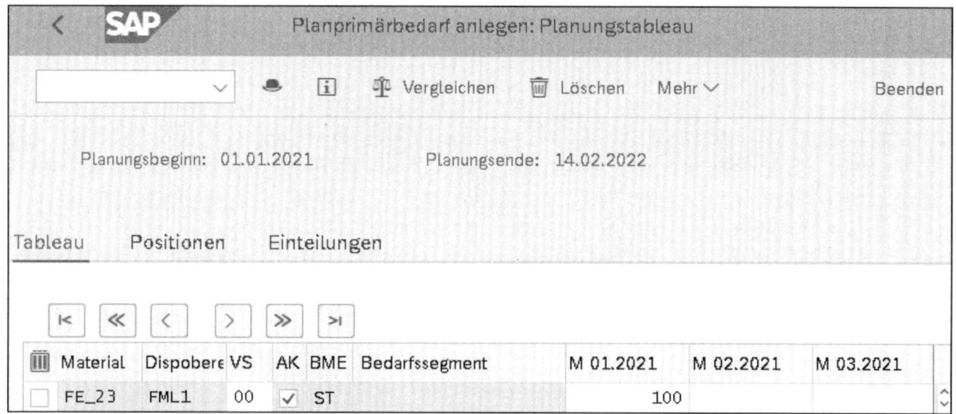

Abbildung 3.155 Planprimärbedarf

3.5.2 Bedarfsplanung ausführen

Zu unserem Fertigerzeugnis FE_23 erfolgt nun die Bedarfsplanung (siehe Abbildung 3.156). Das Ergebnis ist der Planauftrag 7039 in der Bedarfs-/Bestandsliste (siehe Abbildung 3.157).

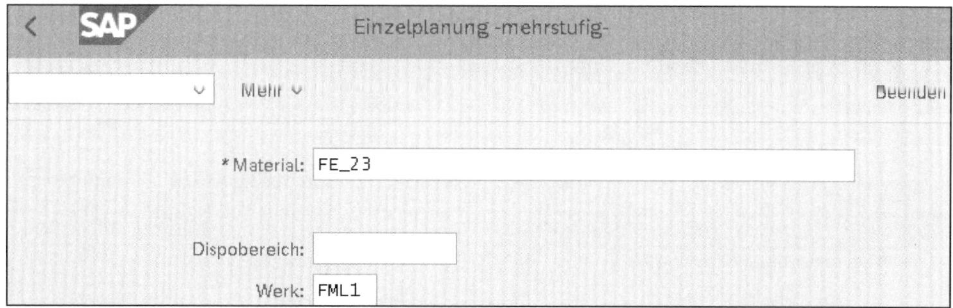

Abbildung 3.156 Bedarfsplanung ausführen

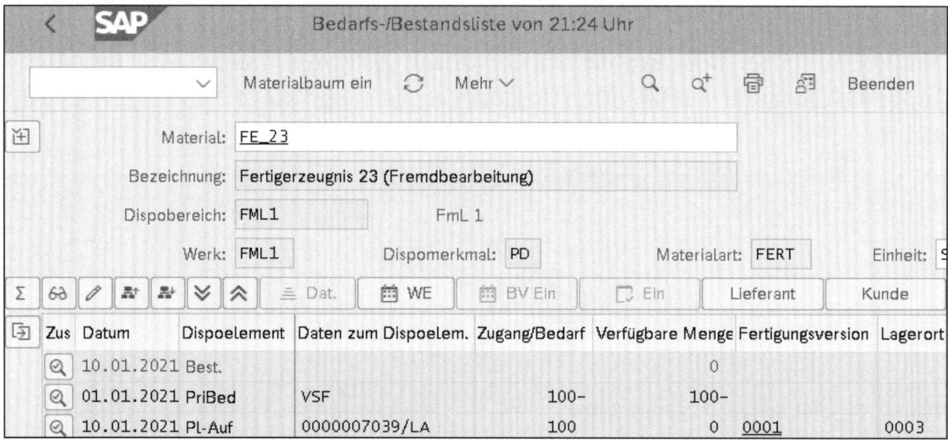

Abbildung 3.157 Bedarfs-/Bestandsliste

3.5.3 Fertigungsauftrag anlegen

Der Planauftrag wird daraufhin in einen Fertigungsauftrag überführt (siehe Abbildung 3.158). Nach der Freigabe und einem Speichervorgang wird eine BANF generiert. Lassen Sie sich den Fertigungsauftrag anzeigen, ist im Vorgang 0020 die BANF 10024608 auf der Registerkarte **Fremdbearbeitung** eingetragen (❶ in Abbildung 3.159).

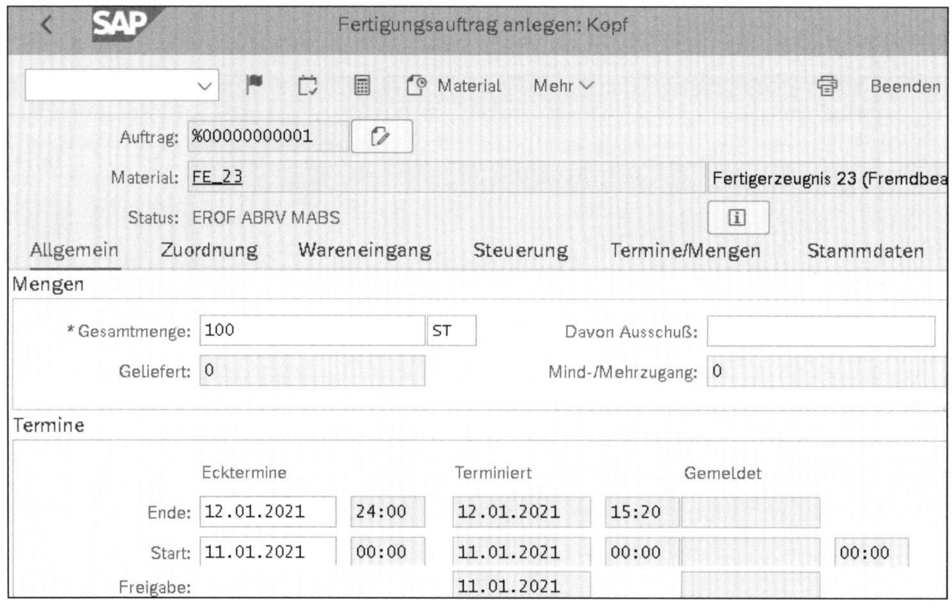

Abbildung 3.158 Fertigungsauftrag anlegen

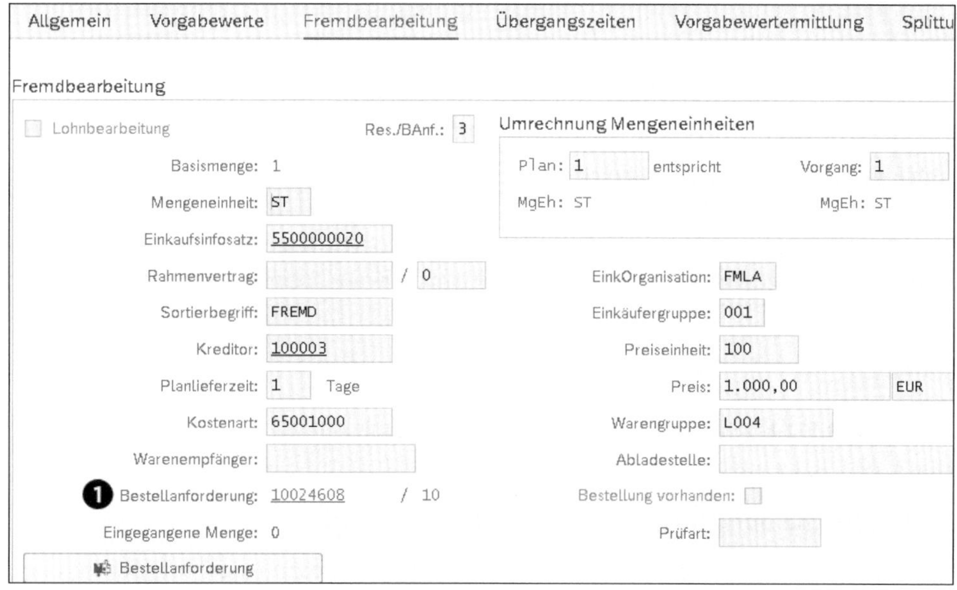

Abbildung 3.159 Fremdbearbeitungsvorgang mit generierter BANF

3.5.4 Kommissionierung durchführen

Um die Produktion starten zu können, werden die Kaufteile KT_23A und KT_23B aus der Stückliste benötigt. Dazu werden sie über die Kommissionierliste zusammengestellt und verbucht (siehe Abbildung 3.160).

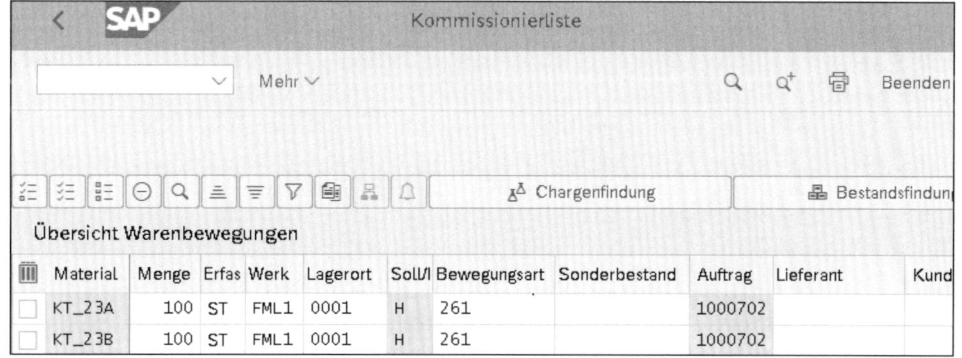

Abbildung 3.160 Kommissionierliste für die Kaufteile

Der Warenausgang wird für beide Positionen gebucht, und mit dem Materialbeleg wird der Buchhaltungsbeleg erstellt (siehe Abbildung 3.161). Die Verbrauchsbuchung erfolgt im Kostenrechnungsbeleg auf dem Fertigungsauftrag (siehe Abbildung 3.162).

BuKr.	P...	BS	S/H	Konto	Koart	Bezeichnung	Betrag	Währg	Werk	Material	Vorgang	Menge	BME
FMLA	1	99	H	13100000	M	Bestand Rohstoffe	2.000,00-	EUR	FML1	KT_23A	BSX	100-	ST
	2	81	S	51100000	S	Verbrauch Rohstoffe	2.000,00	EUR	FML1	KT_23A	GBB	100	ST
	3	99	H	13100000	M	Bestand Rohstoffe	1.400,00-	EUR	FML1	KT_23B	BSX	100-	ST
	4	81	S	51100000	S	Verbrauch Rohstoffe	1.400,00	EUR	FML1	KT_23B	GBB	100	ST

Abbildung 3.161 Buchhaltungsbeleg für die Kaufteile

Belegnummer	BuchDatum	Benutzer	RT	RefBelegnr	OrgVg	Vrgng	Belegkopftext	StB	sto
A00007SC00	10.01.2021	STUDENT101	R	4900001701	RMWA	COIN			

	Bu	OAr	Objekt	ObjektBez	Kostenart	Kostenartenbezeichn.	Wert/OW	OWä	Menge	GME	Material
1		AUF	1000702	Fertigerz...	51100000	Verbrauch Rohstoffe	2.000,00	EUR	100	ST	KT_23A
2		AUF	1000702	Fertigerz...	51100000	Verbrauch Rohstoffe	1.400,00	EUR	100	ST	KT_23B

Abbildung 3.162 Kostenrechnungsbeleg für die Kaufteile

3.5.5 Rückmeldung für den ersten Vorgang erfassen

Für den Vorgang 0010 geben Sie in der Rückmeldung die Auftragsnummer und den Vorgang ein und verbuchen die vorgeschlagenen Werte (siehe Abbildung 3.163).

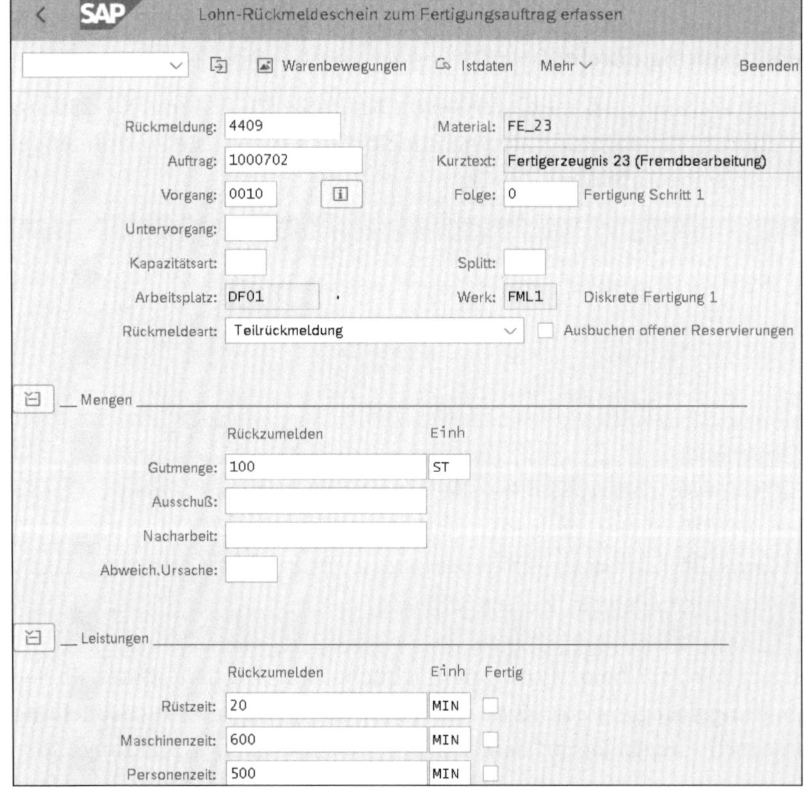

Abbildung 3.163 Rückmeldung für Vorgang 0010

Es entsteht ein Kostenrechnungsbeleg für die Verrechnung der Kostenstellenleistung an den Fertigungsauftrag (siehe Abbildung 3.164).

Belegnummer	BuchDatum	Benutzer	RT	RefBelegnr	OrgVg	Vrgng	Belegkopftext	StB	sto		
Bu	OAr	Objekt	ObjektBez	Kostenart	Kostenartenbezeichn.	Wert/OW	OWä	Menge	GME	Material	
300000912	10.01.2021	STUDENT101	R	4409		RMRU	RKL				
1	LEI	FML_DF01/CONF01	Diskrete ...	94303000	Rüsten	200,00-	EUR	20-	MIN		
2	AUF	1000702	Fertigerz...	94303000	Rüsten	200,00	EUR	20	MIN		
4	LEI	FML_DF01/MACH01	Diskrete ...	94301000	Maschinenstunden 1	2.400,00-	EUR	600-	MIN		
5	AUF	1000702	Fertigerz...	94301000	Maschinenstunden 1	2.400,00	EUR	600	MIN		
7	LEI	FML_DF01/PERS01	Diskrete ...	94311000	Pers.std.	1.500,00-	EUR	500-	MIN		
8	AUF	1000702	Fertigerz...	94311000	Pers.std.	1.500,00	EUR	500	MIN		

Abbildung 3.164 Kostenrechnungsbeleg

3.5.6 Bestellung anlegen

Um den zweiten Vorgang von einem Dienstleister ausführen zu lassen, wird die BANF in eine Bestellung umgesetzt (siehe Abbildung 3.165). Die Felder für den Positionstyp und die Materialnummer bleiben dabei leer. Als **Kurztext** wird die Bezeichnung des Arbeitsplanvorgangs übernommen. Es wird der Kontierungstyp F für »Auftrag« verwendet: Das bedeutet, dass der Wareneingang nicht in ein Lager erfolgt, was bei einer Fremdleistung auch schwierig wäre, sondern direkt als Kosten auf dem Fertigungsauftrag verbucht wird.

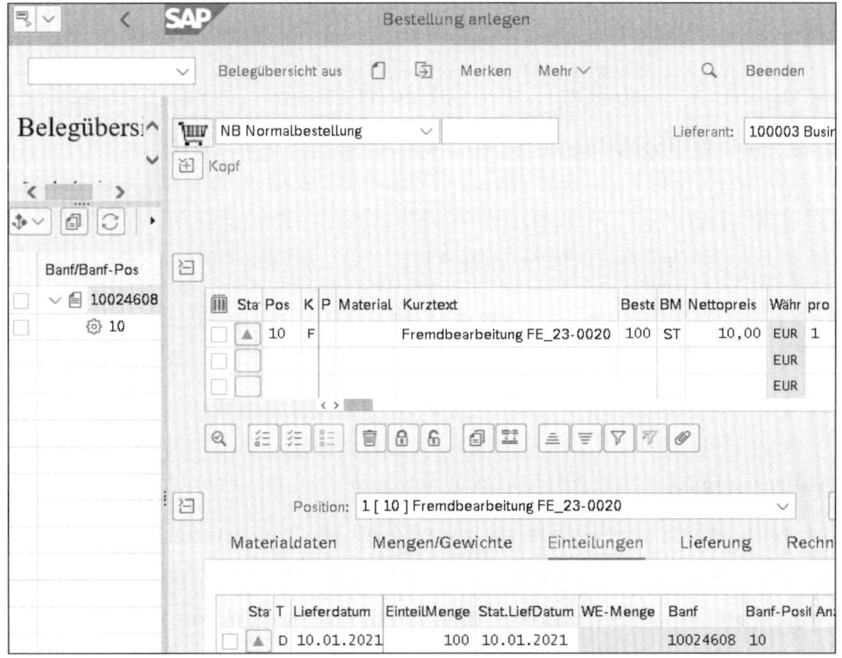

Abbildung 3.165 Bestellung für die Fremdleistung anlegen

3.5.7 Wareneingang Fremdleistung buchen

Der Begriff des Wareneingangs kann hier in die Irre führen, denn tatsächlich handelt es sich nur um die Bestätigung der Fremdleistung. Er findet mit Bezug zur Bestellung statt (siehe Abbildung 3.166). Auch hier bleibt das Feld **Material** leer.

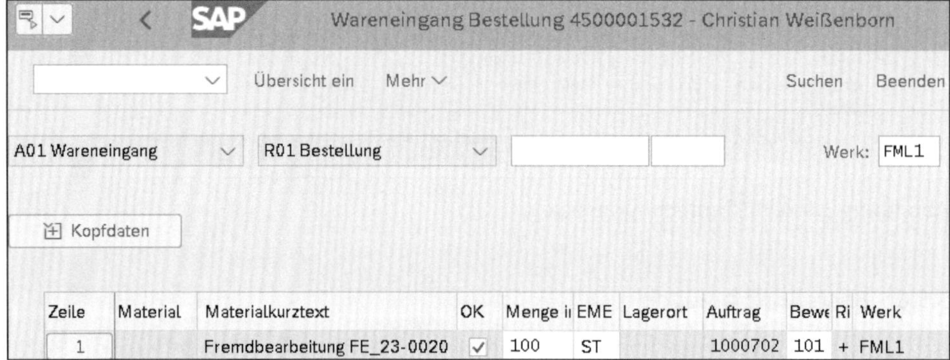

Abbildung 3.166 Wareneingang zur Bestellung erfassen

Der erstellte Buchhaltungsbeleg zeigt das im Arbeitsplanvorgang angegebene Konto (siehe Abbildung 3.167). Die GuV-relevante Buchung der Fremdleistung findet aufgrund des Kontierungstyp F direkt auf dem Fertigungsauftrag statt (siehe Abbildung 3.168).

BuKr.	P...	BS	S...	Konto	Koa...	Bezeichnung	Betrag	Wä...	Werk	Material	Vorgang	Menge	BME
FMLA	1	81	S	65001000	S	Bezogene Leistungen	1.000,00	EUR	FML1		KBS	100	ST
	2	96	H	21120000	S	WE/RE	1.000,00-	EUR	FML1		WRX	100-	ST

Abbildung 3.167 Buchhaltungsbeleg für die Fremdleistung

```
Belegnummer  BuchDatum   Benutzer    RT RefBelegnr  OrgVg Vrgng Belegkopftext   StB  sto
Bu OAr Objekt      ObjektBez  Kostenart Kostenartenbezeichn.   Wert/OW OWä Menge GME Material

A00007SD00   10.01.2021  STUDENT101  R  5000001137  RMWE  COIN
 1 AUF 1000702     Fertigerz... 65001000  Bezogene Leistungen  1.000,00  EUR  100  ST
```

Abbildung 3.168 Kostenrechnungsbeleg für die Fremdleistung

3.5.8 Rechnung erfassen

Der Lieferant stellt, sobald er den Auftrag ausgeführt hat, seine erbrachte Leistung in Rechnung, und die Eingangsrechnung wird im System erfasst (siehe Abbildung 3.169).

Nach dem Prüfen und Speichern wird der entsprechende Buchhaltungsbeleg erstellt (siehe Abbildung 3.170).

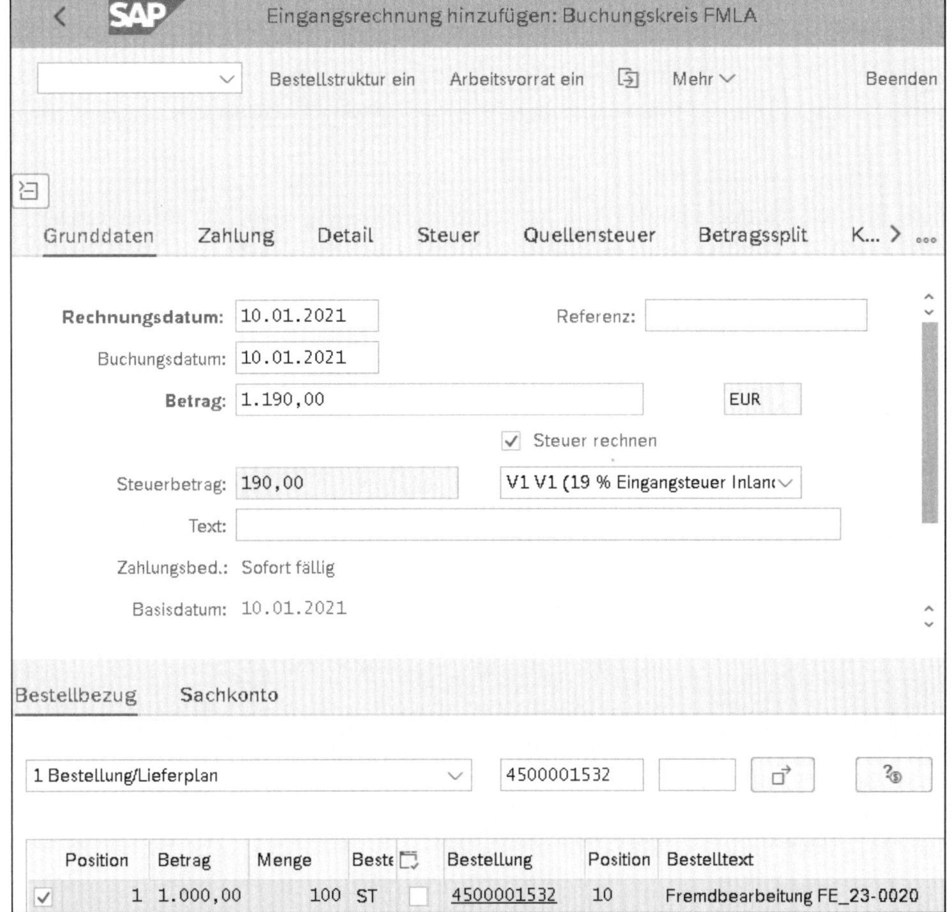

Abbildung 3.169 Rechnung erfassen

BuKr.	P...	BS	S/H	Konto	Koart	Bezeichnung	Betrag	Währg	Werk	Material	Vorgang	Menge	BME
FMLA	1	31	H	100003	K	Business Partner 4 ...	1.190,00-	EUR			KBS		
	2	86	S	21120000	S	WE/RE	1.000,00	EUR	FML1		WRX	100	ST
	3	40	S	12600000	S	Vorsteuer (VST)	190,00	EUR			VST		

Abbildung 3.170 Buchhaltungsbeleg für die Rechnung zur Fremdleistung

3.5.9 Rückmeldung für den zweiten Vorgang erfassen

Der Vorgang 0020 hat zwar durch den Wareneingang den Status **Fremdvorgang geliefert** erhalten, aber noch nicht den Status **Rückgemeldet**. Da dies für die Fertigungssteuerung relevant sein kann, ist auch dieser Vorgang rückzumelden (siehe Abbildung 3.171). Finanziell hat dies keine weiteren Auswirkungen, und es erfolgt auch keine Buchung.

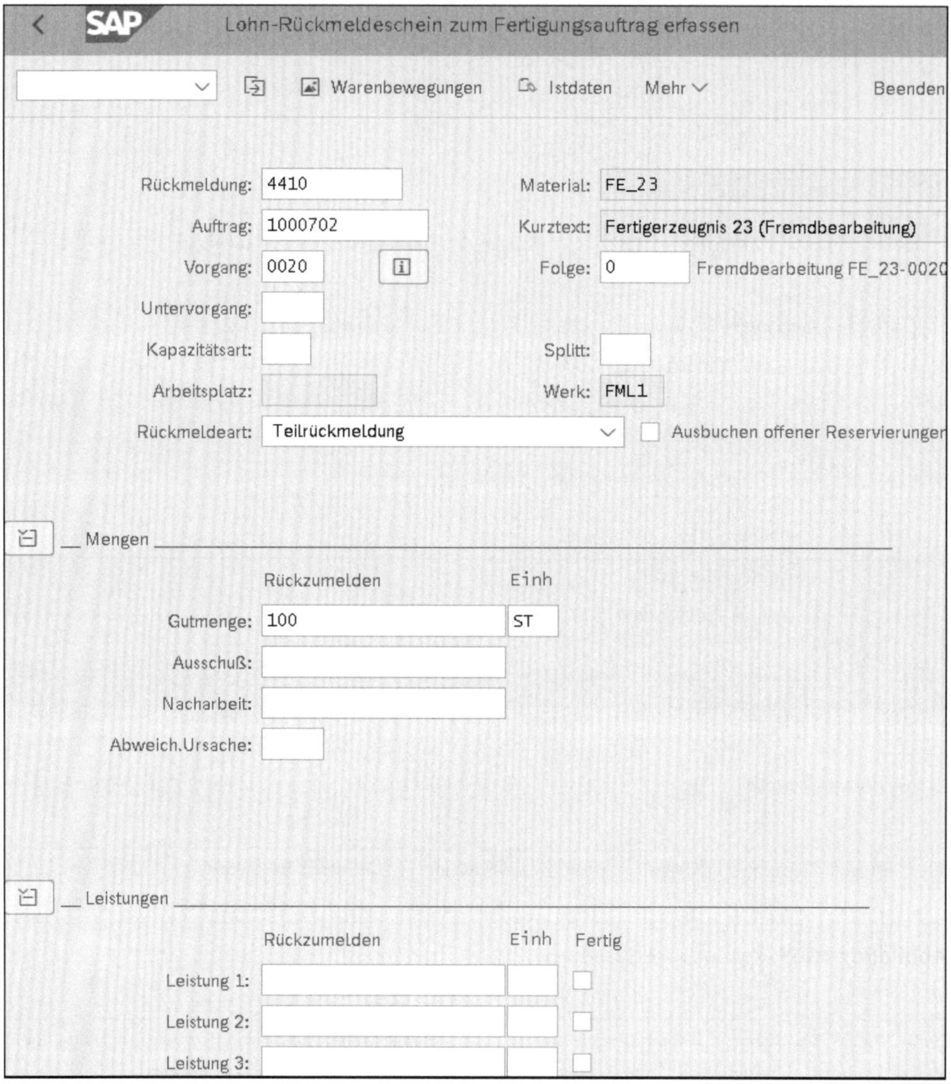

Abbildung 3.171 Rückmeldung zum Vorgang 0020 erfassen

3.5.10 Rückmeldung zum dritten Vorgang erfassen

Der abschließende dritte Vorgang wird erfasst und die Rückmeldung gesichert (siehe Abbildung 3.172). Die Leistungsverrechnung wird anschließend im Kostenrechnungsbeleg verbucht (siehe Abbildung 3.173).

Lohn-Rückmeldeschein zum Fertigungsauftrag erfassen

Warenbewegungen | Istdaten | Mehr | Beenden

Rückmeldung: 4411
Material: FE_23
Auftrag: 1000702
Kurztext: Fertigerzeugnis 23 (Fremdbearbeitung)
Vorgang: 0030
Folge: 0 Fertigung Schritt 2
Untervorgang:
Kapazitätsart:
Splitt:
Arbeitsplatz: DF01
Werk: FML1 Diskrete Fertigung 1
Rückmeldeart: Teilrückmeldung
Ausbuchen offener Reservierungen

Mengen

	Rückzumelden	Einh
Gutmenge:	100	ST
Ausschuß:		
Nacharbeit:		
Abweich.Ursache:		

Leistungen

	Rückzumelden	Einh	Fertig
Rüstzeit:		MIN	
Maschinenzeit:	300	MIN	
Personenzeit:	200	MIN	

Abbildung 3.172 Rückmeldung zum Vorgang 0030 erfassen

Belegnummer	BuchDatum	Benutzer	RT	RefBelegnr	OrgVg	Vrgng	Belegkopftext	StB	sto
300000913	10.01.2021	STUDENT101	R	4411	RMRU	RKL			

Bu	OAr	Objekt	ObjektBez	Kostenart	Kostenartenbezeichn.	Wert/OW	OWä	Menge	GME	Material
1	LEI	FML_DF01/MACH01	Diskrete ...	94301000	Maschinenstunden 1	1.200,00-	EUR	300-	MIN	
2	AUF	1000702	Fertigerz...	94301000	Maschinenstunden 1	1.200,00	EUR	300	MIN	
4	LEI	FML_DF01/PERS01	Diskrete ...	94311000	Pers.std.	600,00-	EUR	200-	MIN	
5	AUF	1000702	Fertigerz...	94311000	Pers.std.	600,00	EUR	200	MIN	

Abbildung 3.173 Kostenrechnungsbeleg

3.5.11 Wareneingang buchen

Als letzter Schritt erfolgt die Ablieferung des fertiggestellten Produkts an das Lager, indem ein *Wareneingang zum Auftrag* gebucht wird (siehe Abbildung 3.174). Der erzeugte Materialbeleg führt zum Buchhaltungsbeleg (siehe Abbildung 3.175).

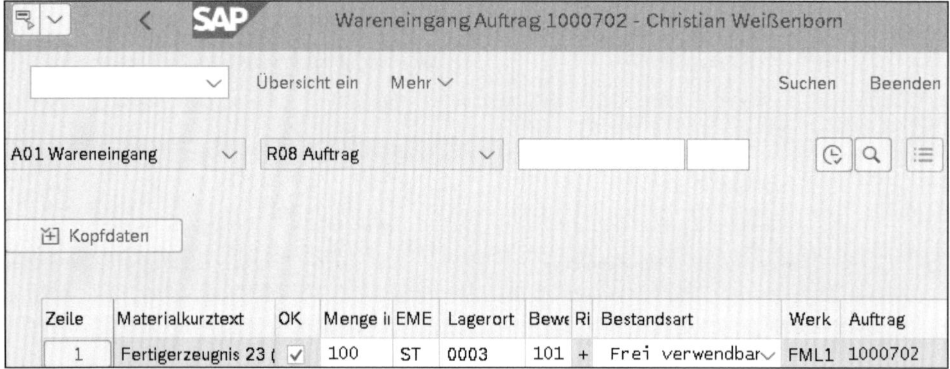

Abbildung 3.174 Wareneingang zum Auftrag

BuKr.	P...	BS	S/H	Konto	Koart	Bezeichnung	Betrag	Währg	Werk	Material	Vorgang	Menge	BME
FMLA	1	89	S	13400000	M	Best fertige Ware	10.300,00	EUR	FML1	FE_23	BSX	100	ST
	2	91	H	55100000	S	Fabrikleistng Pr.Auf	10.300,00-	EUR	FML1	FE_23	GBB	100-	ST

Abbildung 3.175 Buchhaltungsbeleg zum Wareneingang

Die Buchung der Fabrikleistung im Kostenrechnungsbeleg entlastet den Fertigungsauftrag (siehe Abbildung 3.176).

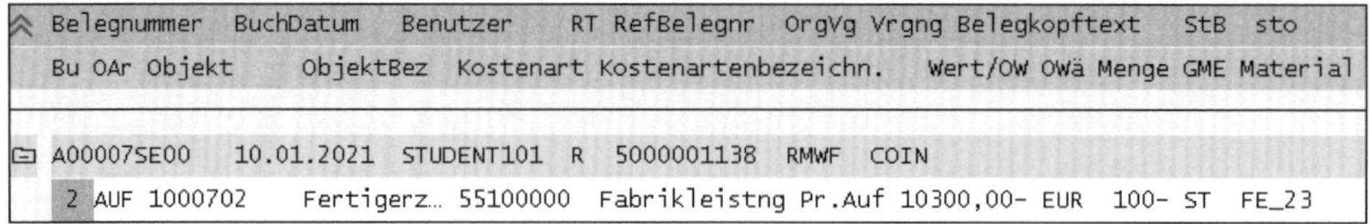

```
Belegnummer  BuchDatum   Benutzer    RT RefBelegnr  OrgVg Vrgng Belegkopftext   StB  sto
Bu OAr Objekt      ObjektBez  Kostenart Kostenartenbezeichn.  Wert/OW OWä Menge GME Material

A00007SE00   10.01.2021  STUDENT101  R  5000001138  RMWF  COIN
2 AUF 1000702     Fertigerz… 55100000  Fabrikleistng Pr.Auf 10300,00- EUR  100- ST  FE_23
```

Abbildung 3.176 Kostenrechnungsbeleg für das Fertigerzeugnis

3.6 Fremdbearbeitung mit Lohnbearbeitung

Dieser Prozess entspricht bis auf ein Detail dem Prozess aus Abschnitt 3.5, »Fremdbearbeitung«; hier wird er aber nur für das Material FE_24 ausgeführt. In diesem Szenario wird auf viele Detailerklärungen verzichtet, da Sie die Vorgänge bereits aus Abschnitt 3.5 kennen.

Setzen Sie zunächst für das Kennzeichen **Lohnbearbeitung** ❶ im Fremdbearbeitungsvorgang des Arbeitsplans einen Haken (siehe Abbildung 3.177).

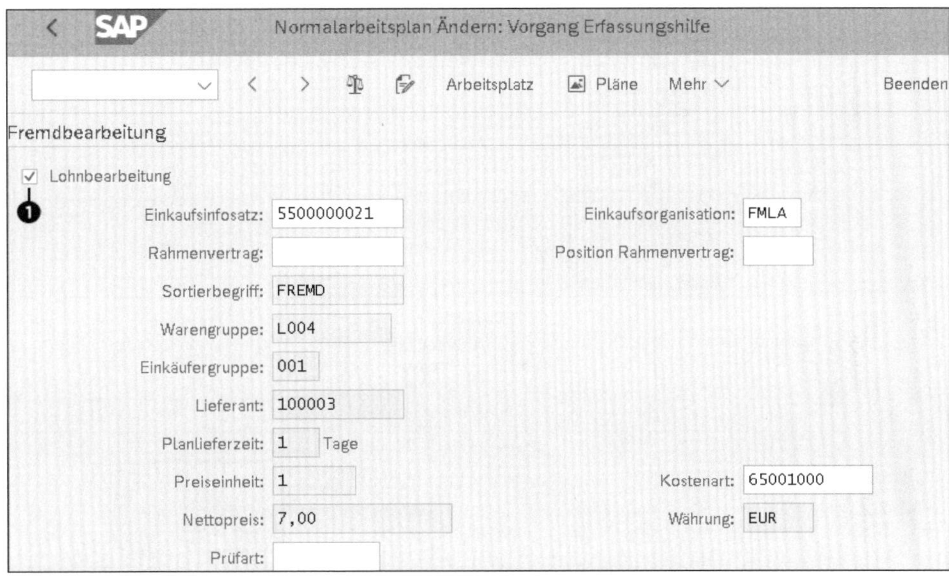

Abbildung 3.177 Fremdbearbeitungsvorgang mit Lohnbearbeitung

Der Lieferant soll hier also nicht nur eine Fremdleistung ausführen, sondern ihm wird zusätzlich noch ein Material beigestellt.

Im Prozess ist dazu im Vergleich zu Abschnitt 3.5 ein zusätzlicher Schritt erforderlich: In Schritt 7 sind die Beistellteile an den Lohnbearbeiter umzubuchen (siehe Abbildung 3.178).

[!]

Unterschied zur MM-Lohnbearbeitung

Im Gegensatz zur Lohnbearbeitung in Abschnitt 2.7, »Lohnbearbeitung«, wird das vom Lohnbearbeiter zurückkommende Material nicht als Zugang in ein Lager erfasst. Nur die Fremdleistung und der Verbrauch des Beistellteils aus dem Lohnbearbeiterbestand werden gebucht.

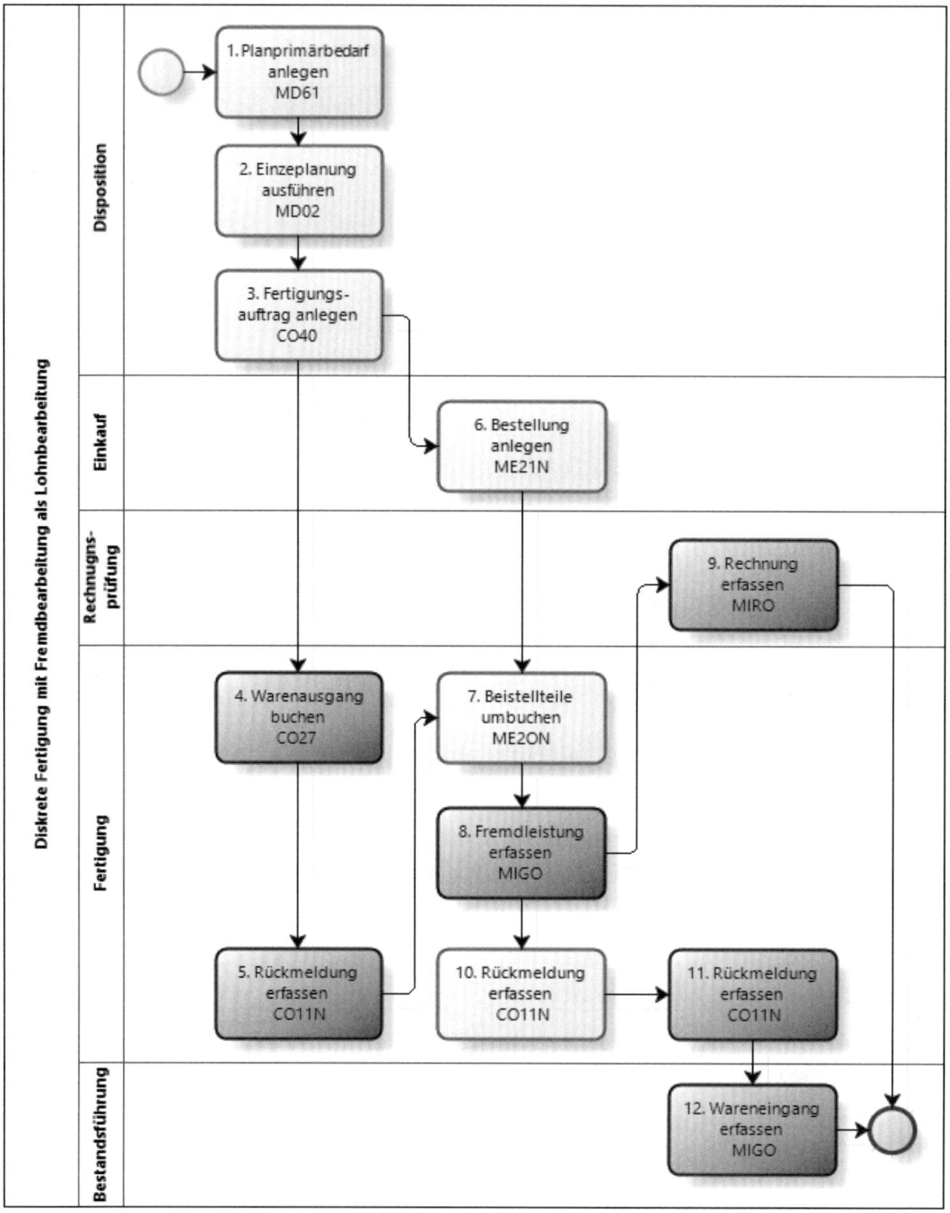

Abbildung 3.178 Prozess »Diskrete Fertigung mit Fremdbearbeitung als Lohnbearbeitung«

Damit die Bestellanforderung für eine solche Fremdbearbeitung mit Lohnbearbeitung funktioniert, muss die Kombination aus Positionstyp L und Kontierungstyp F (Auftrag) im Customizing erlaubt sein (siehe Abbildung 3.179).

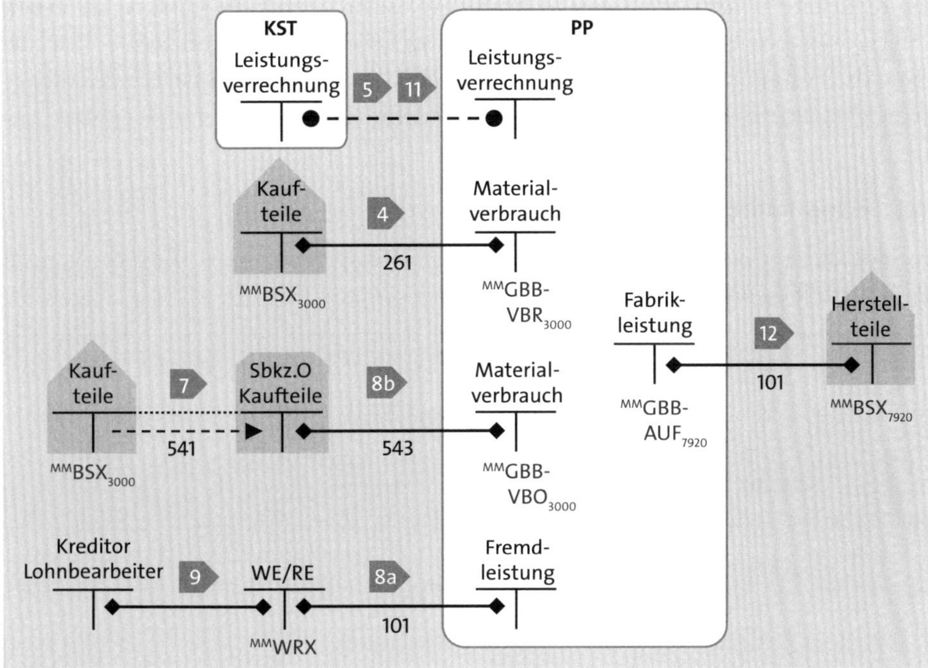

Abbildung 3.179 Buchungsschema »Diskrete Fertigung mit Fremdbearbeitung als Lohnbearbeitung«

Die Stammdaten sind analog zu dem vorangehenden Szenario aufgebaut, nur anstelle zur Materialnummer FE_23 jetzt zu FE_24. Der einzige Unterschied besteht in der Zuordnung des zweiten Kaufteils im Arbeitsplan: Es soll das Beistellteil für die Lohnbearbeitung sein und muss deshalb dem Fremdbearbeitungsvorgang 0020 zugeordnet werden (siehe Abbildung 3.180). Falls für diesen Fremdbearbeitungsvorgang ein Einkaufsinfosatz verwendet wird, muss dieser vom Typ **Lohnbearbeitung** sein.

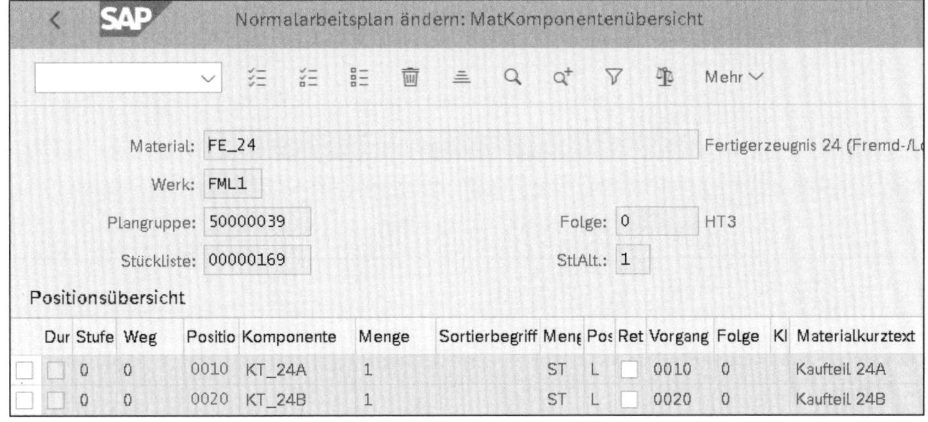

Dur	Stufe	Weg	Positio	Komponente	Menge	Sortierbegriff	Meng	Pos	Ret	Vorgang	Folge	Kl	Materialkurztext
	0	0	0010	KT_24A	1		ST	L		0010	0		Kaufteil 24A
	0	0	0020	KT_24B	1		ST	L		0020	0		Kaufteil 24B

Abbildung 3.180 Materialzuordnung im Arbeitsplan

Was in diesem Szenario trotzdem nicht mit einfachen Mitteln möglich ist, ist, einen Arbeitsvorgang selbst auszuführen und das angearbeitete Teil dann zum Lohnbearbeiter als Beistellung umzubuchen. In unserem Szenario wird nur ein zusätzliches Teil beigestellt, das im ersten Arbeitsvorgang nicht benötigt wird.

3.6.1 Planprimärbedarf anlegen

Als Start des Prozesses wird, wie gewohnt, ein Planprimärbedarf für das Material FE_24 erstellt (siehe Abbildung 3.181).

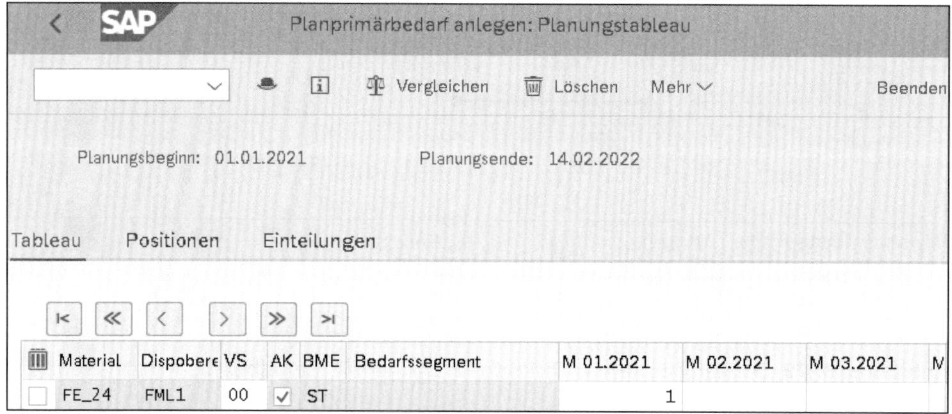

Abbildung 3.181 Planprimärbedarf anlegen

3.6.2 Bedarfsplanung ausführen

Um den Bedarf zu decken und in der Fertigung zu berücksichtigen, erfolgt die Bedarfsplanung (siehe Abbildung 3.182).

SAP
Einzelplanung -mehrstufig-
Mehr
Beenden
*Material: FE_24
Dispobereich:
Werk: FML1

Abbildung 3.182 Bedarfsplanung ausführen

Der Planauftrag 7040 wird nun in der Bedarfs-/Bestandsliste angezeigt (siehe Abbildung 3.183).

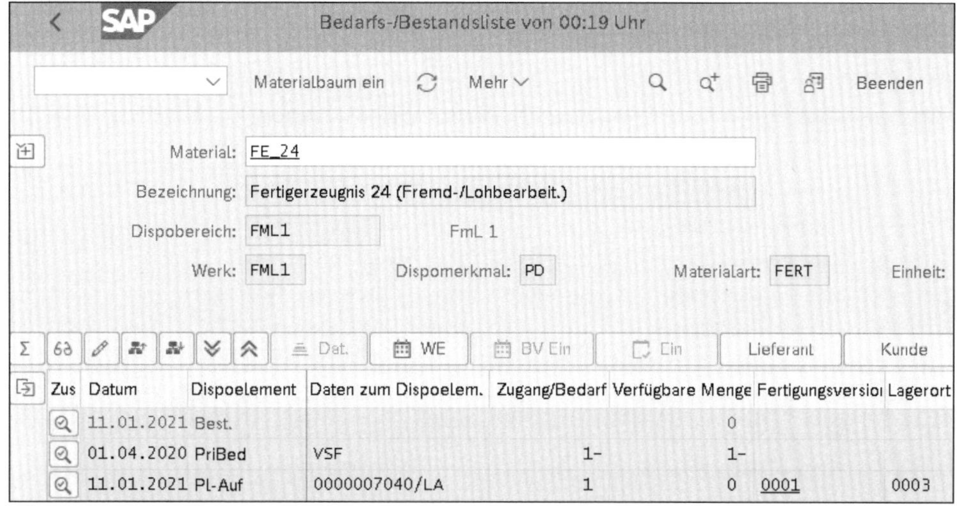

Abbildung 3.183 Bedarfs-/Bestandsliste

3.6.3 Fertigungsauftrag anlegen

Aus dem Planauftrag wird ein Fertigungsauftrag erstellt (siehe Abbildung 3.184).

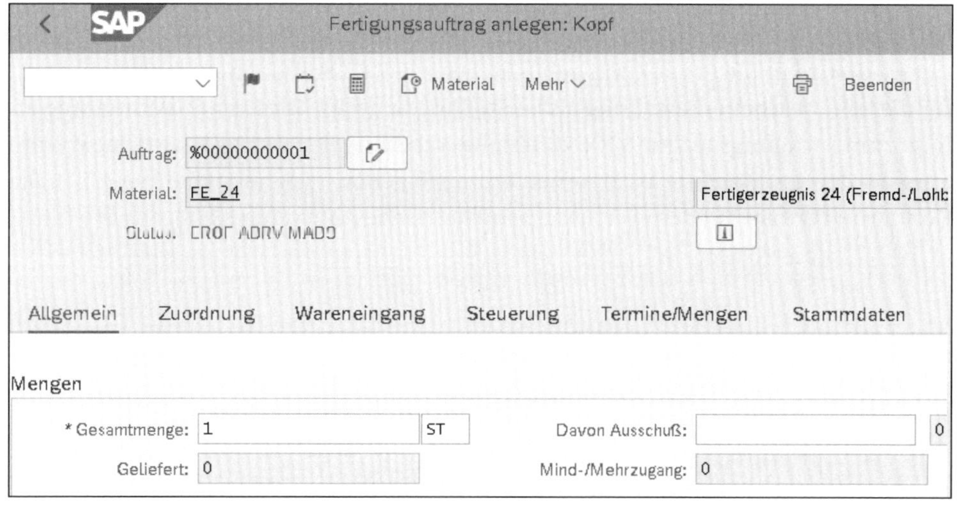

Abbildung 3.184 Fertigungsauftrag anlegen

Beim Speichern über den Button **Bestellanforderung** wird automatisch eine solche mit der Nummer 10024609 generiert und im Arbeitsplanvorgang eingetragen (siehe Abbildung 3.185).

Abbildung 3.185 Fremdbearbeitungsvorgang mit Lohnbearbeitung

3.6.4 Kommissionierung durchführen

Nur die erste Komponente KT_24A, die für den ersten Eigenfertigungsvorgang benötigt wird, wird in die Produktion gebucht. Die zweite Komponente KT_24B wird erst für die Lohnbearbeiterbestellung als Beistellung benötigt. Die Kommissionierung erfolgt zum Fertigungsauftrag 1000703 (siehe Abbildung 3.186). Dann wird der Warenausgang der Komponente als Materialverbrauch gebucht (siehe Abbildung 3.187). Die Kontierung erfolgt auf dem Fertigungsauftrag (siehe Abbildung 3.188).

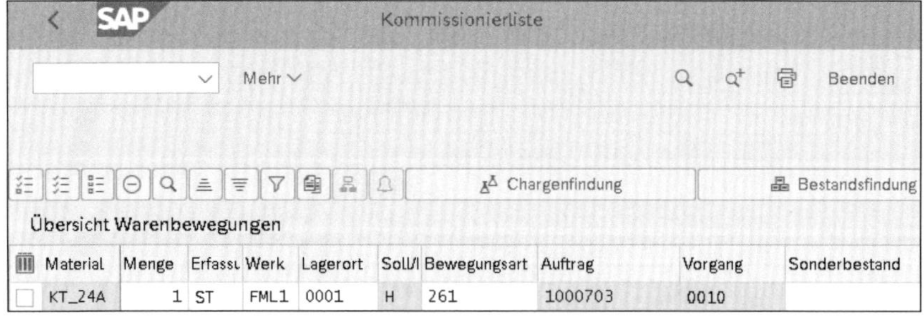

Material	Menge	Erfassu	Werk	Lagerort	Soll/H	Bewegungsart	Auftrag	Vorgang	Sonderbestand
KT_24A	1	ST	FML1	0001	H	261	1000703	0010	

Abbildung 3.186 Kommissionierliste

BuKr.	P...	BS	S/H	Konto	Koart	Bezeichnung	Betrag	Währg	Werk	Material	Vorgang	Menge	BME
FMLA	1	99	H	13100000	M	Bestand Rohstoffe	20,00-	EUR	FML1	KT_24A	BSX	1-	ST
	2	81	S	51100000	S	Verbrauch Rohstoffe	20,00	EUR	FML1	KT_24A	GBB	1	ST

Abbildung 3.187 Buchhaltungsbeleg

Belegnummer	BuchDatum	Benutzer	RT	RefBelegnr	OrgVg	Vrgng	Belegkopftext	StB	sto
A00007SI00	11.01.2021	STUDENT101	R	4900001705	RMWA	COIN			

Bu	OAr	Objekt	ObjektBez	Kostenart	Kostenartenbezeichn.	Wert/OW	OWä	Menge	GME	Material
1	AUF	1000703	Fertigerz...	51100000	Verbrauch Rohstoffe	20,00	EUR	1	ST	KT_24A

Abbildung 3.188 Kostenrechnungsbeleg

3.6.5 Rückmeldung für den ersten Vorgang erfassen

Der erste Vorgang wurde beendet, und es erfolgt die Rückmeldung, um die Leistungen zu verbuchen (siehe Abbildung 3.189). Die Kostenstelle FML_DF01 wird mit den angegebenen Zeiten multipliziert und mit dem jeweiligen Tarif entlastet (siehe Abbildung 3.190).

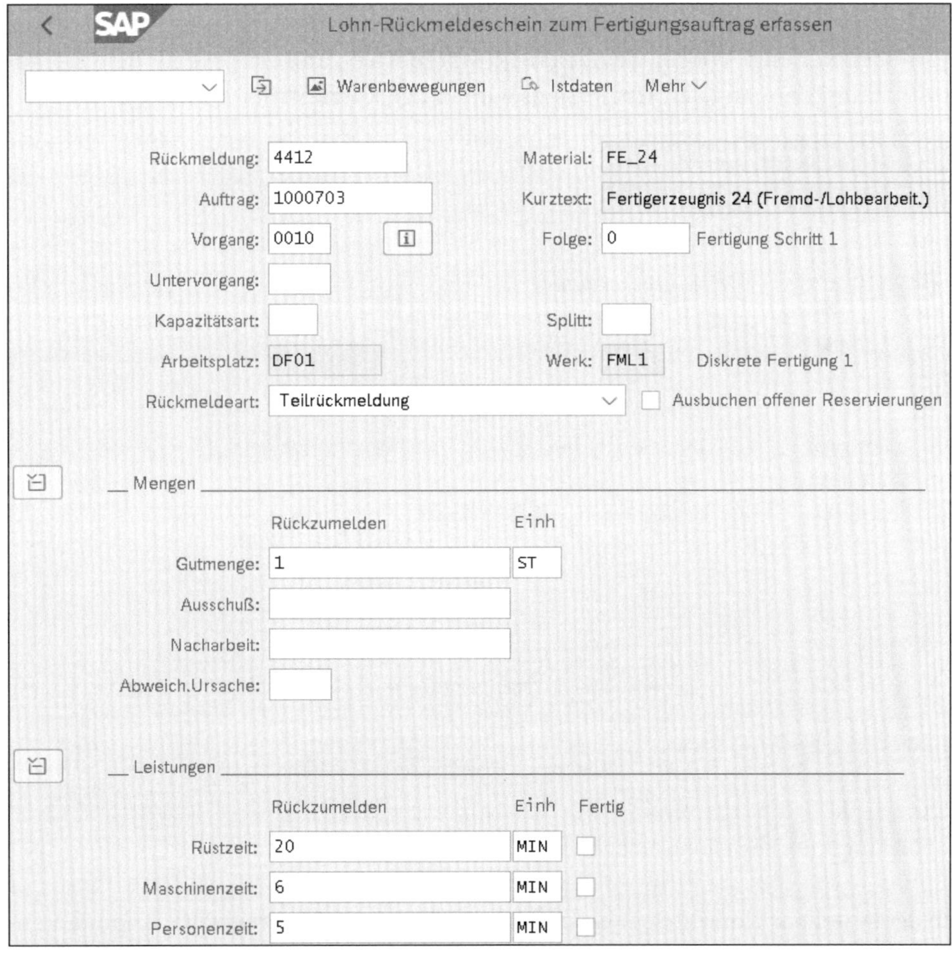

Abbildung 3.189 Rückmeldung für Vorgang 0010

Belegnummer	BuchDatum	Benutzer	RT	RefBelegnr	OrgVg	Vrgng	Belegkopftext	StB	sto		
Bu	OAr	Objekt	ObjektBez	Kostenart	Kostenartenbezeichn.	Wert/OW	OWä	Menge	GME	Material	
300000916	11.01.2021	STUDENT101	R	4412		RMRU	RKL				
1	LEI	FML_DF01/CONF01	Diskrete ...	94303000	Rüsten	200,00-	EUR	20-	MIN		
2	AUF	1000703	Fertigerz...	94303000	Rüsten	200,00	EUR	20	MIN		
4	LEI	FML_DF01/MACH01	Diskrete ...	94301000	Maschinenstunden 1	24,00-	EUR	6-	MIN		
5	AUF	1000703	Fertigerz...	94301000	Maschinenstunden 1	24,00	EUR	6	MIN		
7	LEI	FML_DF01/PERS01	Diskrete ...	94311000	Pers.std.	15,00-	EUR	5-	MIN		
8	AUF	1000703	Fertigerz...	94311000	Pers.std.	15,00	EUR	5	MIN		

Abbildung 3.190 Kostenrechnungsbeleg

3.6.6 Bestellung anlegen

Die generierte BANF wird in eine Bestellung umgesetzt (siehe Abbildung 3.191). Besonderheit ist hier die Kombination aus Kontierungstyp F (Auftrag) und Positionstyp L (Lohnbearbeitung). Wieder bleibt das Feld **Material** leer, und der Text aus dem Fremdbearbeitungsvorgang des Arbeitsplans wird in den **Kurztext** übernommen.

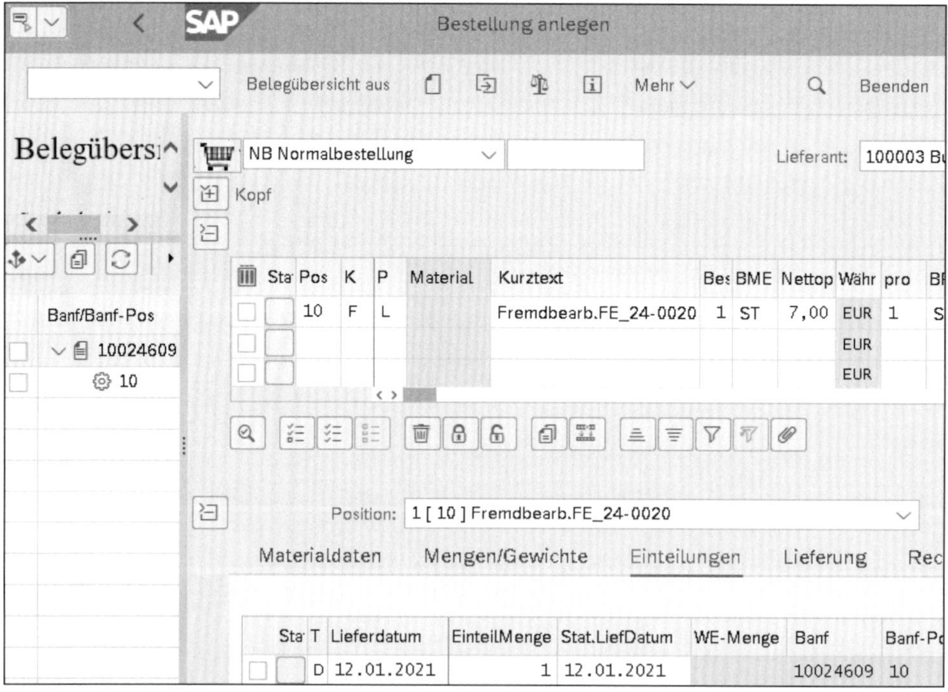

Abbildung 3.191 Bestellung anlegen

In der Bestellposition auf der Registerkarte **Materialdaten** kann in die Komponentenübersicht navigiert werden (siehe Abbildung 3.192). Dort wird das beizustellende Material KT_24B angezeigt.

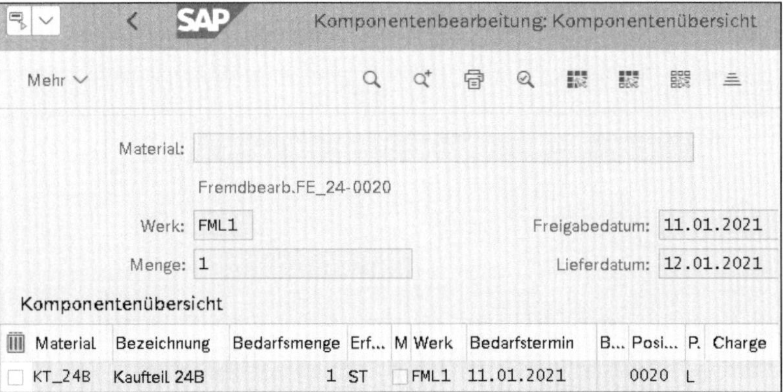

Abbildung 3.192 Komponentenübersicht

3.6.7 Beistellteile umbuchen

Über das Lohnbearbeiter-Cockpit erfolgt die Umbuchung des Materials KT_24B vom eigenen Lagerort in den Beistellbestand (siehe Abbildung 3.193). Die Umbuchung erfolgt dabei mit der Bewegungsart 541 (siehe Abbildung 3.194)

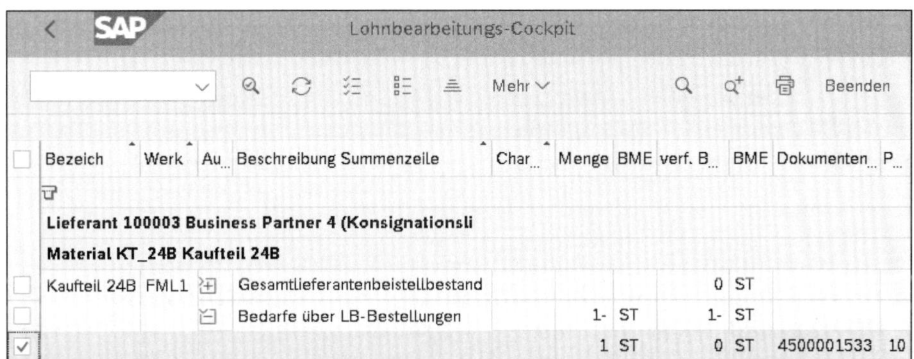

Abbildung 3.193 Lohnbearbeitungs-Cockpit

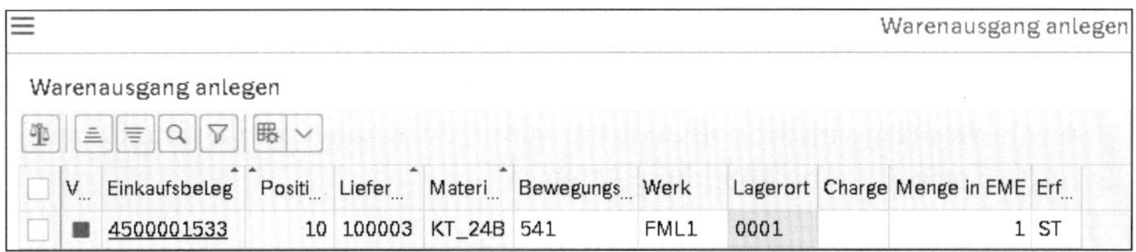

Abbildung 3.194 Warenausgang anlegen

Im Materialbeleg werden das Sonderbestandskennzeichen O und die Lieferantennummer des Lohnbearbeiters 100003 als Empfänger der Umbuchung eingetragen (siehe Abbildung 3.195). Rechnungswesenbelege werden dabei nicht erstellt.

Abbildung 3.195 Materialbeleg für das Kaufteil KT_24B

3.6.8 Wareneingang Fremdleistung buchen

Der *Wareneingang zur Bestellung* wird als Bestätigung der Fremdleistung erfasst (siehe Abbildung 3.196), aber in diesem Szenario findet hierdurch auch der Verbrauch des Beistellteils aus dem Sonderbestand mit der Bewegungsart 543 statt. Die Verbrauchsbuchung erfolgt direkt auf den Fertigungsauftrag.

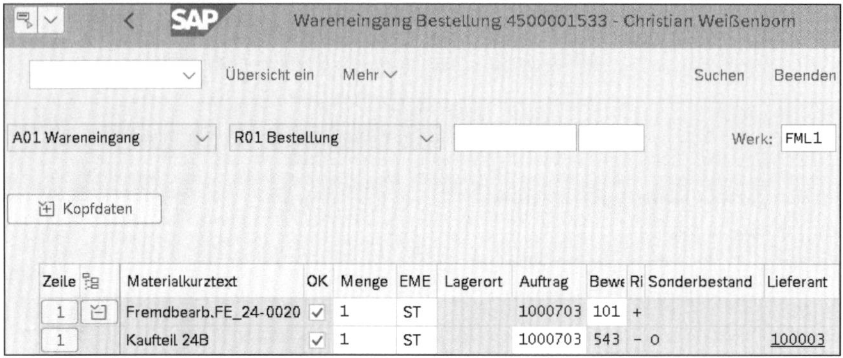

Abbildung 3.196 Wareneingang für die Fremdleistung

Im Buchhaltungsbeleg erfolgt die Buchung der Fremdleistung in den ersten beiden Zeilen und der Verbrauch des Beistellteils in den Zeilen 3 und 4 (siehe Abbildung 3.197). Sowohl die Fremdleistung als auch der Materialverbrauch werden auf dem Fertigungsauftrag erfasst (siehe Abbildung 3.198).

BuKr.	P...	BS	S/H	Konto	Koart	Bezeichnung	Betrag	Wä...	Werk	Material	Vorgang	Menge	BME
FMLA	1	81	S	65001000	S	Bezogene Leistungen	7,00	EUR	FML1		KBS	1	ST
	2	96	H	21120000	S	WE/RE	7,00-	EUR	FML1		WRX	1-	ST
	3	99	H	13100000	M	Bestand Rohstoffe	14,00-	EUR	FML1	KT_24B	BSX	1-	ST
	4	81	S	51100000	S	Verbrauch Rohstoffe	14,00	EUR	FML1	KT_24B	GBB	1	ST

Abbildung 3.197 Buchhaltungsbeleg für die Fremdleistung

Belegnummer	BuchDatum	Benutzer	RT	RefBelegnr	OrgVg	Vrgng	Belegkopftext	StB	sto
Bu	**OAr**	**Objekt**	**ObjektBez**	**Kostenart**	**Kostenartenbezeichn.**	**Wert/OW**	**OWä**	**Menge GME**	**Material**
A00007SJ00	11.01.2021	STUDENT101	R	5000001139	RMWE	COIN			
1	AUF	1000703	Fertigerz...	65001000	Bezogene Leistungen	7,00	EUR	1 ST	
2	AUF	1000703	Fertigerz...	51100000	Verbrauch Rohstoffe	14,00	EUR	1 ST	KT_24B

Abbildung 3.198 Kostenrechnungsbeleg

3.6.9 Rechnung erfassen

Der Lohnbearbeiter stellt seine erbrachte Leistung anschließend in Rechnung (siehe Abbildung 3.199). Der offene Posten auf dem WE/RE-Konto wird beglichen, die Steuer ermittelt und eine Verbindlichkeit gegenüber dem Kreditor aufgemacht (siehe Abbildung 3.200).

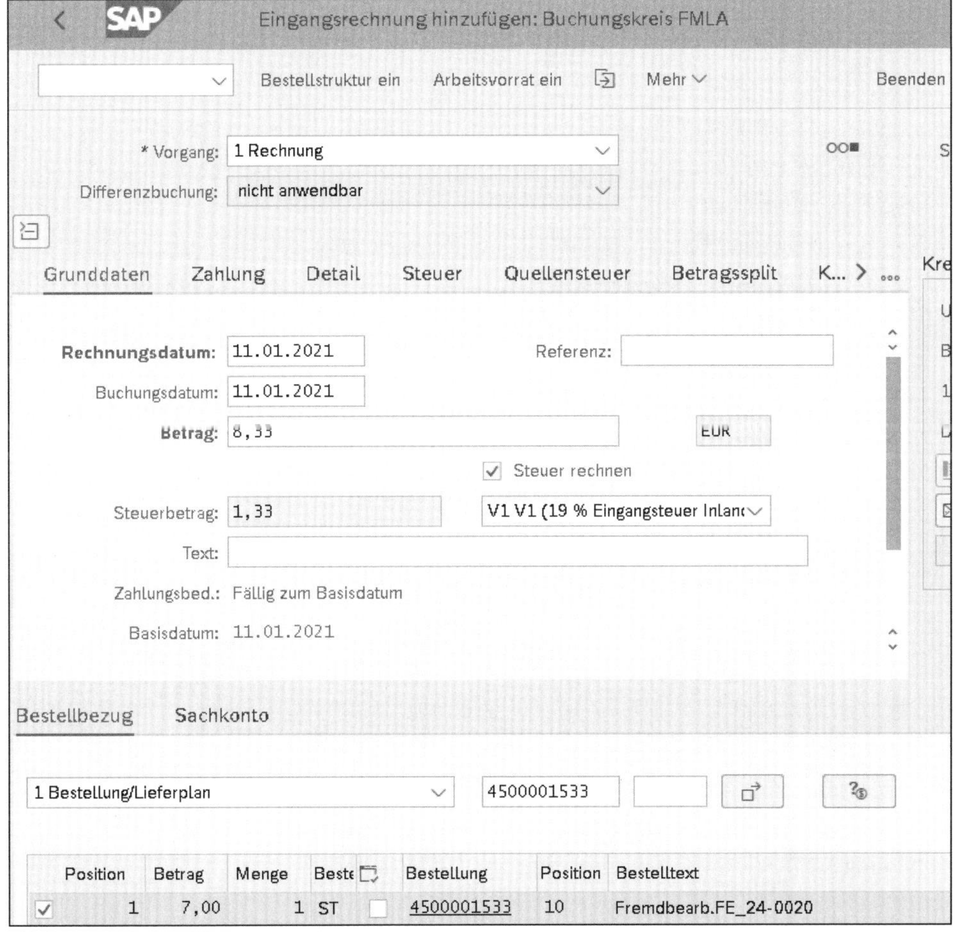

Abbildung 3.199 Rechnung für die Fremdleistung erfassen

BuKr.	P...	BS	S/H	Konto	Koart	Bezeichnung	Betrag	Währg	Werk	Material	Vorgang	Menge	BME
FMLA	1	31	H	100003	K	Business Partner 4 ...	8,33-	EUR			KBS		
	2	86	S	21120000	S	WE/RE	7,00	EUR	FML1		WRX	1	ST
	3	40	S	12600000	S	Vorsteuer (VST)	1,33	EUR			VST		

Abbildung 3.200 Buchhaltungsbeleg für die Fremdleistung

3.6.10 Rückmeldung für den zweiten Vorgang erfassen

Auch für den zweiten Vorgang 0020 ist eine Rückmeldung notwendig (siehe Abbildung 3.201). Sie löst aber keine Rechnungswesenbelege aus.

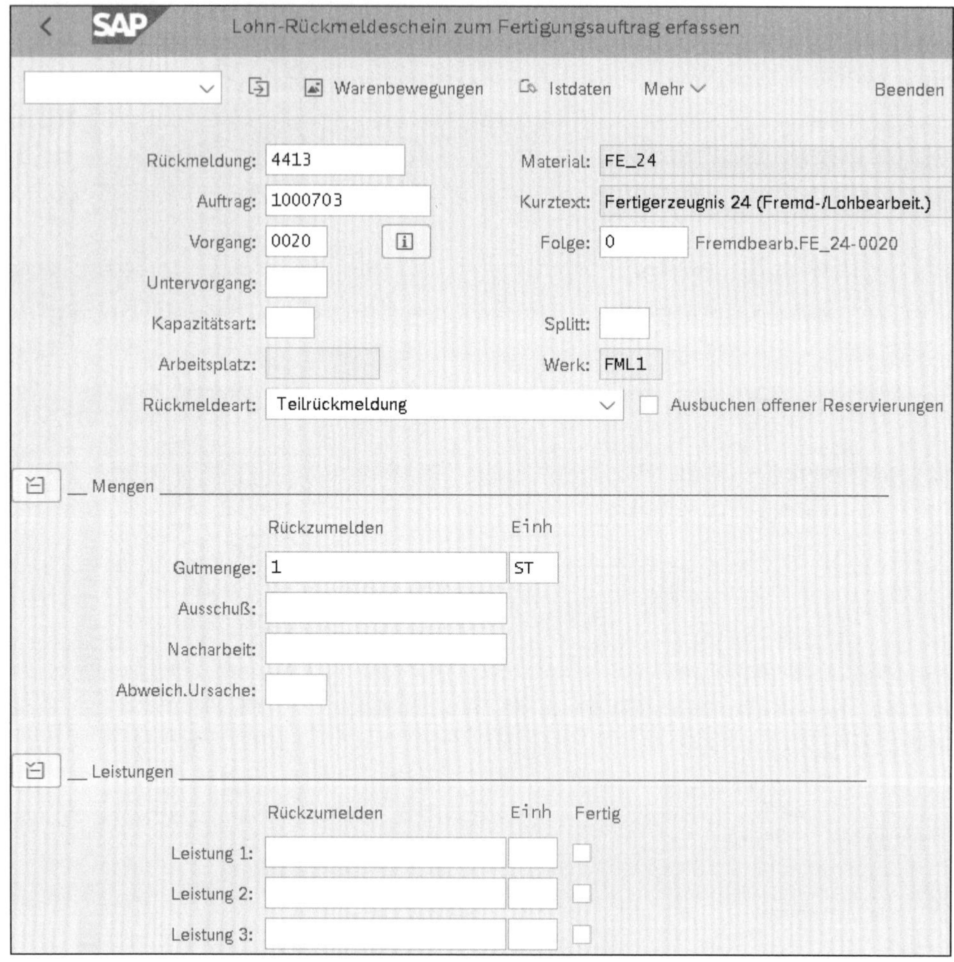

Abbildung 3.201 Rückmeldung zum Vorgang 0020 erfassen

3.6.11 Rückmeldung für den dritten Vorgang erfassen

Nach dem finalen dritten Fertigungsvorgang wird die Rückmeldung zur Verbuchung der Eigenleistungen eingegeben (siehe Abbildung 3.202).

Lohn-Rückmeldeschein zum Fertigungsauftrag erfassen

Warenbewegungen | Istdaten | Mehr | Beenden

Rückmeldung: 4414 | Material: FE_24
Auftrag: 1000703 | Kurztext: Fertigerzeugnis 24 (Fremd-/Lohbearbeit.)
Vorgang: 0030 | Folge: 0 Fertigung Schritt 2
Untervorgang:
Kapazitätsart: | Splitt:
Arbeitsplatz: DF01 | Werk: FML1 Diskrete Fertigung 1
Rückmeldeart: Teilrückmeldung | Ausbuchen offener Reservierungen

Mengen

	Rückzumelden	Einh
Gutmenge:	1	ST
Ausschuß:		
Nacharbeit:		
Abweich.Ursache:		

Leistungen

	Rückzumelden	Einh	Fertig
Rüstzeit:		MIN	
Maschinenzeit:	3	MIN	
Personenzeit:	2	MIN	

Abbildung 3.202 Rückmeldung zum Vorgang 0030 erfassen

Der Betrag für die Maschinen- und die Personenzeit zum Vorgang 0030 wird von der Kostenstelle an den Fertigungsauftrag verrechnet (siehe Abbildung 3.203).

Belegnummer	BuchDatum	Benutzer	RT	RefBelegnr	OrgVg	Vrgng	Belegkopftext	StB	sto
300000917	11.01.2021	STUDENT101	R	4414	RMRU	RKL			

Bu	OAr	Objekt	ObjektBez	Kostenart	Kostenartenbezeichn.	Wert/OW	OWä	Menge	GME	Material
1	LEI	FML_DF01/MACH01	Diskrete ...	94301000	Maschinenstunden 1	12,00-	EUR	3-	MIN	
2	AUF	1000703	Fertigerz...	94301000	Maschinenstunden 1	12,00	EUR	3	MIN	
4	LEI	FML_DF01/PERS01	Diskrete ...	94311000	Pers.std.	6,00-	EUR	2-	MIN	
5	AUF	1000703	Fertigerz...	94311000	Pers.std.	6,00	EUR	2	MIN	

Abbildung 3.203 Kostenrechnungsbeleg für die Maschinen- und Personenzeit

3.6.12 Wareneingang buchen

Das Fertigerzeugnis FE_24 wird schließlich mit der Bewegungsart 101 als *Wareneingang zum Auftrag* an das Lager abgeliefert (siehe Abbildung 3.204). Der Bestand wird erhöht und die Fabrikleistung gebucht (siehe Abbildung 3.205). Abschließend wird der Fertigungsauftrag durch die Fabrikleistung entlastet (siehe Abbildung 3.206).

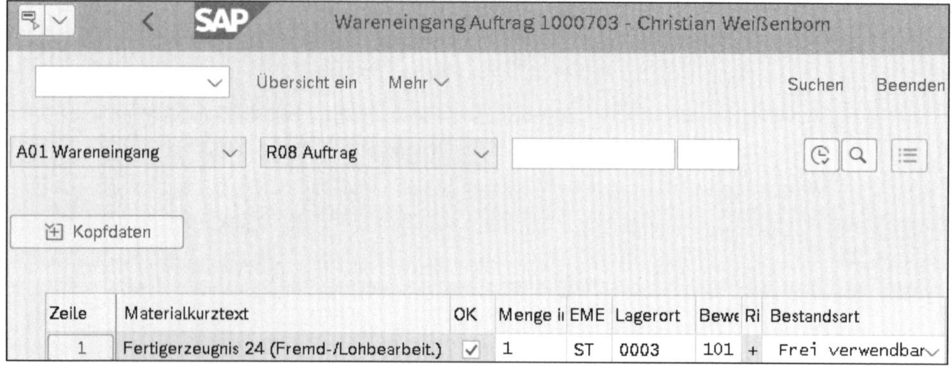

Abbildung 3.204 Wareneingang für das Fertigerzeugnis

BuKr.	P...	BS	S/H	Konto	Koart	Bezeichnung	Betrag	Wä...	Werk	Material	Vorgang	Menge	BME
FMLA	1	89	S	13400000	M	Best fertige Ware	93,93	EUR	FML1	FE_24	BSX	1	ST
	2	91	H	55100000	S	Fabrikleistng Pr.Auf	93,93-	EUR	FML1	FE_24	GBB	1-	ST

Abbildung 3.205 Buchhaltungsbeleg für das Fertigerzeugnis

Belegnummer	BuchDatum	Benutzer	RT	RefBelegnr	OrgVg	Vrgng	Belegkopftext	StB	sto					
Bu	**OAr**	**Objekt**	**ObjektBez**	**Kostenart**	**Kostenartenbezeichn.**	**Wert/OW**	**OWä**	**Menge**	**GME**	**Material**				
A00007SK00	11.01.2021	STUDENT101	R	5000001140	RMWF	COIN								
2	AUF	1000703	Fertigerz...	55100000	Fabrikleistng Pr.Auf	93,93-	EUR	1-	ST	FE_24				

Abbildung 3.206 Kostenrechnungsbeleg für das Fertigerzeugnis

3.7 Fertigungsauftrag mit Produktkostensammler

Es besteht die Möglichkeit, in einem Hybridszenario die Fertigungsaufträge aus der diskreten Fertigung mit einem periodischen Produktkostencontrolling zu kombinieren. Die Logistik nutzt die Fertigungsaufträge wie im Szenario aus Abschnitt 3.1, »Diskrete Fertigung«. Das Controlling zu einer Materialnummer findet aber nicht auf der Ebene eines einzelnen Fertigungsauftrags statt, sondern, wie in Abschnitt 3.3, »Serienfertigung«, beschrieben, mithilfe eines Produktkostensammlers.

3

Alle Warenausgänge, Wareneingänge und Leistungsverrechnungen, die zu einem Fertigungsauftrag erfolgen, werden nicht auf diesem verbucht, sondern auf einem zugeordneten Produktkostensammler. Der Fertigungsauftrag ist somit kein Kontierungsobjekt. Die Monatsabschlussaktivitäten des Controllings erfolgen ausschließlich auf dem Produktkostensammler (siehe Abbildung 3.207).

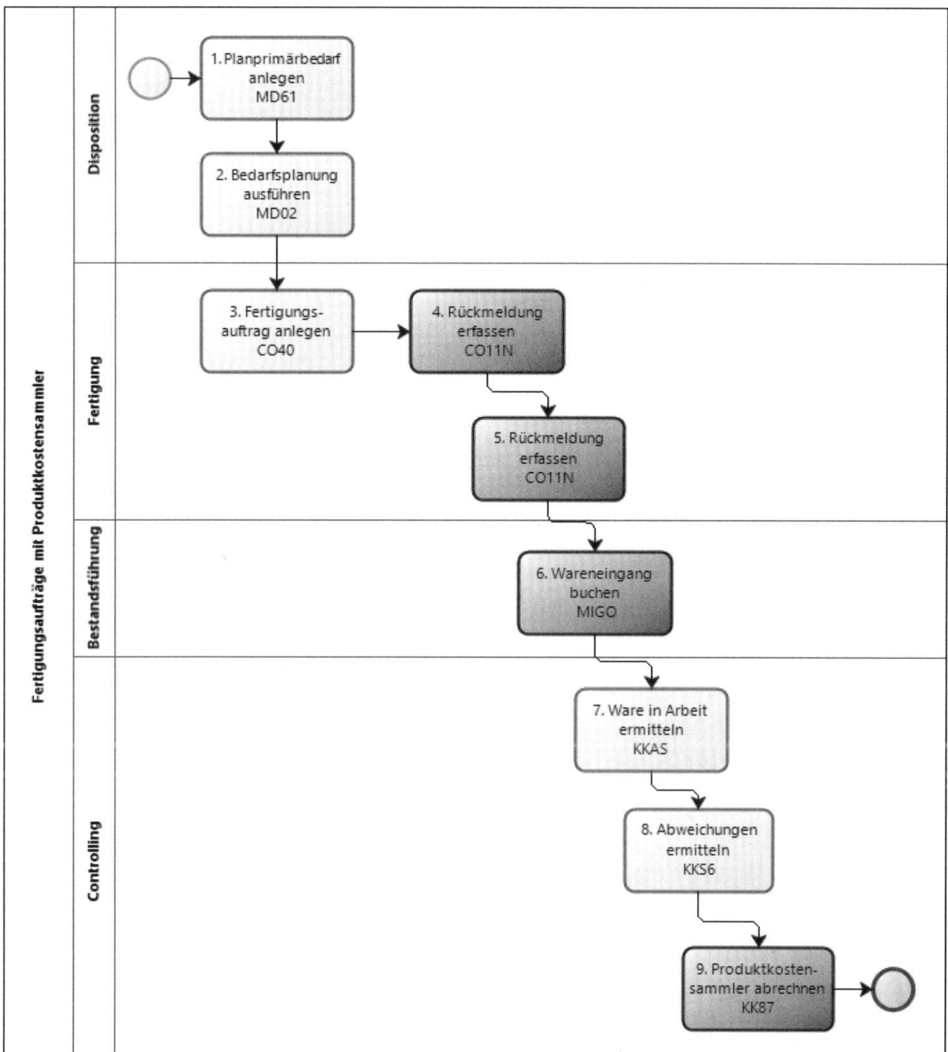

Abbildung 3.207 Prozess »Fertigungsaufträge mit Produktkostensammler«

Die ersten drei Schritte entsprechen denen aus Abschnitt 3.1, »Diskrete Fertigung«. Nach dem Anlegen des Primärbedarfs in Schritt 1 wird in Schritt 2 die Bedarfsplanung ausgeführt und anschließend in Schritt 3 ein Planauftrag in einen Fertigungsauftrag umgesetzt.

In diesem Szenario erfolgt kein Warenausgang über eine Kommissionierliste, sondern die Komponenten der Stückliste sind im Arbeitsplan Vorgängen zugeordnet, um bei jeder Rückmeldung eine retrograde Entnahme durchzuführen. Die Rückmeldungen für die Vorgänge des Arbeitsplans inklusive der retrograden Entnahme erfolgen in den Schritten 4 und 5, gefolgt vom Wareneingang des Fertigprodukts in Schritt 6. Es wird hierbei nicht der ganze geplante Umfang rückgemeldet, um im Periodenabschluss die Ermittlung von WIP und Abweichungen betrachten zu können.

Im Controlling wird auf der Ebene des Produktkostensammlers, auf dem alle vorangehenden Buchungen erfolgt sind, der Monatsabschluss ausgeführt. Dazu wird in Schritt 7 Ware in Arbeit ermittelt, aber diesmal zu Soll-Kosten, aber nicht zu Ist-Kosten. Nach der Ermittlung der Abweichungen in Schritt 8 erfolgt die Abrechnung des Produktkostensammlers in Schritt 9. Allerdings verzichten wir hier auf die Darstellung des zweiten Monats, in dem die Schritte 4 und 5 für die ausstehende Menge und der Monatsabschluss des Produktkostensammlers mit den Schritten 6 bis 8 erneut durchgeführt würden.

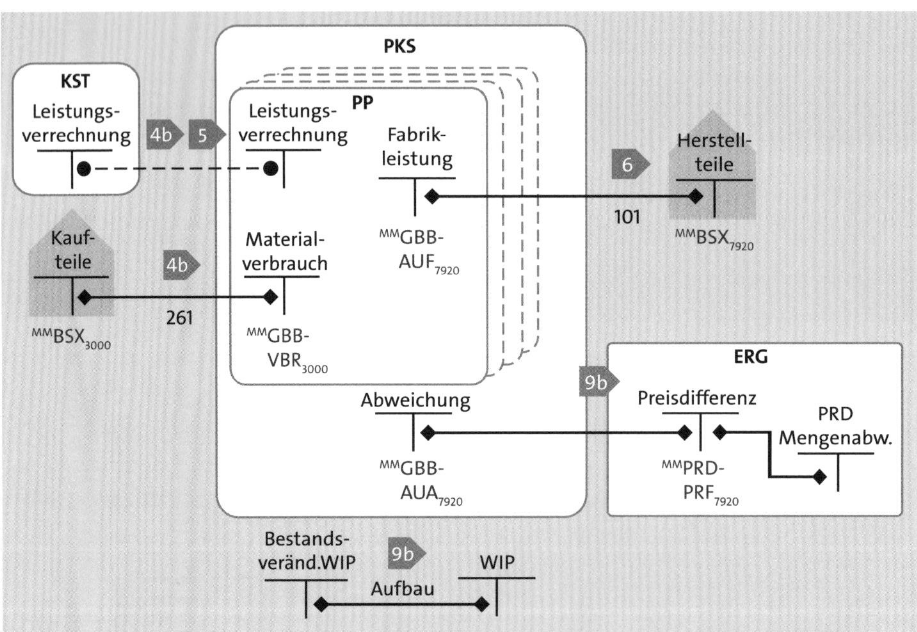

Abbildung 3.208 Buchungsschema für Fertigungsaufträge mit Produktkostensammler

Da die Fertigungsaufträge keine Kontierungsobjekte sind, aber für den Prozess eine wichtige Rolle spielen, sind sie im Buchungsschema mit gestrichelten Linien eingezeichnet (siehe Abbildung 3.208). In einem Monat können Sie also diverse Fertigungsaufträge zu einer Materialnummer auf denselben Produktkostensammler buchen. Im Customizing müssen Sie dazu in der Auftragsart für den Fertigungsauftrag das Kennzeichen **Kostensammler** setzen (siehe Abbildung 3.209).

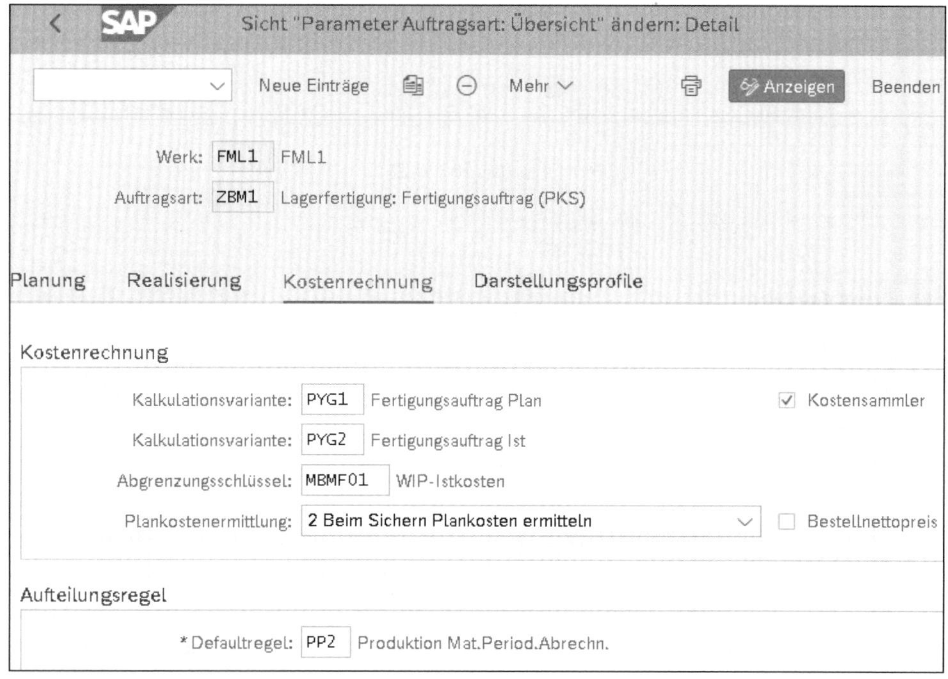

Abbildung 3.209 Customizing der Auftragsart mit Produktkostensammler

Die Stückliste in diesem Beispiel enthält wieder zwei Positionen zu unserem Fertigerzeugnis FE_28. Es handelt sich dabei um die Kaufteile KT_28A und KT_28B (siehe Abbildung 3.210). Im Arbeitsplan sind zwei Vorgänge mit ihren Zeiten sowie der Zuordnung zum Arbeitsplatz SF_01 angegeben (siehe Abbildung 3.211). Wir rechnen mit 2 Minuten für Vorgang 0010 und mit 1 Minute und 30 Sekunden für Vorgang 0020.

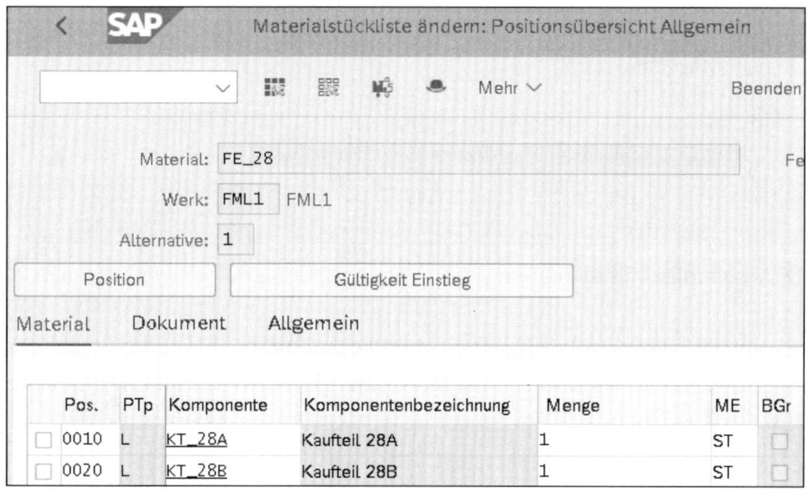

Abbildung 3.210 Stückliste mit den Kaufteilen

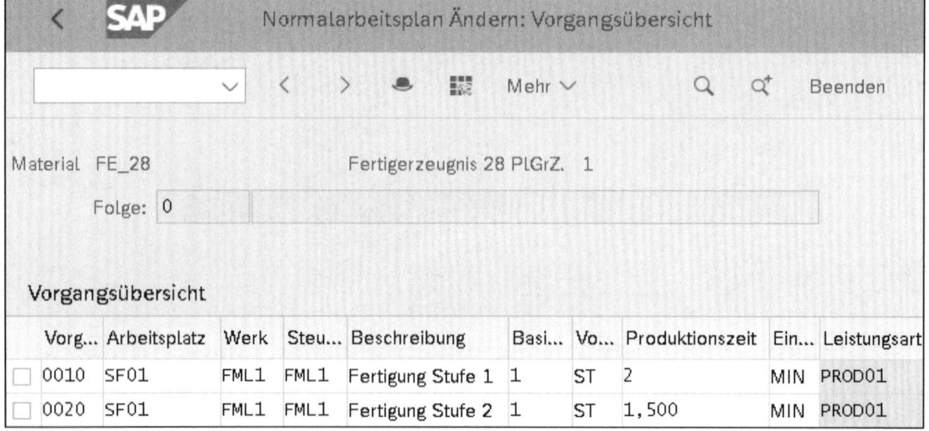

Vorg...	Arbeitsplatz	Werk	Steu...	Beschreibung	Basi...	Vo...	Produktionszeit	Ein...	Leistungsart
0010	SF01	FML1	FML1	Fertigung Stufe 1	1	ST	2	MIN	PROD01
0020	SF01	FML1	FML1	Fertigung Stufe 2	1	ST	1,500	MIN	PROD01

Abbildung 3.211 Arbeitsplan mit zwei Fertigungsschritten

Da alle Stücklistenkomponenten retrograd entnommen werden sollen, werden in der Materialkomponentensicht beide dem Vorgang 0010 zugeordnet; SAP nennt dies auch *Allokation* der Komponenten (siehe Abbildung 3.212). Die Stückliste und der Arbeitsplan werden in einer Fertigungsversion miteinander kombiniert (siehe Abbildung 3.213).

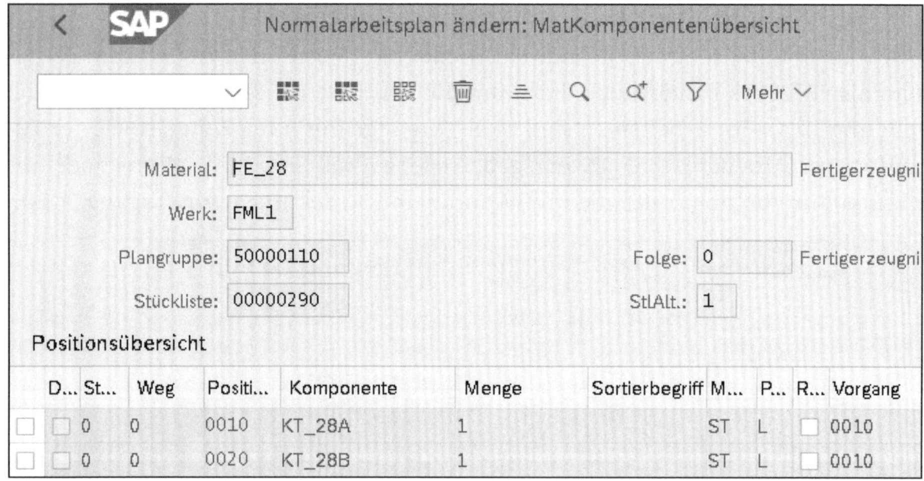

D...	St...	Weg	Positi...	Komponente	Menge	Sortierbegriff	M...	P...	R...	Vorgang
☐	☐ 0	0	0010	KT_28A	1		ST	L	☐	0010
☐	☐ 0	0	0020	KT_28B	1		ST	L	☐	0010

Abbildung 3.212 Arbeitsplan mit Allokation

Mit den bisher erfassten Stammdaten erfolgt die Plankalkulation für den Standardpreis, der dann für dieses Fertigmaterial im Materialstamm eingetragen wird (siehe Abbildung 3.214).

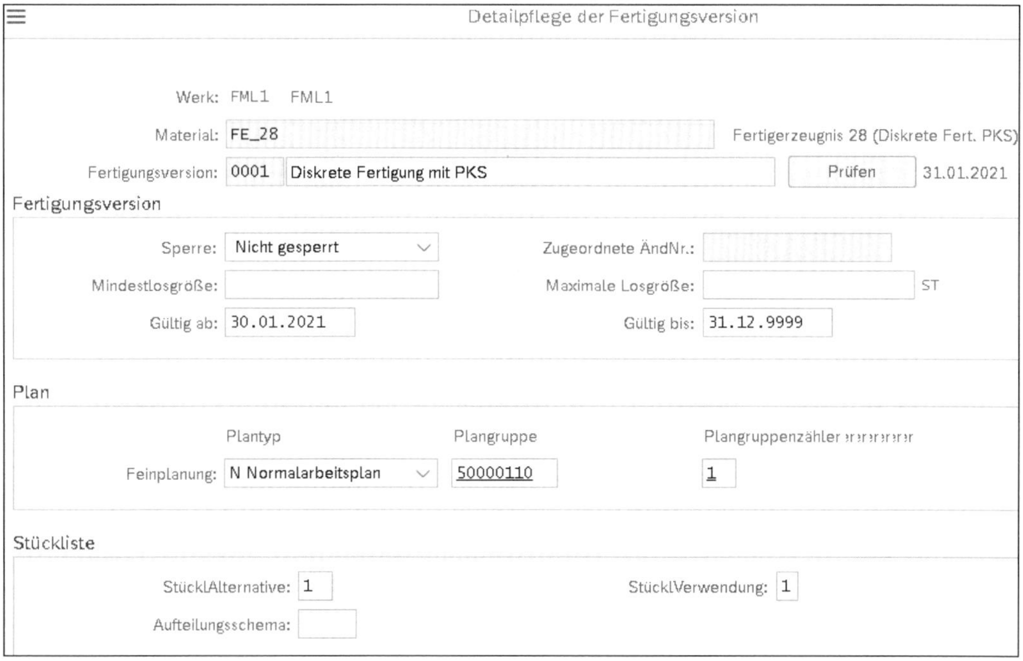

Detailpflege der Fertigungsversion

Werk: FML1 FML1
Material: FE_28 Fertigerzeugnis 28 (Diskrete Fert. PKS)
Fertigungsversion: 0001 Diskrete Fertigung mit PKS Prüfen 31.01.2021

Fertigungsversion
Sperre: Nicht gesperrt Zugeordnete ÄndNr.:
Mindestlosgröße: Maximale Losgröße: ST
Gültig ab: 30.01.2021 Gültig bis: 31.12.9999

Plan
Plantyp Plangruppe Plangruppenzähler
Feinplanung: N Normalarbeitsplan 50000110 1

Stückliste
StücklAlternative: 1 StücklVerwendung: 1
Aufteilungsschema:

Abbildung 3.213 Fertigungsversion

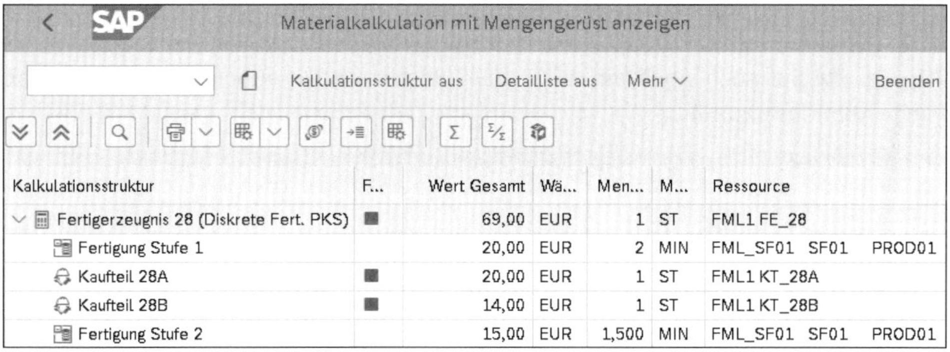

Materialkalkulation mit Mengengerüst anzeigen

Kalkulationsstruktur aus Detailliste aus Mehr Beenden

Kalkulationsstruktur	F...	Wert Gesamt	Wä...	Men...	M...	Ressource
Fertigerzeugnis 28 (Diskrete Fert. PKS)	■	69,00	EUR	1	ST	FML1 FE_28
Fertigung Stufe 1		20,00	EUR	2	MIN	FML_SF01 SF01 PROD01
Kaufteil 28A	■	20,00	EUR	1	ST	FML1 KT_28A
Kaufteil 28B	■	14,00	EUR	1	ST	FML1 KT_28B
Fertigung Stufe 2		15,00	EUR	1,500	MIN	FML_SF01 SF01 PROD01

Abbildung 3.214 Plankalkulation

Wichtig für dieses Szenario ist das Anlegen eines Produktkostensammlers zur Materialnummer (siehe Abbildung 3.215). Sollten Sie dies vergessen und zuerst einen Fertigungsauftrag anlegen, kommt es zu einer Warnmeldung.

Im periodischen Produktkostencontrolling erfolgt die WIP-Ermittlung immer zu Soll-Kosten, unabhängig davon, ob eine Serienfertigung oder eine diskrete Fertigung mit mehreren zugeordneten Fertigungsaufträgen stattfindet. Deshalb wird der entsprechende **Abgrenzungsschlüssel** MBMF03, der von SAP für diesen Zweck mit dem passenden Customizing bereitgestellt wird, eingetragen.

Abbildung 3.215 Einstellungen des Produktkostensammlers

In den Kopfdaten zum Produktkostensammler steht die vergebene Auftragsnummer 700201, die Sie auch noch einmal in den Rechnungswesenbelegen wiederfinden (siehe Abbildung 3.216).

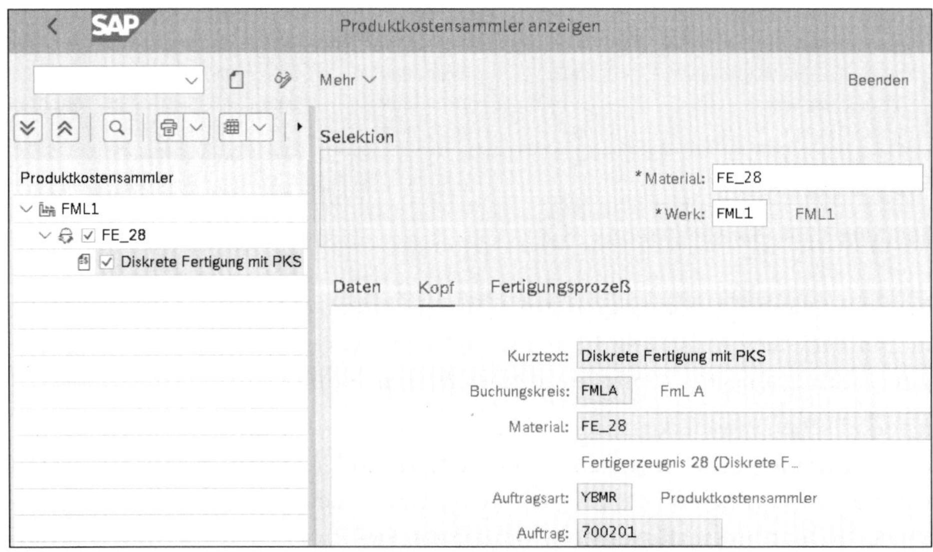

Abbildung 3.216 Produktkostensammler – Kopfdaten

3.7.1 Planprimärbedarf anlegen

Wie üblich starten Sie den Prozess mit der Aufnahme eines Planprimärbedarfs. Wir möchten 1.000 Stück des Fertigerzeugnisses FE_28 produzieren. Anschließend wird die Bedarfsplanung für das Material FE_28 gestartet; als Werk geben wir wieder FML1 an.

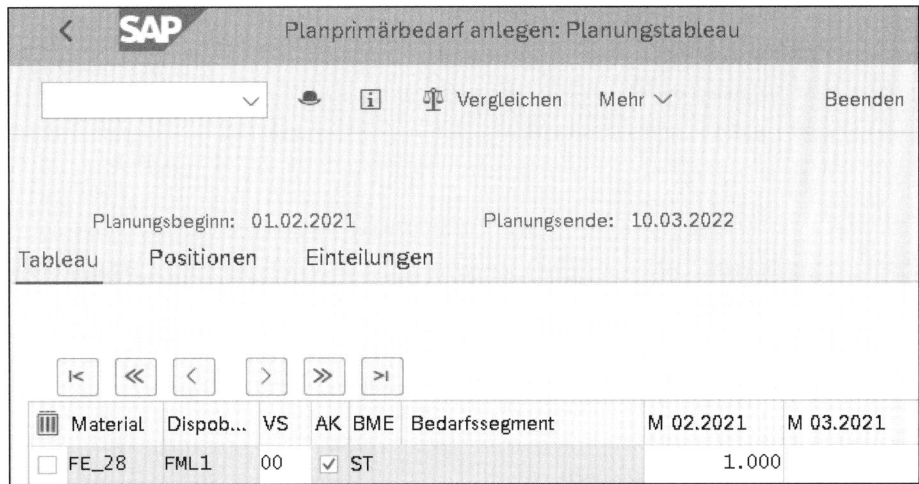

Abbildung 3.217 Planprimärbedarf anlegen

3.7.2 Bedarfsplanung ausführen

Anschließend wird die Bedarfsplanung für das Material FE_28 gestartet (siehe Abbildung 3.218).

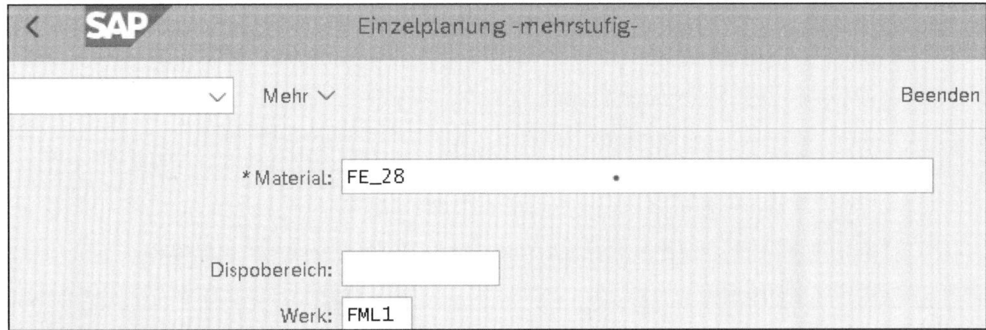

Abbildung 3.218 Einzelplanung ausführen

Als Ergebnis erhalten Sie einen Planauftrag in der Bedarfs-/Bestandsliste zur Deckung des Bedarfs von 1.000 Stück (siehe Abbildung 3.219).

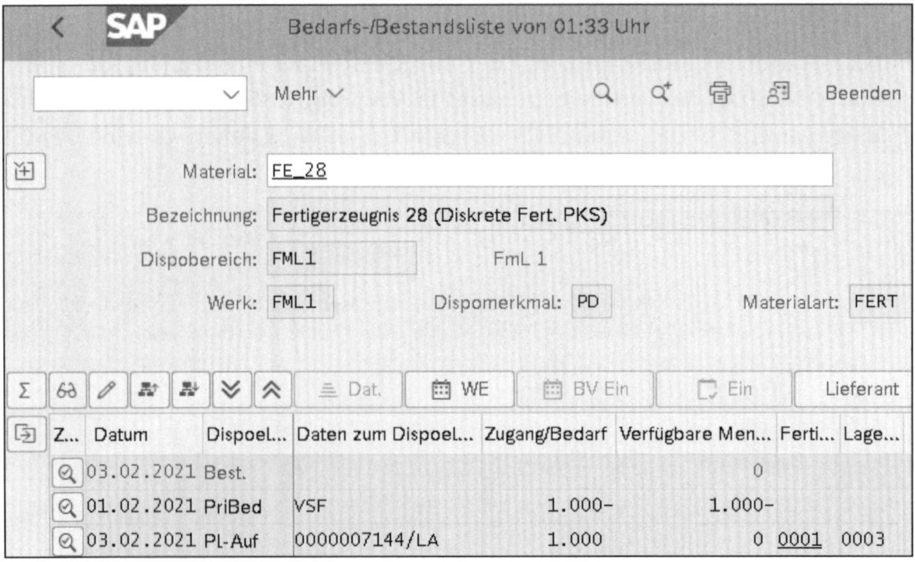

Abbildung 3.219 Bedarfs-/Bestandsliste mit allen wichtigen Daten

3.7.3 Fertigungsauftrag anlegen

Der Planauftrag wird in einen Fertigungsauftrag umgesetzt, aber in diesem Fall mit der Auftragsart ZBM1, die im Customizing so eingestellt ist, dass eine Verbindung zu einem Produktkostensammler vorgeschrieben ist (siehe Abbildung 3.220).

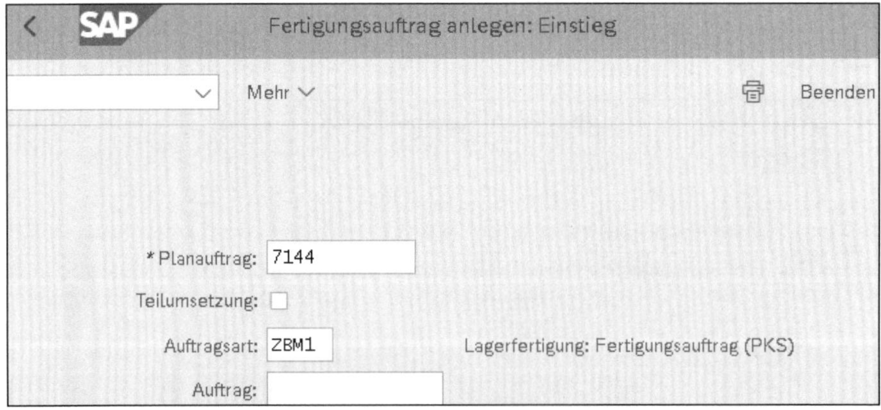

Abbildung 3.220 Fertigungsauftrag anlegen – Einstieg

Auf der Registerkarte **Steuerung** erscheint durch die Angabe der Auftragsart ZBM1 ein Button mit der Aufschrift **Produktkostensammler**, über den Sie in dessen Stammdaten abspringen können (siehe Abbildung 3.221). Die Ist-Kalkulationsvariante PSRM wird aus dem Produktkostensammler übernommen und ist nicht änderbar. Die Plankalkulationsvariante wird vorgeschlagen. Mit ihr können Sie zwar eine Vorkalkulation erstellen, da aber die Kosten auf einem Produktkostensammler gesammelt werden, kann sie *nicht* gespeichert werden. Auch im **Status** ist die Abhängigkeit erkennbar; es wurde dort der Status PKSA vergeben.

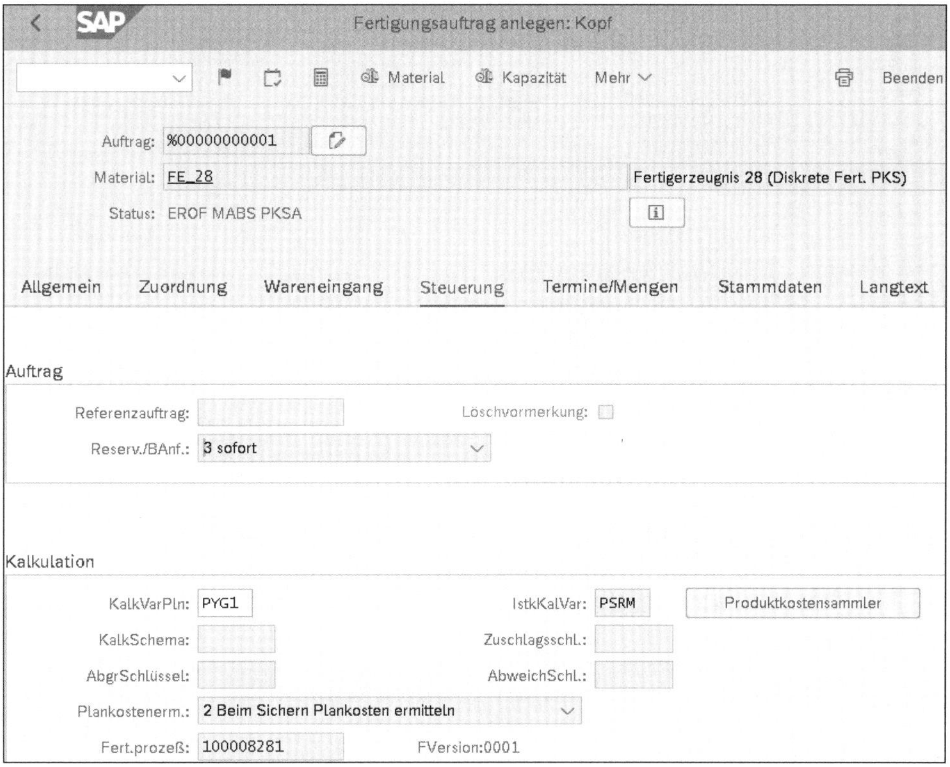

Abbildung 3.221 Fertigungsauftrag – Bezug zum Produktkostensammler

3.7.4 Rückmeldung für den ersten Vorgang erfassen

Zum Fertigungsauftrag 1000738 wird der erste Vorgang für die gesamte geplante Menge von 1.000 Stück endrückgemeldet und die dazu geplante Zeit erfasst (siehe Abbildung 3.222).

Für die Leistungsverrechnung der 2000-minütigen Produktionszeit entsteht ein Kostenrechnungsbeleg; dieses Mal wird die Belastung aber direkt auf dem Produktkostensammler 700201 erfasst (siehe Abbildung 3.223).

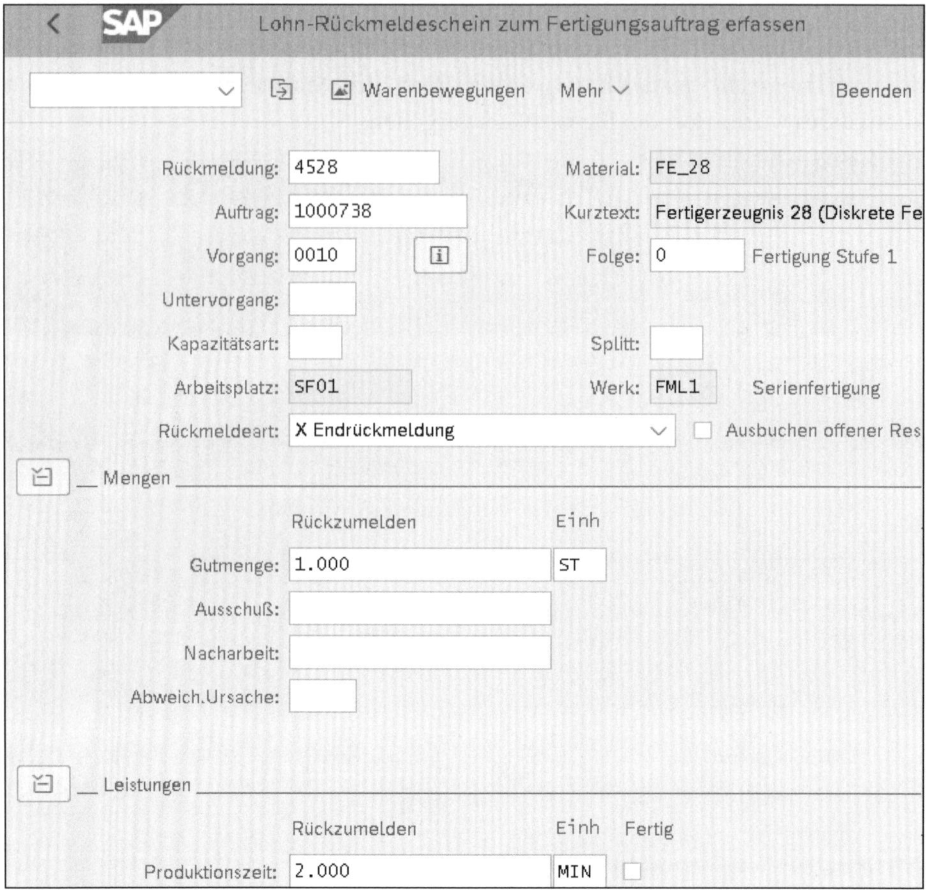

Abbildung 3.222 Rückmeldung zum Vorgang 0010 erfassen

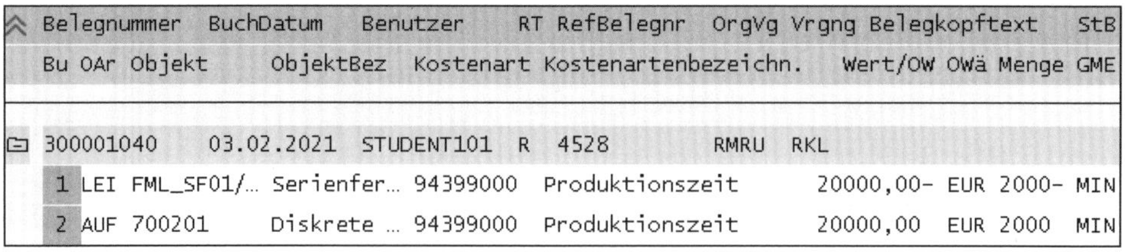

Abbildung 3.223 Kostenrechnungsbeleg für die Leistung

Da diesem Vorgang beide Stücklistenkomponenten zugeordnet sind, erfolgt die automatische Verbrauchsbuchung als retrograde Entnahme. Es wird ein Materialbeleg erstellt, und die beiden Kaufteile werden aus dem Lagerort 0001 entnommen (siehe Abbildung 3.224). Sie sehen, dass die Entnahme mit Bezug zum Auftrag 1000738 erfolgt. Die dazugehörige Minderung des Bestandswertes erfolgt im Buchhaltungsbeleg (siehe Abbildung 3.225).

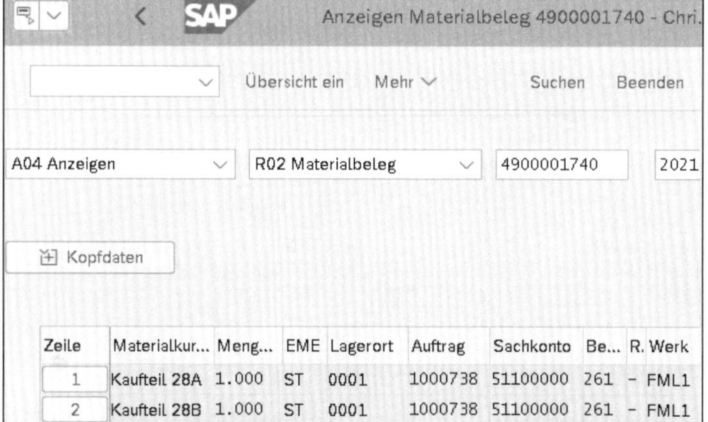

Zeile	Materialkur...	Meng...	EME	Lagerort	Auftrag	Sachkonto	Be...	R.	Werk
1	Kaufteil 28A	1.000	ST	0001	1000738	51100000	261	-	FML1
2	Kaufteil 28B	1.000	ST	0001	1000738	51100000	261	-	FML1

Abbildung 3.224 Materialbeleg

BuKr	P...	BS	S/H	Konto	Ko...	Bezeichnung	Betrag	Wäh...	Werk	Material	Vor	Menge	BME
FMLA	1	99	H	13100000	M	Bestand Rohstoffe	20.000,00-	EUR	FML1	KT_28A	BSX	1.000-	ST
	2	81	S	51100000	S	Verbrauch Rohstoffe	20.000,00	EUR	FML1	KT_28A	GBB	1.000	ST
	3	99	H	13100000	M	Bestand Rohstoffe	14.000,00-	EUR	FML1	KT_28B	BSX	1.000-	ST
	4	81	S	51100000	S	Verbrauch Rohstoffe	14.000,00	EUR	FML1	KT_28B	GBB	1.000	ST

Abbildung 3.225 Buchhaltungsbeleg

Im Kostenrechnungsbeleg erfolgt die Verbrauchsbuchung in diesem Szenario nicht auf dem Fertigungsauftrag 1000738, sondern auf unserem Produktkostensammler 700201 (siehe Abbildung 3.226).

Belegnummer	BuchDatum	Benutzer	RT	RefBelegnr	OrgVg	Vrgng	Belegkopftext	StB	sto	
Bu	OAr	Objekt	ObjektBez	Kostenart	Kostenartenbezeichn.	Wert/OW	OWä	Menge	GME	Material
A000080H00	03.02.2021	STUDENT101	R	4900001740	RMRU	COIN				
1	AUF	700201	Diskrete ...	51100000	Verbrauch Rohstoffe	20000,00	EUR	1000	ST	KT_28A
2	AUF	700201	Diskrete ...	51100000	Verbrauch Rohstoffe	14000,00	EUR	1000	ST	KT_28B

Abbildung 3.226 Kostenrechnungsbeleg

3.7.5 Rückmeldung für den zweiten Vorgang erfassen

Der zweite Vorgang wird erfasst, aber nur mit einer Teilmenge von 400 der geplanten 1.000 Stück (siehe Abbildung 3.227). Es hätte laut Plan auch nur eine Produktionszeit von 400 Stück × 1,5 Minuten ÷ Stück = 600 Minuten geben dürfen. Die Produktion hat aber länger gedauert, und es wurden 650 Minuten erfasst. Die zusätzlichen 50 Minuten werden Ihnen im Monatsabschluss als Mengenabweichung angezeigt. Da keine weiteren Komponenten verbraucht werden, entsteht nur ein Kostenrechnungsbeleg für die Leistung (siehe Abbildung 3.228).

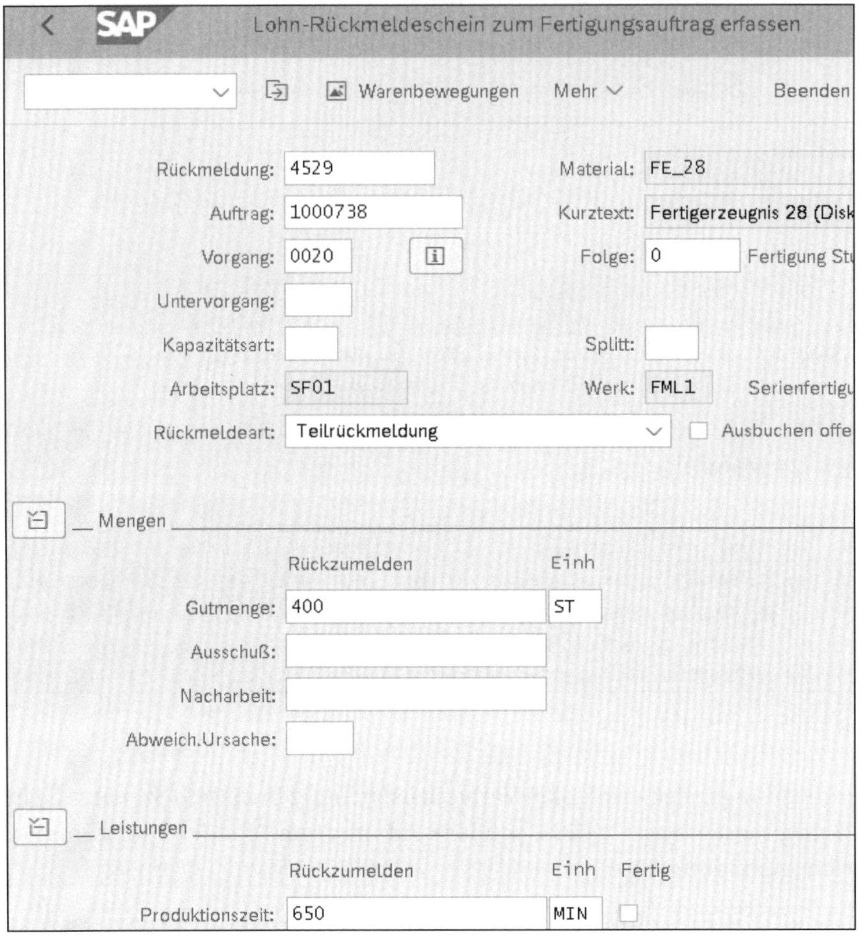

Abbildung 3.227 Rückmeldung zum Vorgang 0020

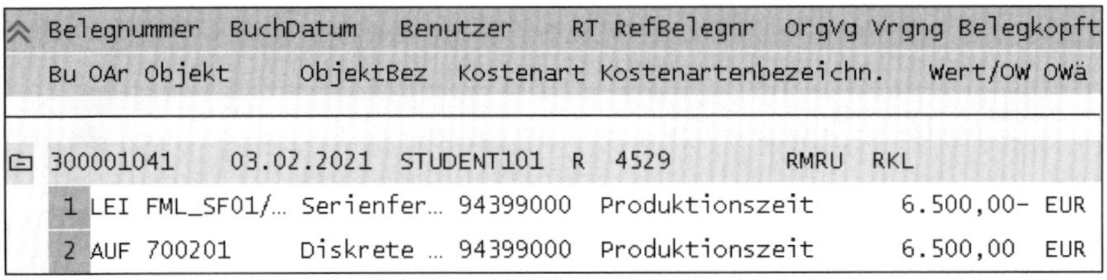

Belegnummer	BuchDatum	Benutzer	RT	RefBelegnr	OrgVg	Vrgng	Belegkopft
300001041	03.02.2021	STUDENT101	R	4529	RMRU	RKL	

	Bu	OAr	Objekt	ObjektBez	Kostenart	Kostenartenbezeichn.	Wert/OW	OWä
	1	LEI	FML_SF01/...	Serienfer...	94399000	Produktionszeit	6.500,00-	EUR
	2	AUF	700201	Diskrete ...	94399000	Produktionszeit	6.500,00	EUR

Abbildung 3.228 Kostenrechnungsbeleg für die Leistung

3.7.6 Wareneingang

Die produzierten 400 Stück werden an das Lager als *Wareneingang zum Auftrag* abgeliefert (siehe Abbildung 3.229). Die Bestandsveränderung für die 400 Stück erfolgt im Buchhaltungsbeleg (siehe Abbildung 3.230).

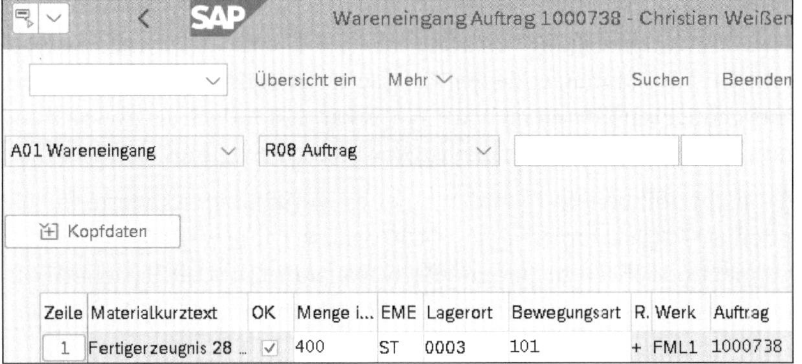

Abbildung 3.229 Wareneingang zum Auftrag

BuKr	P...	BS	S/H	Konto	Ko...	Bezeichnung	Betrag	Wäh...	Werk	Material	Vor	Men...	BME
FMLA	1	89	S	13400000	M	Best fertige Ware	27.600,00	EUR	FML1	FE_28	BSX	400	ST
	2	91	H	55100000	S	Fabrikleistng Pr.Auf	27.600,00-	EUR	FML1	FE_28	GBB	400-	ST

Abbildung 3.230 Buchhaltungsbeleg für die Teilmenge

Wie alle bisherigen Leistungsbuchungen und Materialverbräuche in diesem Szenario erfolgt im Kostenrechnungsbeleg dieser Wareneingang als Buchung auf dem Produktkostensammler und nicht auf dem Fertigungsauftrag (siehe Abbildung 3.231).

```
Belegnummer  BuchDatum  Benutzer   RT RefBelegnr OrgVg Vrgng Belegkopftext  StB  sto
Bu OAr Objekt     ObjektBez  Kostenart Kostenartenbezeichn.  Wert/OW OWä Menge GME Material

A000080I00  03.02.2021  STUDENT101  R  5000001176  RMWF  COIN
 2 AUF 700201     Diskrete ...  55100000  Fabrikleistng Pr.Auf 27600,00- EUR  400- ST  FE_28
```

Abbildung 3.231 Kostenrechnungsbeleg

3.7.7 Ware in Arbeit ermitteln

Der Monatsabschluss findet auf der Ebene des Produktkostensammlers statt. Es wird ermittelt, welche Fertigungsaufträge, die diesem Produktkostensammler zugeordnet sind, bereits Rückmeldungen zu Vorgängen haben, aber noch nicht vollständig abgearbeitet oder manuell auf den Zustand TABG (**technisch abgeschlossen**) gesetzt sind.

[!]

WIP-Ermittlung zu Soll-Kosten

Ware in Arbeit wird nicht zu Ist-Kosten, wie in Abschnitt 3.2, »Diskrete Fertigung mit Ware in Arbeit und Abweichung«, beschrieben, ermittelt, sondern zu Soll-Kosten, wie in Abschnitt 3.4, »Serienfertigung mit WIP und Abweichung«! Dazu müssen Sie Vorgangsrückmeldungen durchführen, um die Ware in Arbeit von Abweichungen für bereits fertiggestellte Mengen differenzieren zu können.

Hier kann es zu einigen Fallstricken kommen. Wird beispielweise nicht retrograd entnommen, sondern der Warenausgang von Materialien über eine Kommissionierliste gebucht, und ist dann zum Monatsende der Auftrag nicht vollständig abgearbeitet, werden die bereits gebuchten Kosten nicht als WIP erkannt, sondern als Abweichung für die bereits produzierten Menge über alle zugeordneten Fertigungsaufträge.

Unser Auftrag ist nicht voll beliefert worden, aber es wurden bereits Werte für die noch ausstehenden 600 Stück zum Vorgang 0010 erfasst. Diese werden in der WIP-Ermittlung berechnet und führen zu einem WIP-Aufbau von 32.400 EUR (siehe Abbildung 3.232). Die Details zum Gesamtwert können Sie sich über die WIP-Erklärung anzeigen lassen (siehe Abbildung 3.233).

Abbildung 3.232 Ware in Arbeit ermitteln

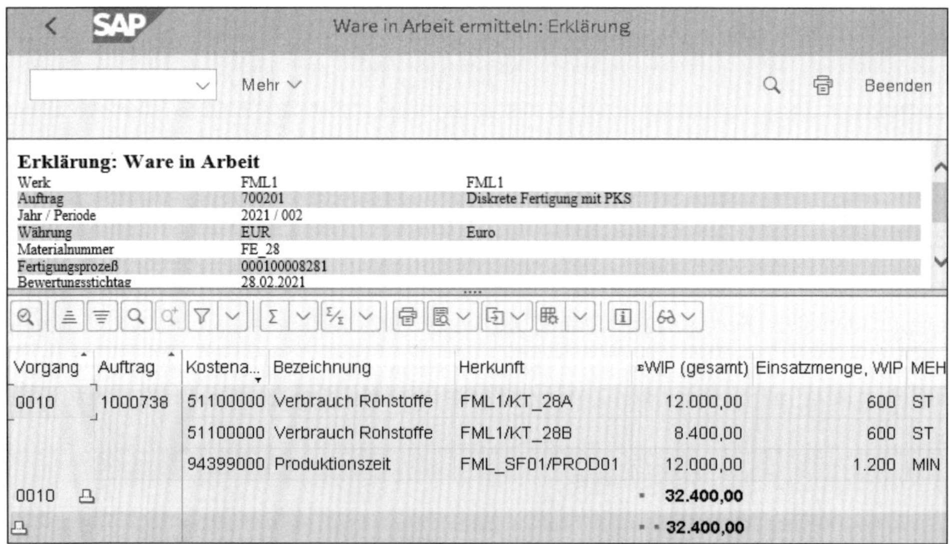

Abbildung 3.233 Ware in Arbeit – Erklärung

3.7.8 Abweichungen

In der Abweichungsermittlung wird die Differenz aus Ist-Kosten und Soll-Kosten abzüglich des WIP-Wertes berechnet (siehe Abbildung 3.234). Für den Produktkostensammler zum Material FE_28 ergibt sich eine Gesamtabweichung von 500 EUR. In den Details zu den Abweichungen sehen Sie, dass diese 500 EUR in der dritten Zeile zur Produktionszeit ihren Ursprung haben (siehe Abbildung 3.235).

Werk	Kostenträger	Sollkosten	Istkosten	verr. Istk.	WIP	Ausschuß	Abweichung
FML1	PKS FE_28/FML1/100008281	27.600,00	60.500,00	27.600,00	32.400,00	0,00	500,00

Abbildung 3.234 Abweichungsermittlung

Kosten...	Kostenart (Text)	Herkunft	Soll ges.	Ist ges.	Kontr.ges.	WIP	Ausschuß	Abweichung
511000...	Verbrauch Rohstoffe	FML1/KT_28A	8.000,00	20.000,00	8.000,00	12.000,00	0,00	0,00
511000...	Verbrauch Rohstoffe	FML1/KT_28B	5.600,00	14.000,00	5.600,00	8.400,00	0,00	0,00
943990...	Produktionszeit	FML_SF01/PROD01	14.000,00	26.500,00	14.500,00	12.000,00	0,00	500,00
Belastung			**27.600,00**	**60.500,00**	**28.100,00**	**32.400,00**	**0,00**	**500,00**
551000...	Fabrikleistung Ferti...	FML1/FE_28	27.600,00	27.600,00	0,00	0,00	0,00	0,00
Lieferung			**27.600,00**	**27.600,00**	**0,00**	**0,00**	**0,00**	**0,00**

Abbildung 3.235 Abweichungen – Kostenarten

3.7.9 Abrechnung

Die zuvor berechneten Werte sollen, getrennt nach Abweichungen, (siehe Abbildung 3.236) und WIP (siehe Abbildung 3.237) abgerechnet werden; dabei werden die beiden Detaillisten angezeigt.

Detailliste - abgerechnete Werte

Sender	Kurztext Sender	Empfänger	Wert/KW	Inform.
AUF 700201	Diskrete Fertigung mit PKS	ERG 0000001948	500,00	Abweichungen
		MAT FML1/FE_28	500,00	

Abbildung 3.236 Abrechnung der Abweichungen

Detailliste - Abgrenzungsdaten für FI

Sender	Kurztext Sender	Wert/KWähr
AUF 700201	Diskrete Fertigung mit PKS	32.400,00-
		32.400,00-

Abbildung 3.237 Abrechnung von WIP

Der Buchhaltungsbeleg muss etwas sortiert werden, da der PRD-Split gleich mitgebucht wurde (siehe Abbildung 3.238). Die ersten beiden Zeilen betreffen die Abrechnung der Gesamtabweichung in die Ergebnisrechnung. Die Zeilen 3 und 4 sind die Buchung des WIP-Aufbaus, und die letzten beiden Zeilen betreffen den PRD-Split, der die Gesamtabweichung in die Abweichungskategorien aufteilt. In diesem Falle betrifft dies nur die Zuordnung zur Abweichungskategorie ABMG (Mengenabweichung).

BuKr	P...	BS	S/H	Konto	Ko...	Bezeichnung	Betrag	Wäh...	Werk	Material	Vor	Menge	BME
FMLA	1	91	H	55100001	S	Abrechnung Pr.Auf	500,00-	EUR	FML1		GBB	400-	ST
	2	83	S	52070000	S	Aufwand Prod Prdiff	500,00	EUR	FML1	FE_28	PRD	400	ST
	3	50	H	54200000	S	BV Ware in Arbeit	32.400,00-	EUR	FML1				
	4	40	S	13200000	S	Bestand WIP	32.400,00	EUR	FML1				
	5	50	H	52070000	S	Aufwand Prod Prdiff	500,00-	EUR	FML1	FE_28			
	6	40	S	52072000	S	Preisdifferenz ABMG	500,00	EUR	FML1	FE_28			

Abbildung 3.238 Buchhaltungsbeleg

Die ersten und letzten beiden Zeilen werden in den Kostenrechnungsbeleg übernommen. Dadurch wird der Produktkostensammler 700201 entlastet und ein Ergebnisobjekt belastet (siehe Abbildung 3.239).

Belegnummer	BuchDatum	Benutzer	RT	RefBelegnr	OrgVg	Vrgng	Belegkopftext	StB	sto
A000080J00	28.02.2021	STUDENT101	R	2113		KOAE	COIN		

Bu	OAr	Objekt	ObjektBez	Kostenart	Kostenartenbezeichn.	Wert/OW	OWä	Menge	GME	Material
1	AUF	700201	Diskrete ...	55100001	Abrechnung Pr.Auf	500,00-	EUR			
2	ERG	1949		52070000	Aufwand Prod Prdiff	500,00	EUR			FE_28
3	ERG	1949		52070000	Aufwand Prod Prdiff	500,00-	EUR			FE_28
4	ERG	1949		52072000	Preisdifferenz ABMG	500,00	EUR			FE_28

Abbildung 3.239 Kostenrechnungsbeleg für die Mengenabweichung

3.8 Kuppelproduktion mit Fertigungsauftrag

Zum Abschluss dieses Kapitels wenden wir uns noch der sogenannten *Kuppelproduktion* zu. Eine Kuppelproduktion ist die gleichzeitige Herstellung mehrerer Produkte in einem Herstellungsvorgang unter der Verwendung gemeinsamer Einsatzmaterialien. Dieses Szenario erfordert zumindest für Neulinge an einigen Stellen ein bisschen Hirnakrobatik, um die gebuchten Zahlen zu verstehen. Geben Sie daher nicht gleich auf, falls es etwas kompliziert erscheint. In der Serienfertigung kann ein Kuppelproduktionsszenario übrigens nicht durchgeführt werden.

Zunächst folgt etwas Theorie: Die Kuppelproduktion wird oft in der Prozessindustrie mit Prozessaufträgen der Komponente PP-PI verwendet. SAP bietet aber auch die Möglichkeit, einen Fertigungsauftrag zu verwenden. Dieser Abschnitt erläutert dessen Handhabung. Das Besondere an diesem Fertigungsauftrag ist, dass es für ihn *Auftragspositionen* gibt, die noch in keinem der vorangehenden Szenarien eine Rolle spielten. Im Buchungsschema verwenden wir für diese das Kürzel APO.

Zu unterscheiden ist nun, was wann auf den Auftragskopf oder auf eine der Auftragspositionen gebucht wird. Die Kosten, die für den gemeinsamen Herstellungsvorgang anfallen, werden im Kopf erfasst. Für jedes *Kuppelprodukt* wird eine Auftragsposition angelegt; beim Wareneingang wird diese dann entlastet. Im Monatsabschluss muss deshalb eine Verrechnung vom Auftragskopf an die Positionen stattfinden. Dieser Vorgang wird als »Vorabrechnung Kuppelprodukte« bezeichnet.

Dies ist aber noch nicht alles, denn die Materialien sind zu unterscheiden in:

- führendes Kuppelprodukt
- Kuppelprodukt
- Festpreiskuppelprodukt
- Nebenprodukt

Unterscheiden wir zunächst das Nebenprodukt vom Kuppelprodukt. *Nebenprodukte* fallen eher beiläufig im Produktionsprozess an, sind aber nicht die umsatzgenerierenden Produkte, die das Unternehmen primär an Kunden verkaufen möchte. Beispielsweise lassen sich Späne bei mechanischer Bearbeitung oder Blechreste aus einem Pressvorgang noch mit einem gewissen Wert verkaufen, aber man würde keinen Fertigungsprozess initiieren, um sie gezielt herzustellen. Sie werden als negative Menge mit in der Stückliste geführt, sodass für sie ein Wareneingang erfolgen kann. Die Bewertung erfolgt meist mit einem fest vorgegeben Preis, zu dem sie sich verkaufen lassen und entlasten dadurch die Kosten der anderen, im gleichen Vorgang gefertigten Produkte. Dieses Vorgehen nennt sich *Restwertmethode*. Nebenprodukte können in jeder Materialstückliste aufgenommen werden, nicht nur in Stücklisten, die zu Kuppelprodukten angelegt sind. Sie können also auch in der Serienfertigung verwendet werden. Nebenprodukte werden im Materialstamm nicht als Kuppelprodukte gekennzeichnet.

Das *führende Kuppelprodukt* ist die Materialnummer, zu der die Stückliste, der Arbeitsplan und die Fertigungsversion angelegt werden. Ebenso wird der Fertigungsauftrag zu dieser Materialnummer angelegt. Die Kennzeichnung zum Kuppelprodukt erfolgt im Materialstamm.

Alle anderen Kuppelprodukte sind als Stücklistenpositionen mit negativer Menge in der Stückliste des führenden Kuppelprodukts einzutragen. Im Materialstamm muss das Kennzeichen für das Kuppelprodukt gesetzt sein, aber zusätzlich auch noch in der Stücklistenposition.

Sowohl für das führende als auch für jedes weitere Kuppelprodukt wird im Fertigungsauftrag eine Auftragsposition geschaffen.

Interessant ist nun, wie die Kosten in der Plankalkulation und im Ist auf die einzelnen Kuppelprodukte verteilt werden. Den Kuppelprodukten wird ein Aufteilungsschema mit Äquivalenzziffern zugeordnet, anhand derer die Kosten aufgeteilt werden. Dieses Vorgehen nennt sich *Aufteilungsmethode*.

Für ein nicht führendes Kuppelprodukt wird auch eine Fertigungsversion angelegt, die allerdings nur einen Verweis auf das führende Kuppelprodukt enthält. Erfolgt ein Wareneingang zum Fertigungsauftrag, werden alle Kuppelprodukte gemeinsam gebucht. Nur die Nebenprodukte müssen separat als Wareneingang zu einer Reservierung gebucht werden.

Dies führt uns zu dem letzten Begriff *Festpreiskuppelprodukt*. Für dieses müssen Sie den Festpreis als Kennzeichen im Materialstamm setzen. Das Festpreiskuppelprodukt hat wie ein Nebenprodukt einen festgesetzten Preis und wird nicht mit in das Aufteilungsschema für die Kosten aufgenommen. Aber wie für die anderen Kuppelprodukte wird eine eigene Auftragsposition erstellt, und es kann gemeinsam mit ihnen im Wareneingang zum Fertigungsauftrag gebucht werden. Der Festpreis kann auch durch eine eigene Kalkulation für dieses Produkt festgesetzt werden, die aber völlig unabhängig von der hier beschriebenen Kuppelproduktion erfolgt.

In dem hier gezeigten Szenario verwenden wir alle vier beschriebenen Fälle. In Tabelle 3.3 sind die benötigten Einstellungen noch einmal zusammengefasst, und die Materialstämme des Beispiels sind entsprechend zugeordnet.

	Führendes Kuppelprodukt	Kuppelprodukt	Festpreiskuppelprodukt	Nebenprodukt
Materialnummer im Beispiel	FE_26A	FE_26B	FE_26C	NP_26
Kennzeichen **Kuppelprodukt** im Materialstamm	x	x	x	
Kennzeichen **Festpreis** im Materialstamm			x	
Stücklistenkopf	x			
Negative Stücklistenposition		x	x	x

Tabelle 3.3 Einstellungen zur Kuppelproduktion

	Führendes Kuppel-produkt	Kuppel-produkt	Festpreis-kuppel-produkt	Neben-produkt
Kennzeichen **Kuppelprodukt** in der Stücklistenposition		x	x	
Arbeitsplan	x			
Fertigungsversion	x	x		
Fertigungsauftrag	x			
Auftragsposition	x	x	x	
Wareneingang zum Fertigungs-auftrag	x	x	x	
Wareneingang zur Reservierung				x

Tabelle 3.3 Einstellungen zur Kuppelproduktion (Forts.)

Der Prozess beginnt in Schritt 1 mit der Erfassung des Planprimärbedarfs (siehe Abbildung 3.240).

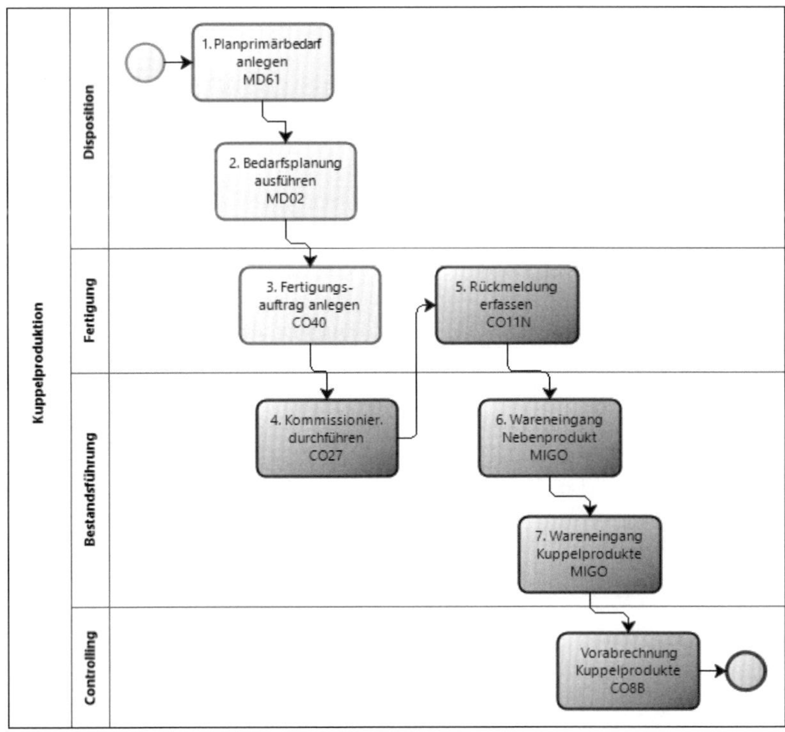

Abbildung 3.240 Prozess »Kuppelproduktion«

Die Bedarfsplanung erfolgt in Schritt 2 und mündet in Schritt 3 in einem Fertigungsauftrag. Die benötigten Einsatzmaterialien werden in Schritt 4 der Produktion zur Verfügung gestellt. Die Rückmeldung erfolgt in Schritt 5. Danach erfolgt zunächst der Wareneingang zum Nebenprodukt und anschließend in Schritt 7 der Wareneingang zu den Kuppelprodukten.

Das Buchungsschema ist für diesen Fall aus Gründen der Übersichtlichkeit aufgeteilt: Im ersten Buchungsschema sind alle Buchungen bis zum Wareneingang des Schrittes 7 enthalten, und im zweiten Buchungsschema ist die Vorabrechnung vom Auftragskopf an die Auftragspositionen dargestellt.

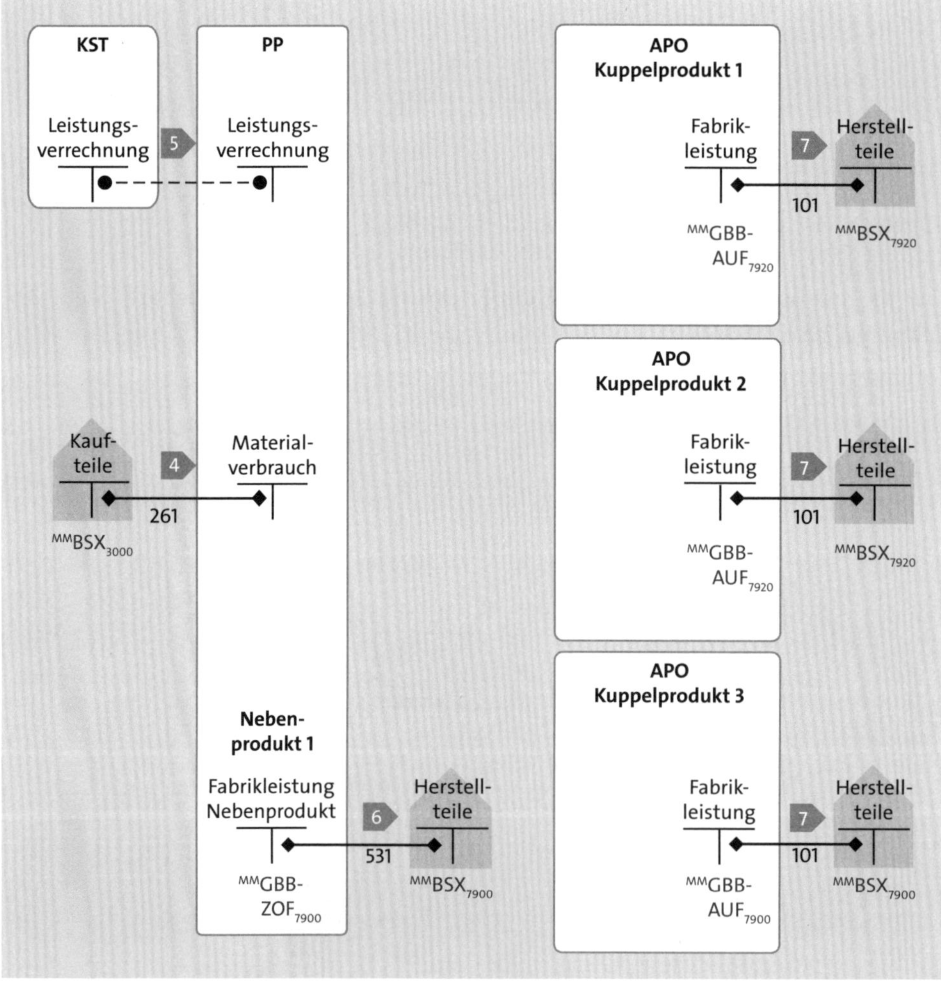

Abbildung 3.241 Buchungsschema »Kuppelproduktion«

Im ersten Buchungsschema ist der Auftragskopf im linken Bereich mit PP und die Auftragspositionen für die drei zu fertigenden Kuppelprodukte mit APO dargestellt (siehe Abbildung 3.241). Materialverbrauch und Verbuchung der Leistungen erfolgen auf dem Auftragskopf. Desgleichen erfolgt der Wareneingang des Nebenprodukts auf dem Auftragskopf. Nur die Wareneingänge zu den Kuppelprodukten werden direkt auf der jeweiligen Auftragsposition gebucht.

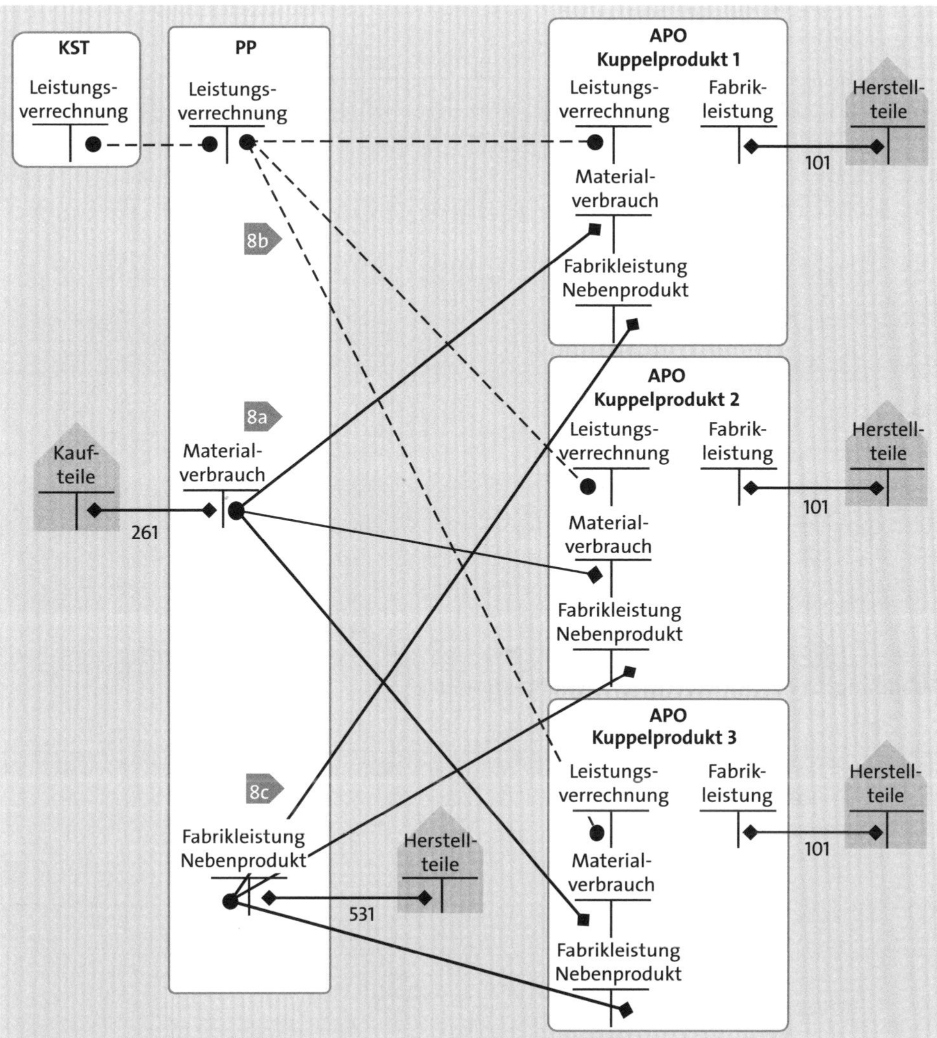

Abbildung 3.242 Buchungsschema »Kuppelproduktion« – Vorabrechnung

Die Vorabrechnung verteilt die Kosten des Materialverbrauchs (8a) an die Auftragspositionen. Ein fester Betrag wird an das Festpreiskuppelprodukt abgerechnet, der Rest orientiert sich an den Äquivalenzziffern (siehe Abbildung 3.242). Nach dem gleichen Schema werden die Kosten der Leistungen (8b) abgerechnet.

Der Eingang des Nebenprodukts hat den Auftragskopf entlastet. Diese Entlastung wird auch an alle drei Positionen weiterverrechnet (8c) und kommt dort im Haben an. Im Materialstamm der Materialien FE_26A, FE_26B und FE_26C ist in der Sicht **Disposition 2** das Kennzeichen für das Kuppelprodukt gesetzt (siehe Abbildung 3.243). Über den Button **Kuppelproduktion** verzweigen Sie in das Aufteilungsschema (siehe Abbildung 3.244).

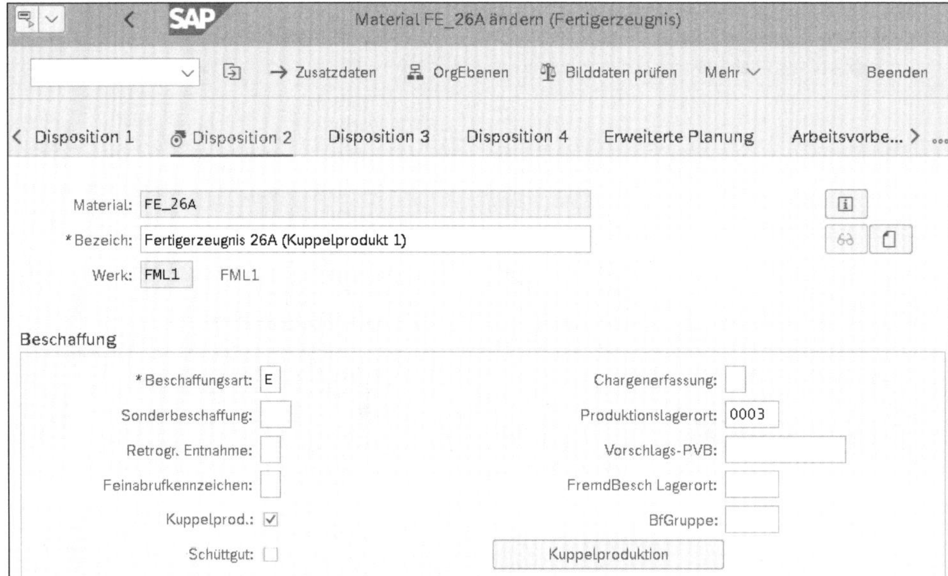

Abbildung 3.243 Materialstamm – Kuppelprodukt

Kostenaufteilung auf Kuppelprodukte: Aufteilungsschemata

Material: FE_26A

Werk: FML1

Nr.	Bezeichnung	Schema	Text
1	Kuppelprod.m.FE_26B		

Äquivalenzziffern

Abbildung 3.244 Aufteilungsschema für die Kuppelproduktion

Zu dem ausgewählten Aufteilungsschema springen Sie in die Pflege der Äquivalenzziffern ab. In unserem Beispiel sollen die Materialien FE_26A und FE_26B die entstehenden Kosten gleichermaßen tragen; deshalb ist das Verhältnis unter **Äqu.** mit 1:1 gepflegt. Es besteht hier auch die Möglichkeit, verschiedene Kostenblöcke anhand einer Ursprungszuordnung mit unterschiedlichen Äquivalenzziffern zu verrechnen, z. B. Materialkosten anders als Leistungen. In diesem Szenario werden aber alle Kosten gleichbehandelt (siehe Abbildung 3.245). Im Materialstamm des Nebenprodukts NP_26 darf das Kennzeichen für das Kuppelprodukt übrigens nicht gesetzt sein (siehe Abbildung 3.246).

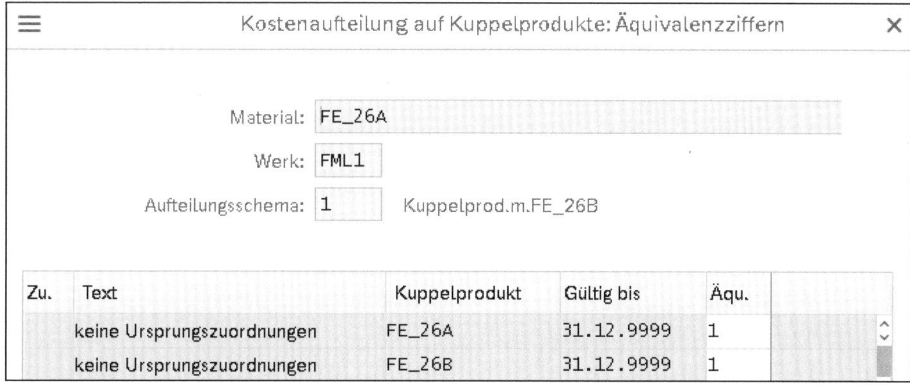

Abbildung 3.245 Äquivalenzziffern

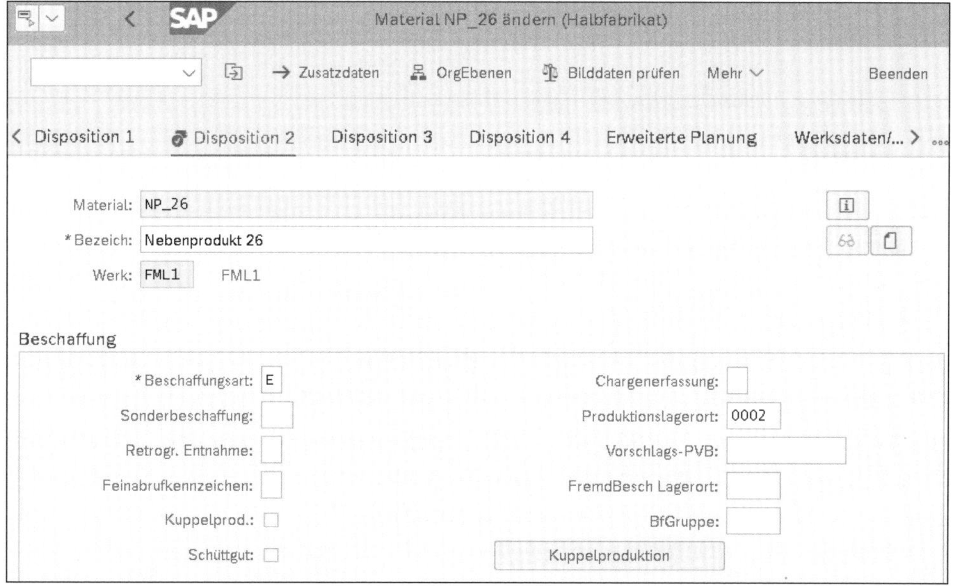

Abbildung 3.246 Materialstamm – Nebenprodukt

Für das Festpreiskuppelprodukt ist zusätzlich in der Sicht **Kalkulation 1** das Kennzeichen **Festpreis** zu setzen (siehe Abbildung 3.247).

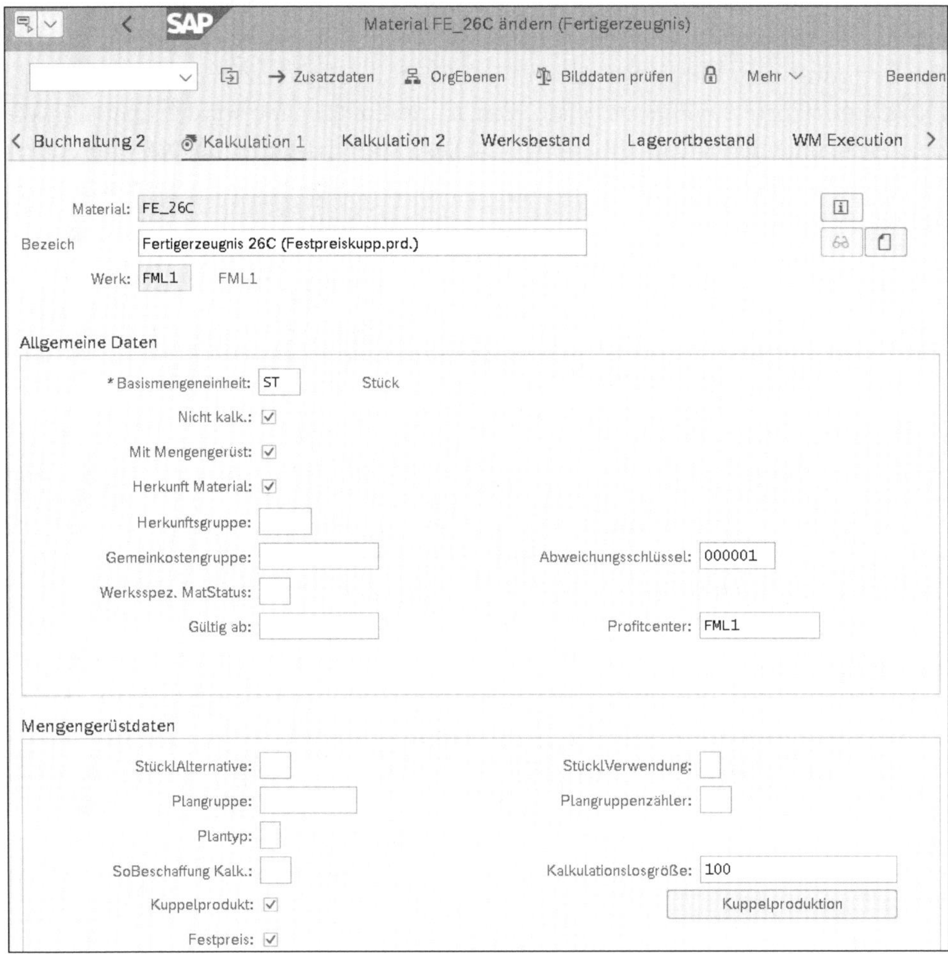

Abbildung 3.247 Materialstamm – Festpreiskuppelprodukt

Die Stückliste wird zum führenden Kuppelprodukt FE_26A angelegt (siehe Abbildung 3.248). Neben dem Einsatzmaterial, hier lediglich das Kaufteil KT_26, sind die weiteren Kuppelprodukte und das Nebenprodukt mit negativer Menge erfasst worden.

Nur für die Positionen FE_26B und FE_26C ist das Kennzeichen **Kuppelprodukt** in den Detaildaten zur Stücklistenposition anzugeben (siehe Abbildung 3.249). Das Kennzeichen aus dem Materialstamm wird nicht automatisch übernommen, sondern ermöglicht lediglich das Setzen des Kennzeichens in der Stücklistenposition. Der Arbeitsplan wird zum führenden Kuppelprodukt angelegt (siehe Abbildung 3.250).

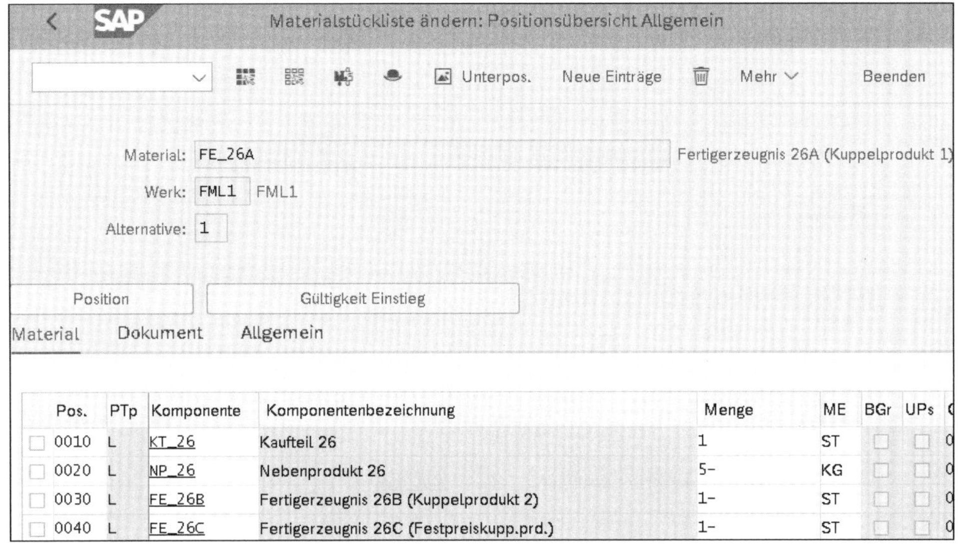

Pos.	PTp	Komponente	Komponentenbezeichnung	Menge	ME	BGr	UPs
0010	L	KT_26	Kaufteil 26	1	ST		
0020	L	NP_26	Nebenprodukt 26	5-	KG		
0030	L	FE_26B	Fertigerzeugnis 26B (Kuppelprodukt 2)	1-	ST		
0040	L	FE_26C	Fertigerzeugnis 26C (Festpreiskupp.prd.)	1-	ST		

Abbildung 3.248 Stückliste mit den Materialien und Fertigerzeugnissen

Allgemeine Daten

Kuppelprodukt: ☑ Rekursivität erlaubt: ☐

AltPosGruppe: Rekursiv: ☐

Ein-/Auslaufdaten CAD-Kz.: ☐

Abbildung 3.249 Stücklistenposition

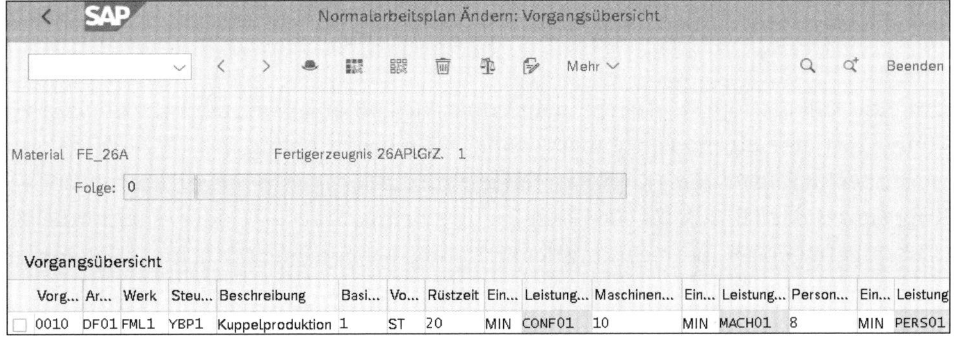

Vorg...	Ar...	Werk	Steu...	Beschreibung	Basi...	Vo...	Rüstzeit	Ein...	Leistung...	Maschinen...	Ein...	Leistung...	Person...	Ein...	Leistung
0010	DF01	FML1	YBP1	Kuppelproduktion	1	ST	20	MIN	CONF01	10	MIN	MACH01	8	MIN	PERS01

Abbildung 3.250 Arbeitsplan zum führenden Kuppelprodukt

Für das führende Kuppelprodukt müssen Sie die Stückliste und den Arbeitsplan in der Fertigungsversion eintragen (siehe Abbildung 3.251).

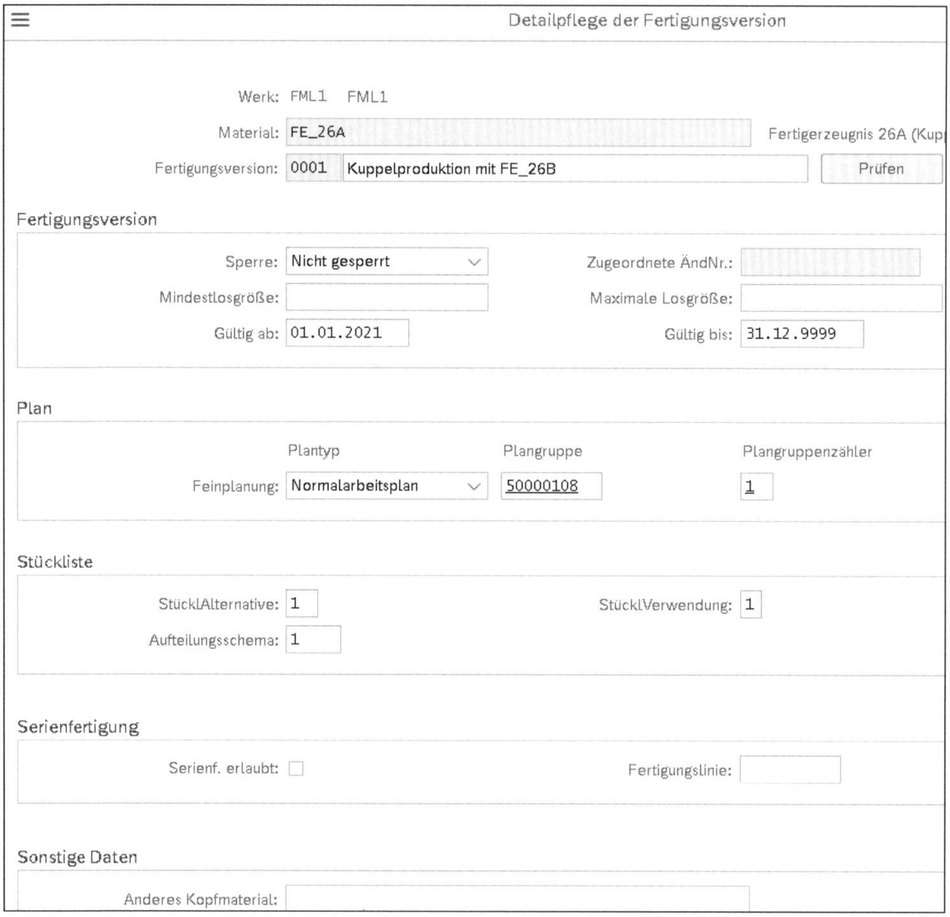

Detailpflege der Fertigungsversion

Werk: FML1 FML1

Material: FE_26A Fertigerzeugnis 26A (Kup

Fertigungsversion: 0001 Kuppelproduktion mit FE_26B Prüfen

Fertigungsversion

Sperre: Nicht gesperrt Zugeordnete ÄndNr.:

Mindestlosgröße: Maximale Losgröße:

Gültig ab: 01.01.2021 Gültig bis: 31.12.9999

Plan

Plantyp Plangruppe Plangruppenzähler

Feinplanung: Normalarbeitsplan 50000108 1

Stückliste

StücklAlternative: 1 StücklVerwendung: 1

Aufteilungsschema: 1

Serienfertigung

Serienf. erlaubt: Fertigungslinie:

Sonstige Daten

Anderes Kopfmaterial:

Abbildung 3.251 Fertigungsversion des führenden Kuppelprodukts

Um eine Kalkulation für das Kuppelprodukt FE_26B anlegen und fortschreiben zu können, ist eine eigene Fertigungsversion nötig (siehe Abbildung 3.252). Diese verweist aber im Feld **Anderes Kopfmaterial** nur auf die Fertigungsversion des führenden Kuppelprodukts FE_26A. Es wird kein Bezug zu einer Stückliste oder einem Arbeitsplan eingetragen. Die Bezeichnung der Fertigungsversion, hier 0001, muss unbedingt der Bezeichnung der Fertigungsversion des führenden Kuppelprodukts entsprechen! Sind alle Daten erfasst, kann eine Plankalkulation zur Ermittlung des Standardpreises erfolgen (siehe Abbildung 3.253).

Detailpflege der Fertigungsversion

Werk: FML1 FML1
Material: FE_26B Fertigerzeugnis 26B (Kup
Fertigungsversion: 0001 Kuppelproduktion mit FE_26A Prüfen

Fertigungsversion
Sperre: Nicht gesperrt Zugeordnete ÄndNr.:
Mindestlosgröße: Maximale Losgröße:
Gültig ab: 01.01.2021 Gültig bis: 31.12.9999

Plan
Plantyp Plangruppe Plangruppenzähler
Feinplanung:

Stückliste
StücklAlternative: StücklVerwendung:
Aufteilungsschema:

Serienfertigung
Serienf. erlaubt: Fertigungslinie:

Sonstige Daten
Anderes Kopfmaterial: FE_26A

Abbildung 3.252 Fertigungsversion – abhängiges Kuppelprodukt

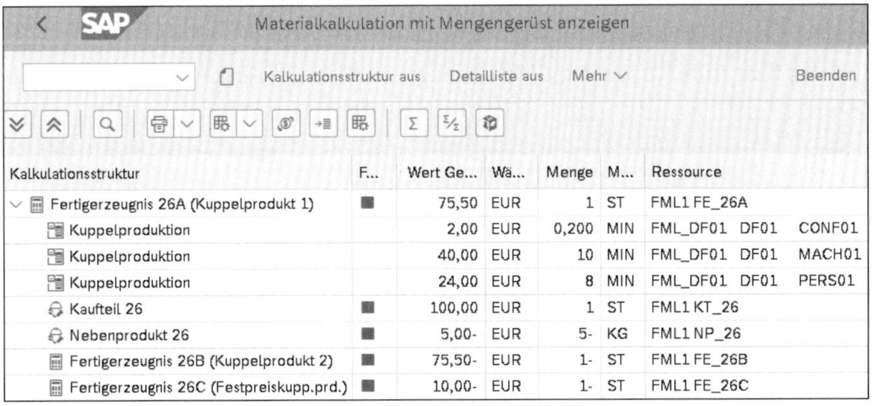

Materialkalkulation mit Mengengerüst anzeigen

Kalkulationsstruktur aus Detailliste aus Mehr Beenden

Kalkulationsstruktur	F...	Wert Ge...	Wä...	Menge	M...	Ressource		
Fertigerzeugnis 26A (Kuppelprodukt 1)	■	75,50	EUR	1	ST	FML1 FE_26A		
Kuppelproduktion		2,00	EUR	0,200	MIN	FML_DF01	DF01	CONF01
Kuppelproduktion		40,00	EUR	10	MIN	FML_DF01	DF01	MACH01
Kuppelproduktion		24,00	EUR	8	MIN	FML_DF01	DF01	PERS01
Kaufteil 26	■	100,00	EUR	1	ST	FML1 KT_26		
Nebenprodukt 26	■	5,00-	EUR	5-	KG	FML1 NP_26		
Fertigerzeugnis 26B (Kuppelprodukt 2)	■	75,50-	EUR	1-	ST	FML1 FE_26B		
Fertigerzeugnis 26C (Festpreiskupp.prd.)	■	10,00-	EUR	1-	ST	FML1 FE_26C		

Abbildung 3.253 Plankalkulation für das führende Kuppelprodukt

Die Frage ist nun, wie der Preis für das Material FE_26A errechnet wird. Zunächst ergeben sich die Gesamtkosten des gesamten Herstellungsvorgangs, wie in Tabelle 3.4 dargestellt.

Rüstzeit	2,00 EUR
Maschinenzeit	40,00 EUR
Personenzeit	24,00 EUR
Einsatzmaterial KT_26	100,00 EUR
Herstellungskosten	**166,00 EUR**

Tabelle 3.4 Aufstellung der Gesamtkosten

Von diesen Gesamtkosten werden die Gutschriften für das Nebenprodukt und das Festpreiskuppelprodukt abgezogen (siehe Tabelle 3.5).

Herstellungskosten	166,00 EUR
Nebenprodukt NP_26	– 5,00 EUR
Festpreiskuppelprodukt FE_26C	– 10,00 EUR
aufzuteilende Kosten	**151,00 EUR**

Tabelle 3.5 Gutschriften für das Nebenprodukt und das Festpreiskuppelprodukt

Anhand der Äquivalenzziffern für die Materialien FE_26A und FE_26B wird der Wert von 151 EUR im Verhältnis 1:1 aufgeteilt, und es ergibt sich für beide Materialien ein kalkulierter Wert in Höhe von 75,50 EUR.

Das Material FE_26B wird in der Kalkulation zu FE_26A als negativer Wert angezeigt. Genau umgedreht, zeigt sich die Situation für die Plankalkulation zu Material FE_26B, in der nun das führende Kuppelprodukt als negative Position erscheint (siehe Abbildung 3.254).

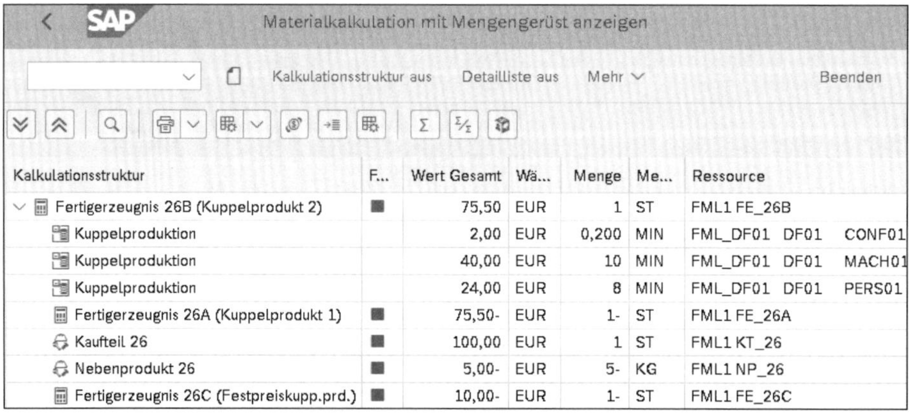

Materialkalkulation mit Mengengerüst anzeigen

Kalkulationsstruktur aus Detailliste aus Mehr Beenden

Kalkulationsstruktur	F...	Wert Gesamt	Wä...	Menge	Me...	Ressource
Fertigerzeugnis 26B (Kuppelprodukt 2)	■	75,50	EUR	1	ST	FML1 FE_26B
Kuppelproduktion		2,00	EUR	0,200	MIN	FML_DF01 DF01 CONF01
Kuppelproduktion		40,00	EUR	10	MIN	FML_DF01 DF01 MACH01
Kuppelproduktion		24,00	EUR	8	MIN	FML_DF01 DF01 PERS01
Fertigerzeugnis 26A (Kuppelprodukt 1)	■	75,50-	EUR	1-	ST	FML1 FE_26A
Kaufteil 26	■	100,00	EUR	1	ST	FML1 KT_26
Nebenprodukt 26	■	5,00-	EUR	5-	KG	FML1 NP_26
Fertigerzeugnis 26C (Festpreiskupp.prd.)	■	10,00-	EUR	1-	ST	FML1 FE_26C

Abbildung 3.254 Plankalkulation für das abhängige Kuppelprodukt

3.8.1 Planprimärbedarf anlegen

Beginnen Sie nun damit, den Planprimärbedarf (siehe Abbildung 3.255) zum führenden Kuppelprodukt FE_26A zu erfassen. Es sollen insgesamt 100 Stück hergestellt werden.

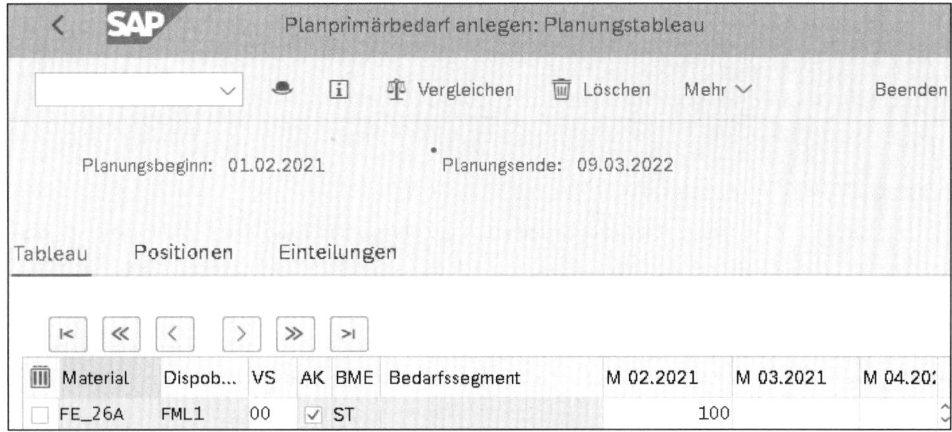

Abbildung 3.255 Planprimärbedarf – Kuppelprodukt 1

3.8.2 Bedarfsplanung ausführen

Daraufhin wird die Bedarfsplanung (siehe Abbildung 3.256) zum führenden Kuppelprodukt FE_26A angestoßen.

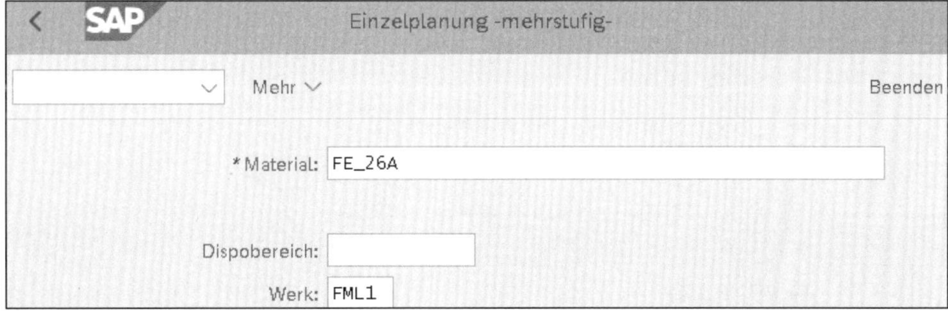

Abbildung 3.256 Bedarfsplanung

In der Bedarfs-/Bestandsliste erscheinen der Planprimärbedarf und der zur Deckung erforderliche Planauftrag (siehe Abbildung 3.257).

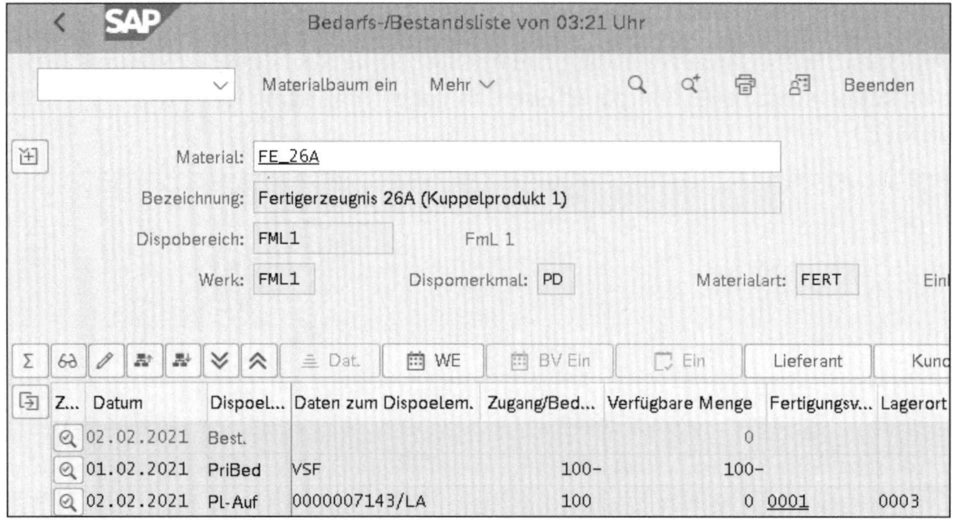

Abbildung 3.257 Bedarfs-/Bestandsliste für das führende Kuppelprodukt

Weil die anderen beiden Kuppelprodukte und das Nebenprodukt in der Stückliste mit negativen Mengen eingetragen sind, wurden durch die Stücklistenauflösung der Bedarfsplanung ebenso Zugänge in die Bedarfs-/Bestandsliste eingetragen. Dort erfolgt der Eintrag aber als positiver Sekundärbedarf (siehe Abbildung 3.258)!

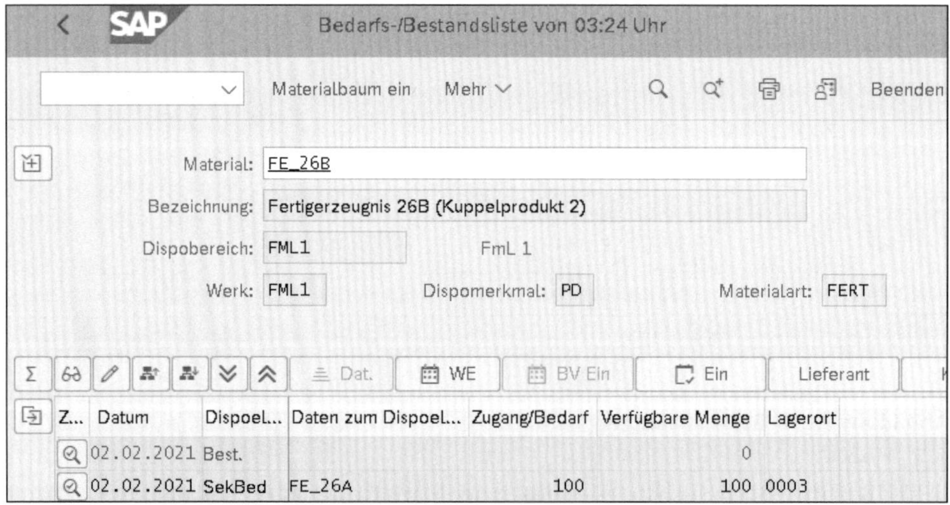

Abbildung 3.258 Bedarfs-/Bestandsliste – Kuppelprodukt 2

3.8.3 Fertigungsauftrag anlegen

Der Planauftrag wird in einen Fertigungsauftrag umgesetzt (siehe Abbildung 3.259). Auf der Registerkarte **Positionen** ist für jedes Kuppelprodukt automatisch eine eigene Position angelegt worden; nur für das Nebenprodukt wurde keine Position erstellt.

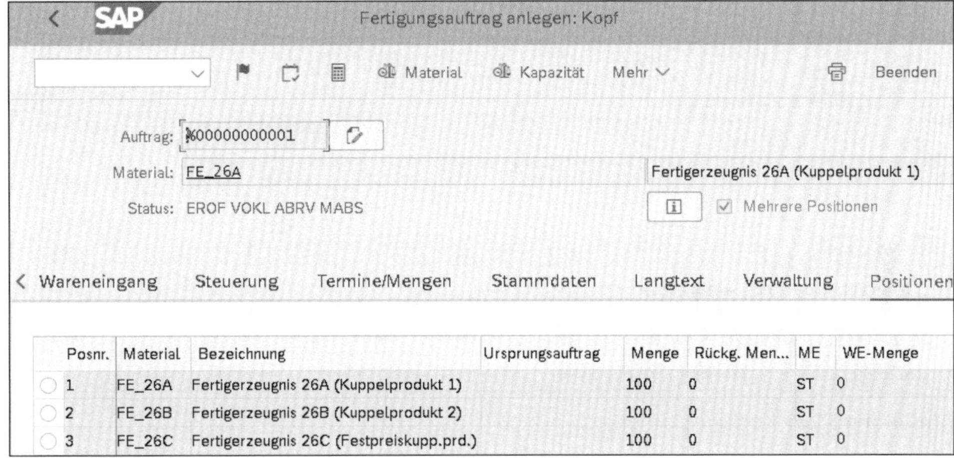

Posnr.	Material	Bezeichnung	Ursprungsauftrag	Menge	Rückg. Men...	ME	WE-Menge
1	FE_26A	Fertigerzeugnis 26A (Kuppelprodukt 1)		100	0	ST	0
2	FE_26B	Fertigerzeugnis 26B (Kuppelprodukt 2)		100	0	ST	0
3	FE_26C	Fertigerzeugnis 26C (Festpreiskupp.prd.)		100	0	ST	0

Abbildung 3.259 Fertigungsauftrag anlegen

In der Komponentenübersicht des Fertigungsauftrags befindet sich nicht nur das Einsatzmaterial, sondern es sind auch alle vier erwarteten Wareneingänge aufgelistet (siehe Abbildung 3.260).

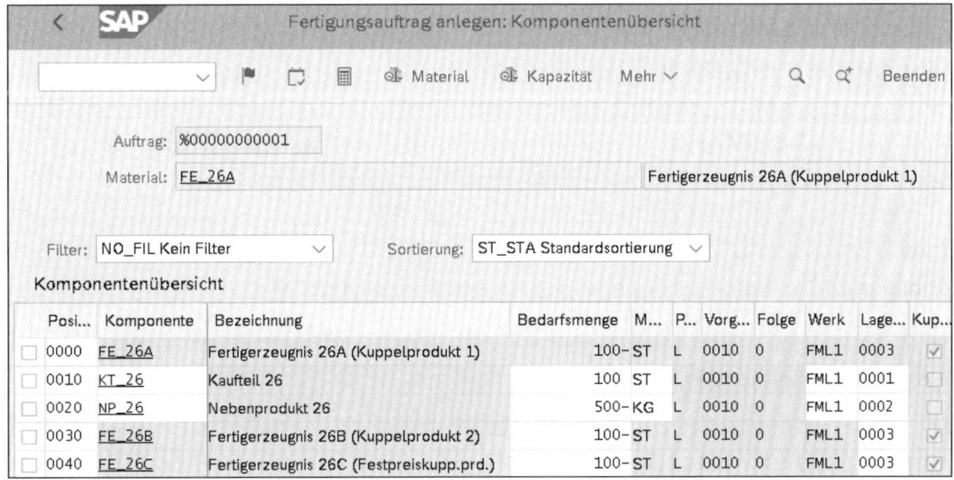

Posi...	Komponente	Bezeichnung	Bedarfsmenge	M...	P...	Vorg...	Folge	Werk	Lage...	Kup...
0000	FE_26A	Fertigerzeugnis 26A (Kuppelprodukt 1)	100-	ST	L	0010	0	FML1	0003	☑
0010	KT_26	Kaufteil 26	100	ST	L	0010	0	FML1	0001	☐
0020	NP_26	Nebenprodukt 26	500-	KG	L	0010	0	FML1	0002	☐
0030	FE_26B	Fertigerzeugnis 26B (Kuppelprodukt 2)	100-	ST	L	0010	0	FML1	0003	☑
0040	FE_26C	Fertigerzeugnis 26C (Festpreiskupp.prd.)	100-	ST	L	0010	0	FML1	0003	☑

Abbildung 3.260 Komponentenübersicht

3.8.4 Kommissionierung durchführen

Das Einsatzmaterial KT_26 wird anschließend über die Kommissionierliste mit der Bewegungsart 261 zum Fertigungsauftrag in die Produktion gebracht (siehe Abbildung 3.261). Der Verbrauch schlägt sich im Buchhaltungsbeleg (siehe Abbildung 3.262) nieder.

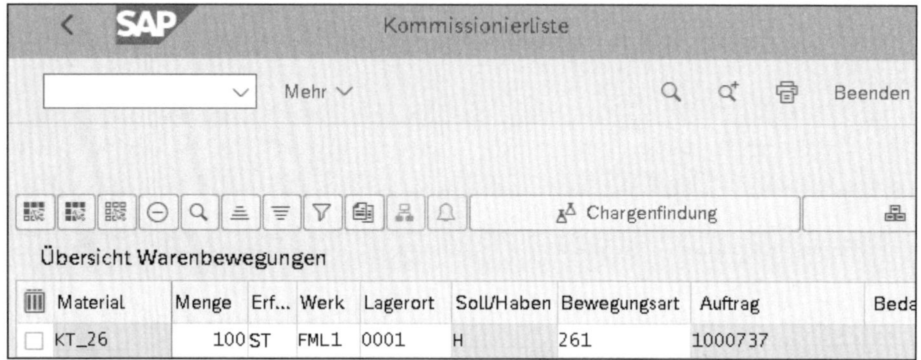

Abbildung 3.261 Kommissionierliste

BuKr	P...	BS	S/H	Konto	Ko...	Bezeichnung	Betrag	Wäh...	Werk	Material	Vor	Men...	BME
FMLA	1	99	H	13100000	M	Bestand Rohstoffe	10.000,00-	EUR	FML1	KT_26	BSX	100-	ST
	2	81	S	51100000	S	Verbrauch Rohstoffe	10.000,00	EUR	FML1	KT_26	GBB	100	ST

Abbildung 3.262 Buchhaltungsbeleg

Im Kostenrechnungsbeleg wird der Verbrauch auf dem Auftrag 1000737, also auf dem Auftragskopf erfasst (siehe Abbildung 3.263).

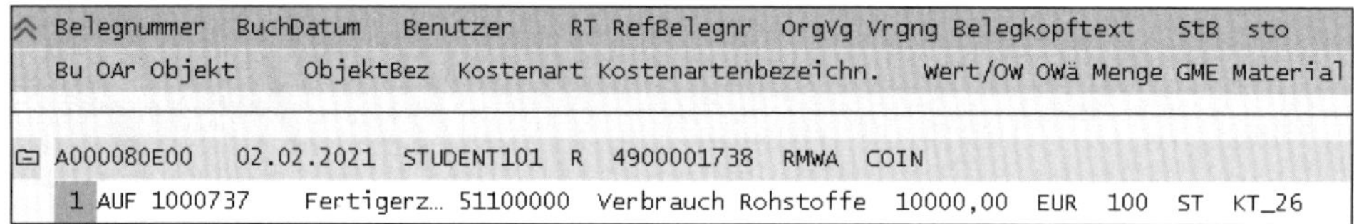

Belegnummer	BuchDatum	Benutzer	RT	RefBelegnr	OrgVg	Vrgng	Belegkopftext	StB	sto
A000080E00	02.02.2021	STUDENT101	R	4900001738	RMWA	COIN			

Bu	OAr	Objekt	ObjektBez	Kostenart	Kostenartenbezeichn.	Wert/OW	OWä	Menge	GME	Material
1	AUF	1000737	Fertigerz...	51100000	Verbrauch Rohstoffe	10000,00	EUR	100	ST	KT_26

Abbildung 3.263 Kostenrechnungsbeleg für den Auftrag 1000737

3.8.5 Rückmeldung erfassen

Die Rückmeldung des einzigen Vorgangs im Arbeitsplan erfolgt mit den geplanten Mengen und Zeiten (siehe Abbildung 3.264). Für die Leistungsverrechnung der Zeiten entsteht, wie gewohnt, ein Kostenrechnungsbeleg (siehe Abbildung 3.265). Diese Kosten werden auf den Auftragskopf unter der Nummer 1000737 verbucht.

Lohn-Rückmeldeschein zum Fertigungsauftrag erfassen

Warenbewegungen | Istdaten | Mehr | Beenden

Rückmeldung:	4527	Material:	FE_26A	
Auftrag:	1000737	Kurztext:	Fertigerzeugnis 26A (Kuppelprodukt	
Vorgang:	0010	Folge:	0	Kuppelproduktion
Untervorgang:				
Kapazitätsart:		Splitt:		
Arbeitsplatz:	DF01	Werk:	FML1	Diskrete Fertigung 1
Rückmeldeart:	X Endrückmeldung		☐ Ausbuchen offener Reservie	

Mengen

	Rückzumelden	Einh
Gutmenge:	100	ST
Ausschuß:		
Nacharbeit:		
Abweich.Ursache:		

Leistungen

	Rückzumelden	Einh	Fertig
Rüstzeit:	20	MIN	☐
Maschinenzeit:	1.000	MIN	☐
Personenzeit:	800	MIN	☐

Abbildung 3.264 Rückmeldung erfassen

Belegnummer	BuchDatum	Benutzer	RT	RefBelegnr	OrgVg	Vrgng	Belegkopftext	StB
300001037	02.02.2021	STUDENT101	R	4527	RMRU	RKL		

Bu	OAr	Objekt	ObjektBez	Kostenart	Kostenartenbezeichn.	Wert/OW	OWä	Menge	GME
1	LEI	FML_DF01/...	Diskrete ...	94303000	Rüsten	200,00-	EUR	20-	MIN
2	AUF	1000737	Fertigerz...	94303000	Rüsten	200,00	EUR	20	MIN
4	LEI	FML_DF01/...	Diskrete ...	94301000	Maschinenstunden 1	4.000,00-	EUR	1000-	MIN
5	AUF	1000737	Fertigerz...	94301000	Maschinenstunden 1	4.000,00	EUR	1000	MIN
7	LEI	FML_DF01/...	Diskrete ...	94311000	Pers.std.	2.400,00-	EUR	800-	MIN
8	AUF	1000737	Fertigerz...	94311000	Pers.std.	2.400,00	EUR	800	MIN

Abbildung 3.265 Kostenrechnungsbeleg für die Leistung

3.8.6 Wareneingang des Nebenprodukts

Der Wareneingang des Nebenprodukts findet nicht zusammen mit den Kuppelprodukten statt, sondern als *Wareneingang zur Reservierung* (siehe Abbildung 3.266). Die Reservierungsnummer 8312 wurde im Fertigungsauftrag vergeben. Dieser Wareneingang erfolgt mit der eigens hierzu vorgesehenen Bewegungsart 531.

Abbildung 3.266 Wareneingang zur Reservierung

Hinter der Bewegungsart 531 steckt die MM-Kontenfindung GBB-ZOF, über die das Konto 55100002 »Fabrikleistung Nebenprodukt« im Buchhaltungsbeleg ermittelt wurde (siehe Abbildung 3.267). Diese Gutschrift wird im Kostenrechnungsbeleg wie die bisherigen Kosten auf dem Auftragskopf erfasst (siehe Abbildung 3.268).

BuKr	Pos	Bschl	S/H	Konto	Koart	Bezeichnung	Betrag	Währg	Werk	Material	Vor	Menge	BME
FMLA	1	89	S	13300000	M	Best unfertige Ware	500,00	EUR	FML1	NP_26	BSX	500	KG
	2	91	H	55100002	S	Fabrikleist.Nebenprd	500,00-	EUR	FML1	NP_26	GBB	500-	KG

Abbildung 3.267 Buchhaltungsbeleg für das Nebenprodukt

Belegnummer	BuchDatum	Benutzer	RT	RefBelegnr	OrgVg	Vrgng	Belegkopftext	StB	sto
A000080F00	02.02.2021	STUDENT101	R	4900001739	RMWA	COIN			

Bu	OAr	Objekt	ObjektBez	Kostenart	Kostenartenbezeichn.	Wert/OW	OWä	Menge	GME	Material
1	AUF	1000737	Fertigerz...	55100002	Fabrikleist.Nebenprd	500,00-	EUR	500-	KG	NP_26

Abbildung 3.268 Kostenrechnungsbeleg für das Nebenprodukt

3.8.7 Wareneingang Kuppelprodukte

Im *Wareneingang zum Auftrag* 1000737 werden alle drei Kuppelprodukte vorgeschlagen (siehe Abbildung 3.269). Dieser Wareneingang erfolgt wie in der diskreten Fertigung mit der Bewegungsart 101. Neben der Auftragsnummer wird bereits die entsprechende Positionsnummer angegeben. Alle drei Positionen werden mit ihrem aktuell gültigen Standardpreis auf Lager genommen und im Buchhaltungsbeleg verbucht (siehe Abbildung 3.270).

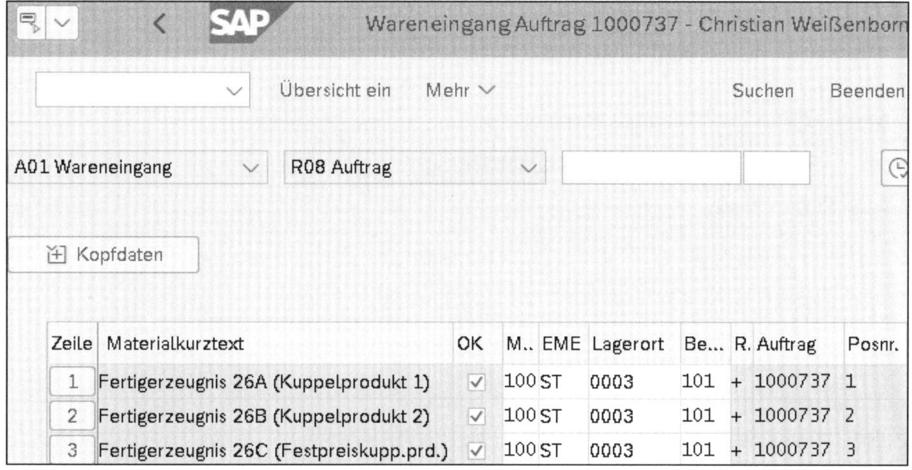

Zeile	Materialkurztext	OK	M..	EME	Lagerort	Be...	R.	Auftrag	Posnr.
1	Fertigerzeugnis 26A (Kuppelprodukt 1)	✓	100	ST	0003	101	+	1000737	1
2	Fertigerzeugnis 26B (Kuppelprodukt 2)	✓	100	ST	0003	101	+	1000737	2
3	Fertigerzeugnis 26C (Festpreiskupp.prd.)	✓	100	ST	0003	101	+	1000737	3

Abbildung 3.269 Wareneingang zum Auftrag

BuKr	P...	BS	S/H	Konto	Ko...	Bezeichnung	Betrag	Wäh...	Werk	Material	Vor
FMLA	1	89	S	13400000	M	Best fertige Ware	7.550,00	EUR	FML1	FE_26A	BSX
	2	91	H	55100000	S	Fabrikleistng Pr.Auf	7.550,00-	EUR	FML1	FE_26A	GBB
	3	89	S	13400000	M	Best fertige Ware	7.550,00	EUR	FML1	FE_26B	BSX
	4	91	H	55100000	S	Fabrikleistng Pr.Auf	7.550,00-	EUR	FML1	FE_26B	GBB
	5	89	S	13300000	M	Best unfertige Ware	1.000,00	EUR	FML1	FE_26C	BSX
	6	91	H	55100000	S	Fabrikleistng Pr.Auf	1.000,00-	EUR	FML1	FE_26C	GBB

Abbildung 3.270 Buchhaltungsbeleg

Jetzt erfolgt die erste Buchung auf die Auftragspositionen, die im Kostenrechnungsbeleg unter dem Kürzel APO laufen (siehe Abbildung 3.271).

```
Belegnummer BuchDatum  Benutzer    RT RefBelegnr  OrgVg Vrgng Belegkopftext  StB  sto
Bu OAr Objekt     ObjektBez  Kostenart Kostenartenbezeichn.   Wert/OW OWä Menge GME Material

A000080G00  02.02.2021  STUDENT101  R  5000001175  RMWF  COIN
 2 APO 1000737/1  FE_26A     55100000  Fabrikleistng Pr.Auf 7.550,00- EUR  100- ST  FE_26A
 4 APO 1000737/2  FE_26B     55100000  Fabrikleistng Pr.Auf 7.550,00- EUR  100- ST  FE_26B
 6 APO 1000737/3  FE_26C     55100000  Fabrikleistng Pr.Auf 1.000,00- EUR  100- ST  FE_26C
```

Abbildung 3.271 Kostenrechnungsbeleg

Die Kostensituation können Sie sich auch im Detailbericht zum Fertigungsauftrag ansehen, in dem zum Auftragskopf alle Kosten und die Gutschrift des Nebenprodukts angezeigt werden (siehe Abbildung 3.272).

Soll/Ist - Vergleich

Mehr Beenden

Auftrag 1000737 FE_26A
Auftragsart YBM1 Lagerfertigung: Fertigungsauftrag
Werk FML1 FML1
Material FE_26A Fertigerzeugnis 26A (Kuppelprodukt 1)

Planmenge 100 ST Stück

Kostenart	Kostenart (Text)	Herkunft	Σ Istkosten gesamt
55100002	Fabrikleistung Nebenprodukt (BV)	FML1/NP_26	500,00-
			• **500,00-**
51100000	Verbrauch Rohstoffe	FML1/KT_26	10.000,00
Einzelk. Material			• **10.000,00**
94301000	Maschinenstunden 1	FML_DF01/MACH01	4.000,00
Maschinenzeit			• **4.000,00**
94311000	Personalstunden	FML_DF01/PERS01	2.400,00
Personenzeit			• **2.400,00**
94303000	Rüsten	FML_DF01/CONF01	200,00
Rüstzeit			• **200,00**
			•• **16.100,00**

Abbildung 3.272 Detailbericht des Auftragskopfes

Für Kuppelproduktionsaufträge ist im Menü die Anzeige der Auftragspositionen einstellbar (siehe Abbildung 3.273). Dadurch erscheint das zusätzliche Feld **Position** mit seinen Auswahlmöglichkeiten (siehe Abbildung 3.274).

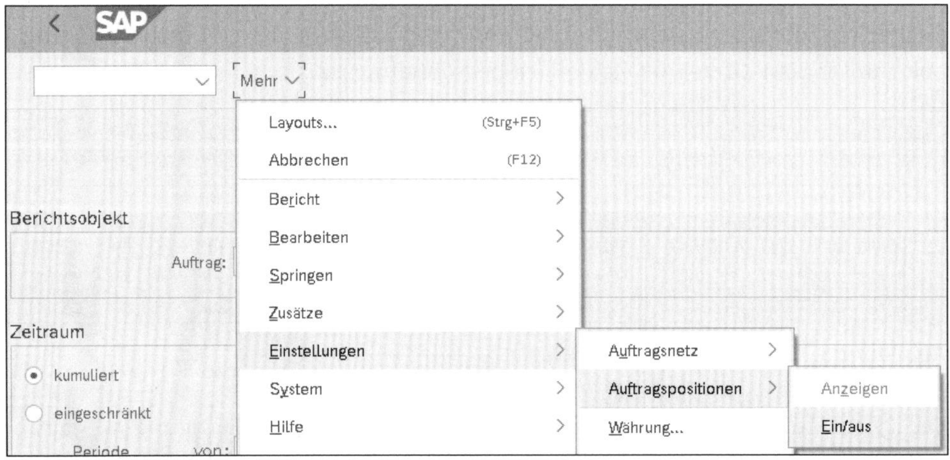

Abbildung 3.273 Einstellung der Auftragsposition

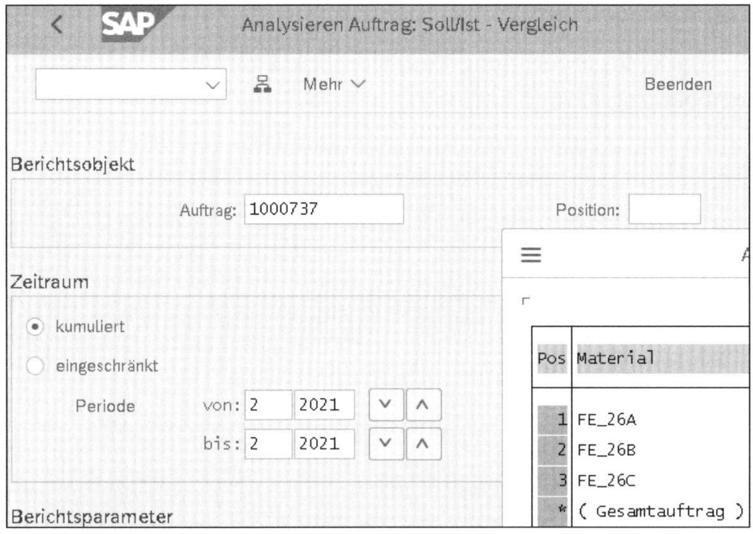

Abbildung 3.274 Detailbericht – Positionsauswahl

In der Auftragsposition 1 zum Material FE_26A wurde in den Ist-Kosten bisher nur der Wareneingang erfasst (siehe Abbildung 3.275).

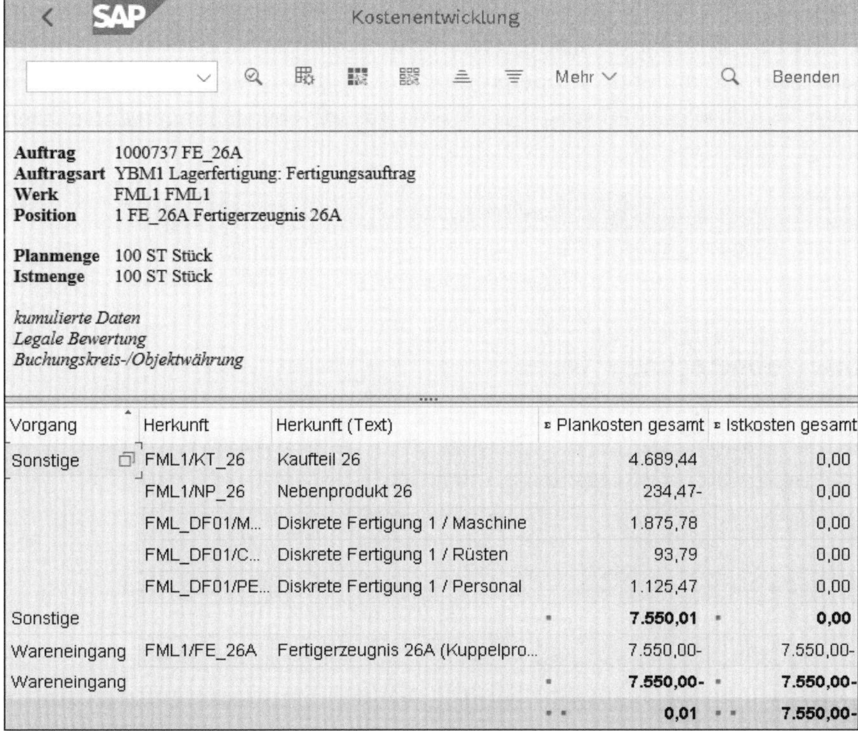

Auftrag 1000737 FE_26A
Auftragsart YBM1 Lagerfertigung: Fertigungsauftrag
Werk FML1 FML1
Position 1 FE_26A Fertigerzeugnis 26A

Planmenge 100 ST Stück
Istmenge 100 ST Stück

kumulierte Daten
Legale Bewertung
Buchungskreis-/Objektwährung

Vorgang	Herkunft	Herkunft (Text)	Plankosten gesamt	Istkosten gesamt
Sonstige	FML1/KT_26	Kaufteil 26	4.689,44	0,00
	FML1/NP_26	Nebenprodukt 26	234,47-	0,00
	FML_DF01/M...	Diskrete Fertigung 1 / Maschine	1.875,78	0,00
	FML_DF01/C...	Diskrete Fertigung 1 / Rüsten	93,79	0,00
	FML_DF01/PE...	Diskrete Fertigung 1 / Personal	1.125,47	0,00
Sonstige			**7.550,01**	**0,00**
Wareneingang	FML1/FE_26A	Fertigerzeugnis 26A (Kuppelpro...	7.550,00-	7.550,00-
Wareneingang			**7.550,00-**	**7.550,00-**
			0,01	**7.550,00-**

Abbildung 3.275 Detailbericht der Auftragsposition 1

3.8.8 Vorabrechnung Kuppelprodukt

Starten Sie nun den Schritt **Vorabrechnung Kuppelprodukte** für den Fertigungsauftrag 1000373 (siehe Abbildung 3.276).

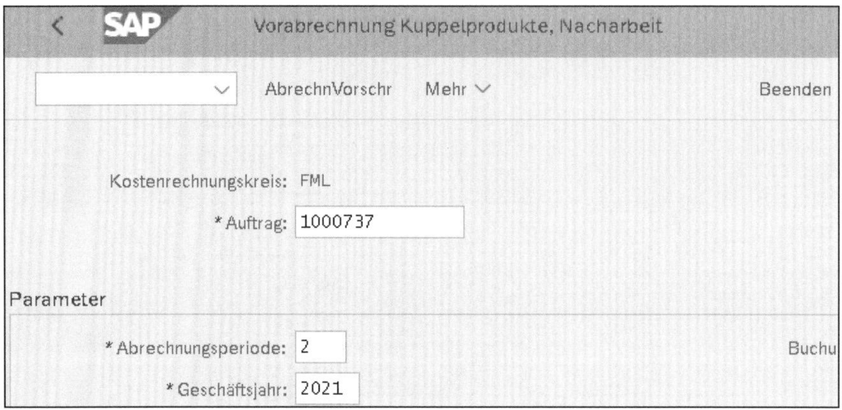

Abbildung 3.276 Vorabrechnung – Einstieg

In der angezeigten Detailliste der Vorabrechnung sind rechts der Auftragskopf als Sender und links die drei Auftragspositionen als Empfänger mit ihren jeweiligen Werten eingetragen (siehe Abbildung 3.277). An das Festpreiskuppelprodukt wird der vorgegeben Wert von 10 EUR pro Stück verrechnet, und der Rest wird anhand der Äquivalenzziffern auf die anderen Kuppelprodukte verteilt. Um das Beispiel nicht zu überfrachten, wurde alles laut Plan gebucht, sodass keine Abweichungen entstanden sind.

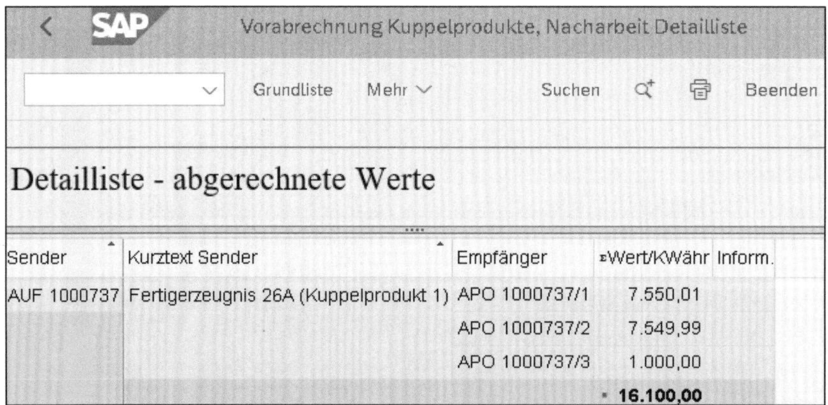

Sender	Kurztext Sender	Empfänger	ΣWert/KWähr	Inform.
AUF 1000737	Fertigerzeugnis 26A (Kuppelprodukt 1)	APO 1000737/1	7.550,01	
		APO 1000737/2	7.549,99	
		APO 1000737/3	1.000,00	
			• **16.100,00**	

Abbildung 3.277 Vorabrechnung – Liste

Aus den fünf Senderwerten, multipliziert mit den drei Empfänger-Auftragspositionen, ergeben sich insgesamt 15 Buchungen mit jeweils einer Ent- und einer Belastung (siehe Abbildung 3.272). Im Kostenrechnungsbeleg sind diese 30 Buchungszeilen eingetragen. Für das Festpreiskuppelprodukt wurden die Kosten im Verhältnis so heruntergerechnet, dass sich genau 1.000 EUR ergeben (siehe Abbildung 3.278).

Belegnummer	BuchDatum	Benutzer	RT	RefBelegnr	OrgVg	Vrgng	Belegkopftext	StB	sto	
Bu	**OAr**	**Objekt**	**ObjektBez**	**Kostenart**	**Kostenartenbezeichn.**	**Wert/OW**	**OWä**	**Menge er**	**GME**	**Materia**
300001038	28.02.2021	STUDENT101	R	2111		KOAO				
1	AUF	1000737	Fertigerz...	51100000	Verbrauch Rohstoffe	621,12-	EUR	6,211-	ST	KT_26
2	APO	1000737/3	FE_26C	51100000	Verbrauch Rohstoffe	621,12	EUR	6,211	ST	KT_26
3	AUF	1000737	Fertigerz...	51100000	Verbrauch Rohstoffe	4.689,44-	EUR	46,895-	ST	KT_26
4	APO	1000737/1	FE_26A	51100000	Verbrauch Rohstoffe	4.689,44	EUR	46,895	ST	KT_26
5	AUF	1000737	Fertigerz...	51100000	Verbrauch Rohstoffe	4.689,44-	EUR	46,894-	ST	KT_26
6	APO	1000737/2	FE_26B	51100000	Verbrauch Rohstoffe	4.689,44	EUR	46,894	ST	KT_26
7	AUF	1000737	Fertigerz...	55100002	Fabrikleist.Nebenprd	31,06	EUR	31,056	KG	NP_26
8	APO	1000737/3	FE_26C	55100002	Fabrikleist.Nebenprd	31,06-	EUR	31,056-	KG	NP_26
9	AUF	1000737	Fertigerz...	55100002	Fabrikleist.Nebenprd	234,47	EUR	234,472	KG	NP_26
10	APO	1000737/1	FE_26A	55100002	Fabrikleist.Nebenprd	234,47-	EUR	234,472-	KG	NP_26
11	AUF	1000737	Fertigerz...	55100002	Fabrikleist.Nebenprd	234,47	EUR	234,472	KG	NP_26
12	APO	1000737/2	FE_26B	55100002	Fabrikleist.Nebenprd	234,47-	EUR	234,472-	KG	NP_26
13	AUF	1000737	Fertigerz...	94301000	Maschinenstunden 1	248,45-	EUR	62,112-	MIN	
14	APO	1000737/3	FE_26C	94301000	Maschinenstunden 1	248,45	EUR	62,112	MIN	
17	AUF	1000737	Fertigerz...	94301000	Maschinenstunden 1	1.875,78-	EUR	468,944-	MIN	
18	APO	1000737/1	FE_26A	94301000	Maschinenstunden 1	1.875,78	EUR	468,944	MIN	
21	AUF	1000737	Fertigerz...	94301000	Maschinenstunden 1	1.875,77-	EUR	468,944-	MIN	
22	APO	1000737/2	FE_26B	94301000	Maschinenstunden 1	1.875,77	EUR	468,944	MIN	
25	AUF	1000737	Fertigerz...	94303000	Rüsten	12,42-	EUR	1,242-	MIN	
26	APO	1000737/3	FE_26C	94303000	Rüsten	12,42	EUR	1,242	MIN	
29	AUF	1000737	Fertigerz...	94303000	Rüsten	93,79-	EUR	9,379-	MIN	
30	APO	1000737/1	FE_26A	94303000	Rüsten	93,79	EUR	9,379	MIN	
33	AUF	1000737	Fertigerz...	94303000	Rüsten	93,79-	EUR	9,379-	MIN	
34	APO	1000737/2	FE_26B	94303000	Rüsten	93,79	EUR	9,379	MIN	
37	AUF	1000737	Fertigerz...	94311000	Pers.std.	149,07-	EUR	49,690-	MIN	
38	APO	1000737/3	FE_26C	94311000	Pers.std.	149,07	EUR	49,690	MIN	
41	AUF	1000737	Fertigerz...	94311000	Pers.std.	1.125,47-	EUR	375,155-	MIN	
42	APO	1000737/1	FE_26A	94311000	Pers.std.	1.125,47	EUR	375,155	MIN	
45	AUF	1000737	Fertigerz...	94311000	Pers.std.	1.125,46-	EUR	375,155-	MIN	
46	APO	1000737/2	FE_26B	94311000	Pers.std.	1.125,46	EUR	375,155	MIN	

Abbildung 3.278 Kostenrechnungsbeleg – Vorabrechnung

Die Kosten wurden vom Auftragskopf an die Auftragspositionen abgerechnet und dadurch auch im Detailbericht zur Auftragsposition 1 angezeigt (siehe Abbildung 3.279).

Der weitere Monatsabschluss könnte im Anschluss mit den üblichen Schritten WIP-Ermittlung, Abweichungsermittlung und Abrechnung erfolgen, die in der Kuppelproduktion alle auf der Ebene der Auftragsposition erfolgen. Beachten Sie dabei aber, dass eine WIP-Ermittlung nur zu Ist-Kosten erfolgen kann.

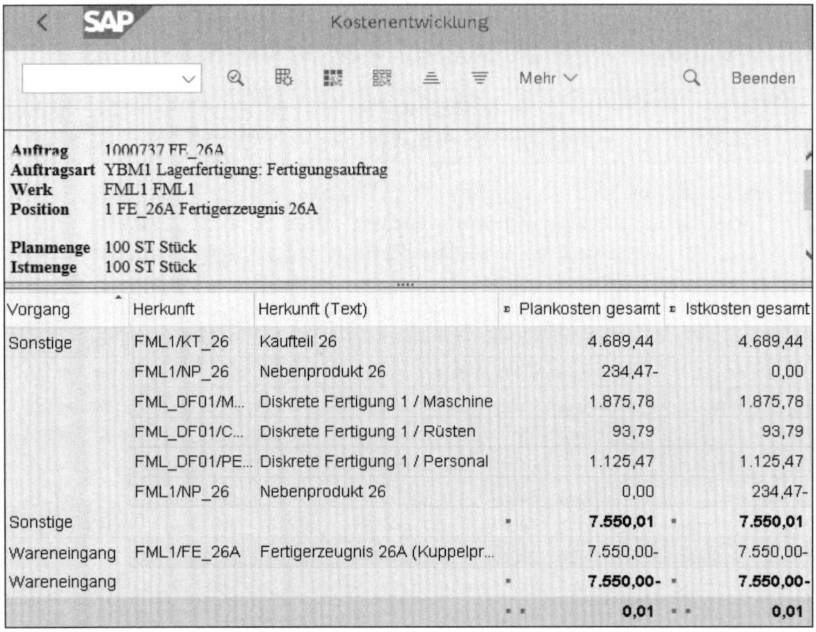

Kostenentwicklung

Mehr Beenden

Auftrag 1000737 FE_26A
Auftragsart YBM1 Lagerfertigung: Fertigungsauftrag
Werk FML1 FML1
Position 1 FE_26A Fertigerzeugnis 26A

Planmenge 100 ST Stück
Istmenge 100 ST Stück

Vorgang	Herkunft	Herkunft (Text)	Plankosten gesamt	Istkosten gesamt
Sonstige	FML1/KT_26	Kaufteil 26	4.689,44	4.689,44
	FML1/NP_26	Nebenprodukt 26	234,47-	0,00
	FML_DF01/M...	Diskrete Fertigung 1 / Maschine	1.875,78	1.875,78
	FML_DF01/C...	Diskrete Fertigung 1 / Rüsten	93,79	93,79
	FML_DF01/PE...	Diskrete Fertigung 1 / Personal	1.125,47	1.125,47
	FML1/NP_26	Nebenprodukt 26	0,00	234,47-
Sonstige			**7.550,01**	**7.550,01**
Wareneingang	FML1/FE_26A	Fertigerzeugnis 26A (Kuppelpr...	7.550,00-	7.550,00-
Wareneingang			**7.550,00-**	**7.550,00-**
			0,01	**0,01**

Abbildung 3.279 Auftragsposition nach der Abrechnung

Werden die Prozesse »Template-Verrechnung«, »Nachbewertung Ist-Tarife« oder »Gemeinkostenzuschläge« eingesetzt, müssen Sie diese noch vor der Vorabrechnung durchführen. Diese Aktivitäten erfolgen auf dem Auftragskopf. Tabelle 3.6 bietet Ihnen hierzu eine Übersicht.

Aktivität	Auftragskopf	Auftragspositionen
Template-Verrechnung	x	
Nachbewertung Ist-Tarife	x	
Gemeinkostenzuschläge	x	
Vorabrechnung Kuppelprodukt	x	
WIP-Ermittlung		x
Abweichungsermittlung		x
Abrechnung		x

Tabelle 3.6 Monatsabschlussaktivitäten Kuppelproduktion

Dies war das letzte Szenario im Bereich der anonymen Lagerfertigung. Im nächsten Kapitel treten wir aus der Anonymität heraus, und der Kundenwunsch bestimmt die Fertigung.

Kapitel 4

Szenarien mit kundenauftragsorientierter Produktion

Viele Produkte kommen nicht »von der Stange«, sondern werden nach Kundenwunsch gefertigt. Hierzu gibt es eine Vielzahl von Wegen, um dies im SAP-System abzubilden. In diesem Kapitel möchte ich für Sie das Dickicht der Möglichkeiten etwas lüften.

Die kundenauftragsorientierte Fertigung kann auf verschiedene Arten stattfinden; wir schauen uns zunächst vier Szenarien mit bewertetem Kundenauftragsbestand, aber ohne kosten- und erlösführende Kundenauftragsposition, d. h. ohne eigenes Kundenauftragscontrolling an. Die Szenarien mit Kundenauftragscontrolling, in denen der Kundenauftrag selbst ein Kontierungsobjekt ist, folgen in Kapitel 5, »Szenarien mit Kundenauftragscontrolling«.

Das erste Szenario betrifft die *Kundeneinzelfertigung* (siehe Abschnitt 4.1), in der zu einem konkreten Kundenbedarf ein Fertigungsauftrag eröffnet wird. Es ist das einzige Szenario in diesem Buch, in dem auch eine Anzahlung des Kunden im Prozess dargestellt wird.

Kann der Kunde bei der Auftragserteilung sein gewünschtes Produkt konfigurieren, wird die Variantenfertigung eingesetzt (siehe Abschnitt 4.2).

Die ersten beiden Szenarien erfolgen mit einzelnen Fertigungsaufträgen, aber es kann auch eine *kundenauftragsorientierte Serienfertigung* mit einem Produktkostensammler zum Einsatz kommen (siehe Abschnitt 4.3).

Eine Sonderform der kundenauftragsorientierten Serienfertigung ist die *PP/DS-Produktionsrückmeldung* mit der besonders perfomanceintensive Produktionsverfahren mit einer großen Anzahl an Buchungen durchgeführt werden können (siehe Abschnitt 4.4). Beginnen wir jedoch zunächst mit der Kundeneinzelanfertigung.

4.1 Kundeneinzelfertigung

Im Falle der *Kundeneinzelfertigung* wird nicht vorab anonym auf Lager produziert, sondern erst der Eingang eines Kundenauftrags löst den Bedarf für eine Fertigung aus. Dieses Szenario wir auch oft als MTO (vom Englischen *Make-to-Order*) abgekürzt.

Zur angelegten Kundenauftragsposition wird ein Fertigungsauftrag gestartet. Die Fertigung selbst läuft wie in Abschnitt 3.1, »Diskrete Fertigung«, beschrieben ab, mit dem Unterschied, dass der Wareneingang nicht in einen anonymen Lagerort erfolgt, sondern in den Sonderbestand zur Kundenauftragsposition. Hierzu wird das Sonderbestandskennzeichen E verwendet (siehe Abschnitt 1.3.3, »Sonderbestände«). Dementsprechend erfolgt der Warenausgang für die Auslieferung auch aus diesem Sonderbestand. Warenausgang und Faktura werden auf ein Ergebnisobjekt kontiert.

Wir nutzen dieses Szenario zeitgleich dazu, um die Abwicklung eines Kundenauftrags mit Anzahlung und späterer Verrechnung der Anzahlung in der Faktura zu zeigen.

[»]

Montageabwicklung

In diesem Beispiel erfolgt die Anlage des Fertigungsauftrags manuell zur Kundenauftragsposition. Es ist auch möglich, automatisch beim Anlegen des Kundenauftrags eine Montageabwicklung auszulösen, bei der vom System direkt ein Montageauftrag generiert wird. Ein *Montageauftrag* ist kein eigenständiger Objekttyp im SAP-System, sondern ein Sammelbegriff für eines der folgenden Objekte:

- Planauftrag
- Fertigungsauftrag
- Prozessauftrag
- Netzplan
- Serviceauftrag

Falls ein Planauftrag generiert wird, ist dieser durch die Dispositionsplanung in einen Fertigungsauftrag umzusetzen oder im Rahmen der Serienfertigung zu handhaben.

Der Prozess der Kundeneinzelfertigung beginnt in Schritt 1 mit der Anlage des Kundenauftrags, zu dem in Schritt 2 eine Anzahlungsanforderung erstellt wird. Nachdem der Kunde den Betrag bezahlt hat, buchen Sie mit Schritt 3 den Zahlungseingang auf dem Bankkonto. Nachdem das Geld dort eingegangen ist, wird der Fertigungsauftrag in Schritt 4 angelegt. In den Schritten 5 bis 7 wird der Fertigungsauftrag kommissioniert, rückgemeldet und der Wareneingang in den Kundenauftragsbestand gebucht. Die Ware wird in Schritt 8 ausgeliefert. Damit Sie in Schritt 10 die Abschlussrechnung fakturieren können, wird zuvor in Schritt 9 die Rechnungssperre entfernt. Abschließend, um das Buchungsschema zu vervollständigen, betrachten wir auch den zweiten Zahlungseingang in Schritt 11 (siehe Abbildung 4.1).

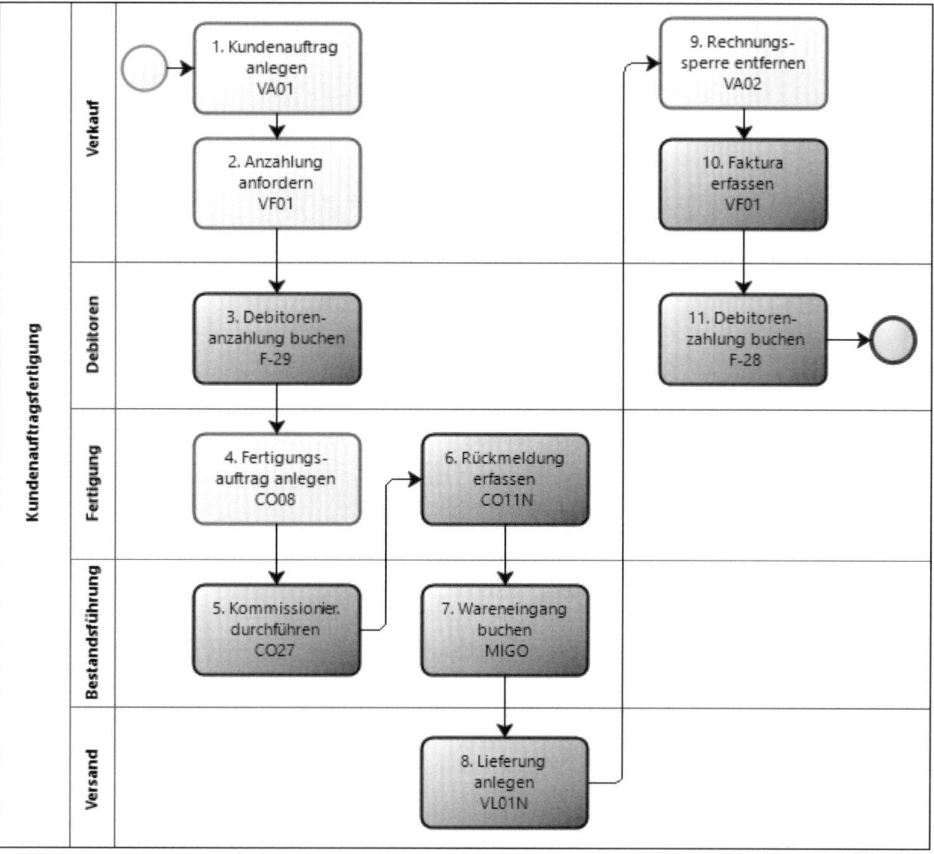

Abbildung 4.1 Prozess »Kundeneinzelfertigung«

Im Buchungsschema sticht die Buchung in Schritt 2 ins Auge, die kein Gegenkonto hat (siehe Abbildung 4.2). Was das bedeutet, erfahren Sie in Abschnitt 4.1.2, »Anzahlung anfordern«. Die Buchungen 5 und 6 belasten den Fertigungsauftrag, der in Schritt 7 wieder entlastet wird. Das Ergebnisobjekt wird für die Lieferung und die Abschlussfaktura in den Buchungen 8 und 10 verwendet. Alle Buchungen im unteren Bereich dienen zur Abwicklung der Anzahlung. Die Buchung 3 parkt die auf dem Bankkonto erhaltene Anzahlung und bucht gleichzeitig die darauf bezogene abzuführende Steuer. Die Buchung 10 ist die komplexeste, denn es werden drei Dinge auf einmal gebucht: In Schritt 10a wird der Gesamtwert fakturiert und die entsprechende Steuer gebucht. Nun ist eigentlich ein offener Posten gegenüber dem Debitor in voller Höhe offen, da aber ein Teil bereits bezahlt wurde, wird in Schritt 10b die Anzahlung aufgelöst und mindert die Forderung gegenüber dem Debitor. Ebenso wird die Steuerlast in Schritt 10c in Höhe der bereits durch die Anzahlung gebuchten Steuer vermindert. Buchung 11 stellt dann den Zahlungseingang auf dem Bankkonto ein, der die Forderung auf dem Debitorenkonto vermindert.

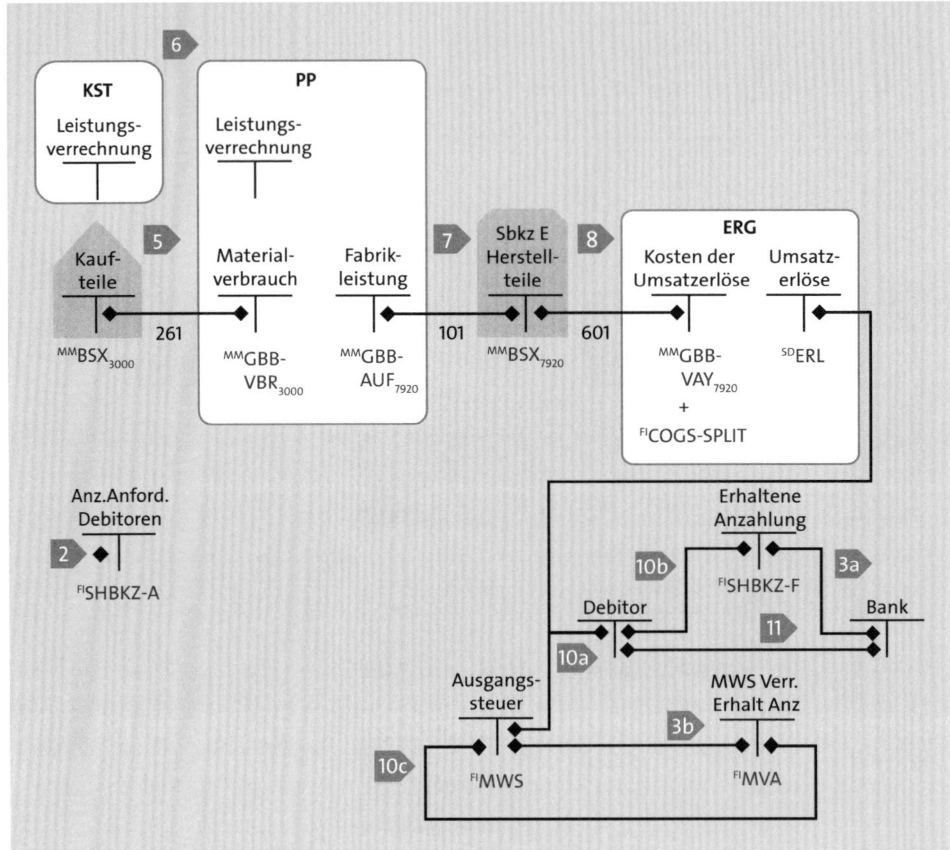

Abbildung 4.2 Buchungsschema »Kundeneinzelfertigung«

Voraussetzung für das Beispiel sind die Stückliste, der Arbeitsplan und die Fertigungsversion sowie eine freigegebene Plankalkulation. Diese legt den Standardpreis des Materials FE_14 fest, mit dem das Material im Bestand geführt wird. In der Stückliste sind die Positionen für die beiden Kaufteile KT_14A und KT_14B enthalten (siehe Abbildung 4.3).

Im Arbeitsplan sind die für dieses Produkt benötigten Rüst-, Maschinen- und Personenzeiten eingetragen; sie belaufen sich entsprechend auf 10 Minuten, 65 Minuten und 80 Minuten (siehe Abbildung 4.4).

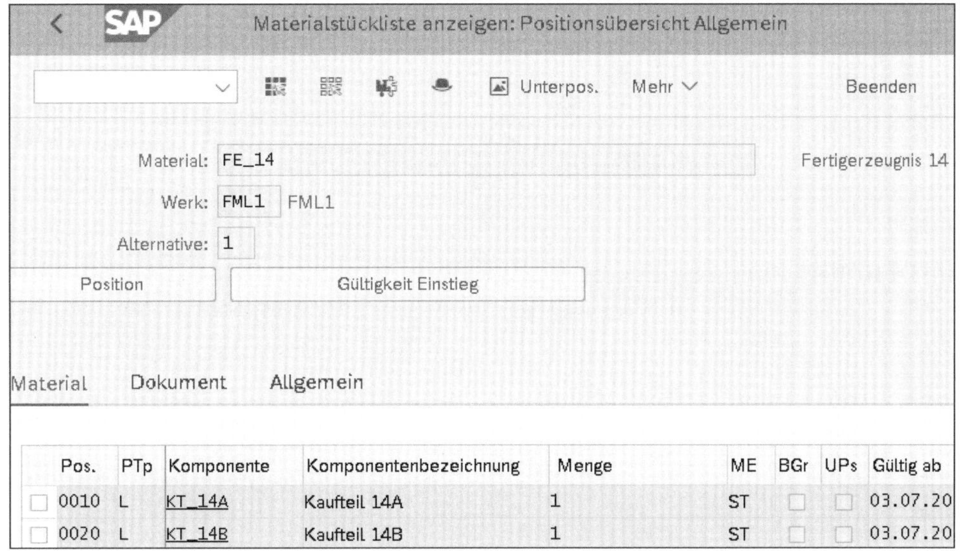

Pos.	PTp	Komponente	Komponentenbezeichnung	Menge	ME	BGr	UPs	Gültig ab
0010	L	KT_14A	Kaufteil 14A	1	ST			03.07.20
0020	L	KT_14B	Kaufteil 14B	1	ST			03.07.20

Abbildung 4.3 Stückliste mit den Kaufteilen

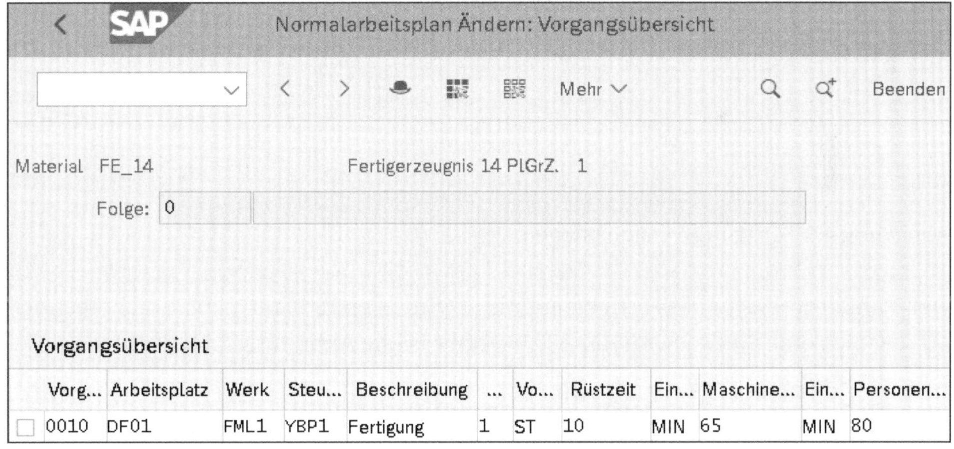

Vorg...	Arbeitsplatz	Werk	Steu...	Beschreibung	...	Vo...	Rüstzeit	Ein...	Maschine...	Ein...	Personen...
0010	DF01	FML1	YBP1	Fertigung	1	ST	10	MIN	65	MIN	80

Abbildung 4.4 Arbeitsplan mit Rüst-, Maschinen- und Personenzeit

Der später zu erstellende Fertigungsauftrag benötigt eine Fertigungsversion, in der Stückliste und Arbeitsplan kombiniert werden (siehe Abbildung 4.5). Die eingetragene Fertigungsversion ist hier 0001.

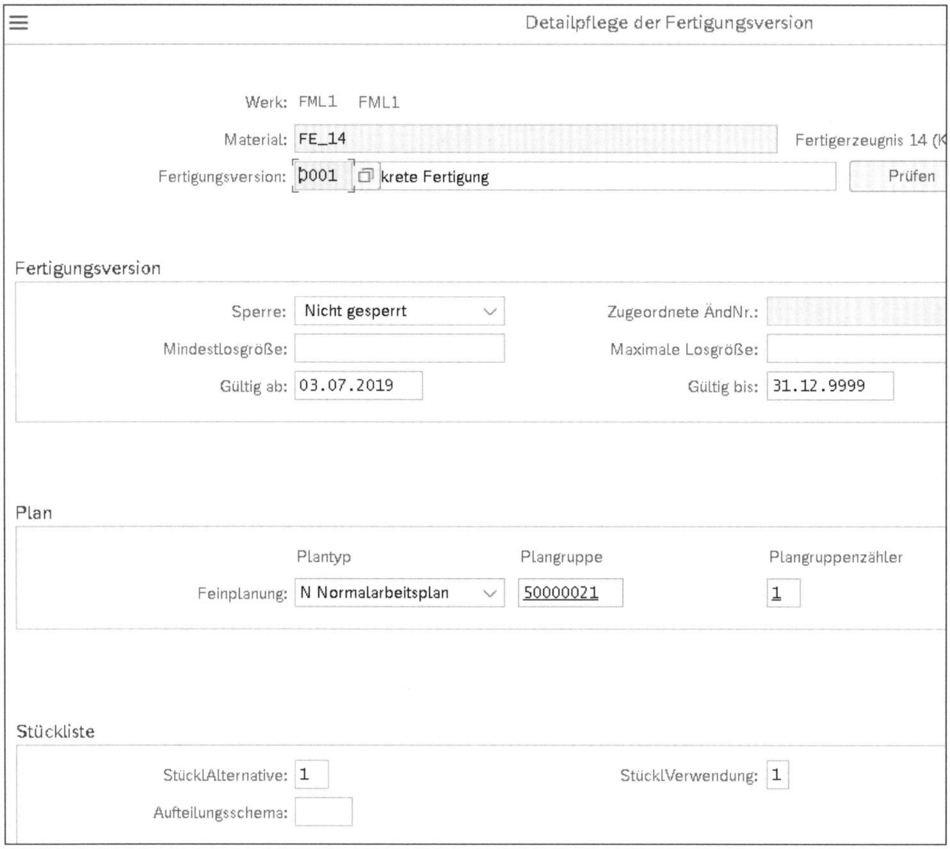

Detailpflege der Fertigungsversion

Werk: FML1 FML1
Material: FE_14 Fertigerzeugnis 14 (K
Fertigungsversion: 0001 krete Fertigung Prüfen

Fertigungsversion
Sperre: Nicht gesperrt
Zugeordnete ÄndNr.:
Mindestlosgröße:
Maximale Losgröße:
Gültig ab: 03.07.2019
Gültig bis: 31.12.9999

Plan

	Plantyp	Plangruppe	Plangruppenzähler
Feinplanung:	N Normalarbeitsplan	50000021	1

Stückliste
StücklAlternative: 1
StücklVerwendung: 1
Aufteilungsschema:

Abbildung 4.5 Fertigungsversion pflegen

Der Standardpreis für das Fertigerzeugnis 14 wird in einer Plankalkulation berechnet, aus der sich eine Summe von 1.200 EUR ergibt (siehe Abbildung 4.6).

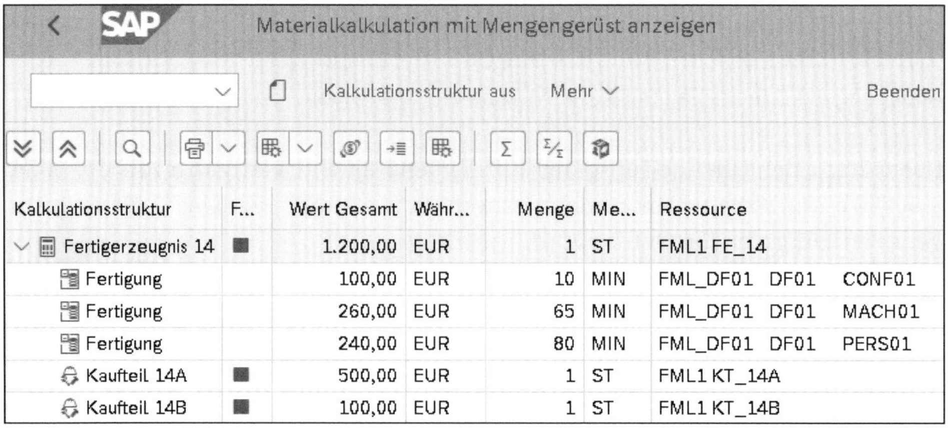

Materialkalkulation mit Mengengerüst anzeigen

Kalkulationsstruktur aus Mehr Beenden

Kalkulationsstruktur	F...	Wert Gesamt	Währ...	Menge	Me...	Ressource		
Fertigerzeugnis 14	■	1.200,00	EUR	1	ST	FML1 FE_14		
Fertigung		100,00	EUR	10	MIN	FML_DF01	DF01	CONF01
Fertigung		260,00	EUR	65	MIN	FML_DF01	DF01	MACH01
Fertigung		240,00	EUR	80	MIN	FML_DF01	DF01	PERS01
Kaufteil 14A	■	500,00	EUR	1	ST	FML1 KT_14A		
Kaufteil 14B	■	100,00	EUR	1	ST	FML1 KT_14B		

Abbildung 4.6 Plankalkulation

Mit der Plankalkulation wird eine Kostenschichtung erstellt, die im Schritt der Auslieferung die Grundlage für den COGS-Split bildet (siehe Abbildung 4.7). Genauere Informationen zum COGS-Split finden Sie in Abschnitt 4.1.2, »Anzahlung anfordern«.

Die Rüst-, Personal- und Maschinenzeiten werden anhand der Schichtung der Kostenstellentarife auf die Kostenelemente Personal, Abschreibungen, Fremdleistungen und Energie aufgeteilt. So gehen die 100 EUR der Rüstzeit in diesem Beispiel in die Fremdleistung ein, die 240 EUR Personalzeit in Personal und die 260 EUR Maschinenzeit werden in Abschreibung und Energie aufgeteilt.

Kostenelemente des Mat. FE_14 im We

Eleme...	Bezeichnung Element	Gesamt	Währung
101	Einzelk. Material	600,00	EUR
102	Gutschrift Kuppelpr.		EUR
103	Lohnbearbeitung		EUR
109	GK Material		EUR
201	Personal	240,00	EUR
202	Abschreibungen	195,00	EUR
203	Fremdleistungen	100,00	EUR
204	Energie	65,00	EUR
209	GK Fertigung		EUR
301	GK Sonstige		EUR
		1.200,00	**EUR**

Abbildung 4.7 Kostenschichtung

4.1.1 Kundenauftrag anlegen

Legen Sie zunächst einen Kundenauftrag für das Herstellteil FE_14 mit einem Verkaufspreis von 1.500 EUR an (siehe Abbildung 4.8). Vom SAP-System wird der Positionstyp (**Ptyp**) CBTA gesetzt, der von SAP für die Kundeneinzelfertigung bereitgestellt wird.

Der Positionstyp CBTA wird über die **Positionstypengruppe** CB04 in der Sicht **Vertrieb: VerkOrg 2** im Materialstamm abgeleitet (siehe Abbildung 4.9).

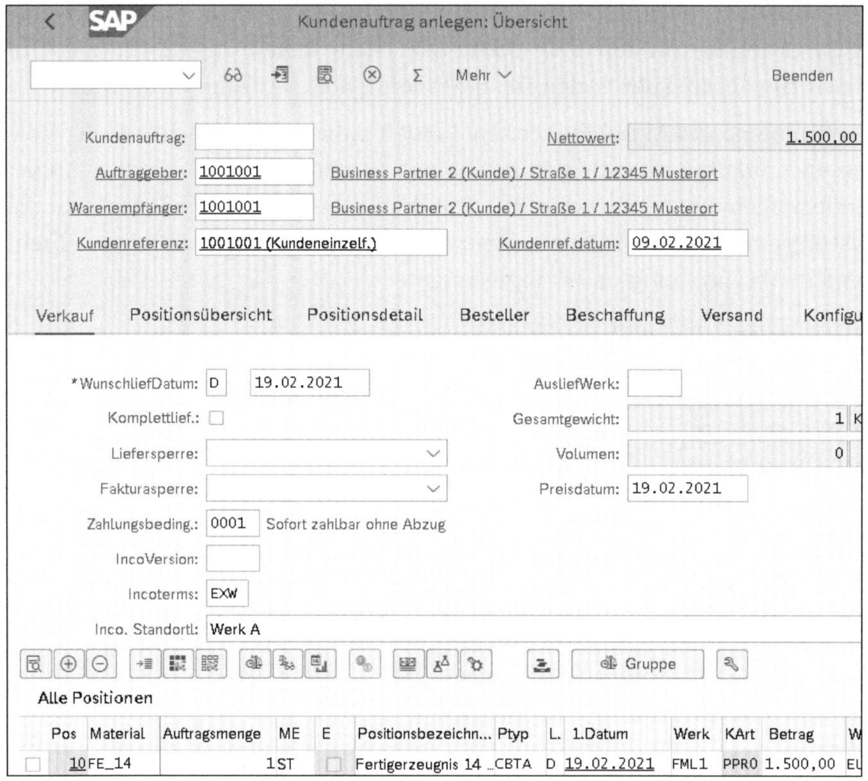

Abbildung 4.8 Kundenauftrag anlegen

Material FE_14 anzeigen (Vertrieb: VerkaufsorgDaten 2, Fertigerzeugn

→ Zusatzdaten   OrgEbenen   Mehr   Beenden

Material

Material: FE_14

Fertigerzeugnis 14 (Kundeneinzelfert.)

Gültigkeit:

Vertrieb: VerkOrg 1 | Vertrieb: VerkOrg 2 | Vertrieb: allg./Werk | Intl Trade: Export | Vertriebs

VerkOrg.: FMLA FmL A

VertrWeg: 10 Direktverkauf

Gruppierungsbegriffe

StatistikGrMaterial: Materialpreisgruppe:

Bonusgruppe: Kontierungsgr. Mat.:

allg.Pos.typenGruppe: CB04 Einzelfertigung   Positionstypengruppe: CB04 Einzelfertigung

Abbildung 4.9 Positionstypengruppe CB04 im Materialstamm

Für die Kombination aus Verkaufsbelegart und dieser Positionstypengruppe CB04 wird über das Customizing ein Default-Positionstyp ermittelt, in unserem Fall der Positionstyp CBTA, und in der Kundenauftragsposition vorgeschlagen.

In den Detaildaten zur Position tragen Sie auf der Registerkarte **Fakturaplan** zwei **Termine** ein (siehe Abbildung 4.10). Zum ersten Termin sollen 20 % als Anzahlung geleistet werden, und es wird die spezielle **Fakturaart** FAZ für Anzahlungen vorgegeben. Die Schlussrechnung soll zu einem späteren Zeitpunkt erfolgen, wird aber zunächst durch einen Eintrag im Feld **Sperre** geblockt, z. B. Y2 (für »Rückmeldung fehlt«).

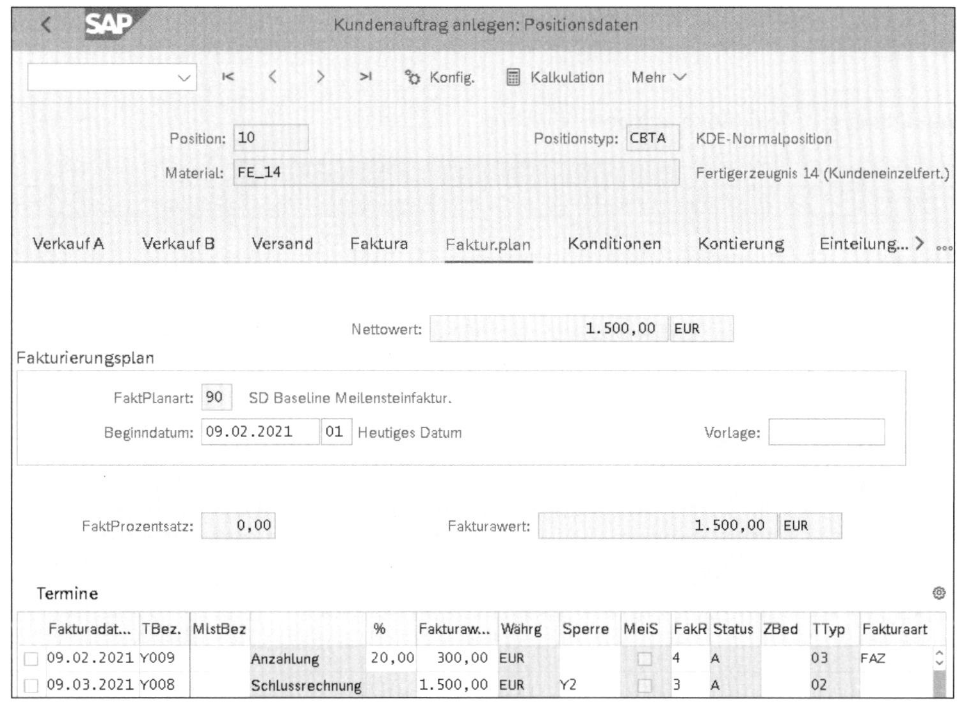

Fakturadat...	TBez.	MlstBez		%	Fakturaw...	Währg	Sperre	MeiS	FakR	Status	ZBed	TTyp	Fakturaart
09.02.2021	Y009		Anzahlung	20,00	300,00	EUR			4	A		03	FAZ
09.03.2021	Y008		Schlussrechnung		1.500,00	EUR	Y2		3	A		02	

Abbildung 4.10 Fakturaplan mit Anzahlung und Schlussrechnung

Als Ergebnis dieses Schrittes wird der Kundenauftrag 1206 angelegt.

4.1.2 Anzahlung anfordern

Mit der gleichen Transaktion wie zur Erstellung einer Faktura wird die *Anzahlungsanforderung* erstellt. Dazu müssen Sie im Einstiegsbild als **Beleg** nur die Kundenauftragsnummer vorgeben (siehe Abbildung 4.11).

Aus dem Kundenauftrag wird der Anzahlungsbetrag von 300 EUR als **Nettowert** übernommen und automatisch der darauf anfallende **Steuerbetrag** von 57 EUR berechnet (siehe Abbildung 4.12).

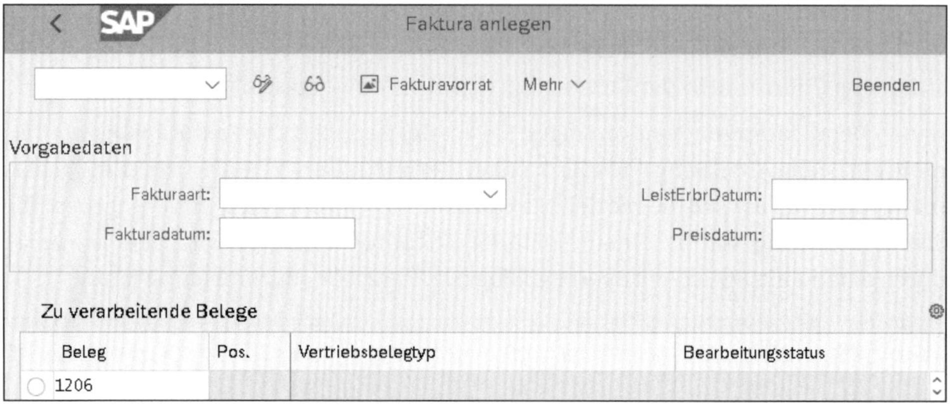

Abbildung 4.11 Anzahlung anlegen – Einstieg

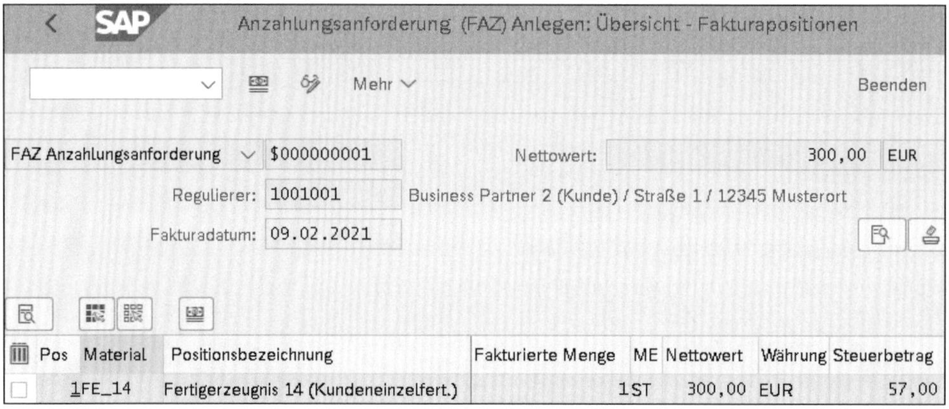

Abbildung 4.12 Fakturaposition mit Anzahlungsanforderung

Die SD-Anzahlungsanforderung wird gespeichert, und es entsteht ein Buchhaltungsbeleg, der zwar auf dem Debitorenkonto 1001001 geführt, aber im Hauptbuch nicht auf dem normalen Abstimmkonto, sondern auf dem Konto 21191000 »Anzahlungsanforderungen Debitoren« gebucht wird (siehe Abbildung 4.13).

BuKr	P...	BS	S/H	Konto	Ko...	Bezeichnung	Betrag	Wäh...	Werk	Material	Vor	Men...	BME	Hauptbuch
FMLA	1	09	S	1001001	D	Business Partner 2...	357,00	EUR						21191000

Abbildung 4.13 Buchhaltungsbeleg – Merkposten

Es ist zugegebenermaßen etwas ungewöhnlich, dass ein einzeiliger Buchhaltungsbeleg erstellt wird. Wo bleibt da der Grundsatz der ordnungsmäßigen Buchführung, »keine Buchung ohne Gegenbuchung (Gegenkonto)« anzulegen? Es handelt sich hier jedoch um einen sogenannten *Merkposten*. Dieser Status ist auch im Belegkopf des Buchhaltungsbelegs eingetragen.

Merkposten erscheinen nicht in der Bilanz (und auch nicht in der Universal-Ledger-Tabelle ACDOCA). In diesem Fall generiert der Merkposten einen offenen Posten, der von der Debitorenbuchhaltung verfolgt werden kann.

4.1.3 Debitorenanzahlung buchen

Der Kunde hat die Anzahlung auf unser Bankkonto überwiesen. Dieser Zahlungseingang wird als *Debitorenanzahlung* erfasst, und die Grunddaten wie Debitorenkonto (Feld **Konto** im Bereich **Debitor**), **Bankkonto** (Feld **Konto** im Bereich **Bank**) und **Betrag** werden eingegeben (siehe Abbildung 4.14).

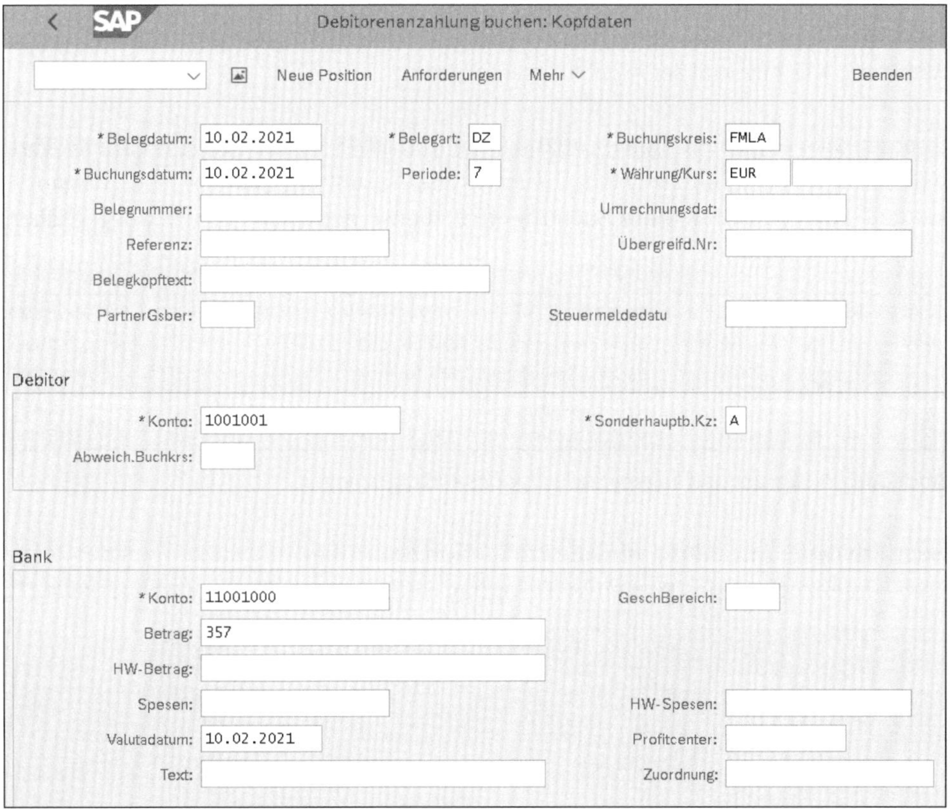

SAP Debitorenanzahlung buchen: Kopfdaten
Neue Position Anforderungen Mehr Beenden
*Belegdatum: 10.02.2021 *Belegart: DZ *Buchungskreis: FMLA
*Buchungsdatum: 10.02.2021 Periode: 7 *Währung/Kurs: EUR
Belegnummer: Umrechnungsdat:
Referenz: Übergreifd.Nr:
Belegkopftext:
PartnerGsber: Steuermeldedatu
Debitor
*Konto: 1001001 *Sonderhauptb.Kz: A
Abweich.Buchkrs:
Bank
*Konto: 11001000 GeschBereich:
Betrag: 357
HW-Betrag:
Spesen: HW-Spesen:
Valutadatum: 10.02.2021 Profitcenter:
Text: Zuordnung:

Abbildung 4.14 Debitorenanzahlung erfassen

Über den Button Anforderungen wird die offene Anzahlungsanforderung ausgewählt und zugeordnet (siehe Abbildung 4.15). Zur Auswahl vorgeschlagen wird der Merkposten zu unserer Kundenauftragsposition 1206, die hier in der Spalte **Verkaufsbeleg** geführt wird.

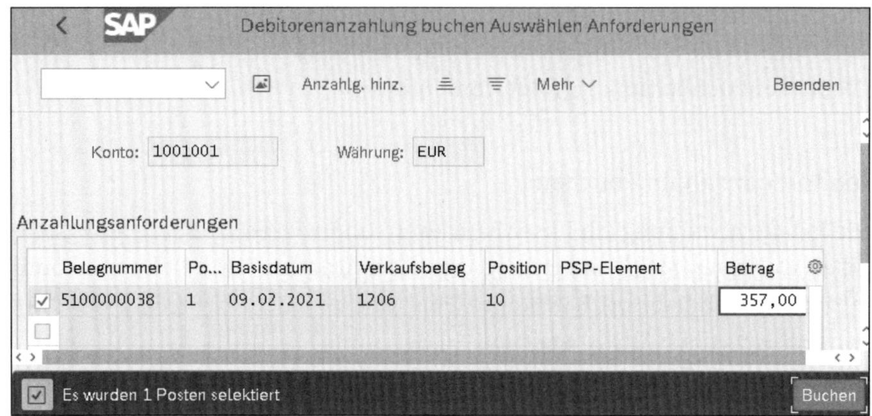

Abbildung 4.15 Auswahl der Anzahlungsanforderung

Es ergibt sich der Buchungssatz »Bank (Soll) und MWS Verrechnung erhaltene Kundenanzahlungen (Soll) an Debitor – Erhaltene Anzahlung (Haben) und Ausgangssteuer (Haben)«. Durch diese Buchung wird ebenso der offene Posten ausgeglichen (siehe Abbildung 4.16).

BuKr	P...	BS	S/H	Konto	Koart	Bezeichnung	Betrag	Währg	Werk	Material	Vor	Men...	BME	Hauptbuch
FMLA	1	40	S	11001000	S	Bank1 Bankhauptkonto	357,00	EUR						11001000
	2	19	H	1001001	D	Business Partner 2 (K...	357,00-	EUR						21190000
	3	50	H	22000000	S	Ausgangssteuer (MWS)	57,00-	EUR			MWS			22000000
	4	40	S	21191500	S	MWS Verr. Erhalt Anz	57,00	EUR			MVA			21191500

Abbildung 4.16 BuchhaltungsbelegFertigungsauftrag anlegen

Nach Erhalt der Anzahlung wird die Produktion beauftragt, und Sie können mit Bezug zur Kundenauftragsposition einen Fertigungsauftrag anlegen (siehe Abbildung 4.17).

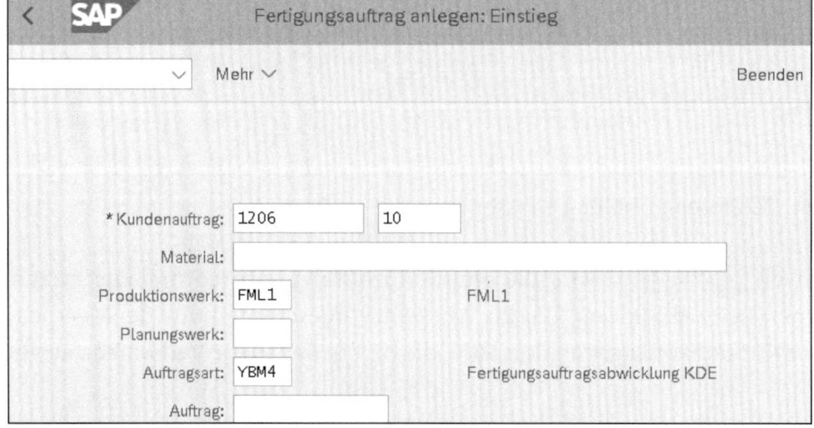

Abbildung 4.17 Fertigungsauftrag zum Kundenauftrag anlegen

Der Bezug zur Kundenauftragsposition wird fest im Fertigungsauftrag im Bereich **Kundenauftrag** eingetragen und kann nicht geändert werden (siehe Abbildung 4.18).

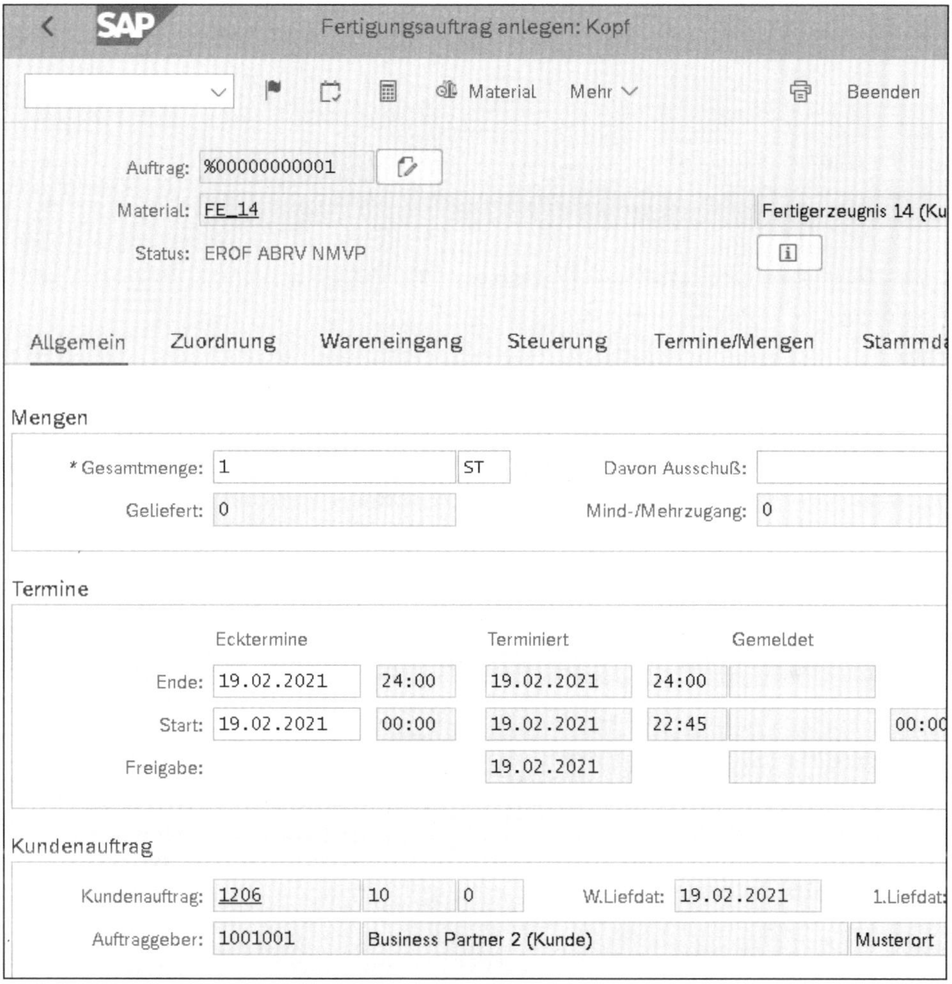

Abbildung 4.18 Kopf des Fertigungsauftrags

Nach dem Freigeben und Speichern erhalten Sie die Auftragsnummer 2000220. Dieser Auftrag ist nun das Kontierungsobjekt für die nächsten Buchungen.

4.1.4 Kommissionierung durchführen

Zum Fertigungsauftrag erfolgt über die Kommissionierung der Warenausgang der benötigten Komponenten (siehe Abbildung 4.19). Hier werden die zwei Kaufteile KT_14A und KT_14B benötigt, die im Lager 0001 vorhanden sind und der Fertigung im Werk FML1 zur Verfügung gestellt wurden.

Kommissionierliste

Mehr ∨ Beenden

Chargenfindung Bestand

Übersicht Warenbewegungen

Material	Menge	Erfassungs...	Werk	Lagerort	Auftrag	Be
KT_14A	1	ST	FML1	0001	2000220	
KT_14B	1	ST	FML1	0001	2000220	

Abbildung 4.19 Kommissionierliste

Es wird der Materialbeleg mit der Bewegungsart 261 für den Lagerabgang der beiden Komponenten erstellt (siehe Abbildung 4.20).

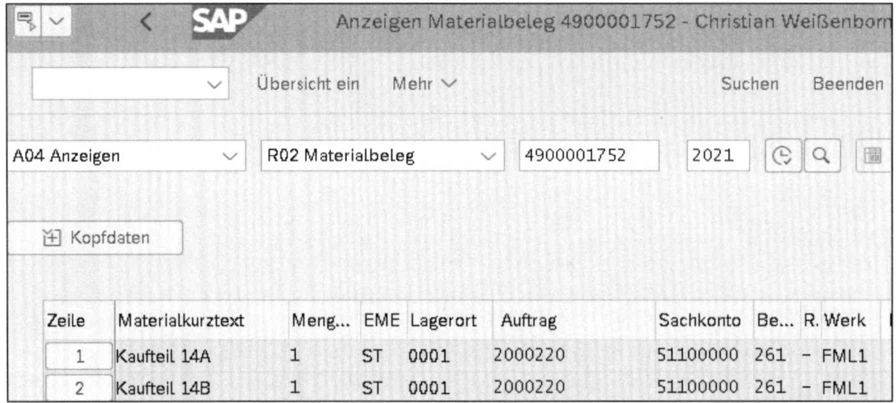

Anzeigen Materialbeleg 4900001752 - Christian Weißenborn

Übersicht ein Mehr ∨ Suchen Beenden

A04 Anzeigen R02 Materialbeleg 4900001752 2021

Kopfdaten

Zeile	Materialkurztext	Meng...	EME	Lagerort	Auftrag	Sachkonto	Be...	R.	Werk
1	Kaufteil 14A	1	ST	0001	2000220	51100000	261	-	FML1
2	Kaufteil 14B	1	ST	0001	2000220	51100000	261	-	FML1

Abbildung 4.20 Materialbeleg

Gleichzeitig mit dem Materialbeleg wird der Buchhaltungsbeleg erstellt (siehe Abbildung 4.21). Über die Vorgänge BSX und GBB-VBR entsteht die Buchung »Materialverbrauch (Soll) an Bestand (Haben)« für beide Materialnummern.

BuKr	P...	BS	S/H	Konto	Koart	Bezeichnung	Betrag	Währg	Werk	Material	Vor	Menge	BME
FMLA	1	99	H	13100000	M	Bestand Rohstoffe	500,00-	EUR	FML1	KT_14A	BSX	1-	ST
	2	81	S	51100000	S	Verbrauch Rohstoffe	500,00	EUR	FML1	KT_14A	GBB	1	ST
	3	99	H	13100000	M	Bestand Rohstoffe	100,00-	EUR	FML1	KT_14B	BSX	1-	ST
	4	81	S	51100000	S	Verbrauch Rohstoffe	100,00	EUR	FML1	KT_14B	GBB	1	ST

Abbildung 4.21 Buchhaltungsbeleg

Die beiden GuV-relevanten Buchungen belasten den Fertigungsauftrag 2000220 mit Kosten (siehe Abbildung 4.22).

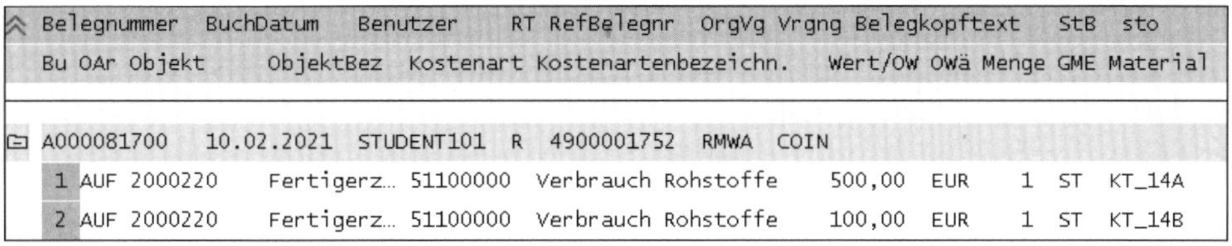

Belegnummer	BuchDatum	Benutzer	RT	RefBelegnr	OrgVg	Vrgng	Belegkopftext	StB	sto
A000081700	10.02.2021	STUDENT101	R	4900001752	RMWA	COIN			

	Bu	OAr	Objekt	ObjektBez	Kostenart	Kostenartenbezeichn.	Wert/OW	OWä	Menge	GME	Material
1		AUF	2000220	Fertigerz...	51100000	Verbrauch Rohstoffe	500,00	EUR	1	ST	KT_14A
2		AUF	2000220	Fertigerz...	51100000	Verbrauch Rohstoffe	100,00	EUR	1	ST	KT_14B

Abbildung 4.22 Kostenrechnungsbeleg

4.1.5 Rückmeldung erfassen

Die Rückmeldung erfolgt zum Vorgang 0010, der aus dem Arbeitsplan übernommen und in den Fertigungsauftrag eingetragen wurde (siehe Abbildung 4.23).

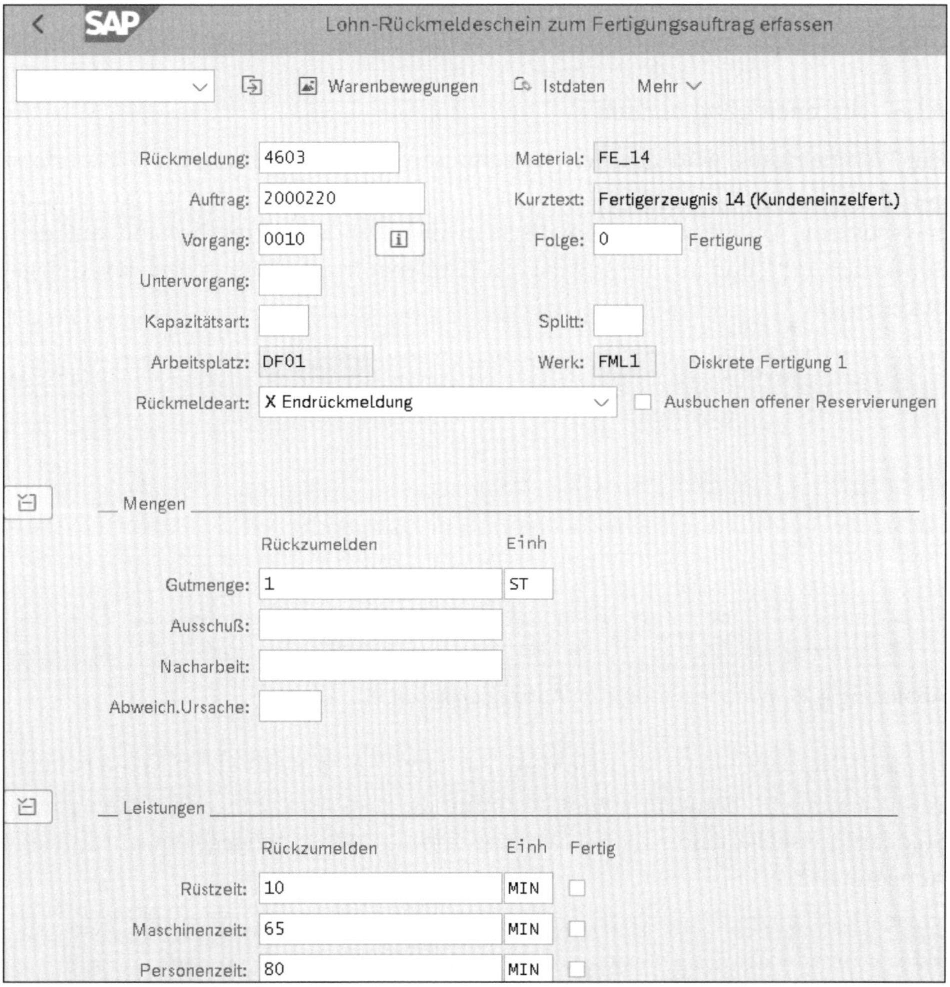

Lohn-Rückmeldeschein zum Fertigungsauftrag erfassen

Warenbewegungen Istdaten Mehr

Rückmeldung: 4603 Material: FE_14
Auftrag: 2000220 Kurztext: Fertigerzeugnis 14 (Kundeneinzelfert.)
Vorgang: 0010 Folge: 0 Fertigung
Untervorgang:
Kapazitätsart: Splitt:
Arbeitsplatz: DF01 Werk: FML1 Diskrete Fertigung 1
Rückmeldeart: X Endrückmeldung Ausbuchen offener Reservierungen

Mengen
Rückzumelden Einh
Gutmenge: 1 ST
Ausschuß:
Nacharbeit:
Abweich.Ursache:

Leistungen
Rückzumelden Einh Fertig
Rüstzeit: 10 MIN
Maschinenzeit: 65 MIN
Personenzeit: 80 MIN

Abbildung 4.23 Rückmeldung erfassen

Alle drei Leistungen werden von der Kostenstelle FML_DF01 mit dem jeweiligen Plantarif bewertet, an den Fertigungsauftrag verrechnet und im Kostenrechnungsbeleg verbucht (siehe Abbildung 4.24).

Belegnummer	BuchDatum	Benutzer	RT	RefBelegnr	OrgVg	Vrgng	Belegkopftext	StB	sto
300001100	10.02.2021	STUDENT101	R	4603		RMRU	RKL		

Bu	OAr	Objekt	ObjektBez	Kostenart	Kostenartenbezeichn.	Wert/OW	OWä	Menge	GME	Material
1	LEI	FML_DF01/...	Diskrete ...	94303000	Rüsten	100,00-	EUR	10-	MIN	
2	AUF	2000220	Fertigerz...	94303000	Rüsten	100,00	EUR	10	MIN	
4	LEI	FML_DF01/...	Diskrete ...	94301000	Maschinenstunden 1	260,00-	EUR	65-	MIN	
5	AUF	2000220	Fertigerz...	94301000	Maschinenstunden 1	260,00	EUR	65	MIN	
7	LEI	FML_DF01/...	Diskrete ...	94311000	Pers.std.	240,00-	EUR	80-	MIN	
8	AUF	2000220	Fertigerz...	94311000	Pers.std.	240,00	EUR	80	MIN	

Abbildung 4.24 Kostenrechnungsbeleg für die Leistung

4.1.6 Wareneingang buchen

Der Wareneingang wird mit der Bewegungsart 101 zum Auftrag 2000220 erfasst (siehe Abbildung 4.25). Der Fertigungsauftrag enthält einen Bezug zur Kundenauftragsposition. Daher wird automatisch in den Kundenauftragsbestand mit dem Sonderbestand E und mit der Angabe von Kundenauftragsnummer und -position gebucht.

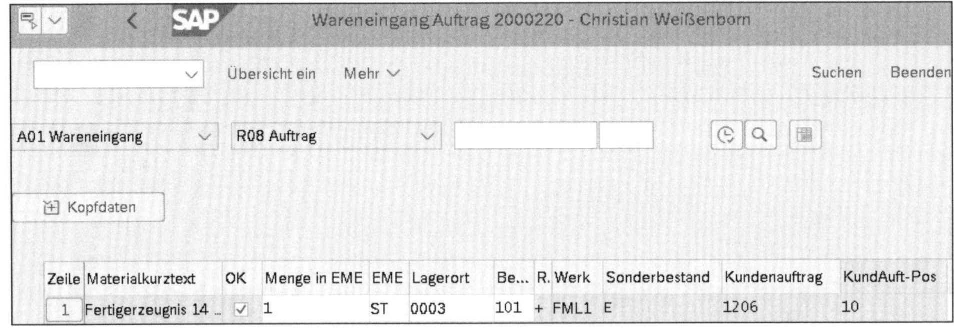

Abbildung 4.25 Wareneingang zum Auftrag erfassen

Der Buchungssatz erfolgt über die Vorgänge BSX und GBB-AUF als »Bestand (Soll) an Fabrikleistung (Haben)«. Den Wert bestimmt die zum Wareneingangsdatum gültige Standardpreiskalkulation, die im Materialstamm zu FE_14 freigegeben wurde (siehe Abbildung 4.26).

BuKr	P...	BS	S/H	Konto	Ko...	Bezeichnung	Betrag	Wäh...	Werk	Material	Vor	Men...	BME
FMLA	1	89	S	13400000	M	Best fertige Ware	1.200,00	EUR	FML1	FE_14	BSX	1	ST
	2	91	H	55100000	S	Fabrikleistng Pr.Auf	1.200,00-	EUR	FML1	FE_14	GBB	1-	ST

Abbildung 4.26 Buchhaltungsbeleg

Im Kostenrechnungsbeleg wird der Fertigungsauftrag entsprechend über die Buchung der Fabrikleistung entlastet (siehe Abbildung 4.27).

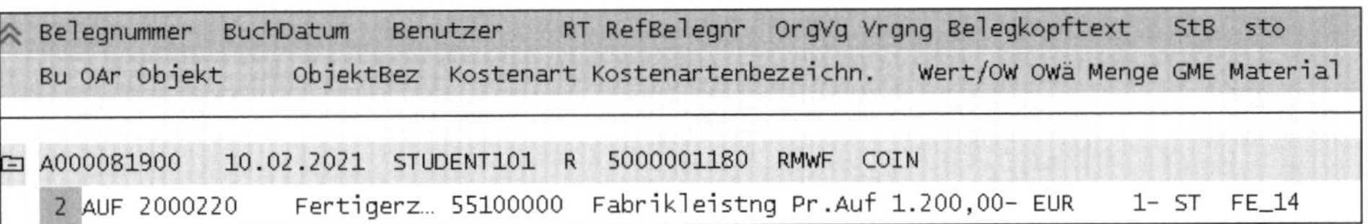

Abbildung 4.27 Kostenrechnungsbeleg

4.1.7 Lieferung anlegen

Ein Stück des Materials FE_14 liegt für die Auslieferung bereit und befindet sich im Kundenauftragsbestand. Es wird die Lieferung zum Kundenauftrag angelegt und kommissioniert, und der Warenausgang wird gebucht (siehe Abbildung 4.28).

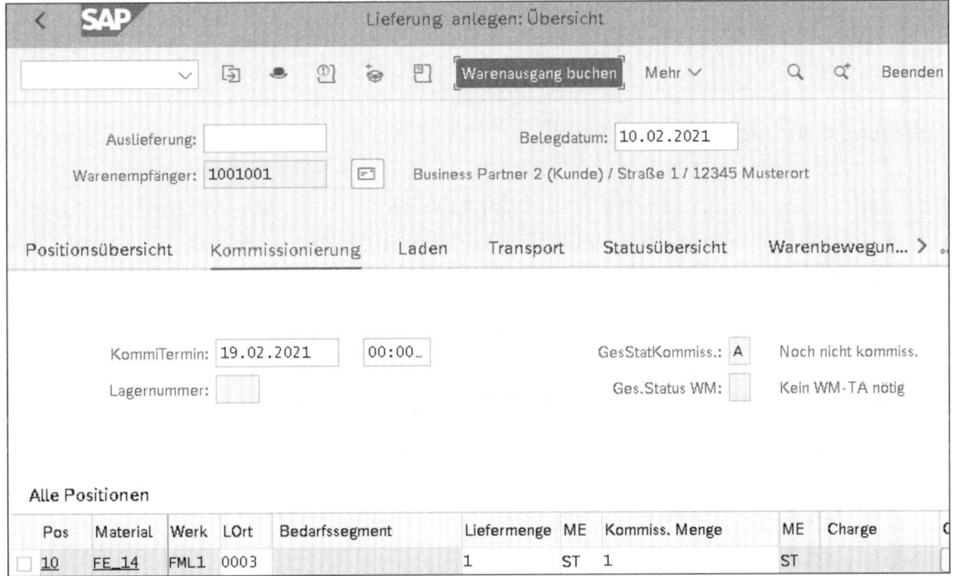

Abbildung 4.28 Lieferung anlegen

Der Warenausgang führt zu einem Materialbeleg, in dem Sie erkennen, dass auch dieser Warenausgang mit der Bewegungsart 601 erfolgt, aber in diesem Fall aus dem Kundenauftragsbestand mit dem Sonderbestandskennzeichen E entnommen wird (siehe Abbildung 4.29).

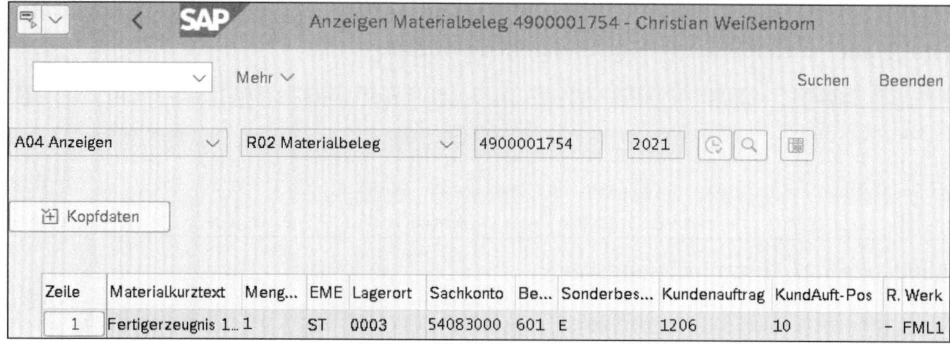

Abbildung 4.29 Materialbeleg

Im ersten Buchhaltungsbeleg entsteht die Buchung »Verkauf eigene Erzeugnisse (Soll) an Bestand fertige Waren (Haben)« (siehe Abbildung 4.30).

BuKr	P...	BS	S/H	Konto	Ko...	Bezeichnung	Betrag	Wäh...	Werk	Material	Vor	Men...	BME
FMLA	1	99	H	13400000	M	Best fertige Ware	1.200,0...	EUR	FML1	FE_14	BSX	1-	ST
	2	81	S	54083000	S	Verkauf Eigen KoArt	1.200,0...	EUR	FML1	FE_14	GBB	1	ST

Abbildung 4.30 Buchhaltungsbeleg

Im zweiten Buchhaltungsbeleg findet der COGS-Split statt, der anhand der Kostenschichtung aus der Standardpreiskalkulation den Gesamtwert auf die Konten der Kosten der Umsatzerlöse umbucht (siehe Abbildung 4.31).

BuKr	P...	LPos	BS	S/H	Konto	Ko...	Bezeichnung	Betrag	Wäh...	Werk	Material	Vor	Men...	BME
FMLA	1	000001	50	H	54083001	S	Gegenkto. COGS-Split	1.200,00-	EUR	FML1	FE_14			
	2	000002	40	S	50301000	S	KdU Direktmaterial	600,00	EUR	FML1	FE_14			
	3	000003	40	S	50304001	S	KdU Personal	240,00	EUR	FML1	FE_14			
	4	000004	40	S	50305001	S	KdU Abschreibungen	195,00	EUR	FML1	FE_14			
	5	000005	40	S	50305002	S	KdU Fremdleistungen	100,00	EUR	FML1	FE_14			
	6	000006	40	S	50305003	S	KdU Energie	65,00	EUR	FML1	FE_14			

Abbildung 4.31 Buchhaltungsbeleg mit COGS-Split

Analog zur Komponente FI gibt es in der Komponente CO zwei Belege, die die Verbuchung der GuV-relevanten Konten auf dem entsprechenden Ergebnisobjekt (siehe Abbildung 4.32) inklusive der COGS-Split-Buchung darlegen (siehe Abbildung 4.33).

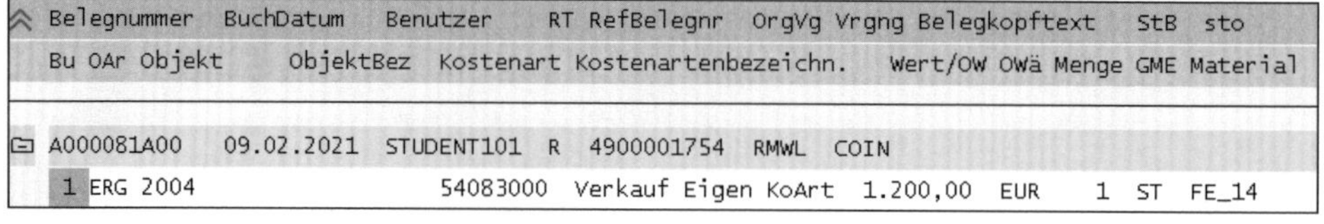

Abbildung 4.32 Kostenrechnungsbeleg

Belegnummer	BuchDatum	Benutzer	RT	RefBelegnr	OrgVg	Vrgng	Belegkopftext	StB	sto
A000081B00	09.02.2021	STUDENT101	R	4900001754	TBCS	COIN			

	Bu	OAr	Objekt	ObjektBez	Kostenart	Kostenartenbezeichn.	Wert/OW	OWä	Menge	GME	Material
1	ERG	2004			54083001	Gegenkto. COGS-Split	1.200,00-	EUR			FE_14
2	ERG	2004			50301000	KdU Direktmaterial	600,00	EUR			FE_14
3	ERG	2004			50304001	KdU Personal	240,00	EUR			FE_14
4	ERG	2004			50305001	KdU Abschreibungen	195,00	EUR			FE_14
5	ERG	2004			50305002	KdU Fremdleistungen	100,00	EUR			FE_14
6	ERG	2004			50305003	KdU Energie	65,00	EUR			FE_14

Abbildung 4.33 Kostenrechnungsbeleg mit COGS-Split

4.1.8 Rechnungssperre entfernen

Da der Kundenauftrag komplett beliefert ist, soll die Schlussfaktura erstellt werden. Zunächst muss aber die in Schritt 1 (siehe Abschnitt 4.1.1, »Kundenauftrag anlegen«) gesetzte Sperre entfernt werden. Dazu wird der Kundenauftrag im Änderungsmodus geöffnet und für die Position 10 auf der Registerkarte **Fakturaplan** der Eintrag Y2 in der Spalte **Sperre** gelöscht (siehe Abbildung 4.34).

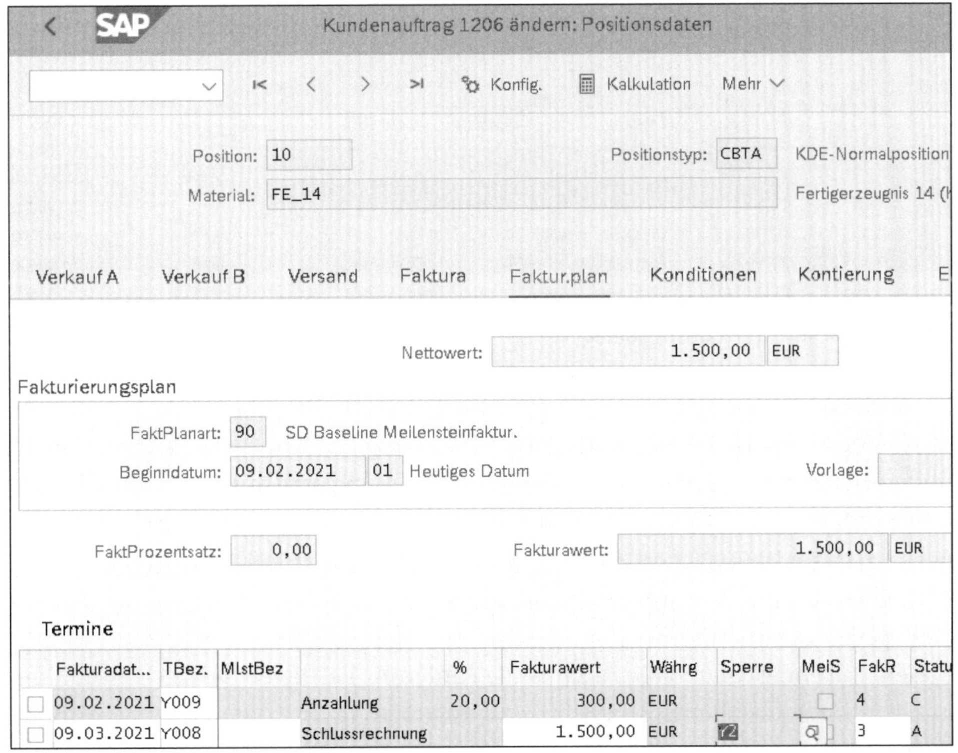

Abbildung 4.34 Rechnungssperre entfernen

4.1.9 Faktura anlegen

Bei der erneuten auftragsbezogenen Fakturierung des Kundenauftrags werden zwei Positionen vorgeschlagen: zum einen der komplette Vertrag über 1.500 EUR und zum anderen die bereits erfolgte Anzahlung von 300 EUR zur Verrechnung (siehe Abbildung 4.35).

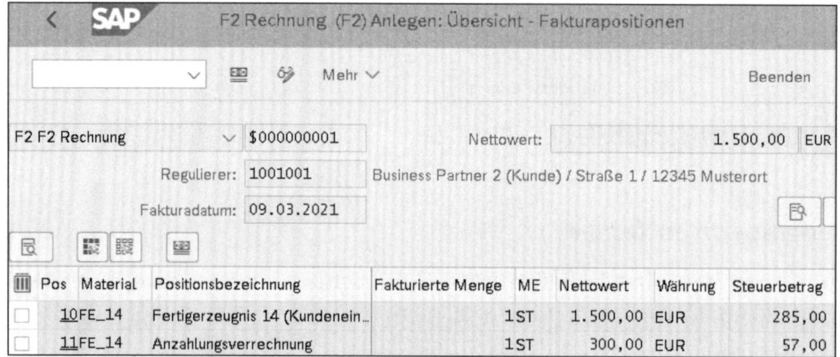

Abbildung 4.35 Schlussrechnung erfassen

Der Buchhaltungsbeleg ist durch die Verrechnung der Anzahlung etwas komplizierter (siehe Abbildung 4.36).

BuKr	P...	BS	S/H	Konto	Koart	Bezeichnung	Betrag	Wäh...	Werk	Material	Vor	Menge	BME	Hauptbu...
FMLA	1	01	S	1001001	D	Business Partner 2 (Kunde)	1.785,00	EUR						12100000
	2	50	H	41000000	S	Erlöse Inl. - Erzeu.	1.500,00-	EUR						41000000
	3	50	H	22000000	S	Ausgangssteuer (MWS)	285,00-	EUR			MWS			22000000
	4	09	S	1001001	D	Business Partner 2 (Kunde)	357,00	EUR						21190000
	5	16	H	1001001	D	Business Partner 2 (Kunde)	357,00-	EUR			AUD			12100000
	6	40	S	22000000	S	Ausgangssteuer (MWS)	57,00	EUR			MWS			22000000
	7	50	H	21191500	S	MWS Verr. Erhalt Anz	57,00-	EUR			MVA			21191500

Abbildung 4.36 Buchhaltungsbeleg

Die ersten drei Zeilen bilden die eigentliche Schlussrechnung über 1.500 EUR plus 285 EUR Steuern mit der Buchung »Debitorenforderung (Soll) an Umsatzerlöse (Haben) und Ausgangssteuer (Haben)«. Die Debitorenforderung wird auf dem Konto des Debitors gebucht und im Hauptbuch auf dem Abstimmkonto 12100000 geführt.

In den Zeilen 4 und 5 wird die Anzahlung von 357 EUR inkl. 57 EUR Steuern mit der Forderung verrechnet; der entsprechende Buchungssatz lautet »Erhaltene Anzahlung (Soll) gegen Debitorenforderung (Haben)«. Das Hauptbuchkonto 12100000 wird in diesem Fall entlastet, und die zu zahlende Forderung verringert sich. Die Anzahlung auf dem Hauptbuchkonto 21190000 wird aufgelöst. In den Zeilen 6 und 7 wird die noch zu zahlende Mehrwertsteuer von 57 EUR um den bereits mit der Anzahlung abgeführten Betrag verringert. Es entsteht die Buchung »MWS Verrechnung erhaltene Kundenanzahlungen (Soll) an Ausgangssteuer (Haben)«.

Der Kostenrechnungsbeleg ist hingegen viel einfacher, da nur die Erlösbuchungszeile relevant ist und auf das Ergebnisobjekt kontiert wird (siehe Abbildung 4.37).

```
Belegnummer  BuchDatum   Benutzer    RT RefBelegnr  OrgVg Vrgng Belegkopftext  StB  sto
Bu OAr Objekt      ObjektBez  Kostenart Kostenartenbezeichn.  Wert/OW OWä Menge GME Material

A000081F00  09.03.2021  STUDENT101  R  90000386    SD00  COIN
   1 ERG 2005                41000000  Erlöse Inl. - Erzeu. 1.500,00- EUR    1- ST  FE_14
```

Abbildung 4.37 Kostenrechnungsbeleg

4.1.10 Debitorenzahlung buchen

Zum Schluss betrachten wir für die Vervollständigung des Buchungsschemas hier noch die Erfassung des Zahlungseingangs, mit dem die Schlussrechnung durch den Debitor beglichen wird (siehe Abbildung 4.38).

SAP – Zahlungseingang buchen: Kopfdaten

Selekt.abbr. | OP bearbeiten | Mehr | Beenden

*Belegdatum:	10.02.2021	*Belegart:	DZ	*Buchungskreis:	FMLA
*Buchungsdatum:	10.02.2021	Periode:	2	*Währung/Kurs:	EUR
Belegnummer:				Umrechnungsdat:	
Referenz:				Übergreifd.Nr:	
Belegkopftext:				PartnerGsber:	
Ausgleichstext:					

Bankdaten

*Konto:	11001000	GeschBereich:	
Betrag:	1428,00		
Betrag Hauswähr:			
Spesen:		HW-Spesen:	
Valutadatum:	10.02.2021	Profitcenter:	
Text:		Zuordnung:	

Auswahl der offenen Posten

Konto:	1001001	
Kontoart:	D	☐ Weitere Konten
Sonderhauptb.Kz:		☑ Normale OP
Avisnummer:		

☐ Nach Alter verteilen
☐ Automatische Suche

Weitere Selektion

- ○ keine
- ○ Betrag
- ◉ Belegnummer
- ○ Buchungsdatum
- ○ Mahnbereich
- ○ andere

Abbildung 4.38 Zahlungseingang erfassen

Für das angegebene Debitorenkonto 1001001 werden zwei offene Posten vorgeschlagen, die beide zu unserem Vorgang gehören (siehe Abbildung 4.39).

Zahlungseingang buchen Offene Posten bearbeiten

Diff.vert. Diff.ausb. Mehr Beenden

Standard Teilzahlung Restposten Quellensteuer

Posten zum Konto 1001001 Business Partner 2 (Kunde)

Beleg...	EUR Brutto	Skonto	Skt-Pr
10	1.785,00		
10	357,00-		

Abbildung 4.39 Zahlungseingang mit offenen Posten

Im Buchhaltungsbeleg wird »Bank (Soll) an Debitorenforderung (Haben)« gebucht (siehe Abbildung 4.40). Am Ende ist der komplette Prozess über den Belegfluss einsehbar (siehe Abbildung 4.41).

BuKr	P...	BS	S/H	Konto	Koart	Bezeichnung	Betrag	Wäh...	Werk	Material	Vor	Men...	BME	Hauptbuch
FMLA	1	40	S	11001000	S	Bank1 Bankhauptkonto	1.428,00	EUR						11001000
	2	15	H	1001001	D	Business Partner 2 (Kunde)	1.428,00-	EUR						12100000

Abbildung 4.40 Buchhaltungsbeleg zum Zahlungseingang

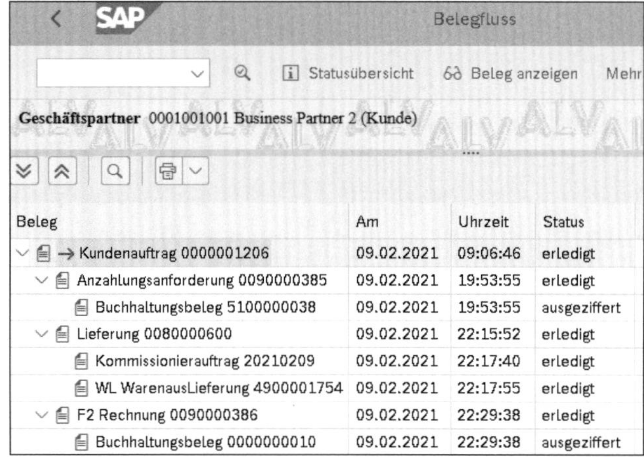

Belegfluss

Statusübersicht Beleg anzeigen Mehr

Geschäftspartner 0001001001 Business Partner 2 (Kunde)

Beleg	Am	Uhrzeit	Status
→ Kundenauftrag 0000001206	09.02.2021	09:06:46	erledigt
Anzahlungsanforderung 0090000385	09.02.2021	19:53:55	erledigt
Buchhaltungsbeleg 5100000038	09.02.2021	19:53:55	ausgeziffert
Lieferung 0080000600	09.02.2021	22:15:52	erledigt
Kommissionierauftrag 20210209	09.02.2021	22:17:40	erledigt
WL WarenausLieferung 4900001754	09.02.2021	22:17:55	erledigt
F2 Rechnung 0090000386	09.02.2021	22:29:38	erledigt
Buchhaltungsbeleg 0000000010	09.02.2021	22:29:38	ausgeziffert

Abbildung 4.41 Belegfluss

4.2 Variantenfertigung

Die sogenannte *Variantenfertigung*, die auch mit VTO (für Variant-to-Order) abgekürzt wird, unterscheidet sich von der Kundenauftragsfertigung in Abschnitt 4.1,

»Kundeneinzelfertigung«, darin, dass es keine fixe Stückliste für das zu fertigende Produkt gibt, sondern eine *Maximalstückliste* und einen *Maximalarbeitsplan*, aus dem durch die *Variantenkonfiguration* über das sogenannte *Beziehungswissen* bestimmte Positionen übernommen werden, um genau das spezifisch für diesen Kundenauftrag benötigte Produkt zu fertigen. Alle vier genannten Begriffe werden im Folgenden genau erklärt. Mit ein und derselben Materialnummer werden folglich verschiedene Fertigerzeugnisse dargestellt, die jeweils aus einer spezifischen Kombination aus zu verwendenden Materialkomponenten und Leistungen bestehen und dadurch jeweils eine eigene Kostenzusammensetzungen haben.

Die geplanten Herstellkosten für ein konfiguriertes Produkt stehen mithin erst fest, wenn der Kundenauftrag angelegt wird. Hierzu kommt nun der Vorteil des bewerteten Kundenauftragsbestands zum Tragen, da unter derselben Materialnummer verschiedene Werte im Bestand geführt werden können, die sich aus der individuellen Konfiguration der Kundenauftragsposition ergeben. Für diese Materialnummer wird vorab keine Standardpreiskalkulation benötigt.

Es gibt verschiedene Möglichkeiten und Tools, um die Konfiguration abzubilden. Wir verwenden hier ein einfaches Szenario, in dem die Merkmale nur auf der Kopfebene im Kundenauftrag festgelegt werden. In diesem Szenario wird die Fertigung als Montageabwicklung mit direkter Anlage des Fertigungsauftrags ausgeführt.

In Schritt 1 legen Sie den Kundenauftrag mit der gewünschten Konfiguration an. Im Hintergrund wird automatisch ein Fertigungsauftrag erzeugt, für den die Kommissionierung, die Rückmeldung und der Wareneingang in den Schritten 2 bis 4 erfolgen. Die Auslieferung wird vom Versand in Schritt 5 angestoßen und anschließend in Schritt 6 fakturiert (siehe Abbildung 4.42).

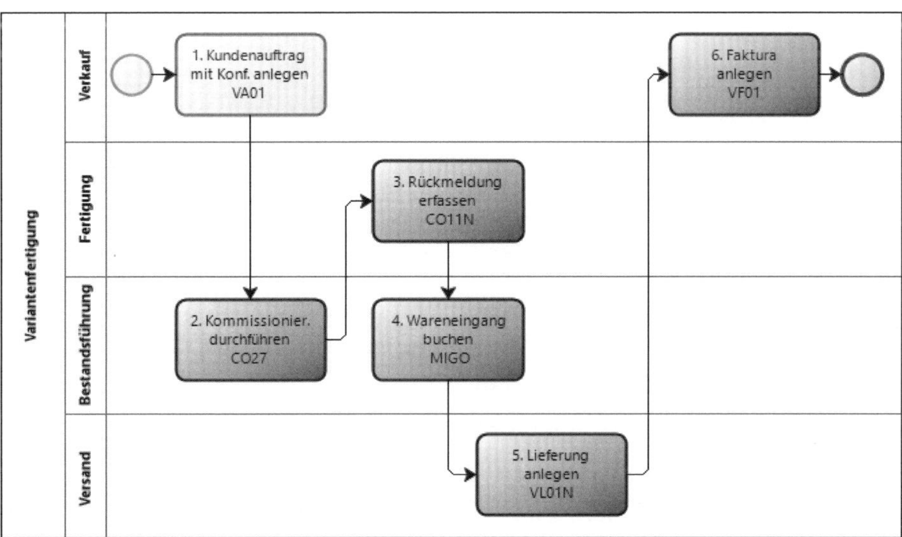

Abbildung 4.42 Prozess »Variantenfertigung«

Das Buchungsschema weist, bis auf das Weglassen der Anzahlungsforderung, keine Unterschiede zum Buchungsschema aus Abschnitt 4.1, »Kundeneinzelfertigung«, auf (siehe Abbildung 4.43). Bewertungstechnisch ist dieses Szenario aber interessant, weil nun jedes Fertigerzeugnis mit einem individuellen Wert kalkuliert und im Bestand geführt wird.

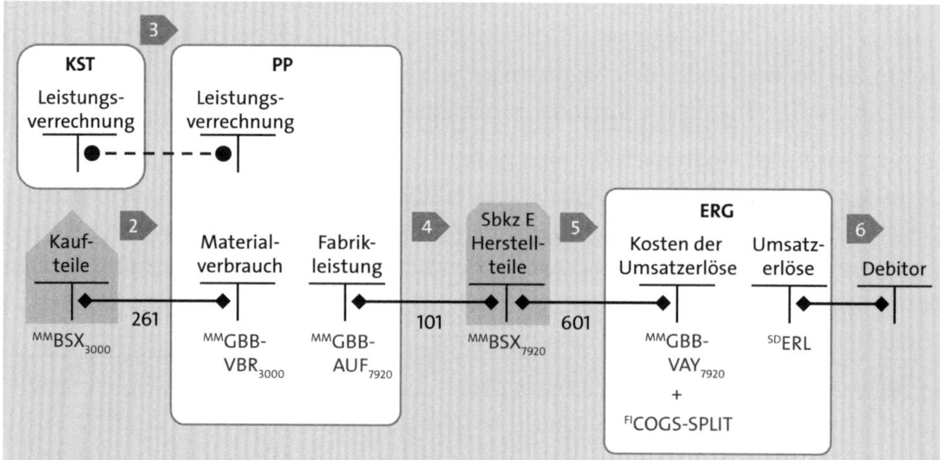

Abbildung 4.43 Buchungsschema »Variantenfertigung«

Voraussetzungen für das Szenario der Variantenfertigung sind ein konfigurierbarer Materialstamm, eine Stückliste mit Beziehungswissen, ein Arbeitsplan mit Beziehungswissen, eine Fertigungsversion und ein *Konfigurationsprofil*, in dem eingestellt wird, welche Möglichkeiten für die Konfiguration zur Verfügung stehen.

Materialart

Wählen Sie in diesem Schritt die SAP-Vorlage Materialart KMAT (Konfigurierbares Material). Es wichtig, dass diese Materialart für das betroffene Werk, in diesem Fall FML1, eine Mengen- und Wertfortschreibung erlaubt. Ebenso muss die Buchhaltungssicht zum Material angelegt worden sein; allerdings wird hier kein Standardpreis hinterlegt.

Wird bei der Anlage des Materials eine Materialart gewählt, die eine Konfiguration erlaubt, wird das Kennzeichen **Material ist konfigurierbar** in der Sicht **Grunddaten 2** im Materialstamm angezeigt (siehe Abbildung 4.44).

Die Variantenkonfiguration wird über eine *Klassifizierung*, die bestimmt, mit welchen Merkmalen konfiguriert werden darf, gesteuert. Legen Sie hierzu die **Klasse** KLASSE_FML mit der **Klassenart** 300 (Varianten) mit zwei Merkmalen an (siehe Abbildung 4.45).

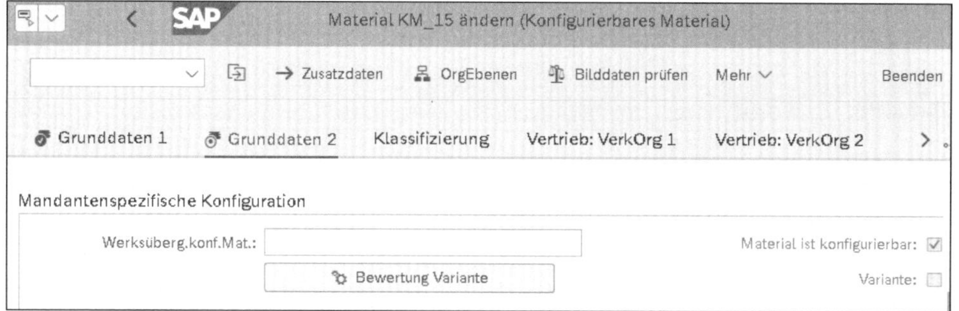

Abbildung 4.44 Konfigurierbares Material

Davon ist MERKMAL_1 aufgrund des gewählten Datentyps CHAR (für Character) alphanumerisch und MERKMAL_2 aufgrund des gewählten Datentyps NUM (für Number) numerisch.

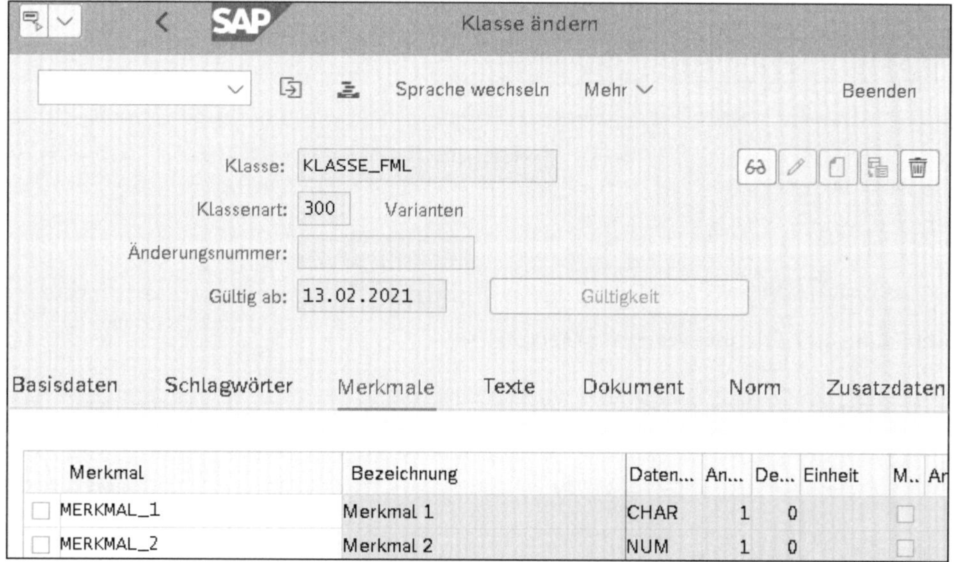

Abbildung 4.45 Klasse mit Merkmalen

Zu den beiden Merkmalen werden erlaubte Werte, je nach Art des Merkmals, vorgegeben: Merkmal 1 kann einen der Werte A, B oder C erhalten (siehe Abbildung 4.46).

Merkmal 2 kann einen der Werte 1 oder 2 erhalten (siehe Abbildung 4.47).

Jetzt muss dem System bekannt gemacht werden, dass die Konfiguration für das Material KM_15 mit genau diesen Merkmalen erfolgen soll. Dazu müssen Sie die Klasse dem konfigurierbaren Material in einem Konfigurationsprofil zuordnen (siehe Abbildung 4.48).

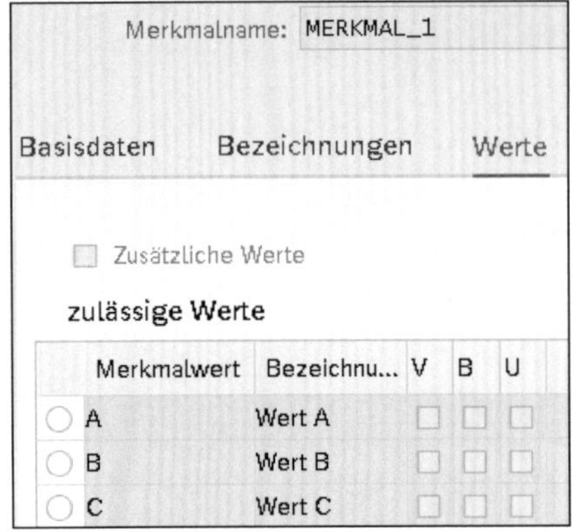

Abbildung 4.46 Erlaubte Werte für Merkmal 1

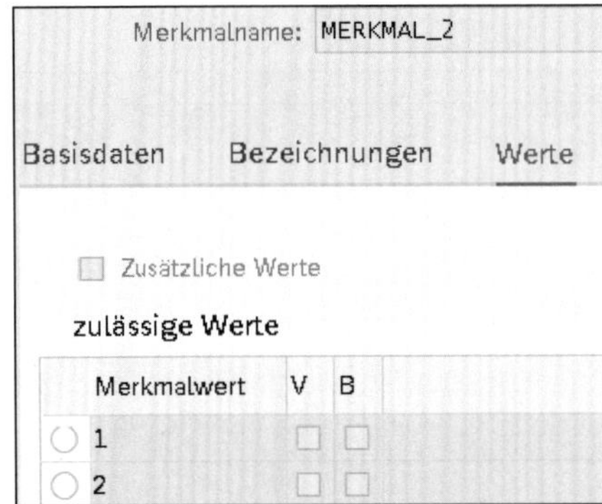

Abbildung 4.47 Erlaubte Werte für Merkmal 2

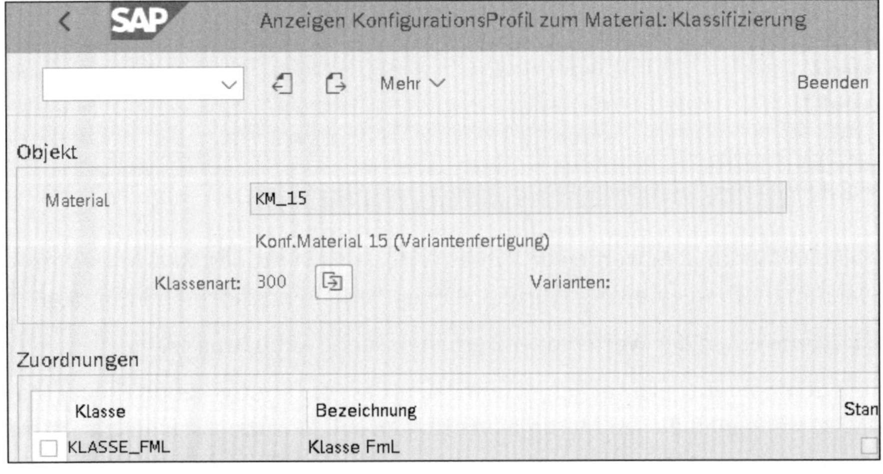

Abbildung 4.48 Konfigurationsprofil

Herzstück der Variantenkonfiguration ist die Maximalstückliste, in der zu den einzelnen Komponenten ein *Beziehungswissen* in Form einer *Auswahlbedingung* eingetragen werden kann. Das bedeutet, dass das Material nur berücksichtigt wird und in den Fertigungsauftrag übernommen werden soll, wenn diese Bedingung erfüllt ist.

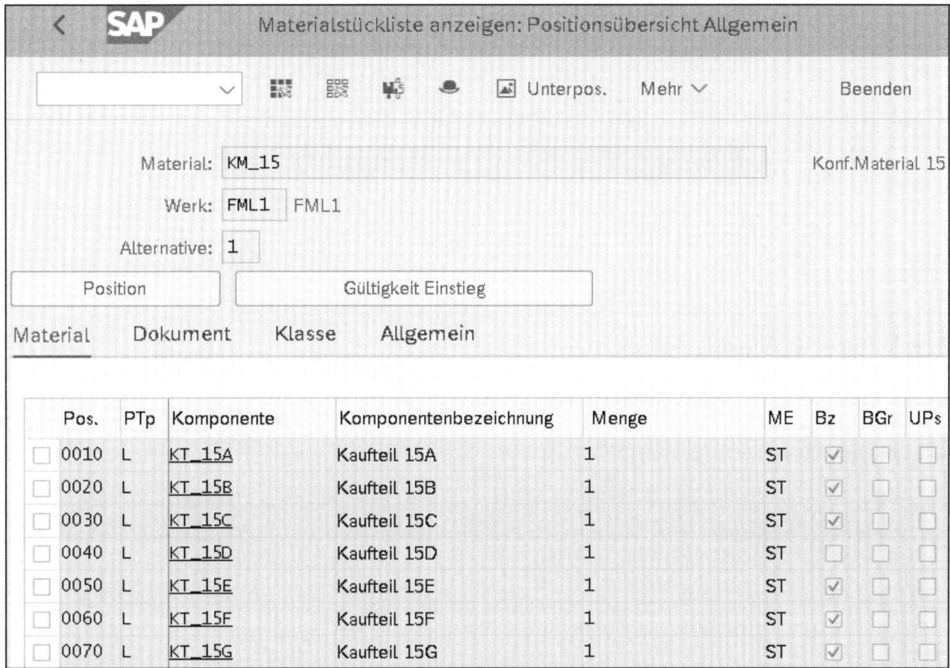

Abbildung 4.49 Stückliste mit Beziehungswissen

In der Stückliste wurde für alle Positionen (außer der vierten Position) Beziehungswissen zugeordnet, erkennbar am Haken in der Spalte **Bz**. (siehe Abbildung 4.49). Das Beziehungswissen ist wie folgt aufgebaut:

- Die Positionen 1–3 sind abhängig von Merkmal 1.
- Position 4 wird immer benötigt.
- Die Position 5–6 sind abhängig von Merkmal 2.
- Position 7 wird nur in einem einzigen Kombinationsfall von Merkmal 1 und Merkmal 2 benötigt.

Zu den Positionen wird die Auswahlbedingung in einem Editor gepflegt, hier für die Stücklistenposition 0010 zum Material KT_15A (siehe Abbildung 4.50).

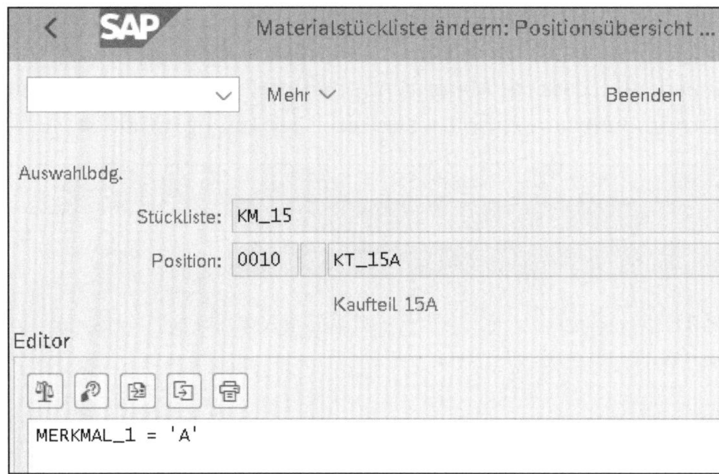

Abbildung 4.50 Auswahlbedingung

Das komplette Beziehungswissen für die Positionen ist in Tabelle 4.1 noch einmal zusammengefasst.

Position	Material	Zuordnung	Beziehungswissen
1	KT_15A	Auswahlbedingung	MERKMAL_1 = 'A'
2	KT_15B	Auswahlbedingung	MERKMAL_1 = 'B'
3	KT_15C	Auswahlbedingung	MERKMAL_1 = 'C'
5	KT_15E	Auswahlbedingung	MERKMAL_2 = 1
6	KT_15F	Auswahlbedingung	MERKMAL_2 = 2
7	KT_15G	Auswahlbedingung	MERKMAL_1 = 'C' AND MERKMAL_2 = 2

Tabelle 4.1 Stückliste – Beziehungswissen

Der Arbeitsplan enthält zwei Vorgänge, wobei der zweite Vorgang nur in bestimmten Fällen als zusätzliche Zeit benötigt wird.

Im Arbeitsplan wurde dazu ebenfalls ein **Beziehungswissen** zugeordnet (siehe Abbildung 4.51). Die Zuordnung besagt, dass der Vorgang 0010 immer benötigt wird und dass der Vorgang 0020 nur in einem einzigen Kombinationsfall von Merkmal 1 und Merkmal 2 benötigt wird. Genauso wie für Materialien wird auch für Vorgänge das Beziehungswissen als Auswahlbedingung gepflegt (siehe Tabelle 4.2).

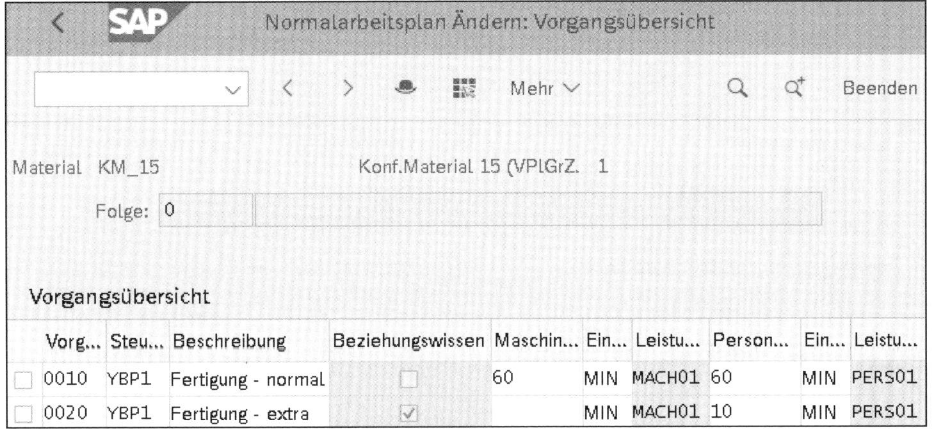

Abbildung 4.51 Arbeitsplan mit Beziehungswissen

Vorgang	Zuordnung	Beziehungswissen
0020	Auswahlbedingung	MERKMAL_1 = 'C' AND MERKMAL_2 = 2

Tabelle 4.2 Arbeitsplan – Beziehungswissen

Es findet keine Standardpreiskalkulation für das Material KM_15 statt, da ja die unterschiedlich konfigurierten Herstellteile nicht mit demselben Preis bewertet werden sollen! Stattdessen muss für jede Kundenauftragsposition, in der dieses Material eingetragen wird, eine *Kundenauftragskalkulation* stattfinden, um für das spezifisch konfigurierte Herstellteil einen Wert für die Buchung des Wareneingangs zu erhalten.

4.2.1 Kundenauftrag mit Konfiguration anlegen

Legen Sie zunächst einen Kundenauftrag mit einer Position für ein Stück des konfigurierbaren Materials KM_15 an (siehe Abbildung 4.52). Den Verkaufspreis legen Sie auf 3.000 EUR fest. In der Komponente SD besteht die Möglichkeit, auch den Verkaufspreis in Abhängigkeit von der Konfiguration bestimmen zu lassen; dies ist aber ein »weites Feld«, dass in diesem Buch nicht näher behandelt wird, denn am Ende jeder Preisfindung steht ein bestimmter Wert – und nur der wird im Finanzwesen verwendet.

Zur Kundenauftragsposition ist die Konfiguration einzugeben. Dazu wird in der **Merkmalbewertung** für die beiden Merkmale einer der erlaubten Werte ausgewählt (siehe Abbildung 4.53).

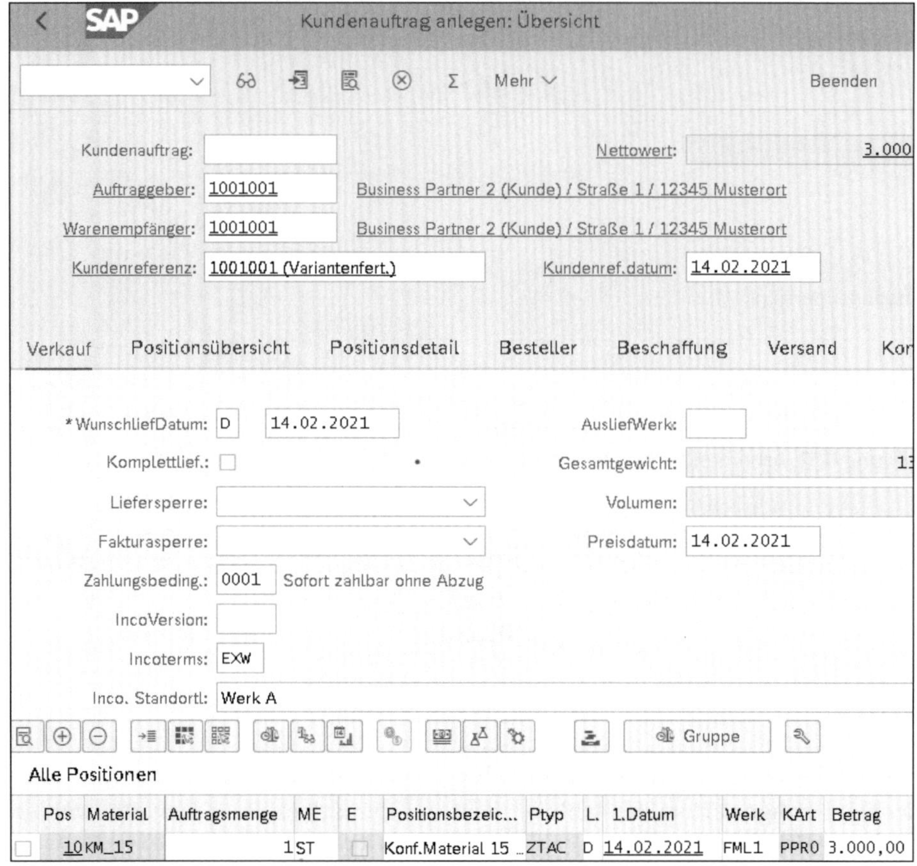

Kundenauftrag anlegen: Übersicht

Mehr Beenden

Kundenauftrag: Nettowert: 3.000

Auftraggeber: 1001001 Business Partner 2 (Kunde) / Straße 1 / 12345 Musterort

Warenempfänger: 1001001 Business Partner 2 (Kunde) / Straße 1 / 12345 Musterort

Kundenreferenz: 1001001 (Variantenfert.) Kundenref.datum: 14.02.2021

Verkauf Positionsübersicht Positionsdetail Besteller Beschaffung Versand Kor

*WunschliefDatum: D 14.02.2021 AusliefWerk:

Komplettlief.: Gesamtgewicht: 13

Liefersperre: Volumen:

Fakturasperre: Preisdatum: 14.02.2021

Zahlungsbeding.: 0001 Sofort zahlbar ohne Abzug

IncoVersion:

Incoterms: EXW

Inco. Standortl: Werk A

Gruppe

Alle Positionen

Pos	Material	Auftragsmenge	ME	E	Positionsbezeic...	Ptyp	L.	1.Datum	Werk	KArt	Betrag
10	KM_15	1	ST		Konf.Material 15 ...	ZTAC	D	14.02.2021	FML1	PPR0	3.000,00

Abbildung 4.52 Kundenauftrag anlegen

Kundenauftrag anlegen: Merkmalbewertung

Mehr Beenden

Auftraggeber: 1001001 Business Partner 2 (Kunde)

Material: KM_15 Konf.Material 15 (Variantenfertigung)

Menge: 1 ST Position: 10

Wunschlieferdatum: 14.02.2021

Merkmalbewertung

Merkmalbezeichnung	Merkmalwert	Inf...
Merkmal 1	C	
Merkmal 2	1	

Abbildung 4.53 Merkmalbewertung

Beim Speichern wird automatisch eine Kundenauftragskalkulation angelegt und vorgemerkt. Erfolgt diese fehlerfrei, erhält sie den Status VO (= vorgemerkt). Das bedeutet, dass sie für die Bewertung des Wareneingangs verwendet werden darf. Nach dem Speichern erhalten Sie die Kundenauftragsnummer 1211, und es kann im Anzeige- oder Änderungsmodus über **Menü • Zusätze • Kalkulation** die Kundenauftragskalkulation angezeigt werden (siehe Abbildung 4.54). Anhand der Konfiguration und des Beziehungswissens wurden Stückliste und Arbeitsplan aufgelöst und nur die relevanten Positionen übernommen. Das Ergebnis ist ein individueller Wert von 2.140 EUR, mit dem das Material später im Kundenauftragsbestand geführt wird.

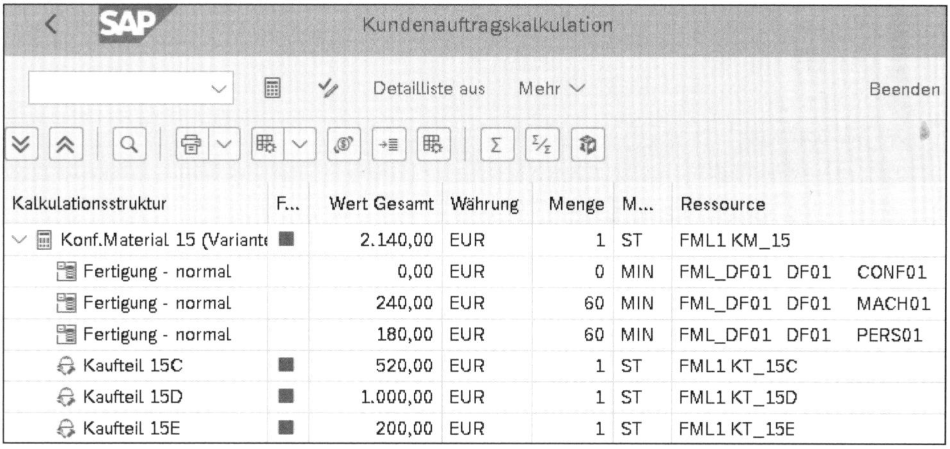

Kundenauftragskalkulation

Detailliste aus | Mehr | Beenden

Kalkulationsstruktur	F...	Wert Gesamt	Währung	Menge	M...	Ressource
Konf.Material 15 (Variant	■	2.140,00	EUR	1	ST	FML1 KM_15
Fertigung - normal		0,00	EUR	0	MIN	FML_DF01 DF01 CONF01
Fertigung - normal		240,00	EUR	60	MIN	FML_DF01 DF01 MACH01
Fertigung - normal		180,00	EUR	60	MIN	FML_DF01 DF01 PERS01
Kaufteil 15C	■	520,00	EUR	1	ST	FML1 KT_15C
Kaufteil 15D	■	1.000,00	EUR	1	ST	FML1 KT_15D
Kaufteil 15E	■	200,00	EUR	1	ST	FML1 KT_15E

Abbildung 4.54 Kundenauftragskalkulation

Der zweite Vorgang im Arbeitsplan 0020 wurde nicht berücksichtigt, da er nur für die Merkmalskombination C/2 relevant wäre, es wurde vom Kunden aber C/1 gewählt. Ebenso fallen die Kaufteile KT_15A, KT_15B und KT_15F aus der Stückliste heraus, weil die Auswahlbedingungen nicht zutreffen.

Die Kundenauftragskalkulation besitzt, wie eine Plankalkulation, eine Schichtung, die Sie bei der Buchung des Warenausgangs für den COGS-Split benötigen werden (siehe Abbildung 4.55).

Die Kundenauftragskalkulation können Sie bis zum ersten Wareneingang beliebig oft wiederholen. Danach wird der Wert festgeschrieben, was bei Stornierungen und erneuten Buchungen mit eventuell anderen Stücklistenkomponenten zu beachten ist.

Im Customizing ist festgelegt worden, dass mit der Anlage der Kundenauftragsposition automatisch ein Fertigungsauftrag angelegt wird. In den Detaildaten zur Kundenauftragsposition können Sie auf der Registerkarte **Einteilungen** über den Button [Fertigungsauftrag] in diesen abspringen (siehe Abbildung 4.56).

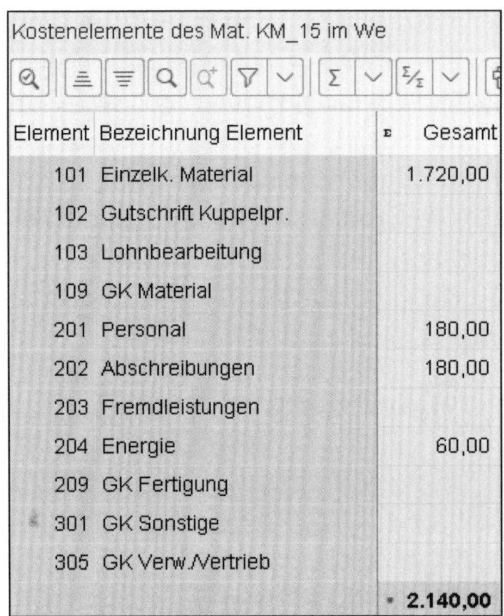

Kostenelemente des Mat. KM_15 im We

Element	Bezeichnung Element	Σ Gesamt
101	Einzelk. Material	1.720,00
102	Gutschrift Kuppelpr.	
103	Lohnbearbeitung	
109	GK Material	
201	Personal	180,00
202	Abschreibungen	180,00
203	Fremdleistungen	
204	Energie	60,00
209	GK Fertigung	
301	GK Sonstige	
305	GK Verw./Vertrieb	
		• 2.140,00

Abbildung 4.55 Elementeschema zur Kundenauftragskalkulation

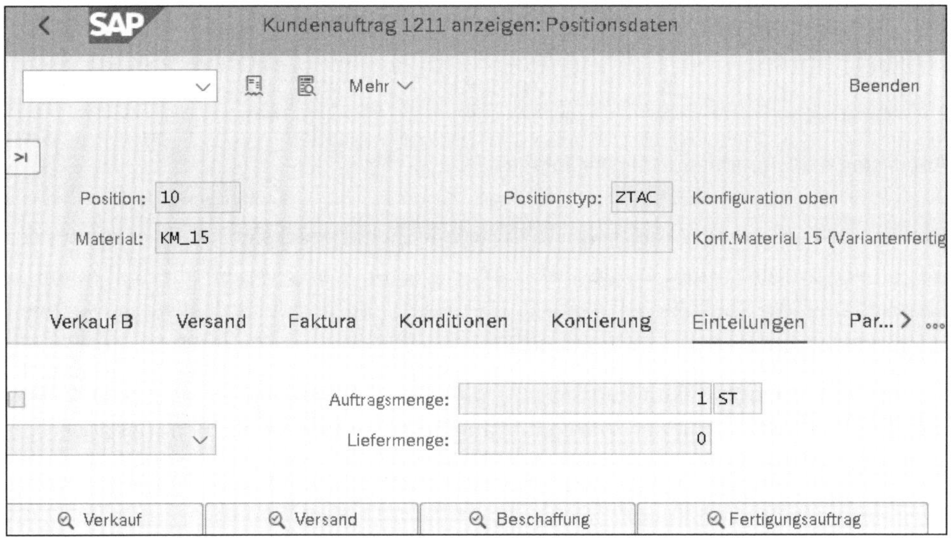

Abbildung 4.56 Kundenauftragsposition – Verknüpfung mit dem Fertigungsauftrag

Andersherum wird im Fertigungsauftrag die Verknüpfung zur Kundenauftragsposition auf der Registerkarte **Allgemein** im Bereich **Kundenauftrag** angezeigt (siehe Abbildung 4.57).

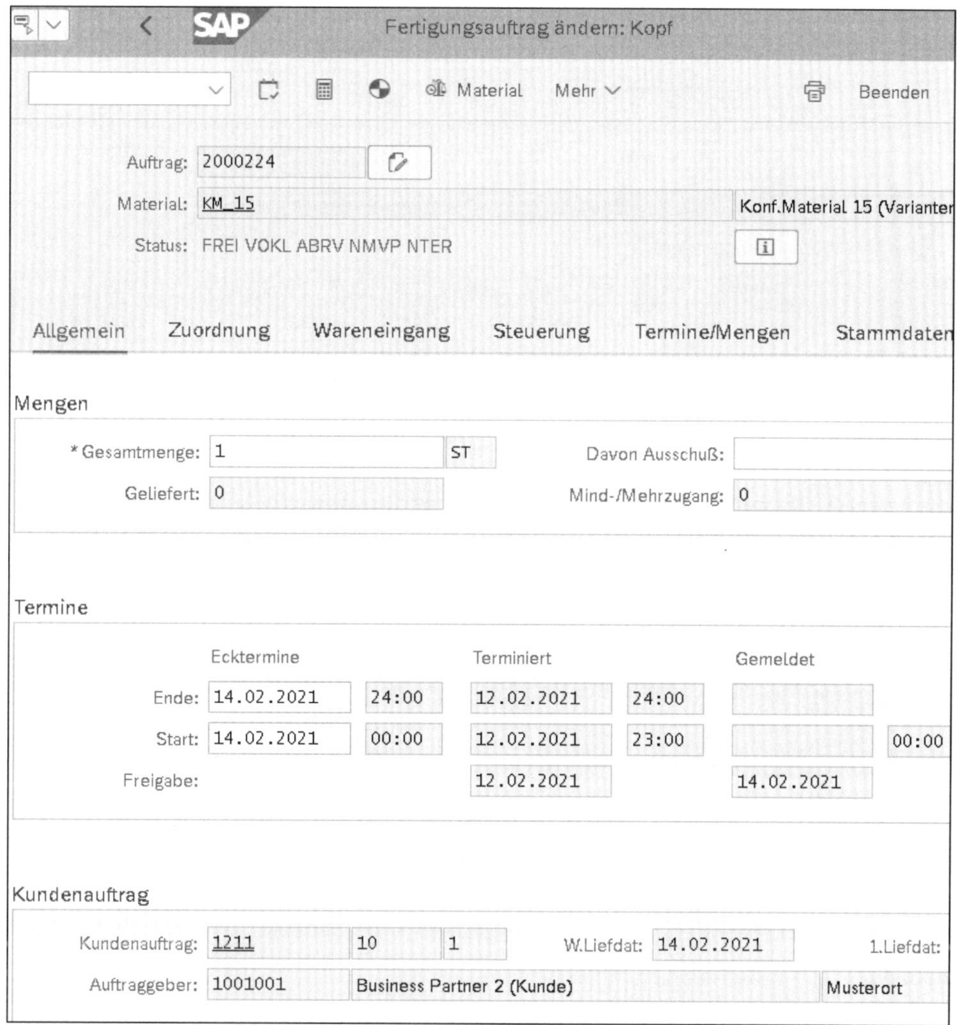

Abbildung 4.57 Fertigungsauftrag – Verknüpfung zur Kundenauftragsposition

4.2.2 Kommissionierung durchführen

Damit die Fertigung starten kann, erfolgt der Warenausgang durch die Kommissionierung (siehe Abbildung 4.58). Es werden die drei relevanten Komponenten vorgeschlagen, die aufgrund der Konfiguration in den Fertigungsauftrag übernommen wurden.

Die Kommissionierung erzeugt den Materialbeleg mit der Bewegungsart 261 in allen drei Positionen für den Verbrauch der benötigten Materialien (siehe Abbildung 4.59). Über die Vorgänge BSX und GBB-VBR entsteht für die drei Positionen jeweils die Buchung »Materialverbrauch (Soll) an Bestand (Haben)« (siehe Abbildung 4.60).

Übersicht Warenbewegungen

Material	Menge	Erf...	Werk	Lagerort	Soll/Haben	Bewegungsart	Auftrag
KT_15C	1	ST	FML1	P001	H	261	2000224
KT_15D	1	ST	FML1	P001	H	261	2000224
KT_15E	1	ST	FML1	P001	H	261	2000224

Abbildung 4.58 Kommissionierliste

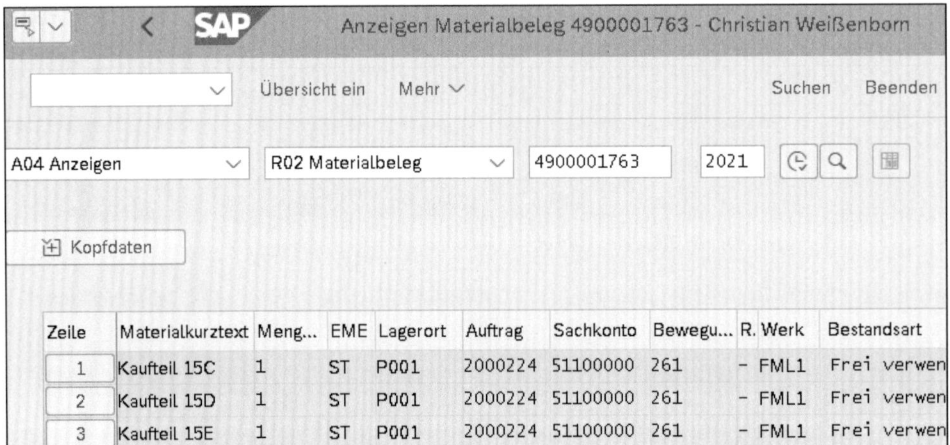

Zeile	Materialkurztext	Meng...	EME	Lagerort	Auftrag	Sachkonto	Bewegu...	R.	Werk	Bestandsart
1	Kaufteil 15C	1	ST	P001	2000224	51100000	261	-	FML1	Frei verwen
2	Kaufteil 15D	1	ST	P001	2000224	51100000	261	-	FML1	Frei verwen
3	Kaufteil 15E	1	ST	P001	2000224	51100000	261	-	FML1	Frei verwen

Abbildung 4.59 Materialbeleg mit Bewegungsart 261

BuKr	P...	BS	S/H	Konto	Koart	Bezeichnung	Betrag	Währg	Werk	Material	Vor	Menge	BME
FMLA	1	99	H	13100000	M	Bestand Rohstoffe	520,00-	EUR	FML1	KT_15C	BSX	1-	ST
	2	81	S	51100000	S	Verbrauch Rohstoffe	520,00	EUR	FML1	KT_15C	GBB	1	ST
	3	99	H	13100000	M	Bestand Rohstoffe	1.000,00-	EUR	FML1	KT_15D	BSX	1-	ST
	4	81	S	51100000	S	Verbrauch Rohstoffe	1.000,00	EUR	FML1	KT_15D	GBB	1	ST
	5	99	H	13100000	M	Bestand Rohstoffe	200,00-	EUR	FML1	KT_15E	BSX	1-	ST
	6	81	S	51100000	S	Verbrauch Rohstoffe	200,00	EUR	FML1	KT_15E	GBB	1	ST

Abbildung 4.60 Buchhaltungsbeleg für die drei Materialien

Im Kostenrechnungsbeleg werden die drei verbrauchten Materialien dem Fertigungsauftrag 2000224 belastet (siehe Abbildung 4.61).

Belegnummer	BuchDatum	Benutzer	RT	RefBelegnr	OrgVg	Vrgng	Belegkopftext	StB	sto
A000081P00	14.02.2021	STUDENT101	R	4900001763	RMWA	COIN			

	Bu	OAr	Objekt	ObjektBez	Kostenart	Kostenartenbezeichn.	Wert/OW	OWä	Menge	GME	Material
1		AUF	2000224	Konf.Mate...	51100000	Verbrauch Rohstoffe	520,00	EUR	1	ST	KT_15C
2		AUF	2000224	Konf.Mate...	51100000	Verbrauch Rohstoffe	1.000,00	EUR	1	ST	KT_15D
3		AUF	2000224	Konf.Mate...	51100000	Verbrauch Rohstoffe	200,00	EUR	1	ST	KT_15E

Abbildung 4.61 Kostenrechnungsbeleg für die drei Materialien

4.2.3 Rückmeldung erfassen

Zum Fertigungsauftrag erfolgt die Rückmeldung für den Vorgang 0010 (siehe Abbildung 4.62). Vorgang 0020 ist hier aufgrund der nicht zutreffenden Auswahlbedingung des Beziehungswissens nicht mit in den Fertigungsauftrag übernommen worden.

Lohn-Rückmeldeschein zum Fertigungsauftrag erfassen

Warenbewegungen | Istdaten | Mehr | Beenden

Rückmeldung: 4613 — Material: KM_15
Auftrag: 2000224 — Kurztext: Konf.Material 15 (Variantenfertigung)
Vorgang: 0010 — Folge: 0 Fertigung - normal
Untervorgang:
Kapazitätsart: — Splitt:
Arbeitsplatz: DF01 — Werk: FML1 Diskrete Fertigung 1
Rückmeldeart: Teilrückmeldung — Ausbuchen offener Reservierun

Mengen

	Rückzumelden	Einh
Gutmenge:	1	ST
Ausschuß:		
Nacharbeit:		
Abweich.Ursache:		

Leistungen

	Rückzumelden	Einh	Fertig
Rüstzeit:		MIN	☐
Maschinenzeit:	60	MIN	☐
Personenzeit:	60	MIN	☐

Abbildung 4.62 Rückmeldung erfassen

Die Leistungsverrechnung für die jeweils 60 Minuten Maschinen- und Personenzeit findet von der Kostenstelle FML_DF01 an den Fertigungsauftrag statt (siehe Abbildung 4.63).

Belegnummer	BuchDatum	Benutzer	RT	RefBelegnr	OrgVg	Vrgng	Belegkopftext	StB	sto
Bu OAr Objekt	ObjektBez	Kostenart	Kostenartenbezeichn.	Wert/OW	OWä	Menge	GME	Material	
300001106	14.02.2021	STUDENT101	R	4613	RMRU	RKL			

Bu	OAr	Objekt	ObjektBez	Kostenart	Kostenartenbezeichn.	Wert/OW	OWä	Menge	GME	Material
1	LEI	FML_DF01/...	Diskrete ...	94301000	Maschinenstunden 1	240,00-	EUR	60-	MIN	
2	AUF	2000224	Konf.Mate...	94301000	Maschinenstunden 1	240,00	EUR	60	MIN	
4	LEI	FML_DF01/...	Diskrete ...	94311000	Pers.std.	180,00-	EUR	60-	MIN	
5	AUF	2000224	Konf.Mate...	94311000	Pers.std.	180,00	EUR	60	MIN	

Abbildung 4.63 Kostenrechnungsbeleg für die Leistung

4.2.4 Wareneingang buchen

Das fertiggestellte Produkt wird mit dem Wareneingang zum Fertigungsauftrag 2000224 in den Kundenauftragsbestand gebucht (siehe Abbildung 4.64). Die Buchung erfolgt über die Bewegungsart 101 und wird über das Sonderbestandskennzeichen E der Kundenauftragsposition 1211/10 zugeordnet.

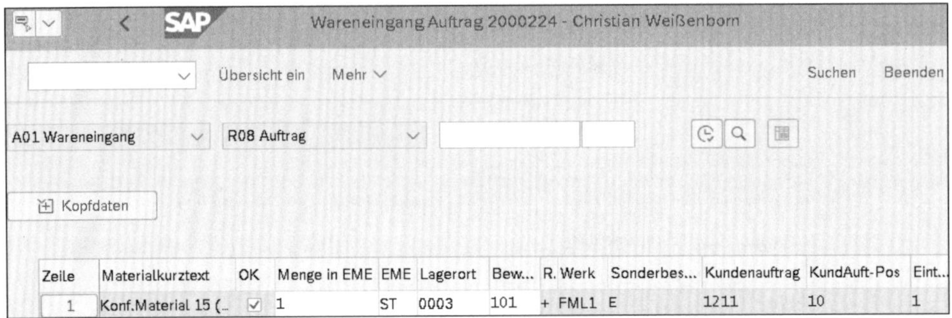

Abbildung 4.64 Wareneingang zum Auftrag

Der Buchungssatz für die Vorgänge BSX und GBB-AUF ist »Bestand (Soll) an Fabrikleistung (Haben)«. Der Wert im Buchhaltungsbeleg wird über die Kundenauftragskalkulation bestimmt (siehe Abbildung 4.65). Dadurch können unter derselben Materialnummer verschiedene Werte gebucht werden, die von der jeweiligen Konfiguration abhängen. Der Fertigungsauftrag wird anschließend im Kostenrechnungsbeleg entlastet (siehe Abbildung 4.66).

BuKr	P...	BS	S/H	Konto	Koart	Bezeichnung	Betrag	Wäh...	Werk	Material	Vor	Menge	BME
FMLA	1	89	S	13400000	M	Best fertige Ware	2.140,00	EUR	FML1	KM_15	BSX	1	ST
	2	91	H	55100000	S	Fabrikleistng Pr.Auf	2.140,00-	EUR	FML1	KM_15	GBB	1-	ST

Abbildung 4.65 Buchhaltungsbeleg

Belegnummer	BuchDatum	Benutzer	RT	RefBelegnr	OrgVg	Vrgng	Belegkopftext	StB	sto
A000081Q00	14.02.2021	STUDENT101	R	5000001186	RMWF	COIN			

Bu	OAr	Objekt	ObjektBez	Kostenart	Kostenartenbezeichn.	Wert/OW	OWä	Menge	GME	Material
2	AUF	2000224	Konf.Mate…	55100000	Fabrikleistng Pr.Auf	2.140,00-	EUR	1-	ST	KM_15

Abbildung 4.66 Kostenrechnungsbeleg

4.2.5 Lieferung anlegen

Die Lieferung wird mit Bezug zum Kundenauftrag 1211 angelegt und kommissioniert (siehe Abbildung 4.67). Durch einen Klick auf **Warenausgang buchen** wird der Materialbeleg mit der Bewegungsart 601 erstellt, mit dem das Material aus dem Kundenauftragsbestand entnommen wird (siehe Abbildung 4.68).

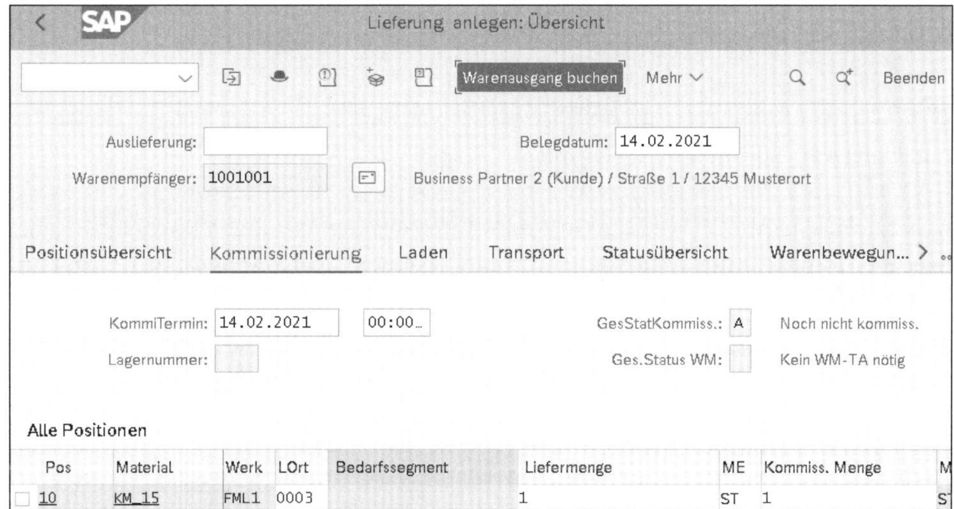

Abbildung 4.67 Lieferung anlegen

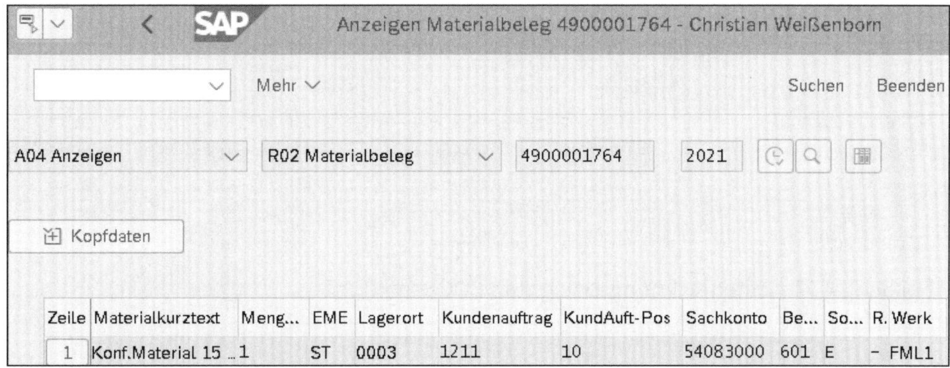

Abbildung 4.68 Materialbeleg

Es entstehen zwei Buchhaltungsbelege: Der erste Buchungsbeleg verringert über den Vorgang GBB-VAY aus der MM-Kontenfindung den Bestand (siehe Abbildung 4.69). Der zweite Beleg bucht den COGS-Split und verteilt anhand der Schichtung aus der Kundenauftragskalkulation die Kosten der Umsatzerlöse auf die entsprechenden Konten (siehe Abbildung 4.70).

BuKr	Pos	Bschl	S/H	Konto	Koart	Bezeichnung	Betrag	Währg	Werk	Material	Vor	Menge	BME
FMLA	1	99	H	13400000	M	Best fertige Ware	2.140,00-	EUR	FML1	KM_15	BSX	1-	ST
	2	81	S	54083000	S	Verkauf Eigen KoArt	2.140,00	EUR	FML1	KM_15	GBB	1	ST

Abbildung 4.69 Buchhaltungsbeleg

LPos	BS	S/H	Konto	Ko...	Bezeichnung	Betrag	Wäh...	Werk	Material	Vor	Men...	BME
000001	50	H	54083001	S	Gegenkto. COGS-Split	2.140,00-	EUR	FML1	KM_15			
000002	40	S	50301000	S	KdU Direktmaterial	1.720,00	EUR	FML1	KM_15			
000003	40	S	50304001	S	KdU Personal	180,00	EUR	FML1	KM_15			
000004	40	S	50305001	S	KdU Abschreibungen	180,00	EUR	FML1	KM_15			
000005	40	S	50305003	S	KdU Energie	60,00	EUR	FML1	KM_15			

Abbildung 4.70 Buchhaltungsbeleg mit COGS-Split

In der Komponente CO wird die GuV-relevante Zeile des jeweiligen Buchhaltungsbelegs übernommen und auf ein Ergebnisobjekt gebucht (siehe Abbildung 4.71 und Abbildung 4.72).

```
Belegnummer  BuchDatum   Benutzer    RT RefBelegnr  OrgVg Vrgng Belegkopftext   StB  sto
  Bu OAr Objekt      ObjektBez Kostenart Kostenartenbezeichn.    Wert/OW OWä Menge GME Material

A000081R00   14.02.2021  STUDENT101  R  4900001764  RMWL  COIN
  1 ERG 2012                   54083000  Verkauf Eigen KoArt  2.140,00  EUR     1  ST  KM_15
```

Abbildung 4.71 Kostenrechnungsbeleg

```
Belegnummer  BuchDatum   Benutzer    RT RefBelegnr  OrgVg Vrgng Belegkopftext   StB  sto
  Bu OAr Objekt      ObjektBez Kostenart Kostenartenbezeichn.    Wert/OW OWä Menge GME Material

A000081S00   14.02.2021  STUDENT101  R  4900001764  TBCS  COIN
  1 ERG 2012                   54083001  Gegenkto. COGS-Split 2.140,00- EUR            KM_15
  2 ERG 2012                   50301000  KdU Direktmaterial   1.720,00  EUR            KM_15
  3 ERG 2012                   50304001  KdU Personal           180,00  EUR            KM_15
  4 ERG 2012                   50305001  KdU Abschreibungen     180,00  EUR            KM_15
  5 ERG 2012                   50305003  KdU Energie             60,00  EUR            KM_15
```

Abbildung 4.72 Kostenrechnungsbeleg zum COGS-Split

4.2.6 Faktura anlegen

Die Lieferung wird fakturiert (siehe Abbildung 4.73). Dabei wird der im Kundenauftrag vereinbarte Verkaufspreis übernommen und die gültige Ausgangssteuer berechnet. Die Buchung »Debitorenforderung (Soll) an Umsatzerlöse (Haben) und Ausgangssteuer (Haben)« findet sich im Buchhaltungsbeleg wieder (siehe Abbildung 4.74).

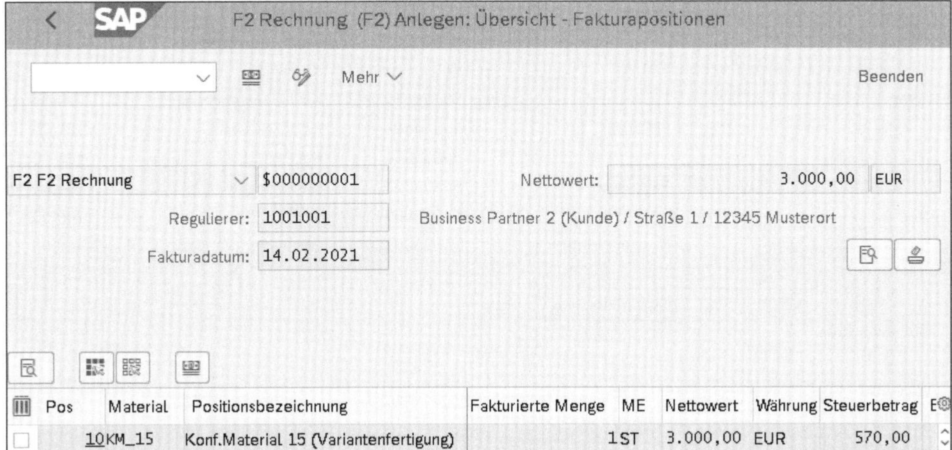

Abbildung 4.73 Faktura anlegen

BuKr	P...	BS	S/H	Konto	Ko...	Bezeichnung	Betrag	Wäh...	Werk	Material	Vor	Men...	BME
FMLA	1	01	S	1001001	D	Business Partner 2 (Kunde)	3.570,00	EUR					
	2	50	H	41000000	S	Erlöse Inl. - Erzeu.	3.000,00-	EUR					
	3	50	H	22000000	S	Ausgangssteuer (MWS)	570,00-	EUR			MWS		

Abbildung 4.74 Buchhaltungsbeleg

Zur Bildung des Deckungsbeitrags wird im Kostenrechnungsbeleg der Erlös ebenso in der Margin Analysis auf ein Ergebnisobjekt gebucht (siehe Abbildung 4.75). In einem Deckungsbeitragsbericht kann nun für einen einzelnen Kundenauftrag der individuelle Deckungsbeitrag angezeigt werden (siehe Abbildung 4.76).

Belegnummer	BuchDatum	Benutzer	RT	RefBelegnr	OrgVg	Vrgng	Belegkopftext	StB	sto
A000081T00	14.02.2021	STUDENT101	R	90000387		SD00	COIN		

Bu	OAr	Objekt	ObjektBez	Kostenart	Kostenartenbezeichn.	Wert/OW	OWä	Menge	GME	Material
1	ERG	2013		41000000	Erlöse Inl. - Erzeu.	3.000,00-	EUR			KM_15

Abbildung 4.75 Kostenrechnungsbeleg

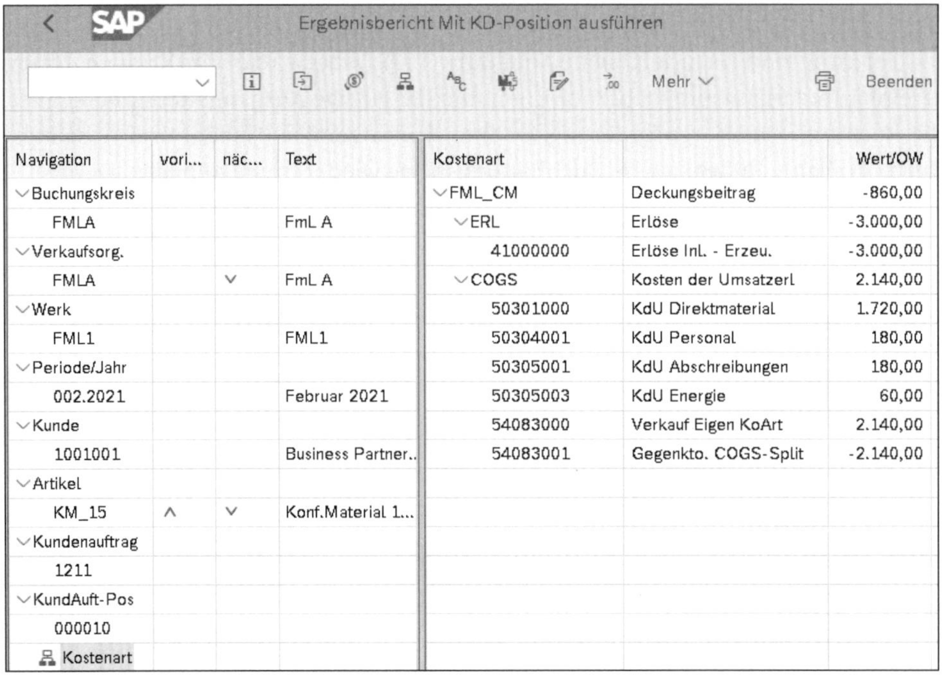

SAP Ergebnisbericht Mit KD-Position ausführen

Mehr Beenden

Navigation	vori...	näc...	Text
∨ Buchungskreis			
FMLA			FmL A
∨ Verkaufsorg.			
FMLA		∨	FmL A
∨ Werk			
FML1			FML1
∨ Periode/Jahr			
002.2021			Februar 2021
∨ Kunde			
1001001			Business Partner..
∨ Artikel			
KM_15	∧	∨	Konf.Material 1...
∨ Kundenauftrag			
1211			
∨ KundAuft-Pos			
000010			
Kostenart			

Kostenart		Wert/OW
∨ FML_CM	Deckungsbeitrag	-860,00
∨ ERL	Erlöse	-3.000,00
41000000	Erlöse Inl. - Erzeu.	-3.000,00
∨ COGS	Kosten der Umsatzerl	2.140,00
50301000	KdU Direktmaterial	1.720,00
50304001	KdU Personal	180,00
50305001	KdU Abschreibungen	180,00
50305003	KdU Energie	60,00
54083000	Verkauf Eigen KoArt	2.140,00
54083001	Gegenkto. COGS-Split	-2.140,00

Abbildung 4.76 Deckungsbeitragsbericht

4.3 Kundenauftragsorientierte Serienfertigung

Das Szenario der *kundenauftragsorientierten Serienfertigung* kann eingesetzt werden, wenn massenweise ähnliche Produkte gefertigt werden, bei denen es weniger auf eine Analyse der Abweichungen in Bezug auf das einzelne Fertigprodukt ankommt, sondern es lediglich um eine Deckungsbeitragsbetrachtung im Vertrieb geht. Mögliche Abweichungen werden auf alle gefertigten Produkte pauschal verteilt. Allerdings ist hier die Verfahrensweise für Materialien und Leistungen unterschiedlich.

Materialien können individuell für jeden einzelnen Kundenauftrag betrachtet werden. Hierzu ist für jede Kundenauftragsposition eine eigene *Auftragsstückliste* nötig oder, wie in diesem Szenario, eine *Variantenkonfiguration* auf einer Maximalstückliste, die genau das zu fertigende Produkt beschreibt, wie es vom Kunden gewünscht wird.

Für Leistungen geht SAP in der kundenauftragsorientierten Serienfertigung davon aus, dass diese sich nicht in Abhängigkeit von unterschiedlichen Merkmalsausprägungen unterscheiden. Deshalb gibt es nur einen Arbeitsplan, genau genommen einen Linienplan ohne Beziehungswissen, d. h., die angegebenen Leistungen sind völlig unabhängig von der Variantenkonfiguration. Zählpunkte sind in der kundenauftragsorientierten Serienfertigung nicht erlaubt.

Im *Serienfertigungsprofil*, das dem Materialstamm in der Sicht **Disposition 4** zugeordnet ist, wird festgelegt, ob die Leistungen auf Basis der Plankalkulation oder der Vorkalkulation zum Produktkostensammler erfolgen soll. In unserem Szenario verwenden wir Letzteren.

Im Materialstamm ist in der Sicht **Disposition 3** für das konfigurierbare Produkt eine Referenz auf sich selbst mit Ausprägung einer Merkmalskombination zu hinterlegen, die aber keine Auswirkung auf die Auswahl der Leistungen im Arbeitsplan hat. Hierdurch wird es möglich, die hinterlegten Leistungen bei der Rückmeldung zu verbuchen.

[«]

Plankalkulation zum konfigurierbaren Material

Weitere Informationen zur Plankalkulation finden Sie in der SAP-Hilfe unter »Plankalkulation zum konfigurierbaren Material«. Die Reihenfolge sollte folgendermaßen stattfinden:

1. Materialstamm anlegen ohne Bezug auf sich selbst
2. Konfigurationsprofil anlegen
3. Materialstamm ändern und in der Sicht **Disposition 3** einen Bezug auf sich selbst mit Dummy-Konfiguration erstellen.
4. Stückliste und Arbeitsplan erstellen und in einer Fertigungsversion kombinieren
5. Produktkostensammler anlegen und vorkalkulieren

In Schritt 1 wird der Kundenauftrag angelegt und die Konfiguration vorgenommen. Durch die Bedarfsplanung in Schritt 2 wird ein Planauftrag angelegt, zu dem die benötigten Materialien in Schritt 3 an der Linie bereitgestellt werden. In Schritt 4 erfolgt die Rückmeldung, diesmal mit Bezug zum Kundenauftrag. Die Ware wird in Schritt 5 ausgeliefert und in Schritt 6 fakturiert (siehe Abbildung 4.77).

Der Produktkostensammler ist in diesem Szenario das zentrale Element im Buchungsschema (siehe Abbildung 4.78). Weitere Kundenaufträge zum gleichen Material werden bestandsmäßig jeweils zu ihrem eigenen Wert geführt, aber alle Materialkosten, Leistungen und Fabrikleistungen werden auf dem gemeinsamen Produktkostensammler gebucht. Im Monatsabschluss ist nur dieser Produktkostensammler zu bearbeiten, d. h. anstelle von Tausenden einzelnen Fertigungsaufträgen wird nur dieses eine CO-Objekt benötigt.

Zur Abbildung der Bestände in der Fertigung wird ein zweiter Lagerort, ein sogenannter *Produktionslagerort* verwendet. Die finanzielle Bewertung der Bestände im normalen Lagerort und an der Linie unterscheidet sich dabei nicht. Wir zeichnen für das gemeinsame Verständnis trotzdem die Umlagerung mit der Bewegungsart 311 gestrichelt ein, auch wenn kein Rechnungswesenbeleg entsteht.

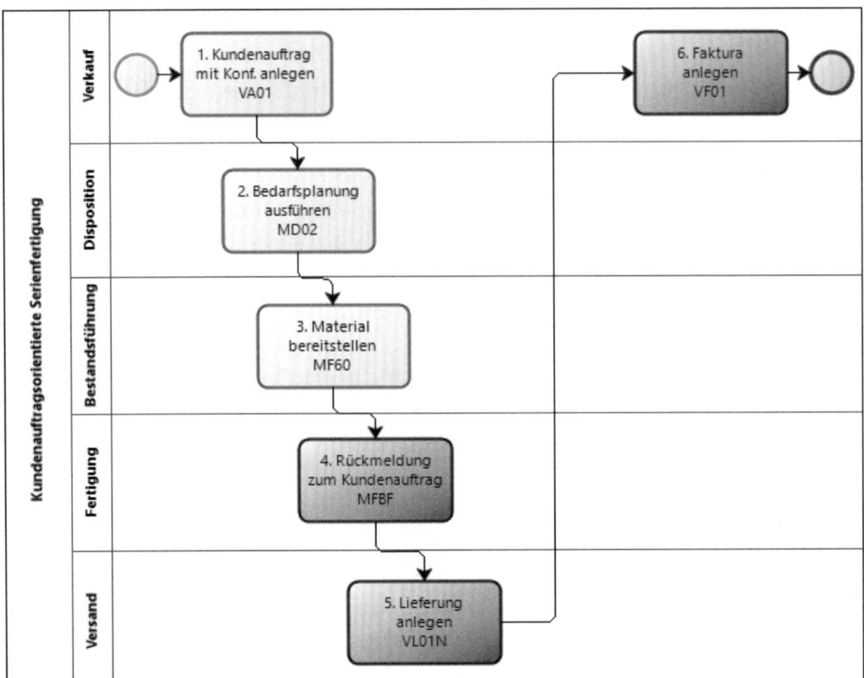

Abbildung 4.77 Prozess »Kundenauftragsorientierten Serienfertigung«

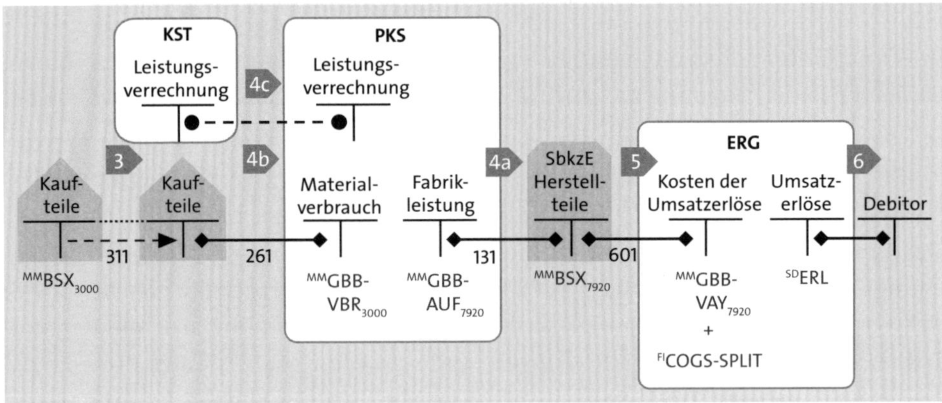

Abbildung 4.78 Buchungsschema »Kundenauftragsorientierte Serienfertigung«

Der Arbeitsplan zum konfigurierbaren Material KM_16 darf, wie bereits beschrieben, kein Beziehungswissen beinhalten und besteht für dieses Szenario beispielhaft nur aus einem einzigen Vorgang (siehe Abbildung 4.79). Es ist also kein Maximalarbeitsplan wie im Szenario aus Abschnitt 4.2.

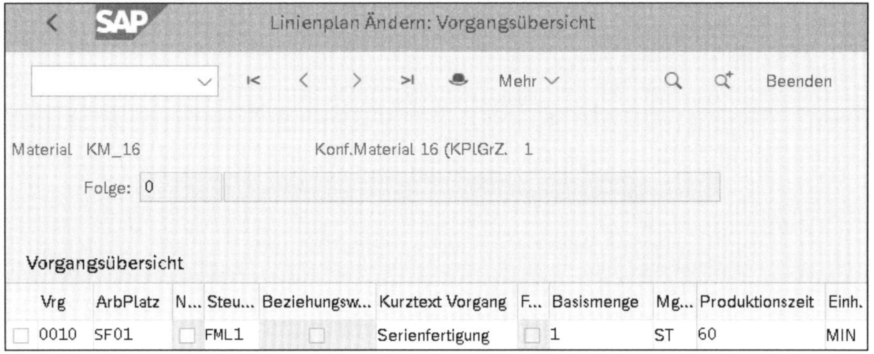

Abbildung 4.79 Arbeitsplan

Weitere Voraussetzungen sind die Maximalstückliste mit Beziehungswissen, um je nach Konfiguration die benötigten Materialien zu ermitteln, und eine Fertigungsversion, in die die Stückliste und der Arbeitsplan eingetragen werden.

Die Stückliste und das darin eingetragene Beziehungswissen entsprechen dem vorangehenden Beispiel aus Abschnitt 4.2, »Variantenfertigung«; lediglich die Materialnummern lauten anders. In der Fertigungsversion ordnen Sie den Linienplan und die Maximalstückliste entsprechend zu. Ebenso wird die Serienfertigung erlaubt (siehe Abbildung 4.80).

Detailpflege der Fertigungsversion

Werk: FML1 FML1
Material: KM_16 Konf.Material 16
Fertigungsversion: 0001 Serienfertigung Prüf

Fertigungsversion
Sperre: Nicht gesperrt Zugeordnete ÄndNr.:
Mindestlosgröße: Maximale Losgröße:
Gültig ab: 01.01.2021 Gültig bis: 31.12.9999

Plan
Plantyp Plangruppe Plangruppenzähler
Feinplanung: R Linienplan 50000008 1

Stückliste
StücklAlternative: 1 StücklVerwendung: 1
Aufteilungsschema:

Serienfertigung
Serienf. erlaubt: ✓ Fertigungslinie: SF01

Abbildung 4.80 Fertigungsversion

Mit dieser Fertigungsversion legen Sie den Produktkostensammler zum Material KM_16 an (siehe Abbildung 4.81).

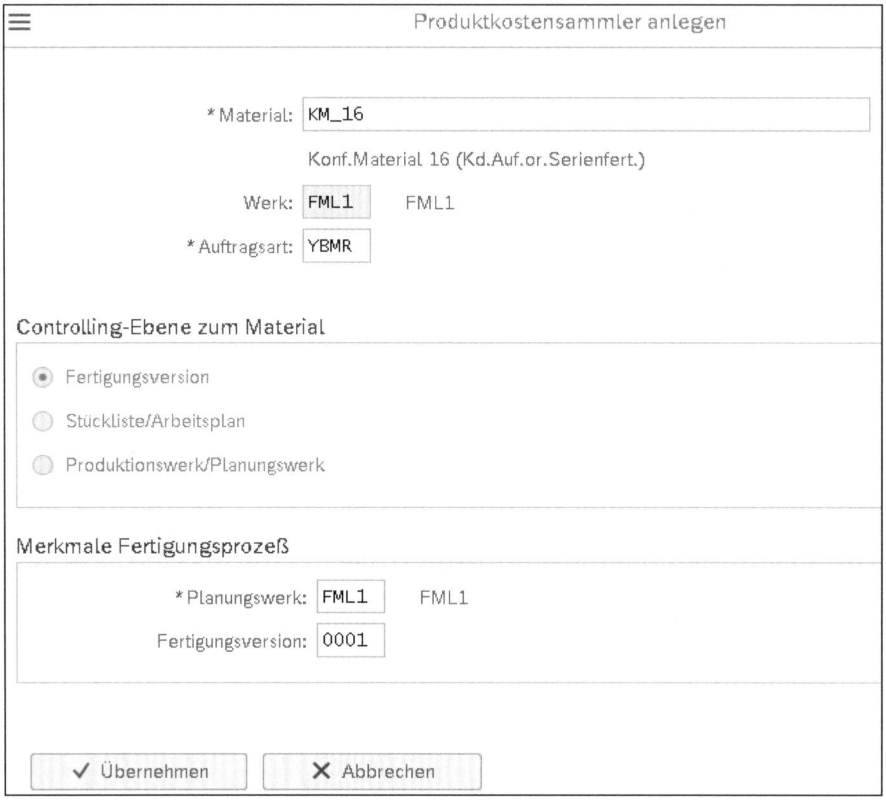

Produktkostensammler anlegen

*Material: KM_16
Konf.Material 16 (Kd.Auf.or.Serienfert.)
Werk: FML1 FML1
*Auftragsart: YBMR

Controlling-Ebene zum Material
Fertigungsversion
Stückliste/Arbeitsplan
Produktionswerk/Planungswerk

Merkmale Fertigungsprozeß
*Planungswerk: FML1 FML1
Fertigungsversion: 0001

✓ Übernehmen ✕ Abbrechen

Abbildung 4.81 Produktkostensammler anlegen

Der Produktkostensammler erhält die Nummer 700008 und ist für alle Kundenauftragspositionen zu KM_16 das Kontierungsobjekt. Da in diesem Szenario keine Zählpunkte verwendet werden dürfen und alle Materialien retrograd entnommen werden, kann keine WIP-Ermittlung stattfinden. Deshalb bleibt in den Detaildaten des Produktkostensammlers das Feld **Abgrenzungsschlüssel** leer (siehe Abbildung 4.82).

Abweichungen, die durch zusätzliche Erfassungen von Materialien oder Leistungen sowie durch manuelle Buchungen entstehen, können im Monatsabschluss ermittelt werden. Da es aber keine sinnvollen Soll-Kosten auf der Ebene des Produktkostensammlers gibt, sollte nur eine Restabweichung ermittelt werden. Diese wird im Verhältnis der Herstellkosten der jeweils in der Periode beteiligten Kundenauftragspositionen aufgeteilt und die entsprechenden Merkmale bei der Abrechnung in die Margin Analysis gebucht.

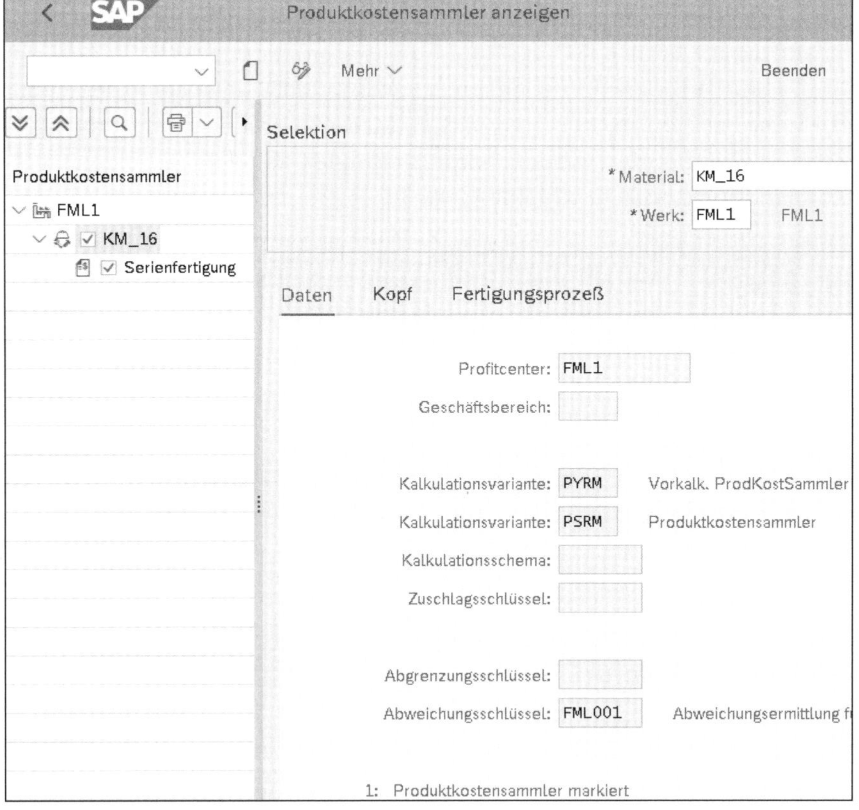

Abbildung 4.82 Produktkostensammler

Zum Produktkostensammler legen Sie eine Vorkalkulation an (siehe Abbildung 4.83). Aus dieser Vorkalkulation interessieren in diesem Szenario aber nur die Leistungen der Kostenstellen, die später bei der Rückmeldung automatisch gebucht werden sollen. In diesem Falle sind dies 60 Minuten der Kostenstelle FML_SF01 auf dem Arbeitsplatz SF01 unter der Leistungsart PROD01, die aus dem Arbeitsplan übernommen wurden.

Materialkalkulation mit Mengengerüst anzeigen

Kalkulationsstruktur aus | Detailliste aus | Mehr | Beenden

Kalkulationsstruktur	F...	Wert Gesamt	Währung	Menge	M...	Ressource
Konf.Material 16 (Kd.A	■	1.600,00	EUR	1	ST	FML1 KM_16
Serienfertigung		600,00	EUR	60	MIN	FML_SF01 SF01 PROD01
Kaufteil 16D	■	1.000,00	EUR	1	ST	FML1 KT_16D

Abbildung 4.83 Produktkostensammler – Vorkalkulation

4.3.1 Kundenauftrag anlegen

Ein Kundenauftrag für 1 Stück (ST) des konfigurierbaren Materials KM_16 geht ein und wird im System mit einem Verkaufspreis von 3.100 EUR angelegt (siehe Abbildung 4.84). Für die Position erscheint das Bild zur Merkmalbewertung, in dem die gewünschte Variante konfiguriert werden muss. Der Kunde wählte für die beiden Merkmale die Kombination C/2 (siehe Abbildung 4.85).

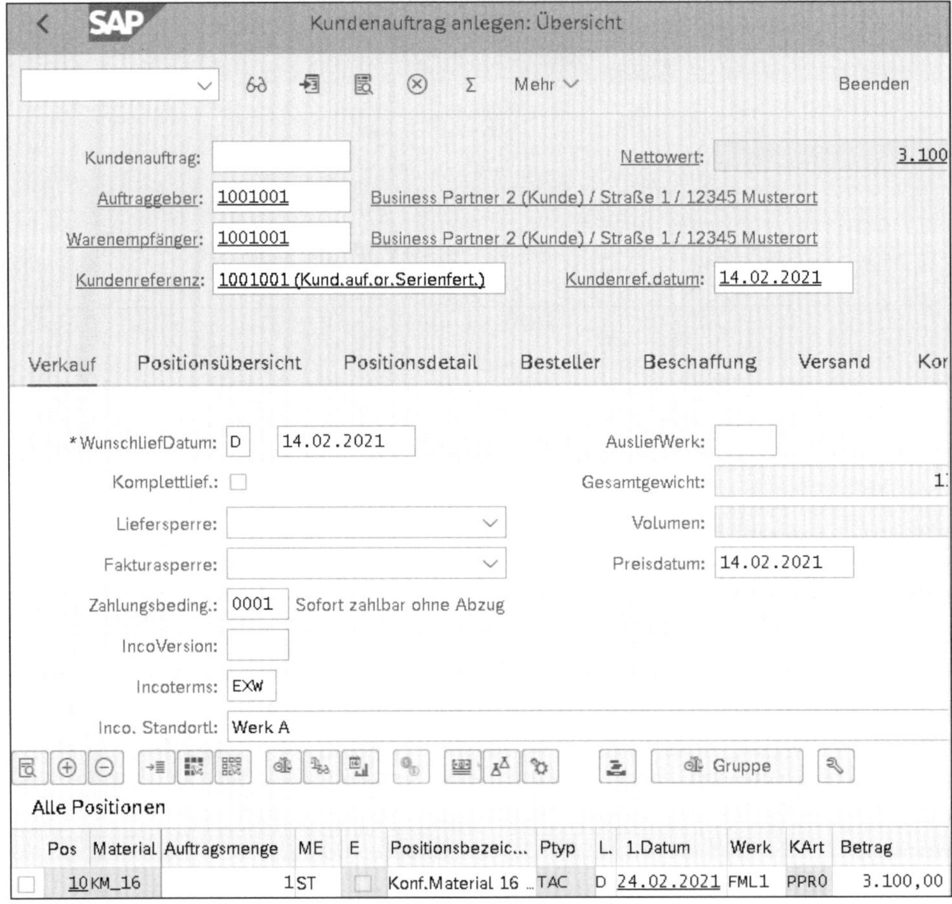

Abbildung 4.84 Kundenauftrag anlegen

Beim Speichern wird automatisch eine Kundenauftragskalkulation für diese Position ausgeführt, die den Wert bestimmt, mit dem das Material für diesen Auftrag in den bewerteten Kundenauftragsbestand mit dem Sonderbestandskennzeichen E genommen werden soll (siehe Abbildung 4.86). Mit der Kalkulation wird die Kostenschichtung, die bei der Auslieferung für den COGS-Split verwendet wird, erstellt und abgespeichert (siehe Abbildung 4.87).

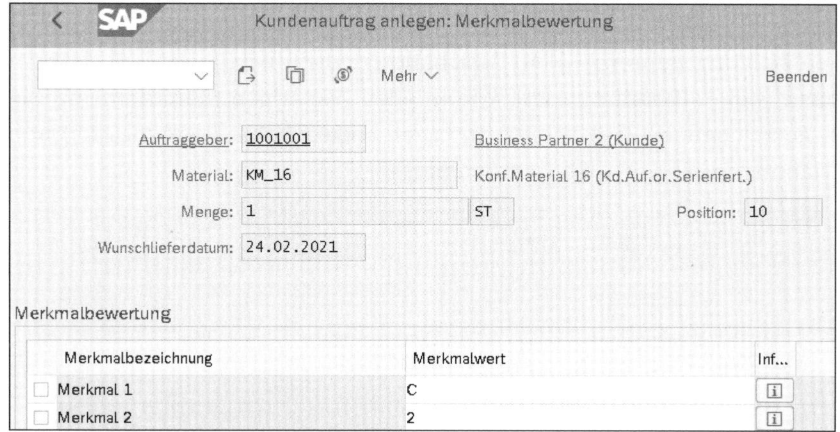

Abbildung 4.85 Merkmalsbewertung

Kundenauftragskalkulation

Detailliste aus · Mehr · Beenden

Kalkulationsstruktur	F...	Wert Gesamt	Wä...	Menge	M...	Ressource
Konf.Material 16 (K	■	2.470,00	EUR	1	ST	FML1 KM_16
Serienfertigung		600,00	EUR	60	MIN	FML_SF01 SF01 PROD01
Kaufteil 16c	■	520,00	EUR	1	ST	FML1 KT_16C
Kaufteil 16D	■	1.000,00	EUR	1	ST	FML1 KT_16D
Kaufteil 16F	■	300,00	EUR	1	ST	FML1 KT_16F
Kaufteil 16G	■	50,00	EUR	1	ST	FML1 KT_16G

Abbildung 4.86 Kundenauftragskalkulation für KM_16

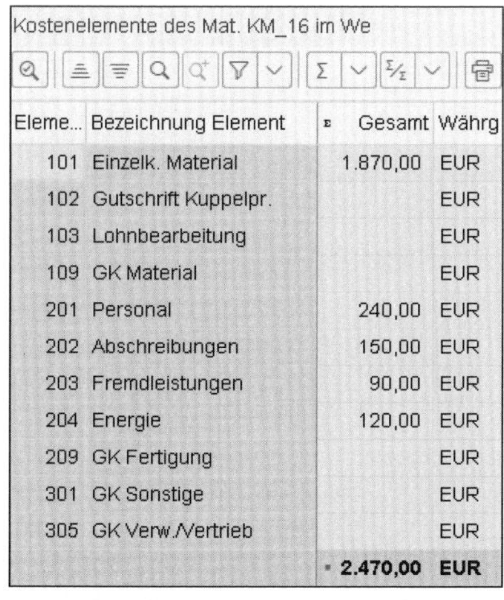

Kostenelemente des Mat. KM_16 im We

Eleme...	Bezeichnung Element	Gesamt	Währg
101	Einzelk. Material	1.870,00	EUR
102	Gutschrift Kuppelpr.		EUR
103	Lohnbearbeitung		EUR
109	GK Material		EUR
201	Personal	240,00	EUR
202	Abschreibungen	150,00	EUR
203	Fremdleistungen	90,00	EUR
204	Energie	120,00	EUR
209	GK Fertigung		EUR
301	GK Sonstige		EUR
305	GK Verw./Vertrieb		EUR
		• **2.470,00**	**EUR**

Abbildung 4.87 Kostenschichtung für KM_16

4.3.2 Bedarfsplanung ausführen

Für die Serienfertigung werden *Planaufträge* benötigt, die durch die Bedarfsplanung erstellt werden (siehe Abbildung 4.88). Wie in allen bisherigen Szenarien sind die Kaufteile in ausreichender Zahl bereits im Lager, sodass keine Fremdbeschaffung durch den Planungslauf angestoßen werden muss.

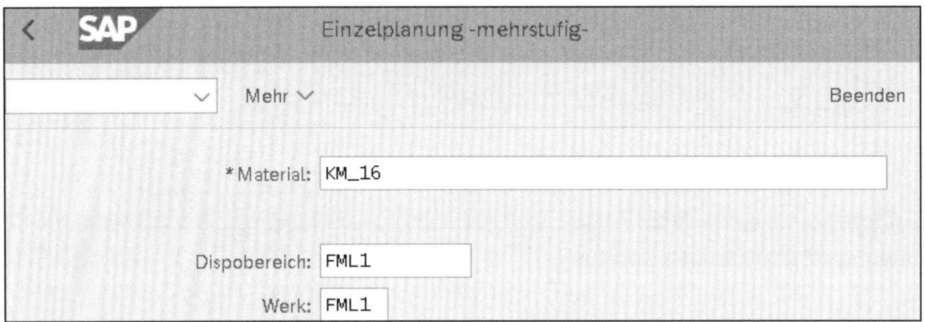

Abbildung 4.88 Einzelplanung

Zum Kundenauftragsbedarf von 1 Stück wird als Bedarfsdecker ein Planauftrag generiert, der in der Bedarfs-/Bestandsliste eingetragen wird (siehe Abbildung 4.89). Die Bedarfsplanung erstellt den Planauftrag 7243 mit Bezug zur Kundenauftragsposition. Die abhängigen Bedarfe für die Komponenten wurden anhand der Maximalstückliste und der Konfiguration ermittelt.

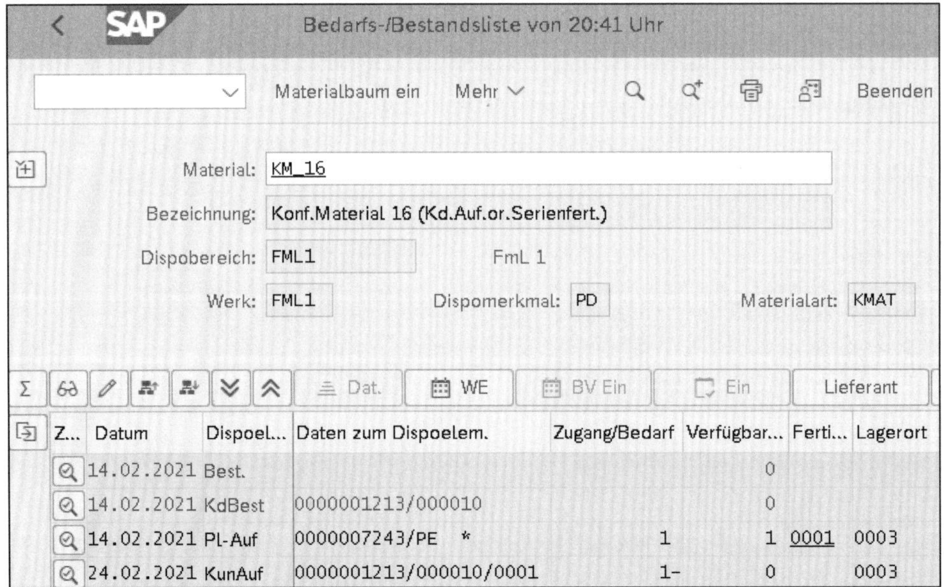

Z...	Datum	Dispoel...	Daten zum Dispoelem.	Zugang/Bedarf	Verfügbar...	Ferti...	Lagerort
	14.02.2021	Best.			0		
	14.02.2021	KdBest	0000001213/000010		0		
	14.02.2021	PL-Auf	0000007243/PE *	1	1	0001	0003
	24.02.2021	KunAuf	0000001213/000010/0001	1-	0		0003

Abbildung 4.89 Bedarfs-/Bestandsliste

4.3.3 Material bereitstellen

Die Produktion soll beginnen, benötigt aber noch die Bereitstellung der Materialien an der Linie. Dazu findet eine Umlagerung vom logistischen Lager in den Produktionslagerort statt. Basis für die Daten ist der erstellte Planauftrag, indem sowohl der Bezug zum Kundenauftrag als auch die Komponentenliste geführt wird. Wenn Sie die Materialbereitstellungsliste starten, werden Ihnen zum Kundenauftrag vier Nachschubelemente angezeigt (siehe Abbildung 4.90).

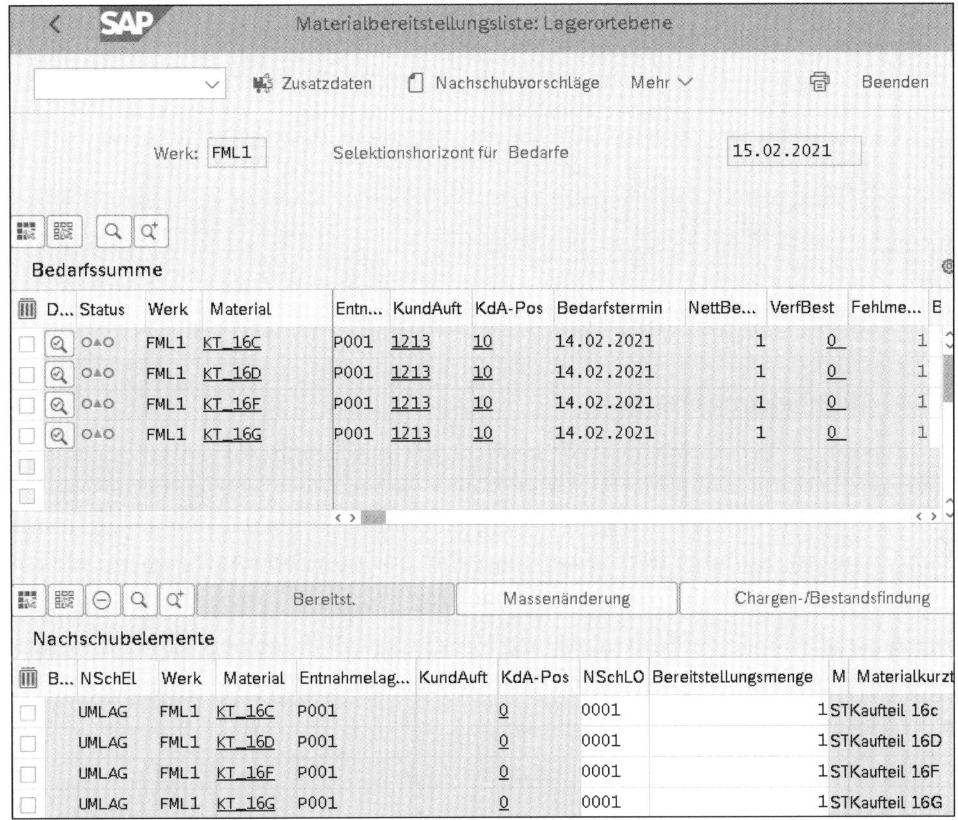

Abbildung 4.90 Materialbereitstellungsliste für die Kaufteile

Ordnen Sie hier den Nachschublagerort 0001 zu, und lösen Sie die Verbuchung über die Schaltfläche **Bereitstellen** aus. Im Materialbeleg wird die Umlagerung mit der Bewegungsart 311 vom Lagerort 0001 in den Lagerort P001 vollzogen (siehe Abbildung 4.91).

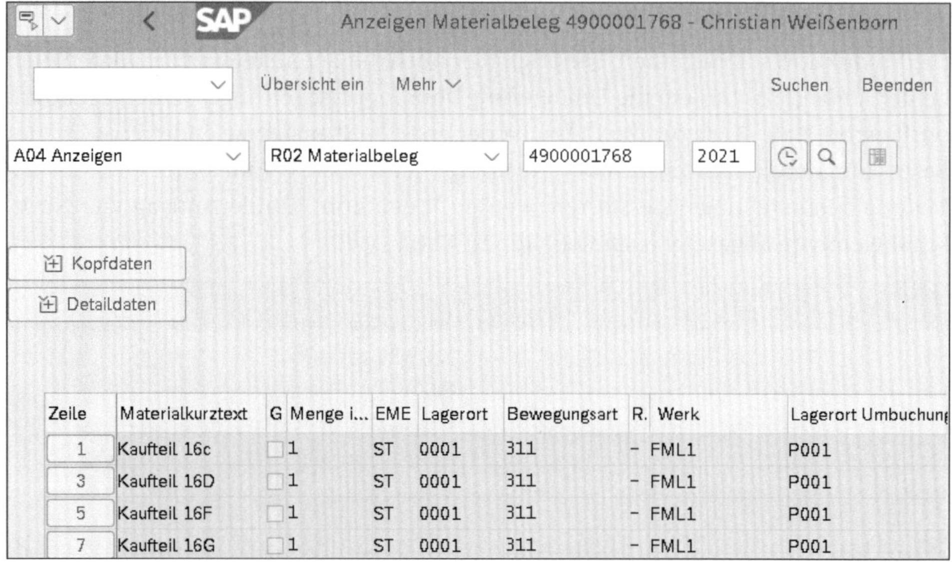

Abbildung 4.91 Materialbeleg zur Materialbereitstellung

4.3.4 Rückmeldung erfassen

Im Erfassungsbild der Rückmeldung ist nicht wie in Abschnitt 4.3.3, »Material bereitstellen«, die Materialnummer und Menge einzugeben. Wechseln Sie stattdessen auf die Registerkarte **Kundenauftragsfertigung** (siehe Abbildung 4.92). Dort geben Sie nur Kundenauftragsnummer (**Kundenauftrag**) und -position (**KundAuft-Pos**) an; alle anderen Daten wie **Material**, **Werk** und **Planauftrag** leiten sich daraus ab.

Die Rückmeldung in der Serienfertigung löst die drei als 4a, 4b und 4c im Buchungsschema eingetragenen Buchungen aus (siehe Abbildung 4.78):

- Wareneingang des Fertigerzeugnisses
- Warenausgang aller Komponenten als retrograde Entnahme
- Leistungsverrechnung

Die Leistungsverrechnung findet in diesem Fall mit den Daten aus der Vorkalkulation des Produktkostensammlers statt. Der Materialbeleg kombiniert den unter **Bewegungsart** 131 gebuchten Wareneingang und die mit 261 gebuchten Warenausgänge (siehe Abbildung 4.93).

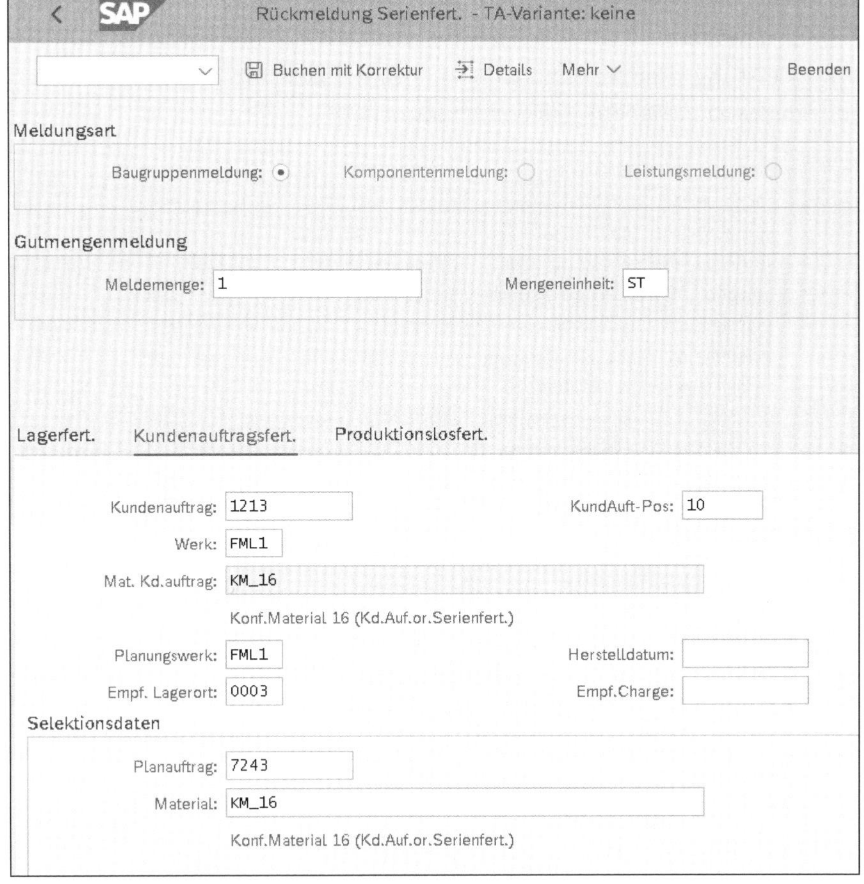

Abbildung 4.92 Rückmeldung erfassen

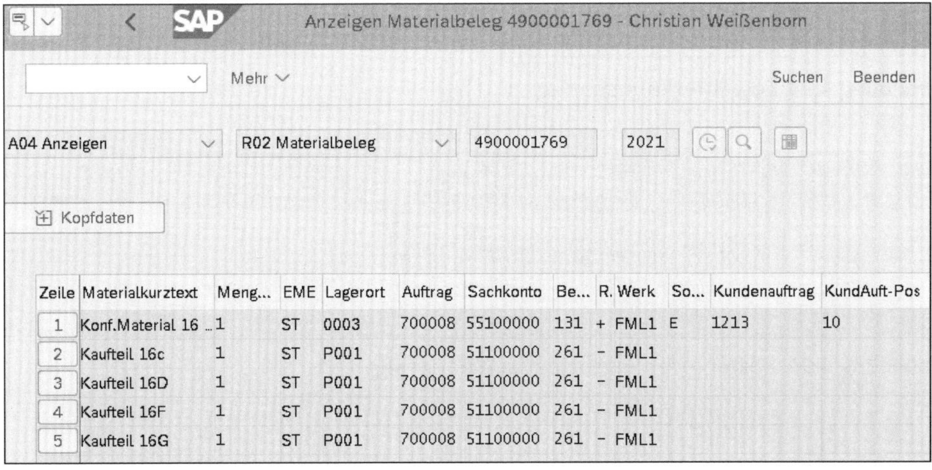

Zeile	Materialkurztext	Meng...	EME	Lagerort	Auftrag	Sachkonto	Be...	R.	Werk	So...	Kundenauftrag	KundAuft-Pos
1	Konf.Material 16 ...	1	ST	0003	700008	55100000	131	+	FML1	E	1213	10
2	Kaufteil 16c	1	ST	P001	700008	51100000	261	-	FML1			
3	Kaufteil 16D	1	ST	P001	700008	51100000	261	-	FML1			
4	Kaufteil 16F	1	ST	P001	700008	51100000	261	-	FML1			
5	Kaufteil 16G	1	ST	P001	700008	51100000	261	-	FML1			

Abbildung 4.93 Materialbeleg

Im Buchhaltungsbeleg dient der Vorgang BSX zur Ermittlung der Bestandskonten, GBB-AUF für die Entlastung des Produktkostensammlers mit der Buchung »Bestand (Soll) an Fabrikleistung (Haben)« und GBB-VBR für die Belastung mit »Materialverbrauch (Soll) an Bestand (Haben)« (siehe Abbildung 4.94).

BuKr	Pos	Bschl	S/H	Konto	Koart	Bezeichnung	Betrag	Währg	Werk	Material	Vorgang	Menge	BME
FMLA	1	89	S	13400000	M	Best fertige Ware	2.470,00	EUR	FML1	KM_16	BSX	1	ST
	2	91	H	55100000	S	Fabrikleistng Pr.Auf	2.470,00-	EUR	FML1	KM_16	GBB	1-	ST
	3	99	H	13100000	M	Bestand Rohstoffe	520,00-	EUR	FML1	KT_16C	BSX	1-	ST
	4	81	S	51100000	S	Verbrauch Rohstoffe	520,00	EUR	FML1	KT_16C	GBB	1	ST
	5	99	H	13100000	M	Bestand Rohstoffe	1.000,00-	EUR	FML1	KT_16D	BSX	1-	ST
	6	81	S	51100000	S	Verbrauch Rohstoffe	1.000,00	EUR	FML1	KT_16D	GBB	1	ST
	7	99	H	13100000	M	Bestand Rohstoffe	300,00-	EUR	FML1	KT_16F	BSX	1-	ST
	8	81	S	51100000	S	Verbrauch Rohstoffe	300,00	EUR	FML1	KT_16F	GBB	1	ST
	9	99	H	13100000	M	Bestand Rohstoffe	50,00-	EUR	FML1	KT_16G	BSX	1-	ST
	10	81	S	51100000	S	Verbrauch Rohstoffe	50,00	EUR	FML1	KT_16G	GBB	1	ST

Abbildung 4.94 Buchhaltungsbeleg

Im Kostenrechnungsbeleg werden nur die Zeilen für Fabrikleistung und Materialverbrauch übernommen und auf den Produktkostensammler 700008 kontiert (siehe Abbildung 4.95). Als Drittes fehlt noch die Leistungsverrechnung (siehe Abbildung 4.96) von der Kostenstelle an den Produktkostensammler.

Belegnummer	BuchDatum	Benutzer	RT	RefBelegnr	OrgVg	Vrgng	Belegkopftext	StB	sto
Bu	**OAr Objekt**	**ObjektBez**	**Kostenart**	**Kostenartenbezeichn.**	**Wert/OW**	**OWä**	**Menge**	**GME**	**Material**
A000081Y00	14.02.2021	STUDENT101	R	4900001769	RMRU	COIN			
2	AUF 700008	Serienfer...	55100000	Fabrikleistng Pr.Auf	2.470,00-	EUR	1-	ST	KM_16
3	AUF 700008	Serienfer...	51100000	Verbrauch Rohstoffe	520,00	EUR	1	ST	KT_16C
4	AUF 700008	Serienfer...	51100000	Verbrauch Rohstoffe	1.000,00	EUR	1	ST	KT_16D
5	AUF 700008	Serienfer...	51100000	Verbrauch Rohstoffe	300,00	EUR	1	ST	KT_16F
6	AUF 700008	Serienfer...	51100000	Verbrauch Rohstoffe	50,00	EUR	1	ST	KT_16G

Abbildung 4.95 Kostenrechnungsbeleg

Belegnummer	BuchDatum	Benutzer	RT	RefBelegnr	OrgVg	Vrgng	Belegkopftext	StB	sto
Bu	**OAr Objekt**	**ObjektBez**	**Kostenart**	**Kostenartenbezeichn.**	**Wert/OW**	**OWä**	**Menge**	**GME**	**Material**
300001108	14.02.2021	STUDENT101	R	1134	RMRU	RKL			
1	LEI FML_SF01/...	Serienfer...	94399000	Produktionszeit	600,00-	EUR	60-	MIN	
2	AUF 700008	Serienfer...	94399000	Produktionszeit	600,00	EUR	60	MIN	

Abbildung 4.96 Kostenrechnungsbeleg für die Leistung

4.3.5 Lieferung anlegen

Nun wird die Lieferung angelegt und kommissioniert, um abschließend den Warenausgang buchen zu können (siehe Abbildung 4.97). Im Materialbeleg wird der Warenausgang aus dem Kundenauftragsbestand mit der Bewegungsart 601 gebucht (siehe Abbildung 4.98).

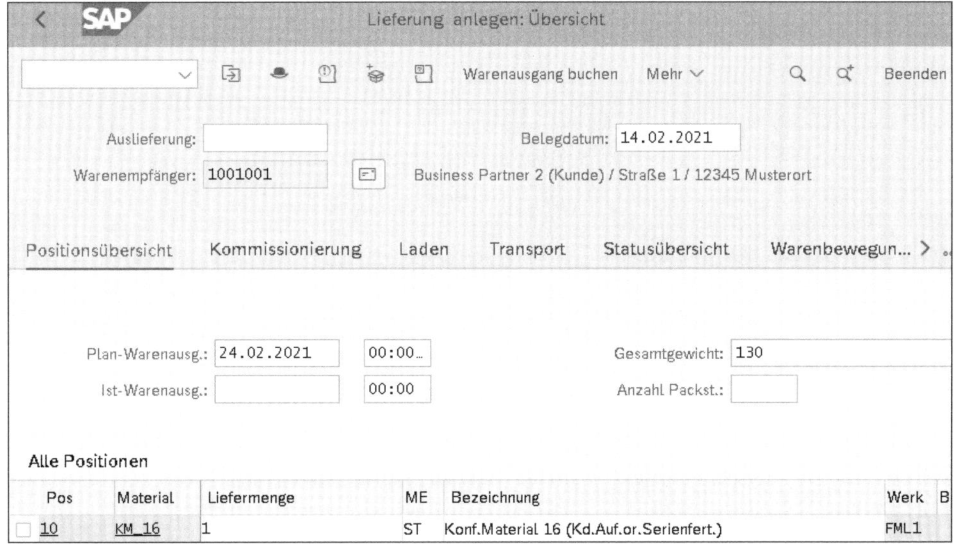

Abbildung 4.97 Lieferung anlegen

Abbildung 4.98 Materialbeleg

Im Buchhaltungsbeleg wird über GBB-VAY das Verkaufskonto ermittelt und die Buchung »Verkauf eigene Erzeugnisse (Soll) an Bestand fertige Waren (Haben)« ausgelöst.

BuKr	Pos	BS	S/H	Konto	Koart	Bezeichnung	Betrag	Wäh...	Werk	Material	Vorgang	Menge	BME
FMLA	1	99	H	13400000	M	Best fertige Ware	2.470,00-	EUR	FML1	KM_16	BSX	1-	ST
	2	81	S	54083000	S	Verkauf Eigen KoArt	2.470,00	EUR	FML1	KM_16	GBB	1	ST

Abbildung 4.99 Buchhaltungsbeleg

Automatisch wird der zweite Buchhaltungsbeleg für den COGS-Split erstellt, um die Kosten der Umsatzerlöse anhand der Kundenauftragskalkulation aufzuteilen (siehe Abbildung 4.100).

BuKr	Pos	LPos	BS	S/H	Konto	Ko...	Bezeichnung	Betrag	Wäh...	Werk	Material	Vorgang
FMLA	1	000001	50	H	54083001	S	Gegenkto. COGS-Split	2.470,00-	EUR	FML1	KM_16	
	2	000002	40	S	50301000	S	KdU Direktmaterial	1.870,00	EUR	FML1	KM_16	
	3	000003	40	S	50304001	S	KdU Personal	240,00	EUR	FML1	KM_16	
	4	000004	40	S	50305001	S	KdU Abschreibungen	150,00	EUR	FML1	KM_16	
	5	000005	40	S	50305002	S	KdU Fremdleistungen	90,00	EUR	FML1	KM_16	
	6	000006	40	S	50305003	S	KdU Energie	120,00	EUR	FML1	KM_16	

Abbildung 4.100 Buchhaltungsbeleg mit COGS-Split

In den beiden Kostenrechnungsbelegen spiegeln sich die GuV-relevanten Buchungszeilen auf das Ergebnisobjekt kontiert wider (siehe Abbildung 4.101 sowie Abbildung 4.102).

```
Belegnummer  BuchDatum   Benutzer    RT RefBelegnr  OrgVg Vrgng Belegkopftext   StB  sto
Bu OAr Objekt      ObjektBez  Kostenart Kostenartenbezeichn.   Wert/OW OWä Menge GME Material

A000081Z00   14.02.2021  STUDENT101  R  4900001770  RMWL  COIN
 1 ERG 2020                   54083000  Verkauf Eigen KoArt  2.470,00  EUR     1  ST  KM_16
```

Abbildung 4.101 Kostenrechnungsbeleg

```
Belegnummer  BuchDatum   Benutzer    RT RefBelegnr  OrgVg Vrgng Belegkopftext   StB  sto
Bu OAr Objekt      ObjektBez  Kostenart Kostenartenbezeichn.   Wert/OW OWä Menge GME Material

A000082000   14.02.2021  STUDENT101  R  4900001770  TBCS  COIN
 1 ERG 2020                   54083001  Gegenkto. COGS-Split 2.470,00- EUR            KM_16
 2 ERG 2020                   50301000  KdU Direktmaterial   1.870,00  EUR            KM_16
 3 ERG 2020                   50304001  KdU Personal           240,00  EUR            KM_16
 4 ERG 2020                   50305001  KdU Abschreibungen     150,00  EUR            KM_16
 5 ERG 2020                   50305002  KdU Fremdleistungen     90,00  EUR            KM_16
 6 ERG 2020                   50305003  KdU Energie            120,00  EUR            KM_16
```

Abbildung 4.102 Kostenrechnungsbeleg mit COGS-Split

4.3.6 Faktura anlegen

Zum vereinbarten Verkaufspreis und dem gültigen Steuersatz wird die Faktura erstellt und an die Buchhaltung übergeben (siehe Abbildung 4.103).

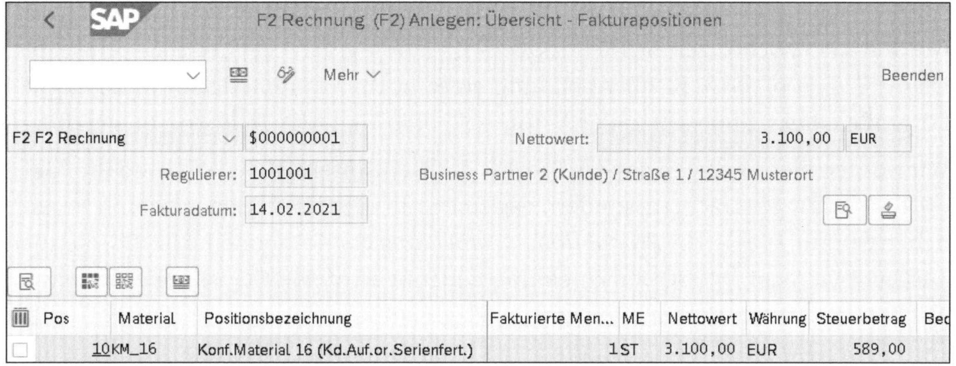

Abbildung 4.103 Faktura anlegen

Die entsprechenden Werte sind im Buchhaltungsbeleg (siehe Abbildung 4.104) verbucht; der entsprechende Buchungssatz lautet »Debitorenforderung (Soll) an Erlöse Inland (Haben) und Ausgangssteuer (Haben)«. Die Erlöse finden Sie auch im Kostenrechnungsbeleg, auf das Ergebnisobjekt kontiert, wieder (siehe Abbildung 4.105).

BuKr	Pos	Bschl	S/H	Konto	Koart	Bezeichnung	Betrag	Währg	Werk	Material	Vor	Menge
FMLA	1	01	S	1001001	D	Business Partner 2 (Kunde)	3.689,00	EUR				
	2	50	H	41000000	S	Erlöse Inl. - Erzeu.	3.100,00-	EUR				
	3	50	H	22000000	S	Ausgangssteuer (MWS)	589,00-	EUR			MWS	

Abbildung 4.104 Buchhaltungsbeleg

```
Belegnummer  BuchDatum   Benutzer    RT RefBelegnr  OrgVg Vrgng Belegkopftext  StB  sto
Bu OAr Objekt      ObjektBez  Kostenart Kostenartenbezeichn.   Wert/OW OWä Menge GME Material

A000082100   14.02.2021  STUDENT101  R  90000389    SD00  COIN
  1 ERG 2021                  41000000  Erlöse Inl. - Erzeu. 3.100,00- EUR     1- ST  KM_16
```

Abbildung 4.105 Kostenrechnungsbeleg

Dieses Szenario bildet einen sehr schlanken Prozess ab, wenn Sie konfigurierbare Produkte verwenden, auf Zählpunkte verzichten können und ein allgemeingültiger Arbeitsplan ohne Bezug zur Konfiguration ausreicht. Können die beiden letzten Punkte nicht bejaht werden, empfehle ich Ihnen einen Blick in den nachfolgenden Abschnitt 4.4.

4.4 PP/DS-Produktionsrückmeldung

Die *PP/DS-Produktionsrückmeldung* ist eine Sonderform der in Abschnitt 4.3, »Kundenauftragsorientierte Serienfertigung«, beschriebenen kundenauftragsorientierten Serienfertigung. Es lässt sich gut in Verbindung mit dem in SAP S/4HANA integrierten SAP APO-Nachfolger PP/DS (Production Planning/Direct Scheduling) einsetzen. Dieses Szenario, das z. B. zur Abbildung einer hochvariantenreichen Fertigung bei Losgröße 1 dient, findet oft in der Automobil- oder Hightech-Industrie Anwendung.

Wir werden hier nicht den ganzen Prozess der werksinternen Bedarfs- und Produktionsfeinplanung betrachten, sondern beginnen mit dem für das Finanzwesen wesentlichen Output. Dies ist die *Produktionsrückmeldung* der Komponente PP/DS, die auch Automotive- oder PPCGO-Rückmeldung genannt wird. PPCGO ist die Transaktion, mit der die zentrale Verbuchung von angelegten Rückmeldungen stattfindet. In diesem Beispiel werden die Konfigurations- und Planungsschritte übersprungen, und wir legen direkt diese Rückmeldungen an, die in diesem Fall durch ein BAPI-Funktionsbaustein gefüllt werden. Das bedeutet, dass nur das Auflösungsergebnis der Komponente PP/DS imitiert wird, da uns für den Aspekt der Integration nur die Verbuchung in MM und FI/CO interessiert.

In PP/DS werden oft keine klassischen Stücklisten und Arbeitspläne verwendet. Stattdessen wird in Strukturen des iPPE (Integriertes Produkt- und Prozess-Engineering) abgelegt, die etwas komplizierter sind, dafür aber auch hochkomplexe Produktionsszenarien abbilden können. Für dieses Szenario beschränkten wir uns dabei auf eine minimale *Linienstruktur* mit zwei Zählpunkten und zwei sogenannten *Ressourcen*, denen die Leistungsart PROD01 und jeweils eine Kostenstelle zugeordnet ist, um auch Leistungsverrechnungen über das iPPE-Modell verbuchen zu können.

Der wichtige Kern aus Sicht des Finanzwesens ist die sogenannte *Wareneingangskalkulation* oder kurz WE-Kalkulation. Beim Anlegen des Kundenauftrags für ein Herstellteil findet keine Kalkulation statt. Zu den beiden Zählpunkten werden Komponenten und Leistungen für Fertigprodukte als verbraucht gemeldet. Am zweiten Zählpunkt wird zusätzlich auch der Wareneingang des Herstellteils gebucht, für das aber genau in diesem Moment des Wareneingangs erst ein Preis zu ermitteln ist, woraus sich der Begriff der Wareneingangskalkulation ableitet. Hierzu werden alle zu dieser Kundenauftragsposition in Rückmeldungen enthaltenen Komponenten und Leistungen ermittelt und der Gesamtpreis kalkuliert. Die Kalkulation kann dabei bereits erfolgen, auch wenn noch nicht alle Verbrauchsbuchungen stattgefunden haben. Ob die Verbrauchsbuchungen sofort oder über Jobs erst später erfolgen, spielt keine Rolle. Ebenso ist es unerheblich, ob eine Vebrauchsbuchung auf einen Fehler lief und damit in der Nachbearbeitungstransaktion COGI gelandet ist! Die Basis für die Kalkulation ist somit, was verbraucht werden soll und nicht, was bereits gebucht ist.

Der schließlich ermittelte Wert der Wareneingangskalkulation dient zur Buchung in den Kundenauftragsbestand. Bei der Auslieferung kann anhand der Kostenschichtung der Wareneingangskalkulation ein COGS-Split in der Margin Analysis stattfinden.

[!]

Performancegewinn

Der Vorteil der PP/DS-Produktionsrückmeldung z. B. gegenüber einer Kundeneinzelfertigung liegt in der Performance. Zum einen liegt er in der Verbuchung riesiger Verbrauchsmengen von Komponenten, zum anderen aber auch im Monatsabschluss, der nicht für mehrere Tausend Fertigungsaufträge stattfinden muss, sondern nur für wenige Produktkostensammler. Auch die WE-Kalkulation basiert auf den sehr schlank gehaltenen Datenbanktabellen, die alle mit PPC beginnen und jeweils mit sogenannten *GUID* (Globally Unique Identifiers) als Schlüsseleinträge in Beziehung stehen.

Die Verbuchung kann sowohl asynchron als auch synchron erfolgen: Die synchrone Verbuchung führt dazu, dass sofort bei der Anlage einer Rückmeldung zu einem Zählpunkt die Buchung erfolgt. Die asynchrone Verbuchung bewirkt hingegen, dass zwar die Mengen in die Rückmeldetabellen eingetragen werden, aber noch kein Beleg erstellt wird. Belege werden erst durch die Verarbeitung mit Transaktion PPCGO erzeugt, die viele Einträge zusammenfasst und anschließend aggregiert verbucht.

Schauen Sie sich als Beispiel die drei unterschiedlichen Gebiete »Leistungen«, »Warenausgang Komponenten« und »Wareneingang Fertigprodukt« an:

- Wareneingänge des Fertigprodukts, inklusive der Erstellung der Wareneingangskalkulation, werden immer synchron verbucht.
- Leistungen werden immer asynchron mit Transaktion PPCGO gebucht.
- Warenausgänge von Komponenten können wahlweise synchron bei der Anlage der Rückmeldung oder asynchron mit Transaktion PPCGO verbucht werden.

Den größten Performancegewinn bietet die asynchrone Verbuchung von Komponenten. Die Performance lässt sich weiter steigern, wenn die Verbuchung in zwei Schritten erfolgt. Diesen Ansatz werden wir auch in diesem Szenario einsetzen:

1. Im ersten Schritt von Transaktion PPCGO wird nur eine MM-Umlagerung vom Produktionslagerort an einen nicht dispositionsrelevanten Lagerort erfasst. Da hierbei keine Buchung auf ein CO-Objekt stattfindet, können die Mengen pro Materialnummer über alle Produktkostensammler aggregiert werden. Diese Transaktion wird z. B. jede Stunde als Job eingeplant. Ziel ist es, die Bestände in den Produktionslagerorten für die Nachschubplanung ständig aktuell zu halten.
2. Im zweiten Schritt mit Transaktion PPCGO2, die in zeitlich größeren Abständen auszuführen ist, wird der tatsächliche Warenausgang mit der Erstellung der Buch-

haltungs- und Kostenrechnungsbelege ausgeführt. Hier kann wiederum aggregiert werden, dieses Mal pro Materialnummer über alle Kundenaufträge zu einem Produktkostensammler.

Bevor wir uns der Prozessdarstellung zuwenden, sehen wir uns die verwendeten Beispieldaten an. Normalerweise werden täglich mehrere Tausende individuell konfigurierte Fertigprodukte mit jeweils Hunderten oder Tausenden Komponenten verbucht. Zur Nachvollziehbarkeit der Verarbeitungslogik beschränken wir uns hier auf drei Kundenaufträge mit einigen wenigen Teilen und jeweils einer Leistungsbuchung pro Zählpunkt. Welche Materialien an welchem Zählpunkt verbraucht werden sollen, ist in Tabelle 4.3 dargestellt. Hier sehen Sie auch, dass das Material KT_29B an beiden Zählpunkten in verschiedenen Mengen vorkommt.

Auftrag	Zählpunkt	Material	Menge	Mengeneinheit
1	1	KT_29A	300	KG
		KT_29B	20	ST
		KT_29C	1	ST
		KT_29D	1	ST
		KT_29F	2	ST
	2	KT_29B	14	ST
		KT_29H	1	ST
		KT_29J	1	ST
		KT_29K	1	ST
2	1	KT_29A	290	KG
		KT_29B	18	ST
		KT_29E	1	ST
		KT_29F	1	ST
	2	KT_29B	12	ST
		KT_29H	1	ST
		KT_29I	2	ST
		KT_29J	1	ST
		KT_29L	1	ST

Tabelle 4.3 Komponentenverbrauch pro Auftrag und Zählpunkt

Auftrag	Zählpunkt	Material	Menge	Mengeneinheit
3	1	KT_29A	320	KG
		KT_29B	22	ST
		KT_29D	1	ST
		KT_29F	2	ST
	2	KT_29B	14	ST
		KT_29G	1	ST
		KT_29J	1	ST
		KT_29L	1	ST

Tabelle 4.3 Komponentenverbrauch pro Auftrag und Zählpunkt (Forts.)

Für den dritten Auftrag werden wir nur den ersten Zählpunkt zurückmelden, um zeigen zu können, wie die Ware in Arbeit in diesem Szenario ermittelt wird. Tabelle 4.4 zeigt, welche Zeiten welcher Kostenstelle am jeweiligen Zählpunkt verbucht werden sollen.

Auftrag	Zählpunkt	Kostenstelle	Leistung	Menge	Mengeneinheit
1	1	T_FML_SF01	PROD01	52	min
	2	T_FML_SF02	PROD01	43	min
2	1	T_FML_SF01	PROD01	45	min
	2	T_FML_SF02	PROD01	40	min
3	1	T_FML_SF01	PROD01	50	min
	2	T_FML_SF02	PROD01	42	min

Tabelle 4.4 Leistungsverrechnung pro Auftrag und Zählpunkt

In Schritt 1 des Prozessablaufes werden drei Kundenaufträge angelegt (siehe Abbildung 4.106). Die hierzu benötigten Materialien sind in Schritt 2 an der Linie bereitzustellen. In Schritt 3 erfolgt die Anlage der Rückmeldungen zum ersten Zählpunkt für alle drei Kundenaufträge; dabei werden sowohl Komponenten als auch Leistungen gemeldet. Die zeitlich entkoppelte Verarbeitung der Rückmeldungen erfolgt in Schritt 4. In Schritt 5 erfolgt die Rückmeldung für zwei der drei Kundenaufträge am Zählpunkt 2. Hier werden wieder Komponenten und Leistungen gemeldet, aber es findet auch der synchrone, d. h. sofortige Wareneingang der beiden Fertigprodukte statt, für die im Hintergrund eine Wareneingangskalkulation angestoßen wird. Die Verarbeitung der Rückmeldung erfolgt wieder, zeitlich entkoppelt, in Schritt 6.

In Schritt 7 erfolgt für das zweistufige Verfahren die Verbrauchsbuchung der Komponenten. Zuletzt erfolgen die Auslieferung in Schritt 8 und die Faktura in Schritt 9. Der Monatsabschluss des Produktkostensammlers erfolgt mit der WIP-Ermittlung, Abweichungsermittlung und Abrechnung in den Schritten 10 bis 12.

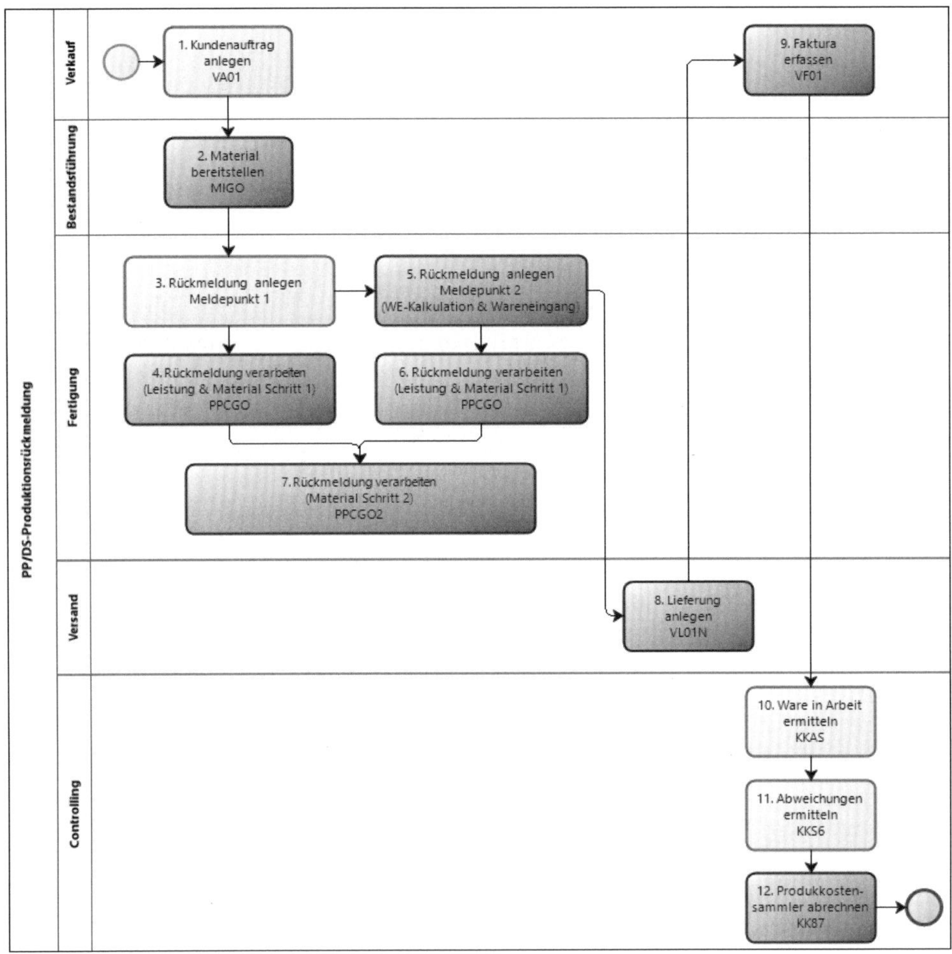

Abbildung 4.106 Prozess »PP/DS-Produktionsrückmeldung«

Im Buchungsschema fällt die mehrfache Umlagerung von Materialien auf (siehe Abbildung 4.107). Die erste Umlagerung in Schritt 2 erfolgt vom logistischen Lager an den Produktionslagerort, also wenn z. B. Material aus einem Zentrallager an die Linie gebracht wird. Die zweite Umlagerung in den Schritten 4a und 6a erfolgt durch Transaktion PPCGO vom Produktionslagerort an den nicht dispositionsrelevanten Lagerort. Der Verbrauch der Materialien in Schritt 7 findet erst mit Transaktion PPCGO2 statt. Schritt 5 löst am finalen Zählpunkt die Wareneingangskalkulation aus, mit deren Wert der Wareneingang des Endprodukts in den Kundenauftragsbestand stattfindet.

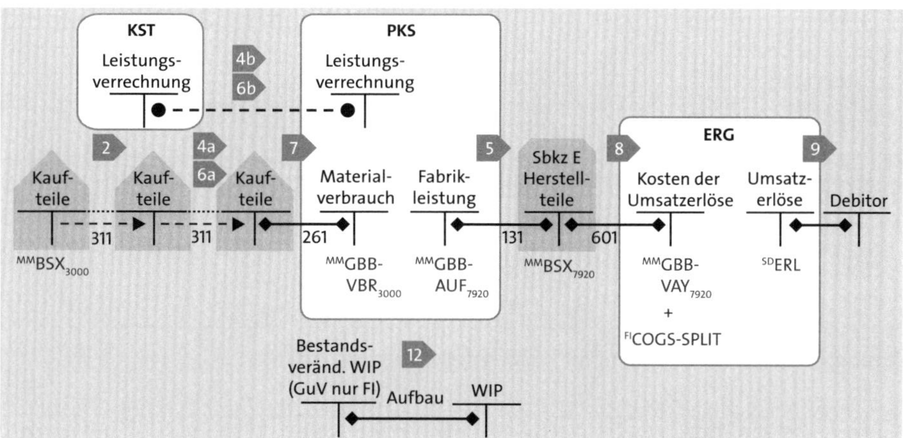

Abbildung 4.107 Buchungsschema »PP/DS-Produktionsrückmeldung«

Alle iPPE-Objekte werden über die Transaktion PPE verwaltet. In diesem Beispiel verwenden wir die Linie FML1_L1 mit den beiden Struktureinträgen FML1_L1_AP1 und FML1_L1_AP2, die unsere Zählpunkte darstellen (siehe Abbildung 4.108).

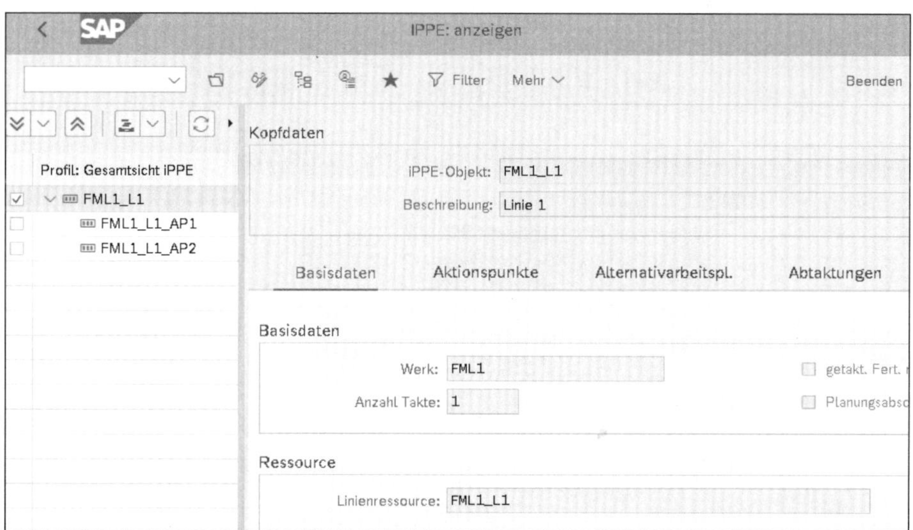

Abbildung 4.108 iPPE-Linienstruktur

Daneben benötigen wir für die Leistungsrückmeldung zwei Ressourcen AP1_PROD01 und AP2_PROD01, denen auf der Registerkarte **Kalkulation** eine Kostenstelle und eine Leistungsart zugeordnet werden (siehe Abbildung 4.109).

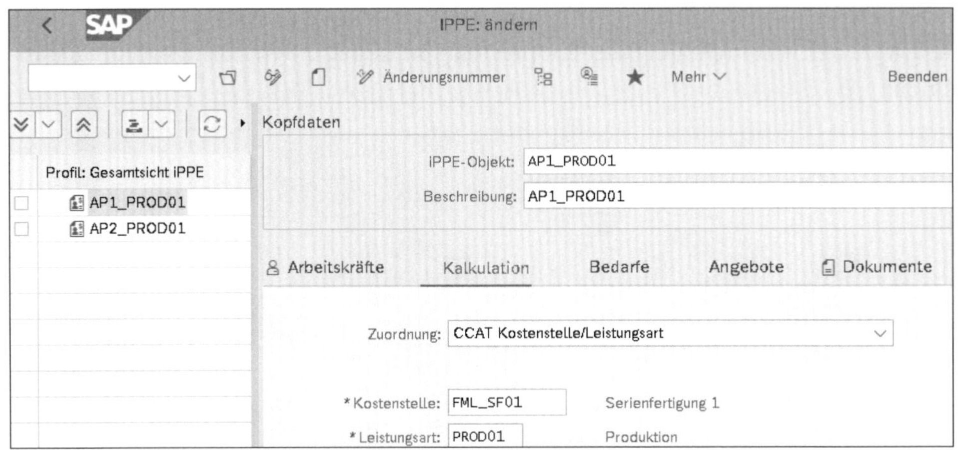

Abbildung 4.109 iPPE-Ressource mit Kostenstelle und Leistungsart

Ob Materialien ein- oder zweistufig verbucht werden sollen, wird im *Rückmeldeprofil* eingestellt (siehe Abbildung 4.110). Im Customizing des Rückmeldeprofils sind der nicht dispositionsrelevante Lagerort und eine Bewegungsart einzutragen, um eine zweistufige Produktionsrückmeldung auszuführen. Bleiben diese Felder leer, wird die einstufige Variante verwendet. Wir verwenden den Lagerort P002 und die Bewegungsart 311.

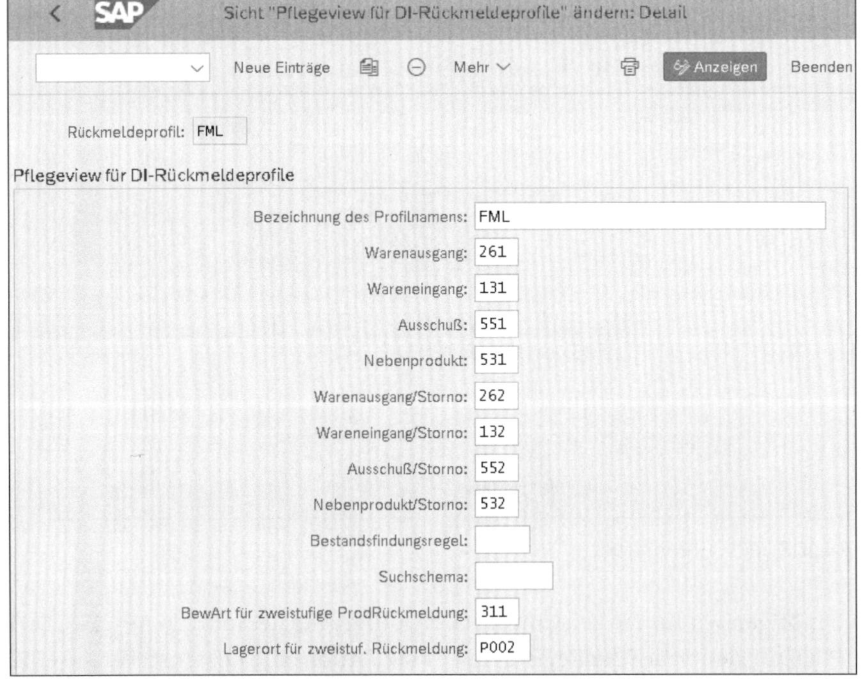

Abbildung 4.110 Rückmeldeprofil

Das Rückmeldeprofil muss im Materialstamm des Endproduktes in der Sicht **Disposition 4** eingetragen werden (siehe Abbildung 4.111). Falls das Feld nicht sichtbar ist, ist es in die Sequenzfolge mit den Transaktionen OMT3E/OMT3B aufzunehmen. In diesem Beispiel verwenden wir das Material KM_29, zu dem drei verschieden konfigurierte Ausfertigungen gefertigt werden sollen.

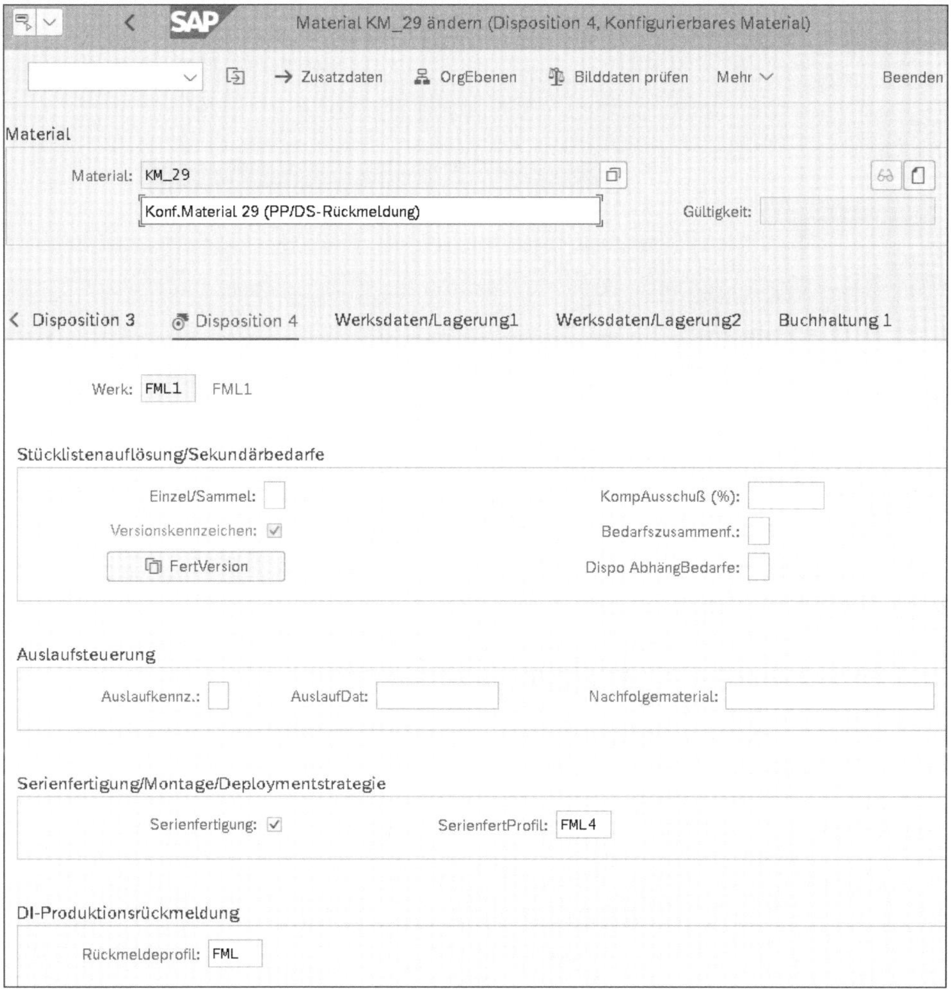

Abbildung 4.111 Materialstamm mit Rückmeldeprofil

Es wird eine Fertigungsversion benötigt; allerdings werden hier keine Stückliste und kein Arbeitsplan hinterlegt (siehe Abbildung 4.112). Legen Sie zur Fertigungsversion PPC1 einen Produktkostensammler an (siehe Abbildung 4.113).

Detailpflege der Fertigungsversion

Werk: FML1 FML1
Material: KM_29 Konf.Material 29 (PP/DS-Rüc
Fertigungsversion: PPC1 Serienfertigung mit PPCGO Prüfen

Fertigungsversion
Sperre: Nicht gesperrt Zugeordnete ÄndNr.:
Mindestlosgröße: Maximale Losgröße: ST
Gültig ab: 21.02.2021 Gültig bis: 31.12.9999

Plan
Plantyp Plangruppe Plangruppenzähler
Feinplanung:

Stückliste
StücklAlternative: StücklVerwendung:
Aufteilungsschema:

Serienfertigung
Serienf. erlaubt: ☑ Fertigungslinie:

Sonstige Daten
Anderes Kopfmaterial:
Entnahmelagerort: P001 Empfang. Lagerort: 0003

Abbildung 4.112 Fertigungsversion

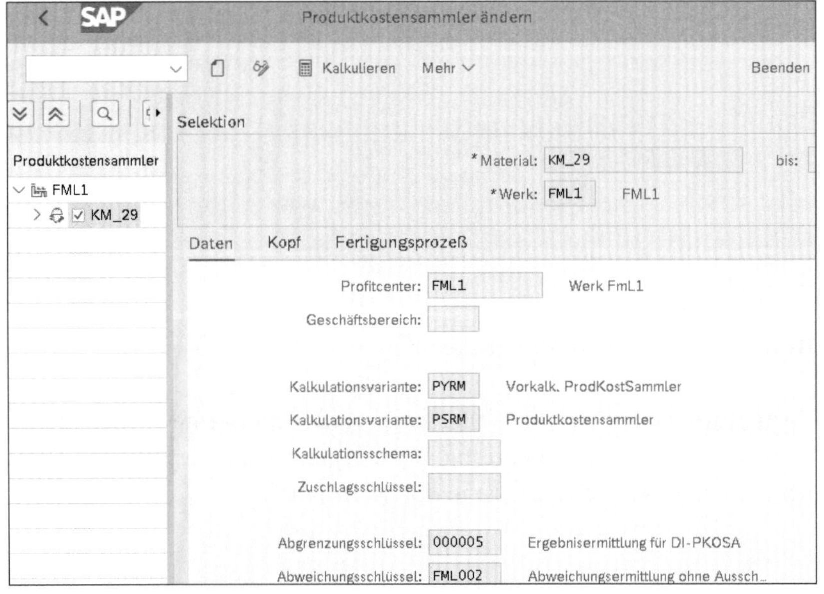

Abbildung 4.113 Produktkostensammler

Für diesen Produktkostensammler wurde die Auftragsnummer 700223 vergeben, die in den Rechnungswesenbelegen erkennbar sein wird. Es ist ein **Abgrenzungsschlüssel** einzutragen; allerdings werden alle Customizing-Einstellungen hierzu ignoriert, da für die WIP-Ermittlung bei der Verwendung der Produktionsrückmeldung eine eigene Logik verarbeitet wird. Durch das Hinterlegen eines Abgrenzungsschlüssels wird nur gesteuert, dass eine WIP-Ermittlung stattfinden soll. Ebenso kann ein **Abweichungsschlüssel** hinterlegt werden.

4.4.1 Kundenauftrag anlegen

Legen Sie zunächst drei Kundenaufträge mit dem Material KM_29 an, und geben Sie jeweils einen anderen Verkaufspreis ein. Der erste Kundenauftrag wird für 3.200 EUR verkauft (siehe Abbildung 4.114). Wir verzichten hier auf die Darstellung der notwendigen Konfiguration, die dann vom PP/DS-Planungslauf aufgelöst wird.

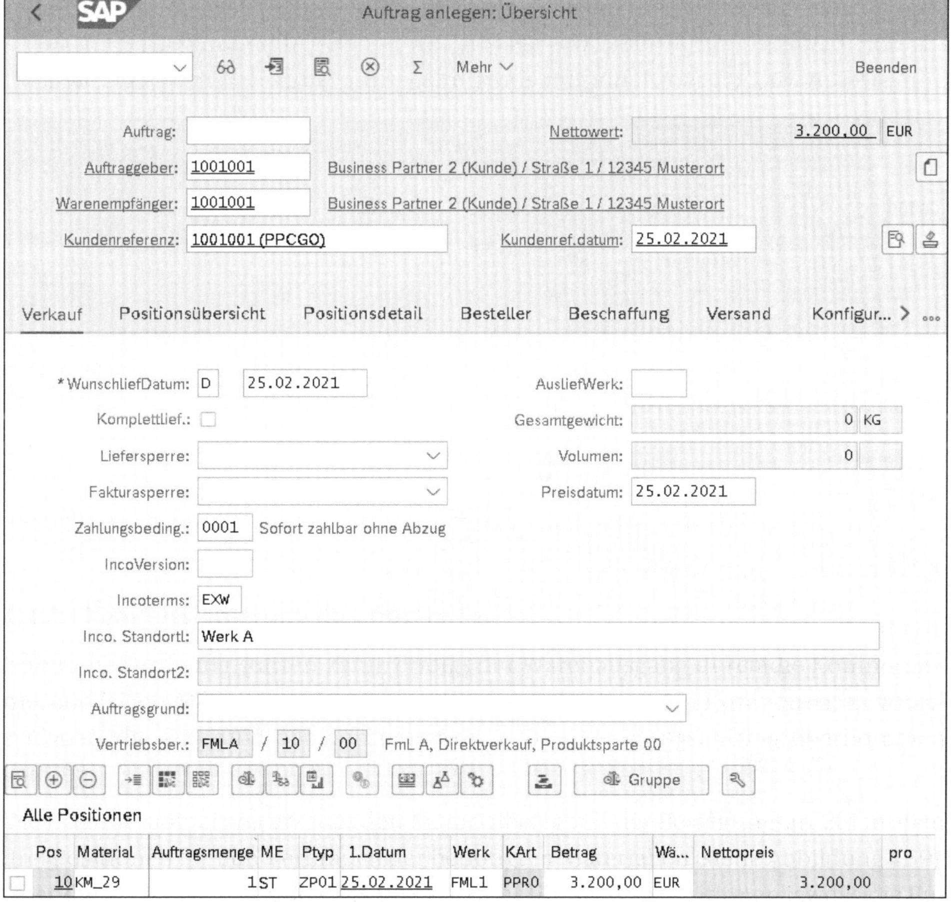

Abbildung 4.114 Kundenauftrag anlegen

Der erste Kundenauftrag hat die Nummer 1235 erhalten. Die nächsten beiden Kundenaufträge entsprechen in den Eingaben dem ersten Kundenauftrag; sie unterscheiden sich nur im vergebenen Preis (siehe Tabelle 4.5).

Kundenauftrag	Position	Material	Menge	Nettopreis
1235	10	KM_29	1 ST	3200 EUR
1236	10	KM_29	1 ST	2500 EUR
1237	10	KM_29	1 ST	3000 EUR

Tabelle 4.5 Übersicht der Kundenaufträge im Beispiel

4.4.2 Material bereitstellen

Die Dispositionsplanung stellt die benötigten Materialien für alle drei Kundenaufträge an der Linie bereit. Die Umlagerung erfolgt dabei mit der Bewegungsart 311 vom Lagerort 0001 an den Produktionslagerort P001 (siehe Abbildung 4.115). Im Rechnungswesen wird, da es sich nur um eine Umlagerung handelt, kein Beleg erstellt.

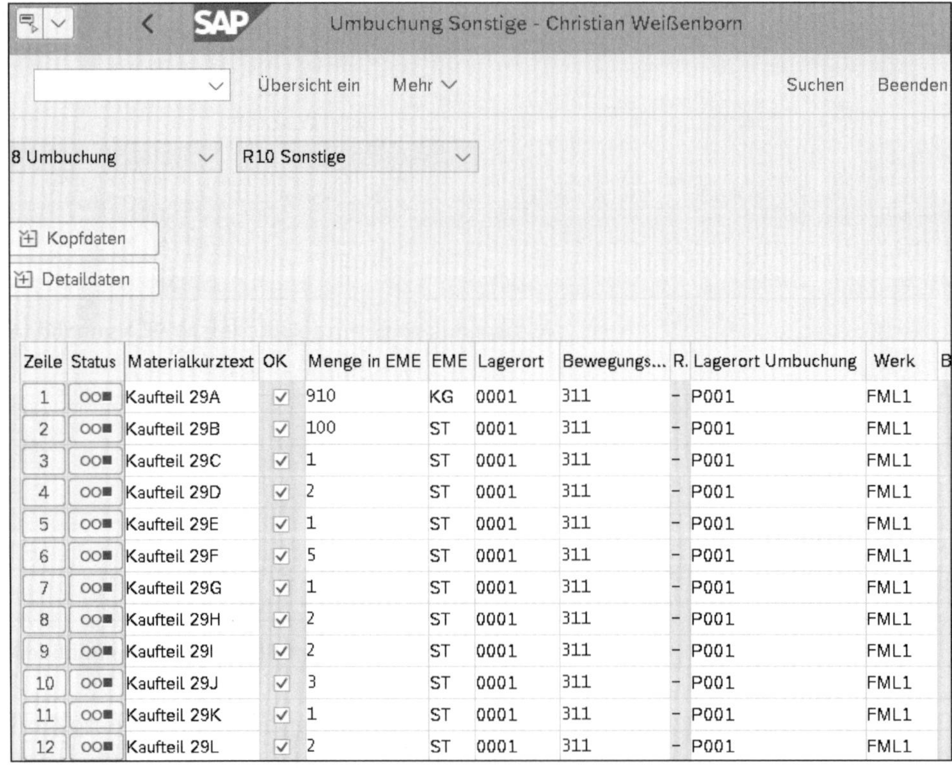

Abbildung 4.115 Umlagerung

4.4.3 Rückmeldung für Meldepunkt 1 anlegen

Nun werden die Rückmeldungen angelegt und in den speziellen Datenbanktabellen der Produktionsrückmeldung eingetragen. Das Ergebnis kann über Transaktion PPCSHOW eingesehen werden. Sie erreichen sie über **Logistik • Produktion • Serienfertigung • Produktionsrückmeldung (Discrete Industries) • Auswertungen • Rückmeldungen anzeigen**.

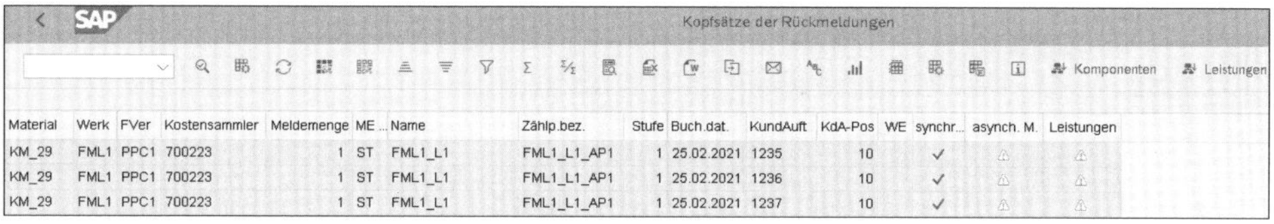

Kopfsätze der Rückmeldungen

Komponenten Leistungen

Material	Werk	FVer	Kostensammler	Meldemenge	ME ...	Name	Zählp.bez.	Stufe	Buch.dat.	KundAuft	KdA-Pos	WE	synchr...	asynch. M.	Leistungen
KM_29	FML1	PPC1	700223	1	ST	FML1_L1	FML1_L1_AP1	1	25.02.2021	1235	10		✓	⚠	⚠
KM_29	FML1	PPC1	700223	1	ST	FML1_L1	FML1_L1_AP1	1	25.02.2021	1236	10		✓	⚠	⚠
KM_29	FML1	PPC1	700223	1	ST	FML1_L1	FML1_L1_AP1	1	25.02.2021	1237	10		✓	⚠	⚠

Abbildung 4.116 Kopfsätze der Rückmeldungen

Im Kopfsatz sind das Material, zu dem die Rückmeldung angelegt wurde, das Werk, die Fertigungsversion und die Menge eingetragen (siehe Abbildung 4.116). Daneben ist die Nummer des Produktkostensammlers 700223 angegeben und ein Vermerk, auf welcher Linie und zu welchem Zählpunkt die Rückmeldung erfolgt. Hier ist es der erste Zählpunkt FML1_L1_AP1. Ebenso wird ein Bezug zur Kundenauftragsposition hergestellt. Interessant sind nun die letzten vier Spalten:

- **WE** (Wareneingang): Dieser Eintrag ist für alle drei Rückmeldungen leer, da es sich nicht um den abschließenden Zählpunkt handelt, an dem der Wareneingang erfolgen soll.
- **Synchron**: Dieser Eintrag ist als erledigt markiert, aber da keine Komponente synchron zu verbuchen war, hat hier keinerlei Buchung stattgefunden.
- **Asynchrone Materialien**: Diese Buchung ist noch nicht erfolgt, sondern wartet auf die Abarbeitung durch Transaktion PPCGO.
- **Leistungen**: Leistungen sind ebenso noch nicht verbucht und warten auch auf die Abarbeitung durch Transaktion PPCGO.

Über die Buttons [Komponenten] und [Leistungen] können Sie sich die Positionen zum markierten Kopfsatz anzeigen lassen. Zum ersten Eintrag sind fünf Komponenten eingetragen, weil sie bereits verbaut wurden und nun aus dem Bestand an der Linie entnommen werden sollen (siehe Abbildung 4.117).

In der Komponentensicht sind die Materialnummern mit ihren Mengen und Einheiten aufgeführt. P001 ist der Lagerort, aus dem alle Komponenten entnommen werden sollen. In der Spalte **Warenbewegungsart** ist eine 0 eingetragen, die für *Warenausgang* steht. Die möglichen Einträge sehen Sie in Tabelle 4.6.

Schlüssel Rückmeldekopf (UID)	Kontoschl.	Material	Werk	LOrt	Warenbewegungsart	SondBstd	Entnahmemenge	ME
005056B296AA1EEB9DEF372161529CA4	5000000004	KT_29A	FML1	P001	0		300	KG
005056B296AA1EEB9DEF372161529CA4	5000000005	KT_29B	FML1	P001	0		20	ST
005056B296AA1EEB9DEF372161529CA4	5000000008	KT_29C	FML1	P001	0		1	ST
005056B296AA1EEB9DEF372161529CA4	5000000006	KT_29D	FML1	P001	0		1	ST
005056B296AA1EEB9DEF372161529CA4	5000000007	KT_29F	FML1	P001	0		2	ST

Abbildung 4.117 Komponenten zu Kundenauftrag 1235 – Zählpunkt 1

Warenbewegungsart	Kurzbeschreibung
0	Warenausgang
1	Wareneingang Hauptprodukt
2	Wareneingang Kuppelprodukt
3	Wareneingang Nebenprodukt

Tabelle 4.6 Warenbewegungsarten

In der Übersicht der Leistungen sehen Sie einen Eintrag für die Verrechnung von 50 Minuten der Leistungsart PROD01 von der Kostenstelle FML_SF01, die über die Angabe der iPPE-Daten Ressource und Aktivität ermittelt wurde (siehe Abbildung 4.118).

Schlüssel Rückmeldekopf (UID)	Ressource	Aktivität	Nr	Kostenstelle	LeistArt	Leist. var	Einh.
005056B296AA1EEB9DEF372161529CA4	AP1_PROD01	AP1_PROD01	1	FML_SF01	PROD01	52	MIN

Abbildung 4.118 Leistungen zu Kundenauftrag 1235 – Zählpunkt 1

Die Positionen zu den anderen beiden Kopfsätzen sehen Sie in Abbildung 4.119, Abbildung 4.120, Abbildung 4.121 und Abbildung 4.122.

Schlüssel Rückmeldekopf (UID)	Kontoschl.	Material	Werk	LOrt	Warenbewegungsart	SondBstd	Entnahmemenge	ME
005056B296AA1EEB9DEF385524761CAE	5000000004	KT_29A	FML1	P001	0		290	KG
005056B296AA1EEB9DEF385524761CAE	5000000005	KT_29B	FML1	P001	0		18	ST
005056B296AA1EEB9DEF385524761CAE	5000000007	KT_29F	FML1	P001	0		1	ST
005056B296AA1EEB9DEF385524761CAE	5000000009	KT_29E	FML1	P001	0		1	ST

Abbildung 4.119 Komponenten zum Kundenauftrag 1236 – Zählpunkt 1

Schlüssel Rückmeldekopf (UID)	Ressource	Aktivität	Nr	Kostenstelle	LeistArt	Leistungsdauer (var)	Einh.
005056B296AA1EEB9DEF385524761CAE	AP1_PROD01	AP1_PROD01	1	FML_SF01	PROD01	45	MIN

Abbildung 4.120 Leistungen zum Kundenauftrag 1236 – Zählpunkt 1

Schlüssel Rückmeldekopf (UID)	Kontoschl.	Material	Werk	LOrt	Warenbewegungsart	SondBstd	Entnahmemenge	ME ...
005056B296AA1EEB9DEF395ED1F15CAE	5000000004	KT_29A	FML1	P001	0		320	KG
005056B296AA1EEB9DEF395ED1F15CAE	5000000005	KT_29B	FML1	P001	0		22	ST
005056B296AA1EEB9DEF395ED1F15CAE	5000000006	KT_29D	FML1	P001	0		1	ST
005056B296AA1EEB9DEF395ED1F15CAE	5000000007	KT_29F	FML1	P001	0		2	ST

Abbildung 4.121 Komponenten zum Kundenauftrag 1237 – Zählpunkt 1

Schlüssel Rückmeldekopf (UID)	Ressource	Aktivität	Nr	Kostenstelle	LeistArt	Leistungsdauer (var)	Einh.
005056B296AA1EEB9DEF395ED1F15CAE	AP1_PROD01	AP1_PROD01	1	FML_SF01	PROD01	50	MIN

Abbildung 4.122 Leistungen zum Kundenauftrag 1237 – Zählpunkt 1

4.4.4 Rückmeldung verarbeiten

Alle bisher eingetragenen Positionen müssen asynchron verbucht werden. Dies erfolgt über Transaktion PPCGO, die im echten Betrieb nicht manuell angestoßen, sondern als wiederkehrender Hintergrundjob automatisch ausgeführt wird (siehe Abbildung 4.123).

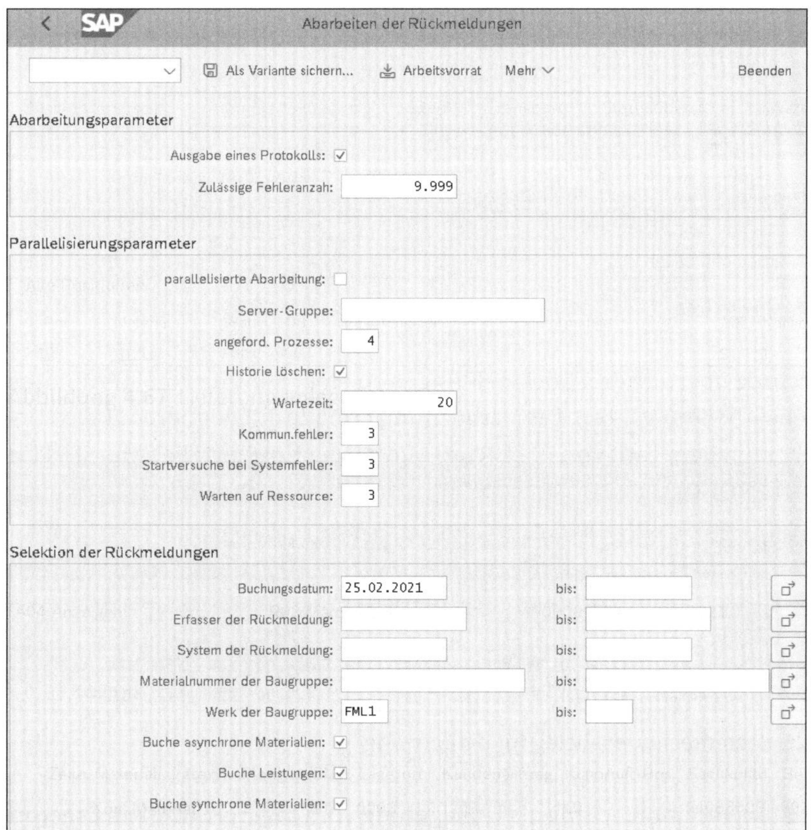

Abbildung 4.123 PPCGO – Rückmeldungen abarbeiten

Nach der Ausführung erscheint ein sehr ausführliches Protokoll; die wichtigsten Einträge sind in Abbildung 4.124 gefiltert.

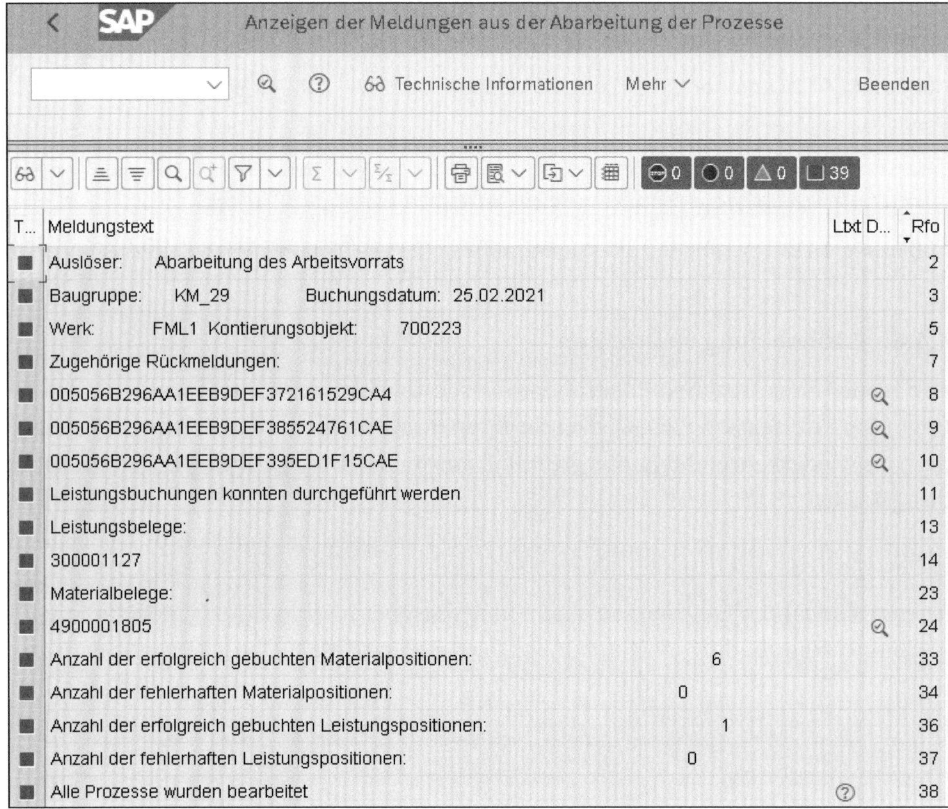

Abbildung 4.124 Protokoll

Die Leistung wurde über alle drei Rückmeldungen zu einer Summe von 147 Minuten aggregiert (siehe Abbildung 4.125). Die Verbuchung erfolgte auf dem Produktkostensammler 700223 mit dem Tarif von 10 EUR pro Minute der Kostenstelle FML_SF01 für die Leistungsart PROD01.

Belegnummer	BuchDatum	Benutzer	RT	RefBelegnr	OrgVg	Vrgng	Belegkopftext	StB	sto
300001127	25.02.2021	STUDENT101				RKL	PPC		

	Bu	OAr	Objekt	ObjektBez	Kostenart	Kostenartenbezeichn.	Wert/OW	OWä	Menge	GME	Material
1		LEI	FML_SF01/...	Serienfer...	94399000	Produktionszeit	1.470,00-	EUR	147-	MIN	
2		AUF	700223	Serienfer...	94399000	Produktionszeit	1.470,00	EUR	147	MIN	

Abbildung 4.125 Kostenrechnungsbeleg für die Leistung

Die Komponentenentnahme wurde als Umlagerung vom **Lagerort** P001 an **Lagerort Umbuchung** P002 gebucht, der nicht dispositionsrelevant ist (siehe Abbildung 4.126).

Auch hierbei wurden die Mengen pro Materialnummer und Lagerort über alle drei Rückmeldungen aggregiert gebucht.

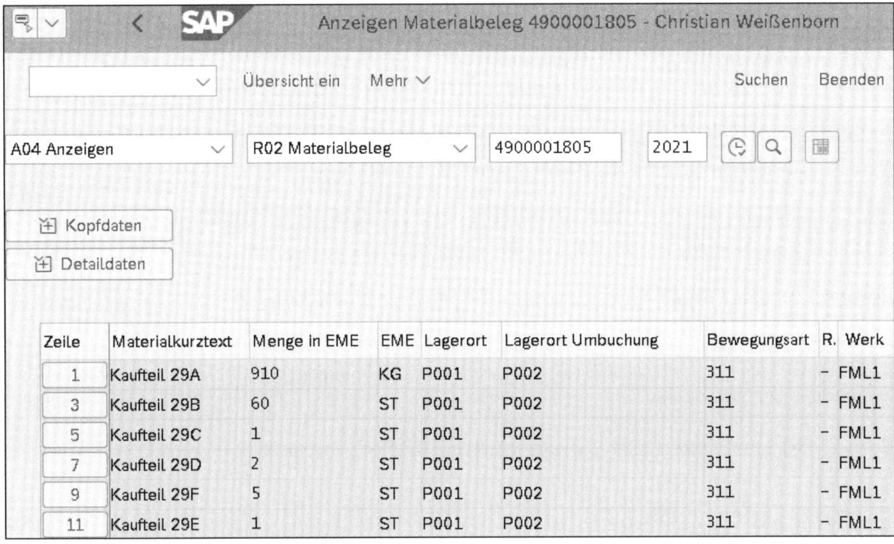

Zeile	Materialkurztext	Menge in EME	EME	Lagerort	Lagerort Umbuchung	Bewegungsart	R.	Werk
1	Kaufteil 29A	910	KG	P001	P002	311	-	FML1
3	Kaufteil 29B	60	ST	P001	P002	311	-	FML1
5	Kaufteil 29C	1	ST	P001	P002	311	-	FML1
7	Kaufteil 29D	2	ST	P001	P002	311	-	FML1
9	Kaufteil 29F	5	ST	P001	P002	311	-	FML1
11	Kaufteil 29E	1	ST	P001	P002	311	-	FML1

Abbildung 4.126 Materialbeleg für die Umbuchung

Es wurde noch kein Rechnungswesenbeleg erstellt und deshalb auch noch kein Materialverbrauch auf dem Produktkostensammler gebucht. In Transaktion PPCSHOW sind in den Kopfsätzen der Rückmeldungen nach diesem Schritt auch die letzten beiden Spalten für die asynchronen Materialien und Leistungen als erledigt gekennzeichnet (siehe Abbildung 4.127).

Kopfsätze der Rückmeldungen

Material	Werk	FVer	Kostensammler	Meldemenge	ME ...	Externer	Linienname	Zählp.bez.	Stufe	Buch.dat.	Kundenauftrag	KdA-Pos	WE	synchr...	asynch. M.	Leistungen
KM_29	FML1	PPC1	700223	1	ST	FML1_L1		FML1_L1_AP1	1	25.02.2021	1235	10		✓	✓	✓
KM_29	FML1	PPC1	700223	1	ST	FML1_L1		FML1_L1_AP1	1	25.02.2021	1236	10		✓	✓	✓
KM_29	FML1	PPC1	700223	1	ST	FML1_L1		FML1_L1_AP1	1	25.02.2021	1237	10		✓	✓	✓

Abbildung 4.127 Erledigt-Kennzeichen in den Kopfsätzen

4.4.5 Rückmeldung für Meldepunkt 2 anlegen

Zwei der drei Fertigprodukte haben den finalen Zählpunkt 2 erreicht, und die Rückmeldung wurde angelegt. Es sind nun zwei weitere Kopfsätze eingetragen, die zum Zählpunkt FML1_L1_AP2 erfasst wurden (siehe Abbildung 4.128). In der Spalte **WE** ist das Symbol eingetragen, da der Wareneingang sofort verbucht wird. Die Spalte für die synchrone Verbuchung ist wieder als erledigt gekennzeichnet, da es keine synchronen Warenausgänge zu buchen gab. Die letzten beiden Spalten sind noch nicht erledigt und warten auf die Abarbeitung durch Transaktion PPCGO.

Material	Materialkurztext	Werk	FVer	Kostensammler	Meldemenge	ME ...	Externer	Linienname	Zählp.bez.	Stufe	Buch.dat.	Kundenauftrag	KdA-Pos	WE	synchr...	asynch. M.	Leistungen
KM_29	Konf.Material 29 (...	FML1	PPC1	700223	1	ST	FML1_L1		FML1_L1_AP1	1	25.02.2021	1235	10		✓	✓	✓
KM_29	Konf.Material 29 (...	FML1	PPC1	700223	1	ST	FML1_L1		FML1_L1_AP1	1	25.02.2021	1236	10		✓	✓	✓
KM_29	Konf.Material 29 (...	FML1	PPC1	700223	1	ST	FML1_L1		FML1_L1_AP1	1	25.02.2021	1237	10		✓	✓	✓
KM_29	Konf.Material 29 (...	FML1	PPC1	700223	1	ST	FML1_L1		FML1_L1_AP2	2	25.02.2021	1235	10		✓	⚠	⚠
KM_29	Konf.Material 29 (...	FML1	PPC1	700223	1	ST	FML1_L1		FML1_L1_AP2	2	25.02.2021	1236	10		✓	⚠	⚠

Abbildung 4.128 Kopfsätze nach Zählpunkt 2

Für die beiden Kopfsätze wurde jeweils ein Eintrag in der Positionstabelle für Leistungen erstellt (siehe Abbildung 4.129 und Abbildung 4.130).

Schlüssel Rückmeldekopf (UID)	Ressource	Aktivität	Nr	Kostenstelle	LeistArt	Leistungsdauer (var)	Einh
005056B296AA1EEB9DEF3A542C0B9CAE	AP2_PROD01	AP2_PROD01	1	FML_SF02	PROD01	43	MIN

Abbildung 4.129 Leistungen zum Kundenauftrag 1235 – Zählpunkt 2

Schlüssel Rückmeldekopf (UID)	Ressource	Aktivität	Nr	Kostenstelle	LeistArt	Leistungsdauer (var)	Einh.
005056B296AA1EEB9DEF3BB2D5029CB2	AP2_PROD01	AP2_PROD01	1	FML_SF02	PROD01	40	MIN

Abbildung 4.130 Leistungen zum Kundenauftrag 1236 – Zählpunkt 2

In der Komponententabelle sind für beide Aufträge die zu verbrauchenden Komponenten und zusätzlich eine Zeile mit der Materialnummer KM_29 und der Warenbewegungsart 1 (= Wareneingang Hauptprodukt) eingetragen (siehe Abbildung 4.131 und Abbildung 4.132). Da dieser Wareneingang in den Kundenauftragsbestand erfolgt, ist das Sonderbestandskennzeichen E eingetragen. Der Eintrag M im Feld **Bewertung SondBest** bedeutet, dass dieser individuell pro Kundenauftragsposition bewertet wird.

Schlüssel Rückmeldekopf (UID)	Kontoschl.	Material	Werk	LOrt	Warenbewegungsart	SondBstd	Bewertung SondBest	Entnahmemenge	ME ...
005056B296AA1EEB9DEF3A542C0B9CAE	5000000005	KT_29B	FML1	P001	0			14	ST
005056B296AA1EEB9DEF3A542C0B9CAE	5000000010	KT_29H	FML1	P001	0			1	ST
005056B296AA1EEB9DEF3A542C0B9CAE	5000000012	KT_29J	FML1	P001	0			1	ST
005056B296AA1EEB9DEF3A542C0B9CAE	5000000015	KT_29K	FML1	P001	0			1	ST
005056B296AA1EEB9DEF3A542C0B9CAE	5000000017	KM_29	FML1	0003	1	E	M	1	ST

Abbildung 4.131 Komponenten zum Kundenauftrag 1235 – Zählpunkt 2

Schlüssel Rückmeldekopf (UID)	Kontoschl.	Material	Werk	LOrt	Warenbewegungsart	SondBstd	Bewertung SondBest	Entnahmemenge	ME ...
005056B296AA1EEB9DEF3BB2D5029CB2	5000000005	KT_29B	FML1	P001	0			12	ST
005056B296AA1EEB9DEF3BB2D5029CB2	5000000010	KT_29H	FML1	P001	0			1	ST
005056B296AA1EEB9DEF3BB2D5029CB2	5000000011	KT_29I	FML1	P001	0			2	ST
005056B296AA1EEB9DEF3BB2D5029CB2	5000000012	KT_29J	FML1	P001	0			1	ST
005056B296AA1EEB9DEF3BB2D5029CB2	5000000013	KT_29L	FML1	P001	0			1	ST
005056B296AA1EEB9DEF3BB2D5029CB2	5000000017	KM_29	FML1	0003	1	E	M	1	ST

Abbildung 4.132 Komponenten zum Kundenauftrag 1236 – Zählpunkt 2

Der Wareneingang für das Fertigprodukt ist bereits erfolgt, aber wie wurde der Wert dafür ermittelt? Erlaubt die Kalkulationsvariante der Wareneingangskalkulation das Abspeichern eines Einzelnachweises, kann man sich die bewertete Strukturstückliste über die Detailberichte im Kundenauftragscontrolling anzeigen lassen (siehe Abbildung 4.133). Ob Einzelnachweise immer oder nur im Fehlerfall abgespeichert werden, ist eine Frage der Performance.

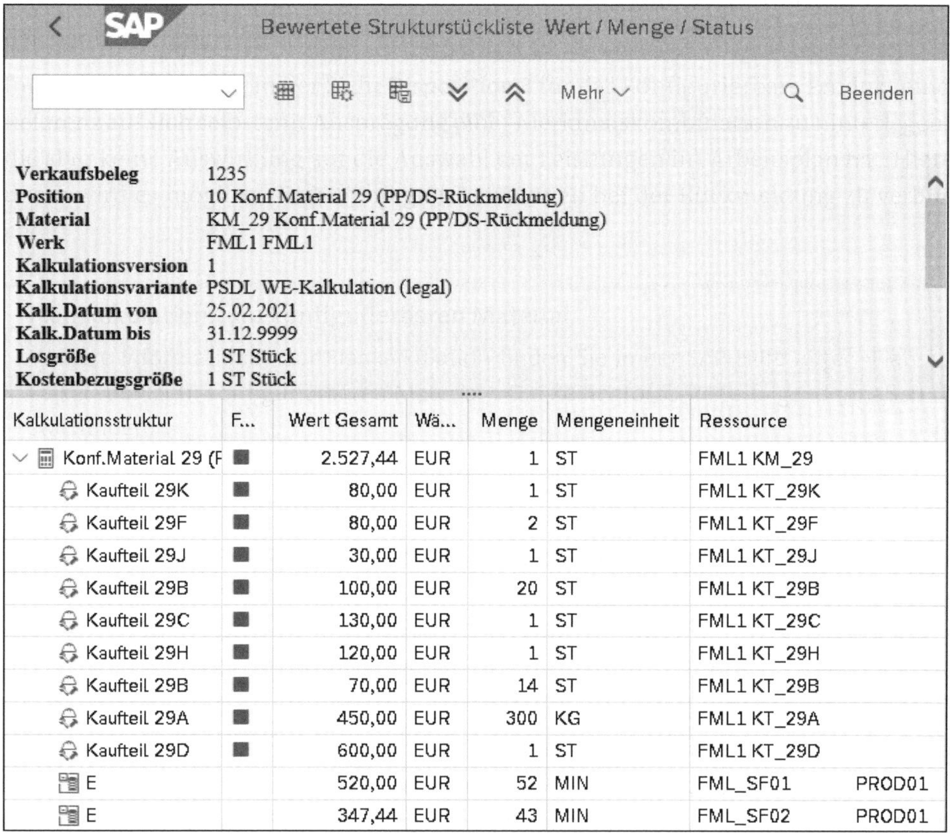

Bewertete Strukturstückliste Wert / Menge / Status

Mehr Beenden

Verkaufsbeleg	1235
Position	10 Konf.Material 29 (PP/DS-Rückmeldung)
Material	KM_29 Konf.Material 29 (PP/DS-Rückmeldung)
Werk	FML1 FML1
Kalkulationsversion	1
Kalkulationsvariante	PSDL WE-Kalkulation (legal)
Kalk.Datum von	25.02.2021
Kalk.Datum bis	31.12.9999
Losgröße	1 ST Stück
Kostenbezugsgröße	1 ST Stück

Kalkulationsstruktur	F...	Wert Gesamt	Wä...	Menge	Mengeneinheit	Ressource	
Konf.Material 29 (F	■	2.527,44	EUR	1	ST	FML1 KM_29	
Kaufteil 29K	■	80,00	EUR	1	ST	FML1 KT_29K	
Kaufteil 29F	■	80,00	EUR	2	ST	FML1 KT_29F	
Kaufteil 29J	■	30,00	EUR	1	ST	FML1 KT_29J	
Kaufteil 29B	■	100,00	EUR	20	ST	FML1 KT_29B	
Kaufteil 29C	■	130,00	EUR	1	ST	FML1 KT_29C	
Kaufteil 29H	■	120,00	EUR	1	ST	FML1 KT_29H	
Kaufteil 29B	■	70,00	EUR	14	ST	FML1 KT_29B	
Kaufteil 29A	■	450,00	EUR	300	KG	FML1 KT_29A	
Kaufteil 29D	■	600,00	EUR	1	ST	FML1 KT_29D	
E		520,00	EUR	52	MIN	FML_SF01	PROD01
E		347,44	EUR	43	MIN	FML_SF02	PROD01

Abbildung 4.133 Wareneingangskalkulation

Obwohl die echten Verbrauchsbuchungen der Komponenten und Leistungen nur auf dem Produktkostensammler stattfanden (oder auch noch gar nicht gebucht sind) und in den Rechnungswesenbelegen kein Bezug zur Kundenauftragsposition vorhanden ist, konnte der Wert trotzdem ermittelt werden. Hierzu wurden die Mengen direkt aus den Positionstabellen für Komponenten und Leistungen der Rückmeldungen ausgelesen und daraus ein Mengengerüst für die Wareneingangskalkulation kreiert. Zur Wareneingangskalkulation wurde die Kostenschichtung erstellt, die bei der Auslieferung die Grundlage für den COGS-Split ist (siehe Abbildung 4.134).

Da die Wareneingänge sofort verbucht werden, wurde der Materialbeleg für den Zugang mit der Bewegungsart 131 in den Kundenauftragsbestand (Sonderbestandskennzeichen E) zur Kundenauftragsposition 1235/10 erstellt (siehe Abbildung 4.135).

Bewertete Strukturstückliste Wert / Menge / Status

Mehr Beenden

Verkaufsbeleg 1235
Position 10
Material KM_29 Konf.Material 29 (PP/DS-Rückmeldung)
Werk FML1 FML1
Kalkulationsvariante PSDL WE-Kalkulation (legal)
Kalk.Datum von 25.02.2021

Ele...	Bezeichnung Element	Σ	Gesamt	Währg
101	Einzelk. Material		1.660,00	EUR
102	Gutschrift Kuppelpr.			EUR
103	Lohnbearbeitung			EUR
109	GK Material			EUR
201	Personal		346,89	EUR
202	Abschreibungen		216,86	EUR
203	Fremdleistungen		130,03	EUR
204	Energie		173,66	EUR
209	GK Fertigung			EUR
301	GK Sonstige			EUR
		•	**2.527,44**	**EUR**

Abbildung 4.134 Kostenschichtung

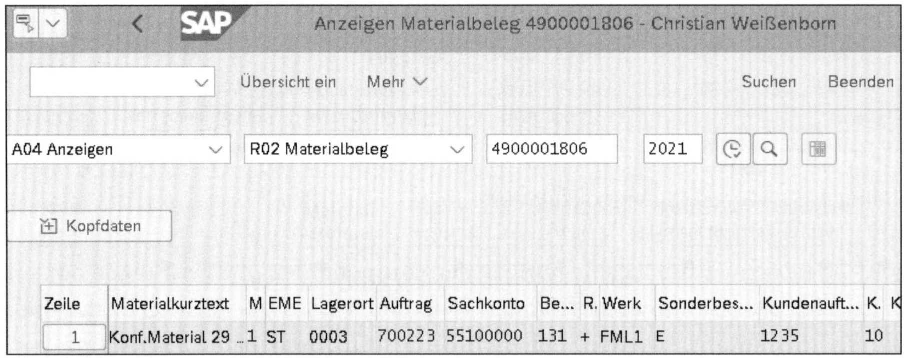

Abbildung 4.135 Materialbeleg

Der Materialbeleg triggert den Buchhaltungsbeleg, und in diesem Beleg sehen Sie die individuelle Bewertung anhand der WE-Kalkulation für dieses Endprodukt (siehe Abbildung 4.136). Im Kostenrechnungsbeleg hat der Wareneingang den Produktkostensammler 700223 entlastet (siehe Abbildung 4.137).

BuKr	P...	BS	S/H	Konto	Ko...	Bezeichnung	Betrag	Wäh...	Werk	Material	Vorgang	Men...	BME
FMLA	1	89	S	13400000	M	Best fertige Ware	2.527,44	EUR	FML1	KM_29	BSX	1	ST
	2	91	H	55100000	S	Fabrikleistng Pr.Auf	2.527,44-	EUR	FML1	KM_29	GBB	1-	ST

Abbildung 4.136 Buchhaltungsbeleg

Belegnummer	BuchDatum	Benutzer	RT	RefBelegnr	OrgVg	Vrgng	Belegkopftext	StB	sto
Bu OAr Objekt	ObjektBez	Kostenart	Kostenartenbezeichn.	Wert/OW	OWä	Menge	GME	Material	
A000083Y00	25.02.2021	STUDENT101	R	4900001806	RMRU	COIN			
2 AUF 700223	Serienfer...	55100000	Fabrikleistng Pr.Auf	2.527,44-	EUR	1-	ST	KM_29	

Abbildung 4.137 Kostenrechnungsbeleg

Die vorhandenen Bestände und ihre jeweiligen Werte können Sie sich mit der Bestandsübersicht zu den Kundenauftragsbeständen anzeigen lassen (siehe Abbildung 4.138).

Bewerteter Kundenauftrags- und Projektbestand

Material	BwtK	BewertArt	S	Vertr.Bel.	Pos	Gesamtbestand	BME	Gesamtwert	Währg
KM_29	FML1		E	1235	10	1	ST	2.527,44	EUR
KM_29	FML1		E	1236	10	1	ST	2.099,20	EUR

Abbildung 4.138 Bestandsübersicht

Der Vollständigkeit halber zeigt Abbildung 4.139 die Wareneingangskalkulation zum zweiten Auftrag 1236/10, für den ein eigener individueller Wert auf Basis der Komponenten und Leistungen berechnet wurde.

Bewertete Strukturstückliste Wert / Menge / Status

Verkaufsbeleg	1236
Position	10 Konf.Material 29 (PP/DS-Rückmeldung)
Material	KM_29 Konf.Material 29 (PP/DS-Rückmeldung)
Werk	FML1 FML1
Kalkulationsversion	1
Kalkulationsvariante	PSDL WE-Kalkulation (legal)
Kalk.Datum von	25.02.2021
Kalk.Datum bis	31.12.9999
Losgröße	1 ST Stück
Kostenbezugsgröße	1 ST Stück

Kalkulationsstruktur	F...	Wert Gesa...	Wä...	Men...	Mengeneinheit	Ressource	
Konf.Material 29 (P	■	2.099,20	EUR	1	ST	FML1 KM_29	
Kaufteil 29A	■	435,00	EUR	290	KG	FML1 KT_29A	
Kaufteil 29B	■	60,00	EUR	12	ST	FML1 KT_29B	
Kaufteil 29F	■	40,00	EUR	1	ST	FML1 KT_29F	
Kaufteil 29L	■	85,00	EUR	1	ST	FML1 KT_29L	
Kaufteil 29B	■	90,00	EUR	18	ST	FML1 KT_29B	
Kaufteil 29J	■	30,00	EUR	1	ST	FML1 KT_29J	
Kaufteil 29I	■	16,00	EUR	2	ST	FML1 KT_29I	
Kaufteil 29E	■	450,00	EUR	1	ST	FML1 KT_29E	
Kaufteil 29H	■	120,00	EUR	1	ST	FML1 KT_29H	
E		450,00	EUR	45	MIN	FML_SF01	PROD01
E		323,20	EUR	40	MIN	FML_SF02	PROD01

Abbildung 4.139 Wareneingangskalkulation für die Position 10 im Auftrag 1236

4.4.6 Rückmeldung verarbeiten Schritt 1

Wie nach dem ersten Zählpunkt werden nun die asynchronen Buchungen durch Transaktion PPCGO angestoßen. Nach der Abarbeitung wird das Protokoll ausgegeben (siehe Abbildung 4.140).

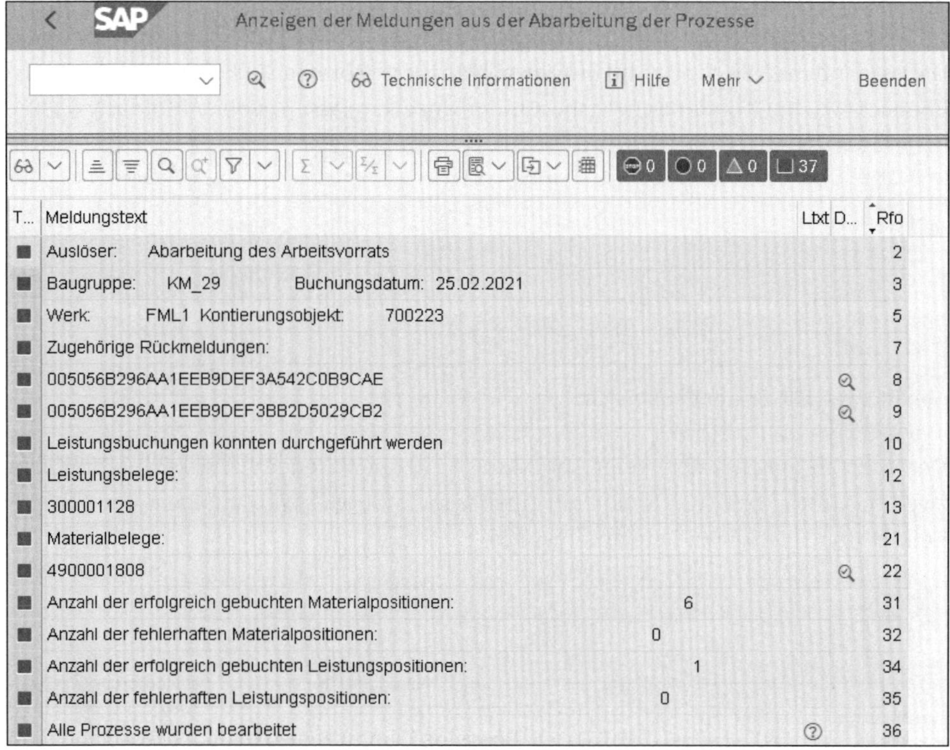

Abbildung 4.140 Protokoll PPCGO

Die Leistungsbuchung für die verbrauchten Zeiten im Kostenrechnungsbeleg erfolgt wieder aggregiert über beide Aufträge (siehe Abbildung 4.141). Ebenso aggregiert die Umlagerungsbuchung die Mengen pro Material und Lagerort (siehe Abbildung 4.142).

Belegnummer	BuchDatum	Benutzer	RT	RefBelegnr	OrgVg	Vrgng	Belegkopftext	StB	sto
300001128	25.02.2021	STUDENT101			RKL	PPC			

Bu	OAr	Objekt	ObjektBez	Kostenart	Kostenartenbezeichn.	Wert/OW	OWä	Menge	GME	Material
1	LEI	FML_SF02/...	Serienfer...	94399000	Produktionszeit	670,64-	EUR	83-	MIN	
2	AUF	700223	Serienfer...	94399000	Produktionszeit	670,64	EUR	83	MIN	

Abbildung 4.141 Kostenrechnungsbeleg für die Leistung

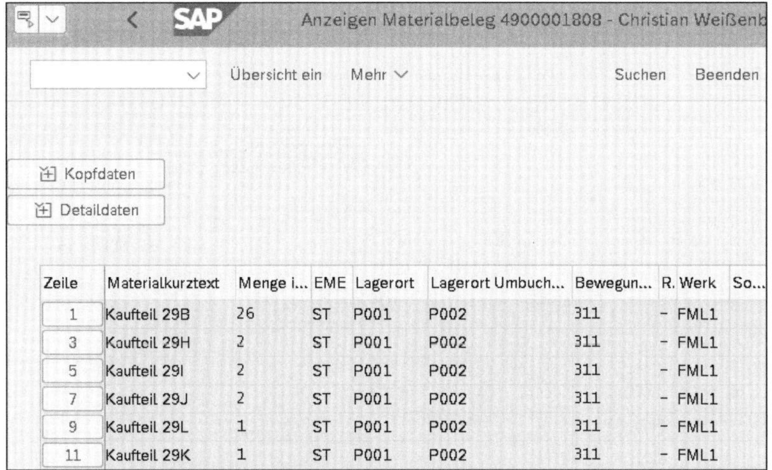

Abbildung 4.142 Materialbeleg für die Umbuchung

4.4.7 Rückmeldung verarbeiten Schritt 2

In viel größeren Intervallen erfolgt die Verbrauchsbuchung der Komponenten aus dem nicht dispositionsrelevanten Lagerort P002 mit Transaktion PPCGO2 (siehe Abbildung 4.143).

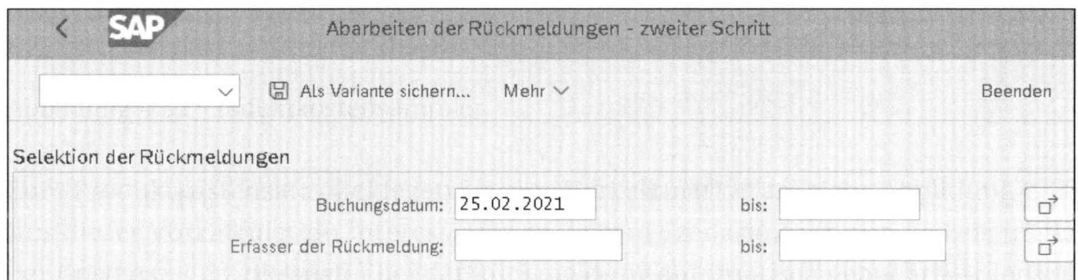

Abbildung 4.143 Rückmeldung abarbeiten – Schritt 2

Das Protokoll gibt Auskunft über die erstellten Materialbelege (siehe Abbildung 4.144).

Erst jetzt erfolgt im Materialbeleg die echte Verbrauchsbuchung mit der Bewegungsart 261 auf den Produktkostensammler 700223 (siehe Abbildung 4.145).

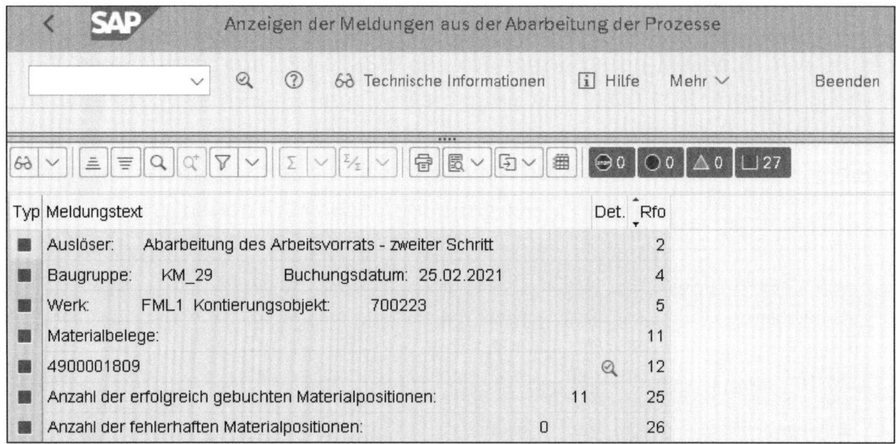

Abbildung 4.144 Protokoll PPCGO2

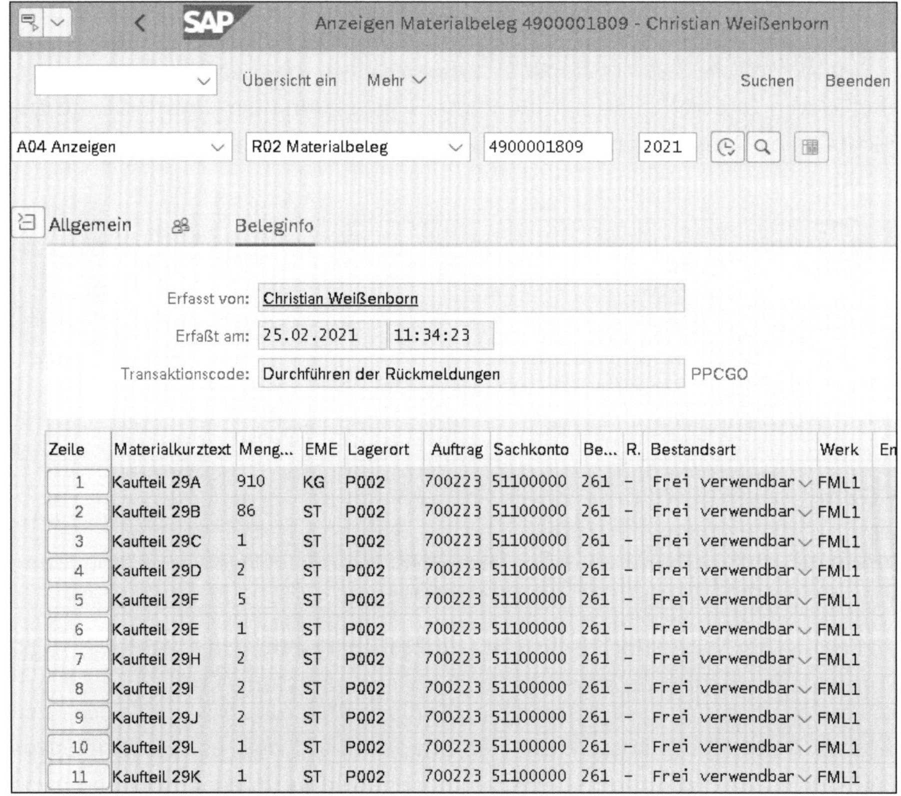

Zeile	Materialkurztext	Meng...	EME	Lagerort	Auftrag	Sachkonto	Be...	R.	Bestandsart	Werk
1	Kaufteil 29A	910	KG	P002	700223	51100000	261	-	Frei verwendbar	FML1
2	Kaufteil 29B	86	ST	P002	700223	51100000	261	-	Frei verwendbar	FML1
3	Kaufteil 29C	1	ST	P002	700223	51100000	261	-	Frei verwendbar	FML1
4	Kaufteil 29D	2	ST	P002	700223	51100000	261	-	Frei verwendbar	FML1
5	Kaufteil 29F	5	ST	P002	700223	51100000	261	-	Frei verwendbar	FML1
6	Kaufteil 29E	1	ST	P002	700223	51100000	261	-	Frei verwendbar	FML1
7	Kaufteil 29H	2	ST	P002	700223	51100000	261	-	Frei verwendbar	FML1
8	Kaufteil 29I	2	ST	P002	700223	51100000	261	-	Frei verwendbar	FML1
9	Kaufteil 29J	2	ST	P002	700223	51100000	261	-	Frei verwendbar	FML1
10	Kaufteil 29L	1	ST	P002	700223	51100000	261	-	Frei verwendbar	FML1
11	Kaufteil 29K	1	ST	P002	700223	51100000	261	-	Frei verwendbar	FML1

Abbildung 4.145 Materialbeleg

Für das Material KT_29B sehen Sie, dass hier die fünf einzelnen Buchungen zu einer Menge von 86 Stück aggregiert wurden. In diesem Fall konnte über Materialnummer und Produktkostensammler zusammengefasst werden. Die Gesamtmenge von 86 setzt sich zusammen aus allen bisherigen Buchungen, die ich in Tabelle 4.7 noch einmal aufliste.

Kundenauftrag	Meldepunkt	Menge	Mengeneinheit	Abbildung
1235	1	20	ST	Abbildung 4.117
1236	1	18	ST	Abbildung 4.119
1237	1	22	ST	Abbildung 4.121
1235	2	14	ST	Abbildung 4.131
1236	2	12	ST	Abbildung 4.132

Tabelle 4.7 Herkunft der aggregierten Menge zu KT_29B

Im Buchhaltungsbeleg werden pro Eintrag im Materialbeleg zwei Buchungszeilen erzeugt, die den Wert auf dem Bestandskonto verringern und als Kosten auf das GuV-Konto »Verbrauch Rohstoffe« buchen (siehe Abbildung 4.146).

BuKr	P...	BS	S/H	Konto	Ko...	Bezeichnung	Betrag	Wäh...	Werk	Material	Vorgang	Men...	BME	Hauptbuch
FMLA	1	99	H	13100000	M	Bestand Rohstoffe	1.365,00-	EUR	FML1	KT_29A	BSX	910-	KG	13100000
	2	81	S	51100000	S	Verbrauch Rohstof...	1.365,00	EUR	FML1	KT_29A	GBB	910	KG	51100000
	3	99	H	13100000	M	Bestand Rohstoffe	430,00-	EUR	FML1	KT_29B	BSX	86-	ST	13100000
	4	81	S	51100000	S	Verbrauch Rohstof...	430,00	EUR	FML1	KT_29B	GBB	86	ST	51100000
	5	99	H	13100000	M	Bestand Rohstoffe	130,00-	EUR	FML1	KT_29C	BSX	1-	ST	13100000
	6	81	S	51100000	S	Verbrauch Rohstof...	130,00	EUR	FML1	KT_29C	GBB	1	ST	51100000
	7	99	H	13100000	M	Bestand Rohstoffe	1.200,00-	EUR	FML1	KT_29D	BSX	2-	ST	13100000
	8	81	S	51100000	S	Verbrauch Rohstof...	1.200,00	EUR	FML1	KT_29D	GBB	2	ST	51100000
	9	99	H	13100000	M	Bestand Rohstoffe	200,00-	EUR	FML1	KT_29F	BSX	5-	ST	13100000
	10	81	S	51100000	S	Verbrauch Rohstof...	200,00	EUR	FML1	KT_29F	GBB	5	ST	51100000
	11	99	H	13100000	M	Bestand Rohstoffe	450,00-	EUR	FML1	KT_29E	BSX	1-	ST	13100000
	12	81	S	51100000	S	Verbrauch Rohstof...	450,00	EUR	FML1	KT_29E	GBB	1	ST	51100000
	13	99	H	13100000	M	Bestand Rohstoffe	240,00-	EUR	FML1	KT_29H	BSX	2-	ST	13100000
	14	81	S	51100000	S	Verbrauch Rohstof...	240,00	EUR	FML1	KT_29H	GBB	2	ST	51100000
	15	99	H	13100000	M	Bestand Rohstoffe	16,00-	EUR	FML1	KT_29I	BSX	2-	ST	13100000
	16	81	S	51100000	S	Verbrauch Rohstof...	16,00	EUR	FML1	KT_29I	GBB	2	ST	51100000
	17	99	H	13100000	M	Bestand Rohstoffe	60,00-	EUR	FML1	KT_29J	BSX	2-	ST	13100000
	18	81	S	51100000	S	Verbrauch Rohstof...	60,00	EUR	FML1	KT_29J	GBB	2	ST	51100000
	19	99	H	13100000	M	Bestand Rohstoffe	85,00-	EUR	FML1	KT_29L	BSX	1-	ST	13100000
	20	81	S	51100000	S	Verbrauch Rohstof...	85,00	EUR	FML1	KT_29L	GBB	1	ST	51100000
	21	99	H	13100000	M	Bestand Rohstoffe	80,00-	EUR	FML1	KT_29K	BSX	1-	ST	13100000

Abbildung 4.146 Buchhaltungsbeleg

Alle GuV-relevanten Zeilen sind im Kostenrechnungsbeleg auf den Produktkostensammler 700223 kontiert (siehe Abbildung 4.147).

	Belegnummer	BuchDatum	Benutzer	RT	RefBelegnr	OrgVg	Vrgng	Belegkopftext	StB	sto	
	Bu	OAr	Objekt	ObjektBez	Kostenart	Kostenartenbezeichn.	Wert/OW	OWä	Menge	GME	Material
	A000084000	25.02.2021	STUDENT101	R	4900001809	RMRU	COIN				
1		AUF	700223	Serienfer...	51100000	Verbrauch Rohstoffe	1.365,00	EUR	910	KG	KT_29A
2		AUF	700223	Serienfer...	51100000	Verbrauch Rohstoffe	430,00	EUR	86	ST	KT_29B
3		AUF	700223	Serienfer...	51100000	Verbrauch Rohstoffe	130,00	EUR	1	ST	KT_29C
4		AUF	700223	Serienfer...	51100000	Verbrauch Rohstoffe	1.200,00	EUR	2	ST	KT_29D
5		AUF	700223	Serienfer...	51100000	Verbrauch Rohstoffe	200,00	EUR	5	ST	KT_29F
6		AUF	700223	Serienfer...	51100000	Verbrauch Rohstoffe	450,00	EUR	1	ST	KT_29E
7		AUF	700223	Serienfer...	51100000	Verbrauch Rohstoffe	240,00	EUR	2	ST	KT_29H
8		AUF	700223	Serienfer...	51100000	Verbrauch Rohstoffe	16,00	EUR	2	ST	KT_29I
9		AUF	700223	Serienfer...	51100000	Verbrauch Rohstoffe	60,00	EUR	2	ST	KT_29J
10		AUF	700223	Serienfer...	51100000	Verbrauch Rohstoffe	85,00	EUR	1	ST	KT_29L
11		AUF	700223	Serienfer...	51100000	Verbrauch Rohstoffe	80,00	EUR	1	ST	KT_29K

Abbildung 4.147 Kostenrechnungsbeleg

4.4.8 Lieferung anlegen

In diesem Beispiel legen wir nur für den ersten SD-Auftrag eine Lieferung an, kommissionieren die Menge und buchen den Warenausgang (siehe Abbildung 4.148).

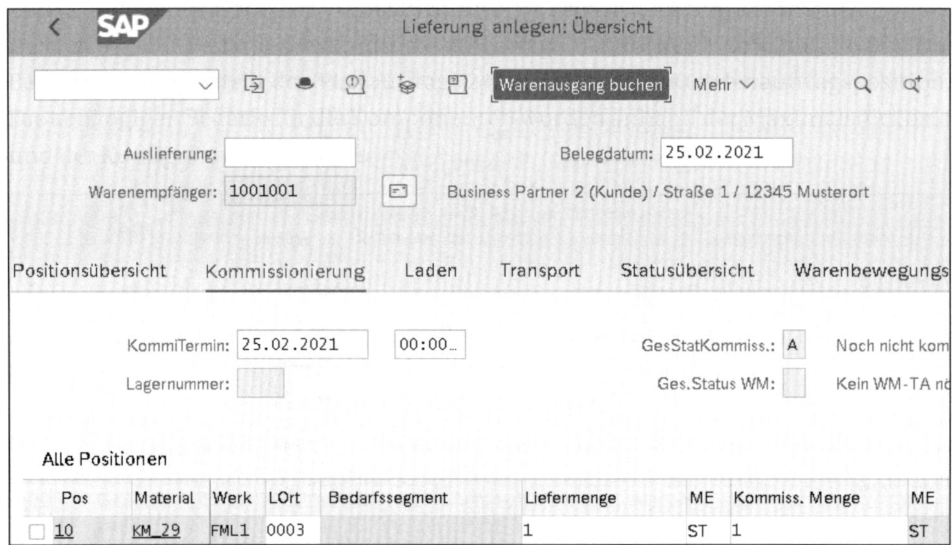

Abbildung 4.148 Lieferung zu Auftrag 1235 anlegen

Im Materialbeleg wird das Fertigprodukt mit der Bewegungsart 601 aus dem Kundenauftragsbestand zur Kundenauftragsposition 1235/10 entnommen (siehe Abbildung 4.149).

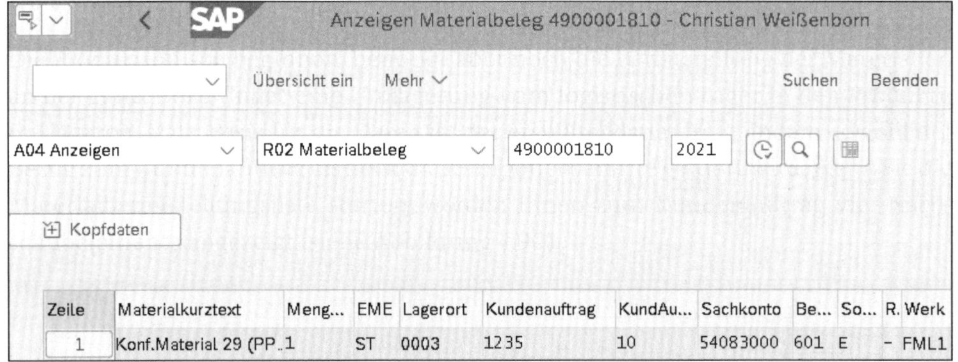

Abbildung 4.149 Materiabeleg

Mit dem Materialbeleg werden die Rechnungswesenbelege erstellt. Da für das Bestandsveränderungskonto ein COGS-Split im Customizing eingestellt ist, werden jeweils zwei Buchhaltungsbelege und zwei Kostenrechnungsbelege erstellt. Im ersten Buchhaltungsbeleg (siehe Abbildung 4.150) wird die Bestandsveränderung gegen das Bestandskonto gebucht. Im zweiten Buchhaltungsbeleg wird die Bestandsveränderung wieder aufgelöst und mit der Kostenschichtung aus der Wareneingangskalkulation auf die verschiedenen Konten der Kosten der Umsatzerlöse aufgeteilt (siehe Abbildung 4.151).

BuKr	P...	BS	S/H	Konto	Ko...	Bezeichnung	Betrag	Wäh...	Werk	Material	Vorgang	Men...	BME
FMLA	1	99	H	13400000	M	Best fertige Ware	2.527,44-	EUR	FML1	KM_29	BSX	1-	ST
	2	81	S	54083000	S	Verkauf Eigen KoArt	2.527,44	EUR	FML1	KM_29	GBB	1	ST

Abbildung 4.150 Buchhaltungsbeleg

P...	LPos	BS	S/H	Konto	Ko...	Bezeichnung	Betrag	Wäh...	Werk	Material	Vorgang	Men...	BME
1	000...	50	H	54083001	S	Gegenkto. COGS-...	2.527,44-	EUR	FML1	KM_29			
2	000...	40	S	50301000	S	KdU Direktmaterial	1.660,00	EUR	FML1	KM_29			
3	000...	40	S	50304001	S	KdU Personal	346,89	EUR	FML1	KM_29			
4	000...	40	S	50305001	S	KdU Abschreibung...	216,86	EUR	FML1	KM_29			
5	000...	40	S	50305002	S	KdU Fremdleistung...	130,03	EUR	FML1	KM_29			
6	000...	40	S	50305003	S	KdU Energie	173,66	EUR	FML1	KM_29			

Abbildung 4.151 Buchhaltungsbeleg mit COGS-Split

Die gleichen Buchungen sind in den beiden Kostenrechnungsbelegen (siehe Abbildung 4.152 und Abbildung 4.153) abgebildet, die auf ein Ergebnisobjekt in der Margin Analysis buchen.

Belegnummer	BuchDatum	Benutzer	RT	RefBelegnr	OrgVg	Vrgng	Belegkopftext	StB	sto	
Bu	OAr	Objekt	ObjektBez	Kostenart	Kostenartenbezeichn.	Wert/OW	OWä	Menge	GME	Material
A000084100	25.02.2021	STUDENT101	R	4900001810	RMWL	COIN				
1	ERG	2045		54083000	Verkauf Eigen KoArt	2.527,44	EUR	1	ST	KM_29

Abbildung 4.152 Kostenrechnungsbeleg

Belegnummer	BuchDatum	Benutzer	RT	RefBelegnr	OrgVg	Vrgng	Belegkopftext	StB	sto	
Bu	OAr	Objekt	ObjektBez	Kostenart	Kostenartenbezeichn.	Wert/OW	OWä	Menge	GME	Material
A000084200	25.02.2021	STUDENT101	R	4900001810	TBCS	COIN				
1	ERG	2045		54083001	Gegenkto. COGS-Split	2.527,44-	EUR			KM_29
2	ERG	2045		50301000	KdU Direktmaterial	1.660,00	EUR			KM_29
3	ERG	2045		50304001	KdU Personal	346,89	EUR			KM_29
4	ERG	2045		50305001	KdU Abschreibungen	216,86	EUR			KM_29
5	ERG	2045		50305002	KdU Fremdleistungen	130,03	EUR			KM_29
6	ERG	2045		50305003	KdU Energie	173,66	EUR			KM_29

Abbildung 4.153 Kostenrechnungsbeleg mit COGS-Split

4.4.9 Faktura anlegen

Zur Lieferung legen Sie die Faktura an, um eine Forderung gegenüber dem Debitor aufzumachen (siehe Abbildung 4.154). Der Verkaufswert von 3.200 EUR wird aus dem Kundenauftrag übernommen und, darauf basierend, die Ausgangssteuer von 608 EUR berechnet. Die Faktura wird im Buchhaltungsbeleg (siehe Abbildung 4.155) als »Debitor (Soll) gegen Erlöse (Haben) und Ausgangssteuer (Haben)« gebucht.

Abbildung 4.154 Faktura anlegen

BuKr	P...	BS	S/H	Konto	Ko...	Bezeichnung	Betrag	Wäh...	Werk	Material	Vorgang	Men...	BME	Hauptbuch
FMLA	1	01	S	1001001	D	Business Partner 2...	3.808,00	EUR						12100000
	2	50	H	41000000	S	Erlöse Inl. - Erzeu.	3.200,00-	EUR						41000000
	3	50	H	22000000	S	Ausgangssteuer (...	608,00-	EUR			MWS			22000000

Abbildung 4.155 Buchhaltungsbeleg

Wie die Kosten der Umsatzerlöse werden im Kostenrechnungsbeleg die Erlöse auf ein Ergebnisobjekt kontiert (siehe Abbildung 4.156).

Belegnummer	BuchDatum	Benutzer	RT	RefBelegnr	OrgVg	Vrgng	Belegkopftext	StB	sto
Bu OAr Objekt	ObjektBez	Kostenart	Kostenartenbezeichn.	Wert/OW	OWä	Menge	GME	Material	
A000084300	25.02.2021	STUDENT101	R	90000391	SD00	COIN			
1 ERG 2046		41000000	Erlöse Inl. - Erzeu.	3.200,00-	EUR			KM_29	

Abbildung 4.156 Kostenrechnungsbeleg

4.4.10 Ware in Arbeit ermitteln

Ware in Arbeit haben Sie bereits in Abschnitt 3.2, »Diskrete Fertigung mit Ware in Arbeit und Abweichung«, und Abschnitt 3.4, »Serienfertigung mit WIP und Abweichung«, kennengelernt. Hier weicht die WIP-Ermittlung allerdings von den dort beschriebenen Fällen ab.

Für die Kundenaufträge, zu denen bereits Zählpunkte erfasst wurden, aber noch kein Wareneingang erfolgt ist, wurden bereits Kosten für Komponenten und Leistungen erfasst. In diesem Beispiel trifft das nur auf den dritten Auftrag zur Kundenauftragsposition 1237/10 zu, für den nur der erste Zählpunkt gemeldet und verarbeitet wurde. Der zweite Zählpunkt, zu dem der Wareneingang gebucht werden soll, ist noch nicht gemeldet worden.

Für alle Zählpunkte außer dem letzten werden die mit den Transaktionen PPCGO und PPCOG2 rückgemeldeten Mengen in Datenbanktabellen mitgeschrieben, um, darauf basierend, Ware in Arbeit ermitteln zu können. Am letzten Zählpunkt werden diese offenen Mengen aufgelöst. Der Einstieg in die WIP-Ermittlung erfolgt mit der normalen Transaktion für den Produktkostensammler (siehe Abbildung 4.157).

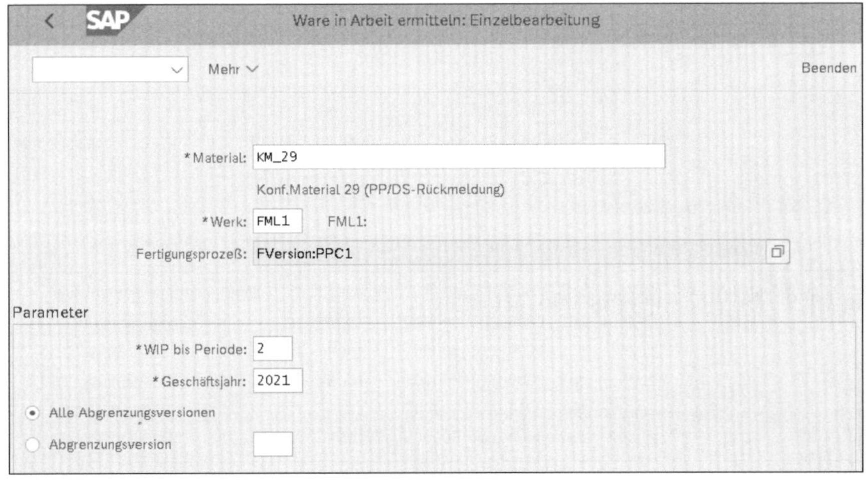

Abbildung 4.157 Ware in Arbeit ermitteln – Einstieg

Die Objektliste zeigt den Wert der bereits verbuchten Werte für die vier Materialpositionen und die Leistung für den dritten Auftrag zum ersten Zielpunkt (siehe Abbildung 4.158).

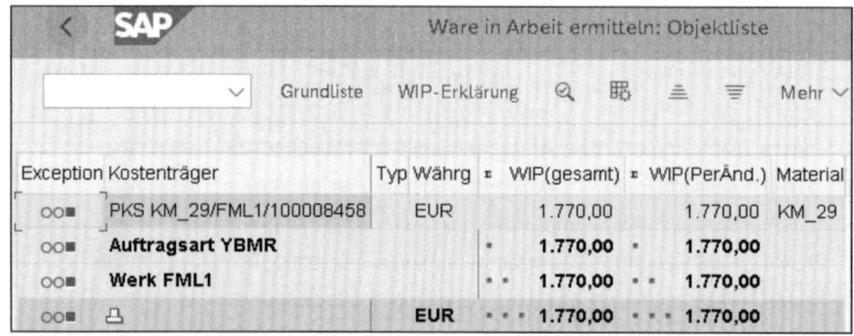

Exception	Kostenträger	Typ	Währg		WIP(gesamt)		WIP(PerÄnd.)	Material
	PKS KM_29/FML1/100008458		EUR		1.770,00		1.770,00	KM_29
	Auftragsart YBMR			•	**1.770,00**	•	**1.770,00**	
	Werk FML1			••	**1.770,00**	••	**1.770,00**	
			EUR	•••	**1.770,00**	•••	**1.770,00**	

Abbildung 4.158 Ergebnisliste der WIP-Ermittlung

4.4.11 Abweichungen ermitteln

In diesem Beispiel wurden keine Abweichungen gebucht; trotzdem ist es notwendig, die Ermittlung auszuführen, um die Abrechnung im darauffolgenden Schritt starten zu können. Der Einstieg erfolgt auch hier über die normale Transaktion für den Produktkostensammler (siehe Abbildung 4.159). Die Ergebnisliste zur Abweichungsermittlung weist eine Abweichung von 0 EUR aus (siehe Abbildung 4.160).

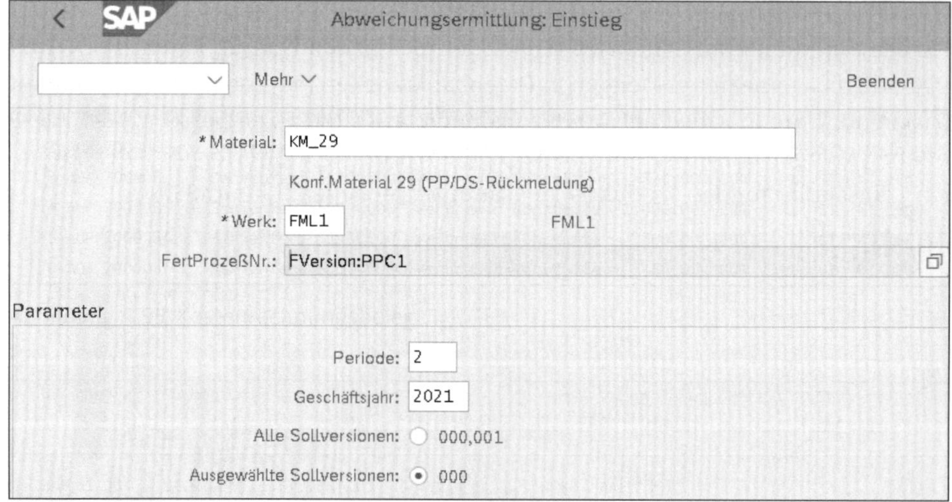

Abbildung 4.159 Abweichung ermitteln – Einstieg

Abbildung 4.160 Abweichung – Ergebnis

4.4.12 Abrechnung ausführen

Die berechneten Werte aus WIP- und Abweichungsermittlung werden im Abrechnungsschritt verbucht (siehe Abbildung 4.161). Der gebuchte Gesamtwert für die Veränderung von WIP wird in der Detailliste zu den Abgrenzungsdaten für FI angezeigt (siehe Abbildung 4.162).

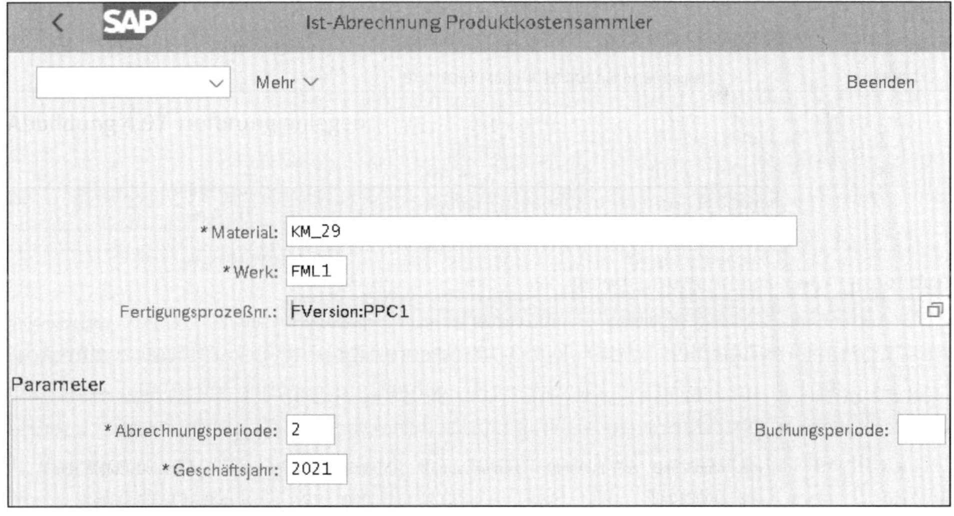

Abbildung 4.161 Abrechnung – Einstieg

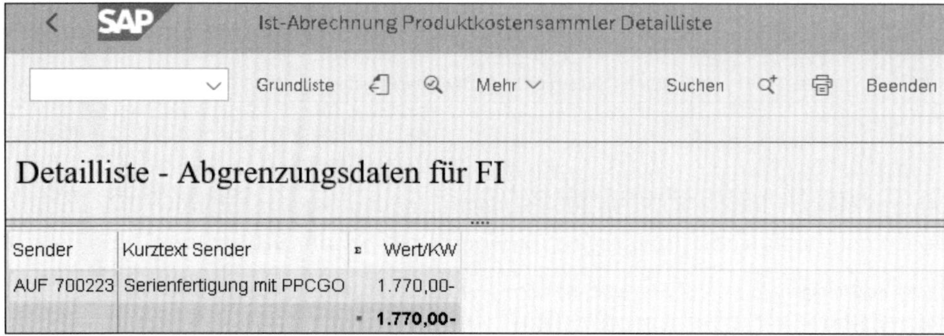

Sender	Kurztext Sender	Wert/KW
AUF 700223	Serienfertigung mit PPCGO	1.770,00-
		• 1.770,00-

Abbildung 4.162 Ergebnis der Abrechnung

Im Buchhaltungsbeleg werden die Buchungen »Bestand WIP an Bestandsveränderung Ware in Arbeit« wertmäßig einzeln für jede Materialnummer ausgeführt (siehe Abbildung 4.163).

BuKr	BS	S/H	Konto	Ko...	Bezeichnung	Betrag	Wäh...	Werk	Material	Vorgang	Men...	BME
FMLA	50	H	54200000	S	BV Ware in Arbeit	480,00-	EUR	FML1				
	40	S	13200000	S	Bestand WIP	480,00	EUR	FML1				
	50	H	54200000	S	BV Ware in Arbeit	110,00-	EUR	FML1				
	40	S	13200000	S	Bestand WIP	110,00	EUR	FML1				
	50	H	54200000	S	BV Ware in Arbeit	600,00-	EUR	FML1				
	40	S	13200000	S	Bestand WIP	600,00	EUR	FML1				
	50	H	54200000	S	BV Ware in Arbeit	80,00-	EUR	FML1				
	40	S	13200000	S	Bestand WIP	80,00	EUR	FML1				
	50	H	54200000	S	BV Ware in Arbeit	500,00-	EUR	FML1				
	40	S	13200000	S	Bestand WIP	500,00	EUR	FML1				

Abbildung 4.163 Buchhaltungsbeleg

Am Ende unseres Beispiels ist der erste Auftrag gefertigt und verkauft. Der zweite Auftrag ist gefertigt und wird im Kundenauftragsbestand geführt, kann also ebenfalls verkauft werden. Nur der dritte Auftrag ist noch in Arbeit und hat bisher nur den ersten Zählpunkt zurückgemeldet bekommen, für den die Ware in Arbeit abgegrenzt wurde.

In allen vier Szenarien dieses Kapitels wurde mit Bezug zu einem Kundenauftrag gefertigt, aber keiner der Kundenaufträge ist ein Kontierungsobjekt gewesen. Wie Szenarien aussehen, in denen der Kundenauftrag selbst das Kontierungsobjekt ist, erfahren Sie im nächsten Kapitel.

Kapitel 5
Szenarien mit Kundenauftrags-controlling

»Für jedes komplexe Problem gibt es eine einfache Lösung, und die ist die falsche.«, sagt Umberto Eco. Wenn die bisher dargestellten Prozesse nicht ausreichen, um den Ablauf in Ihrem Unternehmen darzustellen, weil er zu komplex ist, bietet sich vielleicht eine Version des hier beschriebenen Kundenauftragscontrollings an. Falls das auch nicht ausreicht, bleibt als letzter Ausweg das in Abschnitt 6.2 beschriebene Szenario mit einem Kundenprojekt.

In allen bisherigen Szenarien hat die Kundenauftragsposition immer auf ein anderes Kontierungsobjekt verwiesen, und zwar auf ein Ergebnisobjekt. Nun kommen wir zu zwei Szenarien, in denen die Kundenauftragsposition selbst das Kontierungsobjekt ist. In diesem Fall spricht man von einer *kosten- und erlösführenden Kundenauftragsposition*, die wir mit der Vertriebsbelegposition (VBP) im Buchungsschema darstellen. Hierauf werden alle Kosten und Erlöse gesammelt, und erst im Monatsabschluss werden diese an ein Ergebnisobjekt abgerechnet. Hierdurch wird es möglich, eine Vielzahl unterschiedlicher Aufwandstreiber zu erfassen, die nicht alle mit einer Stückliste und einem Arbeitsplan abgebildet werden können. Die hier vorgestellten Szenarien eigenen sich somit für weitaus komplexere Fragestellungen als die in Kapitel 4, »Szenarien mit kundenauftragsorientierter Produktion«.

In Abschnitt 5.1 behandeln wir das Kundenauftragscontrolling mit bewertetem Kundenauftragsbestand und in Abschnitt 5.2 das Kundenauftragscontrolling mit unbewertetem Kundenauftragsbestand. Legen wir los!

5.1 Kundenauftragscontrolling mit bewertetem Kundenauftragsbestand

SAP empfiehlt grundsätzlich die Verbindung von Kundenauftragscontrolling und bewertetem Kundenauftragsbestand. Das Szenario zieht sich über zwei Monate hin, um den Monatsabschluss für einen begonnenen und einen abgeschlossenen Kundenauftrag verstehen zu können (siehe Abbildung 5.1). Hier kommt im ersten Monat ein Schritt mit dem Titel *Ergebnisermittlung* hinzu.

Im ersten Monat legen Sie in Schritt 1 einen Kundenauftrag an und führen dann in Schritt 2 die Bedarfsplanung durch. In Schritt 3 erstellen Sie einen Fertigungsauftrag, der mit den Schritten 4 bis 6 (Kommissionierung durchführen, Rückmeldung erfassen und Wareneingang buchen) abgearbeitet wird. Es erfolgt die Lieferung an den Kunden in Schritt 7, und Sie erhalten eine Kreditorenrechnung, in der ein Dienstleister seine Tätigkeit, die er beim Kunden für uns durchgeführt hat, in Schritt 8 in Rechnung stellt. Dies könnte z. B. die Installation einer Maschine sein. Danach findet der Monatsabschluss in den Schritten 9 und 10 statt, in denen die Ergebnisermittlung und die Abrechnung für die Kundenauftragsposition abgewickelt werden.

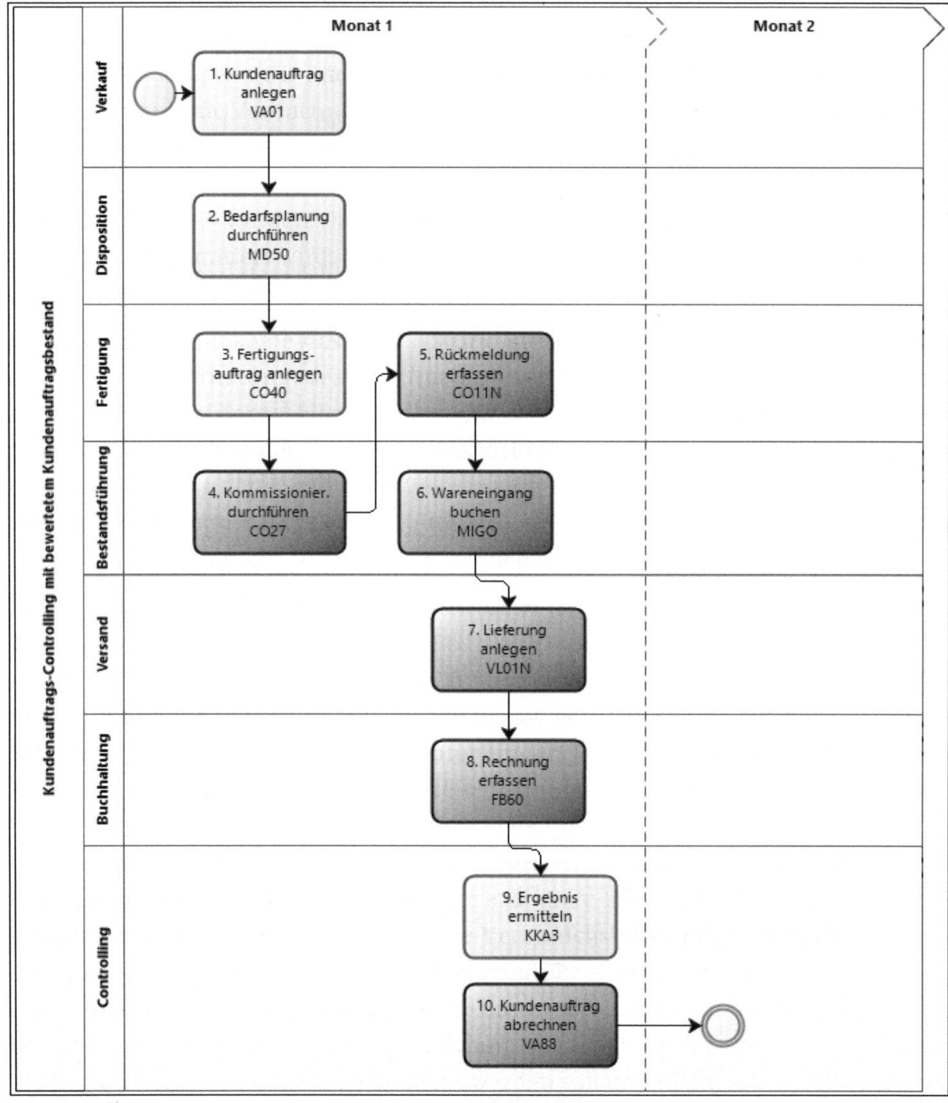

Abbildung 5.1 Prozess des Kundenauftragscontrollings – Monat 1

Im Buchungsschema wird nun zum ersten Mal ein Kontierungsobjekt vom Typ VBP, also eine Vertriebsbelegposition verwendet (siehe Abbildung 5.2). Das Herstellteil wird, wie bereits bekannt, mit einem Fertigungsauftrag produziert und in den Kundenauftragsbestand gebucht, aber die Auslieferung mit den Kosten der Umsatzerlöse wird nicht auf ein Ergebnisobjekt, sondern auf diese Vertriebsbelegposition gebucht. Weitere Kosten können nun ebenso auf diese Vertriebsbelegposition kontiert werden; in unserem Beispiel handelt es sich um eine Kreditorenrechnung. Im ersten Monatsabschluss wird durch die Abrechnung Ware in Arbeit (Work in Process, WIP) aufgebaut.

5

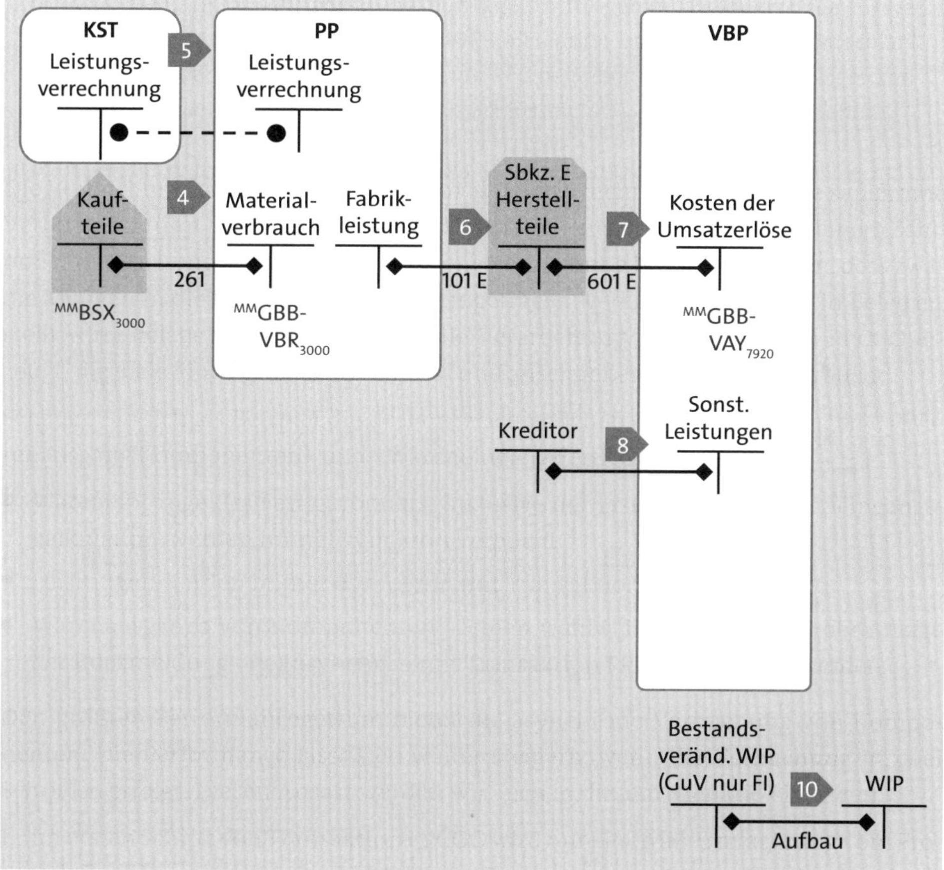

Abbildung 5.2 Buchungsschema für das Kundenauftragscontrolling – Monat 1

Der zweite Monat beginnt mit Schritt 11, in dem die Faktura an den Kunden gestellt wird (siehe Abbildung 5.3). Anschließend finden in den Schritten 12 und 13 der zweite Monatsabschluss mit Ergebnisermittlung und die Abrechnung statt. Natürlich wäre es möglich, im zweiten Monat diverse weitere Kosten zu erfassen, die dann im gleichen Monat auch in die Margin Analysis abgerechnet würden.

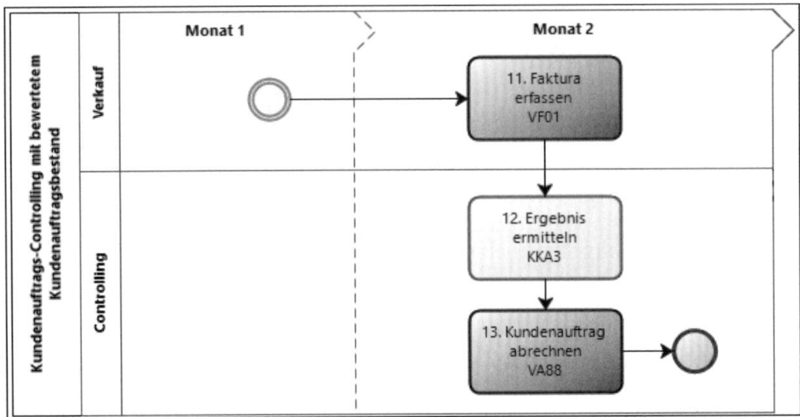

Abbildung 5.3 Prozess für das Kundenauftragscontrolling – Monat 2

Die Umsatzerlöse aus der Faktura werden ebenso nicht auf ein Ergebnisobjekt kontiert, sondern direkt auf die Vertriebsbelegposition. Im zweiten Monatsabschluss wird Ware in Arbeit wieder aufgelöst, und alle Kosten und Erlöse werden an ein Ergebnisobjekt abgerechnet. Bis zu diesem Zeitpunkt waren keine Daten in der Margin Analysis auswertbar (siehe Abbildung 5.4).

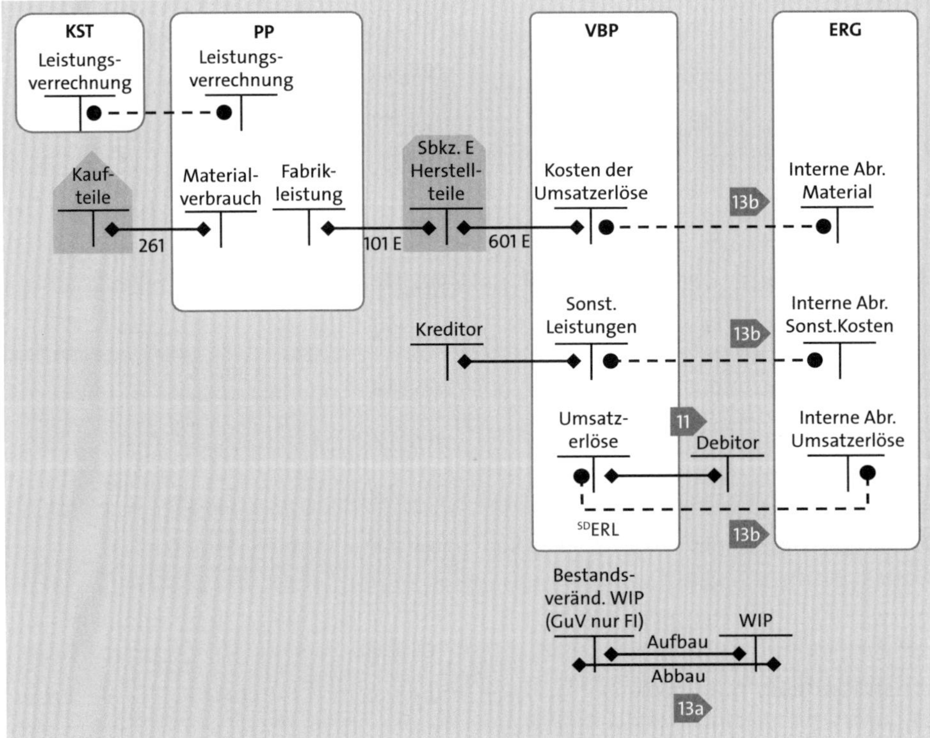

Abbildung 5.4 Buchungsschema des Kundenauftragscontrollings – Monat 2

Normalerweise wird das Kundenauftragscontrolling eingesetzt, um komplexere Fertigungen abzubilden, aber wir vereinfachen auch an dieser Stelle: Unsere Stückliste beinhaltet mit KT_17 nur eine einzige Komponente (siehe Abbildung 5.5).

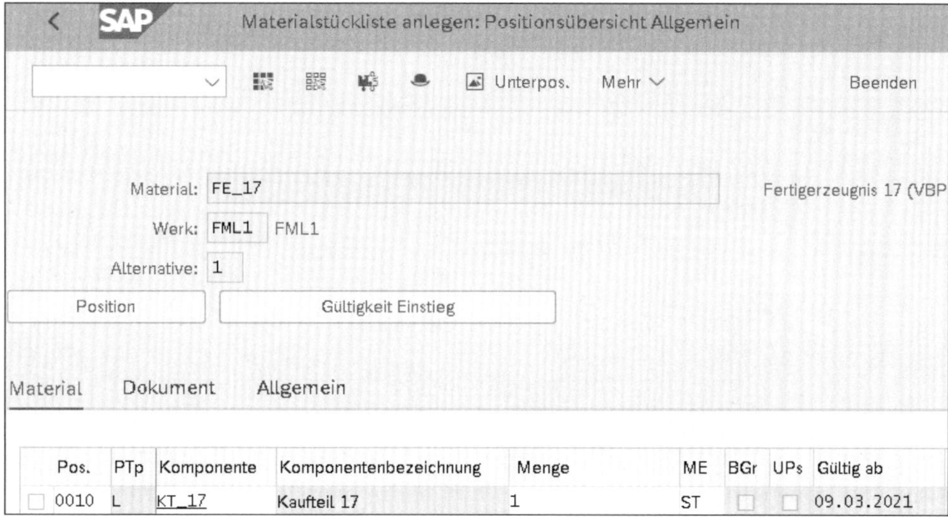

Abbildung 5.5 Stückliste

Im Normalarbeitsplan werden die Zeiten für Rüsten, Maschine und Personal eingetragen (siehe Abbildung 5.6). Hier betragen sie 2 Minuten, 10 Minuten und 8 Minuten. Der Arbeitsplan und die Stückliste werden in der Fertigungsversion miteinander kombiniert (siehe Abbildung 5.7).

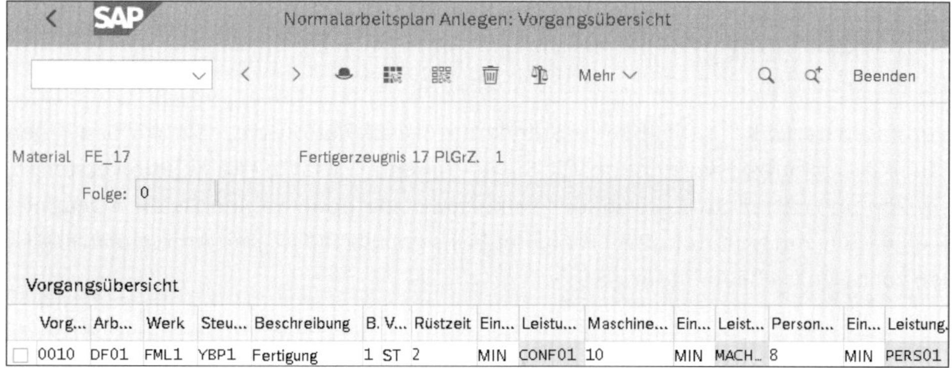

Abbildung 5.6 Arbeitsplan

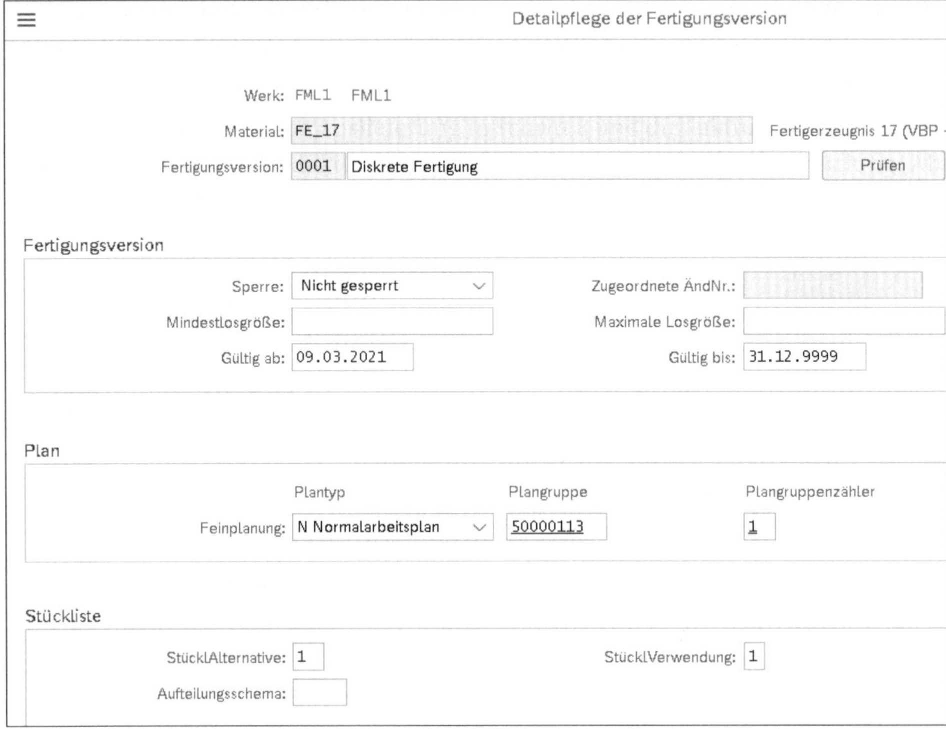

Abbildung 5.7 Fertigungsversion

5.1.1 Kundenauftrag anlegen

Der Prozess beginnt mit der Anlage des Kundenauftrags, in dem der Kunde 1 Stück (ST) des Materials FE_17 ordert. Als Verkaufspreis geben wir im Feld **Betrag** 1.000 EUR für die Konditionsart PPR0 ein (siehe Abbildung 5.8).

Für das Material KT_17 liegt keine Standardpreiskalkulation vor, aber wir benötigen eine *Kundenauftragskalkulation*, die Sie über **Menü • Zusätze • Kalkulation** erstellen. Im Pop-up-Fenster zur Auswahl der Kalkulationsmethode wählen Sie die **Erzeugniskalkulation**, um sie automatisiert auf der Basis von Stückliste und Arbeitsplan erstellen zu lassen (siehe Abbildung 5.9).

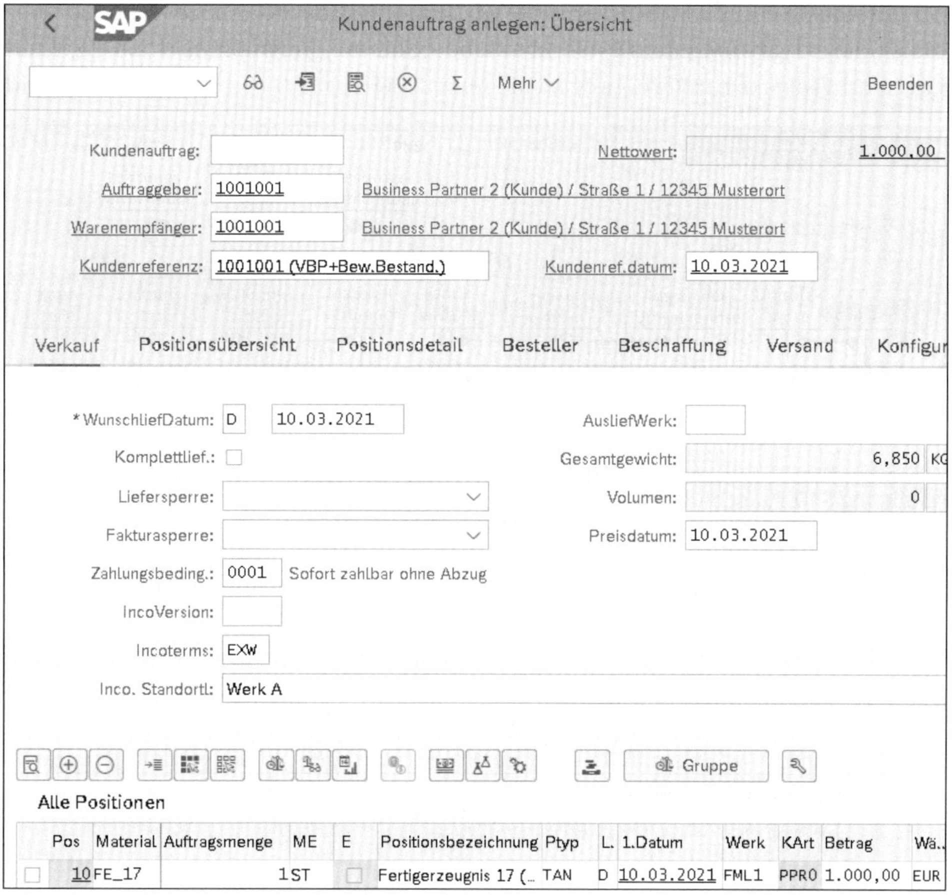

Kundenauftrag anlegen: Übersicht

Mehr Beenden

Kundenauftrag: Nettowert: 1.000,00

Auftraggeber: 1001001 Business Partner 2 (Kunde) / Straße 1 / 12345 Musterort

Warenempfänger: 1001001 Business Partner 2 (Kunde) / Straße 1 / 12345 Musterort

Kundenreferenz: 1001001 (VBP+Bew.Bestand.) Kundenref.datum: 10.03.2021

Verkauf | Positionsübersicht | Positionsdetail | Besteller | Beschaffung | Versand | Konfigur

*WunschliefDatum: D 10.03.2021 AusliefWerk:

Komplettlief.: Gesamtgewicht: 6,850 KG

Liefersperre: Volumen: 0

Fakturasperre: Preisdatum: 10.03.2021

Zahlungsbeding.: 0001 Sofort zahlbar ohne Abzug

IncoVersion:

Incoterms: EXW

Inco. Standortl: Werk A

Gruppe

Alle Positionen

Pos	Material	Auftragsmenge	ME	E	Positionsbezeichnung	Ptyp	L.	1.Datum	Werk	KArt	Betrag	Wä..
10	FE_17	1	ST		Fertigerzeugnis 17 (...	TAN	D	10.03.2021	FML1	PPR0	1.000,00	EUR

Abbildung 5.8 Kundenauftrag anlegen

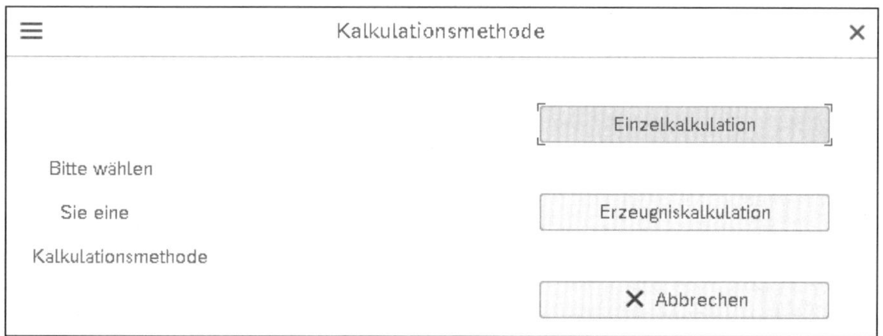

Abbildung 5.9 Kalkulationsmethode »Erzeugniskalkulation«

Der errechnete Wert der Kundenauftragskalkulation beträgt 584 EUR und setzt sich in der bewerteten Kalkulationsstruktur aus drei Zeilen für die bewerteten Zeiten aus dem Arbeitsplan und einer Zeile für das in der Stückliste vorhandene Material KT_17 zusammen. Direkt nach dem Speichern steht die Kundenauftragsposition 1264/10 als Kontierungsobjekt zur Verfügung (siehe Abbildung 5.10).

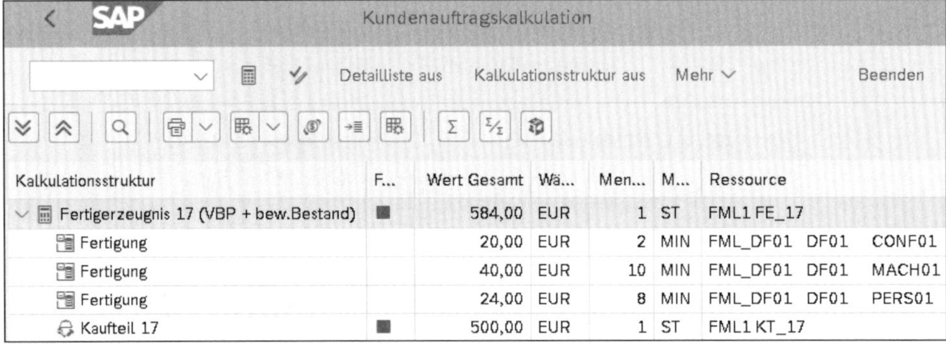

Kalkulationsstruktur	F...	Wert Gesamt	Wä...	Men...	M...	Ressource		
Fertigerzeugnis 17 (VBP + bew.Bestand)	■	584,00	EUR	1	ST	FML1 FE_17		
Fertigung		20,00	EUR	2	MIN	FML_DF01	DF01	CONF01
Fertigung		40,00	EUR	10	MIN	FML_DF01	DF01	MACH01
Fertigung		24,00	EUR	8	MIN	FML_DF01	DF01	PERS01
Kaufteil 17	■	500,00	EUR	1	ST	FML1 KT_17		

Abbildung 5.10 Aufschlüsselung der Kundenauftragskalkulation

Kosten- und erlösführende Kundenauftragsposition

Wie kommt es nun, dass für das Material FE_17 die Kundenauftragsposition als Kontierungsobjekt gilt? Ohne zu tief in das Customizing in Controlling und Vertrieb einzusteigen, möchte ich Ihnen die benötigte Kette kurz erklären.

Die Kundenauftragsposition benötigt einen *Kontierungstyp*, in dem für das Kennzeichen **Verbrauchsbuchung** ein E (für Abrechnung über Kundenauftrag) eingetragen ist. Der Kontierungstyp wird in einer *Bedarfsklasse* eingetragen. Diese Bedarfsklasse wird über eine *Bedarfsart* zugewiesen. Im Kundenauftrag wird diese Bedarfsart für jede Position ermittelt und eingetragen. Es ergibt sich also die folgende Kette:

Bedarfsart • Bedarfsklasse • Kontierungstyp • Verbrauchsbuchung E

Die Bedarfsart können Sie über zwei Wege ermitteln:

- **Über den Positionstyp**
  Dieser Positionstyp wird aus dem Zusammenspiel von *Positionstypengruppe* im Materialstamm und *Verkaufsbelegart* ermittelt.
- **Über die Strategiegruppe**
  Diese Strategiegruppe wird im Materialstamm in der Sicht **Disposition 3** gepflegt. Ihr ist eine *Strategie* und dieser Strategie wiederum eine Bedarfsart zugeordnet.

Der Positionstyp wird immer ermittelt, und über ihn wird gesteuert, welche der beiden Wege als Quelle die höhere Priorität hat. Die Bedarfsklasse steuert auch, welcher Abgrenzungsschlüssel für die Ergebnisermittlung verwendet wird, und ob mit bewertetem oder unbewertetem Kundenauftragsbestand gearbeitet werden soll. Der Eintrag erfolgt im Kennzeichen **Bewertung**.

5.1.2 Bedarfsplanung durchführen

Zum Kundenauftrag führen Sie eine Bedarfsplanung durch, deren Ergebnis ein Planauftrag zum Material FE_17 ist (siehe Abbildung 5.11). Der Planauftrag 7289 wird in der Bedarfs-/Bestandliste als Bedarfsdecker für den Kundenauftrag 1264 angezeigt (siehe Abbildung 5.12).

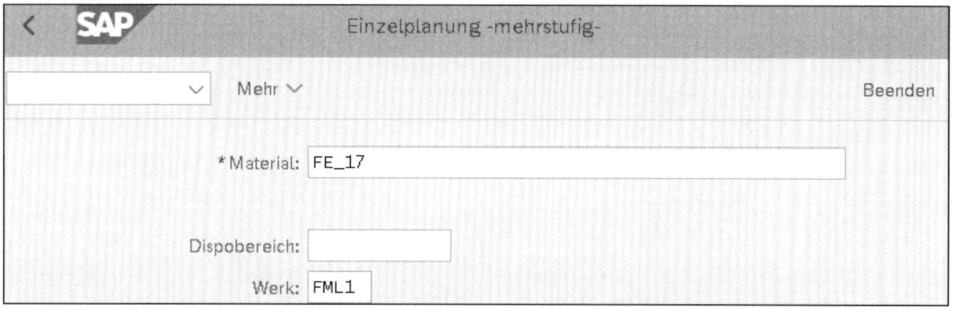

Einzelplanung -mehrstufig-

Mehr

Beenden

*Material: FE_17

Dispobereich:

Werk: FML1

Abbildung 5.11 Bedarfsplanung durchführen

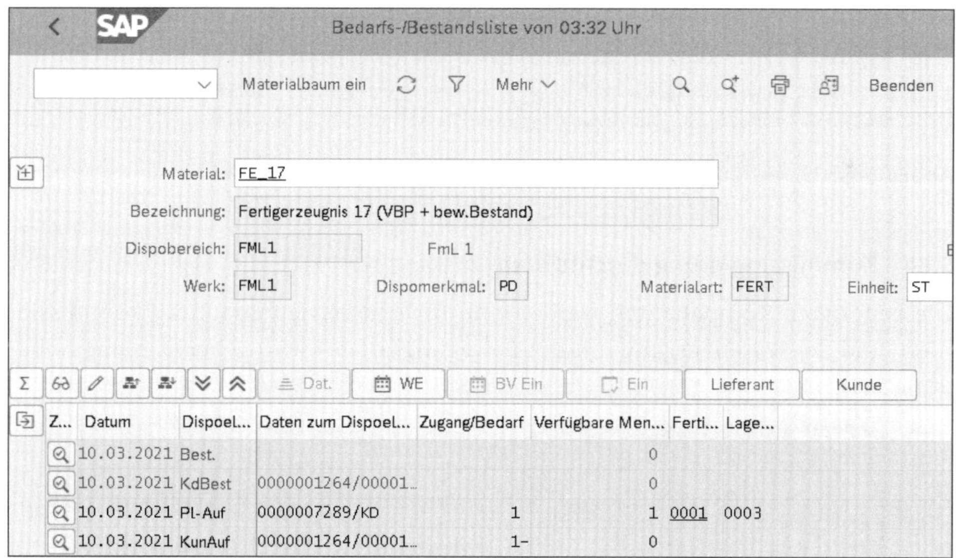

Abbildung 5.12 Bedarfs-/Bestandsliste

5.1.3 Fertigungsauftrag anlegen

Zum Planauftrag, der in der Materialbedarfsplanung erstellt wurde, legen wir einen Fertigungsauftrag an (siehe Abbildung 5.13). Der Bezug zur Kundenauftragsposition wird übernommen. Es wird der Auftrag 1000744 angelegt.

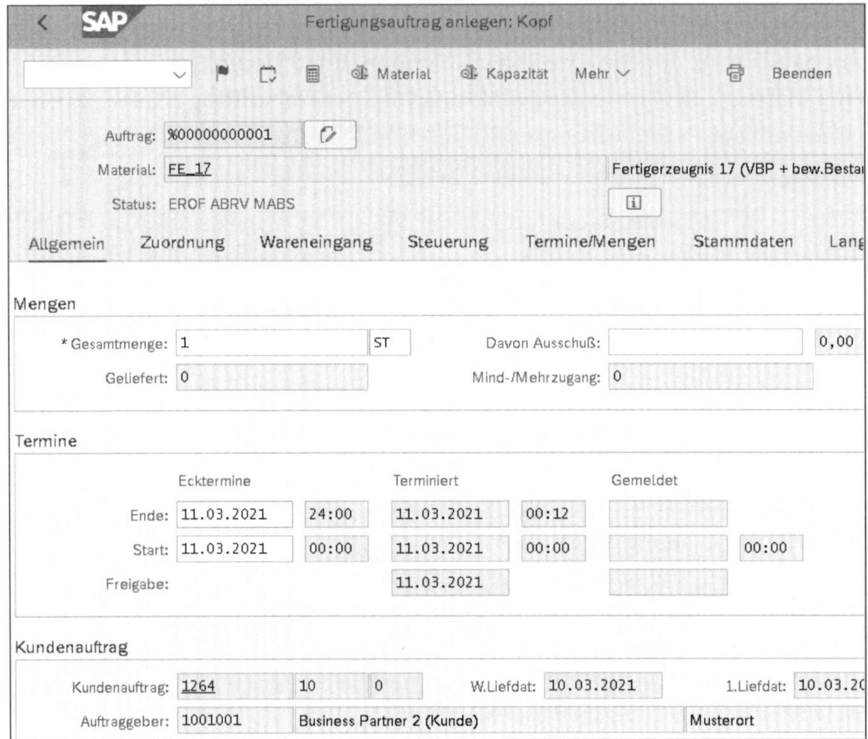

Abbildung 5.13 Fertigungsauftrag anlegen

5.1.4 Kommissionierung durchführen

Die benötigten Komponenten werden nun für den Fertigungsauftrag kommissioniert, und der Warenausgang mit der Bewegungsart 261 wird gebucht (siehe Abbildung 5.14).

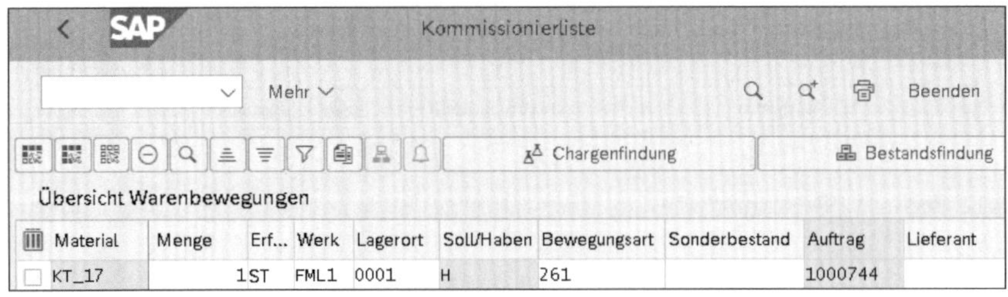

Abbildung 5.14 Kommissionierliste

Der Verbrauch wird auf dem Fertigungsauftrag gebucht; die entsprechende Buchung (siehe Abbildung 5.15) lautet »Materialverbrauch (Soll) an Bestand (Haben)«. Der Verbrauch wird im Kostenrechnungsbeleg auf den Fertigungsauftrag kontiert (siehe Abbildung 5.16).

BuKr	P...	BS	S/H	Konto	Ko...	Bezeichnung	Betrag	Währg	Werk	Material	Vorgang	Men...	BME	Hauptbuch
FMLA	1	99	H	13100000	M	Bestand Rohstoffe	500,00-	EUR	FML1	KT_17	BSX	1-	ST	13100000
	2	81	S	51100000	S	Verbrauch Rohstof...	500,00	EUR	FML1	KT_17	GBB	1	ST	51100000

Abbildung 5.15 Buchhaltungsbeleg

Belegnummer	BuchDatum	Benutzer	RT	RefBelegnr	OrgVg	Vrgng	Belegkopftext	StB	sto
A000087000	11.03.2021	STUDENT101	R	4900001844	RMWA	COIN			

Bu	OAr	Objekt	ObjektBez	Kostenart	Kostenartenbezeichn.	Wert/OW	OWä	Menge	GME	Material
1	AUF	1000744	Fertigerz...	51100000	Verbrauch Rohstoffe	500,00	EUR	1	ST	KT_17

Abbildung 5.16 Kostenrechnungsbeleg

5.1.5 Rückmeldung erfassen

Zum Fertigungsauftrag wird die Rückmeldung erfasst, mit der die Zeiten für Rüsten, Maschine und Personen gebucht werden (siehe Abbildung 5.17). Die mit dem jeweiligen Plantarif bewerteten Zeiten werden als Leistungsverrechnung im Kostenrechnungsbeleg von der Kostenstelle an den Fertigungsauftrag gebucht (siehe Abbildung 5.18).

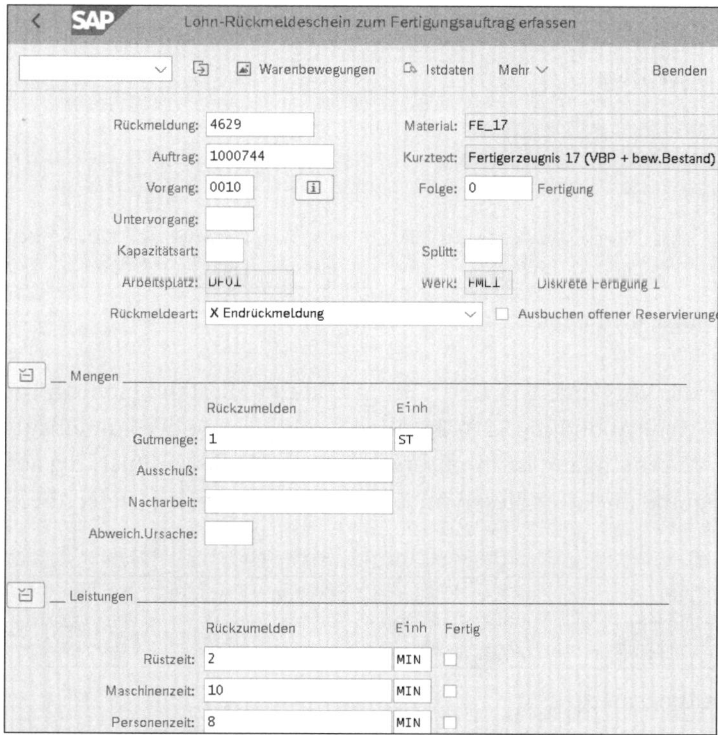

Abbildung 5.17 Rückmeldung erfassen

Belegnummer	BuchDatum	Benutzer	RT	RefBelegnr	OrgVg	Vrgng	Belegkopftext	StB	sto
300001147	11.03.2021	STUDENT101	R	4629	RMRU	RKL			

Bu	OAr	Objekt	ObjektBez	Kostenart	Kostenartenbezeichn.	Wert/OW	OWä	Menge	GME	Material
1	LEI	FML_DF01/...	Diskrete ...	94303000	Rüsten	20,00-	EUR	2-	MIN	
2	AUF	1000744	Fertigerz...	94303000	Rüsten	20,00	EUR	2	MIN	
4	LEI	FML_DF01/...	Diskrete ...	94301000	Maschinenstunden 1	40,00-	EUR	10-	MIN	
5	AUF	1000744	Fertigerz...	94301000	Maschinenstunden 1	40,00	EUR	10	MIN	
7	LEI	FML_DF01/...	Diskrete ...	94311000	Pers.std.	24,00-	EUR	8-	MIN	
8	AUF	1000744	Fertigerz...	94311000	Pers.std.	24,00	EUR	8	MIN	

Abbildung 5.18 Kostenrechnungsbeleg für die Leistung

5.1.6 Wareneingang buchen

Wenn das Material fertiggestellt ist, wird es auf Lager genommen. Der Wareneingang zum Fertigungsauftrag erfolgt mit der Bewegungsart 101 und dem Sonderbestandskennzeichen E in den bewerteten Kundenauftragsbestand (siehe Abbildung 5.19).

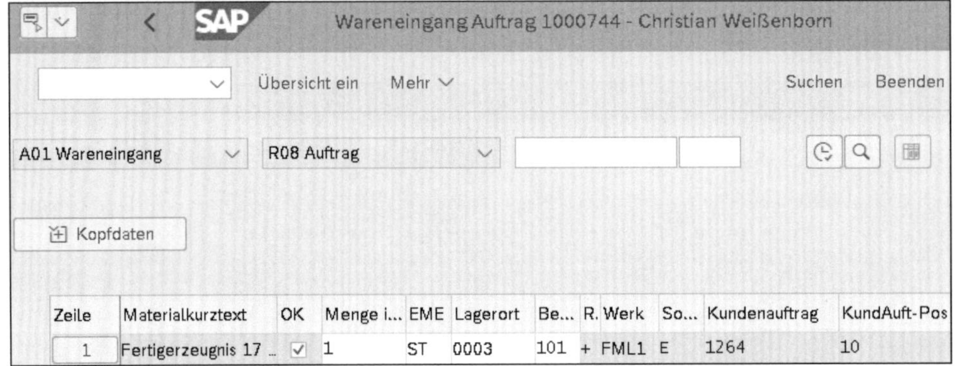

Abbildung 5.19 Wareneingang erfassen

Der Buchungssatz für die Vorgänge BSX und GBB-AUF lautet »Bestand (Soll) an Fabrikleistung (Haben)« (siehe Abbildung 5.20). Der Wert ergibt sich aus der Kundenauftragskalkulation. Der Wareneingang ist in unserem Beispiel die letzte Buchung auf dem Fertigungsauftrag und entlastet diesen im Kostenrechnungsbeleg (siehe Abbildung 5.21).

Pos	BS	S/H	Konto	Koart	Bezeichnung	Betrag	Währg	Werk	Material	Vorgang	Menge	BME	Hauptbuch
1	89	S	13400000	M	Best fertige Ware	584,00	EUR	FML1	FE_17	BSX	1	ST	13400000
2	91	H	55100000	S	Fabrikleistng Pr.Auf	584,00-	EUR	FML1	FE_17	GBB	1-	ST	55100000

Abbildung 5.20 Buchhaltungsbeleg

Belegnummer	BuchDatum	Benutzer	RT	RefBelegnr	OrgVg	Vrgng	Belegkopftext	StB	sto
A000087100	11.03.2021	STUDENT101	R	5000001219	RMWF	COIN			

Bu	OAr	Objekt	ObjektBez	Kostenart	Kostenartenbezeichn.	Wert/OW	OWä	Menge	GME	Material
2	AUF	1000744	Fertigerz...	55100000	Fabrikleistng Pr.Auf	584,00-	EUR	1-	ST	FE_17

Abbildung 5.21 Kostenrechnungsbeleg

5.1.7 Lieferung anlegen

Mit der Lieferung wird die Ware aus dem bewerteten Kundenauftragsbestand entnommen (siehe Abbildung 5.22). Durch einen Klick auf **Warenausgang buchen** wird der Materialbeleg mit der Bewegungsart 601 erstellt, mit dem das Material aus dem Kundenauftragsbestand entnommen wird (siehe Abbildung 5.23).

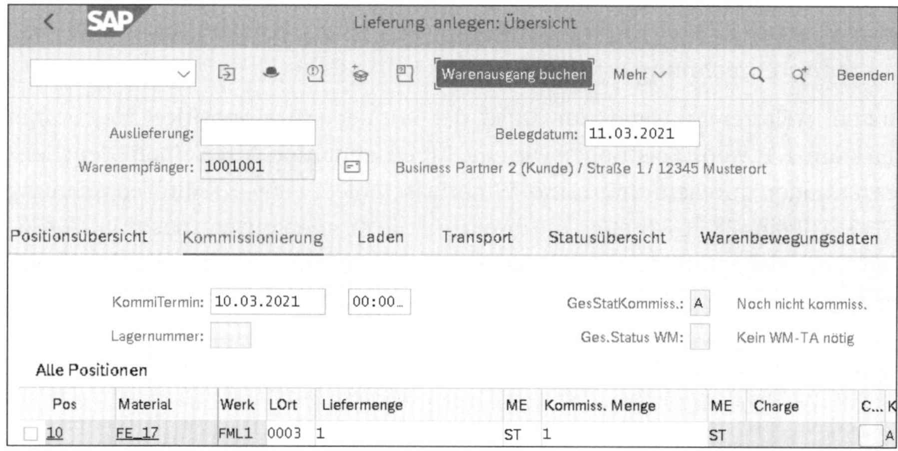

Abbildung 5.22 Lieferung anlegen

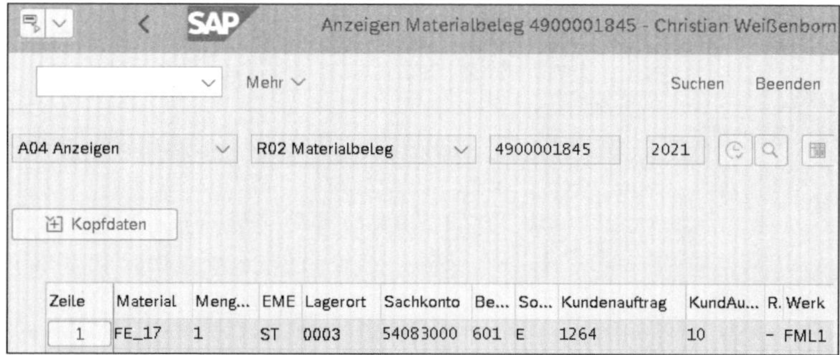

Abbildung 5.23 Materialbeleg

Es wird ein Buchhaltungsbeleg mit der Buchung »Verkauf eigene Erzeugnisse (Soll) an Bestand fertige Waren (Haben)« erstellt (siehe Abbildung 5.24). Dieser Warenausgang eröffnet nun eigentlich erst das *Kundenauftragscontrolling*, denn der Warenausgang wird nicht auf ein Ergebnisobjekt, sondern mit dem Kürzel VBP auf die Kundenauftragsposition selbst gebucht (siehe Abbildung 5.25).

BuKr	P...	BS	S/H	Konto	Ko...	Bezeichnung	Betrag	Wäh...	Werk	Material	Vorgang	Men...	BME	Hauptbuch
FMLA	1	99	H	13400000	M	Best fertige Ware	584,00-	EUR	FML1	FE_17	BSX	1-	ST	13400000
	2	81	S	54083000	S	Verkauf Eigen KoArt	584,00	EUR	FML1	FE_17	GBB	1	ST	54083000

Abbildung 5.24 Buchhaltungsbeleg

Belegnummer	BuchDatum	Benutzer	RT	RefBelegnr	OrgVg	Vrgng	Belegkopftext	StB	sto	
Bu OAr	**Objekt**	**ObjektBez**	**Kostenart**	**Kostenartenbezeichn.**	**Wert/OW**	**OWä**	**Menge**	**GME**	**Material**	
A000087200	10.03.2021	STUDENT101	R	4900001845	RMWL	COIN				
1 VBP	1264/10	Fertigerz...	54083000	Verkauf Eigen KoArt	584,00	EUR	1	ST	FE_17	

Abbildung 5.25 Kostenrechnungsbeleg

5.1.8 Kreditorenrechnung erfassen

Es entsteht weiterer Aufwand, der direkt der Kundenauftragsposition zugeordnet werden kann, z. B. wenn Leistungen wie eine Inbetriebnahme durch einen Dienstleister beim Kunden durchzuführen sind. Wir erfassen hierzu eine Kreditorenrechnung über 200 EUR plus 38 EUR Steuer, die direkt auf die Kundenauftragsposition 1264/10 kontiert wird (siehe Abbildung 5.26). Das Konto 65009000 müssen Sie manuell eintragen.

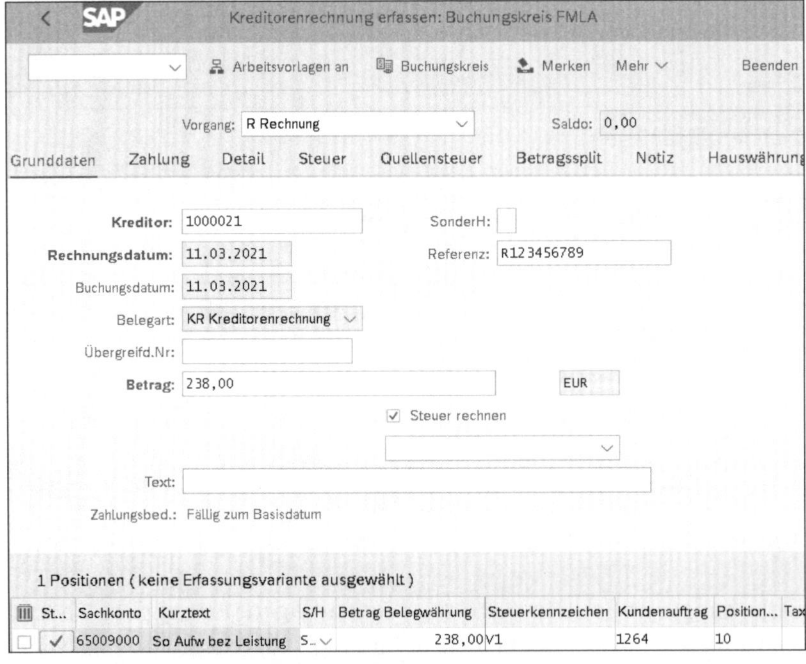

Abbildung 5.26 Kreditorenrechnung erfassen

Im Buchhaltungsbeleg erfolgt die Buchung »Sonstiger Aufwand bezogene Leistungen (Soll), Vorsteuer (Soll) an Kreditorenverbindlichkeit (Haben)« (siehe Abbildung 5.27). Im Kostenrechnungsbeleg werden die 200 EUR als Belastung auf der Kundenauftragsposition angezeigt (siehe Abbildung 5.28).

BuKr	P...	BS	S/H	Konto	Ko...	Bezeichnung	Betrag	Wäh...	Werk	Material	Vorgang	Men...	BME	Hauptbuch
FMLA	1	31	H	1000021	K	Business Partner 1...	238,00-	EUR			EGK			21100000
	2	40	S	65009000	S	So Aufw bez Leistu...	200,00	EUR						65009000
	3	40	S	12600000	S	Vorsteuer (VST)	38,00	EUR			VST			12600000

Abbildung 5.27 Buchhaltungsbeleg

```
Belegnummer  BuchDatum   Benutzer    RT RefBelegnr OrgVg Vrgng Belegkopftext  StB  sto
Bu OAr Objekt      ObjektBez Kostenart Kostenartenbezeichn.   Wert/OW OWä Menge GME Material

A000087300   11.03.2021  STUDENT101  R  1900000001 RFBU  COIN
   1 VBP 1264/10   Fertigerz... 65009000  So Aufw bez Leistung   200,00  EUR
```

Abbildung 5.28 Kostenrechnungsbeleg

5.1.9 Ergebnisermittlung ausführen (Monat 1)

Die Ware ist zwar bereits ausgeliefert, aber die Faktura wurde nicht zeitgleich erstellt, weil sie z. B. an bestimmte Bedingungen geknüpft ist. Das bedeutet, dass diese Kundenauftragsposition zum Monatswechsel nicht abgeschlossen ist. Sie betreten nun das weite Feld der *Ergebnisermittlung*, das wir hier allerdings nur streifen können. Für einen Fertigungsauftrag kann nur Ware in Arbeit gebildet werden, für eine Kundenauftragsposition hingegen kommen auch Erlöse ins Spiel, die teilweise realisiert sein können. Da hier auch länderspezifische Rechnungslegungsvorschriften beachtet werden müssen, seien hier nur kurz die zwei am weitesten verbreiteten Methoden genannt.

Bei der *erlösproportionalen Methode* wird Ware in Arbeit nur für den Teil der angefallenen Ist-Kosten gebildet, dem keine gebuchten Erlöse gegenüberstehen. Bei der *Percentage-of-Completion-Methode* ist ein Fertigstellungsgrad abzuleiten, auf Basis dessen die Erlöse kalkulatorisch vorab realisiert werden.

In diesem Beispiel haben wir die erlösproportionale Methode gewählt, und da in der ersten Periode noch keine Faktura stattfand, sind alle bisher aufgelaufenen Kosten, inklusive der bereits durch die Auslieferung gebuchten Kosten, als Ware in Arbeit abzugrenzen. Die Ergebnisermittlung starten Sie für die Kundenauftragsposition (siehe Abbildung 5.29).

Der Wert der Ware in Arbeit setzt sich aus den 584 EUR für die Auslieferung und den 200 EUR für die Kreditorenrechnung zusammen (siehe Abbildung 5.30).

Ergebnisermittlung Kundenauftrag

Mehr Beenden

*Kundenauftrag: 1264

*Position: 10

*Periode: 03

*Geschäftsjahr: 2021

*Abgrenzungsversion: 0

Abbildung 5.29 Ergebnisermittlung – Einstieg

Abbildung 5.30 Ergebnisermittlung – Ergebnis

5.1.10 Kundenauftrag abrechnen (Monat 1)

Um die errechneten Werte aus der Ergebnisermittlung zu verbuchen, muss der Kundenauftrag abgerechnet werden (siehe Abbildung 5.31).

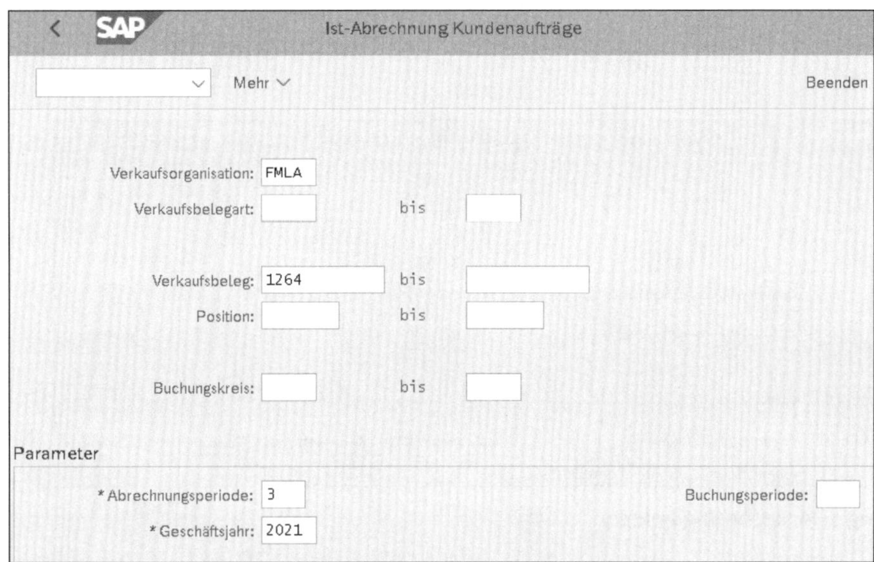

Abbildung 5.31 Abrechnung – Einstieg

Es werden Abgrenzungsdaten für die FI-Komponente angezeigt (siehe Abbildung 5.32).

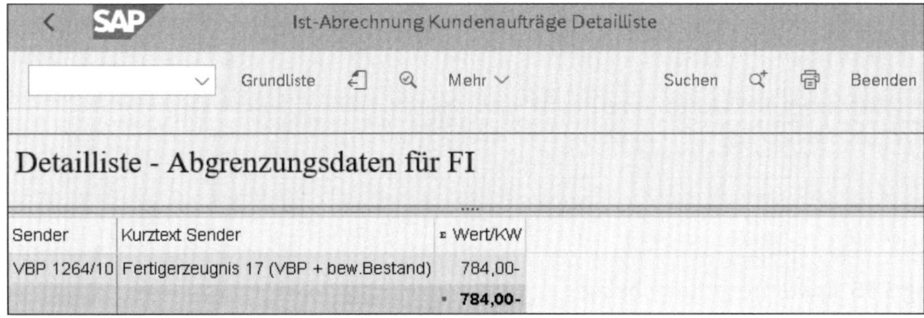

Abbildung 5.32 Abrechnung – Detailliste

Der Aufbau der Ware in Arbeit erfolgt als Buchung »Bestand WIP (Soll) an Bestandsveränderung WIP (Haben)« (siehe Abbildung 5.33).

BuKr	P...	BS	S/H	Konto	Ko...	Bezeichnung	Betrag	Wäh...	Werk	Material	Vorgang	Men...	BME	Hauptbuch
FMLA	1	50	H	54200000	S	BV Ware in Arbeit	784,00-	EUR						54200000
	2	40	S	13200000	S	Bestand WIP	784,00	EUR						13200000

Abbildung 5.33 Buchhaltungsbeleg

5.1.11 Faktura erstellen

Im Folgemonat wird die Ausgangsrechnung an den Kunden gestellt (siehe Abbildung 5.34). Der Buchungssatz lautet, wie gewohnt, »Debitorenforderung (Soll) an Erlöse Inland (Haben) und Ausgangssteuer (Haben)« (siehe Abbildung 5.35), aber das Kontierungsobjekt im Kostenrechnungsbeleg ist die Kundenauftragsposition (siehe Abbildung 5.36).

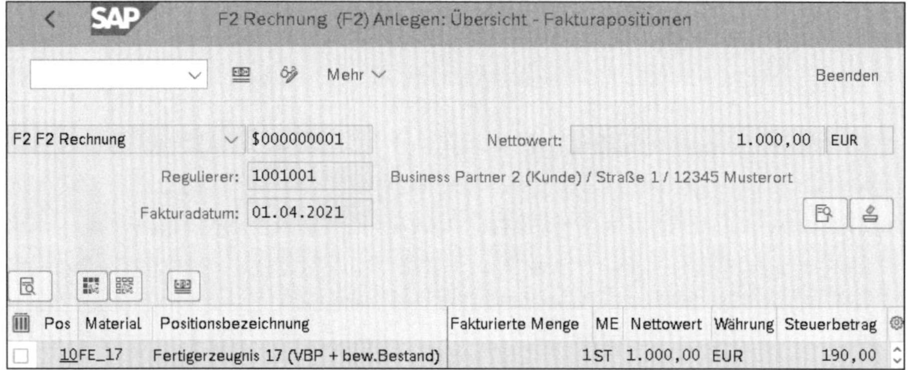

Abbildung 5.34 Rechnung anlegen

BuKr	P...	BS	S/H	Konto	Ko...	Bezeichnung	Betrag	Wäh...	Werk	Material	Vorgang	Menge	BME
FMLA	1	01	S	1001001	D	Business Partner 2 (Kunde)	1.190,00	EUR					
	2	50	H	41000000	S	Erlöse Inl. - Erzeu.	1.000,00-	EUR					
	3	50	H	22000000	S	Ausgangssteuer (MWS)	190,00-	EUR			MWS		

Abbildung 5.35 Buchhaltungsbeleg

Belegnummer	BuchDatum	Benutzer	RT	RefBelegnr	OrgVg	Vrgng	Belegkopftext	StB	sto	
Bu OAr Objekt	**ObjektBez**	**Kostenart**	**Kostenartenbezeichn.**	**Wert/OW**	**OWä**	**Menge**	**GME**	**Material**		
A00008CA00	01.04.2021	STUDENT101	R	90000432	SD00	COIN				
2 VBP 1264/10	Fertigerz...	41000000	Erlöse Inl. - Erzeu.	1.000,00-	EUR	1-	ST	FE_17		

Abbildung 5.36 Kostenrechnungsbeleg

5.1.12 Ergebnisermittlung ausführen (Monat 2)

Es liegen nun alle erwarteten Erlöse vor, und im Periodenabschluss des zweiten Monats wird die Ergebnisermittlung gestartet (siehe Abbildung 5.37).

Die Kundenauftragsposition ist nun fakturiert. Aus dem SD-Belegfluss wird in der Ergebnisermittlung dynamisch der Status ENFA (**Endfakturiert**) abgeleitet, zu dem WIP-Bestände aufzulösen und alle Kosten und Erlöse in die Margin Analysis weiterzuleiten sind. In der Ergebnisliste für den zweiten Monat wird dementsprechend ein Wert von 0 EUR für Ware in Arbeit ermittelt (siehe Abbildung 5.38).

Ergebnisermittlung Kundenauftrag

Mehr Beenden

*Kundenauftrag: 1264
*Position: 10
*Periode: 4
*Geschäftsjahr: 2021
*Abgrenzungsversion: 0

Abbildung 5.37 Ergebnisermittlung für den zweiten Monat – Einstieg

Abbildung 5.38 Ergebnisermittlung – zweiter Monat

5.1.13 Kundenauftrag abrechnen (Monat 2)

Auch für den zweiten Monat führen wir die Abrechnung für die Kundenauftragsposition aus (siehe Abbildung 5.39). Die Detailliste für Abgrenzungen zeigt den Wert des aufzulösenden WIP (siehe Abbildung 5.40).

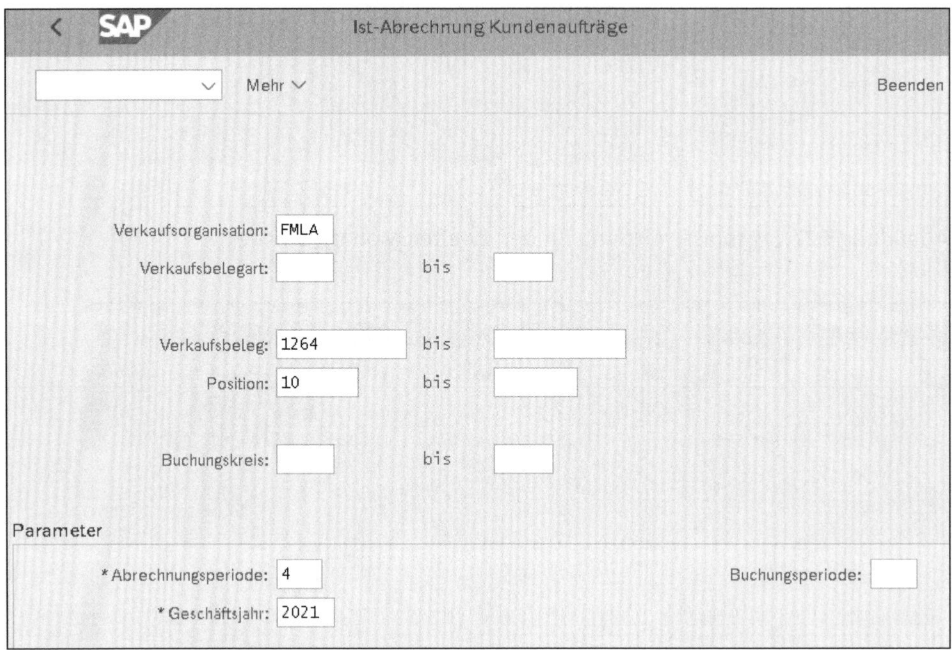

Abbildung 5.39 Abrechnung – zweiter Monat

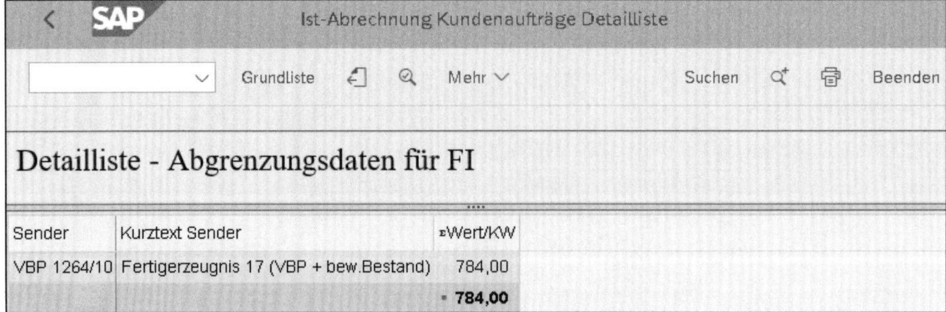

Abbildung 5.40 Detailliste Abgrenzungsdaten – zweiter Monat

Im Buchhaltungsbeleg sehen Sie die erstelle Umkehrbuchung (siehe Abbildung 5.41). In der Abrechnung in die Margin Analysis wird in der Detailliste der komplette Saldo von 784 EUR angezeigt (siehe Abbildung 5.42).

BuKr	P...	BS	S/H	Konto	Koart	Bezeichnung	Betrag	Wäh...	Werk	Material	Vorgang	Menge	BME
FMLA	1	40	S	54200000	S	BV Ware in Arbeit	784,00	EUR					
	2	50	H	13200000	S	Bestand WIP	784,00-	EUR					

Abbildung 5.41 Buchhaltungsbeleg

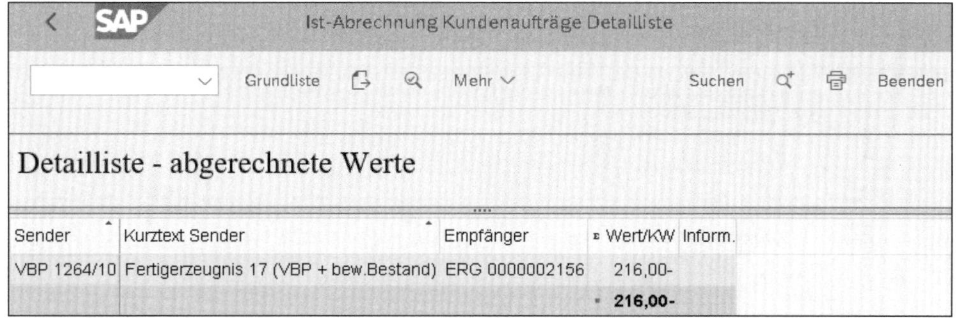

Sender	Kurztext Sender	Empfänger	Wert/KW	Inform.
VBP 1264/10	Fertigerzeugnis 17 (VBP + bew.Bestand)	ERG 0000002156	216,00-	
			216,00-	

Abbildung 5.42 Abrechnung – Detailliste

Im Kostenrechnungsbeleg erkennen Sie hingegen, dass Erlöse und Kosten getrennt abgerechnet werden (siehe Abbildung 5.43). Die Verrechnung erfolgt von der Vertriebsbelegposition an ein Ergebnisobjekt.

Belegnummer	BuchDatum	Benutzer	RT	RefBelegnr	OrgVg	Vrgng	Belegkopftext	StB	sto
300001201	30.04.2021	STUDENT101	R	2302		KOAO			

Bu	OAr	Objekt	ObjektBez	Kostenart	Kostenartenbezeichn.	Wert/OW	OWä	Menge	GME	Material
1	VBP	1264/10	Fertigerz...	92105200	Vbr ET/Leist/Frmdmat	584,00-	EUR			
2	ERG	2307		92105200	Vbr ET/Leist/Frmdmat	584,00	EUR			
3	VBP	1264/10	Fertigerz...	92105400	Sekundärkosten	200,00-	EUR			
4	ERG	2307		92105400	Sekundärkosten	200,00	EUR			
5	VBP	1264/10	Fertigerz...	92104100	Erlöse	1.000,00	EUR			
6	ERG	2307		92104100	Erlöse	1.000,00-	EUR			

Abbildung 5.43 Kostenrechnungsbeleg

Es können Abweichungen für den Fertigungsauftrag entstehen, da im Ist nicht die gleichen Werte und/oder Mengen gebucht werden, wie sie in der Kundenauftragskalkulation berechnet wurden. In diesem Falle müssen Sie die Abweichungen abrechnen und ohne Bezug zur Kundenauftragsposition in die Ergebnisrechnung buchen.

Bereits die Kaufteile und auch mögliche Halbfabrikate können einzelbedarfsgesteuert sein. In diesem Falle werden all diese beim Wareneingang in den bewerteten Kundenauftragsbestand gebucht und beim Warenausgang aus diesem verbraucht.

5.2 Kundenauftragscontrolling mit unbewertetem Kundenauftragsbestand

Das Arbeiten mit dem unbewerteten Kundenauftragsbestand wird von SAP nicht empfohlen. Da einige Unternehmen dieses Szenario dennoch benutzen und es den Unterschied zum bewerteten Kundenauftragsbestand gut beleuchtet, soll es hier ebenfalls dargestellt werden.

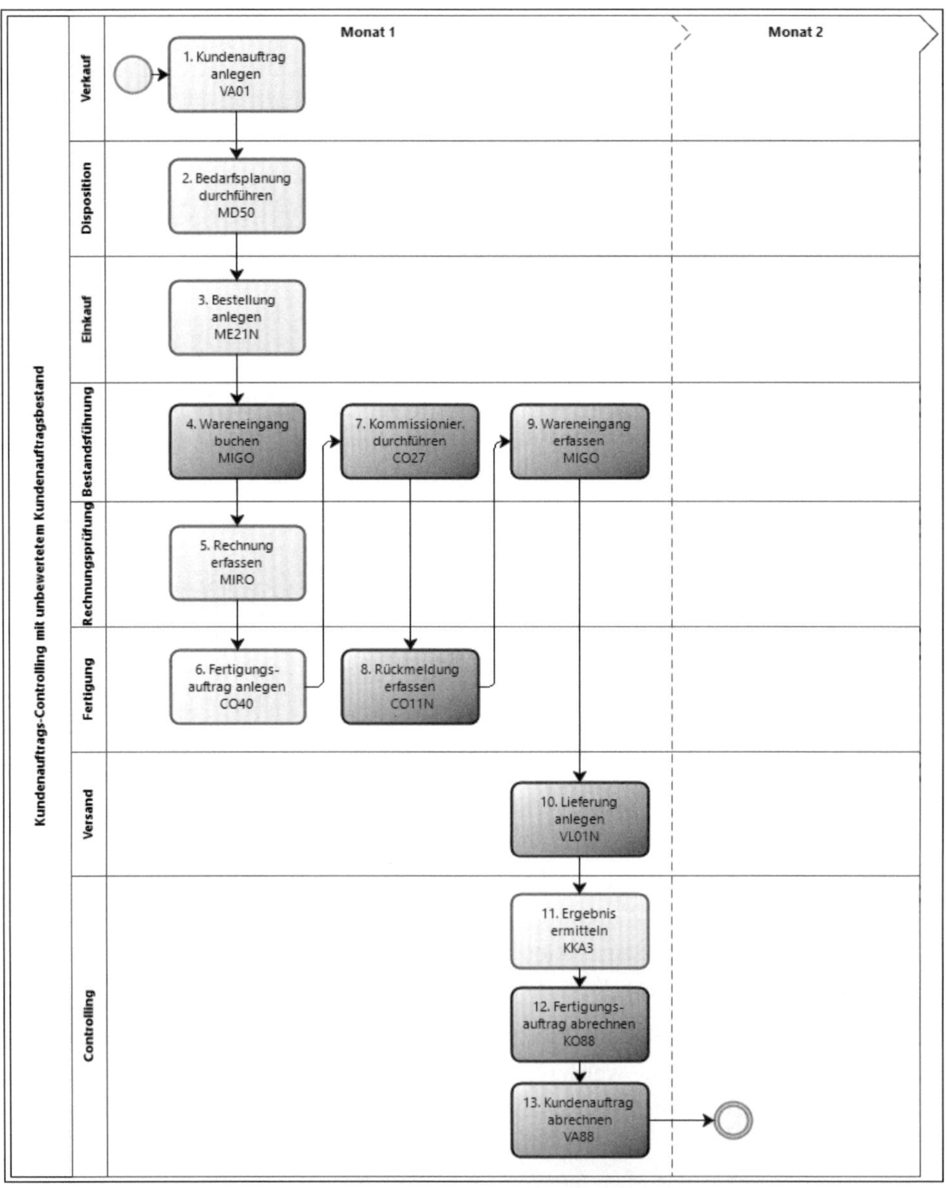

Abbildung 5.44 Prozess mit unbewertetem Kundenauftragsbestand – Monat 1

Der unbewertete Kundenauftragsbestand ist nur in Kombination mit einer kosten- und erlösführenden Kundenauftragsposition möglich. Die Verwendung des bewerteten Kundenauftragsbestands ist hingegen entweder mit dem Kundenauftragscontrolling (siehe Abschnitt 5.1), oder auch ohne Kundenauftragscontrolling möglich (siehe Kapitel 4, »Szenarien mit kundenauftragsorientierter Produktion«).

In unserem Beispiel soll das Fertigerzeugnis FE_18 aus zwei Kaufteilen gefertigt werden. KT_18A ist einzelbedarfsgesteuert; es wird speziell für diesen Auftrag beschafft und im unbewerteten Kundenauftragsbestand geführt. KT_18B ist hingegen sammelbedarfsgesteuert und liegt vorrätig auf Lager (siehe Abbildung 5.44).

Im ersten Monat wird mit Schritt 1 der Kundenauftrag angelegt und in Schritt 2 die Bedarfsplanung durchgeführt. Daraufhin werden mit den Schritten 3 bis 5 das Kaufteil bestellt, der Wareneingang dazu erfasst und die Rechnung bezahlt. Nun steht alles für die Produktion bereit, und mit den Schritten 6 bis 9 wird der Fertigungsauftrag angelegt, kommissioniert und rückgemeldet, und der Wareneingang des Fertigerzeugnisses erfolgt in den unbewerteten Kundenauftragsbestand. Die Ware wird in Schritt 10 an den Kunden ausgeliefert, aber noch nicht fakturiert.

Im Monatsabschluss des Controllings erfolgen die Schritte 11 bis 13. Als Erstes findet die Ergebnisermittlung für die Kundenauftragsposition inklusive des Fertigungsauftrags statt. Anschließend wird der Fertigungsauftrag an die Kundenauftragsposition abgerechnet, und zuletzt führt die Abrechnung der Kundenauftragsposition zur Buchung von Ware in Arbeit.

Die Darstellungsweise des unbewerteten Bestands im Buchungsschema erfolgt nur mit gestrichelten Linien (siehe Abbildung 5.45). Die Mengenbuchung wird von der Wertebuchung getrennt. Mit dem Wareneingang in Buchung 4 wird mengenmäßig der Bestand erhöht, dargestellt als Plussymbol (⊕). Wertmäßig erfolgt aber bereits eine Materialverbrauchsbuchung auf der Kundenauftragsposition, die mit der VBP als Kontierungsobjekt dargestellt ist. In Schritt 7 erfolgt die Kommissionierung. Für das sammelbedarfsgesteuerte Material erfolgt ganz normal mit Schritt 7b der Warenausgang, sowohl mengen- als auch wertmäßig. In Schritt 7a wird allerdings nun der Abgang des einzelbedarfsgesteuerten Materials mit ⊖ gebucht, ohne dass irgendeine finanzielle Verbuchung erfolgt, denn diese hatte ja bereits in Schritt 4 stattgefunden. An diesem einfachen Beispiel sehen Sie bereits, wie undurchsichtig die Werte- und Mengenströme sein können.

Das durch den Fertigungsauftrag erstellte Herstellteil wird in den Schritten 9 und 10 ebenso als Zu- und Abgang in den unbewerteten Bestand gebucht, ohne dass irgendein Wertefluss stattfindet. Der Fertigungsauftrag trägt also nur die Kosten und erhält keine Entlastung. Diese Kosten werden an die Kundenauftragsposition abgerechnet.

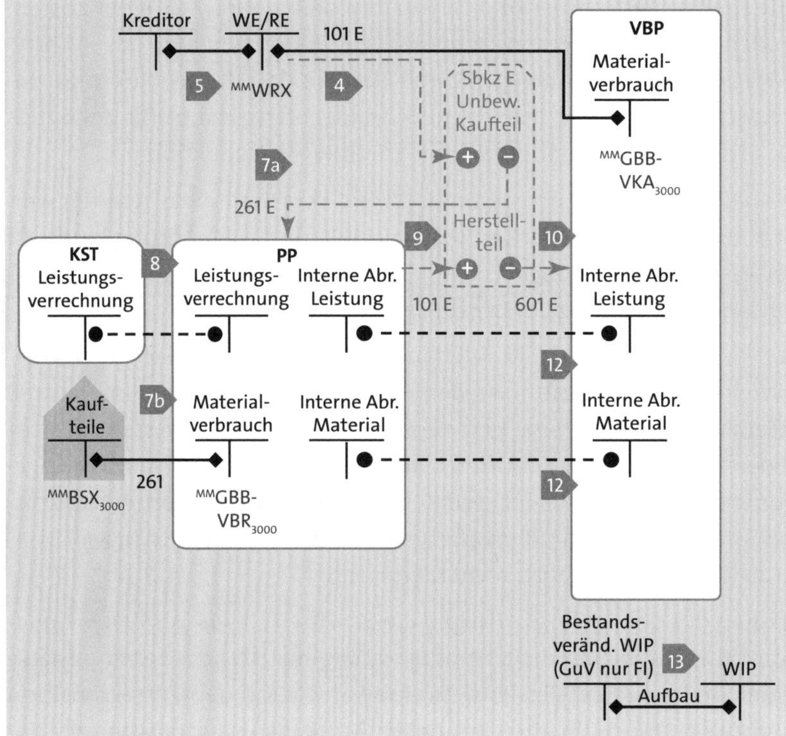

Abbildung 5.45 Buchungsschema für den unbewerteten Kundenauftragsbestand – Monat 1

Im zweiten Monat werden in Schritt 14 die ausstehende Faktura gebucht und im Periodenabschluss der Schritte 15 und 16 erneut die Ergebnisermittlung und die Abrechnung der Kundenauftragsposition durchgeführt. Hierdurch wird Ware in Arbeit aufgelöst, und alle Kosten und Erlöse werden in die Ergebnisrechnung gebucht (siehe Abbildung 5.46).

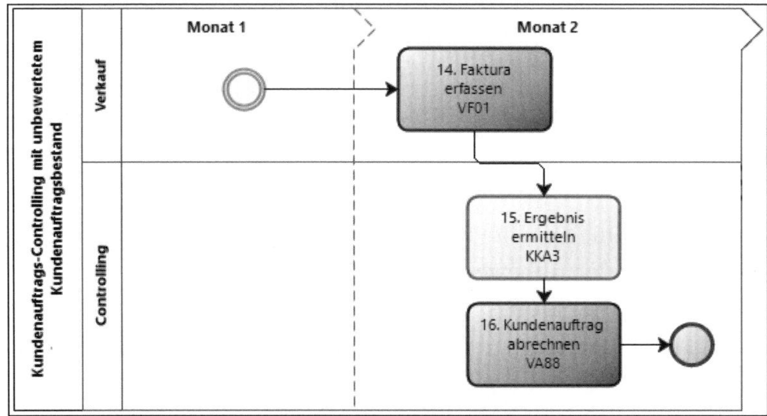

Abbildung 5.46 Prozess mit unbewertetem Kundenauftragsbestand – Monat 2

Wenn Sie sich das vollständige Buchungsschema ansehen, werden Sie erkennen, dass im ersten Schritt der Fertigungsauftrag an die Kundenauftragsposition abgerechnet wird und diese wiederum inklusive der Umsatzerlöse im zweiten Schritt an ein Ergebnisobjekt (siehe Abbildung 5.47).

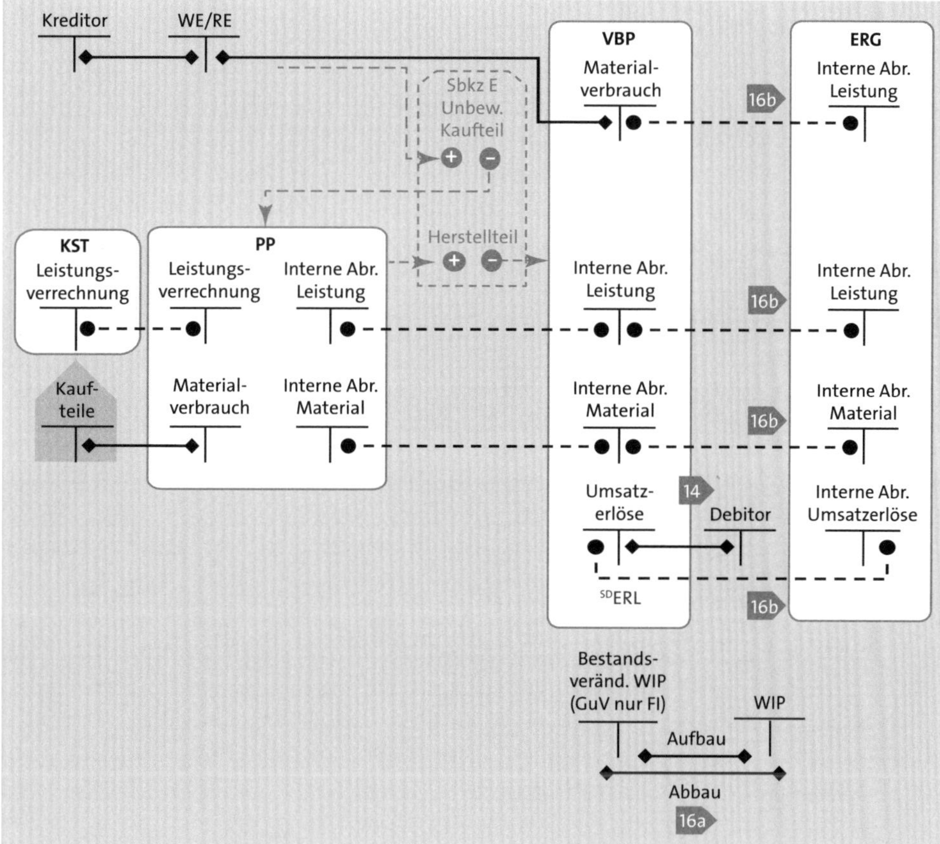

Abbildung 5.47 Buchungsschema für den unbewerteten Kundenauftragsbestand – Monat 2

In der Stückliste sind zwei Materialien eingetragen, davon das Kaufteil KT_18A mit Einzelbedarf und das Kaufteil KT_18B mit Sammelbedarf (siehe Abbildung 5.48).

Das Feld **Einzel/Sammel** zur Steuerung des Einzelbedarfs oder des Sammelbedarfs befindet sich im Materialstamm in der Sicht **Disposition 4** (siehe Abbildung 5.49). Der Eintrag »1« bedeutet »ausschließlich Einzelbedarf« und der Eintrag »2« »ausschließlich Sammelbedarf«. Lassen Sie das Feld leer, ist beides möglich.

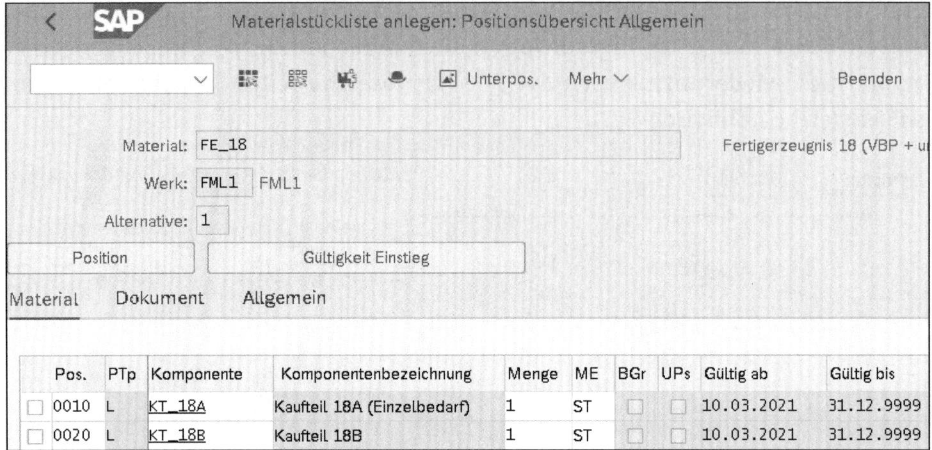

Abbildung 5.48 Stückliste

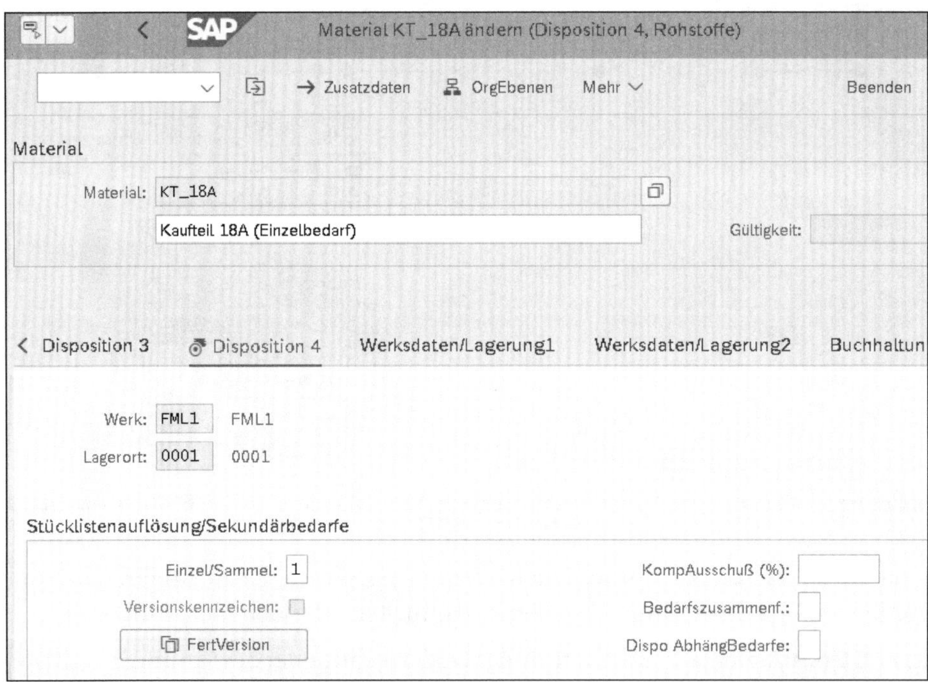

Abbildung 5.49 Materialstamm mit Einzelbedarf

Im Arbeitsplan gibt es einen Vorgang mit Zeiten für Rüsten, Maschine und Personal. Hier betragen die Zeiten 2 Minuten, 10 Minuten und 8 Minuten (siehe Abbildung 5.50). Eine Fertigungsversion ist ebenfalls notwendig, sodass der Fertigungsauftrag die richtigen Komponenten ermitteln kann (siehe Abbildung 5.51). Eine Standardpreiskalkulation wird nicht benötigt.

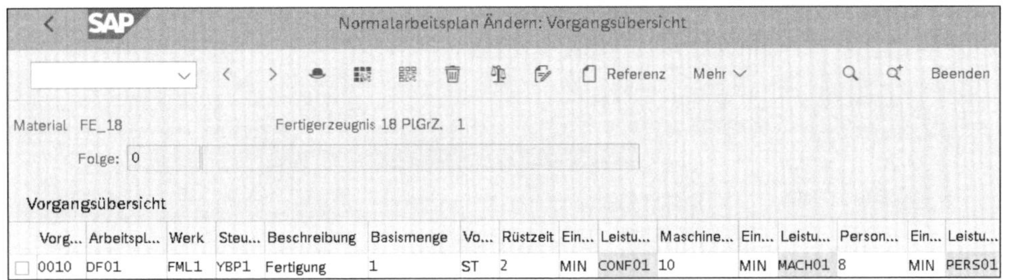

Abbildung 5.50 Arbeitsplan mit Rüst-, Maschinen- und Personenzeit

Detailpflege der Fertigungsversion

Werk: FML1 FML1
Material: FE_18 Fertigerzeugnis 18 (VBP
Fertigungsversion: 0001 Diskrete Fertigung Prüfen

Fertigungsversion
Sperre: Nicht gesperrt
Zugeordnete ÄndNr.:
Mindestlosgröße:
Maximale Losgröße:
Gültig ab: 23.07.2019
Gültig bis: 31.12.9999

Plan
Plantyp Plangruppe Plangruppenzähler
Feinplanung: N Normalarbeitsplan 50000026 1

Stückliste
StücklAlternative: 1
StücklVerwendung: 1
Aufteilungsschema:

Abbildung 5.51 Fertigungsversion

5.2.1 Kundenauftrag anlegen

Beginnen Sie, wie in Abschnitt 5.1.1, »Kundenauftrag anlegen«, beschrieben, mit der Anlage des Kundenauftrags (siehe Abbildung 5.52). Dieses Mal soll das Material FE_18 für 350 EUR verkauft werden.

Auf der Registerkarte **Kontierung** zur Kundenauftragsposition ist ein Abgrenzungsschlüssel eingetragen (siehe Abbildung 5.53). Am unteren Rand befindet sich der Absprung in die generierte Abrechnungsvorschrift.

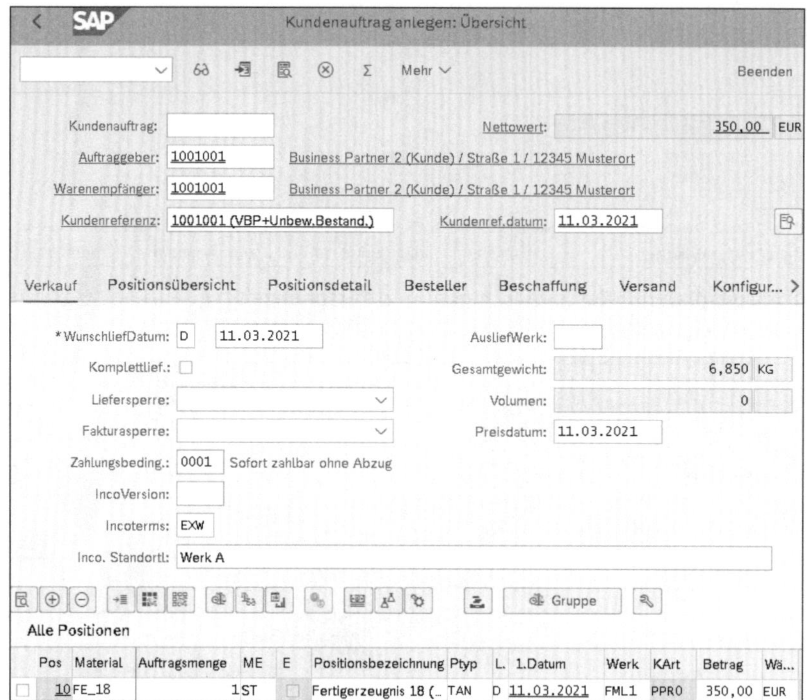

Abbildung 5.52 Kundenauftrag anlegen

Abbildung 5.53 Kostenrechnungsrelevante Daten

Als Abrechnungsempfänger ist in der Abrechnungsvorschrift (siehe Abbildung 5.54) ein Ergebnisobjekt eingetragen. Die Ableitung für das Ergebnisobjekt hat stattgefunden, und die Merkmale (siehe Abbildung 5.55) sind gefüllt worden. Beim Speichern wird der Kundenauftrag 1268 angelegt.

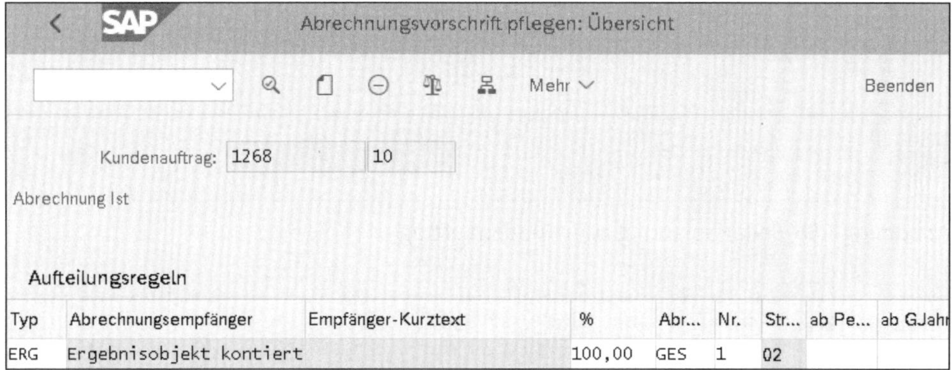

Abbildung 5.54 Abrechnungsvorschrift mit Ergebnisobjekt

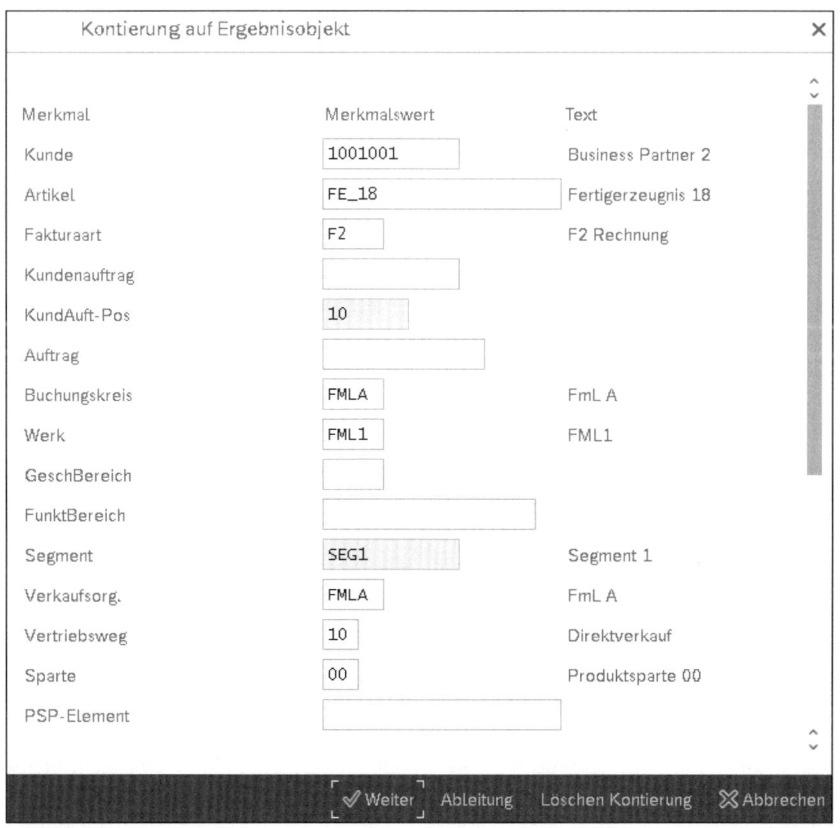

Abbildung 5.55 Merkmale des Ergebnisobjekts

5.2.2 Bedarfsplanung ausführen

Die Bedarfsplanung wird mit Bezug zum Kundenauftrag ausgeführt (siehe Abbildung 5.56). In der Statistik des Planungslaufs sehen Sie die erzeugten Objekte (siehe Abbildung 5.57).

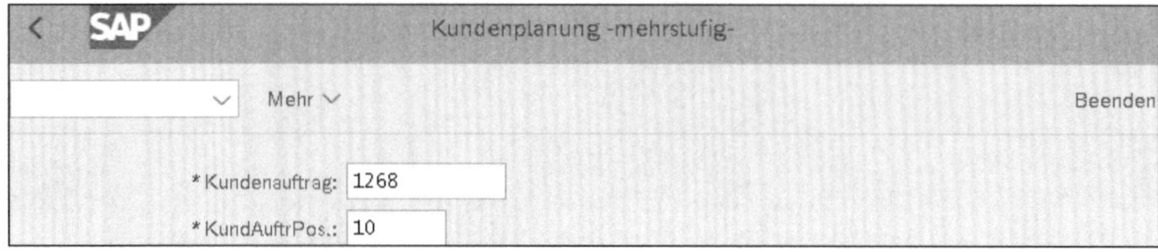

Abbildung 5.56 Bedarfsplanung zum Kundenauftrag

Datenbankstatistik	
Planaufträge erzeugt	1
Bestellanforderungen erzeugt	1
Sekundärbedarfe erzeugt	2

Abbildung 5.57 Statistik zu erzeugten Elementen

Der Planauftrag 7347 wurde für das Material FE_18 angelegt, um den Kundenauftragsbedarf zu decken (siehe Abbildung 5.58).

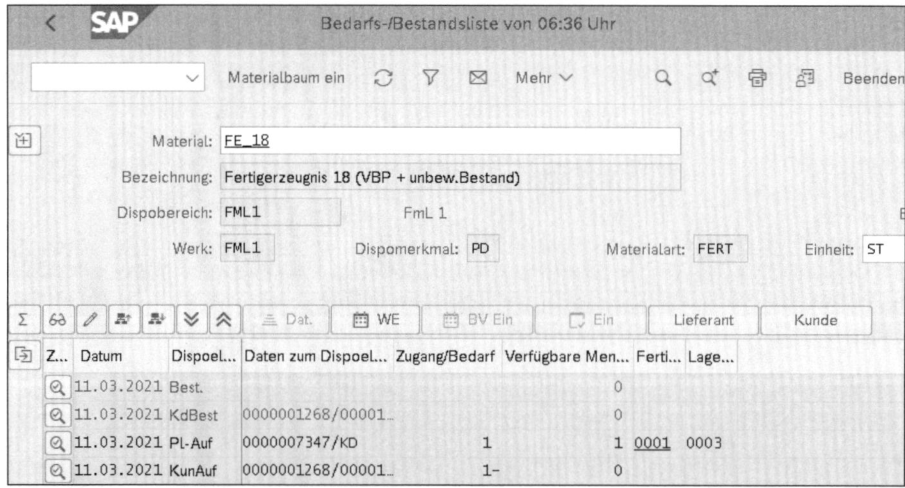

Abbildung 5.58 Bedarfs-/Bestandsliste zum Fertigmaterial

Das einzelbedarfsgesteuerte Material KT_18A erhält durch die Stücklistenauflösung einen Sekundärbedarf, der durch eine BANF, in der Spalte **Dispoelement** als **BS-Anf** angezeigt, gedeckt werden soll (siehe Abbildung 5.59).

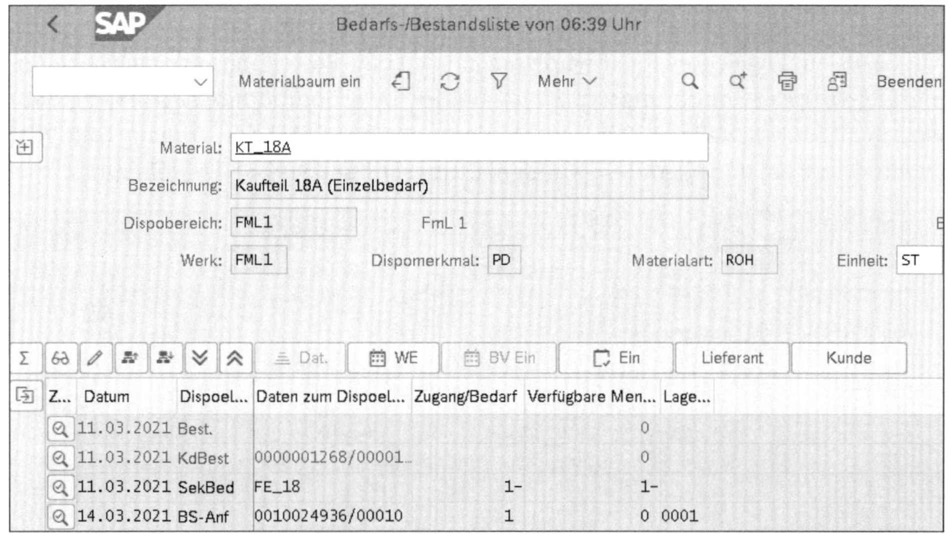

Abbildung 5.59 Bedarfs-/Bestandsliste zum Einzelbedarf

Die aus der Bedarfsplanung erstellte BANF 10024936 ist bereits mit dem Kontierungstyp E und der Kundenauftragsposition 1268 ausgefüllt (siehe Abbildung 5.60). Wenn diese BANF also in eine Bestellung umgesetzt wird und dazu der Wareneingang erfolgt, werden die Kosten direkt auf die kosten- und erlösführende Kundenauftragsposition gebucht.

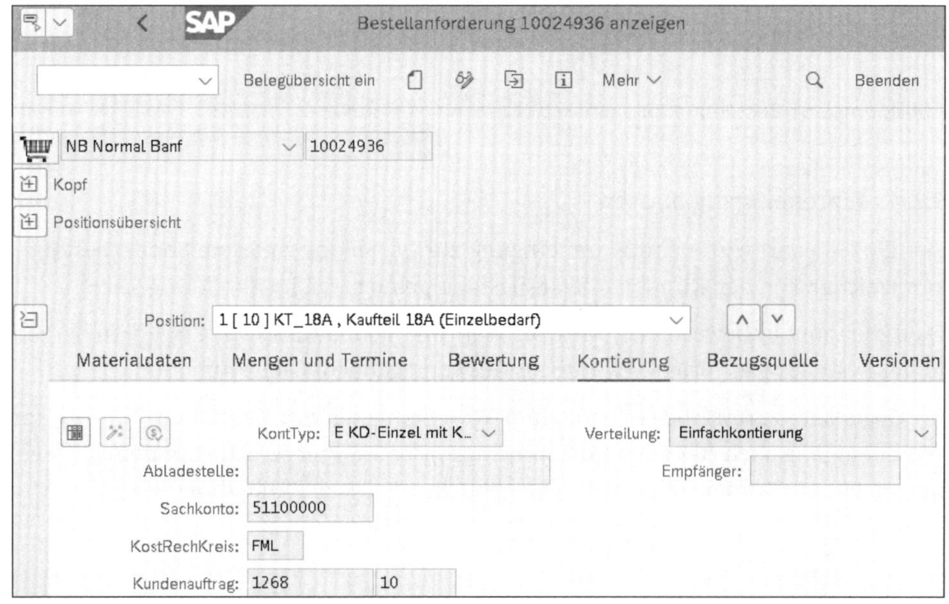

Abbildung 5.60 Bestellanforderung

5.2.3 Bestellung anlegen

Mit Bezug zur angelegten BANF wird vom Einkauf eine Bestellung angelegt (siehe Abbildung 5.61). Der Kontierungstyp E wird aus der BANF übernommen. Das **Sachkonto** wird in diesem speziellen Fall in der MM-Kontenfindung über den Vorgang GBB-VKA ermittelt, die bei unbewertetem Kundenauftragsbestand vorhanden sein muss.

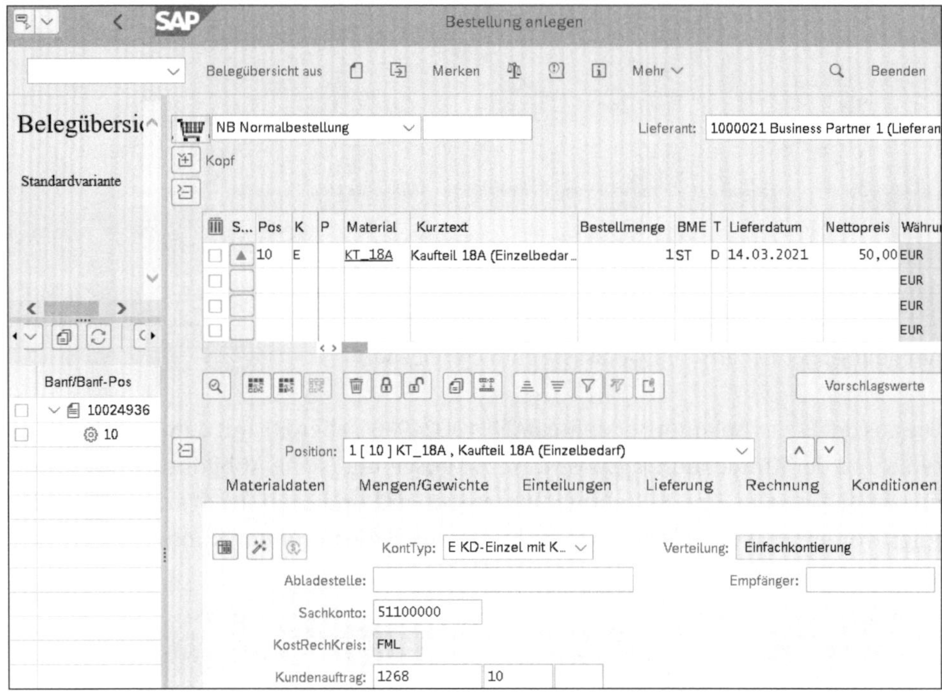

Abbildung 5.61 Bestellung anlegen

5.2.4 Wareneingang buchen

Der Einzelbedarf wird beim Wareneingang zur Bestellung mit dem **Sonderbestandkennzeichen** E in den Kundenauftragsbestand gebucht (siehe Abbildung 5.62).

Da dieser aber unbewertet ist, wird der Wert im Buchhaltungsbeleg mit dem bereits in der Bestellung ermittelten Konto als Aufwand gebucht (siehe Abbildung 5.63).

Im Gegensatz zum bisher behandelten Wareneingang von Kaufteilen führt dieser Wareneingang auch zu einem Kostenrechnungsbeleg über 50 EUR, mit dem der Verbrauch auf ein Kontierungsobjekt VBP gebucht wird (siehe Abbildung 5.64).

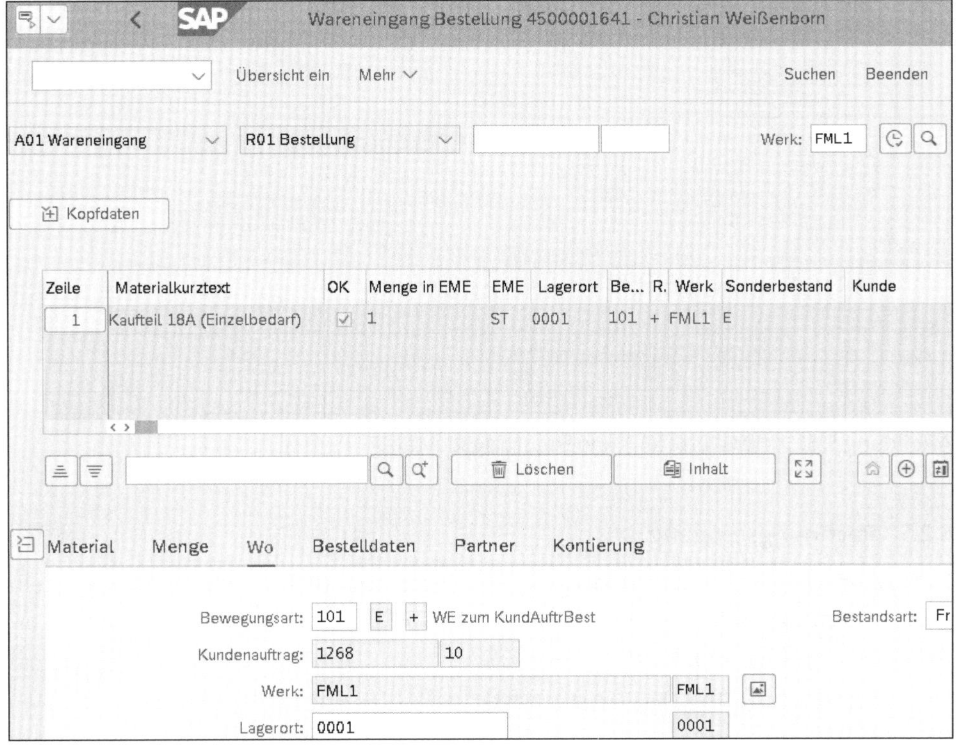

Abbildung 5.62 Wareneingang zur Bestellung

BuKr	Pos	BS	S/H	Konto	Koart	Bezeichnung	Betrag	Wäh...	Werk	Material	Vorgang	Menge	BME	Hauptbuch
FMLA	1	81	S	51100000	S	Verbrauch Rohstoffe	50,00	EUR	FML1	KT_18A	KBS	1	ST	51100000
	2	96	H	21120000	S	WE/RE	50,00-	EUR	FML1	KT_18A	WRX	1-	ST	21120000

Abbildung 5.63 Buchhaltungsbeleg

Belegnummer	BuchDatum	Benutzer	RT	RefBelegnr	OrgVg	Vrgng	Belegkopftext	StB	sto
A000087400	11.03.2021	STUDENT101	R	5000001220	RMWE	COIN			

Bu	OAr	Objekt	ObjektBez	Kostenart	Kostenartenbezeichn.	Wert/OW	OWä	Menge	GME	Material
1	VBP	1268/10	Fertigerz...	51100000	Verbrauch Rohstoffe	50,00	EUR	1	ST	KT_18A

Abbildung 5.64 Kostenrechnungsbeleg

Obwohl der Verbrauch in der Finanzbuchhaltung bereits gebucht worden ist, befindet sich die Menge trotzdem noch im Bestand und wird ohne Werte geführt (siehe Abbildung 5.65)! In den Detaildaten erkennen Sie die Zuordnung zur Kundenauftragsposition 1268/10. In den Auswertungen zum *bewerteten* Kundenauftragsbestand ist die Menge allerdings nicht sichtbar.

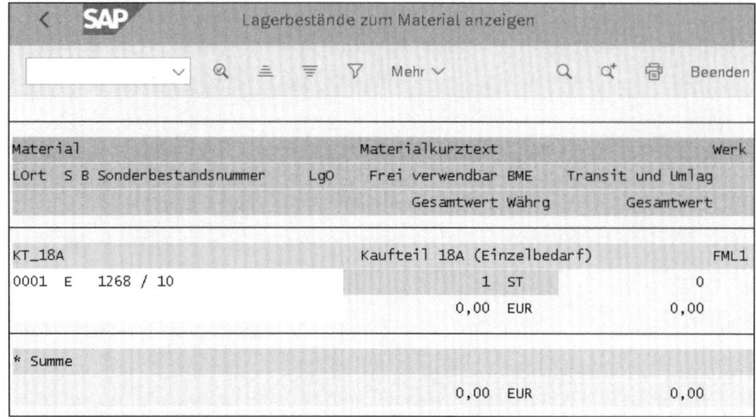

Abbildung 5.65 Unbewerteter Kundenauftragsbestand

5.2.5 Rechnungseingang

Der Lieferant möchte, dass seine gelieferte Ware nun auch bezahlt wird, und stellt seine Rechnung, die Sie mit der MM-Rechnungsprüfung mit Bezug zur Bestellung erfassen (siehe Abbildung 5.66).

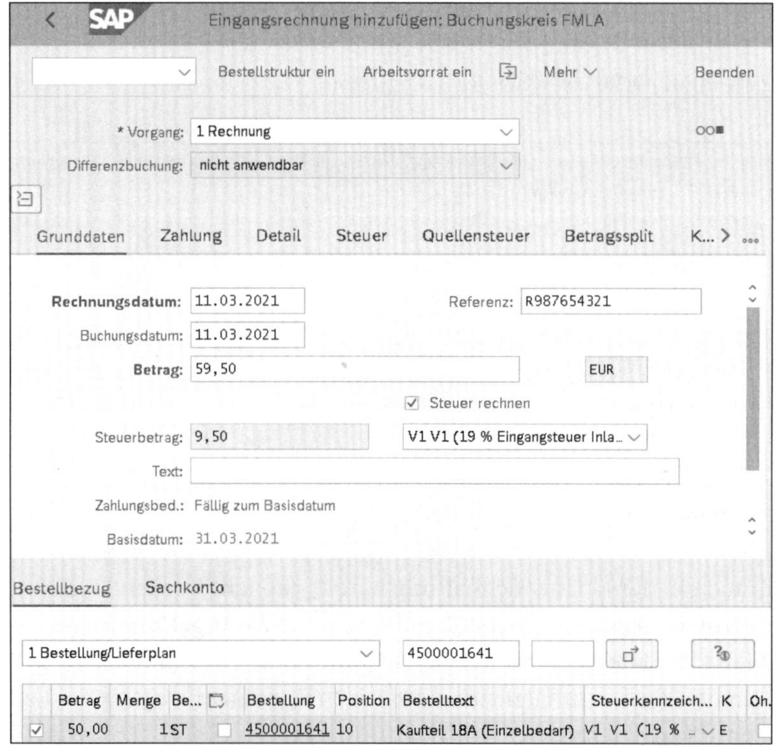

Abbildung 5.66 Eingangsrechnung erfassen

Es entsteht ein Buchhaltungsbeleg über 50 EUR plus 9,50 EUR Steuer, in dem die Gegenbuchung zum offenen Posten auf dem WE/RE-Konto stattfindet und eine Verbindlichkeit auf dem Kreditorenkonto entsteht (siehe Abbildung 5.67).

BuKr	Pos	BS	S/H	Konto	Koart	Bezeichnung	Betrag	Währg	Werk	Material	Vorgang	Menge	BME	Hauptbuch
FMLA	1	31	H	1000021	K	Business Partner 1...	59,50-	EUR			KBS			21100000
	2	86	S	21120000	S	WE/RE	50,00	EUR	FML1	KT_18A	WRX	1	ST	21120000
	3	40	S	12600000	S	Vorsteuer (VST)	9,50	EUR			VST			12600000

Abbildung 5.67 Buchhaltungsbeleg

5.2.6 Fertigungsauftrag anlegen

In der Bedarfsplanung wurde ein Planauftrag generiert, den Sie nun in einen Fertigungsauftrag umsetzen (siehe Abbildung 5.68). Der Bezug zum Kundenauftrag bleibt erhalten.

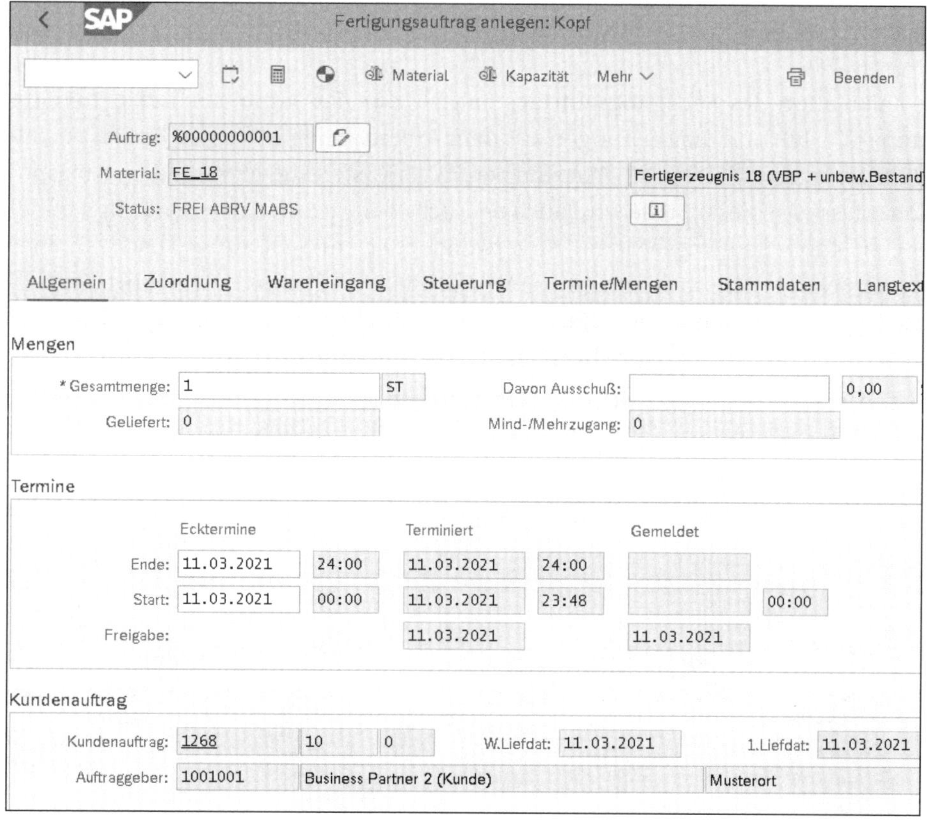

Abbildung 5.68 Fertigungsauftrag anlegen

Dem Fertigungsauftrag sind in der Komponentenübersicht beide Komponenten zugeordnet (siehe Abbildung 5.69). Das einzelbedarfsgesteuerte Material KT_18A soll aus dem Kundenauftragsbestand entnommen werden, in dem es nur noch mengenmäßig geführt wird.

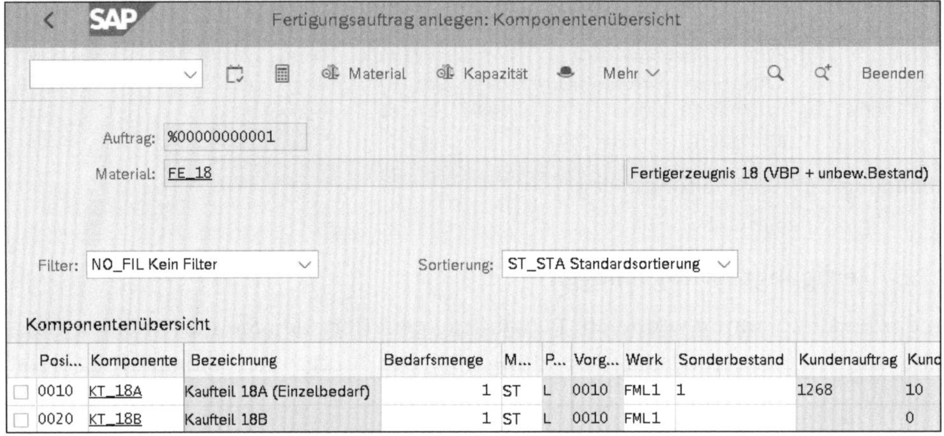

Fertigungsauftrag anlegen: Komponentenübersicht

Auftrag: %00000000001
Material: FE_18 Fertigerzeugnis 18 (VBP + unbew.Bestand)

Filter: NO_FIL Kein Filter
Sortierung: ST_STA Standardsortierung

Komponentenübersicht

Posi...	Komponente	Bezeichnung	Bedarfsmenge	M...	P...	Vorg...	Werk	Sonderbestand	Kundenauftrag	Kund
0010	KT_18A	Kaufteil 18A (Einzelbedarf)	1	ST	L	0010	FML1	1	1268	10
0020	KT_18B	Kaufteil 18B	1	ST	L	0010	FML1			0

Abbildung 5.69 Komponentenübersicht

Die Kalkulation des Fertigungsauftrags enthält nur das sammelbedarfsgesteuerte Material KT_18B und die Leistungen aus dem Arbeitsplan. Die Kosten für das einzelbedarfsgesteuerte Material KT_18A sind bereits als Kosten auf der Kundenauftragsposition erfasst. An dieser Stelle wird auch deutlich, warum SAP davon abrät, den unbewerteten Kundenauftragsbestand zu verwenden. Es entsteht automatisch ein eher undurchsichtiger Mix, in dem teilweise Menge und Wert gemeinsam geführt und teilweise getrennt werden. Durch die Verwendung des bewerteten Kundenauftragsbestands vermeiden Sie diese unübersichtliche Vermischung.

Anzeige Einzelnachweis

Auftrag %00000000001
Material FE_18 Fertigerzeugnis 18 (VBP + unbew.Bestand)
Werk FML1 FML1
Losgröße 1 ST Stück
Kostenbezugsgröße 1 ST Stück

PosNr	Pc	Ressource	Kostenart	Wert gesamt
1	E	FML_DF01 DF01 CONF01	94303000	20,00
2	E	FML_DF01 DF01 MACH01	94301000	40,00
3	E	FML_DF01 DF01 PERS01	94311000	24,00
4	M	FML1 KT_18B	51100000	14,00
			•	**98,00** •

Abbildung 5.70 Einzelnachweis zur Fertigungsauftragskalkulation

In der generierten Abrechnungsvorschrift wurde festgelegt, dass die Abrechnung des Fertigungsauftrags an die Kundenauftragsposition stattfinden soll (siehe Abbildung 5.71).

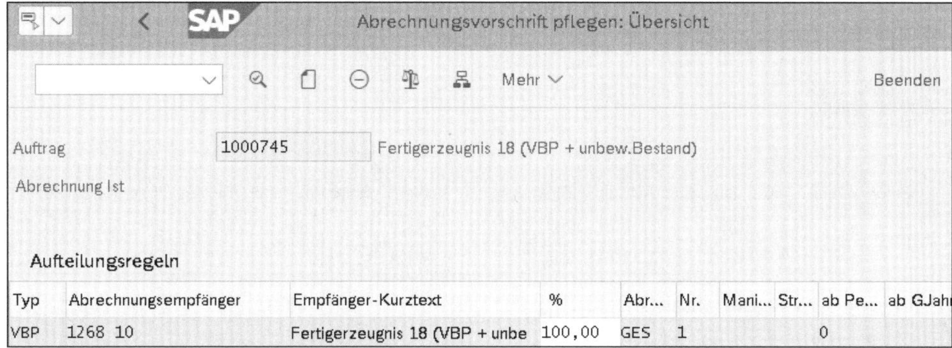

Abbildung 5.71 Abrechnungsvorschrift

5.2.7 Kommissionierung durchführen

Die Fertigung soll starten und benötigt nun die beiden Komponenten KT_18A und KT_18B, für die Sie über die Kommissionierliste den Warenausgang anstoßen (siehe Abbildung 5.72).

Kommissionierliste

Mehr | Beenden

Chargenfindung | Bestandsfindung

Übersicht Warenbewegungen

Material	Menge	Erf...	Werk	Lage...	Auftrag	So...	Be...	S...	Kundenauftrag	Kunden...
KT_18A	1	ST	FML1	0001	1000745	H	261	E	1268	10
KT_18B	1	ST	FML1	0001	1000745	H	261			0

Abbildung 5.72 Kommissionierliste

Der Warenausgang wird für beide Komponenten erfasst, von denen eine Komponente aus dem Kundenauftragsbestand und die andere Komponente aus dem allgemeinen Bestand entnommen wird. Es entsteht ein MM-Beleg für beide Positionen, aber Rechnungswesenbelege werden nur für das sammelbedarfsgesteuerte Material KT_18B erstellt (siehe Abbildung 5.73)!

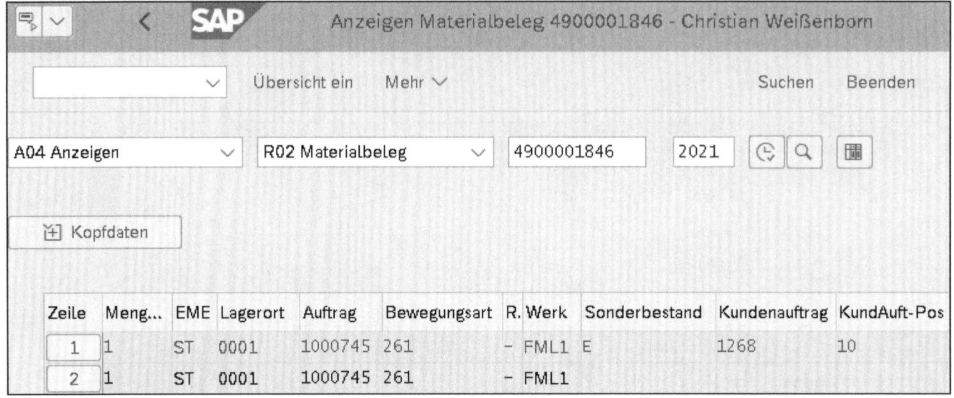

Zeile	Meng...	EME	Lagerort	Auftrag	Bewegungsart	R.	Werk	Sonderbestand	Kundenauftrag	KundAuft-Pos
1	1	ST	0001	1000745	261	-	FML1	E	1268	10
2	1	ST	0001	1000745	261	-	FML1			

Abbildung 5.73 Materialbeleg

Der Buchhaltungsbeleg verbucht nur den Verbrauch des Kaufteils KT_18B, das sammelbedarfsgesteuert ist (siehe Abbildung 5.74). Im Kostenrechnungsbeleg wird der Verbrauch von KT_18B auf dem Fertigungsauftrag verbucht (siehe Abbildung 5.75).

BuKr	Pos	BS	S/H	Konto	Ko...	Bezeichnung	Betrag	Wäh...	Werk	Material	Vorgang	Men...	BME
FMLA	1	99	H	13100000	M	Bestand Rohstoffe	14,00-	EUR	FML1	KT_18B	BSX	1-	ST
	2	81	S	51100000	S	Verbrauch Rohstoffe	14,00	EUR	FML1	KT_18B	GBB	1	ST

Abbildung 5.74 Buchhaltungsbeleg

Belegnummer	BuchDatum	Benutzer	RT	RefBelegnr	OrgVg	Vrgng	Belegkopftext	StB	sto
A000087500	11.03.2021	STUDENT101	R	4900001846	RMWA	COIN			

Bu	OAr	Objekt	ObjektBez	Kostenart	Kostenartenbezeichn.	Wert/OW	OWä	Menge	GME	Material
1	AUF	1000745	Fertigerz...	51100000	Verbrauch Rohstoffe	14,00	EUR	1	ST	KT_18B

Abbildung 5.75 Kostenrechnungsbeleg

5.2.8 Rückmeldung erfassen

Die Rückmeldung zum Fertigungsauftrag wird mit den benötigten Zeiten von 2 Minuten, 10 Minuten und 8 Minuten erfasst (siehe Abbildung 5.76). Im Kostenrechnungsbeleg erfolgt die Verrechnung der Leistungsarten von der Fertigungskostenstelle an den Fertigungsauftrag (siehe Abbildung 5.77).

Lohn-Rückmeldeschein zum Fertigungsauftrag erfassen

Warenbewegungen | Istdaten | Mehr | Beenden

Rückmeldung: 4630 | Material: FE_18
Auftrag: 1000745 | Kurztext: Fertigerzeugnis 18 (VBP + unbew.Bestand)
Vorgang: 0010 | Folge: 0 Fertigung
Untervorgang:
Kapazitätsart: | Splitt:
Arbeitsplatz: DF01 | Werk: FML1 Diskrete Fertigung 1
Rückmeldeart: X Endrückmeldung | Ausbuchen offener Reservierungen

Mengen

	Rückzumelden	Einh
Gutmenge:	1	ST
Ausschuß:		
Nacharbeit:		
Abweich.Ursache:		

Leistungen

	Rückzumelden	Einh	Fertig
Rüstzeit:	2	MIN	
Maschinenzeit:	10	MIN	
Personenzeit:	8	MIN	

Abbildung 5.76 Rückmeldung erfassen

Belegnummer	BuchDatum	Benutzer	RT	RefBelegnr	OrgVg	Vrgng	Belegkopftext	StB	sto
300001148	11.03.2021	STUDENT101	R	4630	RMRU	RKL			

Bu	OAr	Objekt	ObjektBez	Kostenart	Kostenartenbezeichn.	Wert/OW	OWä	Menge	GME	Material
1	LEI	FML_DF01/...	Diskrete ...	94303000	Rüsten	20,00-	EUR	2-	MIN	
2	AUF	1000745	Fertigerz...	94303000	Rüsten	20,00	EUR	2	MIN	
4	LEI	FML_DF01/...	Diskrete ...	94301000	Maschinenstunden 1	40,00-	EUR	10-	MIN	
5	AUF	1000745	Fertigerz...	94301000	Maschinenstunden 1	40,00	EUR	10	MIN	
7	LEI	FML_DF01/...	Diskrete ...	94311000	Pers.std.	24,00-	EUR	8-	MIN	
8	AUF	1000745	Fertigerz...	94311000	Pers.std.	24,00	EUR	8	MIN	

Abbildung 5.77 Kostenrechnungsbeleg für die Leistung

5.2.9 Wareneingang buchen

Der Wareneingang des Fertigerzeugnisses mit der Bewegungsart 101 erfolgt in den Kundenauftragsbestand, aber nur mengenmäßig (siehe Abbildung 5.78). Es entstehen keine Belege im Rechnungswesen (siehe Abbildung 5.79). Alle angefallenen Kosten sind entweder auf dem Fertigungsauftrag oder auf der Kundenauftragsposition verbucht.

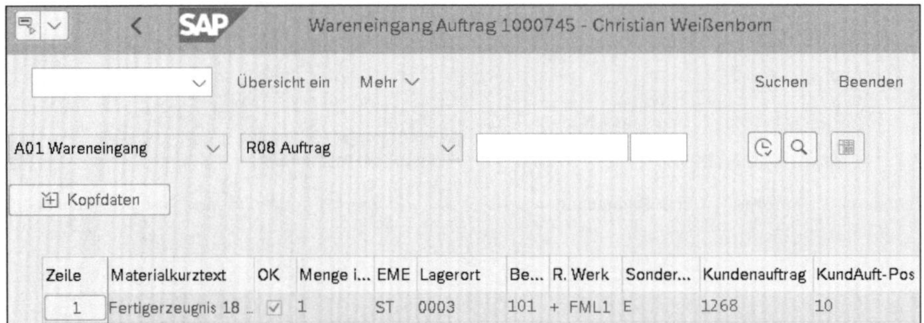

Abbildung 5.78 Wareneingang erfassen

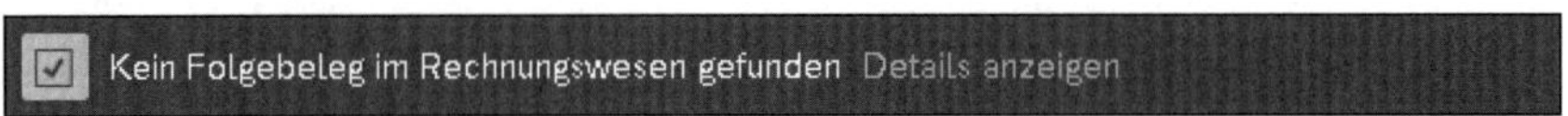

Abbildung 5.79 Meldung

5.2.10 Lieferung anlegen

Das Fertigerzeugnis liegt nun versandfertig bereit und wird an den Kunden ausgeliefert. Sie erfassen die Lieferung mit Bezug zum Kundenauftrag, bestätigen die Menge im Feld **Kommiss. Menge** und buchen den Warenausgang (siehe Abbildung 5.80).

Abbildung 5.80 Lieferung anlegen

Der Warenausgang aus dem Kundenauftragsbestand findet mit der Bewegungsart 601 statt, aber wie beim Wareneingang erfolgt nur eine mengenmäßige Verbuchung. Es wird kein Rechnungswesenbeleg erstellt, sondern nur ein Materialbeleg (siehe Abbildung 5.81).

Abbildung 5.81 Materialbeleg

5.2.11 Ergebnisermittlung durchführen (Monat 1)

Zum Abschluss des ersten Monats ist die Fertigung erfolgt, die Ware wurde ausgeliefert, aber es wurde noch keine Faktura erstellt. Daher ist über die Ergebnisermittlung der Wert der Ware in Arbeit zu bestimmen. Starten Sie die Ergebnisermittlung im Einzellauf für die Kundenauftragsposition und die abgeschlossene Periode (siehe Abbildung 5.82).

Ergebnisermittlung Kundenauftrag

Mehr

Beenden

* Kundenauftrag: 1268

* Position: 10

* Periode: 3

* Geschäftsjahr: 2021

* Abgrenzungsversion: 0

Abbildung 5.82 Ergebnisermittlung – Einstieg

Es werden 148 EUR ermittelt, die im nächsten Schritt durch die Abrechnung als WIP-Aufbau zu buchen sind (siehe Abbildung 5.83). Wenn Sie alle bisherigen Buchungen betrachten, die direkt auf dem Kontierungsobjekt VBP 1268/10 gebucht wurden, werden Sie aber nur auf einen Wert von 50 EUR kommen. Dieser Wert wurde in Schritt 4 beim Wareneingang des einzelbedarfsgesteuerten Materials KT_18A erfasst. Der Verbrauch des sammelbedarfsgesteuerten Materials KT_18B von 14 EUR und die drei verschiedenen Leistungsverrechnungen über 20 EUR, 40 EUR und 24 EUR wurden bisher nur auf dem Fertigungsauftrag 1000160 verbucht.

Die Ergebnisermittlung erfolgt für die Kundenauftragsposition und alle ihr zugeordneten Fertigungsaufträge. Manche sagen auch, die Kundenauftragsposition habe die Fertigungsaufträge »im Bauch«. Für diese Fertigungsaufträge findet in diesem Falle keine eigene WIP-Ermittlung statt.

Abbildung 5.83 Ergebnis der Ergebnisermittlung

5.2.12 Fertigungsauftrag abrechnen

Bevor der Kundenauftrag abgerechnet wird, sind alle Kosten des Fertigungsauftrags an die Kundenauftragsposition abzurechnen. Starten Sie die Abrechnung für die abgelaufene Periode (siehe Abbildung 5.84). In Summe ergeben sich 98 EUR, die in der Detailliste ausgewiesen werden (siehe Abbildung 5.85).

Abbildung 5.84 Abrechnung Fertigungsauftrag – Einstieg

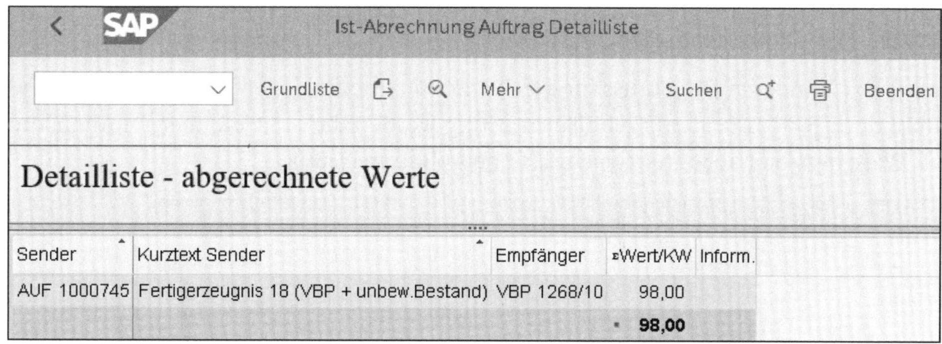

Sender	Kurztext Sender	Empfänger	ΣWert/KW	Inform.
AUF 1000745	Fertigerzeugnis 18 (VBP + unbew.Bestand)	VBP 1268/10	98,00	
			• 98,00	

Abbildung 5.85 Abrechnung Fertigungsauftrag – Detailliste

Das hinterlegte Verrechnungsschema ist so eingestellt, dass alle Kostenblöcke kostenartengerecht abgerechnet werden, d. h. mit ihrer ursprünglichen Kostenart (siehe Abbildung 5.86). Im Kostenrechnungsbeleg werden die Entlastung des Fertigungsauftrags und die Belastung der Kundenauftragsposition gezeigt (siehe Abbildung 5.87).

BuKr	P...	LPos	BS	S/H	Konto	Ko...	Bezeichnung	Betrag	Wäh...	Werk	Material	Vorgang	Men...	BME
FMLA	1	000...	50	H	51100000	S	Verbrauch Rohstoffe	14,00-	EUR	FML1	KT_18B	CO1	1-	ST
	2	000...	40	S	51100000	S	Verbrauch Rohstoffe	14,00	EUR	FML1	KT_18B	CO1	1	ST
	3	000...	50	H	94301000	S	Maschinenstunden 1	40,00-	EUR			CO1	10-	MIN
	4	000...	40	S	94301000	S	Maschinenstunden 1	40,00	EUR			CO1	10	MIN
	5	000...	50	H	94303000	S	Rüsten	20,00-	EUR			CO1	2-	MIN
	6	000...	40	S	94303000	S	Rüsten	20,00	EUR			CO1	2	MIN
	7	000...	50	H	94311000	S	Pers.std.	24,00-	EUR			CO1	8-	MIN
	8	000...	40	S	94311000	S	Pers.std.	24,00	EUR			CO1	8	MIN

Abbildung 5.86 Buchhaltungsbeleg

Belegnummer	BuchDatum	Benutzer	RT	RefBelegnr	OrgVg	Vrgng	Belegkopftext	StB	sto		
Bu	**OAr Objekt**	**ObjektBez**	**Kostenart**	**Kostenartenbezeichn.**	**Wert/OW**	**OWä**	**Menge**	**GME**	**Material**		
300001149	31.03.2021	STUDENT101	R	2209		KOAO					
1	AUF 1000745	Fertigerz...	51100000	Verbrauch Rohstoffe	14,00-	EUR	1-	ST	KT_18B		
2	VBP 1268/10	Fertigerz...	51100000	Verbrauch Rohstoffe	14,00	EUR	1	ST	KT_18B		
3	AUF 1000745	Fertigerz...	94301000	Maschinenstunden 1	40,00-	EUR	10-	MIN			
4	VBP 1268/10	Fertigerz...	94301000	Maschinenstunden 1	40,00	EUR	10	MIN			
5	AUF 1000745	Fertigerz...	94303000	Rüsten	20,00-	EUR	2-	MIN			
6	VBP 1268/10	Fertigerz...	94303000	Rüsten	20,00	EUR	2	MIN			
7	AUF 1000745	Fertigerz...	94311000	Pers.std.	24,00-	EUR	8-	MIN			
8	VBP 1268/10	Fertigerz...	94311000	Pers.std.	24,00	EUR	8	MIN			

Abbildung 5.87 Kostenrechnungsbeleg

5.2.13 Kundenauftrag abrechnen (Monat 1)

Auch der Kundenauftrag muss für den beendeten Monat abgerechnet werden (siehe Abbildung 5.88). Aus der Ergebnisermittlung werden die 148 EUR übernommen, die als Ware in Arbeit abzugrenzen sind (siehe Abbildung 5.89).

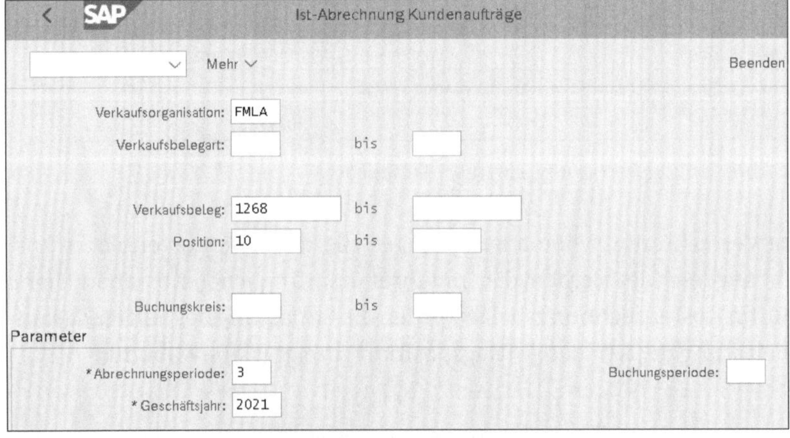

Ist-Abrechnung Kundenaufträge

Mehr | Beenden

Verkaufsorganisation: FMLA
Verkaufsbelegart: bis
Verkaufsbeleg: 1268 bis
Position: 10 bis
Buchungskreis: bis

Parameter

*Abrechnungsperiode: 3 | Buchungsperiode:
*Geschäftsjahr: 2021

Abbildung 5.88 Abrechnung Kundenauftrag – Einstieg

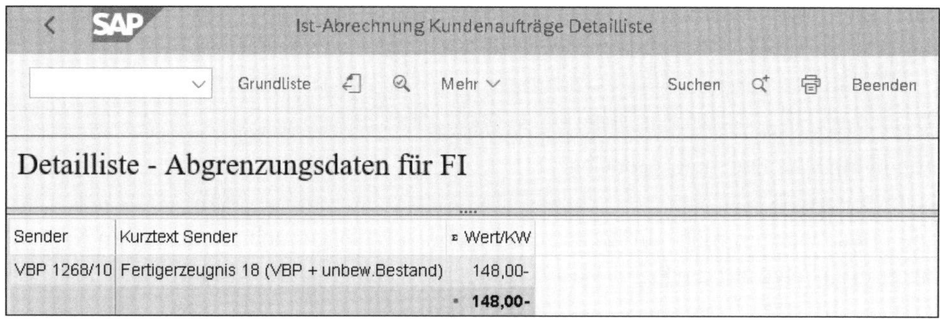

Abbildung 5.89 Abrechnung Kundenauftrag – Detailliste

Der Aufbau erfolgt als Buchung »Bestand WIP (Soll) an Bestandsveränderung WIP (Haben)«, und wie immer an dieser Stelle ist dieses GuV-Konto keine Kostenart (siehe Abbildung 5.90).

BuKr	P...	BS	S/H	Konto	Ko...	Bezeichnung	Betrag	Wäh...	Werk	Material	Vorgang	Men...	BME
FMLA	1	50	H	54200000	S	BV Ware in Arbeit	148,00-	EUR					
	2	40	S	13200000	S	Bestand WIP	148,00	EUR					

Abbildung 5.90 Buchhaltungsbeleg

5.2.14 Faktura anlegen

In der Folgeperiode wird die ausstehende Faktura über 350 EUR plus Steuer erstellt (siehe Abbildung 5.91). Der Betrag wird mit dem Buchhaltungsbeleg als »Debitorenforderung (Soll) an Erlöse Inland (Haben) und Ausgangssteuer (Haben)« gebucht (siehe Abbildung 5.92).

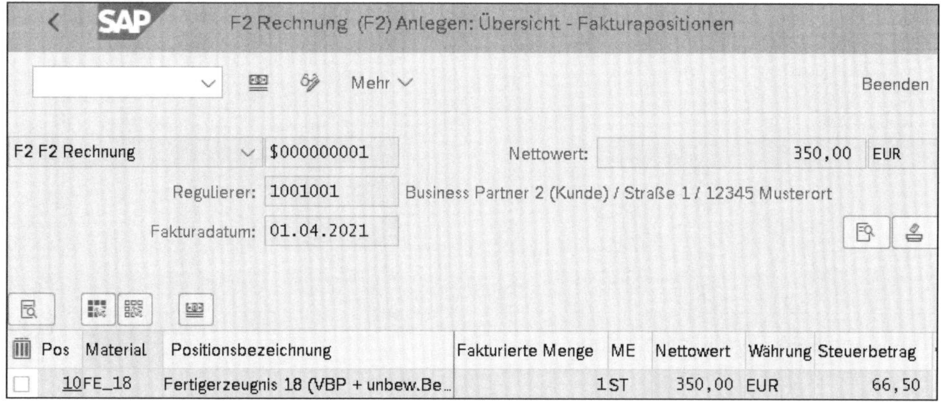

Abbildung 5.91 Faktura über das Fertigerzeugnis

BuKr	Pos	BS	S/H	Konto	Koart	Bezeichnung	Betrag	Wäh...	Werk	Material	Vorgang	Men...	BME
FMLA	1	01	S	1001001	D	Business Partner 2 (Kunde)	416,50	EUR					
	2	50	H	41000000	S	Erlöse Inl. - Erzeu.	350,00-	EUR					
	3	50	H	22000000	S	Ausgangssteuer (MWS)	66,50-	EUR			MWS		

Abbildung 5.92 Buchhaltungsbeleg

Die Erlöse werden nicht direkt auf ein Ergebnisobjekt gebucht, sondern im Kostenrechnungsbeleg auf die Kundenauftragsposition selbst (siehe Abbildung 5.93).

Belegnummer	BuchDatum	Benutzer	RT	RefBelegnr	OrgVg	Vrgng	Belegkopftext	StB	sto
A00008C700	01.04.2021	STUDENT101	R	90000429	SD00	COIN			

Bu	OAr	Objekt	ObjektBez	Kostenart	Kostenartenbezeichn.	Wert/OW	OWä	Menge	GME	Material
2	VBP	1268/10	Fertigerz...	41000000	Erlöse Inl. - Erzeu.	350,00-	EUR	1-	ST	FE_18

Abbildung 5.93 Kostenrechnungsbeleg

5.2.15 Ergebnisermittlung durchführen (Monat 2)

Im Periodenabschluss des Folgemonats erfolgt die nächste Ergebnisermittlung zur Kundenauftragsposition (siehe Abbildung 5.94).

Da die Position bereits fakturiert ist, wird der WIP-Wert mit 0 EUR berechnet und ist somit in der Abrechnung komplett als Delta-Buchung aufzulösen (siehe Abbildung 5.95).

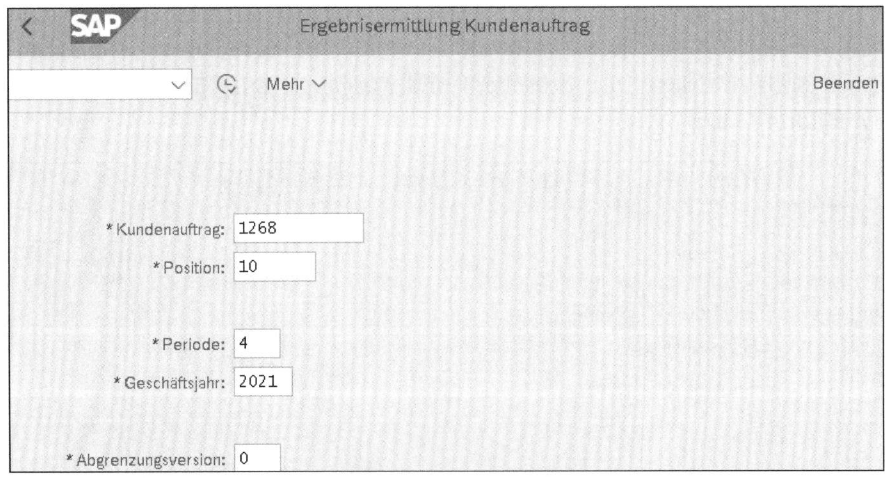

Abbildung 5.94 Ergebnisermittlung – Einstieg

Abbildung 5.95 Ergebnisermittlung im zweiten Monat

5.2.16 Kundenauftrag abrechnen (Monat 2)

Die Abrechnung der Kundenauftragsposition erfolgt als letzter Schritt im zweiten Monat (siehe Abbildung 5.96).

Ist-Abrechnung Kundenaufträge

Mehr Beenden

Verkaufsorganisation: FMLA

Verkaufsbelegart: bis

Verkaufsbeleg: 1268 bis

Position: 10 bis

Buchungskreis: bis

Parameter

*Abrechnungsperiode: 4 Buchungsperiode:

*Geschäftsjahr: 2021

Abbildung 5.96 Abrechnung Kundenauftrag – Einstieg

Durch die Abrechnung werden zwei verschiedene Sachverhalte gebucht: Zum einen wird Ware in Arbeit aufgelöst; dies wird unter **Abgrenzungsdaten für FI** angezeigt (siehe Abbildung 5.97). Im dazugehörigen Buchhaltungsbeleg erfolgt die Auflösung als »Bestandsveränderung WIP (Soll) an Bestand WIP (Haben)« (siehe Abbildung 5.98).

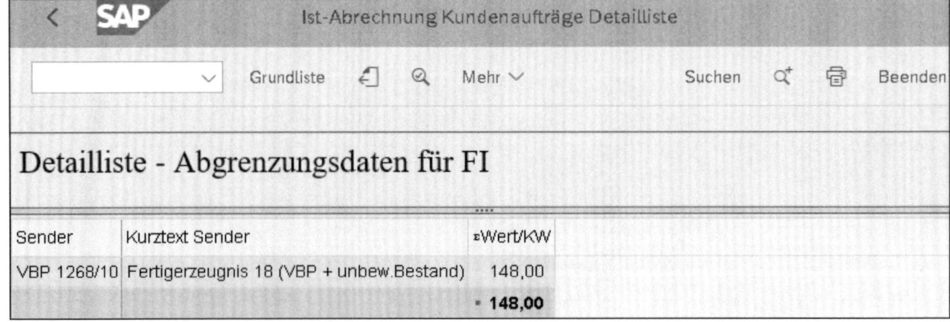

Ist-Abrechnung Kundenaufträge Detailliste

Grundliste Mehr Suchen Beenden

Detailliste - Abgrenzungsdaten für FI

Sender	Kurztext Sender	ΣWert/KW
VBP 1268/10	Fertigerzeugnis 18 (VBP + unbew.Bestand)	148,00
		• 148,00

Abbildung 5.97 Abgrenzungsdaten – Detailliste

BuKr	P...	BS	S/H	Konto	Ko...	Bezeichnung	Betrag	Wäh...	Werk	Material	Vorgang	Men...	BME
FMLA	1	40	S	54200000	S	BV Ware in Arbeit	148,00	EUR					
	2	50	H	13200000	S	Bestand WIP	148,00-	EUR					

Abbildung 5.98 Buchhaltungsbeleg

Alle Kosten und Erlöse der Kundenauftragsposition werden an ein Ergebnisobjekt abgerechnet (siehe Abbildung 5.99). Das angezeigte Delta aus Kosten und Erlösen beträgt 202 EUR.

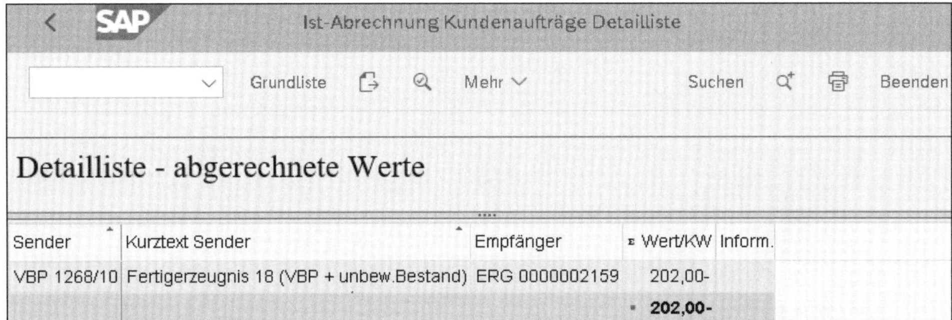

Ist-Abrechnung Kundenaufträge Detailliste

Grundliste Mehr Suchen Beenden

Detailliste - abgerechnete Werte

Sender	Kurztext Sender	Empfänger	Wert/KW	Inform.
VBP 1268/10	Fertigerzeugnis 18 (VBP + unbew.Bestand)	ERG 0000002159	202,00-	
			• 202,00-	

Abbildung 5.99 Detailliste für die abgerechneten Werte

Im Kostenrechnungsbeleg erfolgt schließlich die Abrechnung der Kosten mit internen Abrechnungskostenarten von der Kundenauftragsposition an ein Ergebnisobjekt (siehe Abbildung 5.100). Die Steuerung und Zuordnung der Blöcke erfolgt durch ein Verrechnungsschema.

Belegnummer	BuchDatum	Benutzer	RT	RefBelegnr	OrgVg	Vrgng	Belegkopftext	StB	sto
300001200	30.04.2021	STUDENT101	R	2301		KOAO			

	Bu	OAr Objekt	ObjektBez	Kostenart	Kostenartenbezeichn.	Wert/OW	OWä	Menge	GME	Material
1		VBP 1268/10	Fertigerz...	92105200	Vbr ET/Leist/Frmdmat	64,00-	EUR			
2		ERG 2305		92105200	Vbr ET/Leist/Frmdmat	64,00	EUR			
3		VBP 1268/10	Fertigerz...	92105400	Sekundärkosten	84,00-	EUR			
4		ERG 2305		92105400	Sekundärkosten	84,00	EUR			
5		VBP 1268/10	Fertigerz...	92104100	Erlöse	350,00	EUR			
6		ERG 2305		92104100	Erlöse	350,00-	EUR			

Abbildung 5.100 Kostenrechnungsbeleg

Nach diesem sehr speziellen Szenario haben Sie nun alle wesentlichen Spielarten der kundenauftragsbezogenen Fertigung und deren Auswirkungen im Finanzwesen kennengelernt. Es folgen nun noch die letzten beiden Szenarien dieses Buches, die zwei ganz andere Formen der Integration zwischen Logistik und Finanzwesen betrachten.

Kapitel 6
Weitere Szenarien

»Der Weltraum, unendliche Weiten.« So ähnlich fühlt man sich manchmal im SAP-Universum. In unserem Abenteuer erforschen wir noch zwei weitere »Planeten«, in denen das Zusammenspiel von Logistik und Finanz essenziell ist: Die Rede ist vom Serviceauftrag mit aufwandsbezogener Faktura und dem Kundenprojekt.

Um Ihnen einen kleinen Einblick in die große Vielfalt der im SAP-Universum möglichen Szenarien zu geben, möchte ich mit Ihnen in diesem Kapitel noch einen Ausflug in die Bereiche Kundenservice und Projektsystem unternehmen.

Im Kundenservice können verschiedene Aktivitäten abgebildet werden, die für einen Kunden erbracht werden sollen. Dazu gehören z. B. Garantieabwicklungen, Reparaturen oder Wartungen. Die Möglichkeiten sind vielfältig, und viele Aktivitäten finden im Bereich der *Servicemeldungen* statt. Da wir uns aber auf das Zusammenspiel mit dem Finanzwesen konzentrieren möchten, stelle ich Ihnen in Abschnitt 6.1 den sogenannten *Serviceauftrag* vor. In Abschnitt 6.2 werfen wir einen Blick auf ein *Kundenprojekt*, das im Englischen auch oft unter dem Begriff ETO (für Engineering-to-Order) läuft. Diese Szenarien kommen in Betracht, wenn eine Variantenkonfiguration mit standardisierten Vorgaben nicht mehr ausreicht, weil die Fertigung nach detaillierten Kundenwünschen erfolgen muss.

6.1 Serviceauftrag mit aufwandsbezogener Faktura

In diesem Szenario verwenden wir drei bisher nicht genutzte Elemente:

- Serviceauftrag
- Dienstleistungsbestellung
- aufwandsbezogene Fakturierung

Das zentrale Kontierungsobjekt ist der *Serviceauftrag*, auch CS-Auftrag genannt, da er in der Komponente CS (Kundenservice) verwendet wird. Serviceaufträge tragen immer Kosten, aber über die Auftragsart wird gesteuert, ob ein Serviceauftrag auch erlösführend ist oder nicht. Nicht erlösführende Aufträge werden entweder überhaupt nicht an Kunden fakturiert oder über eine Kundenauftragsposition, die dann selbst kosten- und erlösführend sein muss. Wir verwenden hier eine erlösführende Auftragsart.

In einer der Positionen kommt eine *Dienstleistungsbestellung* mit einer *Leistung* zum Einsatz, die in einem *Erfassungsblatt* abgenommen wird. Es kommen keine Materialien zum Einsatz, sondern sogenannte *Dienstleistungsstammsätze*.

Bisher erfolgten alle Fakturen mit einem vorgegebenen Preis, der entweder manuell im Kundenauftrag eingetragen oder über Konditionen in der Preisfindung ermittelt wurde. Eine andere Möglichkeit der Preisfindung ist die *aufwandsbezogene Fakturierung*, in der die aufgelaufenen Ist-Kosten die Berechnungsbasis für die Verkaufspreise bilden, d. h. bei der Anlage des Serviceauftrags steht der finale Preis noch nicht fest. Die Zuordnung und Bewertung der Ist-Kosten erfolgt mit dem dynamischen Postenprozessor, der über ein DPP-Profil gesteuert wird (siehe Abbildung 6.1).

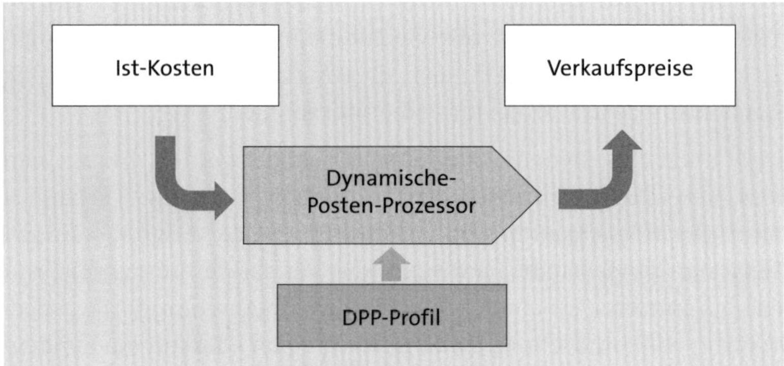

Abbildung 6.1 Dynamischer Postenprozessor

In Schritt 1 legen wir den Serviceauftrag an, zu dem zwei Vorgänge erfasst werden (siehe Abbildung 6.2). Der erste Vorgang wird eigenbearbeitet, ihm ist eine Materialkomponente zugeordnet. Der zweite Vorgang wird fremdbearbeitet, sodass eine BANF für eine Dienstleistung generiert wird.

Der Warenausgang des Materials, das für die Eigenbearbeitung benötigt wird, erfolgt in Schritt 2. Die Ist-Zeit für die erbrachten Tätigkeiten wird in Schritt 3 erfasst. In unserem Beispiel wird als Fremdbearbeitung ein externes Gutachten bestellt. Hierzu wird in Schritt 4 die BANF in eine Bestellung umgewandelt. Zu der erbrachten Dienstleistung erfolgen in den Schritten 5 und 6 die Abnahme und die Erfassung der Eingangsrechnung. Auf Basis aller angefallenen Ist-Kosten wird in Schritt 7 eine *aufwandsbezogene Fakturaanforderung* erstellt, die in Schritt 8 fakturiert wird. Für das Controlling wird der Serviceauftrag in Schritt 9 in die Margin Analysis abgerechnet.

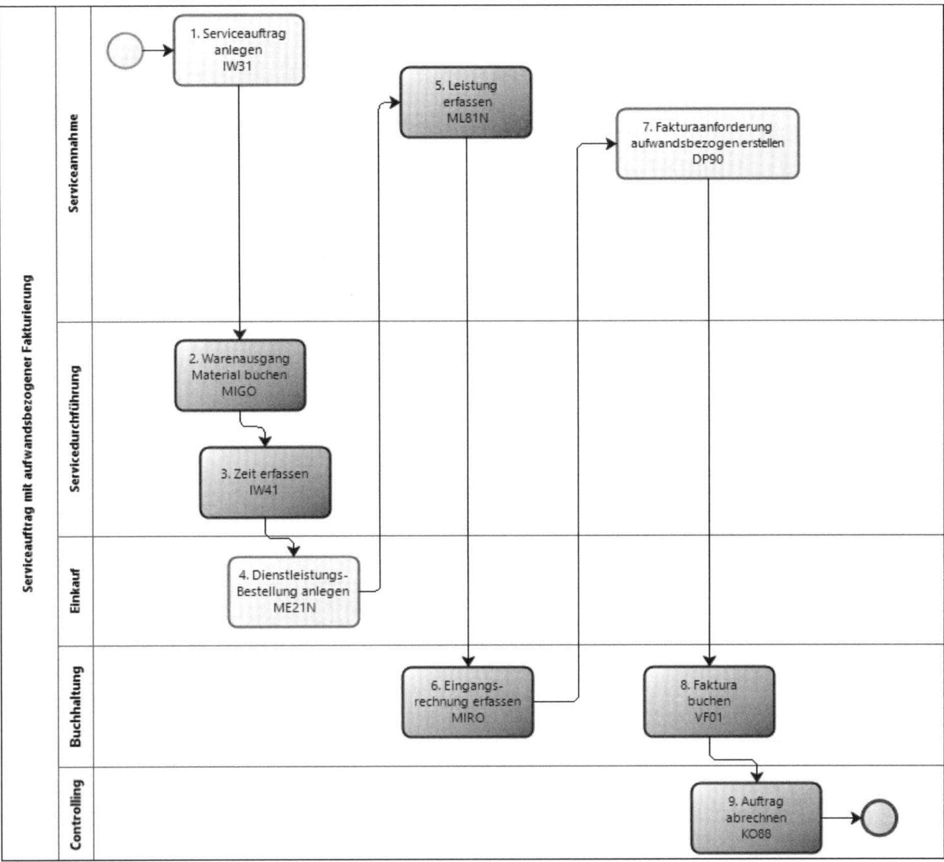

Abbildung 6.2 Prozess »Serviceauftrag mit aufwandsbezogener Fakturierung«

Im Buchungsschema ist das zentrale Element der CS-Auftrag, auf dem alle Aufwände, aber auch die Erlöse aus der Faktura gebucht werden (siehe Abbildung 6.3). Im letzten Schritt 9 werden alle bisher erfolgten Buchungen an ein Ergebnisobjekt abgerechnet. Die Abrechnung erfolgt hier mit Originalkostenarten.

Das *DPP-Profil* (Postenprozessorprofil:dynamisches) ist das Herzstück der aufwandsbezogenen Fakturierung, weshalb ich an dieser Stelle kurz auf dessen Customizing eingehen möchte. Es ist in unserem Falle so eingestellt, dass Fremdleistungen und Materialien ohne Aufschlag weiterverrechnet werden. Eigenleistungen werden hingegen im Aufwand mit dem Plantarif der Leistungsart gebucht, aber gegenüber dem Kunden zu einem höheren Verkaufspreis fakturiert. Dies ist nur eine von vielen Varianten und kann in jedem Unternehmen angepasst werden, z. B. könnten auch alle Beträge prozentual beaufschlagt werden.

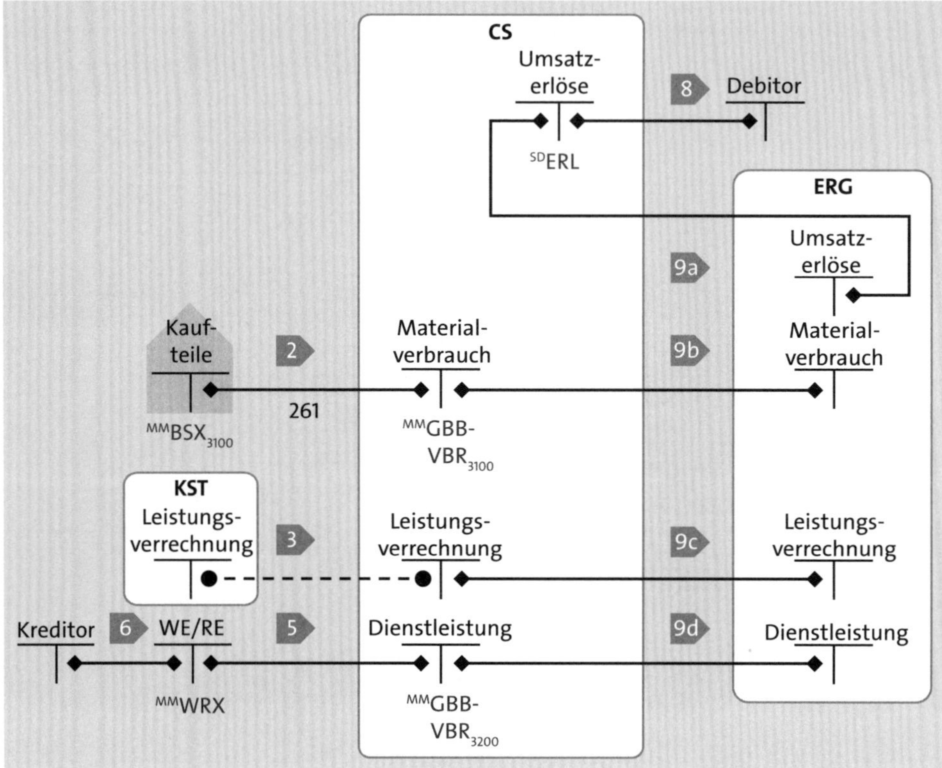

Abbildung 6.3 Buchungsschema »Serviceauftrag mit aufwandsbezogener Fakturierung«

Im Customizing wird das Profil mit einer bestimmten Verwendung angelegt. Die wichtigsten Einträge, um das aktuelle Beispiel zu verstehen, sind in den Bereichen **Materialfindung** und **Kriterien** des DPP-Profils eingetragen (siehe Abbildung 6.4). In Zeile 1 der Materialfindung wird das Material SM-REPHOUR den internen Leistungen zugewiesen. Diese Materialnummer erscheint in der Kundenfaktura.

SAP Sicht "Materialfindung" ändern: Übersicht

Neue Einträge Mehr Anzeigen Beenden

Dialogstruktur
- Profil
  - Verwendung
    - Merkmale
    - Quellen
      - Selektionskriterien
    - Materialfindung
      - Kriterien

DPP-Profil: 00000001 SM: Angebot / Faktura

Verwendung: 1 Fakturierung und Ergebnisermittlung

Materialfindung

Zeile	Material/Leistung	Menge/Kosten übernehmen	Material direkt	Einzelne	Umrechnung Menge
1	SM-REPHOUR	X Kosten und Menge übernehmen	☐	☐	☐
2		X Kosten und Menge übernehmen	☑	☐	☐
3	SM-EXTSERV	Nur Kosten übernehmen	☐	☐	☐

Abbildung 6.4 DPP-Profil

In den **Kriterien** wird der Bezug zu **Kostenstelle** und **Leistungsart** hergestellt (siehe Abbildung 6.5). Das bedeutet, dass alle Ist-Kosten, die auf der angegebenen Kostenstelle FML_SV01 und mit der Leistungsart SERV01 gebucht werden, dem Kunden unter der Materialnummer SM-REPHOUR fakturiert werden.

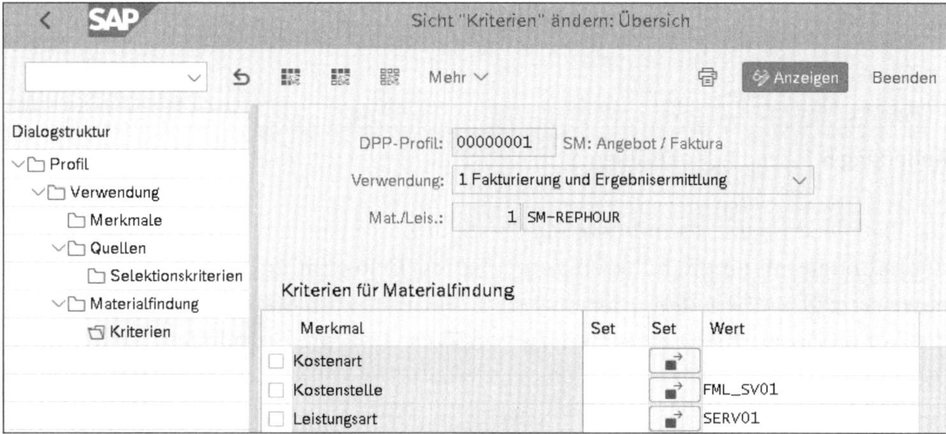

Abbildung 6.5 Zeile 1 der Kriterien

Materialverbräuche werden über das Kennzeichen **Material direkt** in der Zeile 2 unter ihrer originalen Materialnummer geführt und in den Kriterien über eine bestimmte **Kostenart** bestimmt (siehe Abbildung 6.6). Das Konto 51600000 ist hier die Kostenart für den *Verbrauch von Handelswaren*. Sind mehrere Kostenarten relevant, muss mit einem **Set** gearbeitet werden, das die geforderten Kostenarten gruppiert.

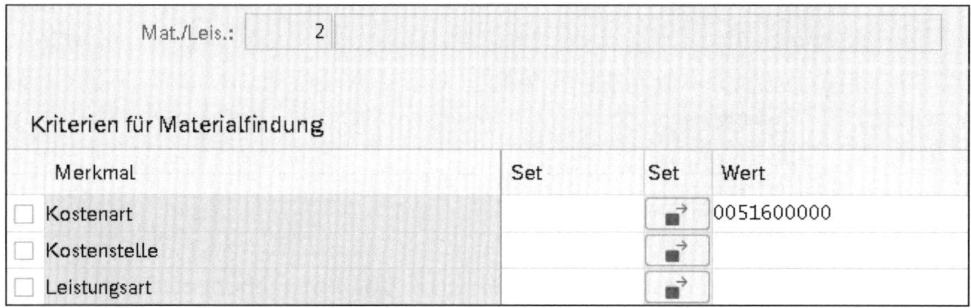

Abbildung 6.6 Zeile 2 der Kriterien

Für den externen Aufwand wird in der Zeile 3 des DPP-Profils die Materialnummer SM-EXTSERV verwendet; wieder erfolgt die Findung über eine **Kostenart** (siehe Abbildung 6.7). In unserem Falle ist das die Kostenart 65008300 (Dienstleistungen allgemein).

Mat./Leis.: 3 SM-EXTSERV

Kriterien für Materialfindung

Merkmal	Set	Set	Wert
Kostenart			0065008300
Kostenstelle			
Leistungsart			

Abbildung 6.7 Zeile 3 der Kriterien

Die Eigenleistungen, die mit dem Plantarif der Kostenstelle bewertet werden, sollen dem Kunden mit einem höheren Verkaufspreis in Rechnung gestellt werden, der in einer *Verkaufspreiskondition* abgelegt wird. Wir legen zum **Material** SM-REPHOUR für die Konditionsart PPRO einen **Betrag** von 75,00 EUR pro Stunde fest (siehe Abbildung 6.8).

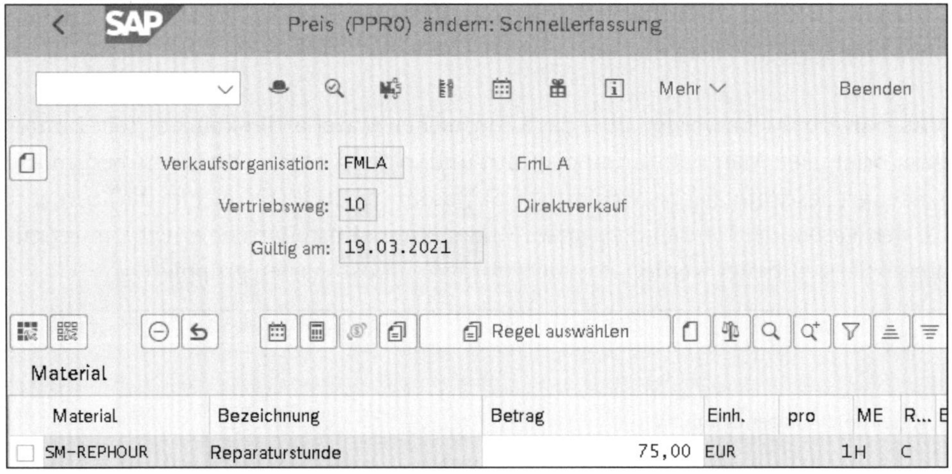

Material	Bezeichnung	Betrag	Einh.	pro	ME	R...
SM-REPHOUR	Reparaturstunde	75,00	EUR	1	H	C

Abbildung 6.8 Verkaufskondition

Um für fremdbearbeiteten Position eine Dienstleistung anzugeben, wird ein *Dienstleistungsstammsatz* benötigt. Wir verwenden hier ein Gutachten, das mit dem **Leistungstyp** SERV angelegt wurde. Wichtig für die Kontenfindung für die spätere Aufwandsbuchung ist die **Bewertungsklasse**, in unserem Falle 3200 für Dienstleistungen (siehe Abbildung 6.9). Leistungen können in Leistungsverzeichnissen zusammengefasst werden.

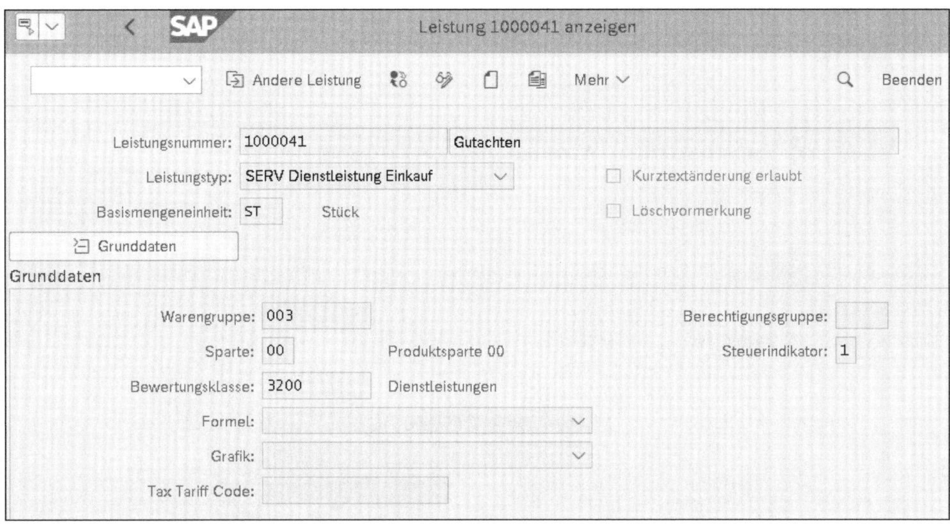

Abbildung 6.9 Dienstleistungsstammsatz mit Bewertungsklasse

6.1.1 Serviceauftrag anlegen

Legen wir los! Im Einstiegsbild zum Serviceauftrag geben Sie eine Auftragsart an und ordnen das Werk FML1 zu (siehe Abbildung 6.10).

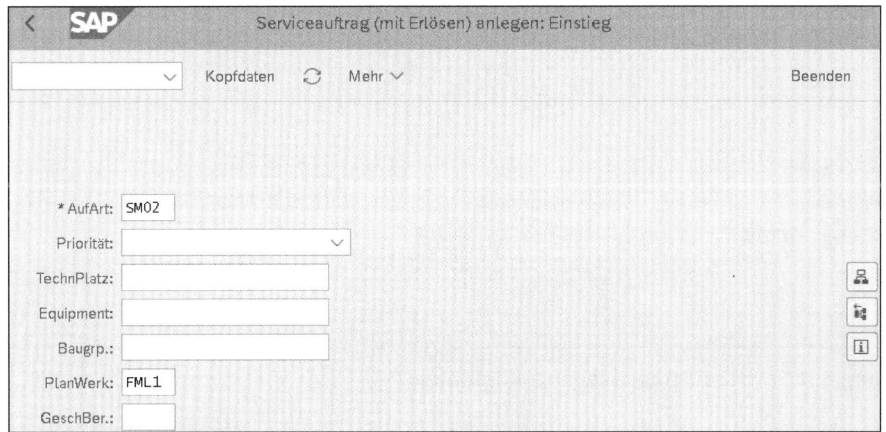

Abbildung 6.10 Serviceauftrag anlegen – Einstieg

In den Kopfdaten des Serviceauftrags wird der Kunde als **Auftraggeber** erfasst, und es wird ein Arbeitsplatz angegeben, der hauptverantwortlich für die Durchführung des gesamten Auftrags ist (siehe Abbildung 6.11).

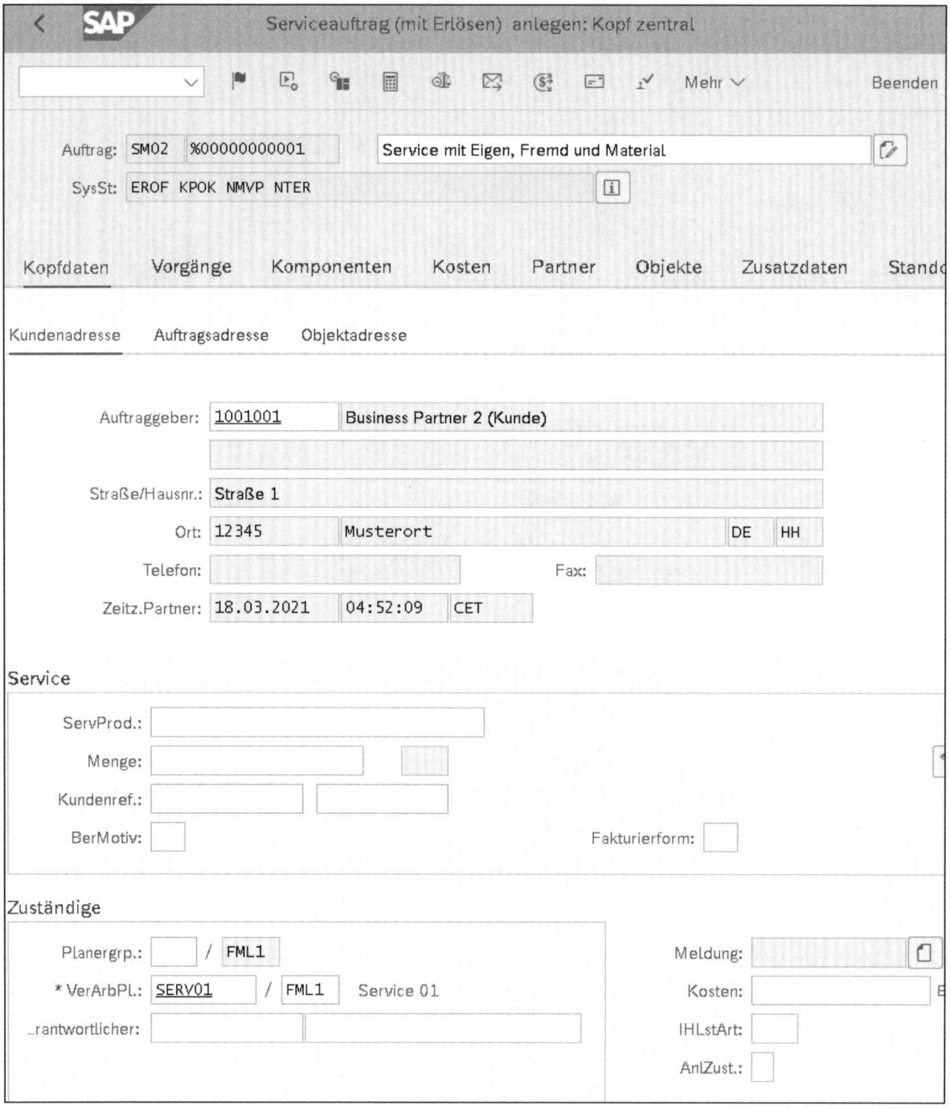

Abbildung 6.11 Serviceauftrag anlegen – Kopfdaten

Das Feld **Auftraggeber** ist für die gewählte Auftragsart SM02 ein Pflichtfeld, da es sich um einen erlösführenden Serviceauftrag handelt. Um für den Kunden die Fakturierung im richtigen Vertriebsbereich durchzuführen, müssen Sie Verkaufsorganisation, Vertriebsweg und Sparte in dem erscheinenden Pop-up-Fenster eingeben (siehe Abbildung 6.12).

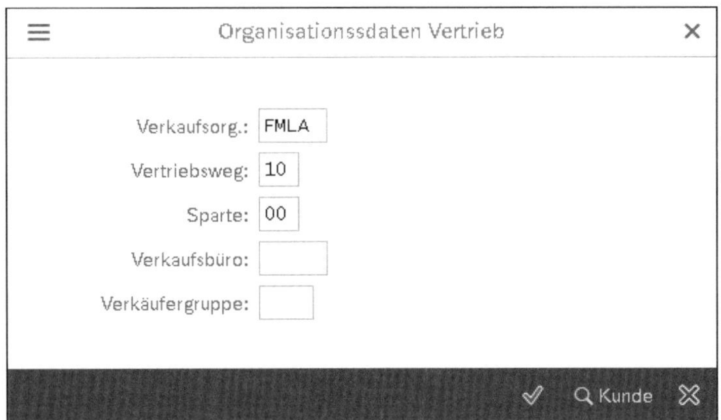

Abbildung 6.12 Organisationdaten Vertrieb

Um dem Kundenwunsch zu entsprechen, werden eine interne und eine externe Leistung benötigt, die in der Vorgangsübersicht erfasst werden (siehe Abbildung 6.13). Die Differenzierung in intern und extern erfolgt über den **Steuerschlüssel**. Interne Leistungen werden mit dem Steuerschlüssel SM01 und externe Leistungen, die als Dienstleistung beschafft werden sollen, mit dem Steuerschlüssel SM03 angelegt.

Kopfdaten | Vorgänge | Komponenten | Kosten | Partner | Objekte | Zusatzdaten | Stand...

Allgemein | Eigen | Fremd | Termine | Ist-Daten | Erweiterung

Vrg	ArbPlatz	Werk	Steu...	Kurztext Vorgang	Istarbeit	Arbeit	E.	Anzahl	Dauer	EH	LstArt
0010	SERV01	FML1	SM01	Service-Leistung 1 (Eigenbearbeitung)	0	16	H	2	8	H	SERV01
0020		FML1	SM03	Service-Leistung 2 (Fremdbearbeitung)	0	0	H			H	

Abbildung 6.13 Vorgangsübersicht mit interner und externer Leistung

Für den jeweiligen Vorgang können Sie sich die Details über den Button **Eigen** oder **Fremd** anzeigen lassen und sie entsprechend ergänzen. Für den ersten Vorgang sind 16 Stunden Arbeit geplant, die von zwei Personen (Feld **Anzahl**) erbracht werden, was zu einer **Dauer** von 8 Stunden führt (siehe Abbildung 6.14). Der Arbeitsplatz ist SERV01, in dessen Stammdaten die Kostenstelle FML-SV01 zugeordnet ist. Die Leistung wird mit der Leistungsart (Feld **LstArt**) SERV01 erbracht.

Im unteren Bereich werden als **Komponente** 3 Stück (ST) des Materials HW_20, das für die Ausführung benötigt wird, eingetragen. Das Material steht bereits im Lagerort (**LOrt**) 0001 von **Werk** FML1 bereit und muss nicht beschafft werden.

Im Fremdbearbeitungsvorgang geben Sie im Feld **Lieferant** den Lieferanten an, bei dem das Gutachten als Dienstleistung in Auftrag gegeben werden soll. Diese Dienstleistung ist bereits als Leistungsstammsatz angelegt und kann unter der Leistungsnummer (**Leistungsnr**) 1000041 abgerufen werden (siehe Abbildung 6.15).

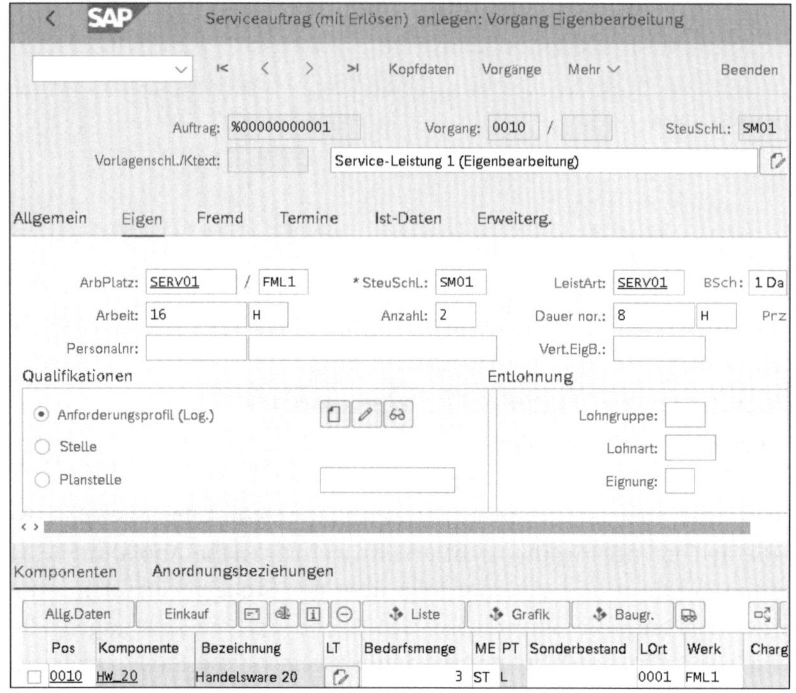

Abbildung 6.14 Vorgang der Eigenbearbeitung

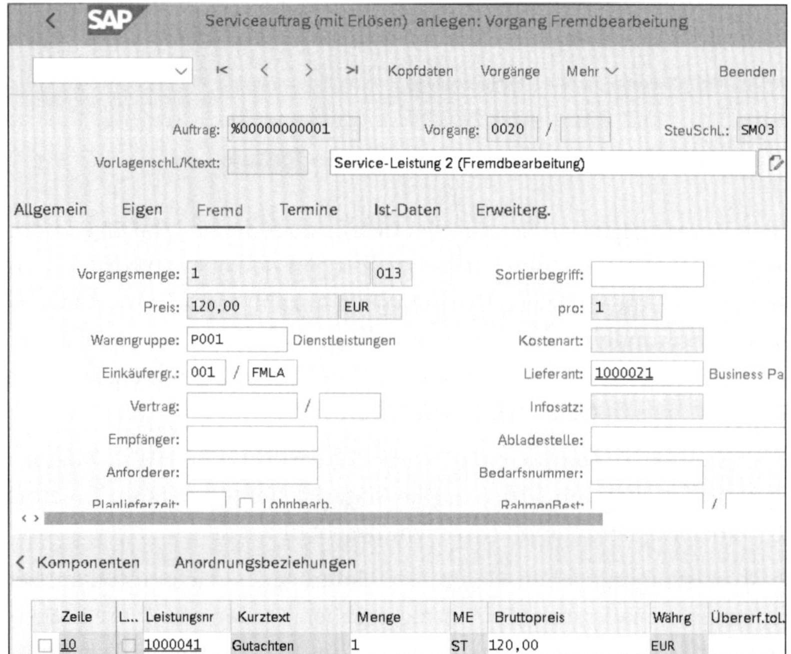

Abbildung 6.15 Vorgang der Fremdbearbeitung

Alle für den Auftrag benötigten Details sind eingetragen, und die Kalkulation kann über den Button [Kalkulieren] gestartet werden. Als Ergebnis werden alle geplanten Aufwände in der **Kostenübersicht** mit ihren Werten dargestellt (siehe Abbildung 6.16). Die Eigenleistung von 16 Stunden wird mit dem gültigen Plantarif mit 60 EUR pro Stunde bewertet. Die 3 Stück des Materials HW_20 werden mit dem Preis im Materialstammsatz von 60 EUR pro Stück angesetzt.

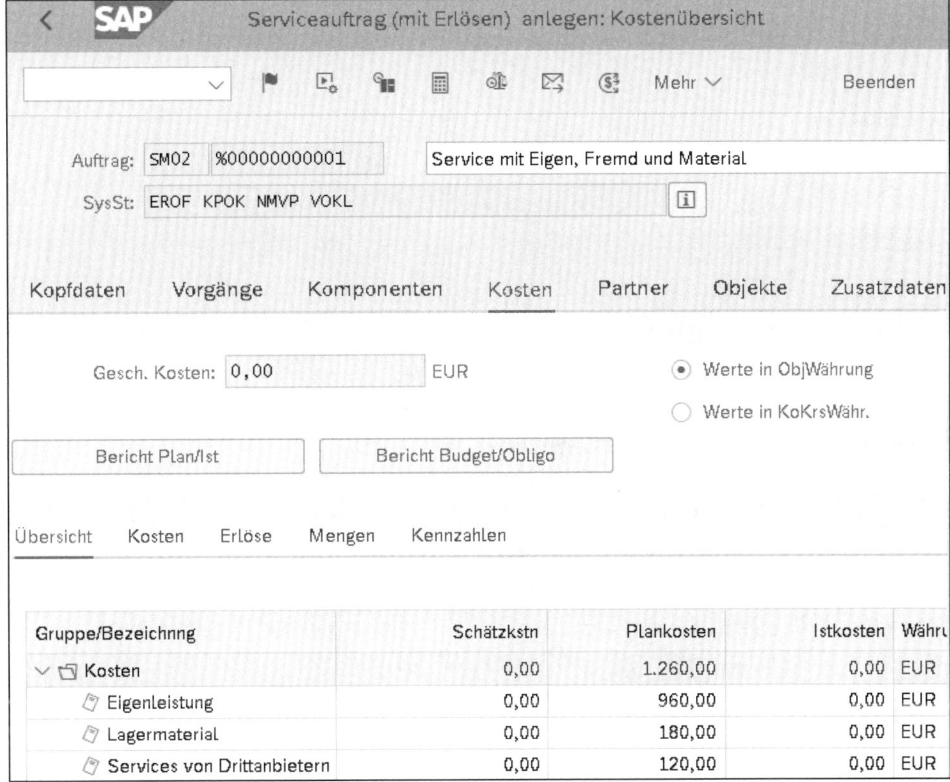

Abbildung 6.16 Kostenübersicht für das Material HW_20

Geben Sie den Auftrag über den Button [Freigeben] frei. Sie erhalten nach dem Speichern die Auftragsnummer 700000000029. Beim Speichern wurde für den fremdbearbeiteten Vorgang eine **Bestellanforderung** angelegt und im Serviceauftrag eingetragen. Die Nummer und die Position wurden in den Vorgangdetails auf der Registerkarte **Ist-Daten** eingetragen (siehe Abbildung 6.17).

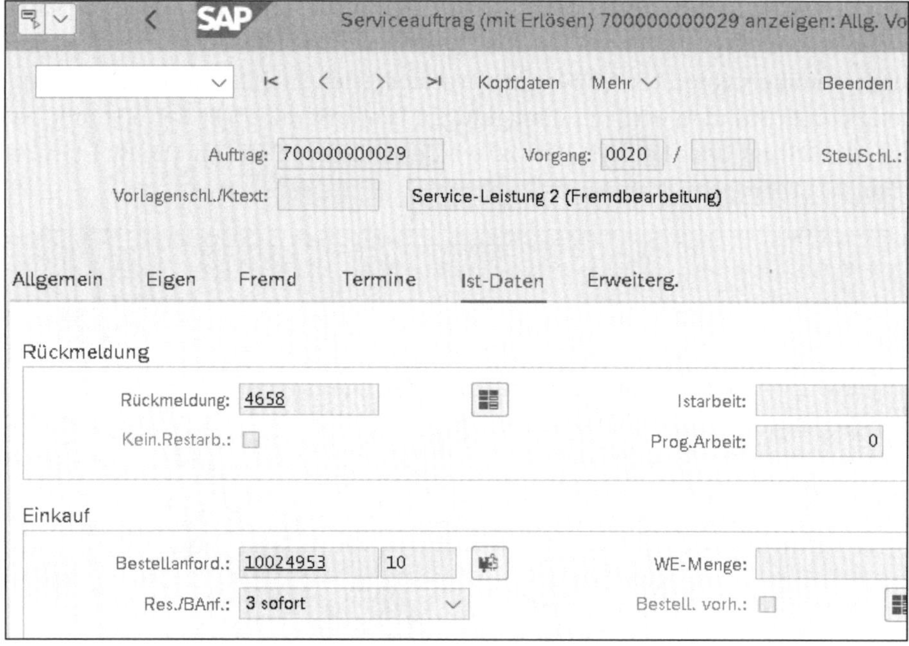

Abbildung 6.17 Zuordnung der Bestellanforderung

Für die spätere Abrechnung wird eine *Abrechnungsvorschrift* erstellt, in der der Auftrag an ein Ergebnisobjekt als Empfänger abgerechnet wird (siehe Abbildung 6.18).

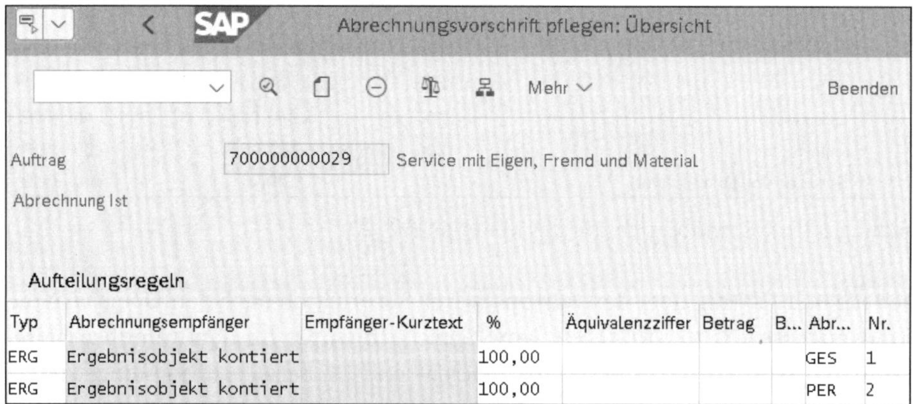

Typ	Abrechnungsempfänger	Empfänger-Kurztext	%	Äquivalenzziffer	Betrag	B...	Abr...	Nr.
ERG	Ergebnisobjekt kontiert		100,00				GES	1
ERG	Ergebnisobjekt kontiert		100,00				PER	2

Abbildung 6.18 Abrechnungsvorschrift

Das in der Abrechnungsvorschrift eingetragene Ergebnisobjekt besteht aus einer Merkmalskombination, die Sie in den Detaildaten zur jeweiligen Zeile einsehen können (siehe Abbildung 6.19). Es wurden der Kunde und die Auftragsnummer sowie die Daten zur Organisationsstruktur in die Merkmale aus dem Serviceauftrag übernommen.

Kontierung auf Ergebnisobjekt

- Erfassungshilfen
  - Zentrale Erfassungshilfen
  - Meine Erfassungshilfen

Merkmal	Merkmalswert	Text
Kunde	1001001	Business Partner 2
Artikel		
Fakturaart		
Kundenauftrag		
KundAuft-Pos		
Auftrag	700000000029	Service mit Eigen,
Buchungskreis	FMLA	FmL A
Werk	FML1	FML1
GeschBereich		
FunktBereich		
Segment	SEG1	Segment 1
Verkaufsorg.	FMLA	FmL A
Vertriebsweg	10	Direktverkauf
Sparte	00	Produktsparte 00
PSP-Element		

Abbildung 6.19 Merkmale des Ergebnisobjekts

Der Auftragsart SM02 ist im Customizing das DPP-Profil 00000001 zugeordnet (siehe Abbildung 6.20). Dieses wird in den Serviceauftrag übernommen und auf der Registerkarte **Steuerung** eingetragen.

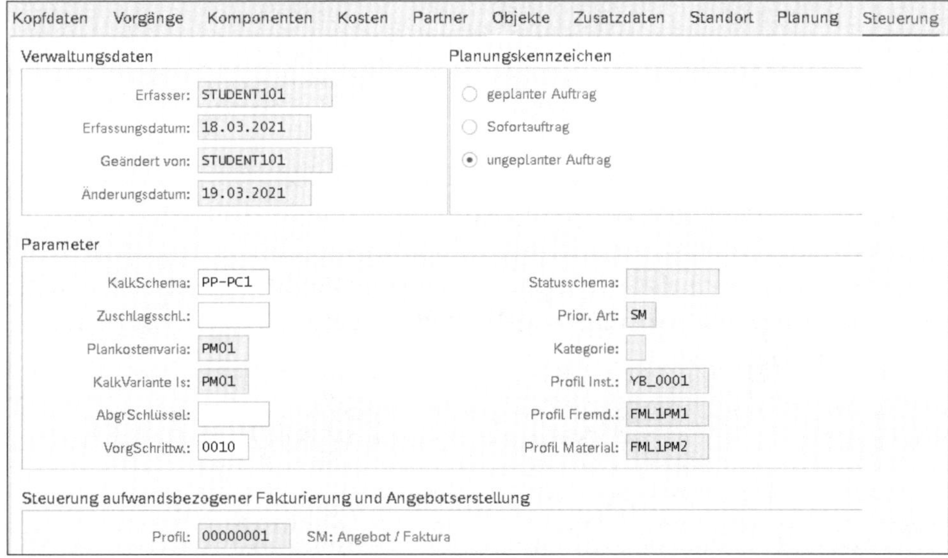

Kopfdaten | Vorgänge | Komponenten | Kosten | Partner | Objekte | Zusatzdaten | Standort | Planung | Steuerung

Verwaltungsdaten

Erfasser: STUDENT101
Erfassungsdatum: 18.03.2021
Geändert von: STUDENT101
Änderungsdatum: 19.03.2021

Planungskennzeichen

geplanter Auftrag
Sofortauftrag
ungeplanter Auftrag

Parameter

KalkSchema: PP-PC1
Zuschlagsschl.:
Plankostenvaria: PM01
KalkVariante Is: PM01
AbgrSchlüssel:
VorgSchrittw.: 0010
Statusschema:
Prior. Art: SM
Kategorie:
Profil Inst.: YB_0001
Profil Fremd.: FML1PM1
Profil Material: FML1PM2

Steuerung aufwandsbezogener Fakturierung und Angebotserstellung

Profil: 00000001 SM: Angebot / Faktura

Abbildung 6.20 DPP-Profil im Serviceauftrag

6.1.2 Rückmeldung

Nach getaner Arbeit wird die Ist-Zeit in einer Rückmeldung zum Auftrag für den Vorgang 0010 erfasst (siehe Abbildung 6.21). Im Titel der Transaktion steht IH-Auftrag für Instandhaltungsaufträge. Serviceaufträge teilen sich viele Einstellungen und Transaktionen mit Instandhaltungsaufträgen aus der Komponente PM (Plant Maintenance). Anstelle der geplanten 16 Stunden hat es eine Stunde länger gedauert. Geben Sie unter **Istarbeit** den Wert »17 H« ein, woraus sich die **Istdauer** von 8,5 H ableitet.

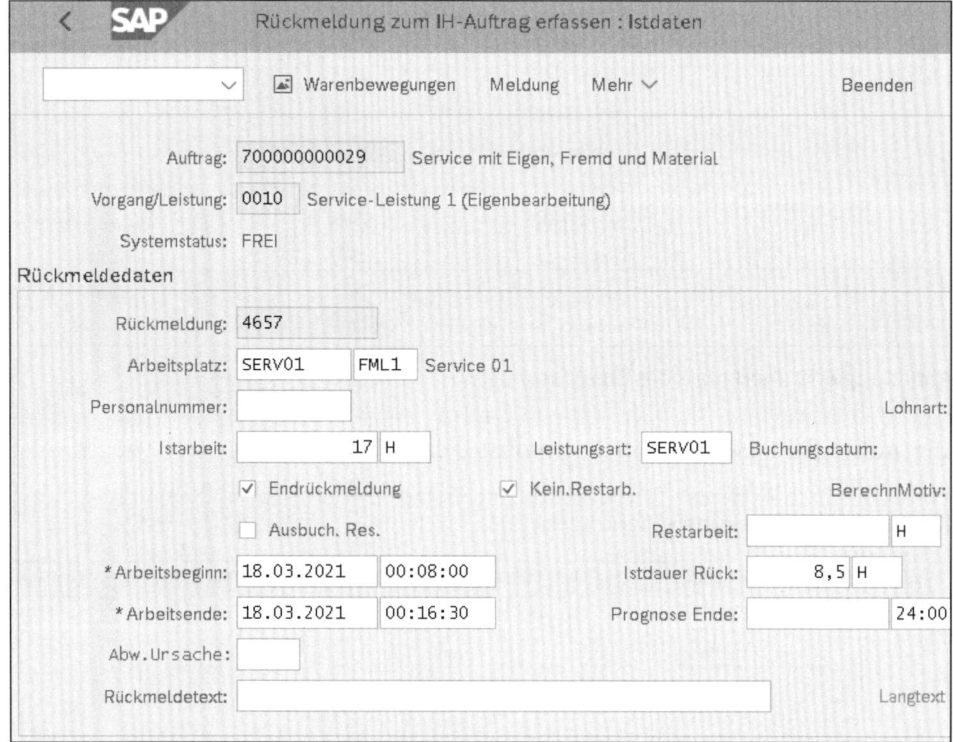

Abbildung 6.21 Rückmeldung zum IH-Auftrag

Die Rückmeldung wird als Leistungsverrechnung im Controlling gebucht, und die Zeit sowie der mit dem Plantarif ermittelte Wert von der Kostenstelle an den Auftrag verrechnet (siehe Abbildung 6.22).

Belegnummer	BuchDatum	Benutzer	RT	RefBelegnr	OrgVg	Vrgng	Belegkopftext	StB	sto
300001163	18.03.2021	STUDENT101	R	4657		RMRU	RKL		

	Bu	OAr	Objekt	ObjektBez	Kostenart	Kostenartenbezeichn.	Wert/OW	OWä	Menge	GME	Material
1		LEI	FML_SV01/SERV01	Service /...	94311000	Pers.std.	1.020,00-	EUR	17-	H	
2		AUF	700000000029	Service m...	94311000	Pers.std.	1.020,00	EUR	17	H	

Abbildung 6.22 Kostenrechnungsbeleg für die Leistung

6.1.3 Materialverbrauch buchen

Der Verbrauch der 3 Stück des Materials HW_20 wird als Warenausgang zum Auftrag erfasst (siehe Abbildung 6.23).

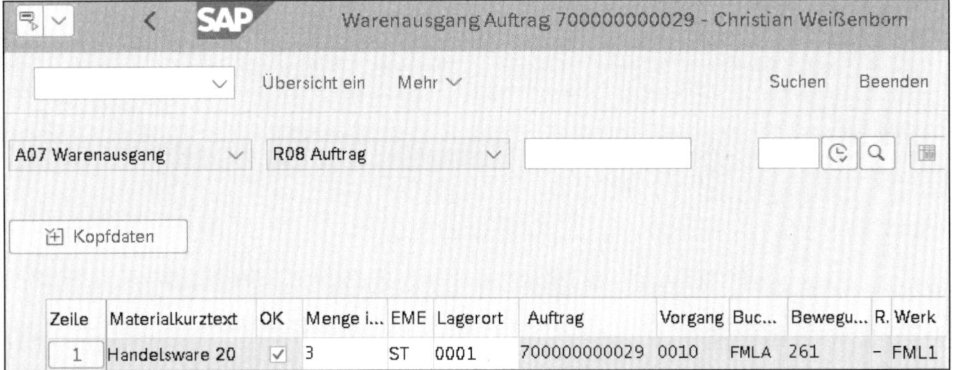

Abbildung 6.23 Warenausgang zum Auftrag

In der Materialwirtschaft wird hierzu die Bewegungsart 261 verwendet, mit der über die Vorgänge BSX und GBB-VBR die Konten für die buchhalterische Verbuchung ermittelt werden (siehe Abbildung 6.24).

BuKr	P...	BS	S/H	Konto	Ko...	Bezeichnung	Betrag	Wäh...	Werk	Material	Vorgang	Men...	BME
FMLA	1	99	H	13600000	M	Bestand Handelsw...	180,00-	EUR	FML1	HW_20	BSX	3-	ST
	2	81	S	51600000	S	Verbr. Handelsware	180,00	EUR	FML1	HW_20	GBB	3	ST

Abbildung 6.24 Buchhaltungsbeleg

Mit dem Buchhaltungsbeleg wird der Kostenrechnungsbeleg erstellt, da die Kontierung auf den Serviceauftrag erfolgt (siehe Abbildung 6.25).

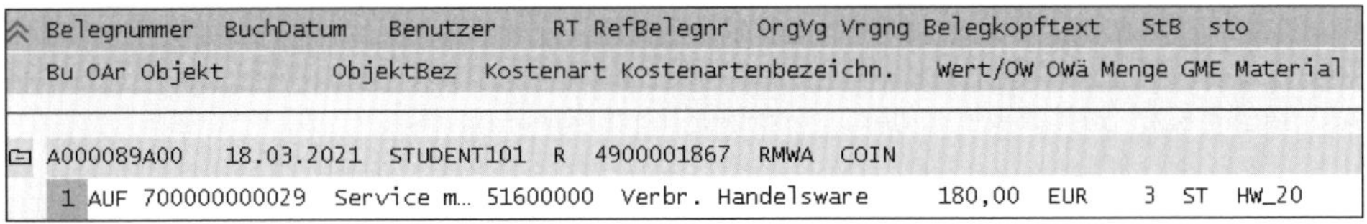

Belegnummer	BuchDatum	Benutzer	RT	RefBelegnr	OrgVg	Vrgng	Belegkopftext	StB	sto
A000089A00	18.03.2021	STUDENT101	R	4900001867	RMWA	COIN			

Bu	OAr	Objekt	ObjektBez	Kostenart	Kostenartenbezeichn.	Wert/OW	OWä	Menge	GME	Material
1	AUF	700000000029	Service m...	51600000	Verbr. Handelsware	180,00	EUR	3	ST	HW_20

Abbildung 6.25 Kostenrechnungsbeleg

6.1.4 Dienstleistungsbestellung anlegen

Beim Anlegen des Serviceauftrags wurde bereits die BANF 10024953 generiert. Diese wird vom Einkauf in eine Bestellung übernommen. Der **Kontierungstyp** F (für Auftrag) und der **Positionstyp** D (für Dienstleistung) werden übernommen (siehe Abbildung 6.26).

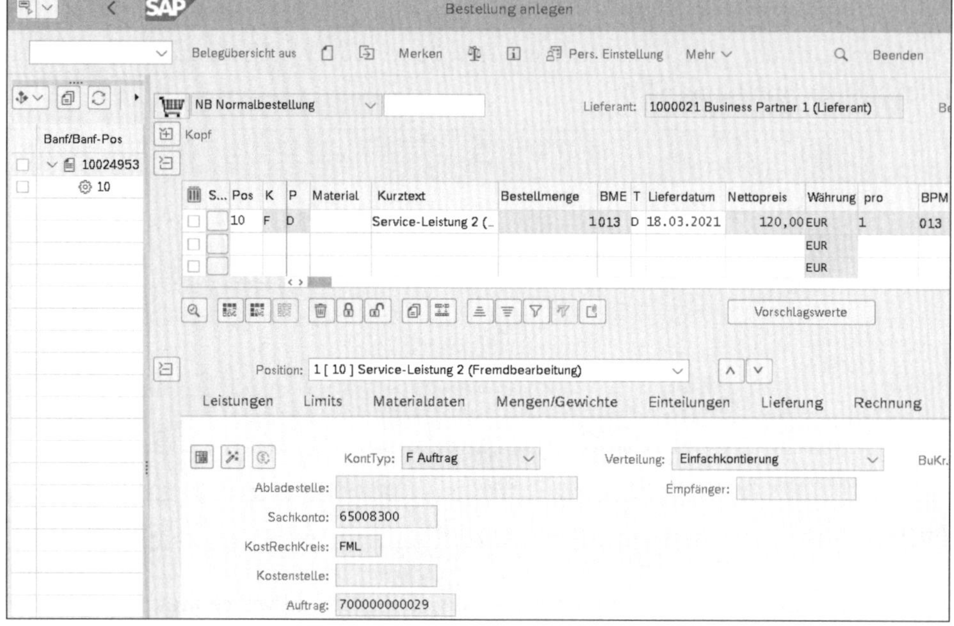

Abbildung 6.26 Dienstleistungsbestellung anlegen

Eine Materialnummer wird nicht vergeben; dafür ist auf der Registerkarte **Leistungen** (siehe Abbildung 6.27) die zu bestellende Leistungsnummer (**Leistungsnr**) eingetragen, die aus dem Serviceauftrag in die BANF übernommen wurde.

Position: 1 [10] Service-Leistung 2 (Fremdbearbeitung)

Leistungen Limits Materialdaten Mengen/Gewichte Einteilungen Lieferung

Zeile	Leistungsnr	Kurztext	Menge	ME	Bruttopreis	Währg	Übererf.tol.
10	1000041	Gutachten	1	ST	120,00	EUR	0,0

Abbildung 6.27 Leistungen in der Dienstleistungsbestellung

6.1.5 Erfassungsblatt anlegen

Für Dienstleistungsbestellungen wird kein Wareneingang erfasst, sondern es wird die erbrachte Leistung in ein *Erfassungsblatt* eingetragen und abgenommen. Das Erfassungsblatt wird mit Bezug **zur Bestellung** angelegt, sodass die Leistungen daraus übernommen werden können (siehe Abbildung 6.28). Auch wird in den Grunddaten der **Kontierungstyp** angezeigt, der aus der Bestellung übernommen wurde. In unserem Falle ist das F (Auftrag), da die Kosten direkt auf den Serviceauftrag gebucht werden sollen. Über den Button [Flaggen-Symbol] wird die erfasste Menge abgenommen. Beim Speichern erfolgt für die abgenommenen Leistungen die Verbuchung.

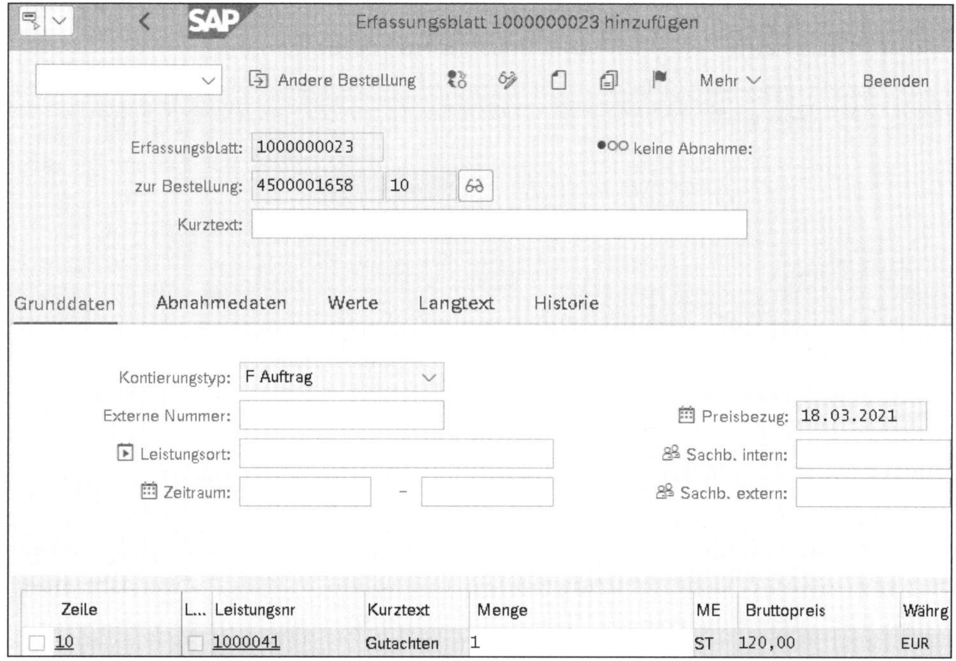

Abbildung 6.28 Erfassungsblatt mit Leistung anlegen

In der Bestellentwicklung zur Bestellposition erfolgen zwei Einträge (siehe Abbildung 6.29): Zum einen wird das angelegte Leistungserfassungsblatt eingetragen, zum anderen der daraus getriggerte Materialbeleg, der unter **Vorgang Wareneingang** gezeigt wird.

Bestellentwicklung für Bestellung 4500001658 Position 00010

Mehr · Beenden

Kur...	BwA	Materialbeleg	Pos.	Buch.dat.	Menge	Bezugsnebenkosten M...	BME	Betrag Hauswähr	HWäh
WE	101	5000001231	1	18.03.2021				120,00	EUR
Vorgang Wareneingang								**120,00**	**EUR**
Lerf		1000000023		18.03.2021				120,00	EUR
Vorgang Leistungserfassung								**120,00**	**EUR**

Abbildung 6.29 Bestellentwicklung

Der Materialbeleg enthält wie die Bestellung kein Material, sondern nur den Bezug zur Bestellposition, da im Falle mehrerer Leistungen diese zusammengefasst würden (siehe Abbildung 6.30). Soll pro Leistung eine eigene Zeile im Materialbeleg gebucht werden, müssen Sie in der Bestellung das Kennzeichen für die leistungsbezogene

Rechnungsprüfung setzen. Das Konto wird über den Vorgang GBB-VBR und die Bewertungsklasse ermittelt, die im Leistungsstamm vorgegeben war.

Abbildung 6.30 Materialbeleg

Die Buchung erfolgt in der Finanzbuchhaltung und erzeugt einen offenen Posten auf dem WE/RE-Konto (siehe Abbildung 6.31). Im Controlling wird die Aufwandsbuchung auf dem Serviceauftrag gebucht (siehe Abbildung 6.32).

BuKr	P...	BS	S/H	Konto	Ko...	Bezeichnung	Betrag	Wäh...	Werk	Material	Vorgang	Men...	BME
FMLA	1	81	S	65008300	S	Dienstl. - allgemein	120,00	EUR	FML1		KBS	1	013
	2	96	H	21120000	S	WE/RE	120,00-	EUR	FML1		WRX	1-	013

Abbildung 6.31 Buchhaltungsbeleg

Belegnummer	BuchDatum	Benutzer	RT	RefBelegnr	OrgVg	Vrgng	Belegkopftext	StB	sto
A000089H00	18.03.2021	STUDENT101	R	5000001231	RMWE	COIN			

Bu	OAr	Objekt	ObjektBez	Kostenart	Kostenartenbezeichn.	Wert/OW	OWä	Menge	GME	Material
1	AUF	700000000029	Service m...	65008300	Dienstl. - allgemein	120,00	EUR	1	013	

Abbildung 6.32 Kostenrechnungsbeleg

6.1.6 Eingangsrechnung erfassen

Erfassen Sie nun die Eingangsrechnung mit Bezug zur Bestellung. Dabei können Sie im linken Bereich in der Bestellstruktur das Erfassungsblatt und die Abnahme einsehen (siehe Abbildung 6.33).

Der offene Posten auf dem WE/RE-Konto wird ausgeglichen und eine Verbindlichkeit gegenüber dem Kreditor aufgemacht. Parallel wird die Vorsteuer, die beim Finanzamt geltend gemacht werden kann, gebucht (siehe Abbildung 6.34).

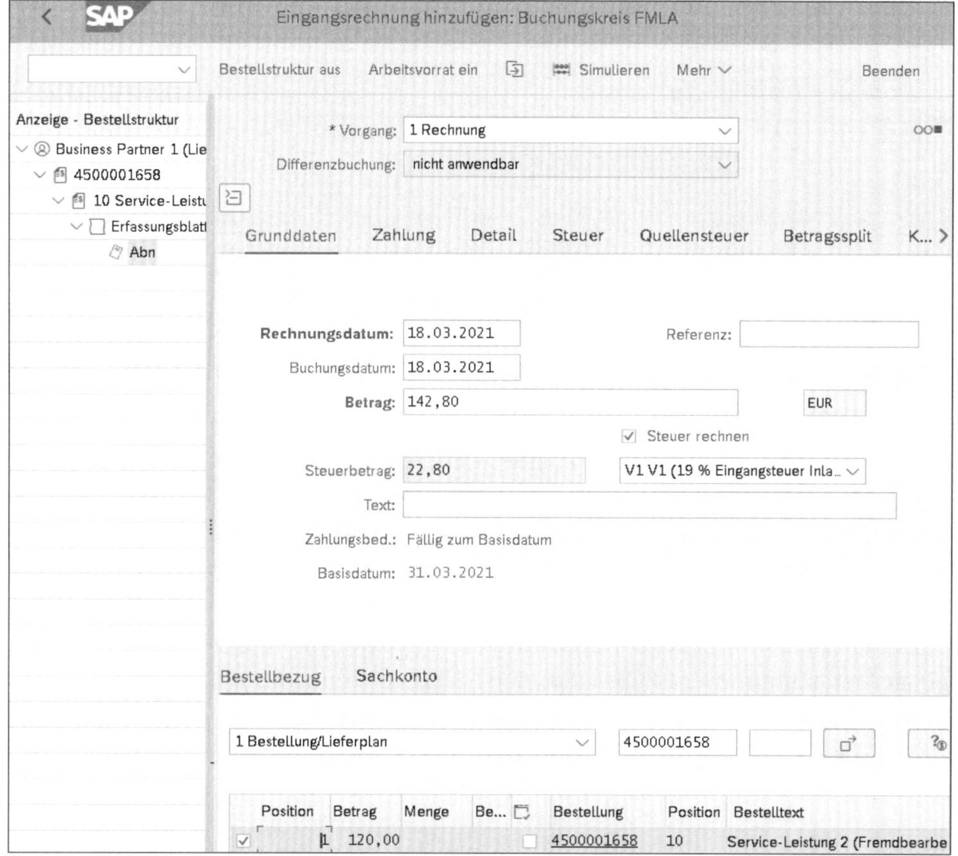

Abbildung 6.33 Eingangsrechnung hinzufügen

BuKr	P...	BS	S/H	Konto	Ko...	Bezeichnung	Betrag	Wäh...	Werk	Material	Vorgang	Men...	BME	Hauptbuch
FMLA	1	31	H	1000021	K	Business Partner 1...	142,80-	EUR			KBS			21100000
	2	86	S	21120000	S	WE/RE	120,00	EUR	FML1		WRX	1	013	21120000
	3	40	S	12600000	S	Vorsteuer (VST)	22,80	EUR			VST			12600000

Abbildung 6.34 Buchhaltungsbeleg

6.1.7 Aufwandsbezogene Fakturaanforderung anlegen

Alle Aufwendungen sind erfasst, und der Serviceauftrag soll dem Kunden in Rechnung gestellt werden. Hierzu wird eine *Fakturaanforderung* angelegt, die aufwandsbezogen erfolgt. Im Einstiegsbild geben Sie dafür die Nummer des Serviceauftrags an (siehe Abbildung 6.35).

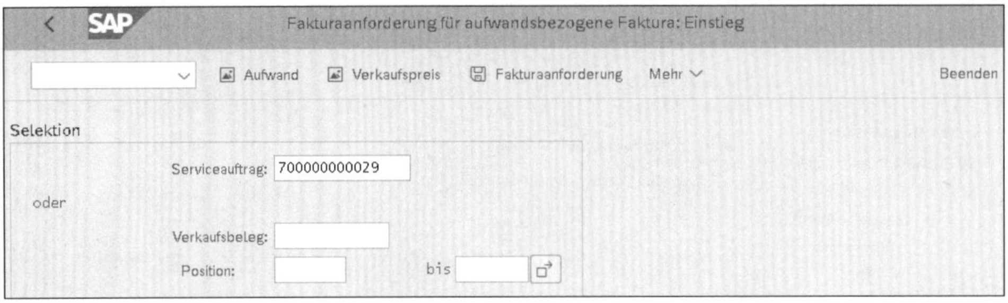

Abbildung 6.35 Aufwandsbezogene Fakturaanforderung – Einstieg

Nach dem Einstiegsbild stehen Ihnen zwei Sichten zur Verfügung, die *Aufwandssicht* und die *Verkaufspreissicht*.

In der Aufwandssicht werden alle Positionen angezeigt, die laut DPP-Profil zur Fakturierung infrage kommen. In der Spalte **Originalbetrag** werden die jeweiligen Ist-Kosten aufgeführt, die auch in die bearbeitbare Spalte für den zu fakturierenden Betrag übernommen werden. Hierbei handelt es sich immer noch um die Ist-Kosten, nicht um den Verkaufspreis! Jede Position wird anhand der Kriterien der Materialfindung einer Materialnummer zugeordnet. Im Falle von Materialkomponenten wird die originale Materialnummer 1:1 übernommen (siehe Abbildung 6.36).

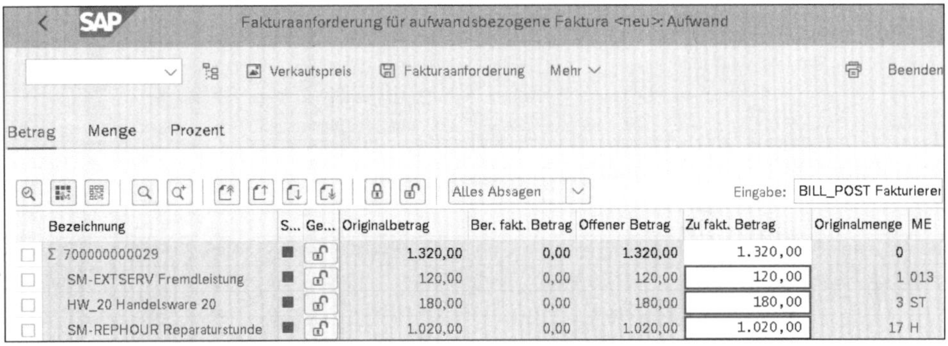

Abbildung 6.36 Aufwandssicht

Für jede Zeile besteht eine der vier folgenden Möglichkeiten:

1. Es findet eine vollständige Fakturierung statt.
2. Es findet eine teilweise Fakturierung statt, indem Betrag oder Menge angepasst werden oder über einen Prozentsatz bestimmt wird, wie viel fakturiert werden soll.
3. Es findet eine vorübergehende Zurückstellung statt, um zu einem späteren Zeitpunkt zu fakturieren.
4. Es findet eine Absage statt.

Über den Button [Verkaufspreis] wechseln Sie in die entsprechende Sicht. Hier sehen Sie in der Übersicht die Preise, die dem Kunden in Rechnung gestellt werden sollen und im unteren Bereich die Details zu jeder Position. Für die Fremdleistung werden über die Kondition PC01 die angefallenen Ist-Kosten in Höhe von 120 EUR übernommen (siehe Abbildung 6.37). Ebenso sollen dem Kunden für Zeile 2 die Ist-Kosten von 180 EUR ohne Aufschlag in Rechnung gestellt werden (siehe Abbildung 6.38).

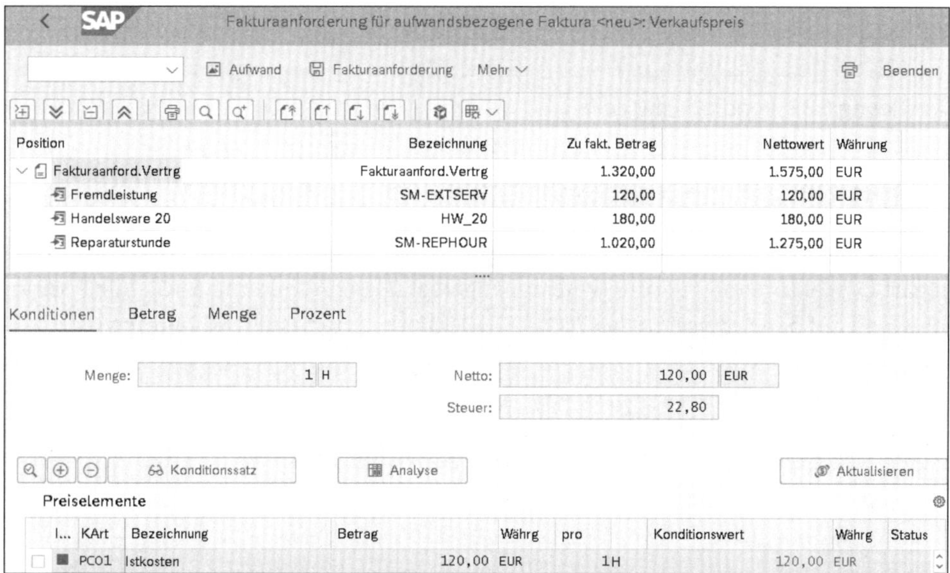

Abbildung 6.37 Verkaufspreissicht und Kondition der Zeile 1

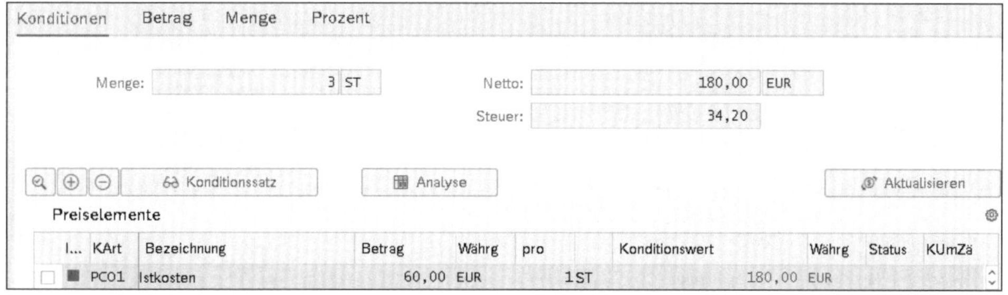

Abbildung 6.38 Kondition der Zeile 2

In Zeile 3 wurden zwar auch Ist-Kosten ermittelt, aber das Symbol [▲] zeigt an, dass diese Position inaktiv und nur die ermittelte Verkaufspreiskondition PPRO gültig ist (siehe Abbildung 6.39). Für die erbrachten 17 Stunden ergibt sich ein Betrag in Höhe von 1.275 EUR.

Abbildung 6.39 Kondition der Zeile 3

Über den Button Fakturaanforderung wird ein Verkaufsbeleg gespeichert und steht mit den angegebenen Werten zur Faktura bereit. Die Verkaufsbelegart ist durch das DPP-Profil festgelegt. Beim Speichern wird die Fakturaanforderung 70000005 mit der Belegart LV (Fakturaanforderung Vertrag) angelegt (siehe Abbildung 6.40). Alle Positionen sind auf den Serviceauftrag 700000000029 kontiert (siehe Abbildung 6.41).

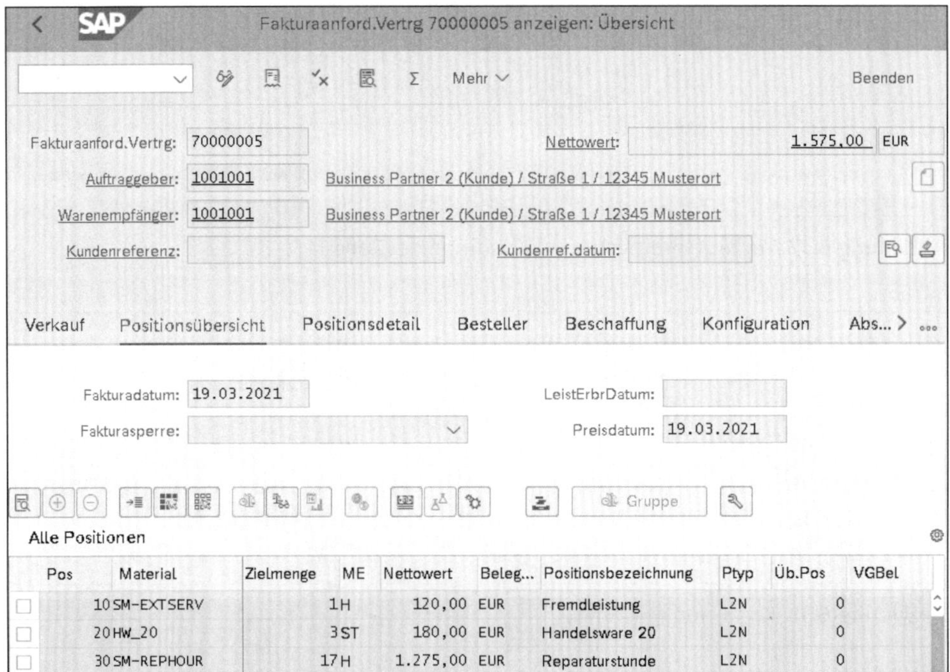

Abbildung 6.40 Fakturaanforderung

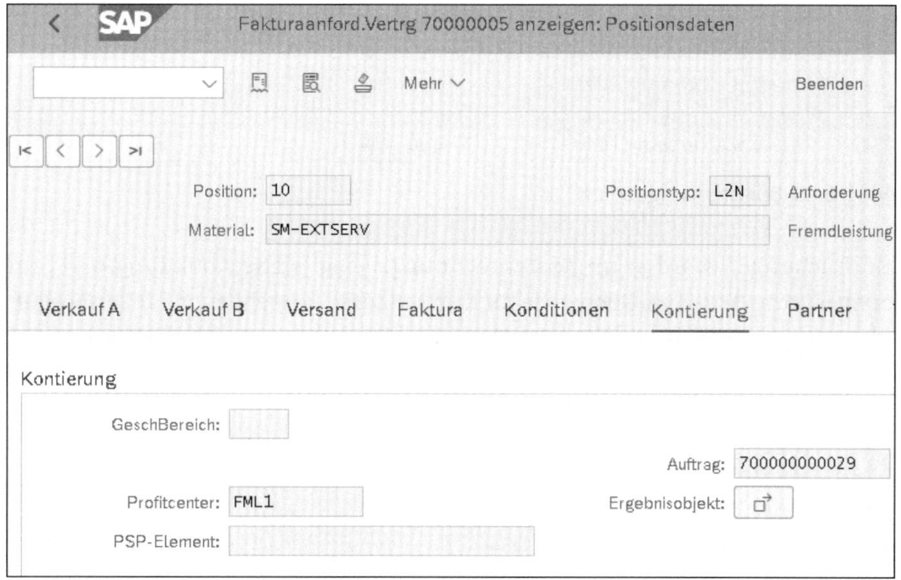

Abbildung 6.41 Kontierung auf dem Serviceauftrag

6.1.8 Lastschrift anlegen

Zur angelegten Fakturaanforderung erfolgt die Faktura als Lastschrift (siehe Abbildung 6.42). Die Lastschrift wird im Buchhaltungsbeleg als »Debitor (Soll) gegen Erlöse (Haben) und Ausgangssteuer (Haben)« gebucht (siehe Abbildung 6.43).

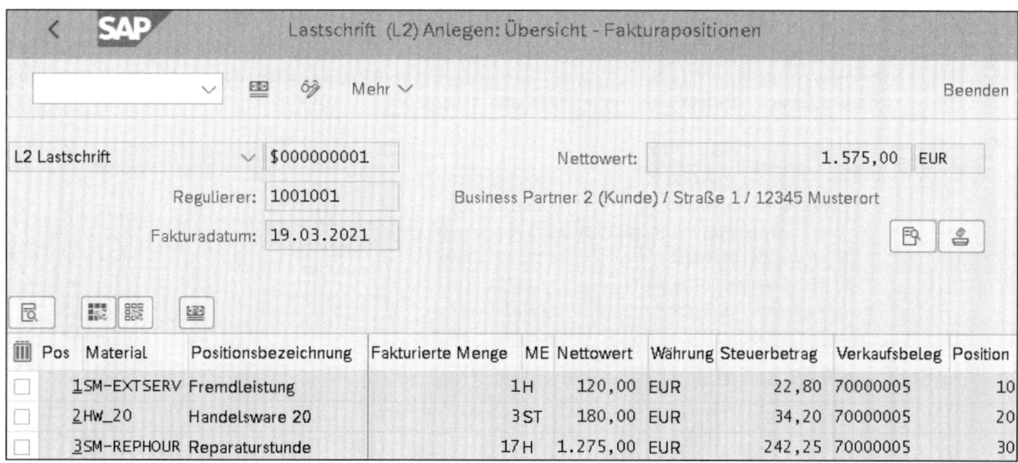

Abbildung 6.42 Lastschrift anlegen

Pos	BS	S/H	Konto	Koart	Bezeichnung	Betrag	Währg	Werk	Material	Vorgang	Menge	BME
1	01	S	1001001	D	Business Partner 2 (Kunde)	1.874,25	EUR					
2	50	H	41000000	S	Erlöse Inl. - Erzeu.	1.395,00-	EUR					
3	50	H	22000000	S	Ausgangssteuer (MWS)	299,25-	EUR			MWS		
4	50	H	41000000	S	Erlöse Inl. - Erzeu.	180,00-	EUR					

Abbildung 6.43 Buchhaltungsbeleg

Die Erlösbuchungen werden im Kostenrechnungsbeleg (siehe Abbildung 6.44) auf den Serviceauftrag kontiert. Genau wie für Kundenaufträge steht auch für Serviceaufträge ein *Belegfluss* (siehe Abbildung 6.45) zur Verfügung, in dem Sie alle Aktivitäten einsehen können.

Belegnummer	BuchDatum	Benutzer	RT	RefBelegnr	OrgVg	Vrgng	Belegkopftext	StB	sto
A000089K00	19.03.2021	STUDENT101	R	90000416	SD00	COIN			

	Bu	OAr	Objekt	ObjektBez	Kostenart	Kostenartenbezeichn.	Wert/OW	OWä	Menge	GME	Material
1		AUF	700000000029	Service m...	41000000	Erlöse Inl. - Erzeu.	120,00-	EUR	1-	H	SM-EXTSERV
2		AUF	700000000029	Service m...	41000000	Erlöse Inl. - Erzeu.	180,00-	EUR	3-	ST	HW_20
3		AUF	700000000029	Service m...	41000000	Erlöse Inl. - Erzeu.	1.275,00-	EUR	17-	H	SM-REPHOUR

Abbildung 6.44 Kostenrechnungsbeleg

Belegfluss anzeigen

Mehr | Beenden

	Am	Status	BlArt
Serviceauftrag (mit Erlö 700000000029	18.03.2021	Freigegeben Rückgemeldet Vorkalkuliert Abrechnungs	SM02
Vorg 0010		Freigegeben Rückgemeldet Manuell rückgemeldet Aufg	
WA für Auftrag 4900001867 1	18.03.2021	erledigt	WA
Rückmeldung 4657			
Vorg 0020		Freigegeben Fremdvorgang teilgeliefert	
Bestellanforderung 10024953 10	18.03.2021	Bestellung erstellt	NB
Bestellung 4500001658 10	18.03.2021		NB
Leistungserfassungsblatt 1000000023	18.03.2021	Abgenommen	
WE zum KBB 5000001231 1	18.03.2021	erledigt	WE
Rechnungsbeleg 5105600336 1	18.03.2021	Gebucht	RE
Fakturaanford.Vertrg 70000005	19.03.2021	erledigt	LV
Lastschrift 90000416	19.03.2021	erledigt	L2

Abbildung 6.45 Belegfluss für den Serviceauftrag

6.1.9 Serviceauftrag abrechnen

Um Deckungsbeiträge in der Margin Analysis für Serviceaufträge ausweisen zu können, müssen Sie alle Aufwände und Erlöse abrechnen. Starten Sie die Abrechnung, und geben Sie die Auftragsnummer ein (siehe Abbildung 6.46). In der Detailliste wird der Gesamtsaldo, der abgerechnet wird, angezeigt (siehe Abbildung 6.47).

Ist-Abrechnung Auftrag

AbrechnVorschr Mehr Beenden

Kostenrechnungskreis: FML

* Auftrag: 700000000029

Parameter

* Abrechnungsperiode: 3 Buchungsperiode:

* Geschäftsjahr: 2021 Bezugsdatum:

* Verarbeitungsart: 1 Automatisch

Abbildung 6.46 Abrechnung – Einstieg

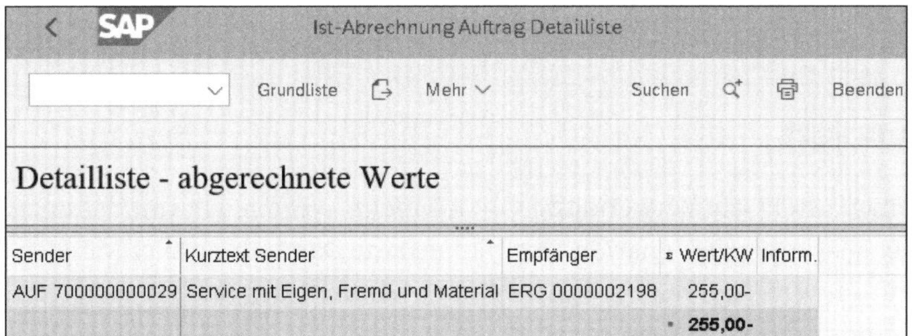

Ist-Abrechnung Auftrag Detailliste

Grundliste Mehr Suchen Beenden

Detailliste - abgerechnete Werte

Sender	Kurztext Sender	Empfänger	Wert/KW	Inform.
AUF 700000000029	Service mit Eigen, Fremd und Material	ERG 0000002198	255,00-	
			• 255,00-	

Abbildung 6.47 Abrechnung – Detailliste

Im erstellten Buchhaltungsbeleg sehen Sie die Paare zu den drei Aufwandsbuchungen und zu der Erlösbuchung (siehe Abbildung 6.48). In der Abrechnungsvorschrift ist ein *Verrechnungsschema* eingetragen. Darin wurde festgelegt, dass alle Positionen unter ihrer Originalkostenart abgerechnet werden. Alternativ können Sie Abrechnungskostenarten vom Typ 21 verwenden (Abrechnung intern).

BuKr	Pos	LPos	BS	S/H	Konto	Ko...	Bezeichnung	Betrag	Währg	Werk	Material	Vorgang	Men...	BME
FMLA	1	000001	40	S	41000000	S	Erlöse Inl. - Erzeu.	1.575,00	EUR			CO1		
	2	000002	50	H	41000000	S	Erlöse Inl. - Erzeu.	1.575,00-	EUR	FML1		CO1		
	3	000003	50	H	51600000	S	Verbr. Handelsware	180,00-	EUR			CO1		
	4	000004	40	S	51600000	S	Verbr. Handelsware	180,00	EUR	FML1		CO1		
	5	000005	50	H	65008300	S	Dienstl. - allgemein	120,00-	EUR			CO1		
	6	000006	40	S	65008300	S	Dienstl. - allgemein	120,00	EUR	FML1		CO1		
	7	000007	50	H	94311000	S	Pers.std.	1.020,00-	EUR			CO1	17-	H
	8	000008	40	S	94311000	S	Pers.std.	1.020,00	EUR	FML1		CO1	17	H

Abbildung 6.48 Buchhaltungsbeleg

Im Kostenrechnungsbeleg wird jede Position vom Auftrag an ein Ergebnisobjekt abgerechnet (siehe Abbildung 6.49). Die beiden Ergebnisobjekte unterscheiden sich im

Merkmal des Funktionsbereichs; deshalb werden hier zwei verschiedene Nummern gebildet.

Belegnummer	BuchDatum	Benutzer	RT	RefBelegnr	OrgVg	Vrgng	Belegkopftext	StB	sto
300001164	31.03.2021	STUDENT101	R	2216		KOAO			

	Bu	OAr	Objekt	ObjektBez	Kostenart	Kostenartenbezeichn.	Wert/OW	OWä	Menge	GME	Material
1		AUF	700000000029	Service m...	41000000	Erlöse Inl. - Erzeu.	1.575,00	EUR			
2		ERG	2201		41000000	Erlöse Inl. - Erzeu.	1.575,00-	EUR			
3		AUF	700000000029	Service m...	51600000	Verbr. Handelsware	180,00-	EUR			
4		ERG	2202		51600000	Verbr. Handelsware	180,00	EUR			
5		AUF	700000000029	Service m...	65008300	Dienstl. - allgemein	120,00-	EUR			
6		ERG	2202		65008300	Dienstl. - allgemein	120,00	EUR			
7		AUF	700000000029	Service m...	94311000	Pers.std.	1.020,00-	EUR	17-	H	
8		ERG	2202		94311000	Pers.std.	1.020,00	EUR	17	H	

Abbildung 6.49 Kostenrechnungsbeleg

6.2 Kundenprojekt

Ein weiteres Szenario stellt die Verwendung von *Kundenprojekten* dar, mit denen es möglich ist, beliebig komplexe Szenarien abzubilden. Eine Darstellung aller Möglichkeiten, die Sie mit diesem Tool haben, würde den Rahmen dieses Buches sprengen; daher finden Sie hier nur eine kleine Auswahl. Im Wesentlichen ist hier das Zusammenspiel zwischen *Netzplänen*, *PSP-Elementen* und *Projektbestand* interessant. Die Netzplänen sind noch einmal in *kopfkontierte* und *vorgangskontierte* und in zwei verschiedene Vorgangsarten, nämlich die eigenbearbeitete und die fremdbearbeitete Vorgangsart, unterteilt.

Das Beispiel erstreckt sich wieder über zwei Monate, um auch die Ergebnisermittlung für Projekte darzustellen. Es erfolgt keine Lieferung des zu erstellenden Produkts; daher wird die *auftragsbezogene Fakturierung* (nicht zu verwechseln mit der aufwandsbezogenen Fakturierung aus dem Szenario in Abschnitt 6.1, »Serviceauftrag mit aufwandsbezogener Faktura«) mit *Fakturaplan* angewandt.

Wir starten dieses Szenario in Schritt 1 mit der Anlage eines Projekts mit zugeordneten PSP-Elementen und Netzplänen (siehe Abbildung 6.50). Der Kundenauftrag in Schritt 2 dient zur Erlösplanung und Fakturierung und wird auf das oberste PSP-Element, auch *Top-PSP-Element* genannt, kontiert. Die Bedarfsplanung von Schritt 3 erzeugt verschiedene Bedarfe für speziell zu diesem Projekt zu beschaffende Materialien.

Zum einen wird ein interner Bedarf für ein zu fertigendes Halbfabrikat ausgelöst, der durch Schritt 4 für das Anlegen des Fertigungsauftrags, Schritt 5 für die Kommissionierung, Schritt 6 für die Rückmeldung und Schritt 7 für die Buchung des Wareneingangs in den *Projektbestand* abgearbeitet wird.

Zum anderen entsteht ein externer Bedarf für ein nicht lagerhaltiges Material, der durch Schritt für das Anlegen der Bestellung, Schritt 9 für die Buchung des Wareneingangs und Schritt 10 für das Erfassen der Rechnung abgewickelt wird.

Anschließend beginnt die eigentliche Projektfertigung, indem das Herstellteil in Schritt 11 verbraucht wird und die Vorgänge zum ersten Netzplan in Schritt 12 rückgemeldet werden. Nun steht der erste Monatsabschluss an, und es erfolgen in den Schritten 13 und 14 die Ergebnisermittlung und die Abrechnung, die den Bestand an Ware in Arbeit (WIP) aufbaut.

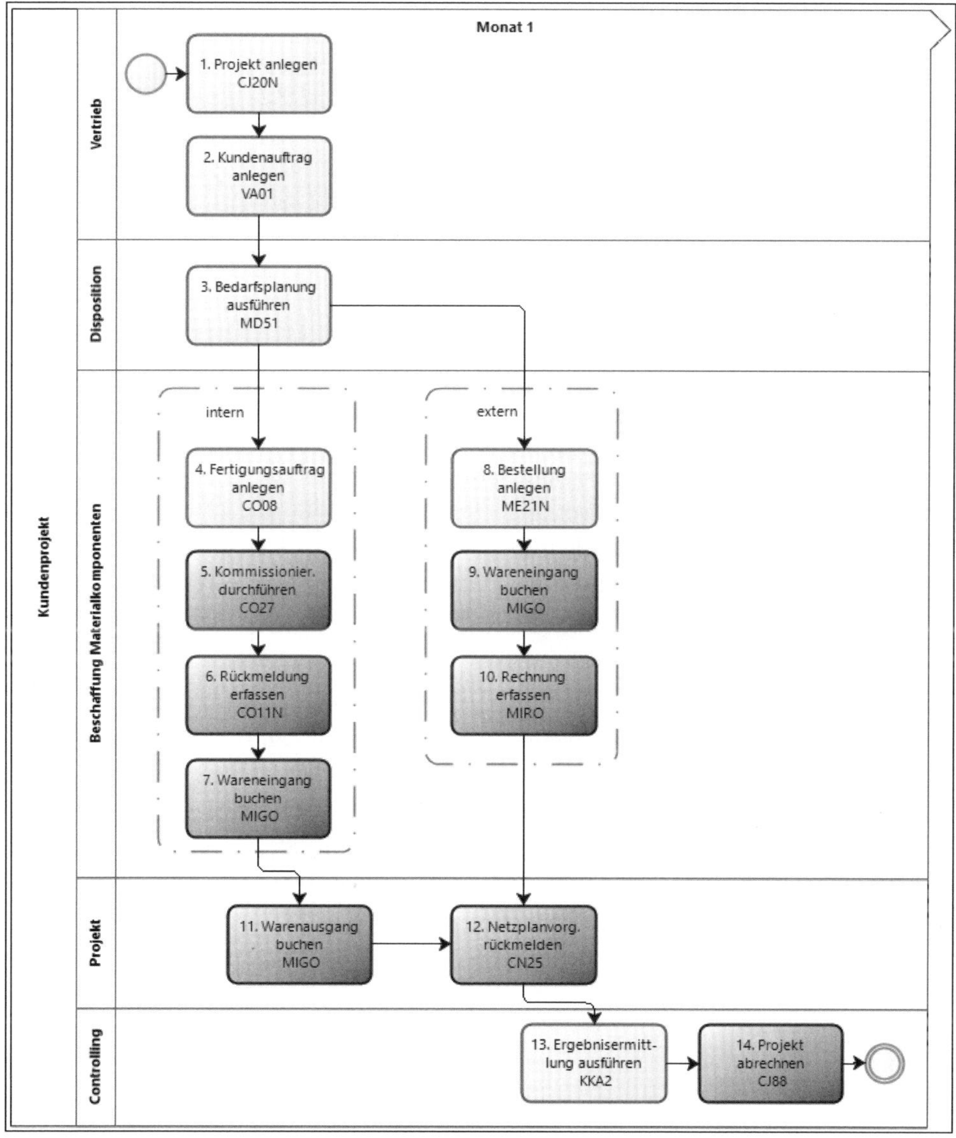

Abbildung 6.50 Prozess »Kundenprojekt« – Monat 1

Im Buchungsschema ist der kopfkontierte Netzplan 1 mit einer durchgehenden Linie dargestellt, da er hier das Kontierungsobjekt ist (siehe Abbildung 6.51). Die Vorgänge sind gestrichelt abgebildet. Das Halbfabrikat wird bei der Fertigstellung durch Schritt 7 in den Projektbestand gebucht, der unter dem Sonderbeschaffungskennzeichen Q läuft.

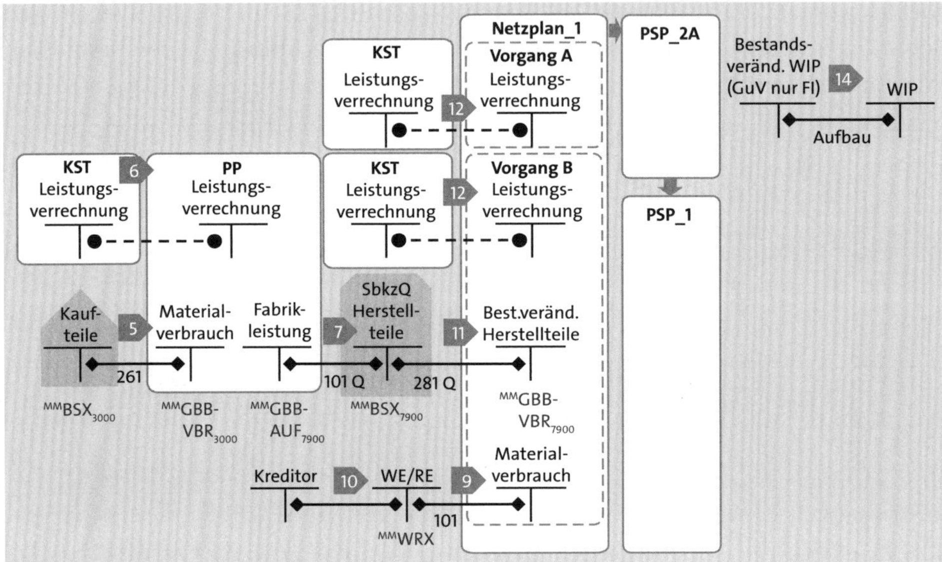

Abbildung 6.51 Buchungsschema »Kundenprojekt« – Monat 1

Im zweiten Monat wird in den Schritten 15 bis 17 noch eine *Fremdleistung* eingekauft (siehe Abbildung 6.52). Dazu wird die bereits im ersten Monat durch die Bedarfsplanung erstellte Bestellanforderung in eine Bestellung umgewandelt. Nach erfolgter Bestätigung der Leistungserbringung durch den Wareneingang wird die Rechnung erfasst. Laut Fakturaplan steht dann die erste Teilrechnung für Schritt 18 an.

Im weiteren Verlauf des Monats erfolgen die Rückmeldungen zum zweiten Netzplan durch Schritt 19. Damit ist die Fertigung abgeschlossen, und mit den Schritten 20 und 21 wird die Schlussfaktura erstellt und der Projektstatus des auf **Technisch abgeschlossen** gesetzt. Im Monatsabschluss der Schritte 23 und 24 erfolgen wieder die Ergebnisermittlung und die Abrechnung, durch die die Ware in Arbeit aufgelöst wird und die Kosten und Erlöse in die Ergebnisrechnung gebucht werden.

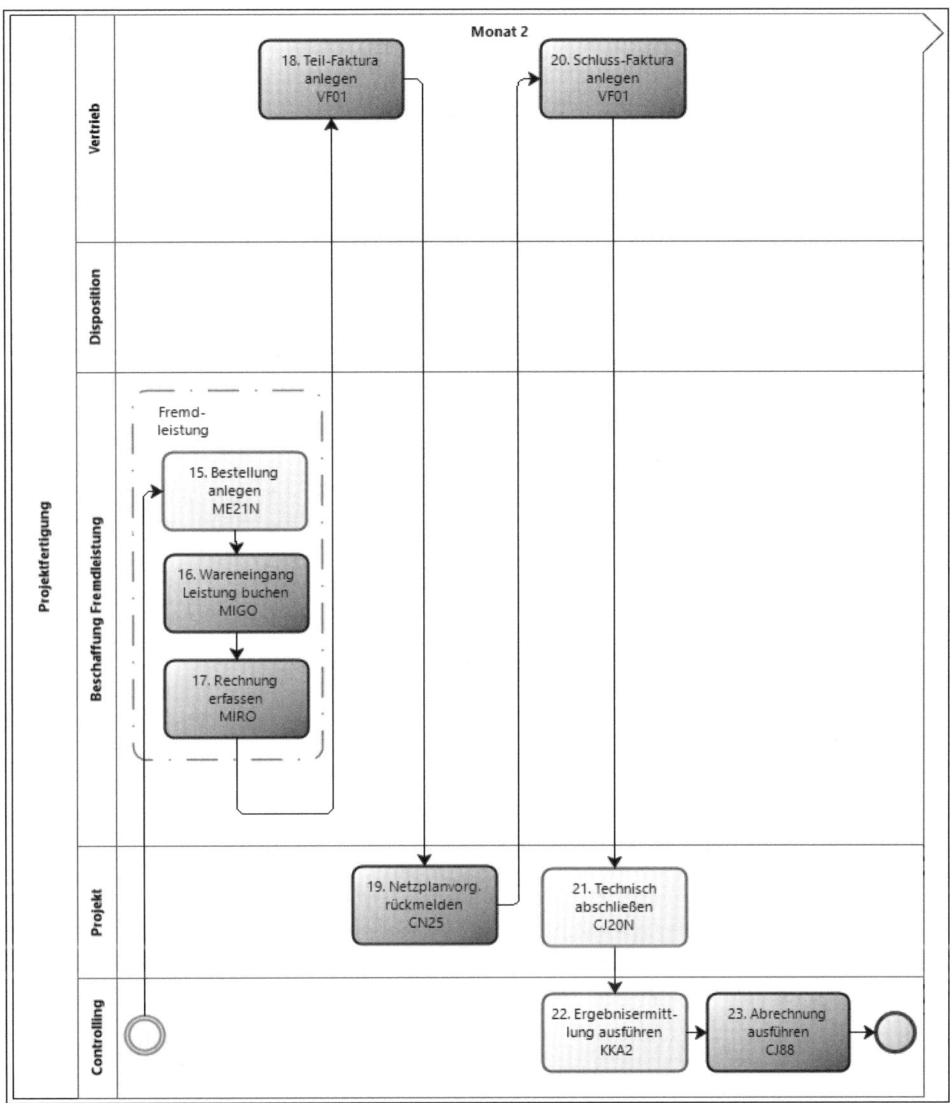

Abbildung 6.52 Prozess »Kundenprojekt« – Monat 2

Für den vorgangskontierten Netzplan 2 erfolgt die Darstellung im Buchungsschema des zweiten Monats genau umgekehrt (siehe Abbildung 6.53). Die Vorgänge sind mit durchgehender Linie eingezeichnet, und der Netzplan selbst ist gestrichelt. Die Abrechnung in Schritt 23b erfolgt vom PSP-Element PSP_1 unter Verwendung von drei Abrechnungskostenarten.

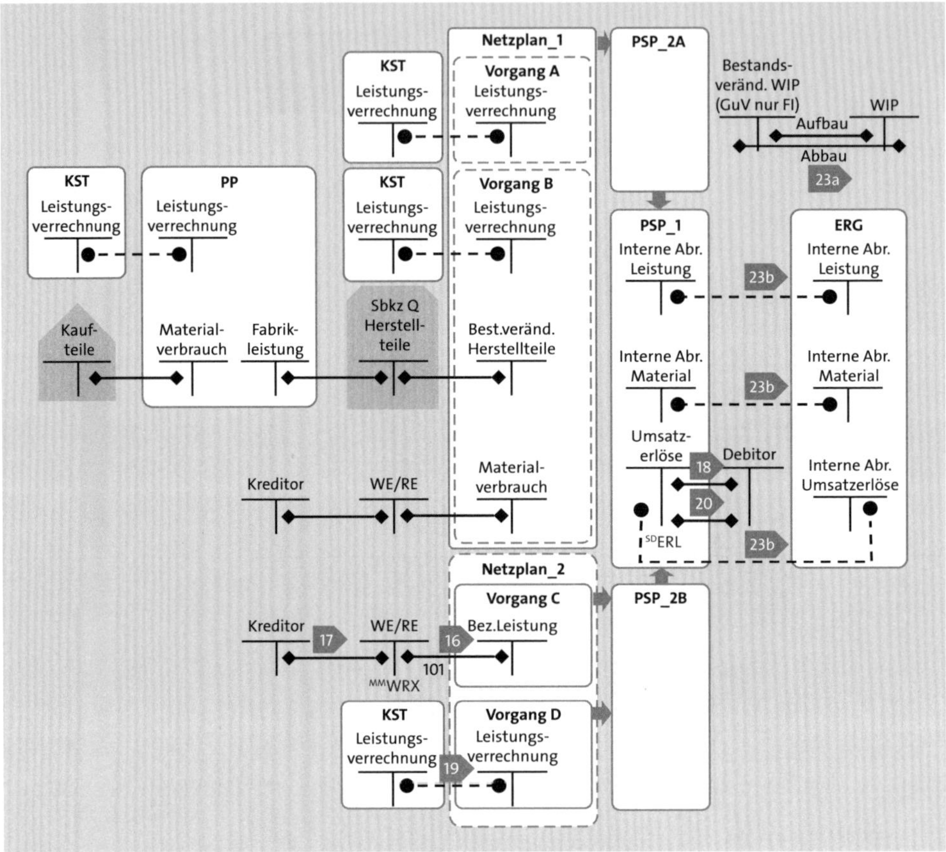

Abbildung 6.53 Buchungsschema »Kundenprojekt« – Monat 2

Für das Halbfabrikat HF_19 existieren bereits Stammdaten in Form einer Stückliste (siehe Abbildung 6.54) und eines Arbeitsplans (siehe Abbildung 6.55).

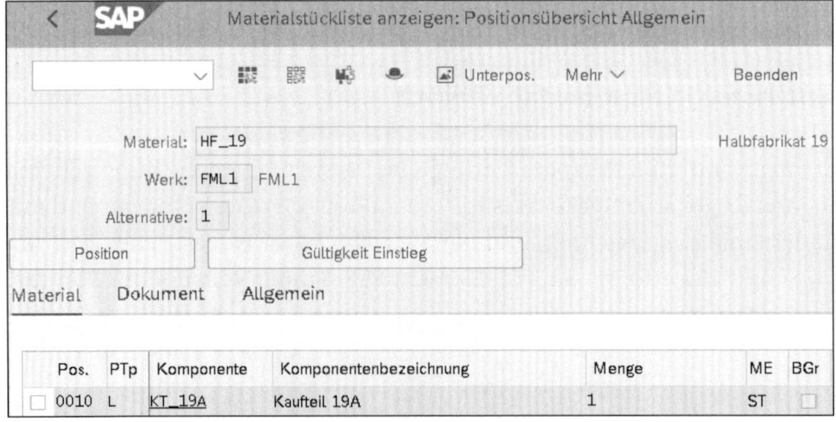

Materialstückliste anzeigen: Positionsübersicht Allgemein

Unterpos. Mehr Beenden

Material: HF_19 Halbfabrikat 19

Werk: FML1 FML1

Alternative: 1

Position | Gültigkeit Einstieg

Material | Dokument | Allgemein

Pos.	PTp	Komponente	Komponentenbezeichnung	Menge	ME	BGr
0010	L	KT_19A	Kaufteil 19A	1	ST	

Abbildung 6.54 Stückliste zum Halbfabrikat HF_19

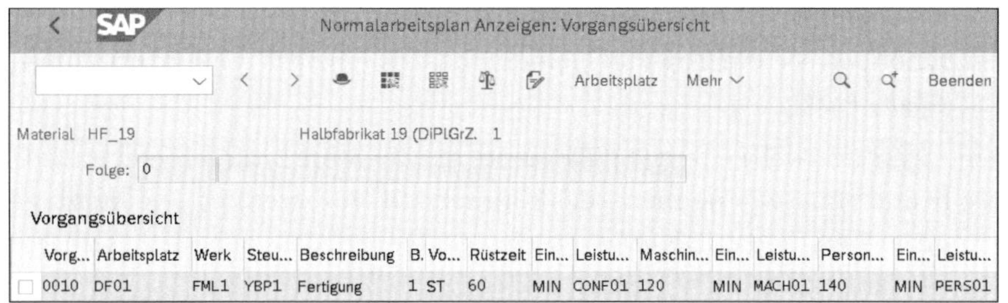

Abbildung 6.55 Arbeitsplan zum Halbfabrikat HF_19

6.2.1 Projekt und Projektstruktur anlegen

Um die Projektstruktur für das Kundenprojekt zu erstellen, legen Sie als Erstes eine *Projektdefinition* an (siehe Abbildung 6.56).

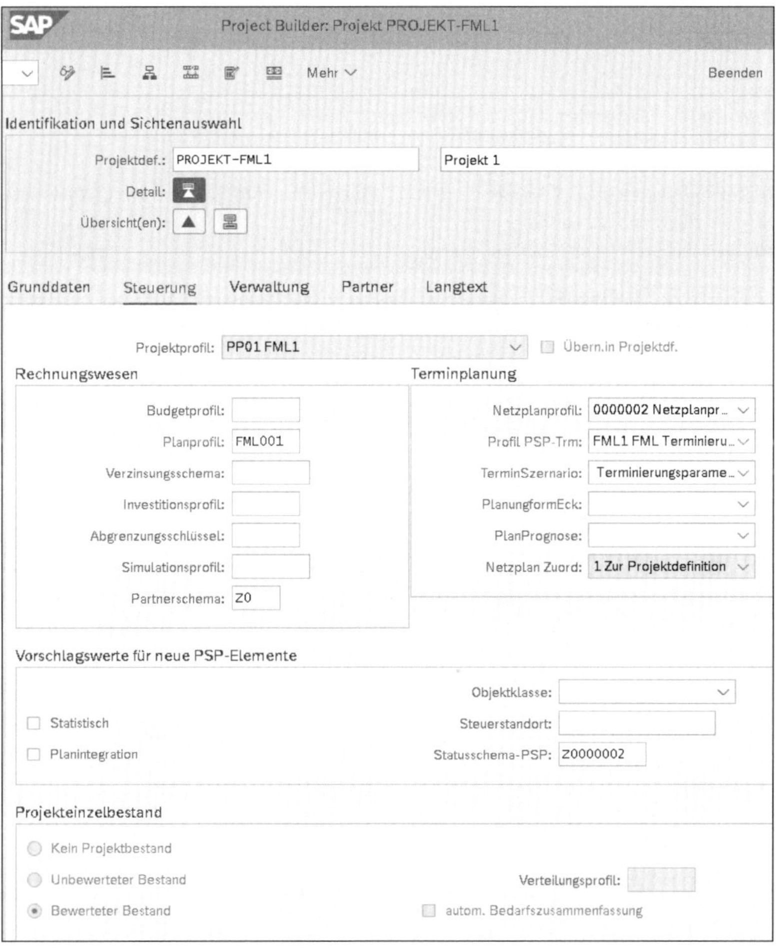

Abbildung 6.56 Projektdefinition

Anschließend bauen Sie in der PSP-Elementesicht die Struktur auf (siehe Abbildung 6.57). Dazu benötigen Sie ein Top-PSP-Element, das als einziges ein Fakturierungselement ist (Spalte **Fakt**).

Zudem benötigen Sie zwei weitere PSP-Elemente auf der Stufe 2, die wir hier einfach nur »Phase 1« und »Phase 2« nennen – das könnten z. B. **Vorbereitung** und **Montage** sein. Das Kennzeichen für das *Fakturierungselement* steuert, dass nur auf diesem Element Erlöse geplant und gebucht werden dürfen.

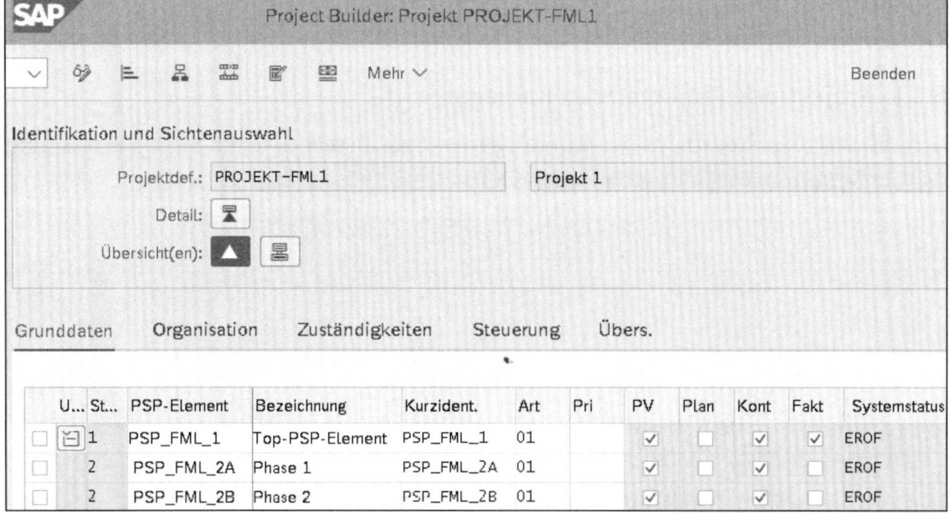

Abbildung 6.57 PSP-Elemente

Das Top-PSP-Element erhält auf der Registerkarte **Steuerung** als einziges einen **Abgrenzungsschlüssel** (siehe Abbildung 6.58), um am Ende des Monats die Ergebnisermittlung durchführen zu können.

Als Ergebnis erhalten Sie in der Projektstruktur das in Abbildung 6.59 gezeigte Bild. Alternativ lässt sich das Projekt in der *Hierarchiegrafik* darstellen (siehe Abbildung 6.60).

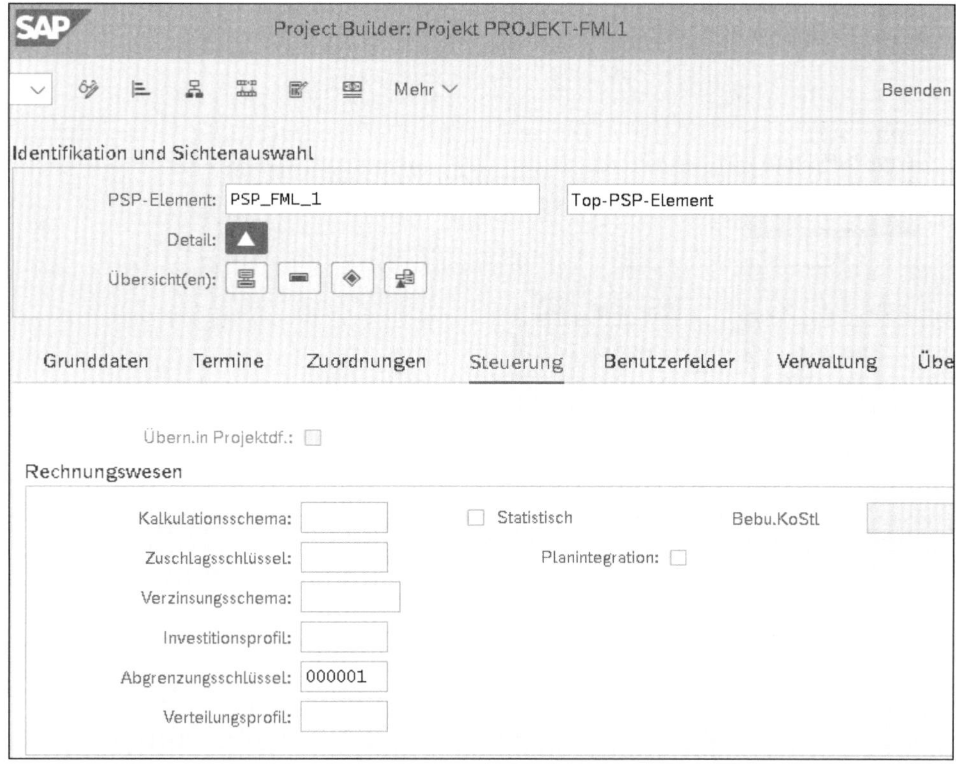

Abbildung 6.58 Abgrenzungsschlüssel im Top-PSP-Element

Projektstruktur: Bezeichnung	Identifikation
Projekt 1	PROJEKT-FML1
Top-PSP-Element	PSP_FML_1
Phase 1	PSP_FML_2A
Phase 2	PSP_FML_2B

Abbildung 6.59 Projektstruktur mit PSP-Elementen

Auf der nächsten Ebene benötigen Sie *Netzpläne*. Diese werden nach dem Kontierungsobjekt unterschieden, das durch sie bebucht wird (siehe Abbildung 6.61). Entweder erfolgt die Kontierung auf der Kopfebene des Netzplans oder auf der Vorgangsebene. Um den Unterschied zu zeigen, legen wir zum PSP_FML_2A einen kopfkontierten und zum PSP_FML_2B einen vorgangskontierten Netzplan an. Natürlich wäre es auch möglich, mit einem einzigen oder mehr als zwei Netzplänen zu arbeiten; hier sollen nur die generellen Möglichkeiten und ihre Integration in das Rechnungswesen aufgezeigt werden.

Project Builder: Hierarchiegrafik
Mehr
Weiter suchen
Beenden
PSP_FML_1
Top-PSP-Element
Fakt
Kont
PSP_FML_2A
Phase 1
Kont
PSP_FML_2B
Phase 2
Kont

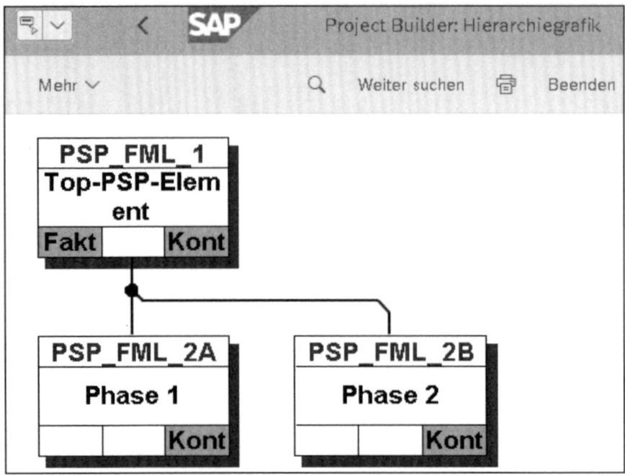

Abbildung 6.60 Hierarchiegrafik

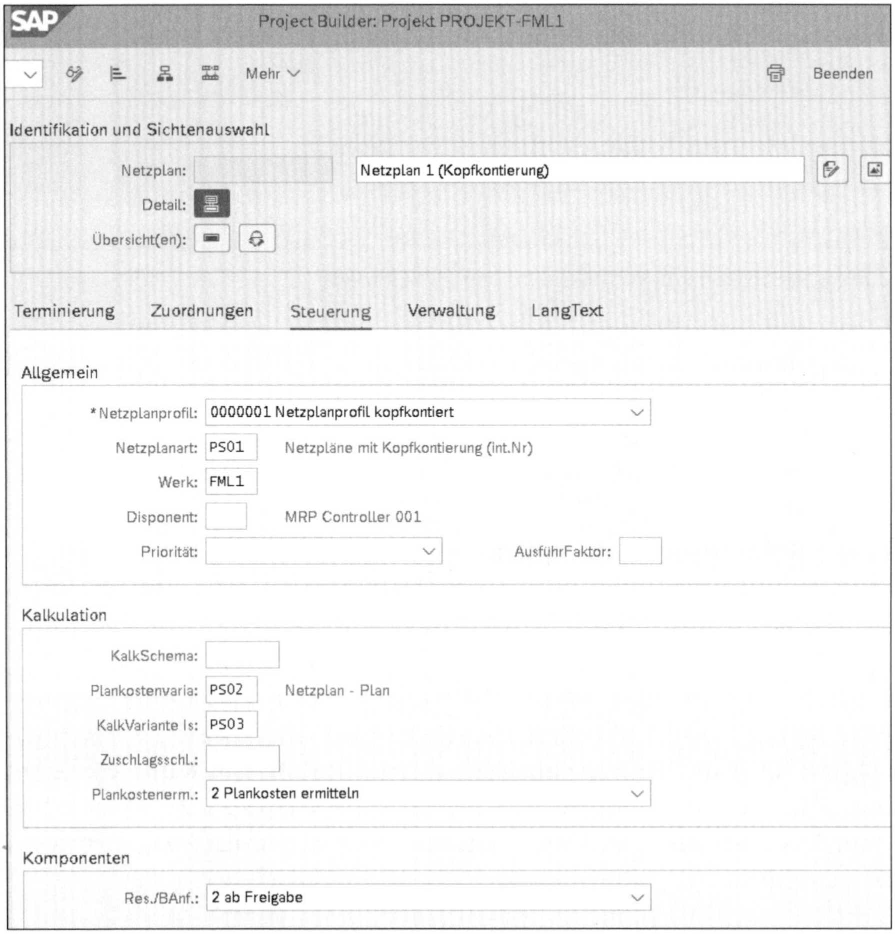

Project Builder: Projekt PROJEKT-FML1
Mehr
Beenden
Identifikation und Sichtenauswahl
Netzplan:
Netzplan 1 (Kopfkontierung)
Detail:
Übersicht(en):
Terminierung
Zuordnungen
Steuerung
Verwaltung
LangText
Allgemein
*Netzplanprofil: 0000001 Netzplanprofil kopfkontiert
Netzplanart: PS01 Netzpläne mit Kopfkontierung (int.Nr)
Werk: FML1
Disponent: MRP Controller 001
Priorität:
AusführFaktor:
Kalkulation
KalkSchema:
Plankostenvaria: PS02 Netzplan - Plan
KalkVariante Is: PS03
Zuschlagsschl.:
Plankostenerm.: 2 Plankosten ermitteln
Komponenten
Res./BAnf.: 2 ab Freigabe

Abbildung 6.61 Netzplan anlegen – kopfkontiert

Die Netzplanart steuert die Art der Kontierung, dabei ist PS01 kopfkontiert und die im zweiten Netzplan verwendete Art PS02 vorgangskontiert (siehe Abbildung 6.62).

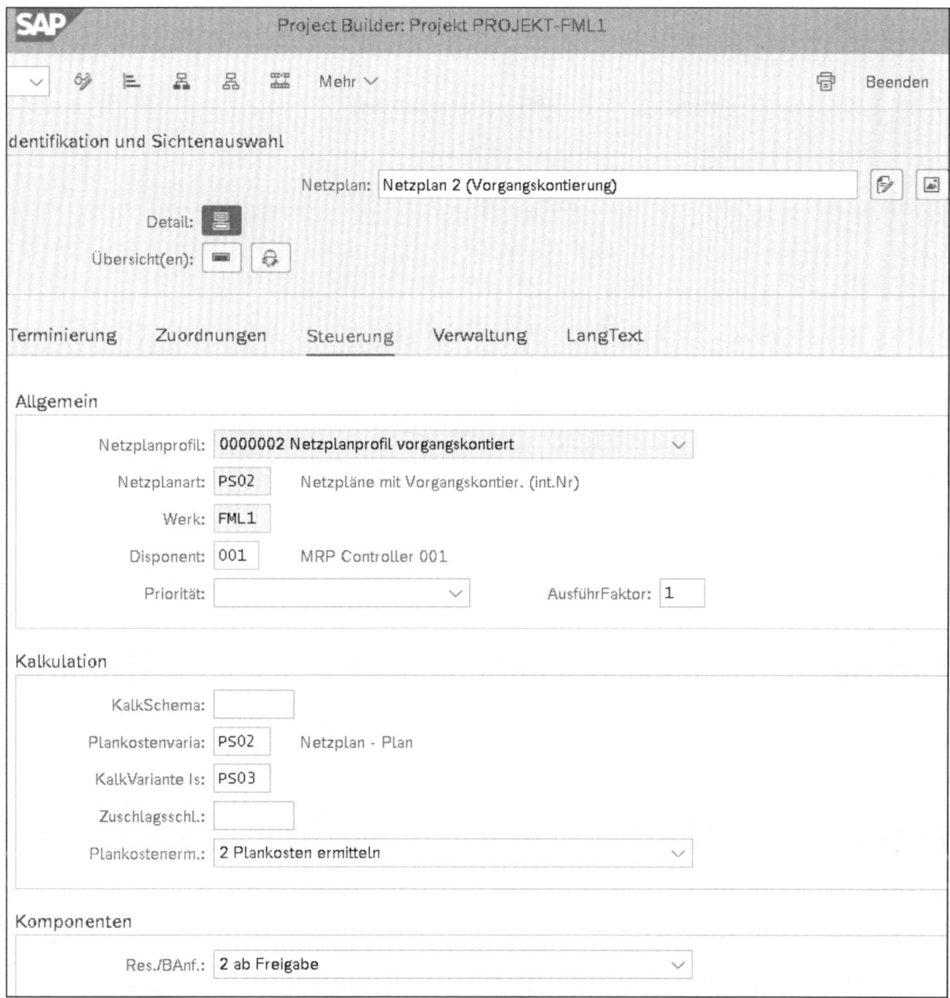

Abbildung 6.62 Netzplan anlegen – vorgangskontiert

Der erste Netzplan erhält zwei Eigenbearbeitungsvorgänge, für die Sie jeweils Zeiten für **Dauer** und **Arbeit**, **Arbeitsplatz**, **Werk** und **Leistungsart** angeben müssen (siehe Abbildung 6.63). Ebenso erfolgt die Zuordnung zu einem **PSP-Element**. In unserem Beispiel beziehen sich alle Vorgänge aus Netzplan 1 auf das PSP-Element PSP_FML_2A.

Der zweite Netzplan soll einen Fremd- und einen Eigenbearbeitungsvorgang enthalten; beide Vorgänge sind dem PSP-Element PSP_FML_2B zugeordnet.

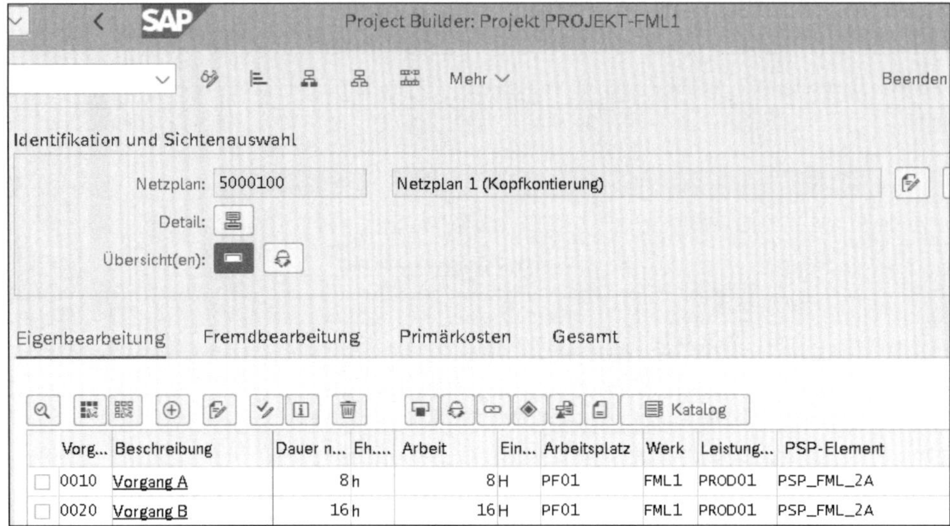

Abbildung 6.63 Vorgänge zu Netzplan 1

Auf der Registerkarte **Fremdbearbeitung** erfassen wir für den Vorgang C Einkaufsorganisation (**EinkO**), **Kostenart**, **Lieferant**, sowie **Vorgangsmenge** und **Preis** (siehe Abbildung 6.64).

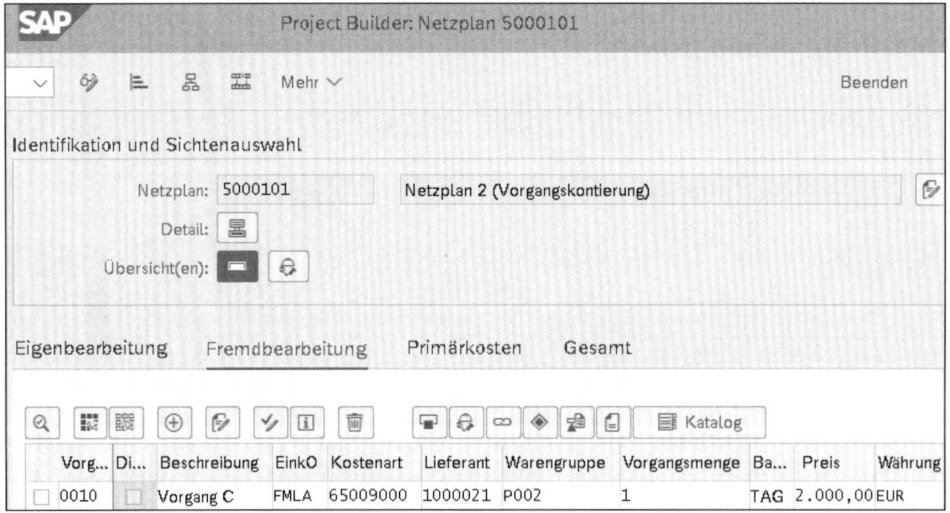

Abbildung 6.64 Fremdbearbeitungsvorgang

Wechseln Sie nun auf die Registerkarte **Eigenbearbeitung** zurück, und erfassen Sie den letzten Vorgang mit seinen geplanten Zeiten von 40 Stunden in den Spalten **Dauer n** (normal) und **Arbeit** (siehe Abbildung 6.65).

Eigenbearbeitung | Fremdbearbeitung | Primärkosten | Gesamt

Katalog

Vorg...	Beschreibung	Dauer n...	Eh....	Arbeit	Ein...	Arbeitsplatz	Werk	Leistung...	PSP-Element
0020	Vorgang D	40	h	40	h	PF01	FML1	PROD01	PSP_FML_2B

Abbildung 6.65 Eigenbearbeitungsvorgang

Inzwischen ist die Projektstruktur sichtbar gewachsen und beinhaltet nun zusätzlich die Netzpläne mit ihren Vorgängen (siehe Abbildung 6.66).

Projektinformationssystem: Struktur Einstiegsbild

Selektionsversion Mehr Beenden

Projektstrukurübersicht	Titeltext	Eckstarttermin
Projekt 1	PROJEKT-FML1	11.03.2021
Top-PSP-Element	PSP_FML_1	11.03.2021
Phase 1	PSP_FML_2A	
Netzplan 1 (Kopfkontierung)	5000100	
Vorgang A	5000100 0010	
Vorgang B	5000100 0020	
Phase 2	PSP_FML_2B	11.03.2021
Netzplan 2 (Vorgangskontierung)	5000101	11.03.2021
Vorgang C	5000101 0010	
Vorgang D	5000101 0020	

Abbildung 6.66 Projektstrukturübersicht mit Netzplänen

Als weiteren Schritt ordnen wir dem Vorgang B noch zwei Materialkomponenten zu: ein Halbfabrikat HF_19, das im eigenen Unternehmen vorgefertigt werden soll, und ein Kaufteil KT_19B, das nur für dieses Projekt beschafft wird. Zum Netzplan wechseln Sie über [icon] in die Komponentenübersicht und geben dort die Positionen ein (siehe Abbildung 6.67).

Das Halbfabrikat wird nach Fertigstellung eingelagert und im Projektbestand mit dem Sonderbestandskennzeichen Q geführt. Das Kaufteil bekommt hingegen in der Stückliste den **Positionstyp** N, ist also *nicht lagerhaltig* und wird beim Wareneingang direkt auf dem Netzplan verbraucht.

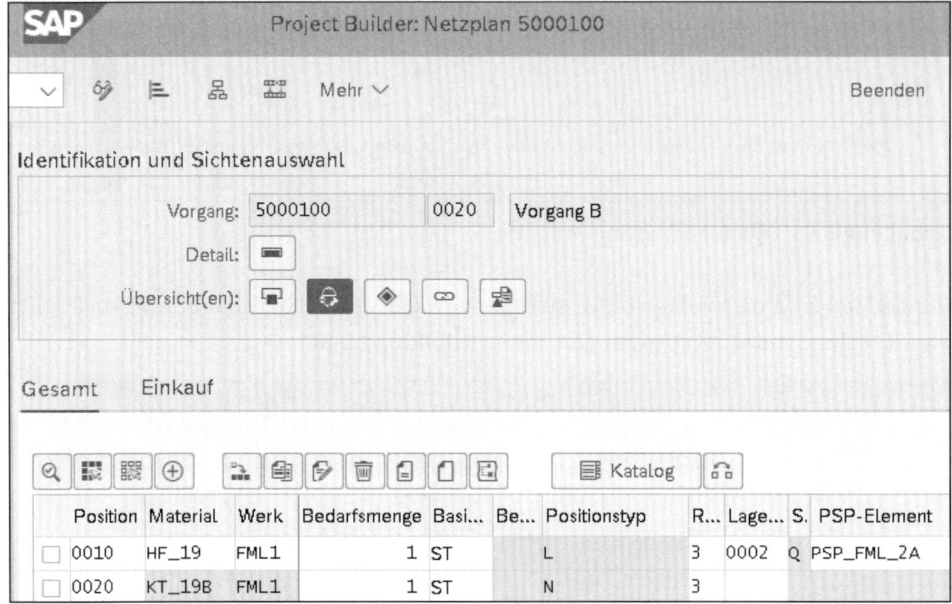

Abbildung 6.67 Komponentenzuordnung zum Netzplanvorgang

In den Pop-up-Fenstern zu jeder Position wird die genaue Form der Reservierung bzw. Bestellanforderung abgefragt. Wählen Sie für das Halbfabrikat **Reserv. PSP-Element**, damit es nach der Fertigstellung im Projektbestand geführt wird (siehe Abbildung 6.68). Für das Nicht-Lagermaterial KT_19B wählen Sie **BAnf zum Netzplan** (siehe Abbildung 6.69).

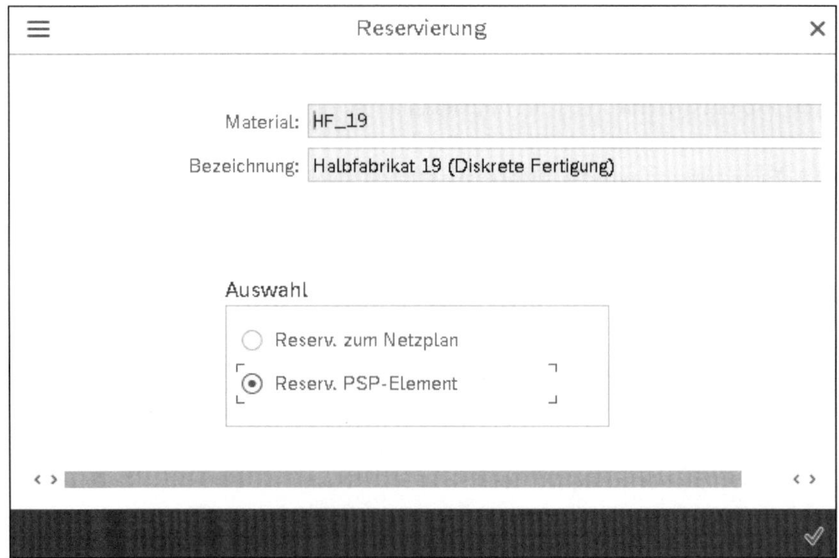

Abbildung 6.68 Reservierung zum PSP-Element

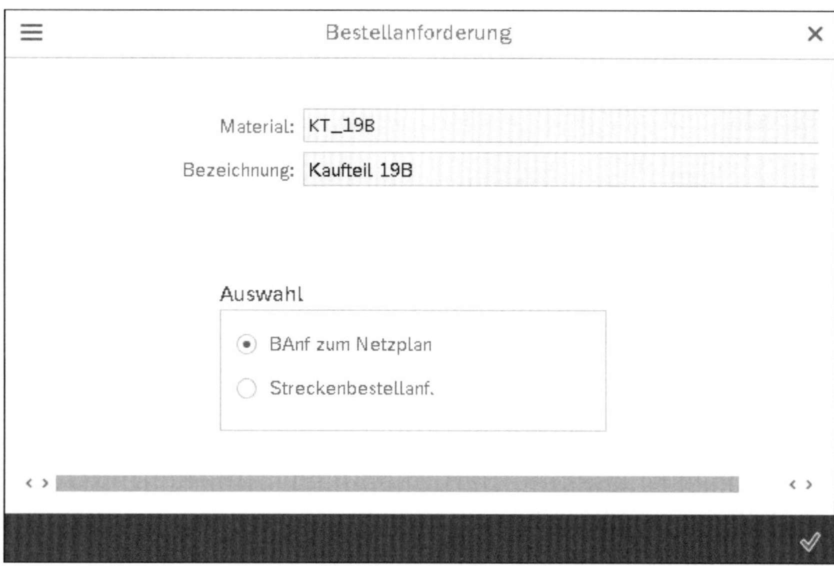

Abbildung 6.69 BANF zum Netzplan

Als Allerletztes fügen wir noch zwei Meilensteine in den Netzplan ein, die im Fakturaplan genutzt werden sollen. Wechseln Sie im Netzplanvorgang über den Button [◈] in die Meilensteinübersicht. Zum ersten Meilenstein soll eine Teilfaktura erfolgen (siehe Abbildung 6.70). Zum zweiten Meilenstein erfolgt dann die Schlussfaktura (siehe Abbildung 6.71).

Abbildung 6.70 Meilenstein zum Vorgang – Teilfaktura

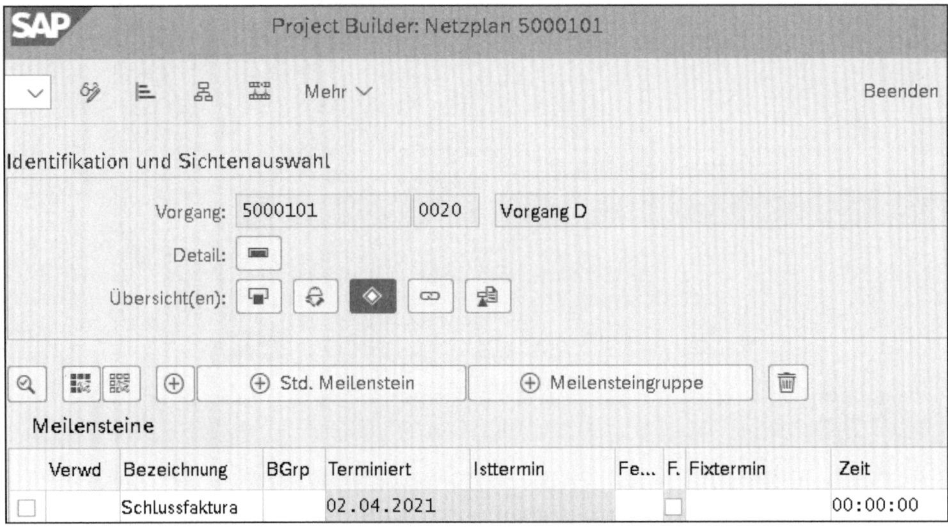

Abbildung 6.71 Meilenstein zum Vorgang – Schlussfaktura

Anschließend ist die Projektgliederung abgeschlossen, und Sie sehen alles in der kompletten Struktur (siehe Abbildung 6.72).

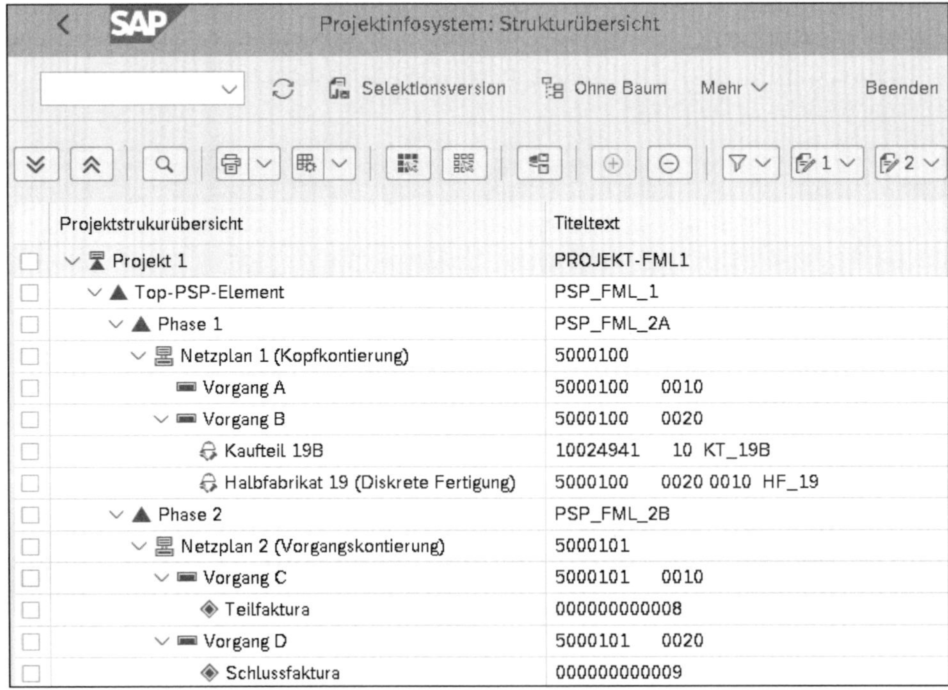

Abbildung 6.72 Projektstrukturübersicht – komplett

6.2.2 Kundenauftrag anlegen

Legen Sie für unseren Kunden nun eine Kundenauftragsposition mit Fakturierungsplan an, und geben Sie den vereinbarten Verkaufspreis von 40.000 EUR ein (siehe Abbildung 6.73).

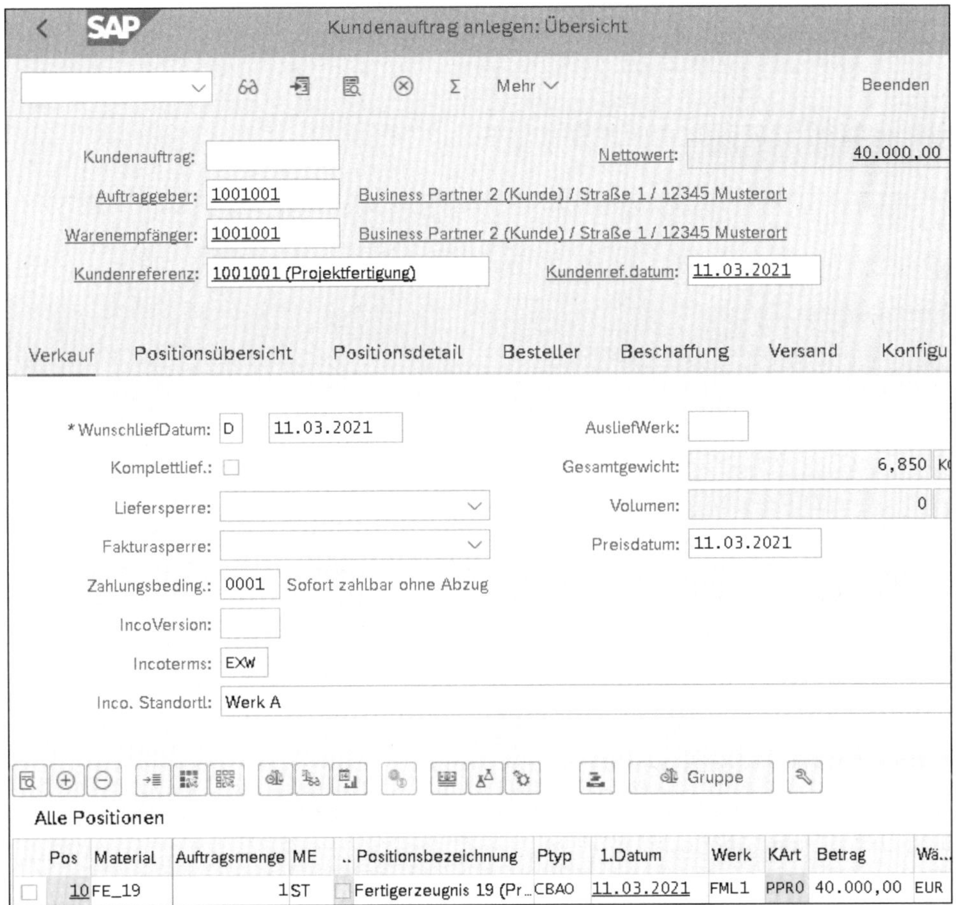

Abbildung 6.73 Kundenauftrag anlegen

In den Detaildaten zur Position erstellen Sie auf der Registerkarte **Kontierung** den Bezug zu unserem Top-PSP-Element, das gleichzeitig das Fakturaelement ist (siehe Abbildung 6.74).

Im Fakturaplan wird vereinbart, dass bei Lieferung 25 % des Verkaufspreises fällig sind und einige Zeit später (in diesem Beispiel nur ein Tag später) die Schlussrechnung geplant ist (siehe Abbildung 6.75). Beim Speichern wird die Kundenauftragsnummer 1273 vergeben.

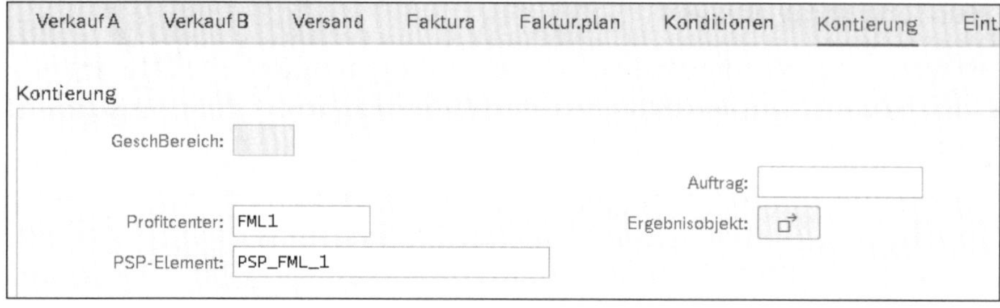

Abbildung 6.74 Kontierung auf PSP-Element

Verkauf A | Verkauf B | Versand | Faktura | Faktur.plan | Konditionen | Kontierung | Eint...

Nettowert: 40.000,00 EUR

Fakturierungsplan

FaktPlanart: 90 SD Baseline Meilensteinfaktur.

Beginndatum: 11.03.2021 01 Heutiges Datum

Vorlage:

FaktProzentsatz: 25,00

Fakturawert: 40.000,00 EUR

Termine

Fakturadatum	TBez.		%	Fakturawert	Währg	Sperre	FakR	Status	TTyp	Fakturaart
01.04.2021	YB01	Lieferung	25,00	10.000,00	EUR	Y2	1	A	01	F2
02.04.2021	Y008	Schlussrechnung		30.000,00	EUR	Y2	3	A	02	F2

Abbildung 6.75 Fakturierungsplan mit Teil- und Schlussrechnung

6.2.3 Bedarfsplanung ausführen

Die Bedarfsplanung wird als mehrstufige Einzelplanung zu unserer Projektdefinition ausgeführt (siehe Abbildung 6.76).

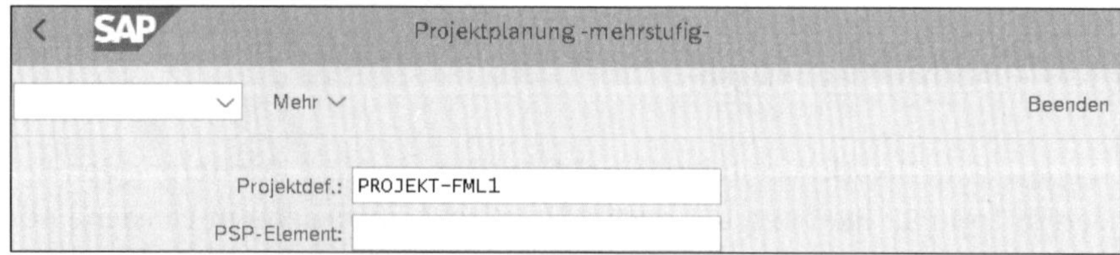

Abbildung 6.76 Bedarfsplanung zum Projekt

Die Bedarfsplanung legt folgende Elemente an:

- Planauftrag für das Material HF_19
- Auftragsreservierung für das Kaufteil KT_19A, das zur Fertigung von HF_19 benötigt wird, aber bereits vorrätig im Lager liegt.

- Die Bestellanforderung für das Kaufteil KT_19B, zur Vorabbeschaffung für das Projekt, wie in Abbildung 6.67 festgelegt.
- Bestellanforderung für eine Fremdleistung zu Vorgang C

6.2.4 Fertigungsauftrag anlegen

Mit Bezug zum generierten Planauftrag wird der Fertigungsauftrag für das **Material** HF_19 angelegt (siehe Abbildung 6.77). Es wird die Fertigungsauftragsnummer 1000746 erstellt.

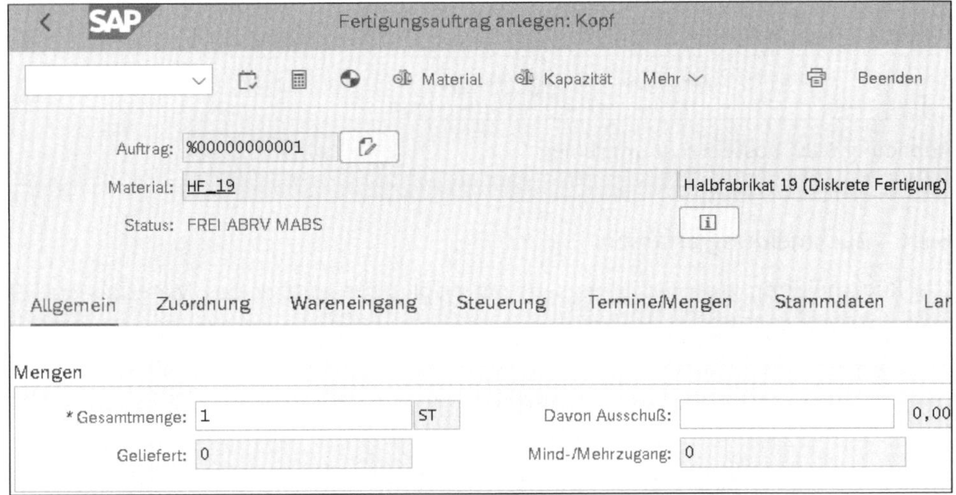

Abbildung 6.77 Fertigungsauftrag anlegen

6.2.5 Kommissionierung durchführen

Über die Kommissionierliste stoßen Sie den Warenausgang für die Komponente an, der mit der **Bewegungsart** 261 erfolgt (siehe Abbildung 6.78).

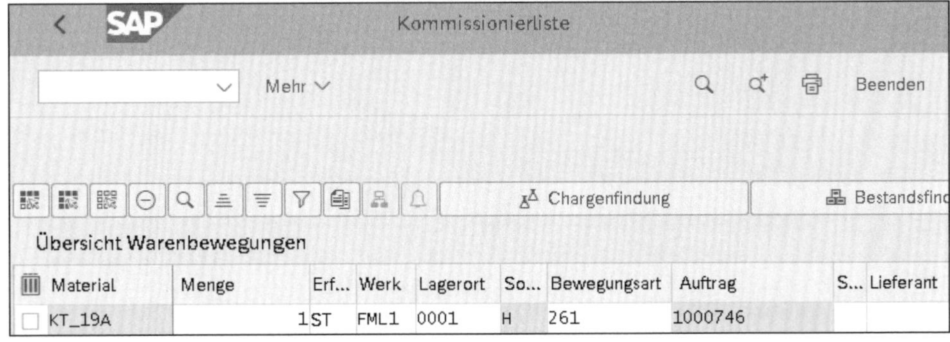

Material	Menge	Erf...	Werk	Lagerort	So...	Bewegungsart	Auftrag	S...	Lieferant
KT_19A	1	ST	FML1	0001	H	261	1000746		

Abbildung 6.78 Kommissionierliste

Im Buchhaltungsbeleg wird der Bestandsabgang in den Verbrauch mit dem Buchungssatz »Verbrauch Rohstoffe (Soll) an Bestand Rohstoffe (Haben)« gebucht (siehe Abbildung 6.79). Die Kontierung erfolgt auf den Fertigungsauftrag (siehe Abbildung 6.80).

BuKr	P...	BS	S/H	Konto	Koart	Bezeichnung	Betrag	Wäh...	Werk	Material	Vorgang	Menge	BME
FMLA	1	99	H	13100000	M	Bestand Rohstoffe	3.000,00-	EUR	FML1	KT_19A	BSX	1-	ST
	2	81	S	51100000	S	Verbrauch Rohstoffe	3.000,00	EUR	FML1	KT_19A	GBB	1	ST

Abbildung 6.79 Buchhaltungsbeleg

Belegnummer	BuchDatum	Benutzer	RT	RefBelegnr	OrgVg	Vrgng	Belegkopftext	StB	sto			
Bu	**OAr**	**Objekt**	**ObjektBez**	**Kostenart**	**Kostenartenbezeichn.**	**Wert/OW**	**OWä**	**Menge**	**GME**	**Material**		
A000087900	11.03.2021	STUDENT101	R	4900001849	RMWA	COIN						
1	AUF	1000746	Halbfabri...	51100000	Verbrauch Rohstoffe	3.000,00	EUR	1	ST	KT_19A		

Abbildung 6.80 Kostenrechnungsbeleg

6.2.6 Rückmeldung erfassen

Die Rückmeldung zum Fertigungsauftrag erfolgt für 1 Stück des Materials HF_19 (siehe Abbildung 6.81).

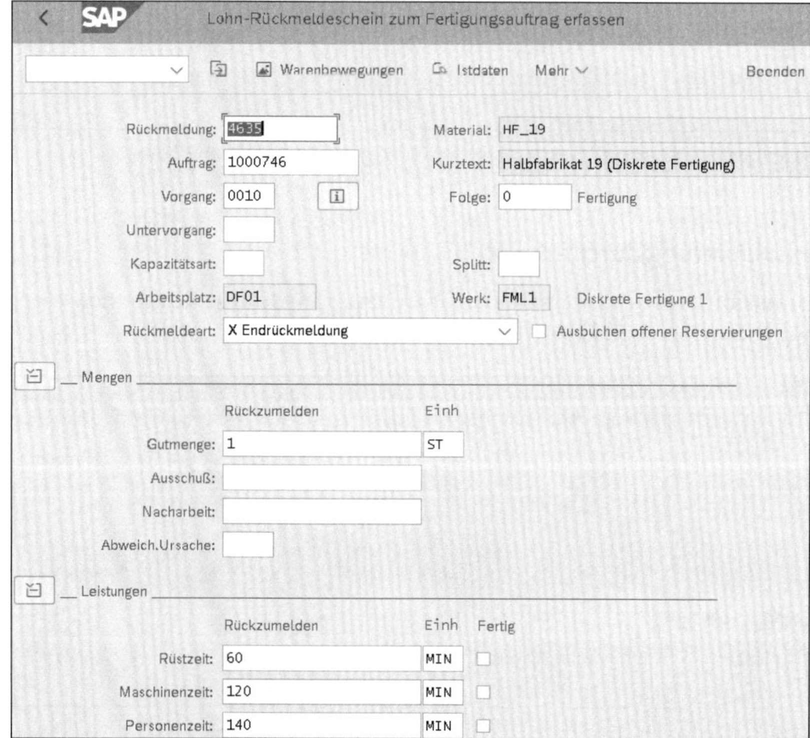

Abbildung 6.81 Rückmeldung erfassen

Dabei werden die geplanten Rüst-, Maschinen- und Personenzeiten jeweils 60 Minuten, 120 Minuten und 140 Minuten vorgeschlagen und als Ist-Zeiten bestätigt. Es entsteht ein Kostenrechnungsbeleg mit der Leistungsverrechnung für die drei Zeiten von der Fertigungskostenstelle an den Fertigungsauftrag (siehe Abbildung 6.82).

Belegnummer	BuchDatum	Benutzer	RT	RefBelegnr	OrgVg	Vrgng	Belegkopftext		StB	sto
Bu	**OAr**	**Objekt**	**ObjektBez**	**Kostenart**	**Kostenartenbezeichn.**	**Wert/OW**	**OWä**	**Menge**	**GME**	**Material**
300001150	12.03.2021	STUDENT101	R	4635	RMRU	RKL				
1	LEI	FML_DF01/...	Diskrete ...	94303000	Rüsten	600,00-	EUR	60-	MIN	
2	AUF	1000746	Halbfabri...	94303000	Rüsten	600,00	EUR	60	MIN	
4	LEI	FML_DF01/...	Diskrete ...	94301000	Maschinenstunden 1	480,00-	EUR	120-	MIN	
5	AUF	1000746	Halbfabri...	94301000	Maschinenstunden 1	480,00	EUR	120	MIN	
7	LEI	FML_DF01/...	Diskrete ...	94311000	Pers.std.	420,00-	EUR	140-	MIN	
8	AUF	1000746	Halbfabri...	94311000	Pers.std.	420,00	EUR	140	MIN	

Abbildung 6.82 Kostenrechnungsbeleg für die Leistung

6.2.7 Wareneingang buchen

Zum Fertigungsauftrag erfolgt der Wareneingang, der mit der Bewegungsart 101 in den Projektbestand gebucht wird (siehe Abbildung 6.83). Dies ist erkennbar am Sonderbestandskennzeichen Q und der Angabe des PSP-Elements PSP_2A.

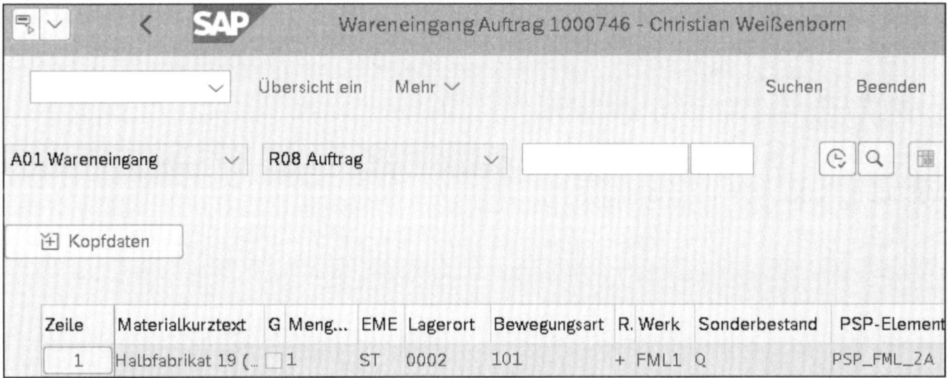

Abbildung 6.83 Wareneingang erfassen

Über die Vorgänge BSX und GBB-AUF wird der Buchungssatz »Bestand unfertige Waren (Soll) an Fabrikleistung (Haben)« erstellt (siehe Abbildung 6.84). Die Buchung entlastet unseren Fertigungsauftrag (siehe Abbildung 6.85).

BuKr	P...	BS	S/H	Konto	Ko...	Bezeichnung	Betrag	Wäh...	Werk	Material	Vorgang	Men...	BME
FMLA	1	89	S	13300000	M	Best unfertige Ware	4.500,0...	EUR	FML1	HF_19	BSX	1	ST
	2	91	H	55100000	S	Fabrikleistng Pr.Auf	4.500,0...	EUR	FML1	HF_19	GBB	1-	ST

Abbildung 6.84 Buchhaltungsbeleg

Belegnummer	BuchDatum	Benutzer	RT	RefBelegnr	OrgVg	Vrgng	Belegkopftext	StB	sto
Bu OAr Objekt	**ObjektBez**	**Kostenart**	**Kostenartenbezeichn.**	**Wert/OW**	**OWä**	**Menge**	**GME**	**Material**	
A000087A00	12.03.2021	STUDENT101	R	5000001222	RMWF	COIN			
2 AUF 1000746	Halbfabri...	55100000	Fabrikleistng Pr.Auf	4.500,00-	EUR	1-	ST	HF_19	

Abbildung 6.85 Kostenrechnungsbeleg

6.2.8 Bestellung anlegen

Für das extern zu beschaffende Material KT_19B wird eine Bestellung angelegt, indem die in der Bedarfsplanung generierte Bestellanforderung 10024941 in eine Bestellung überführt wird (siehe Abbildung 6.86). Da es sich um ein nicht lagerhaltiges Material handelt, erfolgt die Kontierung mit dem Kontierungstyp N direkt auf den Netzplankopf (siehe Abbildung 6.87).

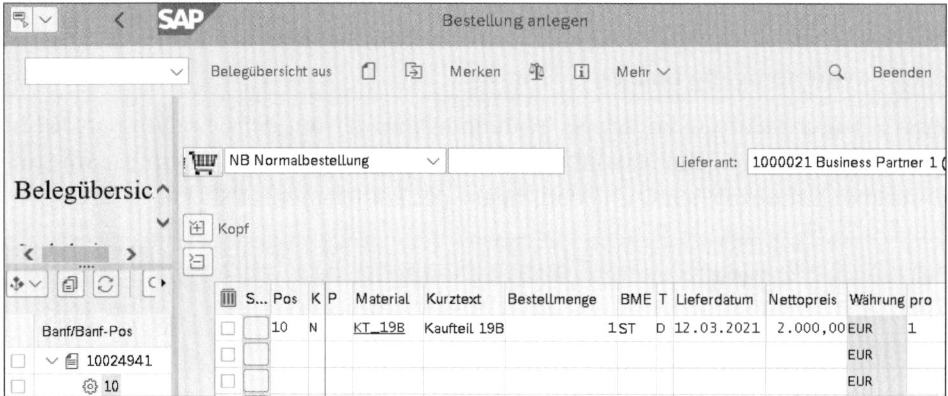

Abbildung 6.86 Bestellung anlegen

Materialdaten | Mengen/Gewichte | Einteilungen | Lieferung | Rechnung | Konditionen | Kontierung

KontTyp: N Netzplan
Verteilung: Einfachkontierung
BuKr.:
Abladestelle:
Empfänger:
Sachkonto: 51100000
KostRechKreis: FML
Kostenstelle:
Netzplan: 5000100

Abbildung 6.87 Kontierung auf den Netzplan

6.2.9 Wareneingang buchen

Der Lieferant sendet die Ware, und der Empfang wird im Wareneingang gebucht (siehe Abbildung 6.88).

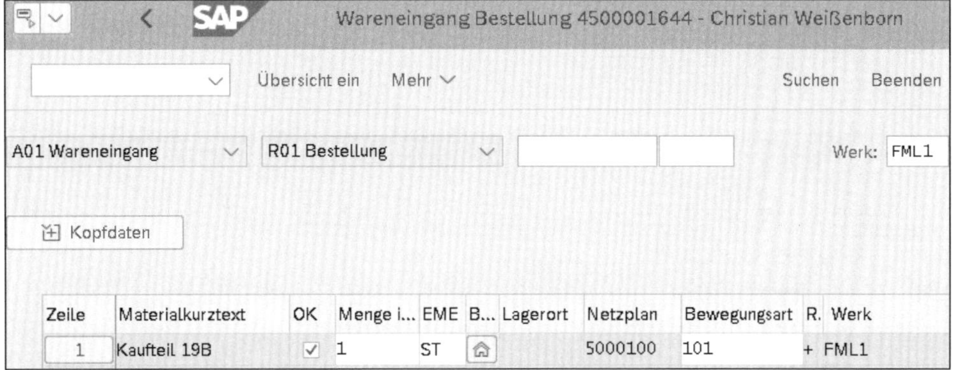

Abbildung 6.88 Wareneingang zur Bestellung

Der Buchungssatz ergibt sich über die Vorgänge KBS und BSX als »Verbrauch Rohstoffe (Soll) an WE/RE-Konto (Haben)« (siehe Abbildung 6.89). Die Kontierung (siehe Abbildung 6.90) erfolgt auf ein Objekt der Art NPL, d. h. direkt auf den kopfkontierten Netzplan 5000100.

BuKr	P...	BS	S/H	Konto	Ko...	Bezeichnung	Betrag	Wäh...	Werk	Material	Vorgang	Men...	BME
FMLA	1	81	S	51100000	S	Verbrauch Rohstof...	2.000,0...	EUR	FML1	KT_19B	KBS	1	ST
	2	96	H	21120000	S	WE/RE	2.000,0...	EUR	FML1	KT_19B	WRX	1-	ST

Abbildung 6.89 Buchhaltungsbeleg

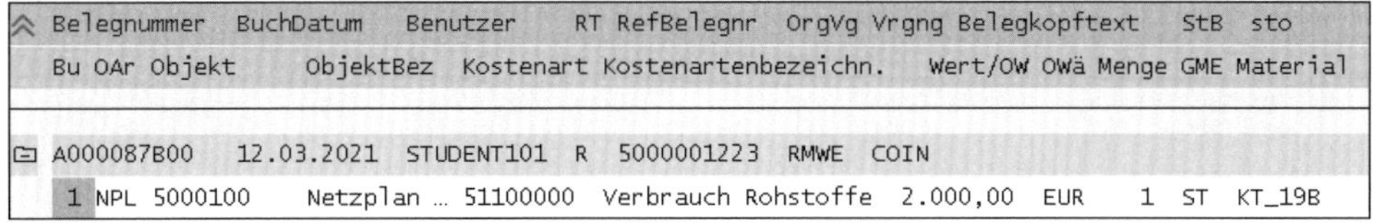

Abbildung 6.90 Kostenrechnungsbeleg

6.2.10 Rechnung erfassen

Auch die Eingangsrechnung des Lieferanten für das Kaufteil wird erfasst und die Verbindlichkeit erzeugt (siehe Abbildung 6.91). Der Buchungssatz lautet »WE/RE-Konto (Soll) und Eingangssteuer (Soll) an Kreditor (Haben)« (siehe Abbildung 6.92). Damit ist das WE/RE-Konto ausgeglichen.

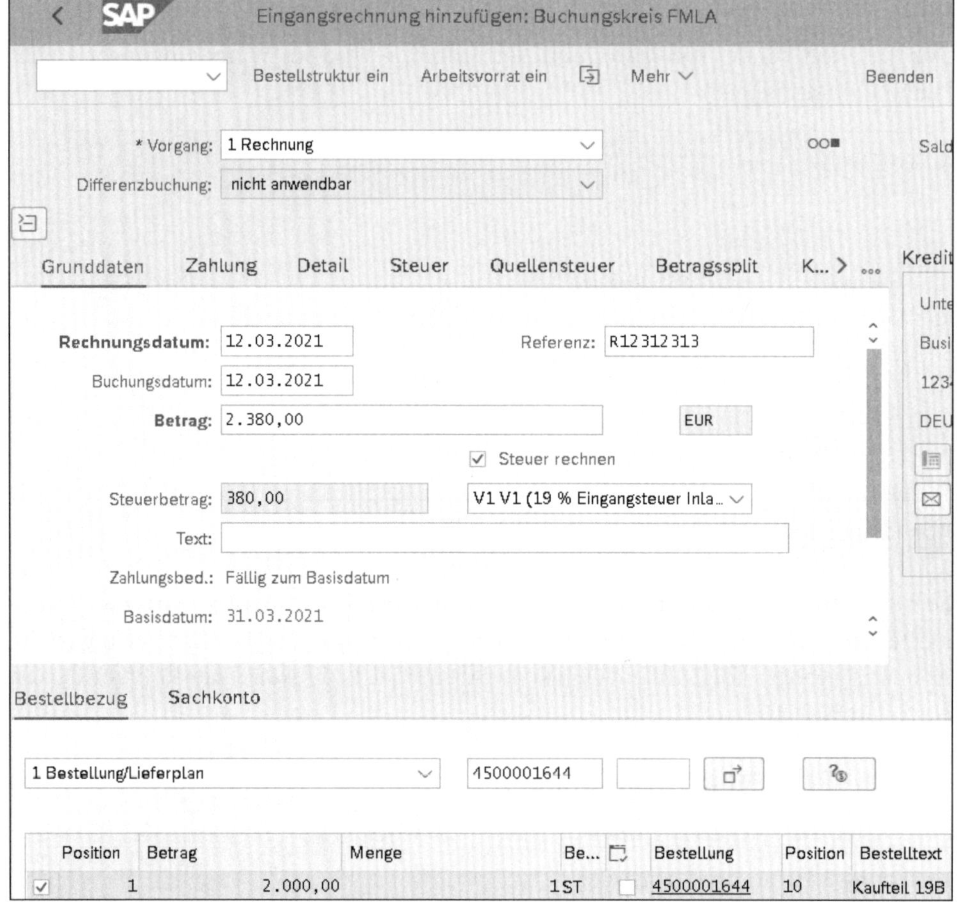

Abbildung 6.91 Rechnung erfassen

BuKr	Pos	BS	S/H	Konto	Koart	Bezeichnung	Betrag	Währg	Werk	Material	Vorgang	Menge	BME
FMLA	1	31	H	1000021	K	Business Partner 1 ...	2.380,00-	EUR			KBS		
	2	86	S	21120000	S	WE/RE	2.000,00	EUR	FML1	KT_19B	WRX	1	ST
	3	40	S	12600000	S	Vorsteuer (VST)	380,00	EUR			VST		

Abbildung 6.92 Buchhaltungsbeleg

6.2.11 Warenausgang buchen

Das eigengefertigte Halbfabrikat HF_19 wird nun benötigt und der Warenausgang zur Reservierung aus dem Projektbestand gebucht (siehe Abbildung 6.93).

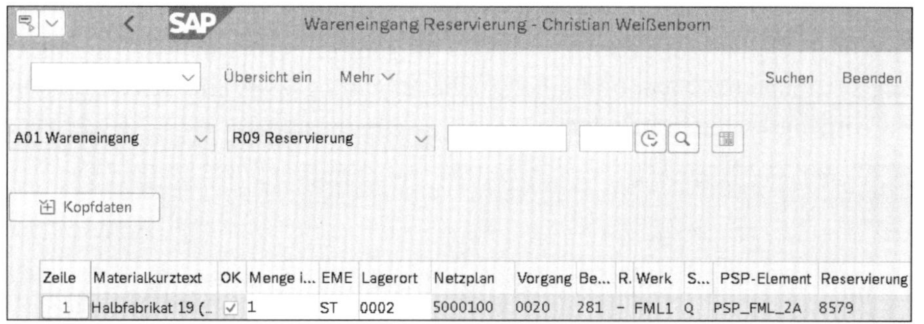

Zeile	Materialkurztext	OK	Menge i...	EME	Lagerort	Netzplan	Vorgang	Be...	R.	Werk	S...	PSP-Element	Reservierung
1	Halbfabrikat 19 (...	☑	1	ST	0002	5000100	0020	281	-	FML1	Q	PSP_FML_2A	8579

Abbildung 6.93 Warenausgang zur Reservierung

Der Buchungssatz ist »Bestandsveränderung unfertige Erzeugnisse (Soll) an Bestand unfertige Erzeugnisse (Haben)« und wird durch die Vorgänge BSX und GBB-VBR erzeugt (siehe Abbildung 6.94). Auch der Verbrauch des Herstellteils HF_19 wird im Kostenrechnungsbeleg auf dem kopfkontierten Netzplan erfasst (siehe Abbildung 6.95).

BuKr	Pos	BS	S/H	Konto	Koart	Bezeichnung	Betrag	Währg	Werk	Material	Vorgang	Men...	BME
FMLA	1	99	H	13300000	M	Best unfertige Ware	4.500,00-	EUR	FML1	HF_19	BSX	1-	ST
	2	81	S	54300000	S	BV unf. Erzeugnisse	4.500,00	EUR	FML1	HF_19	GBB	1	ST

Abbildung 6.94 Buchhaltungsbeleg für HF_19

```
Belegnummer  BuchDatum   Benutzer     RT RefBelegnr  OrgVg Vrgng Belegkopftext    StB  sto
Bu OAr Objekt      ObjektBez  Kostenart Kostenartenbezeichn.   Wert/OW OWä Menge GME Material

A000087C00   12.03.2021  STUDENT101   R  4900001850  RMWA  COIN
1 NPL  5000100     Netzplan … 54300000  BV unf. Erzeugnisse   4.500,00  EUR    1  ST  HF_19
```

Abbildung 6.95 Kostenrechnungsbeleg

6.2.12 Netzplanvorgang rückmelden

Die ersten beiden Vorgänge können rückgemeldet werden; die Erfassung erfolgt mit Bezug zum ersten Netzplan mit der Nummer 5000100 (siehe Abbildung 6.96).

Rückmeldung zum Netzplan erfassen : Einstieg

Parameter | Mehr | Beenden

Vorgang/Element

Netzplan: 5000100
Vorgang:
Element:
Kapazitätsart:
Splittnummer:

Abbildung 6.96 Rückmeldung zum Netzplan

Wählen Sie beide vorgeschlagenen Vorgänge in der Vorgangsübersicht zum Rückmelden aus (siehe Abbildung 6.97). Zum ersten Vorgang erfassen wir im Bereich **Rückmeldung** 8 Stunden für **Dauer** und **Arbeit** (siehe Abbildung 6.98). Erfassen Sie für den zweiten Vorgang analog 16 Stunden.

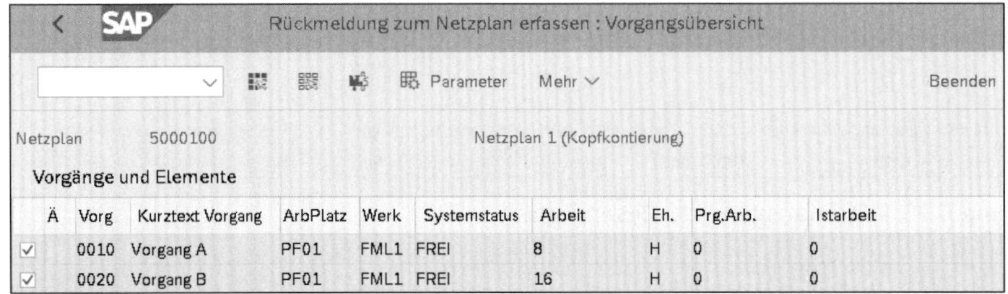

Rückmeldung zum Netzplan erfassen : Vorgangsübersicht

Parameter Mehr Beenden

Netzplan 5000100 Netzplan 1 (Kopfkontierung)

Vorgänge und Elemente

Ä	Vorg	Kurztext Vorgang	ArbPlatz	Werk	Systemstatus	Arbeit	Eh.	Prg.Arb.	Istarbeit
✓	0010	Vorgang A	PF01	FML1	FREI	8	H	0	0
✓	0020	Vorgang B	PF01	FML1	FREI	16	H	0	0

Abbildung 6.97 Vorgangsübersicht

Rückmeldung zum Netzplan erfassen : Istdaten

Vorgang Warenbewegungen Mehr

Vorgang: 0010 Vorgang A

Arbeitsplatz: PF01 FML1 Projektfertigung 1

Personalnummer:

Lohnart:

Abw.Ursache: Kurzbeschreibung:

Abarbeitung

Abarbeit.grad: 100 % Endrückm.: ✓ Kein Terminupdate:

Fertig: ✓ Ausbuchen Reserv.:

Kosten

*Buchungsdatum: 13.03.2021 Geschäftsprozeß: Fertig

Leistungsart: PROD01 Prozessmenge:

BerechnMotiv: Rest Prozess:

Vorgang

	Anfang Datum	Uhrzeit	Ende Datum	Uhrzeit	Dauer Maßeinheit		Arbeit Maßeinheit	
Term.Früh:	11.03.2021	00:00:00	11.03.2021	08:00:00	8	H	8	H
Term.Spät:	11.03.2021	16:00:00	11.03.2021	24:00:00				
Ist:		00:00:00		00:00:00	0	H	0	H

Rückmeld.

Ist:	11.03.2021	00:00:00	12.03.2021	20:00:00	8	h	8	H
Prog/Rest:				24:00:00				H

Abbildung 6.98 Ist-Daten zum ersten Vorgang erfassen

Pro Vorgang werden Leistungsverrechnungen von der Kostenstelle FML_PF01 an den kopfkontierten Netzplan erstellt. Das Kontierungsobjekt wird als NPL (für Netzplan) abgekürzt (siehe Abbildung 6.99).

```
Belegnummer  BuchDatum   Benutzer    RT RefBelegnr  OrgVg Vrgng Belegkopftext  StB  sto
  Bu OAr Objekt       ObjektBez  Kostenart Kostenartenbezeichn.   Wert/OW OWä Menge GME Material

300001151     13.03.2021  STUDENT101  R  4631         RMRU  RKL
  1 LEI FML_PF01/...              94399000  Produktionszeit      1.200,00- EUR    8- H
  2 NPL 5000100      Netzplan ... 94399000  Produktionszeit      1.200,00  EUR    8  H

300001152     13.03.2021  STUDENT101  R  4632         RMRU  RKL
  1 LEI FML_PF01/...              94399000  Produktionszeit      2.400,00- EUR   16- H
  2 NPL 5000100      Netzplan ... 94399000  Produktionszeit      2.400,00  EUR   16  H
```

Abbildung 6.99 Kostenrechnungsbeleg für die Leistung

6.2.13 Ergebnisermittlung ausführen (Monat 1)

Der erste Monat ist vorbei, und der Monatsabschluss startet mit der Ergebnisermittlung (siehe Abbildung 6.100). Diese findet auf der Ebene des obersten PSP-Elements PSP_FML_1 statt.

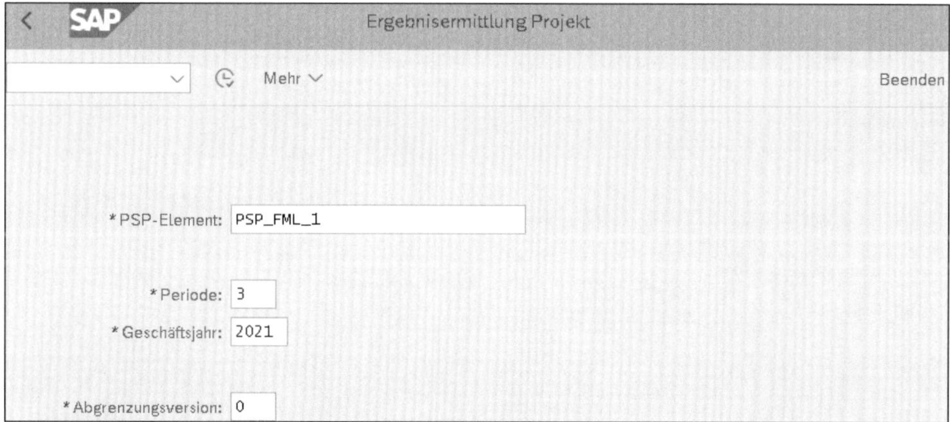

Abbildung 6.100 Ergebnisermittlung – Einstieg

Die aufgelaufenen Ist-Kosten sehen Sie in Tabelle 6.1.

Materialbezeichnung	Materialnummer	Wert
Halbfabrikat	HF_19	4.500 EUR
Kaufteil	KT_19B	2.000 EUR

Tabelle 6.1 Ist-Kosten zum PSP-Element in Monat 1

Materialbezeichnung	Materialnummer	Wert
Leistung	Vorgang A	1.200 EUR
Leistung	Vorgang B	2.400 EUR
	Summe	**10.100 EUR**

Tabelle 6.1 Ist-Kosten zum PSP-Element in Monat 1 (Forts.)

Den Wert von 10.100 EUR hat die Ergebnisermittlung berechnet und als Wert für Ware in Arbeit ausgewiesen (siehe Abbildung 6.101).

Abbildung 6.101 Ergebnisermittlung – Ergebnis

6.2.14 Projekt abrechnen (Monat 1)

Nur das Top-PSP-Element besitzt eine Abrechnungsvorschrift an ein Ergebnisobjekt; alle anderen PSP-Elemente und Netzplanköpfe bzw. Netzplanvorgänge erhalten eine Abrechnungsvorschrift mit der Regel »nicht abzurechnen«. In diesem Beispiel wird somit im ersten Monat nur Ware in Arbeit über die Ergebnisermittlung abgegrenzt. Wir steigen wieder über das Top-PSP-Element ein (siehe Abbildung 6.102).

Ist-Abrechnung Projekt/PSP-Element/Netzplan

Mehr | Beenden

Projekt:

oder

PSP-Element: PSP_FML_1

oder

Netzplan:

☐ inkl. Hierarchie

☐ inkl. Aufträge

Abbildung 6.102 Abrechnung – Einstieg

Hierarchische Abrechnung

Alternativ zum hier beschriebenen Vorgehen könnten Sie auch mehrstufig abrechnen: Netzpläne an ihre jeweiligen PSP-Elemente und diese hierarchisch, Stufe für Stufe bis zum Top-PSP-Element. SAP empfiehlt diese Binnenabrechnung innerhalb einer Projekthierarchie nicht für Kundenprojekte, da sie zur Verschlechterung der Performance und zu einer möglichen inkonsistenten Kostenausweisung im Projektinformationssystem führen kann.

Der aus der WIP-Ermittlung berechnete Wert wird für die Abrechnung (siehe Abbildung 6.103) in der Detailliste zu den Abgrenzungsdaten ausgewiesen. Die Buchung (siehe Abbildung 6.104) »Bestand WIP (Soll) an Bestandsveränderung WIP (Haben)« stellt den Aufbau von Ware in Arbeit dar.

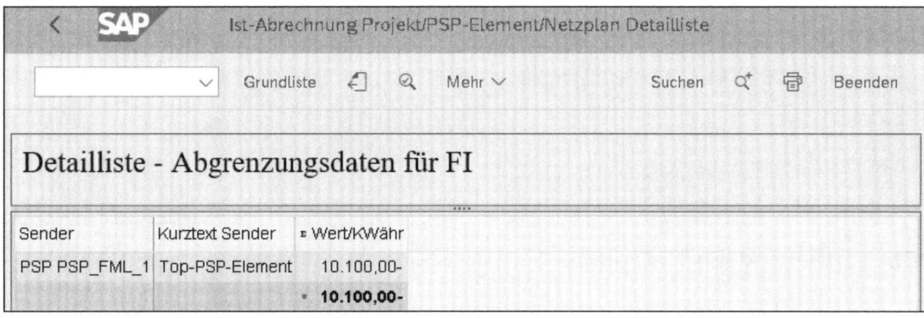

Ist-Abrechnung Projekt/PSP-Element/Netzplan Detailliste

Grundliste | Mehr | Suchen | Beenden

Detailliste - Abgrenzungsdaten für FI

Sender	Kurztext Sender	Wert/KWähr
PSP PSP_FML_1	Top-PSP-Element	10.100,00-
		• **10.100,00-**

Abbildung 6.103 Abrechnung – Detailliste

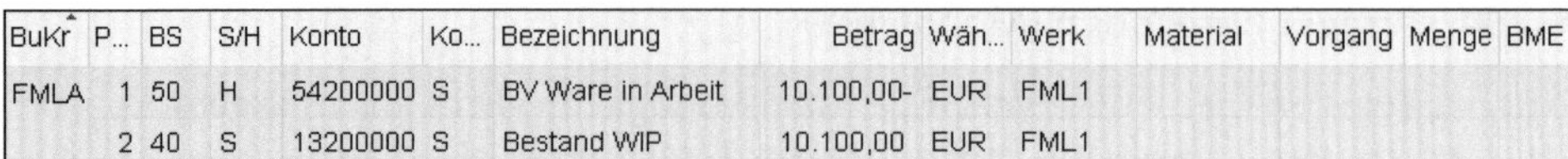

BuKr	P...	BS	S/H	Konto	Ko...	Bezeichnung	Betrag	Wäh...	Werk	Material	Vorgang	Menge	BME
FMLA	1	50	H	54200000	S	BV Ware in Arbeit	10.100,00-	EUR	FML1				
	2	40	S	13200000	S	Bestand WIP	10.100,00	EUR	FML1				

Abbildung 6.104 Buchhaltungsbeleg

6.2.15 Bestellung anlegen

Im Folgemonat fahren wir mit Phase 2 des Projekts fort. Als Erstes steht die Beauftragung der Fremdbearbeitung für Vorgang C an. Dazu wandeln Sie die automatisch erstellte **Bestellanforderung**, die auf den Netzplanvorgang kontiert ist, in eine Bestellung um (siehe Abbildung 6.105). Ein Eintrag in der Spalte **Material** ist nicht erforderlich. Aus der BANF wurde die Kontierung mit Sachkonto und Netzplan plus Vorgang übernommen (siehe Abbildung 6.106). Die BANF hatte es wiederum aus dem Netzplanvorgang erhalten.

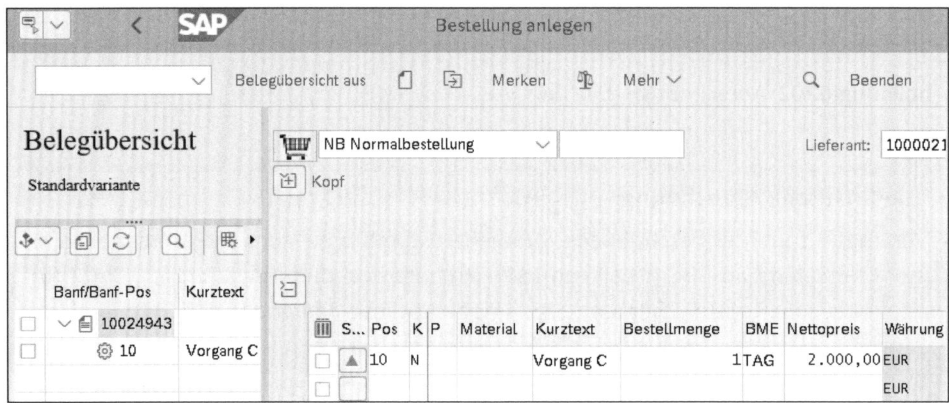

Abbildung 6.105 Bestellung anlegen

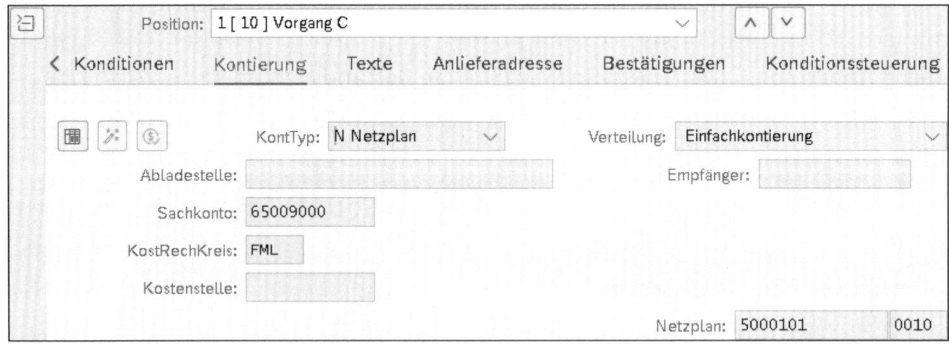

Abbildung 6.106 Kontierung des Netzplans

6.2.16 Leistung als Wareneingang buchen

Nach der erfolgten Leistung durch den Lieferanten wird die Leistung, obwohl keine »Ware eingegangen« ist, als Wareneingang zur Bestellung gebucht (siehe Abbildung 6.107). Die Fremdbearbeitung wird dabei natürlich nicht in ein Lager, sondern direkt als Kosten in die GuV gebucht, in diesem Falle durch den Kontierungstyp N auf den Netzplanvorgang 5000101/0010.

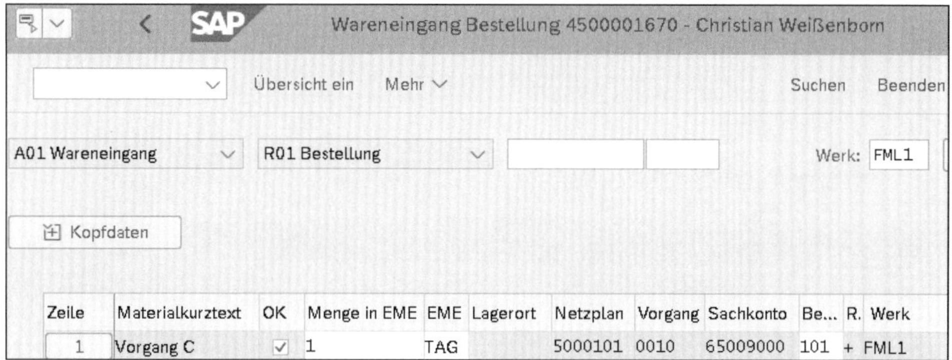

Abbildung 6.107 Wareneingang zur Bestellung erfassen

Das Konto wird in den Buchhaltungsbeleg durch den Vorgang KBS aus der Bestellung übernommen. Für das Gegenkonto findet die Ermittlung über WRX statt, sodass sich der Buchungssatz »Sonst. Aufwand für bezogene Leistungen (Soll) an WE/RE (Haben)« ergibt (siehe Abbildung 6.108).

BuKr	P...	BS	S/H	Konto	Koart	Bezeichnung	Betrag	Wäh...	Werk	Material	Vorgang	Men...	BME
FMLA	1	81	S	65009000	S	So Aufw bez Leistung	2.000,00	EUR	FML1		KBS	1	TAG
	2	96	H	21120000	S	WE/RE	2.000,00-	EUR	FML1		WRX	1-	TAG

Abbildung 6.108 Buchhaltungsbeleg

Da der zweite Netzplan vorgangskontiert ist, wird ein Kontierungsobjekt der Objektart NPV (Netzplanvorgang) mit Angabe der Netzplannummer und des Vorgangs im Kostenrechnungsbeleg verwendet (siehe Abbildung 6.109).

```
Belegnummer  BuchDatum   Benutzer    RT RefBelegnr  OrgVg Vrgng Belegkopftext   StB  sto
  Bu OAr Objekt        ObjektBez  Kostenart Kostenartenbezeichn.   Wert/OW OWä Menge GME Material

A00008CB00   02.04.2021  STUDENT101  R  5000001240  RMWE  COIN
  1 NPV 5000101 0010  Vorgang C  65009000  So Aufw bez Leistung 2.000,00  EUR    1  TAG
```

Abbildung 6.109 Kostenrechnungsbeleg

6.2.17 Rechnung erfassen

Abschließend stellt der Lieferant seine Rechnung, die den offenen Posten auf dem WE/RE-Konto ausgleicht. Erfassen Sie die Rechnung, und lassen Sie sich über die Bestellung die Position vorschlagen (siehe Abbildung 6.110). Der Buchungssatz lautet auch hier »WE/RE-Konto (Soll) und Eingangssteuer (Soll) an Kreditor (Haben)« (siehe Abbildung 6.111).

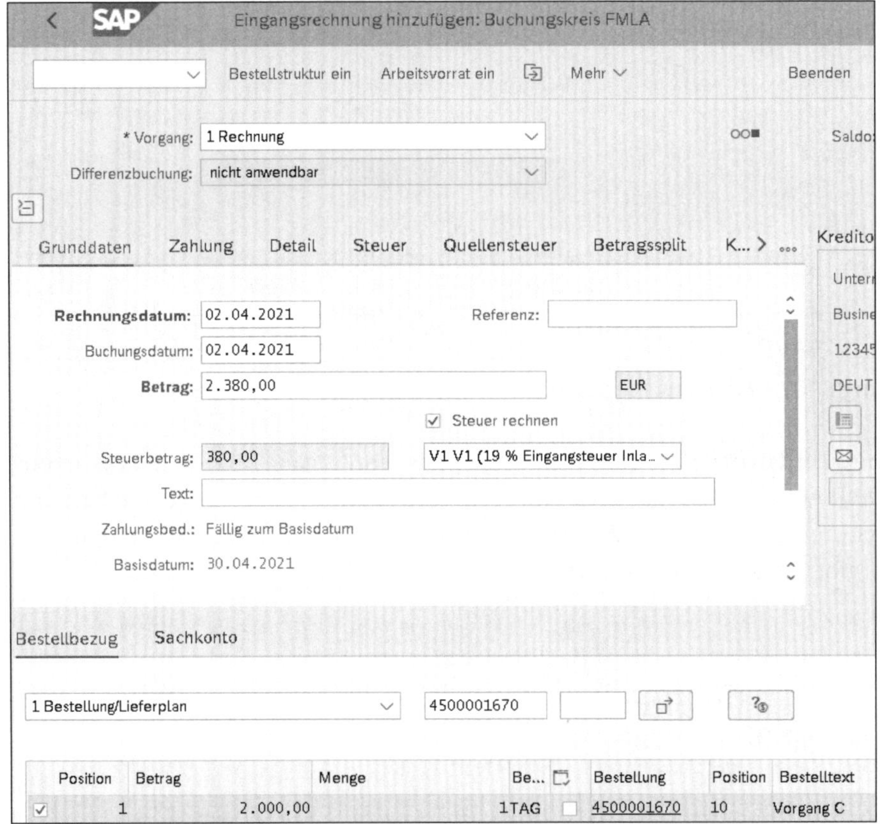

Abbildung 6.110 Eingangsrechnung erfassen

BuKr	Pos	Bschl	S/H	Konto	Koart	Bezeichnung	Betrag	Wäh...	Werk	Material	Vorgang	Menge	BME	Hauptbuch
FMLA	1	31	H	1000021	K	Business Partner 1...	2.380,00-	EUR			KBS			21100000
	2	86	S	21120000	S	WE/RE	2.000,00	EUR	FML1		WRX	1	TAG	21120000
	3	40	S	12600000	S	Vorsteuer (VST)	380,00	EUR			VST			12600000

Abbildung 6.111 Buchhaltungsbeleg

6.2.18 Teilfaktura anlegen

Nach diesem Vorgang soll die im Fakturaplan vorgesehene Teilfaktura erstellt werden. Sie wird nicht mit Bezug zur Lieferung, die es in diesem Beispiel ja überhaupt nicht gibt, sondern mit Bezug zum Kundenauftrag erstellt (siehe Abbildung 6.112).

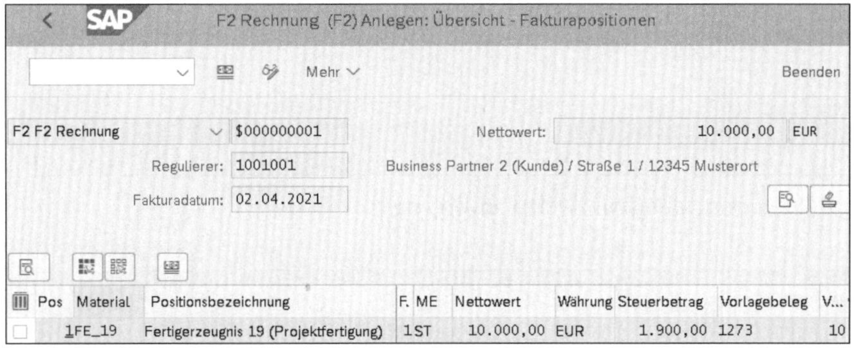

Abbildung 6.112 Teilfaktura erfassen

Es ergibt sich die Buchung »Debitorenforderung (Soll) an Erlöse Inland (Haben) und Ausgangssteuer (Haben)« (siehe Abbildung 6.113). Bei der Anlage des Kundenauftrags wurde die Kundenauftragsposition auf das Top-PSP-Element PSP_FML_1 kontiert, das als einziges als Fakturierungselement gekennzeichnet ist. Deshalb wird im Kostenrechnungsbeleg der Erlös auf dasselbe Element kontiert und als Objektart PSP angezeigt (siehe Abbildung 6.114).

BuKr	Pos	BS	S/H	Konto	Koart	Bezeichnung	Betrag	Wäh...	Werk	Material	Vorgang	Men...	BME	Hauptbuch
FMLA	1	01	S	1001001	D	Business Partner 2 (Kunde)	11.900,00	EUR						12100000
	2	50	H	41000000	S	Erlöse Inl. - Erzeu.	10.000,00-	EUR						41000000
	3	50	H	22000000	S	Ausgangssteuer (MWS)	1.900,00-	EUR			MWS			22000000

Abbildung 6.113 Buchhaltungsbeleg

Belegnummer	BuchDatum	Benutzer	RT	RefBelegnr	OrgVg	Vrgng	Belegkopftext	StB	sto
Bu OAr Objekt	ObjektBez	Kostenart	Kostenartenbezeichn.	Wert/OW	OWä	Menge	GME	Material	
A00008CC00	02.04.2021	STUDENT101	R	90000433	SD00	COIN			
2 PSP PSP_FML_1	Top-PSP-E...	41000000	Erlöse Inl. - Erzeu.	10000,00-	EUR	1-	ST	FE_19	

Abbildung 6.114 Kostenrechnungsbeleg

6.2.19 Rückmeldung erfassen

Die Rückmeldung für den abschließenden **Vorgang** 0020 steht noch aus und wird mit Bezug zum **Netzplan** 5000101 erfasst (siehe Abbildung 6.115). Bestätigen Sie die geplanten 40 Stunden als geleistete Arbeit und sichern Sie die Erfassung (siehe Abbildung 6.116).

Rückmeldung zum Netzplan erfassen : Einstieg

Parameter Mehr Beenden

Vorgang/Element

Netzplan: 5000101
Vorgang: 0020
Element:
Kapazitätsart:
Splittnummer:

Abbildung 6.115 Rückmeldung zum Netzplanvorgang

Abbildung 6.116 Ist-Datenerfassung

Die Leistungsverrechnung findet in diesem Falle als Objekt an den Netzplanvorgang statt (siehe Abbildung 6.117).

Belegnummer	BuchDatum	Benutzer	RT	RefBelegnr	OrgVg	Vrgng	Belegkopftext	StB	sto		
Bu	OAr	Objekt	ObjektBez	Kostenart	Kostenartenbezeichn.	Wert/OW	OWä	Menge	GME	Material	
300001202	02.04.2021	STUDENT101	R	4634	RMRU	RKL					
1	LEI	FML_PF01/PROD01		94399000	Produktionszeit	6.000,00-	EUR	40-	H		
2	NPV	5000101 0020	Vorgang D	94399000	Produktionszeit	6.000,00	EUR	40	H		

Abbildung 6.117 Kostenrechnungsbeleg für die Leistung

6.2.20 Schlussfaktura anlegen

Der Kunde hat das Projekt final abgenommen, und die Schlussrechnung wird gestellt (siehe Abbildung 6.118). Da 10.000 EUR bereits in der Teilfaktura in Rechnung gestellt wurden, werden nur noch die offenen 30.000 EUR zuzüglich Steuer fakturiert.

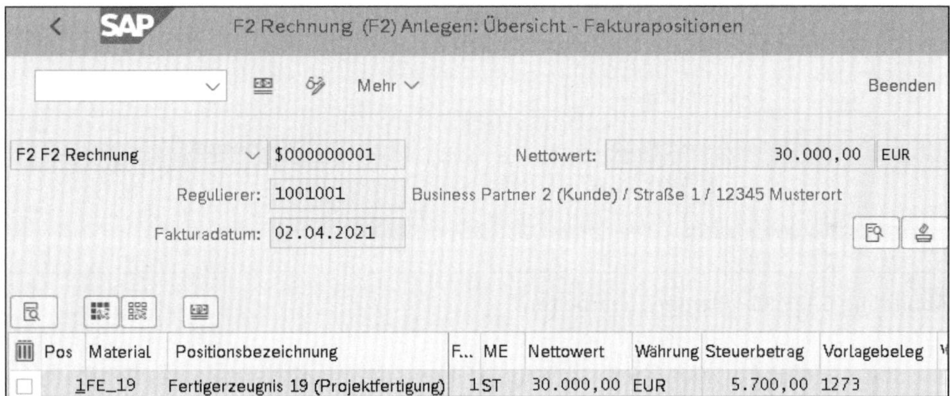

Abbildung 6.118 Faktura erfassen

Wie bei der Teilfaktura ergibt sich im Buchhaltungsbeleg (siehe Abbildung 6.119) die Buchung »Debitorenforderung (Soll) an Erlöse Inland (Haben) und Ausgangssteuer (Haben)«. Die Kontierung erfolgt wie die Teilfaktura auf das Fakturierungselement PSP_1 (siehe Abbildung 6.120).

BuKr	P...	BS	S/H	Konto	Ko...	Bezeichnung	Betrag	Wäh...	Werk	Material	Vorgang	Men...	BME	Hauptbuch
FMLA	1	01	S	1001001	D	Business Partner 2 ...	35.700,00	EUR						12100000
	2	50	H	41000000	S	Erlöse Inl. - Erzeu.	30.000,00-	EUR						41000000
	3	50	H	22000000	S	Ausgangssteuer (M...	5.700,00-	EUR			MWS			22000000

Abbildung 6.119 Buchhaltungsbeleg für die Schlussfaktura

```
Belegnummer BuchDatum  Benutzer   RT RefBelegnr OrgVg Vrgng Belegkopftext StB sto
Bu OAr Objekt    ObjektBez Kostenart Kostenartenbezeichn. Wert/OW OWä Menge GME Material

A00008CD00  02.04.2021 STUDENT101 R  90000434   SD00  COIN
1 PSP PSP_FML_1 Top-PSP-E.. 41000000 Erlöse Inl. - Erzeu. 30000,00- EUR        FE_19
```

Abbildung 6.120 Kostenrechnungsbeleg für die Schlussfaktura

6.2.21 Technisch abschließen

Jetzt, da das Projekt abgeschlossen ist, bearbeiten Sie das Projekt und setzen den Status des Top-PSP-Elementes auf **Technisch abgeschlossen** (TABG), damit die Ergebnisermittlung die abgegrenzten Werte auflöst und die Abrechnung für die Margin Analysis an das Ergebnisobjekt erfolgen kann (siehe Abbildung 6.121).

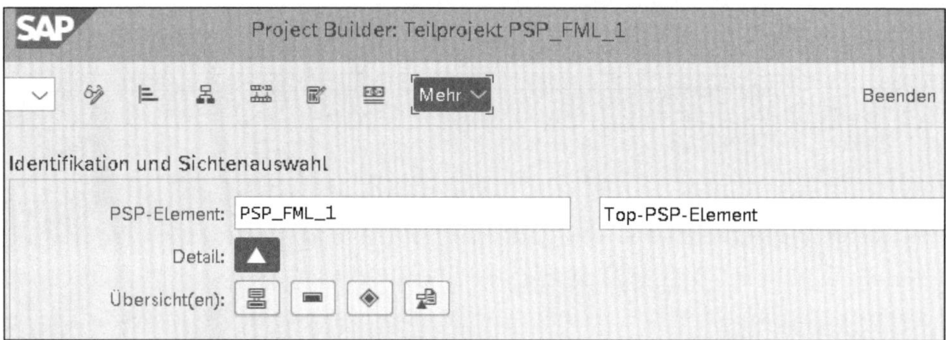

Abbildung 6.121 PSP-Element bearbeiten

Die Statussetzung erfolgt über das Menü; der entsprechende Pfad lautet **Bearbeiten • Status • Technisch abschließen • Setzen**. Das Ergebnis ist der Eintrag TABG im Systemstatus des PSP-Elements (siehe Abbildung 6.122).

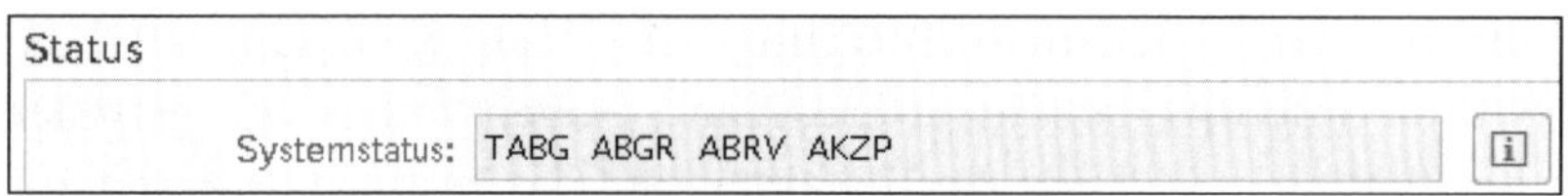

Abbildung 6.122 Status im PSP-Element

6.2.22 Ergebnisermittlung ausführen (Monat 2)

Der zweite Monatsabschluss beginnt mit der Ergebnisermittlung für das oberste **PSP-Element** (siehe Abbildung 6.123). Da das Projekt technisch abgeschlossen ist, sind alle Kosten und Erlöse ergebniswirksam, und die Ware in Arbeit muss aufgelöst werden. Im Bereich **Bestände** wird deshalb für Ware in Arbeit ein Wert von 0 angezeigt (siehe Abbildung 6.124).

Ergebnisermittlung Projekt

Mehr

Beenden

*PSP-Element: PSP_FML_1

*Periode: 4

*Geschäftsjahr: 2021

*Abgrenzungsversion: 0

Abbildung 6.123 Ergebnisermittlung – Einstieg

Abbildung 6.124 Ergebnisermittlung – Ergebnis

6.2.23 Projekt abrechnen (Monat 2)

Die Abrechnung wird ebenfalls nur für das Top-PSP-Element gestartet (siehe Abbildung 6.125).

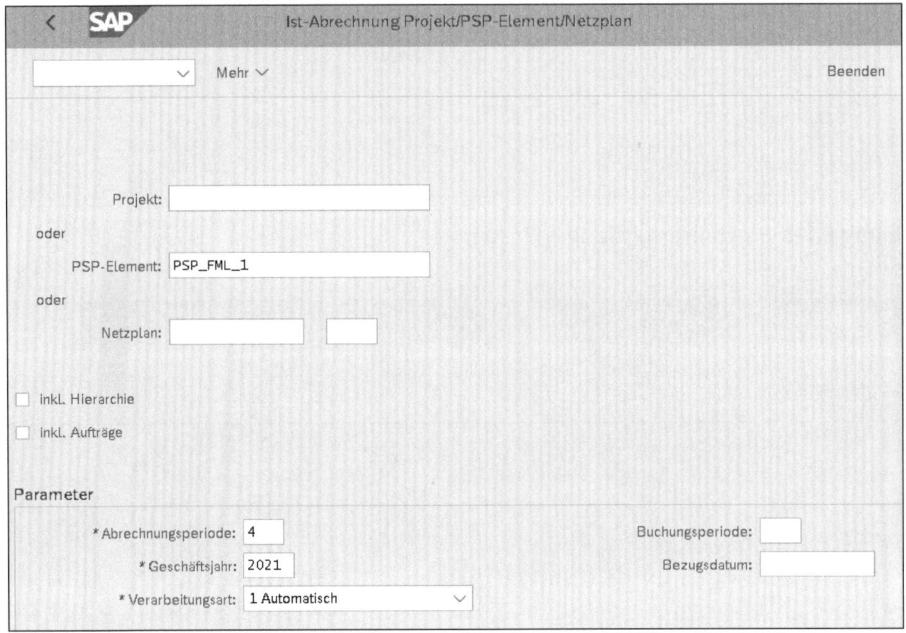

Abbildung 6.125 Abrechnung des PSP-Elements – Einstieg

Es ergeben sich zwei Sachverhalte: Als Erstes wird in der Detailliste zu den Abgrenzungsdaten die Auflösung der Ware in Arbeit angezeigt (siehe Abbildung 6.126). Im zugehörigen Buchhaltungsbeleg erfolgt der Abbau der Ware in Arbeit als Umkehrbuchung (siehe Abbildung 6.127).

Detailliste - Abgrenzungsdaten für FI

Sender	Kurztext Sender	ΣWert/KWähr
PSP PSP_FML_1	Top-PSP-Element	10.100,00
		• **10.100,00**

Abbildung 6.126 Abrechnung – Detailliste Abgrenzungsdaten

BuKr	P...	BS	S/H	Konto	Ko...	Bezeichnung	Betrag	Wäh...	Werk	Material	Vorgang	Men...	BME
FMLA	1	40	S	54200000	S	BV Ware in Arbeit	10.100,00	EUR	FML1				
	2	50	H	13200000	S	Bestand WIP	10.100,00-	EUR	FML1				

Abbildung 6.127 Buchhaltungsbeleg

Als Zweites werden die Kosten und Erlöse vom Projekt in die Margin Analysis abgerechnet. Angezeigt wird in der Detailliste nur das kumulierte Delta bzw. der Deckungsbeitrag (siehe Abbildung 6.128).

Detailliste - abgerechnete Werte

Sender	Kurztext Sender	Empfänger	Wert/KWähr	Inform.
PSP PSP_FML_1	Top-PSP-Element	ERG 0000002309	21.900,00-	
			21.900,00-	

Abbildung 6.128 Abrechnung – Detailliste der abgerechneten Werte

Der Detaillierungsgrad bei der Abrechnung wird durch das im Abrechnungsprofil verwendete Verrechnungsschema gesteuert. In unserem Fall werden drei Blöcke gebildet, durch die die Sekundärkosten, Primärkosten (hier als Kontobezeichnung »Verbrauch Ersatzteile/Leistungen/Fremdmaterial«) und Erlöse im Kostenrechnungsbeleg getrennt abgerechnet werden (siehe Abbildung 6.129).

Belegnummer	BuchDatum	Benutzer	RT	RefBelegnr	OrgVg	Vrgng	Belegkopftext	StB	sto
300001203	30.04.2021	STUDENT101	R	2303		KOAO			

	Bu OAr	Objekt	ObjektBez	Kostenart	Kostenartenbezeichn.	Wert/OW	OWä	Menge	GME	Material
1	PSP	PSP_FML_1	Top-PSP-E...	92105200	Vbr ET/Leist/Frmdmat	6.500,00-	EUR			
2	ERG	2309		92105200	Vbr ET/Leist/Frmdmat	6.500,00	EUR			
3	PSP	PSP_FML_1	Top-PSP-E...	92105400	Sekundärkosten	11600,00-	EUR			
4	ERG	2309		92105400	Sekundärkosten	11600,00	EUR			
5	PSP	PSP_FML_1	Top-PSP-E...	92104100	Erlöse	40000,00	EUR			
6	ERG	2309		92104100	Erlöse	40000,00-	EUR			

Abbildung 6.129 Kostenrechnungsbeleg

Schauen Sie sich abschließend einen Projektbericht, z. B. den hierarchischen Strukturbericht an, erhalten Sie das Ergebnis aller Aktivitäten (siehe Abbildung 6.130).

Objekt		Istkosten--Summe	Isterlöse--Summe
PRO PROJEKT-FML1	Projekt 1	18.100	40.000-
PSP PSP_FML_1	Top-PSP-Element	18.100	40.000-
PSP PSP_FML_2A	Phase 1	10.100	0
NPL 5000100	Netzplan 1 (Kopfk...	10.100	0
AUF 1000746	Halbfabrikat 19 (Dis	4.500	0
PSP PSP_FML_2B	Phase 2	8.000	0
NPV 5000101 0010	Vorgang C	2.000	0
NPV 5000101 0020	Vorgang D	6.000	0
Ergebnis		18.100	40.000-

Abbildung 6.130 Projektbericht

Echte Kundenprojekte sind um ein Vielfaches komplexer. Sie besitzen eine große Anzahl an PSP-Elementen, Netzplanvorgängen und Materialzuordnungen. Aber Sie können anhand dieses Beispiels für die wichtigsten Verbuchungsschritte die Integration in das Finanzwesen nachvollziehen.

Kapitel 7
Zusammenfassung

Vertrauliche Liebesbriefe aus einem Nähkästchen wie im Roman »Effi Briest« von Theodor Fontane, werden Sie in einem SAP-Buch wohl eher nicht finden. Trotzdem hoffe ich, dass Sie in den bisherigen Kapiteln um viele Einblicke reicher wurden. In diesem letzten Kapitel erläutere ich Ihnen, wie eine strukturierte Arbeit an SAP-Prozessen stattfinden kann und wie sich die Prozesse auf Ihre Arbeitsthemen anwenden lassen.

Nachdem ich nun in Kapitel 2 bis Kapitel 6 insgesamt 26 Szenarien im Detail beleuchtet habe, möchte ich hier noch einmal auf den Kern des Buches zurückkommen: die Buchungsschemata. Zum einen zeige ich Ihnen in Abschnitt 7.1, »Anwendung der Buchungsschemata«, anhand ein paar weiterer Szenarien, wie Sie diese Buchungsschemata einsetzen können, und zum anderen möchte ich Ihnen in Abschnitt 7.1.6, »Umlagerungsbestellung«, noch einen kleinen Einblick geben, wie diese in der Praxis in einem Projekt sinnvoll eingesetzt werden können.

7.1 Anwendung der Buchungsschemata

Alle in Kapitel 2 bis Kapitel 6 dargestellten Szenarien erläutern einen »Geradeaus-Prozess«. Buchungsschemata dieser Art lassen sich auch perfekt einsetzen, um Sonderprozesse wie Verschrottung, Stornierung, Rücklieferung usw. abzubilden, die in jedem Unternehmen zur Tagesordnung gehören. Ebenso lassen sich die Szenarien miteinander kombinieren, um andere, komplexere Szenarien darzustellen.

Hierzu möchte ich zum Abschluss des Buches noch ein paar Beispiele aufführen, damit Sie einen Eindruck dazu erhalten, wie Sie die in Kapitel 1, »Grundlagen und SAP-Fachbegriffe«, beschriebene grundlegende Logik in jeglichen Szenarios einsetzen können.

7.1.1 Einfacher Ende-zu-Ende-Prozess

Ein Standard-End-to-End-Prozess ist die Kombination aus Einkauf, Produktion und Verkauf. Um ihn abzubilden, kombinieren Sie die Buchungsschemata aus Abschnitt 2.1, »Einkauf Lagermaterial«, Abschnitt 3.1, »Diskrete Fertigung«, und aus Abschnitt 2.2, »Verkauf Eigenerzeugnis aus Lager« (siehe Abbildung 7.1).

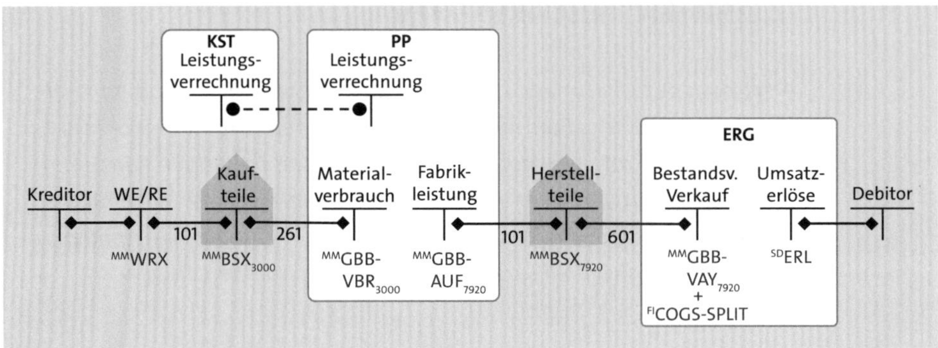

Abbildung 7.1 Ende-zu-Ende-Prozess als Verknüpfung

7.1.2 Mehrstufige Produktion

Oft wird auch eine mehrstufige Produktion eingesetzt. Im Buchungsschema aus Abbildung 7.2 wird eine zweistufige Serienfertigung gezeigt. Die erste Stufe meldet Halbfabrikate direkt in den Produktionslagerort der zweiten Stufe. Von dort werden diese Halbfabrikate und weitere Kaufteile retrograd für die zweite Stufe entnommen.

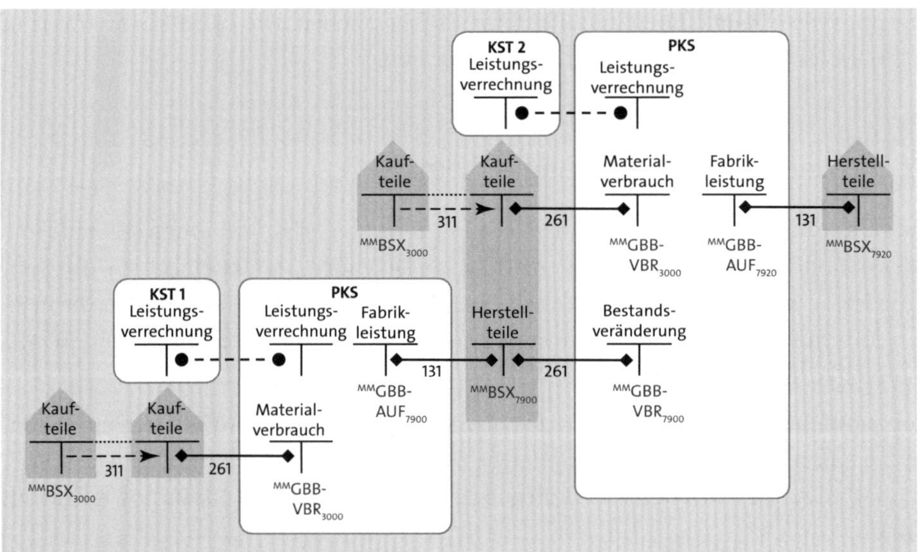

Abbildung 7.2 Mehrstufige Produktion

Die Mehrstufigkeit lässt sich natürlich beliebig oft wiederholen. Die größte mir bekannte Kette in einem Unternehmen liegt bei 15 Stufen, aber das ist bestimmt nicht das Ende der Fahnenstange!

7.1.3 Lohnbearbeitung als Zwischenstufe

Findet mitten im Produktionsprozess eine Lohnbearbeitung statt und kann oder soll diese nicht als Fremdbearbeitung umgesetzt werden (siehe Abschnitt 3.6, »Fremdbearbeitung mit Lohnbearbeitung«), könnte das Buchungsschema wie in Abbildung 7.3 aussehen.

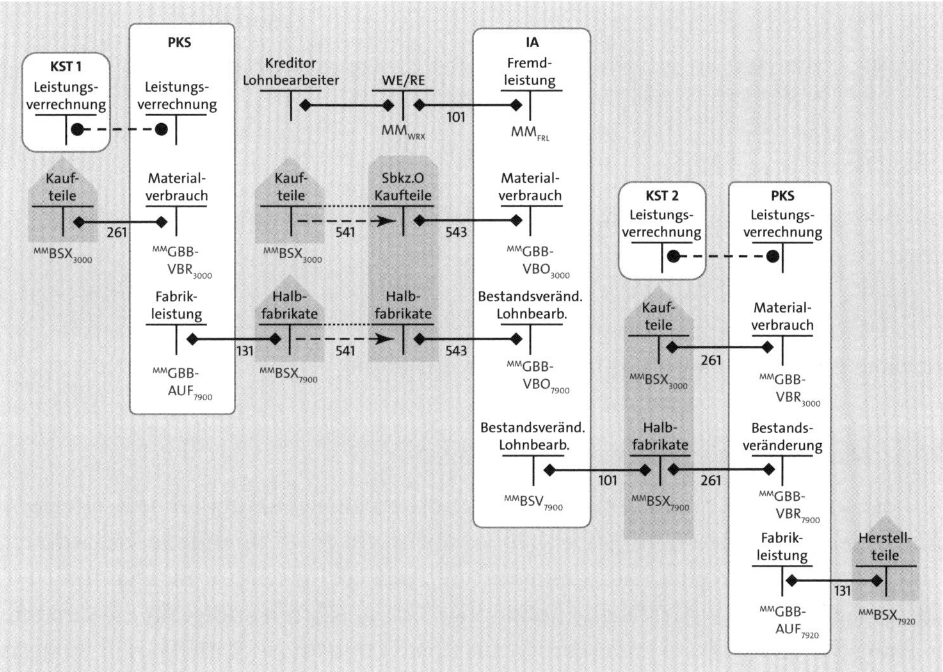

Abbildung 7.3 Mehrstufige Produktion mit Lohnbearbeitung

In der ersten Stufe starten wir mit einer Serienfertigung, die das Halbfabrikat in einen eigenen Bestand rückmeldet. Von dort wird es mit anderen Kaufteilen zusammen für die zweite Stufe in den Lohnbearbeiterbestand umgelagert. Nach erfolgter Lohnbearbeitung wird das Material in den Linienlagerort der Stufe 3 gebucht und dort mit weiteren Kaufteilen zusammenmontiert und abschließend fertiggemeldet. Für diesen Prozess sind drei Stücklisten zu drei verschiedenen Materialnummern notwendig. Aber auch hier ist der Anzahl der Stufungen prinzipiell keine Grenze gesetzt.

7.1.4 Lohnbearbeitung mit Strecke

Findet eine Lohnbearbeitung bei einem Lieferanten A statt, aber die beizustellenden Materialien sollen direkt vom Lieferanten B an den Lohnbearbeiter A gesendet werden, kann die Bestellung dieser Kaufteile mit einer entsprechenden Anlieferadresse erfolgen. Sobald Lieferant A den Wareneingang meldet, wird er im System mit der

Bewegungsart 101 in den Sonderbestand des Lieferanten A gebucht (siehe Abbildung 7.4). Ab dann erfolgen ganz normal zum einen die Bezahlung des Lieferanten B und zum anderen der Lohnbearbeitungsprozess mit Wareneingang und Entnahme aus dem Beistellbestand von Lieferant A sowie seine Bezahlung als Lohnbearbeiter.

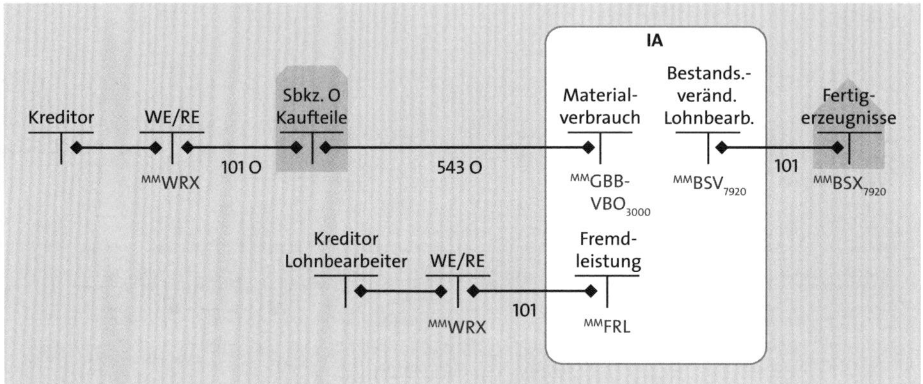

Abbildung 7.4 Lohnbearbeitung mit Streckenbeschaffung

7.1.5 Nicht erlösführende Kundenaufträge

In Abschnitt 6.1, »Serviceauftrag mit aufwandsbezogener Faktura«, wurde ein erlösführender Serviceauftrag vorgestellt. Sollen aber nicht erlösführende Serviceaufträge eingesetzt werden, können sie an eine kosten- und erlösführende Kundenauftragsposition abgerechnet werden (siehe Abbildung 7.5). Die Faktura erfolgt für die Kundenauftragsposition, und am Ende werden alle Kosten und Erlöse in die Margin Analysis abgerechnet.

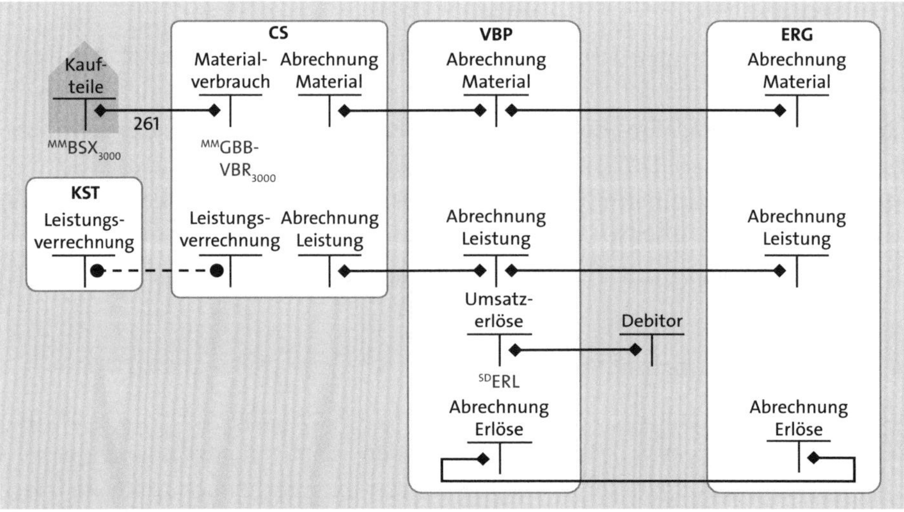

Abbildung 7.5 Nicht erlösführender Serviceauftrag

7.1.6 Umlagerungsbestellung

Sollen Materialien nicht extern beschafft, sondern intern aus einem anderen Werk des eigenen Buchungskreises mit einer Umlagerungsbestellung umgelagert werden, kommt es darauf an, mit welcher Preissteuerung ein Material im empfangenden Werk geführt wird.

Nehmen wir ein Kaufteil mit Preissteuerung V (gleitender Durchschnittspreis), wird bei der Anwendung des Zwei-Schritt-Verfahrens ohne SD-Lieferung mit der Bewegungsart 351 von einem Werk an das andere umgebucht. Im empfangenden Werk wird das Material in der speziellen Bestandsart **Umlagerung (Werk)** geführt. Im zweiten Schritt wird mit der Bewegungsart 101 das Material im Empfängerwerk eingelagert und in der Bestandsart **Frei verfügbar** gezeigt (siehe Abbildung 7.6).

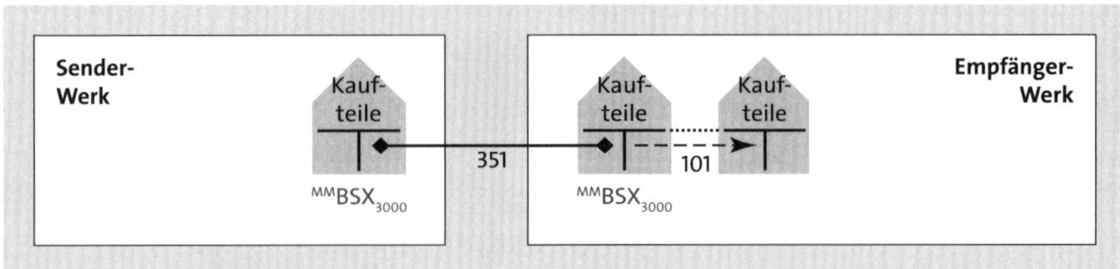

Abbildung 7.6 Umlagerungsbestellung

Die Buchungslogik bleibt auch bei der Verwendung der alternativen Zwei-Schritt-Verfahren mit SD-Lieferung (Bewegungsarten 641 und 101) oder nur als Umbuchung ohne Umlagerungsbestellung (Bewegungsarten 603 und 305) die gleiche: Der Buchhaltungsbeleg wird immer mit dem Warenausgang aus dem Senderwerk erstellt.

Wird nun das Material im empfangenden Werk mit der Preissteuerung S (Standardpreis) geführt, muss die Differenz zwischen dem Wert im abgebenden Werk und dem Wert im empfangenden Werk auf ein GuV-Konto verbucht werden (siehe Abbildung 7.7). Ist der Standardpreis beim Empfänger niedriger als der Wert beim Sender, wird die Differenz als Aufwand gebucht, andernfalls als Ertrag.

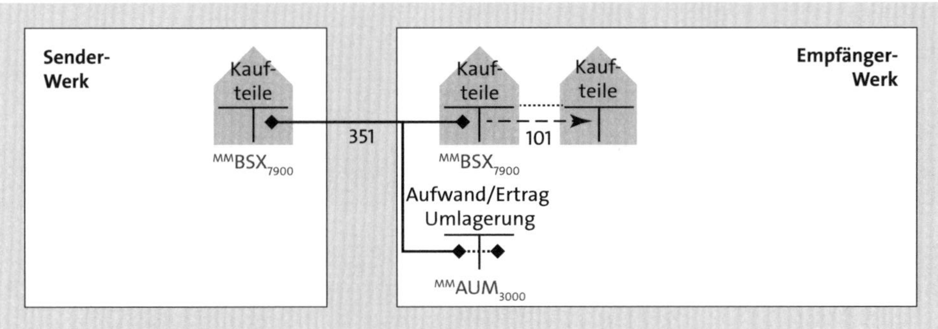

Abbildung 7.7 Umlagerungsbestellung mit Differenz

7.2 Aus der Praxis

In mehreren Projekten habe ich über die komplette Projektlaufzeit mit einem einzigen (!) zentralen Buchungsschema gearbeitet, das den Hauptprozess des jeweiligen Werkes in seinen Grundzügen widerspiegelte. Natürlich war das für einige Projektmitglieder am Anfang etwas ungewohnt. Je nach SAP-Vorkenntnissen hat das Durchdringen etwas länger gedauert oder ging sehr schnell. Ob die Vorkenntnisse dabei im Bereich Logistik oder im Bereich Finanzwesen lagen, war überhaupt nicht ausschlaggebend. Der riesige Vorteil lag darin, dass die Beteiligten durch diese Vorgehensweise anfingen, eine gemeinsame Sprache zu sprechen. Jede*r konnte sich in die Diskussion einbringen und auf dem Bild zeigen, worüber sie oder er redet, was er oder sie gerne genauer verstehen möchte oder wo es Probleme gibt. Niemand hat dabei das große Ganze aus den Augen verloren. Das wird umso wichtiger, je größer das Projektteam wird und je weiter die Aufgabenteilung aufgegliedert ist.

Dieses eine Buchungsschema wurde dann an vielen Stellen durch weitere Stellen ergänzt, die entweder Details genauer darstellten oder Sonderprozesse sowie Varianten abbildeten. Die meisten dieser Buchungsschemata wurden zusammen am Flipchart entwickelt. Wenn ich mich in eine neue Problemstellung einarbeite, passiert dies oft klassisch mit Zettel und Stift, und ich skizziere die wesentlichen Aspekte des angedachten Buchungsschemas. Oft wird dadurch sehr schnell klar, für welche Buchung überlegt werden muss, wie sie automatisiert werden kann, wo überhaupt der Trigger und die Daten dafür herkommen oder welche Buchung man bisher übersehen hat, die aber unbedingt nötig ist. Für andere Schritte gibt es nur ein paar grobe Ideen, wie dies im SAP-System umsetzbar sein könnte, und die Verantwortlichen erkennen, worüber sie sich dringend Gedanken machen sollten.

Ich kann Ihnen deshalb nur empfehlen, Zeit und Energie in diese Darstellungsweise zu investieren. Es wird sich lohnen, sowohl während eines SAP-Einführungsprojekts als auch später, wenn neue Mitarbeitende hinzukommen. Sie können sich so schnell einen Überblick verschaffen oder Überlegungen anstellen, an welcher Stelle ein Prozess aufgrund neuer Geschäftsanforderungen erweitert oder verbessert werden muss.

Für Ihre SAP-Projekte wünsche ich Ihnen viel Erfolg und eine gelingende Kommunikation im Projektteam, gerade und auch über die Grenze von Logistik und Finanzwesen hinweg!

Anhang

Anhang A
Kontenzuordnung Bilanz- und GuV-Struktur

Im Folgenden finden Sie in eine beispielhafte Einordnung der verwendeten Konten in eine Bilanz- und GuV-Struktur. Diese Einordnung kann natürlich nur Anhaltspunkte für eine konkrete, in einem Unternehmen verwendete Struktur geben, die nach verschiedenen rechtlichen Vorgaben erstellt werden muss. Vollumfänglich kann sie auch nicht sein, da nur ein kleiner Ausschnitt des gesamten Buchungsstoffes eines Unternehmens betrachtet wird. Als Beispiel, Inspiration und Überblick genügt sie aber.

Beispielhafte Kontenzuordnung zur Bilanz

Bilanz

└─ **Aktiva**

  └─ **Umlaufvermögen**

    └─ **Vorräte**

      └─ 13100000 Bestand Rohstoffe

      └─ 13200000 Bestand Ware in Arbeit

      └─ 13300000 Bestand unfertige Erzeugnisse

      └─ 13400000 Bestand fertige Erzeugnisse

      └─ 13600000 Bestand – Handelsware

    └─ **Forderungen**

      └─ 12100000 Forderungen Inland

      └─ 12300000 Forderungen an verbundene Unternehmen

    └─ **Liquide Mittel**

      └─ 11001000 Bank 1 – Bankhauptkonto

└─ **Passiva**

  └─ **Eigenkapital**

    └─ **Gezeichnetes Kapital**

      └─ 31000000 Stammkapital

└ **Verbindlichkeiten**

  └ **Verbindlichkeiten aus Lieferungen und Leistungen**

    └ 21100000 Verbindlichkeiten Inland

    └ 21120000 Wareneingang/Rechnungseingang

  └ **Sonstige Verbindlichkeiten**

    └ 12600000 Vorsteuer (VST)

    └ 22000000 Ausgangssteuer (MWS)

Insbesondere die Einordnung des WE/RE-Kontos und seiner beiden, hier nicht gezeigten zugehörigen Konten »Geliefert, nicht berechnet« und »Berechnet, nicht geliefert« wird sehr unterschiedlich gehandhabt.

Für die GuV ist zu entscheiden, ob die Strukturierung nach UKV oder GKV erfolgt. Hier folgt ein Beispiel für eine GKV-orientierte Sicht.

Beispielhafte Kontenzuordnung zur GuV

GuV

└ **Jahresüberschuss/-fehlbetrag**

  └ **Umsatzerlöse**

    └ **Umsatzerlöse**

      └ 41000000 Erlöse Inland – Erzeugnis

  └ **Sonstige Erträge**

    └ **Erhöhung des Bestandes an fertigen und unfertigen Erzeugnissen**

      └ 54083000 Bestandsveränderung – Verkauf Eigenerzeugnis m

      └ 54083001 Bestandsveränderung – Gegenkonto COGS-Split

      └ 54200000 Bestandsveränderung in Arbeit befindliche Erzeugnisse

      └ 54300000 Bestandsveränderung – Halbfabrikate

      └ 54301000 Bestandsveränderung – Halbfabrikate – Lohnbearbeitung

      └ 54401000 Bestandsveränderung fertige Erzeugnisse

      └ 55100000 Fabrikleistung Fertigungsaufträge (BV)

      └ 55100001 Abrechnung Fertigungsaufträge (BV)

      └ 55100002 Fabrikleistung Nebenprodukt (BV)

    └ **Sonstige betriebliche Erträge**

      └ 52511000 Ertrag Bestandsumlagerung (Roh/Handel)

      └ 52531000 Ertrag aus Umbewertung Fremderzeugnisse

└─ 52532000 Ertrag aus Umbewertung von Eigenerzeugnissen

└─ 52570000 Ertrag aus Preisdifferenzen Eigenerzeugnisse

└─ **Materialaufwand**

└─ **Aufwendungen für Roh-, Hilfs- und Betriebsstoffe und bezogene Waren**

└─ 51100000 Verbrauch Rohstoffe

└─ 51600000 Verbrauch Handelswaren

└─ 51950000 Verbrauch Lohnbearbeitung

└─ **Aufwendungen für bezogene Leistungen**

└─ 65001000 Bezogene Dienstleistungen

└─ 65008300 Dienstleistungen – allgemein

└─ 65008500 Lohnbearbeitungsleistungen

└─ 65009000 Sonstige Aufwendungen für bezogene Leistungen

└─ **Sonstige Aufwendungen**

└─ **Verminderung des Bestandes an fertigen und unfertigen Erzeugnissen**

└─ 50301000 KdU Direktmaterial

└─ 50302000 KdU Fremdleistungen

└─ 50304001 Kosten des Umsatzes Personal

└─ 50305001 Kosten des Umsatzes Abschreibungen

└─ 50305002 Kosten des Umsatzes Fremdleistungen

└─ 50305003 Kosten des Umsatzes Energie

└─ **Sonstige betriebliche Aufwendungen**

└─ 52031000 Aufwand aus Umbewertung Fremderzeugnis

└─ 52033000 Aufwand aus Umbewertung Eigenerzeugnis

└─ 52070000 Aufwand aus Preisdifferenzen Eigenerzeugnis

└─ 52071000 Preisdifferenz ABPR Einsatzpreisabweichung

└─ 52072000 Preisdifferenz ABMG Einsatzmengenabweichung

└─ 52073000 Preisdifferenz ABST Strukturabweichung

└─ 52076000 Preisdifferenz ABVP Verrechnungspreisabweichung

└─ 52077000 Preisdifferenz ABFK Losgrößen-/Fixkosten

└─ 52078000 Preisdifferenz ABRS Restabweichung

Anhang B

MM-Kontenfindung – Vorgänge

Vorgang	Erklärung
AUM	Steht für **Aufwand/Ertrag aus Umbuchung**, d. h., wenn ein Material an ein anderes Material oder auch an dasselbe Material in ein anderes Werk umgebucht wird, das empfangende Material aber nicht den gesamten Wert aufnehmen kann, weil es z. B. einen fest vorgegeben Standardpreis hat oder sich bei einem gleitenden Durchschnittspreis negative Bestände ergeben.
BSV	Steht für **Bestandsveränderung**, wird aber nur in einem ganz bestimmten Fall verwendet, nämlich beim Wareneingang für das vom Lohnbearbeiter zurückgelieferte Material.
BSX	Legt das **Bestandskonto** fest, auf dem der Wert eines Materials im Finanzwesen sichtbar ist.
FRL	Wird bei Wareneingängen zu Lohnbearbeitungsbestellungen verwendet, um die **Fremdleistung** des Lohnbearbeiters als Aufwand zu verbuchen.
GBB	Steht für **Gegenbuchung zum Bestand** und benötigt immer einen weiteren Zusatz, die sogenannte allgemeine Modifikationskonstante.
GBB-AUA	Dient zur **Auftragsabrechnung**: Eine Abweichung zwischen Be- und Entlastung des Auftrags wird an ein Preisdifferenzenkonto, also ein anderes GuV-Konto, abgerechnet, und der Auftrag wird je nach Richtung der Abweichung belastet oder entlastet.
GBB-AUF	Bezeichnet die **Auftragsablieferung**: Wenn in der Fertigung ein neues Material fertiggestellt wurde, wird es als neues Herstellteil in ein Lager gebucht.
GBB-INV	Steht für **Inventur**: Auf diesen Konten wird der Ertrag oder der Aufwand gebucht, der sich aus einer Inventurzählung und -bewertung ergeben hat.
GBB-VAX	Steuert ein spezielles **Materialverbrauchskonto für die Auslieferung** zu einem Verkaufsprozess an. Diese Kontenfindung wird verwendet, wenn nur die kalkulatorische Ergebnisrechnung aktiviert ist. In diesem Fall darf das Konto **nicht als Kostenart** ausgesteuert werden.

Tabelle B.1 Vorgänge der MM-Kontenfindung

Vorgang	Erklärung
GBB-VAY	Steuert ein spezielles **Materialverbrauchskonto für die Auslieferung** zu einem Verkaufsprozess an, im Falle von VAY muss das Konto immer **als Kostenart** ausgesteuert werden. Diese Kontenfindung wird verwendet, wenn die buchhalterische Ergebnisrechnung aktiviert ist oder wenn für eine Kundenauftragsposition ein Kontierungsobjekt wie z. B. ein Auftrag oder ein PSP-Element angegeben wurde oder wenn die Kundenauftragsposition selbst kosten- und erlösführend ist.
GBB-VBO	Wird verwendet, wenn ein **Verbrauch eines Materials** im Lohnbearbeitungsprozess **aus dem Lieferantenbeistellbestand** (Sonderbestandskennzeichen O) gebucht wird.
GBB-VBR	Steht für **Verbrauch**, wird also verwendet, wenn ein Material in der Produktion oder anderweitig, wie z. B. auf einer Kostenstelle, verbraucht wird.
GBB-VKA	Wird für **Verbrauchsbuchungen auf kosten- und erlösführenden Kundenauftragspositionen** verwendet, wenn keine Lieferung erfolgt.
GBB-VNG	Steht für **Verschrottung** und wird auf ein anderes Konto als der normale Materialverbrauch gebucht, nämlich auf »Aufwand für Verschrottung«.
GBB-VQY	Ist ein weiteres **Verbrauchskonto**, das bei Stichprobenentnahmen durch die **Qualitätssicherung** verwendet wird.
GBB-ZOF	Bestimmt das **Bestandsveränderungskonto**, das beim Wareneingang eines Nebenproduktes in der Kuppelproduktion verwendet wird.
KON	Steht für **Konsignationsverbindlichkeit**. Sie entsteht, wenn ein Material aus dem Konsignationsbestand eines Lieferanten entnommen oder in den eigenen Bestand übernommen wird.
PRD	Steht für **Preisdifferenzen**. Hier sind die Materialien nach ihrer Preissteuerung zu unterscheiden: Werden sie zu einem Standardpreis bewertet, können Bestellpreise oder Rechnungspreise davon abweichen. Bei gleitendem Durchschnittspreis werden normalerweise die Abweichungen in den Bestandswert eingerechnet, aber wenn dieser zu einem bestimmten Zeitpunkt nicht mehr vorhanden ist, kann der Preis nicht mehr angepasst werden. Im Gegensatz zu GBB besteht für PRD eine Wahlfreiheit, ob Sie ohne allgemeine Modifikationskonstante arbeiten möchten oder nicht. Im ersten Fall werden alle Preisdifferenzen auf dasselbe Konto gebucht, im letzten Fall laufen Preisdifferenzen zu Bestellungen auf den Eintrag PRD ohne allgemeine Modifikationskonstante. Weitere Preisdifferenzen können anhand der allgemeinen Modifikationskonstante unterschieden werden. Es empfiehlt sich dringend, PRD-PRF zu verwenden, um schneller analysieren zu können, welcher Prozess eine Buchung ausgelöst hat.

Tabelle B.1 Vorgänge der MM-Kontenfindung (Forts.)

Vorgang	Erklärung
PRD-PRF	Wird für **Preisdifferenzen bei Abrechnung von Fertigungsaufträgen** verwendet.
UMB	Steht für **Umbewertung** und wird zur Verbuchung der Differenz zwischen altem und neuem Bestandswert verwendet, wenn für ein standardpreisgesteuertes Material ein neuer Preis festgelegt wird.
WRX	Bucht auf ein spezielles Konto im Einkauf, das **Wareneingang/ Rechnungseingang-Verrechnungskonto** oder kurz WE/RE-Konto genannt. Hierdurch wird die Mengen- und Sichtprüfung beim Wareneingang in der Logistik vom Prüfen der Eingangsrechnung des Lieferanten in der Buchhaltung entkoppelt.

Tabelle B.1 Vorgänge der MM-Kontenfindung (Forts.)

Anhang C
Transaktionen

SAP-Fiori-Apps halten immer mehr Einzug, aber eine Zeit lang werden die GUI-Transaktionen im SAP-Umfeld noch eine Rolle spielen. Die Transaktionen sind nach Bereichen bzw. Komponenten sortiert.

Transaktion	Beschreibung
Controlling (CO)	
CK11N/CK13N (Anlegen/Anzeigen)	Materialkalkulation
CK24	Preisfortschreibung mit Kalkulation
CO8B/CO8A (Einzelverarbeitung/Sammelverarbeitung)	Vorabrechnung Kuppelprodukte, Nacharbeit
CO99	Status **Abgeschlossen** setzen
KK87/CO88H (Einzelverarbeitung/Sammelverarbeitung)	Ist-Abrechnung: Produktkostensammler
KKA3/KKAK (Einzelverarbeitung/Sammelverarbeitung)	Ergebnisermittlung Vertriebsbelegposition
KKAS/KKAO (Einzelverarbeitung/Sammelverarbeitung)	WIP-Ermittlung Produktkostensammler
KKAX/KKAOH (Einzelverarbeitung/Sammelverarbeitung)	WIP-Ermittlung Auftrag
KKBC_ORD	Analysieren Fertigungsauftrag
KKBC_PKO	Analysieren Produktkostensammler
KKF6N	Produktkostensammler pflegen
KKS2/KKS1 (Einzelverarbeitung/Sammelverarbeitung)	Abweichungen losbezogene Fertigung
KKS6/KKS5 (Einzelverarbeitung/Sammelverarbeitung)	Abweichungen periodische Fertigung

Transaktion	Beschreibung
KL01/KL02/KL03 (Anlegen/Ändern/Anzeigen)	Leistungsart
KO88/CO88H (Einzelverarbeitung/Sammelverarbeitung)	Ist-Abrechnung: Auftrag
KS01/KS02/KS03 (Anlegen/Ändern/Anzeigen)	Kostenstelle
KSB5	Kostenrechnungsbelege Ist
KSBT	Kostenstellen: Leistungsartentarife
MF30	Vorkalkulation Produktkostensammler
VA88	Ist-Abrechnung: Kundenaufträge
Finanzwesen (FI)	
F-28	Zahlungseingang (Debitoren)
F-29	Anzahlung (Debitoren)
FB03	Beleg anzeigen
FB60	Rechnung (Kreditoren)
FSS0	Sachkontenstamm im Buchungskreis
MB5L	Bestandswertliste: Saldendarstellung
MRN9	Bilanzwerte pro Konto
Kundenservice (CS)	
DP90/DP97 (Einzelverarbeitung/Sammelverarbeitung)	Aufwandsbezogene Faktura
IW31/IW32/IW33 (Anlegen/Ändern/Anzeigen)	Serviceauftrag
IW41	Rückmeldung Serviceauftrag
Materialwirtschaft (MM)	
AC03	Leistungsstamm
MB51	Materialbelegliste
MB52	Lagerbestandsliste
MB54	Konsignationsbestände

Transaktion	Beschreibung
MB58	Kundenkonsignation und Leihgut
MB5B	Bestände zum Buchungsdatum
MB5S	WE/RE-Saldenliste anzeigen
MBBS	Bewerteter Sonderbestand
MBLB	Bestände beim Lohnbearbeiter
ME11/ME12/ME13 (Anlegen/Ändern/ Anzeigen)	Infosatz
ME21N/ME22N/ME23N (Anlegen/Ändern/ Anzeigen)	Bestellung
ME2ON	Lohnbearbeitungs-Cockpit
ME51N/ME52N/ME53N (Anlegen/Ändern/ Anzeigen)	Bestellanforderung
ME59N	Automatische Bestellerzeugung
MIGO	Warenbewegung
MIRO	Eingangsrechnung erfassen
ML45/ML46/ML47 (Anlegen/Ändern/ Anzeigen)	Leistungskondition
ML81N	Leistungserfassung
MM01/MM02/MM03 (Anlegen/Ändern/ Anzeigen)	Material
MM60	Materialverzeichnis
MMBE	Bestandsübersicht
MMPV	Perioden verschieben
MMSC	Sammelerfassung Lagerorte
MR21	Preisänderung
MR51	Buchhaltungsbelege zum Material
MR8M	Storno Rechnungsbeleg
MRKO	Konsignation/Pipeline-Entnahmen abrechnen

Transaktion	Beschreibung
Produktionsplanung (PP)	
C223	Fertigungsversionen
CA01/CA02/CA03 (Anlegen/Ändern/ Anzeigen)	Normalarbeitsplan
CA21/CA22/CA23 (Anlegen/Ändern/ Anzeigen)	Linienplan
CO01/CO02/CO03 (Anlegen/Ändern/ Anzeigen)	Fertigungsauftrag
CO08	Fertigungsauftrag zum Kundenauftrag anlegen
CO09	Verfügbarkeitsübersicht
CO11N	Einbilderfassung Rückmeldung
CO16N	Nachbearbeitung Rückmeldung
CO27	Kommissionierliste
CO40	Umsetzung von Planauftrag
COFC	Nachbearbeitung Fehler Ist-Kosten
COGI	Nachbearbeitung fehlerhafte Warenbewegung
COHV	Massenbearbeitung Fertigungsaufträge
CR01/CR02/CR03 (Anlegen/Ändern/ Anzeigen)	Arbeitsplatz
CS01/CS02/CS03 (Anlegen/Ändern/ Anzeigen)	Materialstückliste
CS11H	Baukasten mehrstufig anzeigen – SAP HANA
CS12H	Struktur mehrstufig anzeigen – SAP HANA
CS13H	Mengenübersicht anzeigen – SAP HANA
CS15	Materialverwendung einstufig
CSMB	Materialstücklistenbrowser
MB21/MB22/MB23 (Anlegen/Ändern/ Anzeigen)	Reservierung

Transaktion	Beschreibung
MD02	MRP-Einzelplanung, mehrstufig
MD04	Anzeigen Bestands-/Bedarfssituation
MD11/MD12/MD13 (Anlegen/Ändern/Anzeigen)	Planauftrag
MD14	Einzelumsetzung Planauftrag
MD50	Kundenauftragsplanung
MD61	Hinzufügen Vorplanung
MF26	Zählpunktmengen anzeigen
MF41	Ist-Daten stornieren
MF60	Materialbereitstellungsliste
MFBF	Rückmeldung in der Serienfertigung
PPCGO	Durchführen der Rückmeldungen
PPCGO2	Rückmeldung ausführen – Schritt 2
PPCSHOW	Rückmeldungen anzeigen
PPE	iPPE-Workbench
Projektsystem (PS)	
CJ20N	Project Builder
CJ88/CJ8GH (Einzelverarbeitung/Sammelverarbeitung)	Ist-Abrechnung Projekt/PSP-Element/Netzplan
CJ9K	Netzplankalkulation
CN25	Rückmeldung zum Netzplan
CN41N	Projektstrukturübersicht
CNR1/CNR2/CNR3 (Anlegen/Ändern/Anzeigen)	Arbeitsplatz
KKA2/KKAJ (Einzelverarbeitung/Sammelverarbeitung)	Ergebnis- und WIP-Ermittlung Projekt
MD51	Projekteinzelplanung

Transaktion	Beschreibung
Vertrieb (SD)	
CL01/CL02/CL03 (Anlegen/Ändern/ Anzeigen)	Klasse
CU41/CU42/CU43 (Anlegen/Ändern/ Anzeigen)	Konfigurationsprofil
VA01/VA02/VA03 (Anlegen/Ändern/ Anzeigen)	Kundenaufträge
VF01/VF02/VF03	Fakturen
VF04	Fakturavorrat bearbeiten
VF05	Liste Fakturen
VF11	Stornieren Faktura
VK31/VK32/VK33 (Anlegen/Ändern/ Anzeigen)	Konditionspflege
VL01N/VL02N/VL03N (Anlegen/Ändern/ Anzeigen)	Auslieferung zum Kundenauftrag
VL06G	Liste Warenausgang Auslieferungen
VL09	Storno Warenausgang zum Lieferschein
VL09	Storno Warenausgang zum Lieferschein
Übergreifend	
BP	Geschäftspartner

Autor

Christian Weißenborn ist seit 1999 als SAP-Berater tätig, zunächst als Inhouse Consultant und seit 2006 in selbstständiger Form als SAP-Controlling-Berater. Sein Schwerpunkt liegt im Bereich der Automobilindustrie, aber ebenso war er in mehrere Projekte in den Bereichen Maschinenbau, Medizintechnik, Energieversorgung und Versicherung involviert. Viele dieser Projekte fanden im europäischen Umfeld (z. B. in Deutschland, im Vereinigten Königreich, in Portugal und Russland) und auch in nicht europäischen Ländern statt (z. B. in China, Japan, Brasilien, Argentinien und Mexiko).

Index

L

M

N

O

P

R

S

T

U

V

W

Z